Fire Fighting and Electrical Installation

소방전기설비

최충석 · 정해영 · 박상용 지음

도서출판 동화기술

Preface

NCS, NFPC & NFTC 기반의 소방전기설비 분야의 새로운 지표를 기원하며

과학기술의 발달은 학문의 경계를 넘어 다양한 분야로 융합과 진화를 거듭하고 있습니다. 특히, 전기에너지를 이용한 기술의 진보는 융합기술이라는 큰 축에서 전기와 소방, 소방과 안전, 안전과 환경, 정보와 보안, AI & IoT 등 생활의 편리성 및 안전성이 더욱더 강조되고 있습니다. 소방 안전은 인간의 삶의 질 향상이라는 사회적 기대와 필연적인 관계를 형성하고 있고 관련분야의 산업과 R&D는 국가 정책의 목표로 진화되고 있습니다.

따라서 본서에서는 소방전기설비의 원리 및 법칙, 관리 및 운용, 점검 및 검사, 시험 및 평가 등에 대한 관련 규정과 제도를 근거로 집필하였습니다. 그리고 새로운 단원의 핵심 주제가 제시될 때마다 간결하고 명확한 용어를 제시하였고, 제품 및 기기의 실제도, 회로도 및 적용 사례 등을 연관시켜 해석함에 따라 소방전기설비를 처음 접하는 입문자뿐만 아니라 관련 분야에 종사하는 전문가들도 학술적 근거의 정립 및 현장 적용의 활용성을 높였습니다. 또한, 한국전기설비규정(KEC; Korea Electro-technical Code) 및 소방분야의 국가직무능력표준(NCS; National Competency Standards)을 충실하게 반영하였고, 화재안전기준(NFSC; National Fire Safety Code)이 2023년에 화재안전성능기준(NFPC; National Fire Performance Code) 및 화재안전기술기준(NFTC; National Fire Technology Code) 등으로 분류됨에 따라 각각의 기준을 적절하게 반영하였다.

지난 수년간 소방전기설비공학을 집필함에 있어서 나름대로 최선을 다하였으나 부족함이 많을 뿐만 아니라 미비한 부분이 있다는 것을 잘 알고 있습니다. 하지만 다양한 분야의 산업과 융합되어 발전하고 있는 소방전기설비의 적용 및 응용에 조금이라도 기여하는 마음으로 현시점에서 탈고를 하였습니다. 앞으로 더욱 겸허한 마음으로 수정 및 보완 등을 실시하여 더욱 신뢰할 수 있는 서적이 되도록 하겠습니다.

끝으로 이 책이 독자들에게 지식기반의 토대가 되어 향후 지속성장 가능한 전문가로 거듭 도약하는 동반자가 되기를 기대하는 바이며, 본서의 집필에 참고 자료가 되었던 국내·외 주요 저서의 저자들과 출판을 위해 많은 정성을 기울여 주신 도서출판 동화기술 관계자 여러분께 깊은 감사의 말씀을 올립니다.

enetek@naver.com

저자 씀

Contents

Part 1 소방기본설비 9

Part 3 소방전원설비(시스템) 303

Contents

Part 01

소방기본설비

Chapter 01

감지기

1. 개요

사람은 오감(五感, five senses)이 고르게 발달된 동물이다. 즉, 인간은 시각, 청각, 후각, 미각, 촉각 등의 5가지 감각을 활용하여 다양한 일들을 수행하는 것이다.

시각(視覺, sense of sight)의 감각기관은 눈이며, 수용기는 망막에 있다. 적합자극은 빛이며, 파장이 약 380~760 [nm]인 전자기파이다. 시각신호는 시신경을 거쳐 대뇌피질 후두엽의 시각령에 이른다.

청각(聽覺, sense of hearing)의 감각기관은 귀이며, 수용기는 내이(內耳, inner ear)의 달팽이관 속에 들어 있다. 적합자극은 진동수가 약 20~20,000 [Hz]인 음진동이다. 청각신호는 청신경을 거쳐 대뇌피질 측두엽의 청각령에 이른다.

후각(嗅覺, sense of smell)의 감각기관은 코이며, 수용기는 비점막 속에 들어 있다. 적합자극은 공기 중의 여러 휘발성 물질이다. 후각신호는 후신경을 거쳐 대뇌피질 변연부의 후각령에 이른다.

미각(味覺, sense of taste)의 감각기관은 입 안의 혀이며, 수용기는 혀의 미뢰 속에 있다. 적합자극은 입 속에서 녹는 여러 수용성 물질이다. 미각신호는 안면신경이나 설인신경(舌咽神經, glossopharyngeal nerve)을 통하여 대뇌피질 두정엽 하부에 있는 미각령에 이른다.

촉각(觸覺, sense of touch)의 감각기관은 피부이며, 피부는 온각, 냉각, 통각 등의 감각기관이기도 하다. 따라서 감각기관이 피부인 감각을 피부감각이라 하여 촉각 대신 오감의 하나로 취급하기도 한다. 촉각의 신호는 척수신경을 거쳐 대뇌피질 두정엽의 피부 감각령에 이른다. 그러나 안면의 촉각은 뇌신경에 의해 반응한다.

따라서 인간이 개발하여 사용하는 감지기들은 인간의 감각기능을 응용하여 개발하고, 그 제품들을 산업설비에 적합하도록 적용한 것이 대부분이다.

감지기(感知器, detector)는 화재가 발생했을 때 생성되는 열, 연기, 불꽃 또는 연소생성물(燃燒生成物, product of combustion)에 대한 물리·화학적 변화량을 자동적으로 감지하여 감지기 그 자체에 내장된 음향장치로 경보를 울리거나 선로를 이용하여 수신기에 신호를 전송하는 장치이다.

(1) 센서 기능

화재가 발생하면 열, 연기, 불꽃(화염) 등이 생성되어 정상상태와 다른 물리·화학적 변화가 일어난다. 감지기는 이 때 발생한 물리·화학적 변화 중에서 하나 또는 2개를 감지하는 것이 센서 기능(sensor function)이다.

감지하는 대상에 따라 열을 감지하는 열감지기(熱感知器, heat detector), 연기를 감지하는 연기감지기(煙氣感知器, smoke detector), 불꽃을 감지하는 불꽃감지기(flame detector), 열과 연기를 동시에 감지하는 열연감지기(熱煙感知器, heat-smoke detector) 등이 있다.

(2) 판단 기능

감지기(感知器, detector)의 판단 기능(判斷 機能, judgment function)은 화재가 발생할 때 생성되는 물리·화학적 변화량이 일정 시간 이상 지속되면 이것을 화재라고 결정하는 것이다. 감지기가 화재라고 판단하는 기준이 되는 감도(感度, sensitivity)는 특종, 1종, 2종, 3종 등으로 구분되며 특종으로 갈수록 작은 변화량에 쉽게 반응한다.

판단 기능은 일반적으로 감지기 자체에서 수행하고 있으나 아날로그식 감지기는 감지기 주변의 변화량만을 수신기에 전달하고 화재의 판단은 수신기에서 하도록 구성되어 있다.

(3) 발신 기능

화재가 발생했을 때 감지기가 수신기에 신호를 보내는 것을 발신 기능(發信機能, send function)이라 한다. 그리고 신호방식에는 접점신호방식(接點信號方式, contact signal communication system), 통신신호방식(通信信號方式, signal communication system), 교차회로방식(交差回路方式, cross circuit system) 등이 있다.

접점신호방식은 수신기로부터 감지기에 연결된 전선의 접점을 통하여 전류가 흐르면 화재이고, 전류가 흐르지 않으면 화재가 아닌 것으로 신호를 보내는 방식이다. 통신신호방식은 감지기와 수신기에 통신장치를 내장하여 통신신호를 주고받는 방식이다. 그리고 교차회로방식은 감지기와 연동하여 작동하는 설비의 오작동을 방지하기 위한 것으로 두 개의 회로가 교차하도록 설치하기 때문에 'X형 배선방식'이라고도 한다.

2. 감지기의 구성 및 작동원리

2.1 감지기의 구성

감지기(感知器, detector)는 대부분 감지부가 있는 본체(本體, main body), 수신기와 감지기 또는 감지기와 감지기를 연결시키는 베이스(base), 그리고 작동표시장치(作動 標示 裝置, operating display lamp) 등으로 구성된다.

(1) 본체

감지기의 본체(本體, main body)는 감지부가 있는 부분으로 후면에 있는 단자를 통해 베이스와 연결된다. 그림 1-1-1(a)는 감지기 본체의 외형을 나타낸 것이고, 그림 1-1-1(b)는 감지기의 베이스이며, 그림 1-1-1(c)는 감지기의 전원 배선을 나타낸다.

(a) 감지기의 외형 (b) 감지기의 베이스 (c) 감지기의 전원 배선

■ **그림 1-1-1** 감지기 본체의 외형 및 구조

(2) 베이스

베이스(base)는 감지기를 천장 또는 반자에 고정시키며 수신기와 감지기, 감지기와 감지기를 전선으로 연결할 수 있도록 되어 있다. 그림 1-1-2(a)는 감지기 베이스의 내부를 나타낸 것이고, 그림 1-1-2(b)는 배선의 연결 형태를 나타낸다.

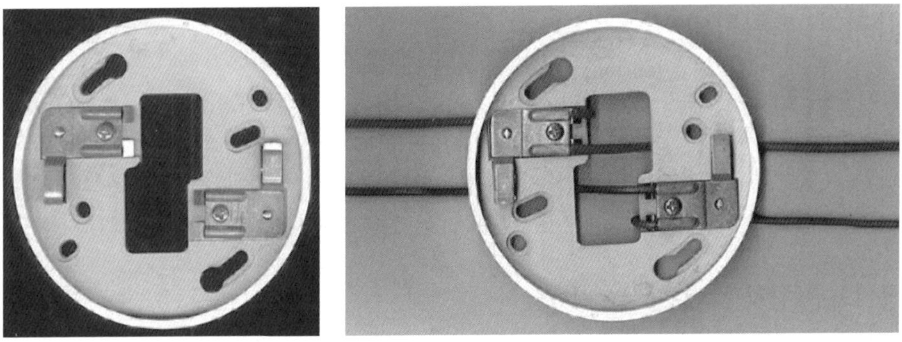

(a) 감지기의 베이스　　　　　(b) 감지기의 전원 배선의 연결

■ **그림 1-1-2** 감지기 베이스의 내부 및 배선의 연결 형태

(3) 작동표시장치

작동표시장치(作動標示裝置, operating display lamp)는 감지기가 작동했을 때 이를 표시해야 하는 것으로 일반적으로 발광다이오드(LED; Light Emitting Diode)를 사용하여 감지기가 작동하면 점등되고 수신기에서 복구 스위치를 누르면 소등된다.

그러나 방폭구조의 감지기는 감지기가 작동한 경우 수신기에 그 감지기가 작동한 내용이 표시되는 형태이나 차동식 분포형 감지기 및 정온식 감지선형 감지기는 작동표시장치를 설치하지 않을 수 있다. 그림 1-1-3은 감지기에 설치된 작동표시등의 구성 예를 나타낸다.

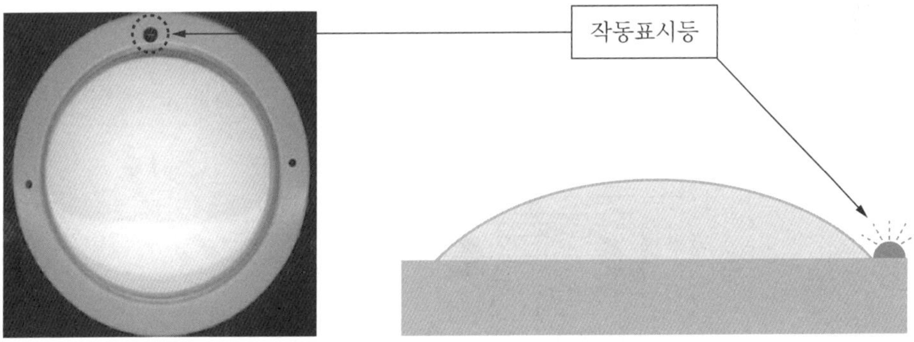

■ **그림 1-1-3** 감지기에 설치된 작동표시등의 구성 예

2.2 감지기 스위치의 작동원리

감지기의 스위치를 자동으로 닫히게 하는 작동원리(作動原理, performance property)는 화재가 발생할 때 생성되는 열에 의한 공기의 팽창력을 이용하는 방법과 화재가 발생할 때 발생하는 에너지의 변화량을 전류의 흐름으로 바꾸어 회로를 작동시키는 방법이 있다.

(1) 공기의 팽창력을 이용하는 방법

일반적으로 차동식 스포트형 감지기에 적용되며 공기의 팽창력(膨脹力, expansive force)을 이용하는 방법으로 그림 1-1-4와 같이 구성되어 있다. 평상시에는 접점이 떨어져 있으나 화재가 발생하여 온도가 올라가면 공기실의 공기가 팽창하여 하부 접점을 밀어 올려 상부 접점에 닫도록 설계한다.

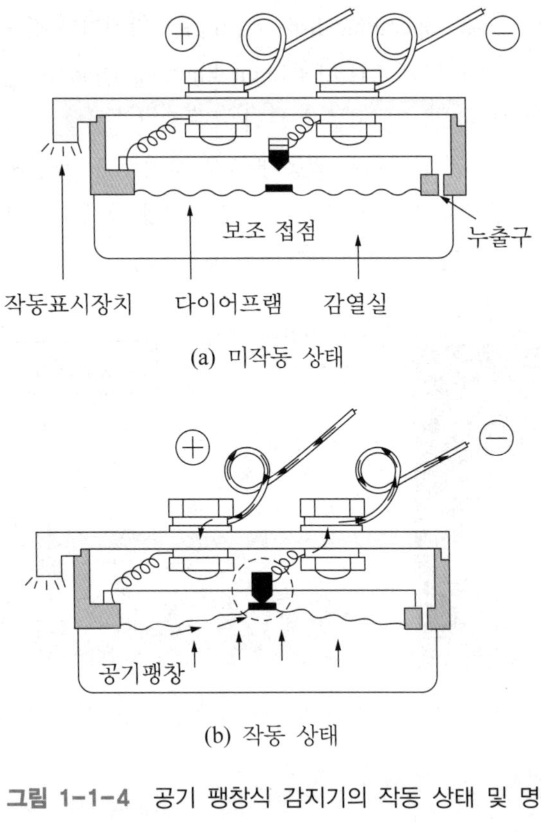

■ 그림 1-1-4 공기 팽창식 감지기의 작동 상태 및 명칭

(2) 전자계전기를 이용하는 방법

전자계전기(電磁繼電器, electromagnetic relay)는 전자력에 의한 철편의 흡인력을 이용해서 접점을 개폐하는 기능을 가진 기기로서 그림 1-1-5와 같이 전류를 흘려 줄 때 여자(勵磁, excitation)되는 전자 코일, a 접점 및 b 접점 등으로 구성된다.

전자계전기의 a 접점은 전자 코일에 전류가 흐르지 않는 상태에서는 가동 접점(c 접점)과 a 접점이 떨어져 있어서 개로 상태(開路 狀態, open state)이지만 전자 코일에 전류가 흐르면 접촉자의 가동 접점 c가 고정 접점 a에 접촉해서 폐로 상태(閉路 狀態, closed state)가 되는 접점을 말한다. 전자계전기의 b 접점은 전자 코일에 전류가 흐르지 않은 상태에서 폐로 상태이고, 전자 코일에 전류가 흐르면 가동 접점으로부터 떨어져서 개로 상태가 되는 접점을 말한다.

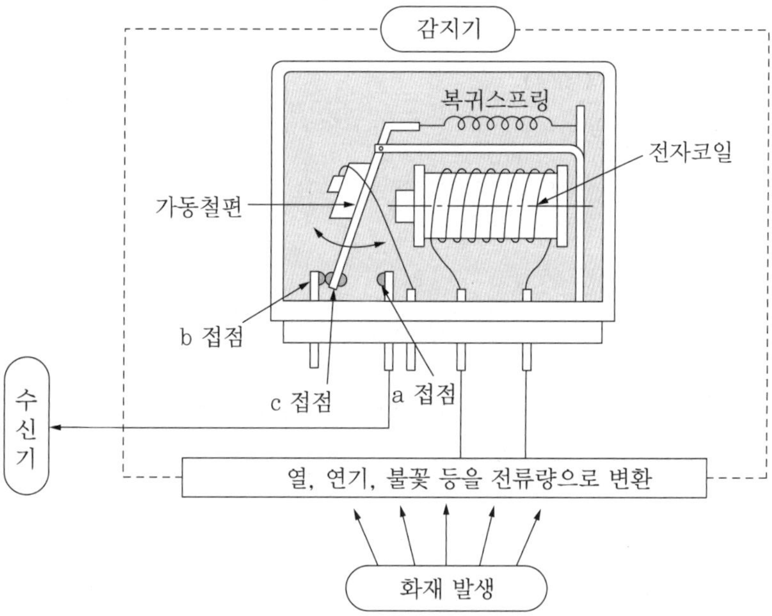

■ **그림 1-1-5** 화재의 발생 및 신호를 전달하는 전자계전기의 원리

(3) 영구자석을 이용하는 방법

화재가 발생할 때 생성되는 열, 연기, 불꽃 등의 신호를 전기적 신호로 변환시켜 그 때 생성된 전자력(電磁力, electromagnetic force) 중에서 플레밍의 오른손 법칙이 적용된 영구자석(永久磁石, permanent magnet)을 이용한 것이다. 전자계전기를 이용한 방법과 같은 원리이며, 이 때 작동되는 접점들의 에너지원이 영구자석이라는 것 외에는 차이가 없다.

3. 감지기의 종류

화재가 발생할 때 생성되는 열, 연기, 불꽃 등의 변화는 연소 물질과 환경에 따라 다르다. 그러므로 이러한 다양한 화재 징후에 따라 화재의 초기에 정확하게 화재를 감지하고 비화재보를 줄이기 위해서는 사용 환경에 적합한 감지기의 적용이 필요하다. 감지기는 형식(形式, form) 및 화재의 검출 원리(檢出 原理, detection principle)에 따라 분류된다.

(1) 형식에 따른 감지기의 분류

① 화재신호의 발신(發信)방법
단신호, 다신호 또는 아날로그식

② 불꽃감지기의 설치장소(場所)
옥내형, 옥외형, 도로형

③ 연기의 축적(蓄積)
축적형과 비축적형

④ 방수 여부(與否)
방수형과 비방수형

⑤ 내식성의 유무(有無)
내식성이 있는 내산성형, 내알칼리형과 내식성이 없는 보통형

⑥ 방폭 구조(構造)
방폭형과 비방폭형

⑦ 재사용 가능 여부(與否)
재사용형과 비재사용형

⑧ 감도의 정밀도(精密度)
특종, 1종, 2종, 3종

(2) 검출 원리에 따른 감지기의 분류

감지기는 검출 원리에 따라 열감지기(熱感知器, heat detector), 연기감지기(煙氣感知器, smoke detector), 불꽃감지기(flame detector), 복합감지기(複合感知器, complex detector), 다신호감지기(多信號感知器, multi-signal detector) 등으로 분류하며, 그림 1-1-6은 감지기의 종류에 따른 감응 원리 등에 대해서 나타낸다.

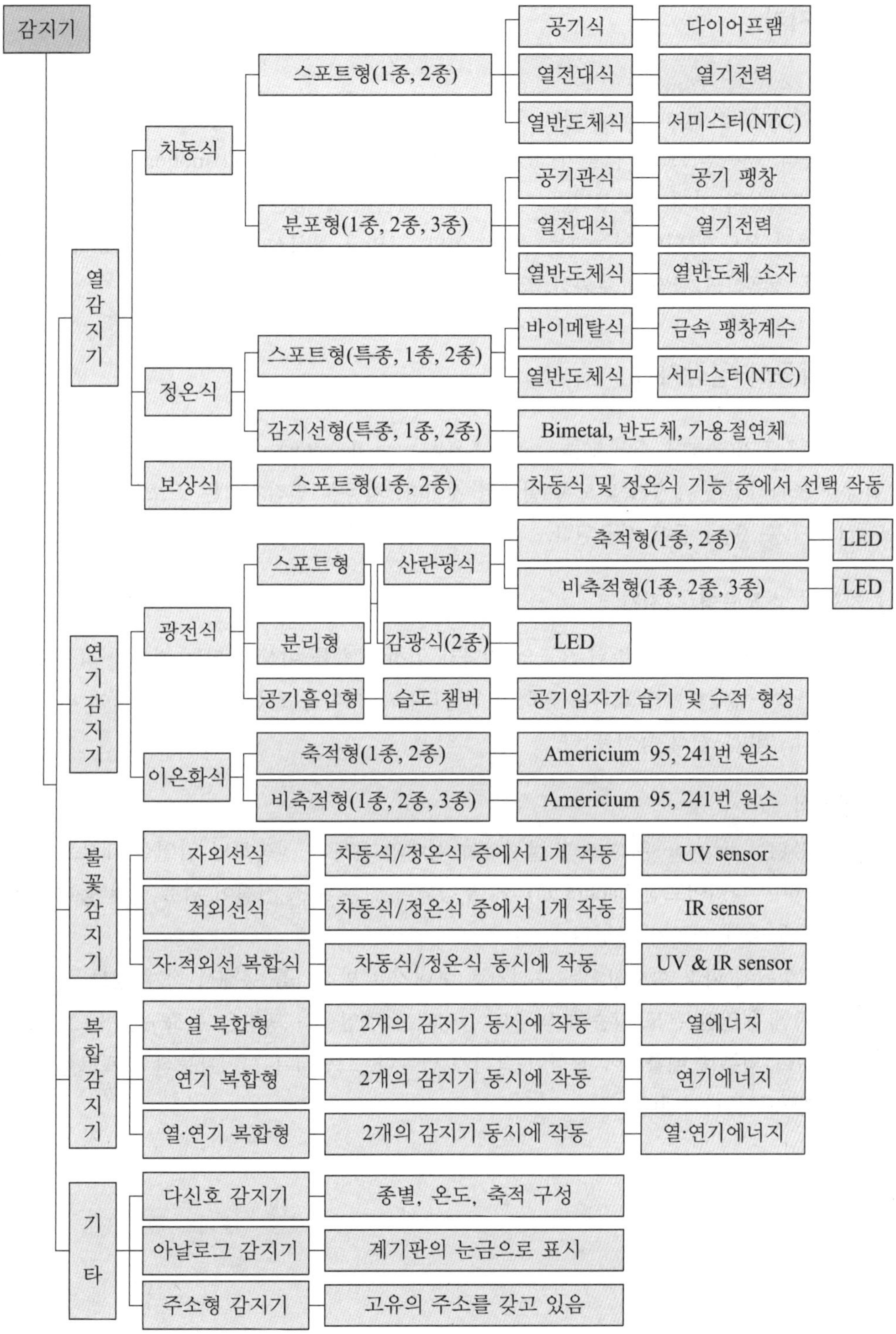

■ **그림 1-1-6** 검출 원리에 따른 감지기의 분류

3.1 열감지기

열감지기(熱感知器, heat detector)는 화재가 발생했을 때 생성되는 열을 감지하여 작동하는 것으로 차동식, 정온식, 보상식 등이 있다. 차동식(差動式, differential motion type)은 온도가 일정 상승률 이상의 차이가 발생되면 작동하는 감지기이며, 정온식(定溫式, fixed temperature type)은 설정된 온도가 되면 작동하는 감지기이다. 그리고 보상식(補償式, compensation type)은 차동식과 정온식의 단점을 보완한 감지기이다.

3.1.1 차동식 열감지기

차동식 열감지기(差動式 熱感知器, rate of rise type detector)는 실내의 온도상승률이 설정값 이상을 초과하였을 때 작동되도록 설계된 것이다. 차동식 열감지기는 스포트형(1종, 2종)과 분포형(1종, 2종, 3종) 등이 사용된다.

(1) 차동식 스포트형 감지기

차동식 스포트형 감지기는 주위 온도의 변화가 일정 상승률 이상이 되는 경우에 작동하는 것으로서 일국소(一局所)의 열 효과에 의하여 작동되는 감지기를 말한다. 감지 소자에 따라 공기식, 열전대식, 열반도체식 등이 있다.

① 공기식

공기식(空氣式, air type)은 화재가 발생하여 실내의 온도가 상승하면 감열실 내부로 유입된 공기가 팽창하여 다이어프램(diaphragm)[1]에 부착되어 있는 보조 접점이 위로 밀려 올라가 주접점과 접촉됨에 따라 회로가 구성된다.

회로가 구성됨에 따라 화재신호는 수신기로 보내지고 발신기를 통해서 화재 경보를 하는 것이다. 일상적인 완만한 온도 상승에 의해서 생성되는 감열실의 팽창은 누출구(漏出口, leak or hole)를 통하여 외부로 배출되어 접점이 닫히지 않는다. 그림 1-1-7은 차동식 스포트형 공기식 감지기의 개략도를 나타낸다.

---

1) 다이어프램은 탄성이 있는 얇은 막의 간막이 판을 말한다. 천연 고무, 합성 고무, 금속판 등으로 만든다.

(a) 실체 사진

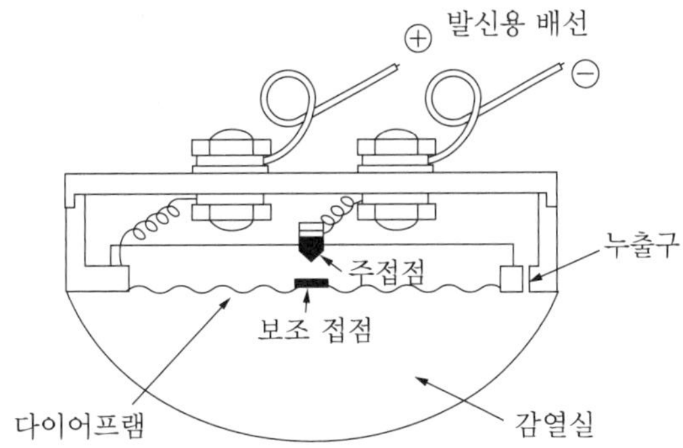

(b) 공기 팽창식 감지기의 개략도

■ **그림 1-1-7** 차동식 스포트형 공기식 감지기의 개략도

② 열전대식

열전대식(熱電對式) 감지기의 감응 센서는 제백효과[2](Seebeck effect)의 열기전력을 응용한 것으로 화재가 발생할 때 발생한 열로 가동 접점(ON contact)이 작동하여 계전기의 접점을 닫아 수신기에 신호를 전달하는 것이다. 그림 1-1-8은 차동식 스포트형 열전대식 감지기의 실체 사진 및 개략도를 나타낸다.

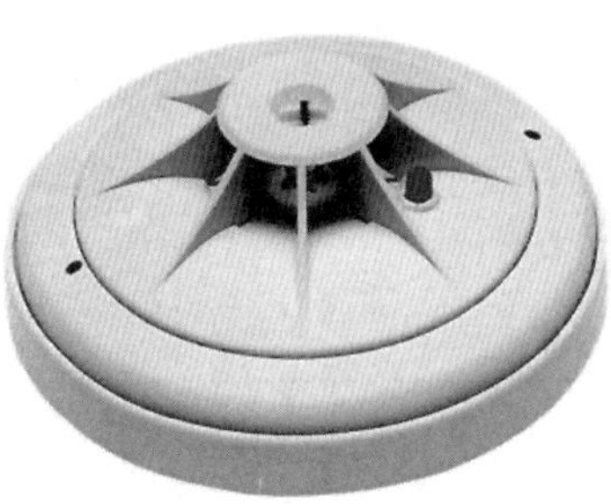

(a) 실체 사진

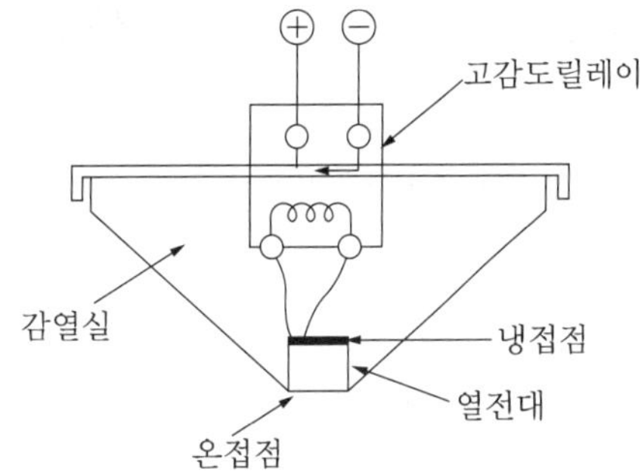

(b) 열전대식 감지기의 개략도

■ **그림 1-1-8** 차동식 스포트형 열전대식 감지기의 실체 사진 및 개략도

③ 열반도체식

열반도체식(熱半導體式) 감지기는 NTC(Negative Temperature Coefficient) 서미스터(thermis-tor)의 특성을 응용한 것으로 화재가 발생하여 주위의 온도가 올라가면 내장된 서미스터의 저

2) 제백효과는 두 종류의 금속 또는 반도체를 폐회로가 되도록 접속하고 양단에 온도차를 주면 기전력이 발생하여 전류가 흐르는 현상이다.

항이 작아져 전류가 흘러 계전기를 작동시키게 된다. 그림 1-1-9는 NTC 서미스터가 내장된 열반도체식 감지기의 외형 및 내부를 나타낸다.

그림 1-1-10은 열반도체를 이용한 차동식 스포트형 감지기의 회로도이며, 입력전원은 교류이며 전파정류 브리지 회로를 이용하여 시스템 내에는 직류가 공급된다. 서미스터 Th_1은 감지기 외부에 설치하고, 서미스터 Th_2는 감지기 내부에 설치하여 시간차를 두고 감지된다. B점의 전압은 저항 R_1과 R_2의 분압비에 의해서 결정되며, 일반적으로 $\frac{1}{2}V_{cc}$ 보다 높게 설정한다. 평상시에는 A점 전압이 $\frac{1}{2}V_{cc}$가 되고, B점 전압은 $\frac{1}{2}V_{cc}$ 보다 높으므로 비교기 OP앰프(Operational amplifier)의 C점 출력은 0 [V]이므로 실리콘제어정류소자(SCR; Silicon Controlled Rectifier)는 작동하지 않는다.

(a) 감지기의 외형 (b) 감지기의 베이스 (c) 감지기의 전원 배선

■ **그림 1-1-9** 열반도체를 이용한 차동식 스포트형 감지기의 실체 사진

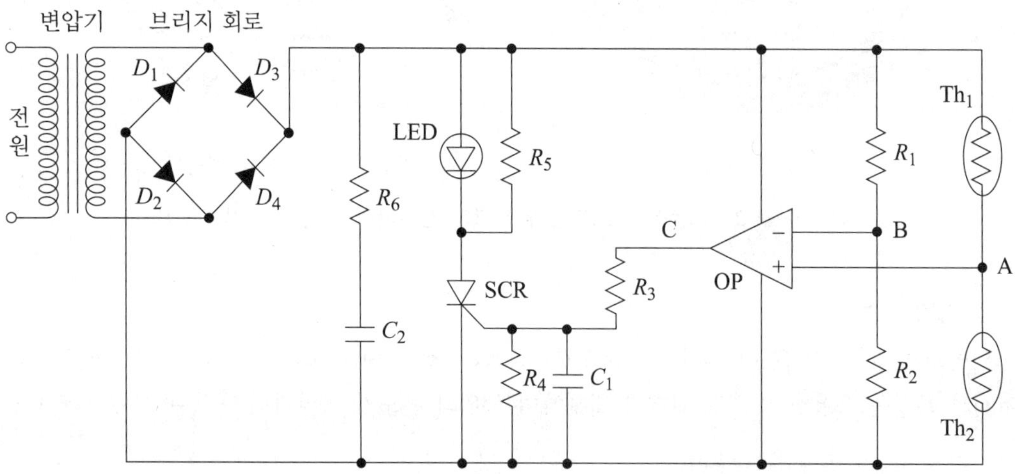

■ **그림 1-1-10** 열반도체를 이용한 차동식 스포트형 감지기의 회로도

그러나 화재가 발생하여 주위 온도가 높아지면 외부에 설치된 Th_1이 내부에 설치된 Th_2 보다 온도가 급격히 상승하여 A점의 전압이 B점의 전압보다 커지므로 C점의 출력은 V_{cc}로 됨으로 SCR을 트리거(trigger)시켜 SCR의 작동과 동시에 발광다이오드(LED; Light Emitting Diode)가 점등되며 화재신호를 발신하게 된다.

온도 감지용 센서로 사용되는 서미스터(Thermistor; Thermally Sensitive Resistor)는 온도 변화에 대한 저항 변화가 커서 전자 회로의 온도 감지용 센서로 사용되며 망간(Mn), 니켈(Ni), 철(Fe), 티타늄(Ti), 코발트(Co) 등의 산화물을 조합하여 1,500 [℃]에서 고온 하소(煆燒, calcination)로 가공된다.

(2) 차동식 분포형 감지기

차동식 분포형 감지기(差動式 分布形 感知器)는 주위 온도가 일정 상승률 이상이 되는 경우에 작동하는 것으로서 넓은 범위의 열 효과 누적에 의하여 작동되는 것이다. 차동식 분포형 감지기는 감지 소자에 따라 공기관식, 열전대식, 열반도체식이 있으나 일반적으로 공기관식 분포형 감지기가 사용된다.

차동식 분포형 공기관식 감지기는 감지하고자 하는 장소에 공기관(空氣管, pneumatic tube)을 설치하여 화재가 발생하면 공기관 내부의 공기 팽창 압력이 검출부의 다이어프램에 전달되어 접점이 닫히도록 구성되어 있고, 그림 1-1-11과 같이 나타낸다.

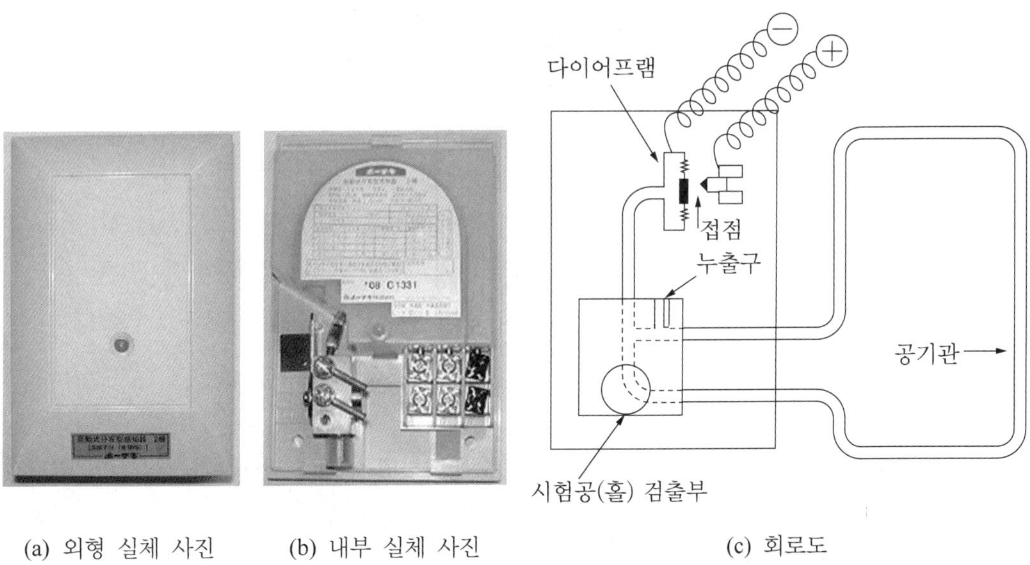

(a) 외형 실체 사진 (b) 내부 실체 사진 (c) 회로도

■ 그림 1-1-11 차동식 분포형 공기관식 감지기

① 공기관식

공기관식(空氣管式, pneumatic tube type)은 화재가 발생하였을 때 공기관 내부의 공기가 팽창하여 다이어프램을 밀어 올려 접점을 붙게 함으로써 수신기에 신호를 보낸다. 공기관식의 구성요소는 두께 0.3 [mm] 이상, 바깥지름 1.9 [mm] 이상의 공기관, 다이어프램, 누출구, 시험장치, 접점 등으로 되어 있다.

공기관 상호의 접속은 슬리브에 삽입한 후 납땜하고, 검출부와 공기관의 접속은 공기관 접속단자에 삽입한 후 납땜을 실시한다. 공기관의 고정 부분 및 지지간격은 표 1-1-1과 같으며, 그림 1-1-12는 공기관의 곡률반경 및 고정형태의 개략도를 나타낸다.

● **표 1-1-1** 공기관의 고정 부분 및 지지간격 길이

고정 부분	지지간격 길이
직선 부분	35 [cm] 이내
굴곡 부분	5 [cm] 이내
접속 부분	5 [cm] 이내
굴곡 반경	5 [cm] 이상

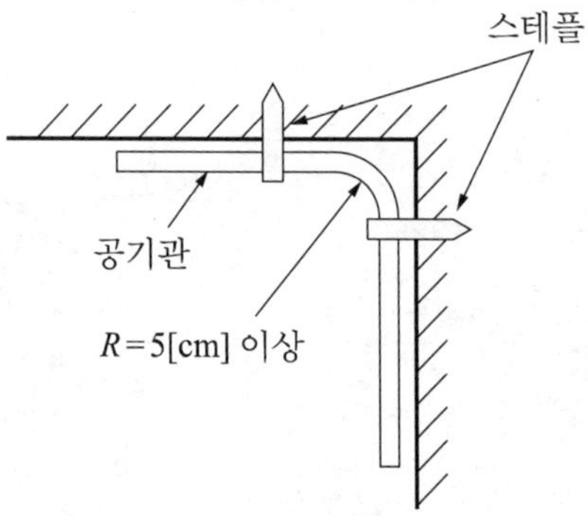

■ **그림 1-1-12** 공기관의 곡률반경 및 고정형태

② 열전대식

열전대식(熱電對式, thermocouple type)은 화재가 발생하였을 때 열전대부가 가열되면 열기전력이 발생하여 미터릴레이에 전류가 흘러 접점을 붙게 함으로써 수신기에 신호를 보낸다. 열전대식의 구성요소는 열전대, 미터릴레이(전압계가 붙어 있는 릴레이), 접속전선 등으로 되어 있다.

열전대부의 접속은 슬리브에 삽입한 후 납땜한다. 또한 메신저와이어(messenger wire)를 사용하여 고정할 때는 30 [cm] 이내로 한다. 그리고 열전대식 감지기의 개략도 및 주요 명칭은 그

림 1-1-13과 같이 나타낸다.

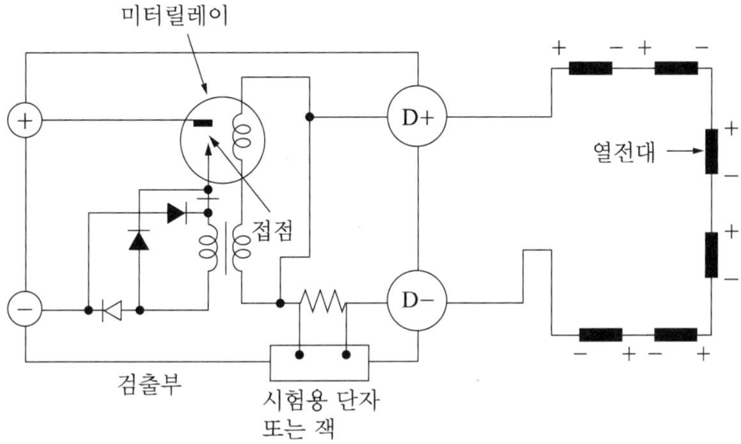

■ **그림 1-1-13** 열전대식의 구성도 및 명칭

③ 열반도체식

열반도체식(熱半導體式)은 화재가 발생하였을 때 수열판이 가열되면 열반도체 소자에 열기전력이 발생하여 미터릴레이를 작동시켜 수신기에 신호를 보낸다. 열반도체식의 구성요소는 열반도체 소자, 수열판, 미터릴레이(전압계가 붙어 있는 릴레이) 등으로 되어 있다.

열반도체 소자의 재료는 비스무스(Bi), 안티몬(Sb), 텔루륨(Te) 등이며, 동니켈선은 감지기의 오동작을 방지하기 위해서 사용된다. 그리고 열반도체식 감지기의 개략도 및 주요 명칭은 그림 1-1-14와 같이 나타낸다.

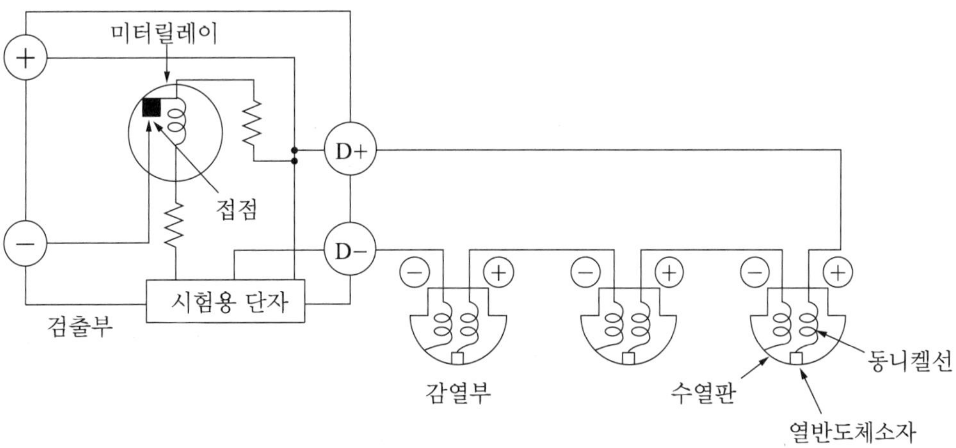

■ **그림 1-1-14** 열반도체식 감지기의 구성도 및 명칭

3.1.2 정온식 감지기

정온식 감지기(定溫式 感知器, fixed temperature type detector)는 주위 온도가 설정한 온도 이상이 되는 경우에 작동하는 것으로서 외관이 전선으로 되어 있지 않은 스포트형과 외관이 전선으로 되어 있는 감지선형이 있다. 정온식 감지기가 작동하는 공칭작동온도의 범위는 60～150[℃]까지이며, 60～80[℃]인 것은 5[℃] 간격으로, 80[℃] 이상인 것은 10[℃] 간격으로 되어 있다.

(1) 정온식 스포트형 감지기

정온식 스포트형 감지기(fixed temperature spot type detector)는 일국소(一局所)의 주위 온도가 설정한 온도 이상이 되는 경우에 작동하는 것으로서 외관이 전선으로 되어 있지 않은 것을 말하는 것으로 감지 소자는 일반적으로 바이메탈(bimetal)과 서미스터(thermistor)를 이용한다.

① 바이메탈식

바이메탈식(bimetal type)은 팽창계수가 다른 두 종류의 얇은 금속편(金屬片)을 맞붙여 특정 온도가 되면 현저하게 구부러지는 특성을 응용한 것이다. 정온식 스포트형 감지기는 이러한 바이메탈을 이용하여 일정 온도가 되면 구부러져 접점이 닫히게 구성되어 있다. 그림 1-1-15는 바이메탈을 이용한 정온식 스포트형 감지기의 개략도를 나타낸다.

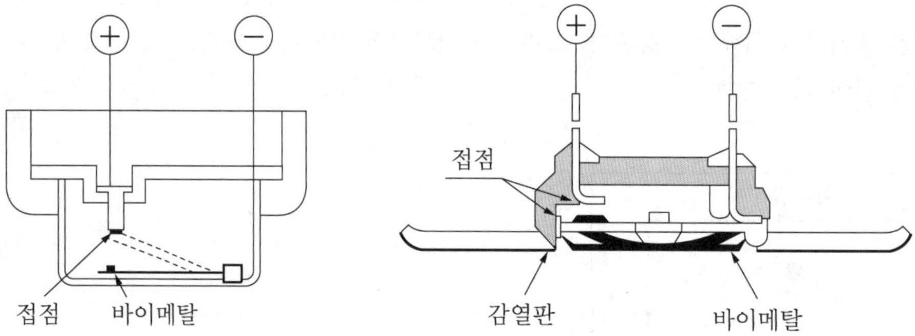

(a) 바이메탈의 활곡을 이용　　(b) 바이메탈의 반전을 이용

■ 그림 1-1-15 바이메탈을 이용한 정온식 스포트형 감지기의 개략도

② 열반도체식

열반도체식(熱半導體式)은 열반도체를 이용한 것으로 일정한 온도에 노출되면 저항이 급격하게 작아지는 서미스터(NTC)를 이용하여 특정한 온도에 이르게 되면 저항이 작아져 회로에 많은 전류가 흘러 감지기에 내장된 계전기(relay)가 작동하여 수신기에 신호를 보내는 방식이다. 그림 1-1-16은 열반도체를 이용한 정온식 스포트형 감지기의 실체 사진을 나타낸다.

(a) 감지기의 외형　　(b) 감지기의 베이스　　(c) 감지기의 전원 배선

■ **그림 1-1-16** 열반도체를 이용한 정온식 스포트형 감지기의 실체 사진

그림 1-1-17은 열반도체를 이용한 정온식 스포트형 감지기의 회로도이다. 정온식 스포트형 감지기의 회로는 차동식 스포트형 감지기의 회로와 매우 유사하며, 차이점은 온도를 감지하는 서미스터(Th)가 1개라는 것이다.

서미스터(Th)는 외부에 노출되어 있어서 감지기 주위의 온도가 상승하면 서미스터(Th)가 감지하여 공칭작동온도 이상이 되면 작동한다. B점의 전압은 저항 R_1, R_2의 분압비에 의해서 결정된다. 일반적으로 $\frac{1}{2}V_{cc}$ 보다 높게 설정되며, 평상시에는 A점 전압이 $\frac{1}{2}V_{cc}$가 되고, B점 전압은 $\frac{1}{2}V_{cc}$ 보다 높다. 그러므로 A점의 전압이 B점의 전압보다 높지 않을 때는 비교기 OP 앰프(Operational amplifier)의 C점 출력은 0 [V]이므로 실리콘제어정류소자(SCR; Silicon Controlled Rectifier)는 작동할 수 없다.

그러나 화재가 발생할 때 발생된 열을 서미스터(Th)가 감지하고, A점의 전압이 B점의 전압보다 커지므로 C점의 출력은 V_{cc}로 됨으로써 SCR을 트리거(trigger)시켜 SCR의 작동과 동시에 발광다이오드(LED; Light Emitting Diode)가 점등되며 화재신호를 발신하게 된다.

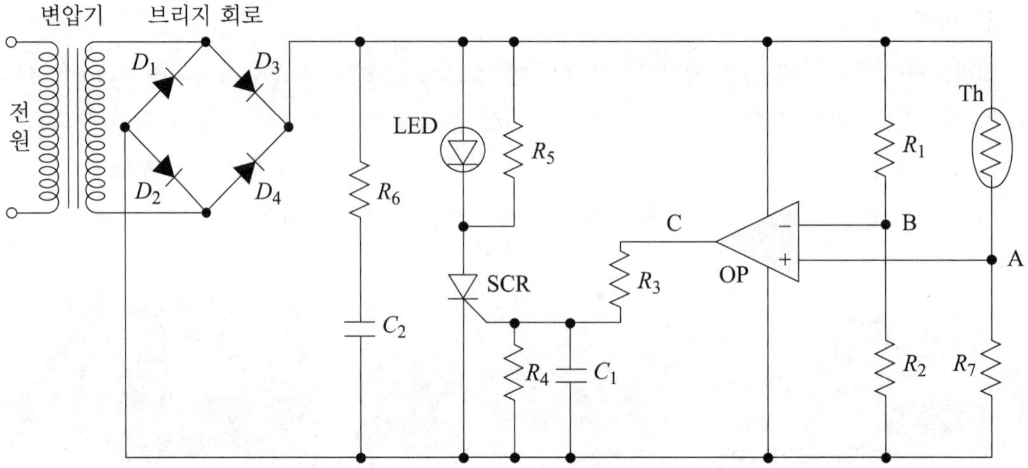

■ **그림 1-1-17** 열반도체를 이용한 정온식 스포트형 감지기의 회로도

(2) 정온식 감지선형 감지기

정온식 감지선형 감지기(定溫式 感知線形 感知器)는 일국소의 주위 온도가 설정한 온도 이상이 되는 경우에 작동하는 것으로서 외관이 전선으로 되어 있는 것을 말한다.

감지 소자는 절연한 2가닥의 전선을 이용하여 화재가 발생하면 열에 의해 절연 성능이 저하되어 2가닥 사이에 전류가 흐르게 된다. 감지선은 3 [mm] 정도의 굵기로 되어 있고, 도체(conductor), 감열 재료(insulator), 보호 테이프(binder), 외피(sheath) 순으로 되어 있다. 감도에 따라 특종, 1종, 2종 등으로 구분되며 작동 온도에 따라 표 1-1-2와 같이 색상으로 구분하며, 외형 및 개략도는 그림 1-1-18에 나타낸다.

● **표 1-1-2** 정온식 감지선형 감지기의 색상 및 온도

공칭작동온도	80 [℃] 이하	80 [℃] 이상~120 [℃] 이하	120 [℃] 이상
색 상	백 색	청 색	적 색

(a) 감지선의 외형

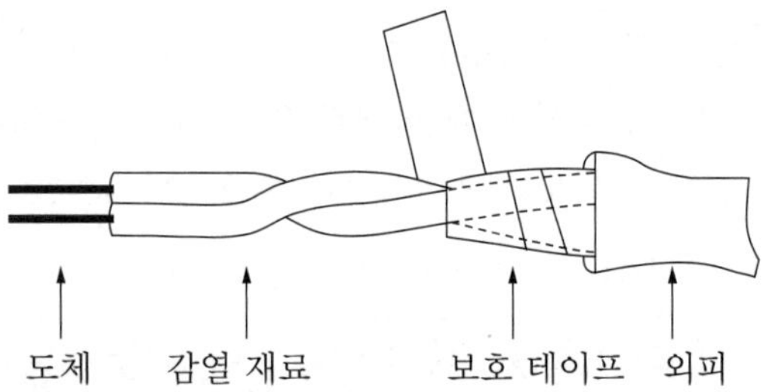

(b) 감지선의 개략도 및 명칭

■ **그림 1-1-18** 정온식 감지선형 감지기의 외형 및 개략도

▌감지선의 설치기준 ▌

① 보조선 또는 고정금구를 이용하여 감지선의 변형이 없도록 시설하며 직선 부분의 고정은 50 [cm] 이내로 할 것

② 단자부와 마감 고정금구와의 설치 간격은 10 [cm] 이내로 할 것

③ 감지선형 감지기의 굴곡 반경은 5 [cm] 이상으로 할 것

④ 감지기와 감지구역의 각 부분과의 수평거리가 내화구조는 1종 4.5 [m] 이하, 2종 3 [m] 이하로 할 것. 단, 기타구조는 1종 3 [m] 이하, 2종 1 [m] 이하로 할 것

⑤ 케이블트레이(cable tray)에 감지기를 설치하는 경우에는 케이블트레이 받침대에 마감 금구를 사용하여 시설할 것

⑥ 지하구나 창고의 천장 등에 지지물이 적당하지 않은 장소에서는 보조선을 설치하고 그 보조선에 설치할 것

⑦ 분전반 내부에 설치하는 경우에는 접착제를 이용하여 돌기를 바닥에 고정시키고 그 곳에 감지기를 설치할 것

⑧ 그 밖의 설치방법은 형식승인내용에 따르며 형식승인사항이 아닌 것은 제조사의 시방에 따라 시설할 것

3.1.3 보상식 스포트형 감지기

차동식은 화재가 발생할 때 온도가 빠르게 상승하면 화재 초기에 화재를 감지할 수 있으나 온도가 너무 빨리 상승하지 않는 지연 화재인 경우에는 화재 감지기의 반응이 늦어지는 단점이 있다. 정온식은 감지기 주변의 온도가 설정 값 이상에 도달해야 반응하기 때문에 화재 초기에 감지하기가 어렵다는 단점이 있다. 따라서 보상식 감지기(補償式 感知器, compensation type detector)는 차동식 스포트형 감지기와 정온식 스포트형 감지기의 단점이 보완된 것으로 두 가지의 성능 중에서 어느 한쪽의 기능이 작동되면 신호가 발생하도록 되어 있다. 그림 1-1-19는 스포트형 감지기의 종류 및 명칭을 나타낸다.

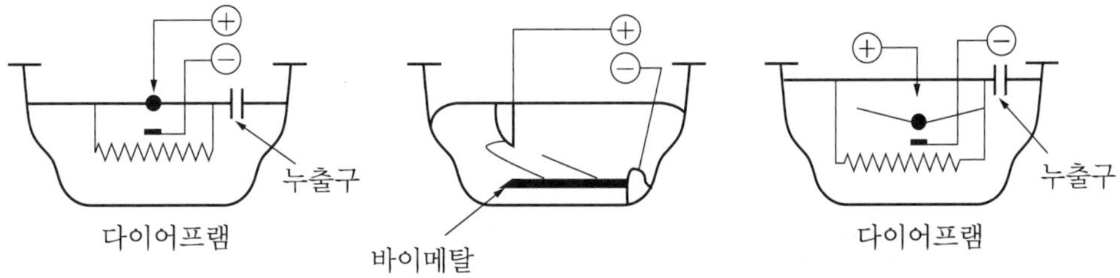

(a) 차동식 (b) 정온식 (c) 보상식

■ **그림 1-1-19** 스포트형 감지기의 구조 및 명칭

3.2 연기감지기

연기(煙氣, smoke)는 화재가 발생했을 때 생성되는 부산물로서 완전 연소되지 못한 고체 및 액체 입자(粒子, particle)들이 공기 중에서 떠돌아다니고 있는 상태를 말한다. 입자의 크기는 연소 상황에 따라 차이가 있으나 대략 0.1 ~ 10 [μm]이다.

연기는 입자의 밀도, 가스 등의 함유 정도에 따라 순한 연기, 유독성 연기, 맹독성 연기 등으로 구분되며 연소 물질에 따라 색도 달라진다. 물기나 수분이 많이 함유된 물질이 연소할 때는 백색 연기가 많이 발생하고, 비교적 건조된 건초나 볏단 등과 같은 가연 물질이 연소될 때는 회색 연기가 발생한다.

다이너마이트(dynamite), TNT(trinitrotoluene) 등과 같은 폭발성 물질이 연소될 때는 황색 또는 적갈색 연기가 발생하나 대부분의 연기는 검정색이다.

물질은 대기 중에서 완전 연소되기 위한 조건이 형성되기 어렵기 때문에 불완전 연소에 따른 반응 가스는 더욱 진한 검정색이 된다. 고무, 석탄, 석유, 등유 등이 불완전 연소가 되었을 때 발생되는 가스의 입자는 크기가 크고 밀도가 높기 때문에 진한 검정색이다.

▌연기감지기의 특징▐

① 화재 초기에 발생되는 연소 가스를 적절하게 검출하여 초기 피난 유도가 가능하다.
② 연소 과정에 발생되는 다양한 연기의 색에 영향이 없이 감지기가 반응할 수 있다.
③ 연기에 의해 감지기의 마모가 없으므로 다시 사용하여도 감도를 재조정할 필요가 없다.
④ 감지기 1개의 경계 면적이 넓고, 층고가 8 [m] 정도로 높은 천장에도 설치할 수 있다.

3.2.1 광전식 연기감지기

광전식 연기감지기(光電式 煙氣感知器, photo-electronic smoke detector)는 외부의 빛의 영향을 받지 않도록 암실 형태의 용기 속에 광원과 수광 소자를 설치한 것이다. 즉, 감지기 주위에 유입된 공기에 연기가 포함되어 있는 경우 광량의 변화를 감지함으로써 화재신호를 발신하는 것이다.

광전식 연기감지기에는 스포트형, 분리형 등이 있다. 구성요소는 발광부, 수광부, 차광판, 신호 증폭 회로, 스위칭 회로, 작동표시장치 등으로 되어 있다.

(1) 광전식 스포트형 감지기

광전식 스포트형 감지기는 발광 소자와 수광 소자를 감지기 내에 구성한 것으로 감지기 주위의 공기가 일정한 농도의 연기를 포함하면 작동하는 감지기이다. 빛의 차단을 이용하는 감광식

(感光式, photosensitive type)과 빛의 산란을 이용하는 산란광식(散亂光式, scattered light type)이 있다.

광전식 스포트형 감지기의 감도는 1종, 2종, 3종으로 구분한다. 1종은 연기농도가 5 [%], 2종은 10 [%], 3종은 15 [%] 등에서 작동한다. 그림 1-1-20은 광전식 스포트형 연기감지기의 작동원리의 개략도를 나타낸다.

(a) 연기감지기 미작동 (b) 연기감지기 작동

■ **그림 1-1-20** 광전식 스포트형 연기감지기의 작동원리 및 명칭

그림 1-1-21은 산란광식 스포트형 연기감지기의 실체 사진을 나타낸다. 그림 1-1-22는 산란광식 스포트형 연기감지기의 회로도 및 수신기의 연결 상태를 나타낸다. 감지기의 암실 내에 갈륨비소(GaAs)를 이용한 발광다이오드(LED)와 포토트랜지스터(PT; Photo Transistor)는 일정 거리를 두고 설치한다.

화재가 발생하여 연기가 감지기 내부로 유입되면 발광다이오드 광로의 빛과 충돌하여 빛이 산란하게 된다. 이 산란광은 PT로 수광하여 OP앰프에서 신호를 증폭한 후에 콘덴서 C_1을 통하여 PUT_1(Programmable Unijunction Transistor)을 트리거하면 L단자와 CL(Circuit Level)단자 사이의 임피던스는 낮아진다.

(a) 감지기의 외형 (b) 감지기의 베이스 (c) 감지기의 전원 배선

■ **그림 1-1-21** 산란광식 스포트형 연기감지기의 실체 사진

따라서 그림 1-1-22(b)의 사이리스터(Th, thyristor)의 게이트에 직류전원(E)의 게이트 전류가 흐르고 Th는 작동(Turn-On)과 동시에 지구 표시등(L)의 점등 및 발신기 등이 작동하도록 신호를 발신한다.

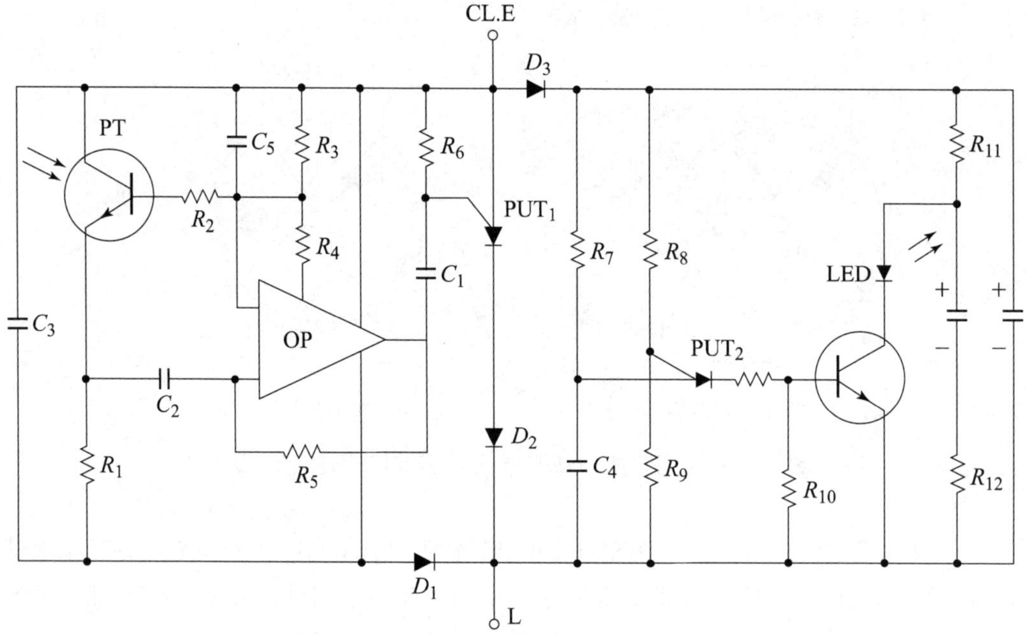

(a) 산란광식 연기감지기의 회로도

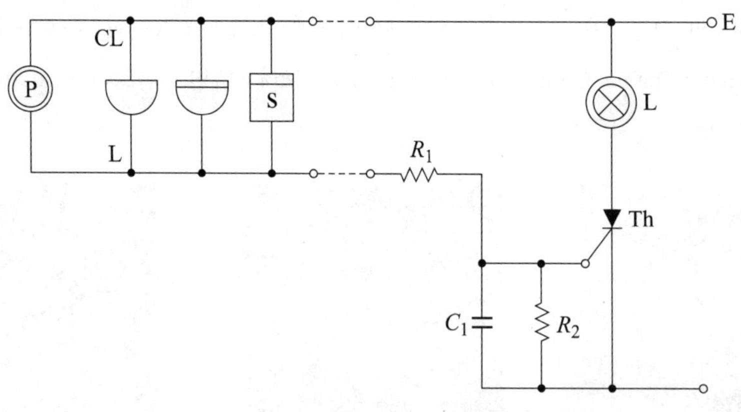

(b) 산란광식 연기감지기의 수신기와 접속 회로

■ **그림 1-1-22** 산란광식 스포트형 연기감지기의 회로도 및 수신기와 접속 회로

(2) 광전식 분리형 감지기

광전식 분리형 감지기(光電式 分離形 感知器)는 광전식 스포트형 감지기의 발광부와 수광부를 분리해 설치하여 넓은 지역에서 연기의 누적에 의한 수광량의 변화에 의해 작동하는 감지기이다.

화재가 발생하여 연기가 확산되어 적외선의 진로를 방해하면 수광부의 수광량이 감소하므로 이를 검출하여 화재신호를 발신하는 것이다. 발광부와 수광부의 거리는 제품에 따라 다르지만 일반적으로 5~100 [m] 정도가 되기 때문에 큰 공간을 갖는 체육관이나 홀 등에 효과적으로 이용할 수 있다. 또한 감지 농도를 스포트형보다 높게 설정해도 화재 감지 성능이 떨어지지 않으며, 국소적 또는 일시적인 연기의 체류에서 오작동하는 경우가 없다.

그리고 물체 또는 사람 등에 의해 적외선 전체가 차단되면 오작동으로 판단하여 작동하지 않으며, 공칭감시거리는 5 [m] 간격으로 되어 있다. 그림 1-1-23은 광전식 분리형 연기감지기의 실체 사진이며, 그림 1-1-24는 구성도 및 명칭을 나타낸다.

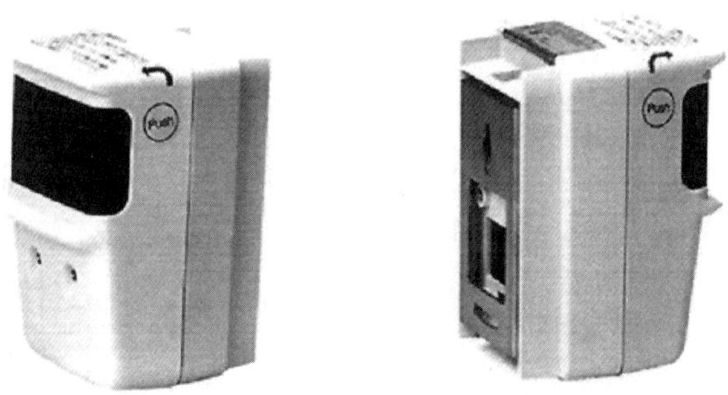

(a) 발광부 (b) 수광부

■ 그림 1-1-23 광전식 분리형 연기감지기의 실체 사진

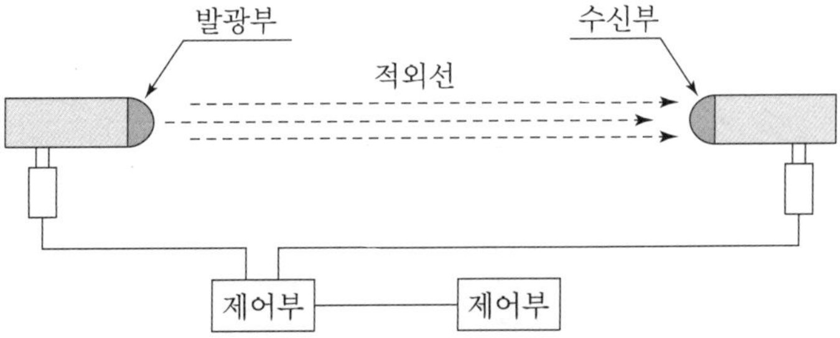

■ 그림 1-1-24 광전식 분리형 연기감지기의 구성도

(3) 광전식 공기흡입형 감지기

일반적인 이온화식 또는 광전식 감지기는 공기의 유속이 빠른 곳이나 연기의 미립자가 극히 작은 경우에는 감지하지 못하거나 작동하더라도 감지가 지연되는 문제를 가지고 있다. 이러한 문제를 해결하기 위해서 개발된 것이 광전식 공기흡입형 감지기인데 이는 화재의 초기 단계에 생성되는 0.005 ~ 0.02 [μm] 정도 크기의 입자를 검출하는 장치이다.

광전식 공기흡입형 감지기(光電式 空氣吸入形 感知器)는 연기 입자가 습기와 수적(水積, water droplet)을 형성하여 부피가 커지는 원리를 이용하여 화재의 초기 단계에 보다 빠르게 화재를 감지할 수 있도록 설계된 것이다. 구성요소는 흡입 배관, 공기 흡입 펌프, 감지부, 제어 계측부, 필터 등으로 되어 있고, 그림 1-1-25는 광전식 공기흡입형 감지기의 개략도를 나타낸다.

▌광전식 공기흡입형 감지기의 작동순서 ▌

① 감지하고자 하는 공간의 공기를 흡인한다.
② 용기 내의 압력을 변화시켜 응축시킨다.
③ 광전식 검지 장치로 측정 및 분석한다.
④ 수적(水積)의 밀도가 설정치 이상이면 화재신호를 발신한다.

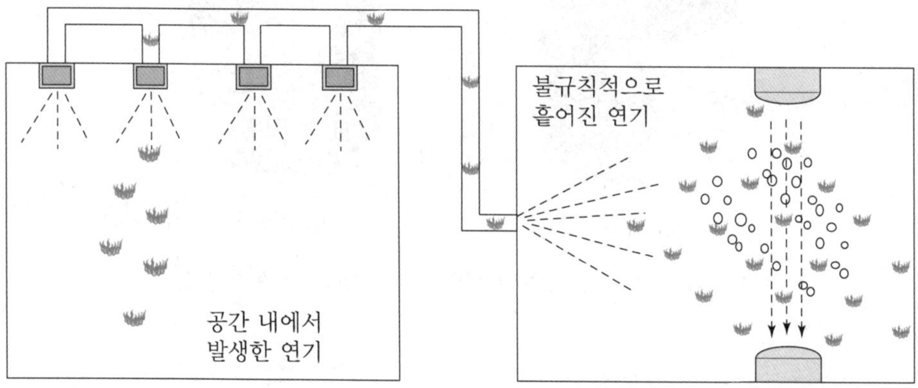

(a) 감지하고자 하는 공간　　(b) 습도 챔버

■ **그림 1-1-25** 광전식 공기흡입형 감지기의 작동 과정

3.2.2 이온화식 연기감지기

이온화식 연기감지기는 연기가 감지기 내부로 들어오면 연기에 포함된 입자가 공기와 반응하여 이온실의 내부 저항을 증가시켜 감지기 양단의 전압이 상승하여 경보를 발신하도록 설계한

것이다.

방사선 동위원소인 아메리슘(Americium) 241(Am^{241}), 아메리슘 95(Am^{95}), 라듐(Ra) 등이 방사하는 방사선 α선을 감지 이온으로 이용한 것이다. 연기 입자의 크기가 0.01 ~ 0.3 [μm] 정도이고 연소 과정에 검은색이 많이 발생할 수 있는 플라스틱이나 인화성 유류의 사용 및 취급 장소, 발화된 화재가 급격히 넓게 확산될 가능성이 높은 장소, 눈으로 화재의 식별이 어려운 연소물을 취급하는 장소 등에 설치하면 효과적이다.

이온화식 감지기는 화재신호 감지 후 신호를 발신하는 시간에 따라 축적형과 비축적형으로 분류된다. 구성요소는 이온실, 신호 증폭 회로, 스위칭 회로, 작동표시장치 등으로 되어 있으며, 그림 1-1-26은 이온화식 연기감지기의 실체 사진 및 구성도를 나타낸다.

(a) 실체 사진

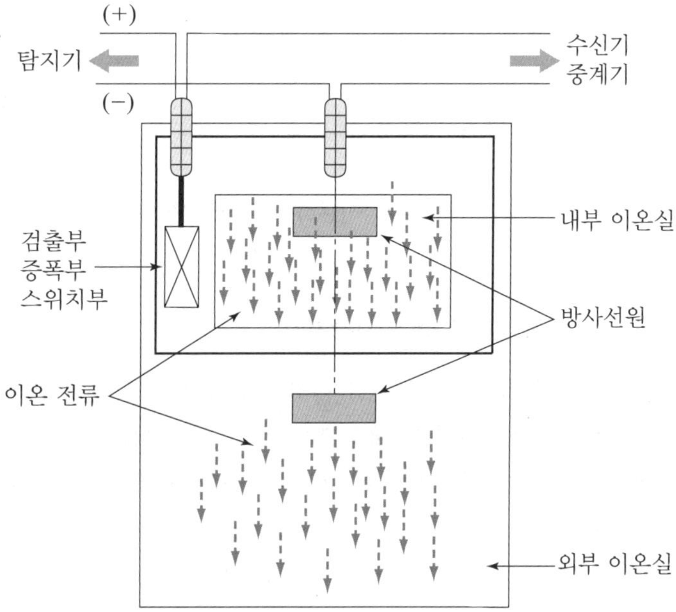

(b) 구성도

■ 그림 1-1-26 이온화식 연기감지기의 실체 사진 및 구성도

(1) 이온화식 축적형 연기감지기

축적형 연기감지기는 일정 농도 이상의 연기가 일정 시간 동안 축적한 것을 전기적으로 검출함으로서 작동하는 감지기이다. 이온화식 축적형 연기감지기는 일정 농도 이상의 연기를 감지되더라도 설정 시간 동안 연기를 재확인한 후 화재신호를 발신한다. 즉, 감지기가 화재의 발신을 단순히 지연시키는 것이 아니고 감지기 내부에 설치된 지연 회로 또는 축적 회로가 작동되

어 재확인하는 과정을 거쳐 화재신호를 발신하게 됨으로써 비화재보를 예방할 수 있다.

축적형은 일정 농도의 연기가 일정 시간 지속되어야 작동하게 된다. 이는 일시적으로 발생하는 연기에 의해 오작동하는 것을 방지하기 위한 것이다. 연기가 지속하는 축적시간은 5 [s] 이상 60 [s] 이하로 하고, 공칭축적시간은 10 [s] 이상 60 [s] 이하의 범위에서 10 [s] 간격으로 설정되어 있다. 그림 1-1-27은 이온화식 축적형 연기감지기의 감지신호를 검출하는 과정을 나타낸다.

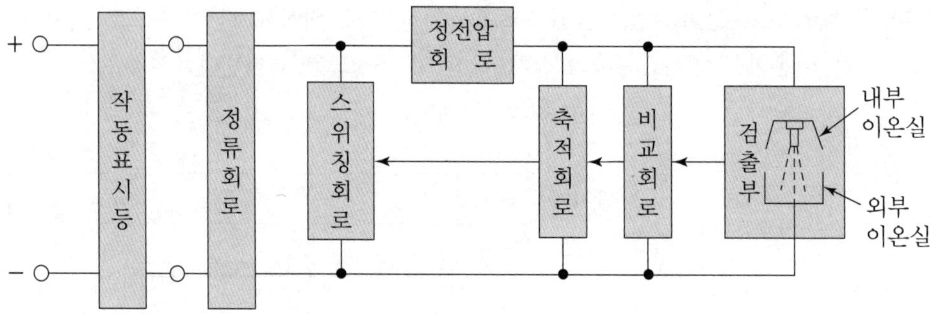

■ 그림 1-1-27 이온화식 축적형 연기감지기의 감지신호를 검출하는 과정

(2) 이온화식 비축적형 연기감지기

비축적형 연기감지기는 연기가 일정 농도가 되면 연기감지기가 즉시 작동하도록 되어 있다. 감지기는 공기가 자유롭게 유통할 수 있는 외부 이온실과 공기의 유통이 불가능한 밀폐된 내부 이온실이 있으며, 각각의 이온실에는 미량의 방사능 물질이 봉입되어 있다.

방사능 물질에서 방출되는 α선은 공기를 이온화시키며, 이온화된 공기는 연기와 결합하는 성질을 응용한 것이다. 그림 1-1-28은 방사능 물질에 의한 공기의 이온화 과정을 나타낸다.

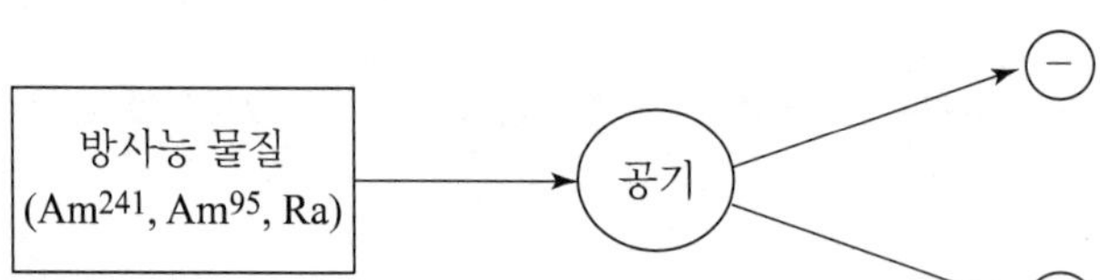

■ 그림 1-1-28 방사능 물질에 의한 공기의 이온화 과정

3.3 불꽃감지기

물질이 연소될 때 고유의 파장이 발생하는데 감광 검출 소자를 이용하여 화재신호로 발신하는 것이 불꽃감지기(flame detector)이다. 화염에서만 발생되는 특정 파장과 깜박거림 등을 감시하고 있다가 이러한 파장과 깜박거림이 일정치 이상이 되면 신호를 보내는 감지기로서 감지하는 파장에 따라 자외선식, 적외선식, 자외선 및 적외선 겸용 등이 있다.

불꽃감지기의 공칭감시거리는 20 [m] 미만의 장소에 적합한 것은 1 [m] 간격으로 설치하고, 20 [m] 이상의 장소에 적합한 것은 5 [m] 간격으로 분할하여 설치한다. 그리고 시야각은 5° 이상이며, 도로형인 경우에는 최대시야각이 180° 이상이어야 한다.

(1) 자외선식 불꽃감지기

자외선식 불꽃감지기(ultraviolet ray type flame detector)는 화재가 발생했을 때 생성되는 불꽃에서 방사되는 자외선의 변화가 일정량 이상일 때 작동하는 감지기로서 일국소의 자외선에 의해 수광 소자의 수광량 변화로서 작동하는 감지기이다.

사람이 육안으로 볼 수 있는 380～760 [nm]의 파장을 가시광선(可視光線, visible ray)이라 한다. 가시광선의 380 [nm] 보다 작은 파장 영역을 자외선(紫外線, UV; Ultraviolet ray)이라 하며 사람의 눈으로 식별할 수 없고, 약간의 살균 능력을 갖고 있다. 그리고 가시광선의 760 [nm] 보다 큰 파장 영역을 적외선(赤外線, IR; Infrared ray)이라 하며 역시 사람의 눈으로 식별이 불가능하고 따뜻한 열선이므로 보온 또는 난방에 활용된다.

자외선식 불꽃감지기의 수광 소자는 UV Thron이라는 가스 봉입 방전관을 이용한다. 그림 1-1-29는 실체 사진을 나타내며, 그림 1-1-30은 자외선식 불꽃감지기의 작동순서도를 나타낸다.

■ 그림 1-1-29 자외선식 불꽃감지기의 실체 사진

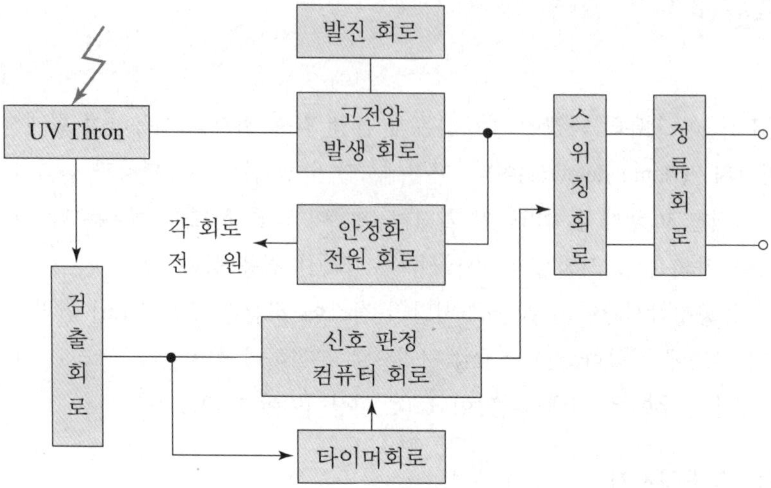

■ 그림 1-1-30 자외선식 불꽃감지기의 작동순서도

(2) 적외선식 불꽃감지기

자연계에 존재하는 생명체는 자신이 가지고 있는 고유의 파장을 방출하는데 그 것을 적외선(赤外線, IR; Infrared ray)이라 한다. 생물체에서 방출되는 적외선은 그 물체의 온도에 따라 약간의 차이가 있는데 온도가 높은 쪽에서는 짧은 파장의 적외선을 방출하고, 온도가 낮은 것은 파장이 긴 적외선을 방출하는데 이것을 원적외선이라고 한다.

적외선식 불꽃감지기(IR type flame detector)는 불꽃에서 방사되는 적외선의 변화가 일정량 이상으로 되었을 경우 작동하는 감지기로서 적외선에 의해 수광 소자의 수광량 변화로서 작동하는 감지기이다.

그림 1-1-31은 적외선식 불꽃감지기의 작동순서도를 나타낸다. 감지부의 감지 센서가 불꽃을 검출하면 사이리스터(Th_1)가 ON 되어 동작 전류가 흐르고, 입력 전압의 변화에 의해 안정화 전원으로부터 각각의 회로에 전원을 공급하게 된다.

검출부의 광학 필터는 적외선을 유도시키고, 검출 소자는 초전형 적외선 센서를 사용하여 불꽃의 흔들림 변화량을 검출한 후 증폭기로 미약한 신호를 증폭한다. 이 증폭신호 중에서 불꽃의 기본주파수 범위인 2～20 [Hz]만을 선택하는 것이 전기필터이다.

전기필터의 신호는 판단부의 파형정형기와 상태판정기로 보내진다. 상태판정기의 신호를 받은 적분기는 신호를 축적하기 시작하고, 타이머 회로는 설정된 주기 동안에 적분기에 리셋(reset)신호를 보낸다.

적분기의 출력이 타이머 시간의 설정 범위가 되어 레벨판정기가 동작하면 스위칭 회로의 사이리스터(Th_1)를 ON 시켜 신호가 발신한다. 이와 같은 적외선식 불꽃감지기는 특정 파장에 민감하게 작동하므로 설비를 감시하는 검시각과 동작 시간이 설정되어 있어서 오동작을 줄일 수 있다. 또한 시스템이 설치된 현장의 온도, 습기, 진동 등이 많은 곳에 적용하는 것은 부적절하며, 난로, 전기스토브, 난방기 등 열원이 적외선을 발생하는 곳에 설치하는 것은 오동작을 유발시킬 수 있다.

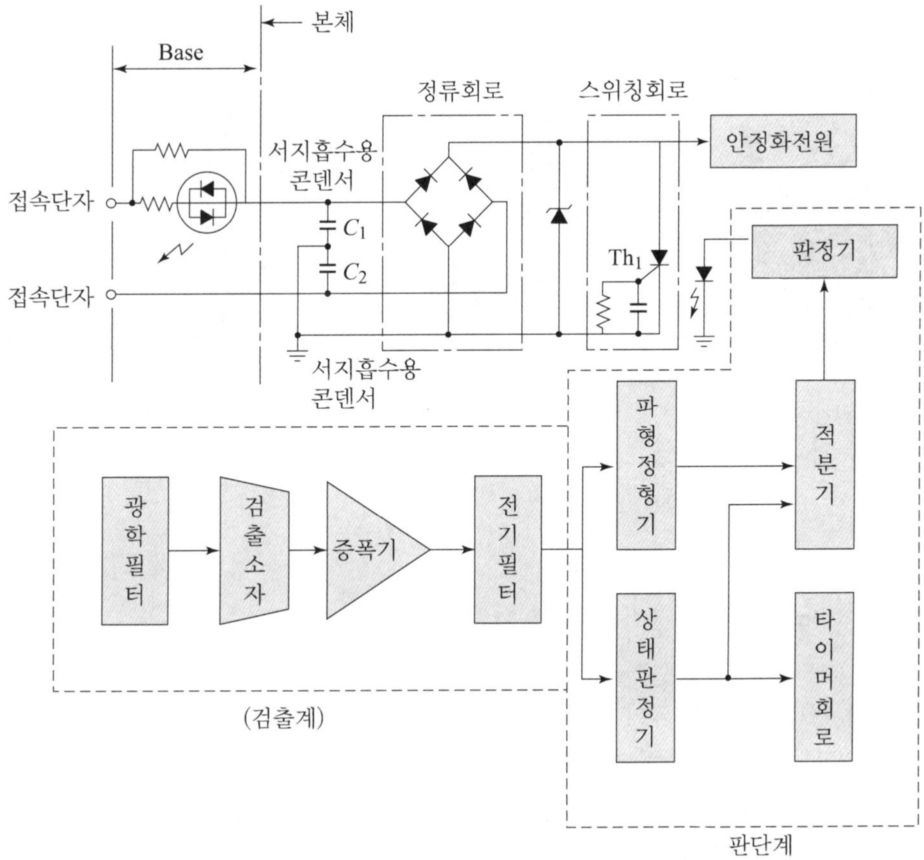

■ **그림 1-1-31** 적외선식 불꽃감지기의 작동순서도

(3) 자외선 및 적외선 겸용 불꽃감지기

자외선 및 적외선 겸용 불꽃감지기는 불꽃에서 방사되는 불꽃의 변화가 일정량 이상이 되었을 때 작동하는 것으로서 자외선 또는 적외선에 의한 수광 소자의 수광량 변화에 의하여 1개의 화재신호를 발신하는 감지기이다.

일반적으로 자외선식 불꽃감지기의 성능과 적외선식 불꽃감지기의 성능을 둘 다 가지고 있어서 자외선 및 적외선에 의한 화재신호를 발신하거나 2개의 화재신호를 각각 발신할 수 있는 감지기이다. 따라서 사용 환경 조건의 변화에 따라 선택적으로 시스템을 운용할 수 있는 장점이 있다.

그런데 화재에서 발생된 불꽃이 자외선 및 적외선 감지기에 동시 감지되었을 때만 경보 시스템이 작동되도록 되어 있는 경우에는 비화재보 요인을 감소시키는 장점이 있으나 자외선 또는 적외선 감지신호 1개만 감지되어도 작동되도록 설계된 시스템에서는 민감한 화재신호 발신이 발생한다. 그림 1-1-32는 자외선 및 적외선 겸용 불꽃감지기의 실체 사진을 나타낸다.

(a) 정면 (b) 측면(1) (c) 측면(2)

■ **그림 1-1-32** 자외선 및 적외선 겸용 불꽃감지기의 실체 사진

3.4 복합형 감지기

화재가 발생했을 때 열은 많이 발생하나 연기를 발생하지 않는 장소에는 연기감지기의 설치는 의미가 없고, 반대로 연기는 다량 발생되나 열이 많이 발생하지 않는 장소에 열감지기를 설치하는 것도 의미가 없다. 그러므로 장소별 최적의 감지기를 설치하고, 감지기 작동의 오류를 배제하기 위해서 열과 연기의 발생을 모두 감지할 수 있어야 한다.

따라서 화재가 발생하면 감지기가 작동할 수 있도록 화재 감지 원리 중에서 하나만의 원리에 의해 화재를 감지하는 것이 아니고 하나의 감지기에 두 가지 감지 원리를 조합하여 화재를 적절하게 감지하도록 설계한 시스템이 복합형 감지기이다. 복합형 감지기는 감지 대상의 성질에 따라 열 복합형 감지기, 연기 복합형 감지기, 열·연기 복합형 감지기 등이 있다.

(1) 열 복합형 감지기

열 복합형 감지기(熱 複合形 感知器)는 차동식 스포트형 감지기와 정온식 스포트형 감지기의 성능을 겸비한 것으로 두 가지 모두가 작동될 때 화재신호를 발신하거나 또는 두 개의 화재신호를 각각 발신하는 것을 말한다. 그림 1-1-33은 열 복합형 감지기의 구성 사례를 나타낸다.

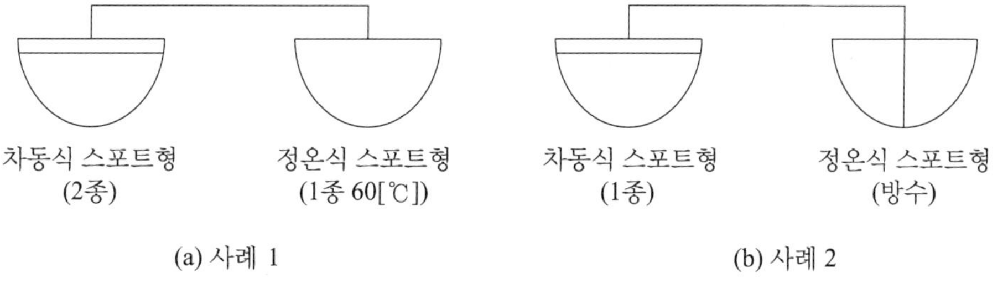

■ **그림 1-1-33** 열 복합형 감지기의 구성 사례

(2) 연기 복합형 감지기

연기 복합형 감지기(煙氣 複合形 感知器)는 이온화식 감지기와 광전식 감지기의 성능이 있는 것으로서 두 가지의 성능이 함께 작동될 때 화재신호를 발신하거나 또는 두 개의 화재신호를 각각 발신하는 것을 말한다. 그림 1-1-34는 연기 복합형 감지기의 구성 사례를 나타낸다.

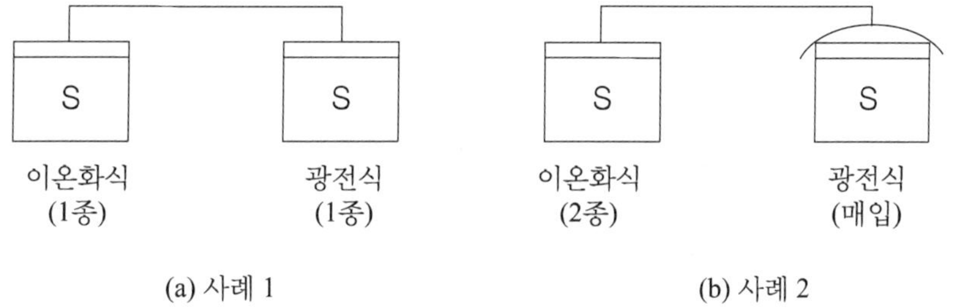

■ **그림 1-1-34** 연기 복합형 감지기의 구성 사례

(3) 열·연기 복합형 감지기

열·연기 복합형 감지기(熱煙氣 複合形 感知器)는 차동식 스포트형 감지기와 이온화식 감지기, 차동식 스포트형 감지기와 광전식 감지기, 정온식 스포트형 감지기와 이온화식 감지기, 정온식 스포트형 감지기와 광전식 감지기 등이 있다.

각각의 감지기는 2가지의 감지 성능이 동시에 작동될 때 화재신호를 발신하거나 각각의 화재신호를 개별로 발신하는 것이다. 그림 1-1-35는 열·연기 복합형 감지기의 구성 사례를 나타낸다.

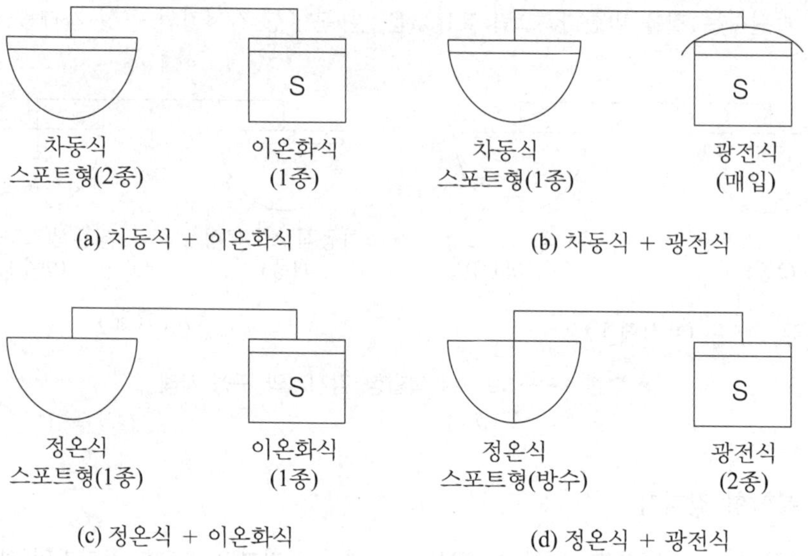

■ 그림 1-1-35 열·연기 복합형 감지기의 구성 사례

3.5 기타

(1) 다신호식 감지기

다신호식 감지기(多信號式 感知器)의 화재 감지 원리는 일반 감지기와 동일하나 1개의 감지기 내에 서로 다른 종별, 감도, 공칭작동온도, 공칭축적시간 등 서로 다른 2개 이상의 화재신호를 발신하는 감지기이다.

예를 들면 공칭작동온도가 60 [℃]와 70 [℃]를 구성한 정온식 다신호식 감지기는 60 [℃]와 70 [℃]에서 신호를 두 번 발신하게 된다. 이와 같은 방식의 감지기로부터 화재신호를 수신하기 위해서는 다신호식 수신기를 사용해야 한다.

복합형 감지기는 확실한 화재 감지를 목적으로 시스템에 적용하는 경우가 많으나 다신호식 감지기는 비화재보를 방지하기 위한 목적으로 주로 적용한다. 그림 1-1-36은 다신호식 감지기의 구성 사례를 나타내며, 표 1-1-3은 복합형 감지기와 다신호식 감지기의 차이점을 나타낸다.

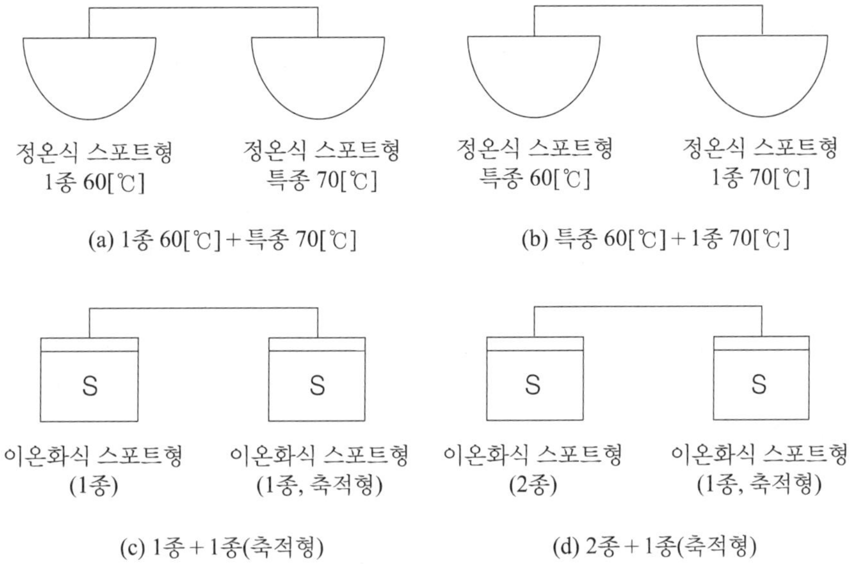

■ **그림 1-1-36** 다신호식 감지기의 구성 사례

● **표 1-1-3** 복합형 감지기와 다신호식 감지기의 차이점

복합형 감지기	구 분	다신호식 감지기
감지 원리가 다른 감지 소자의 조합	감지 소자	종별, 감도, 축적 여부 등이 다른 감지 소자의 조합
두 기능이 모두 작동될 때 또는 두 개의 화재신호를 각각 발신	화재신호의 발신	각 감지 소자가 작동할 때

(2) 아날로그식 감지기

아날로그식 감지기(analog type detector)는 주위의 온도 또는 연기량의 변화에 따라 각각 다른 전류치 또는 전압치 등의 출력을 발신하는 감지기이다. 즉, 일반 감지기는 화재 상태와 비화재 상태의 디지털신호를 전송하지만 아날로그 감지기는 연속적으로 변화하는 물리량을 전송한다. 이러한 아날로그방식의 신호 특성 때문에 일반 감지기처럼 자신이 화재 여부를 판단하여 발신하는 것이 아니라 시시각각으로 검출된 온도 또는 연기의 농도에 대한 정보만을 수신기에 송출하고 화재 여부의 판단은 수신기에서 하도록 되어 있다.

그림 1-1-37은 아날로그식 감지기의 구성도를 나타낸 것으로 화재신호를 감지한 감지기는 수신기와 연결된 전송선을 이용하여 고유번호(address)에 따라 주기적으로 호출된다. 고유번호 정보와 시스템 내에 설정된 번호를 비교하여 호출된 신호와 일치될 때 응답하며 동일 전송선에

접속되어 있는 감지기만 응답하게 된다. 따라서 감지기는 화재검출부에서 열, 연기 등의 화재 정보를 검출하고 그 아날로그 출력신호를 A/D(analog-to-digital) 변환부에서 디지털신호로 변환하여 전송제어부로 보낸다.

전송 제어부는 고유번호 설정부와 비교한 후 전송선 인터페이스(I/F; interface)를 통하여 수신기에 송신한다. 수신기는 이 값을 수신하여 감지기 설치장소마다 환경에 적합한 최적의 감시 조건과 비교하여 화재 판단을 실시하여 필요에 따라 화재 경보를 발신한다. 또한 수신기는 감지기의 검출 출력을 수신하는 기능 이외에 화재 경보와 판단 결과를 표시하는 작동 표시등의 출력 제어 및 화재검출부의 기능을 확인하기 위한 시험 신호 출력 제어가 가능하다.

아날로그식 감지기는 화재가 발생했을 때 생성되는 물질에 따라 감지방식이 다르며 열 아날로그식 스포트형 감지기, 아날로그 이온화식 스포트형 감지기, 아날로그 광전식 스포트형 감지기 등이 있다.

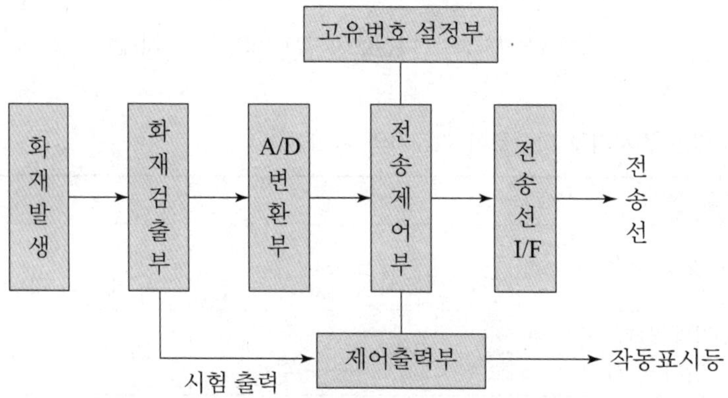

■ 그림 1-1-37 아날로그식 감지기의 작동순서

① 열 아날로그식 스포트형 감지기

열 아날로그식 스포트형 감지기는 일국소의 주위 온도가 설정된 범위의 온도에 도달될 때 해당 온도에 반응하는 화재신호를 발신하는 감지기이다. 이것은 공칭감지온도는 60 [℃] 이상 165 [℃] 이하이다.

감지기의 작동 범위는 하한 값에서 10 [℃] 이상이며, 상한 값에서는 10 [℃] 낮은 온도 이하이고 1 [℃] 간격으로 되어 있다. 그림 1-1-38은 열 아날로그식 스포트형 감지기의 외형을 나타낸다.

■ **그림 1-1-38** 열 아날로그식 연기감지기

② 아날로그 이온화식 스포트형 감지기

아날로그 이온화식 스포트형 감지기는 주위의 공기가 연기를 포함하여 일정 범위의 이온 농도에 도달했을 때 해당 농도에 대응하는 화재신호를 발신하는 감지기이다. 그림 1-1-39는 아날로그 이온화식 스포트형 감지기의 구성도를 나타낸다.

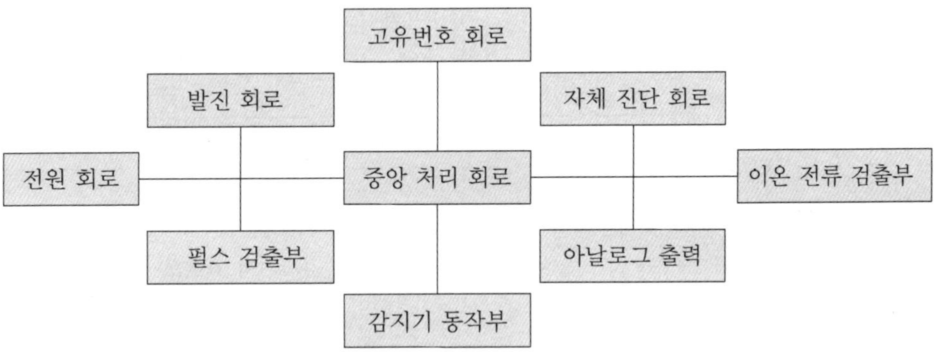

■ **그림 1-1-39** 아날로그 이온화식 스포트형 감지기의 구성도

③ 아날로그 광전식 스포트형 감지기

아날로그 광전식 스포트형 감지기는 주위의 공기가 연기를 포함하여 일정 범위의 농도가 생성되었을 때 광전 소자의 수광량 변화량을 이용하여 화재신호를 발신하는 감지기이다.

그림 1-1-40은 아날로그 광전식 스포트형 감지기의 외형을 나타낸 것이며, 그림 1-1-41은 감지기 회로도를 나타낸다.

■ 그림 1-1-40 광전식 아날로그 연기감지기

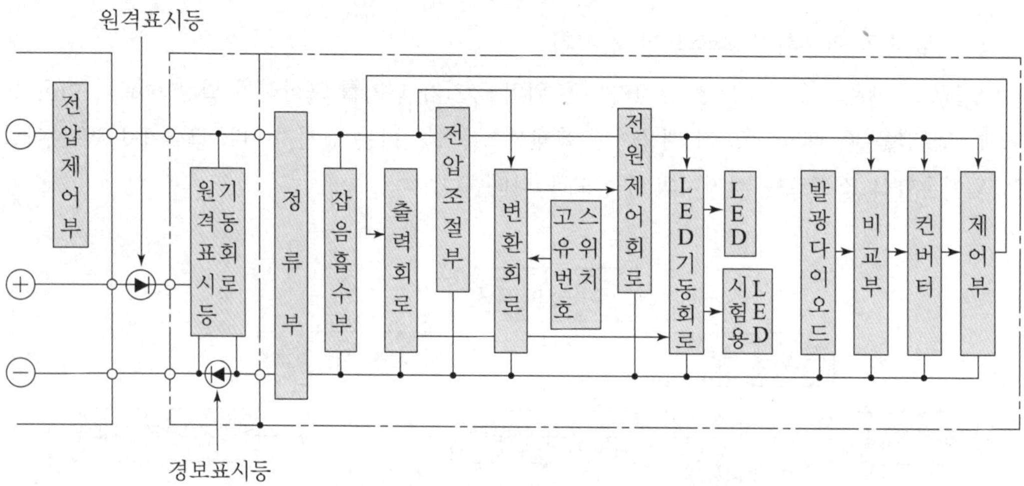

■ 그림 1-1-41 아날로그 광전식 스포트형 감지기의 회로도

④ 아날로그 광전식 분리형 감지기

아날로그 광전식 분리형 감지기는 주위의 공기가 연기를 포함하여 설정 범위까지 농도가 누적되어 광전 소자의 수광량 변화에 따라 화재신호를 발신하는 감지기이다.

(3) 주소형 감지기

화재가 발생한 화재 위치에 대한 정보를 제공하는 기능이 있는 것을 주소형 감지기(住所形感知器, address type detector)라고 한다. 일반 감지기는 화재 위치를 알려줄 수 있는 기능이 없어 경계구역마다 각각의 회로를 구성하여 화재 위치를 표시한다.

주소형 감지기는 고유한 신호를 발신할 수 있는 신호장치가 있으며, 그림 1-1-42와 같은 딥스위치(dip switch)에 의해서 고유 번지를 지정한다. 그리고 주소형 감지기는 수신기의 디지털 표시창에 해당 감지기의 고유 번지가 표시된다. 이렇게 수신기에서 개별적으로 인식할 수 있도록 하는 신호방식을 고유 번지 기능 또는 주소 기능이라고 한다.

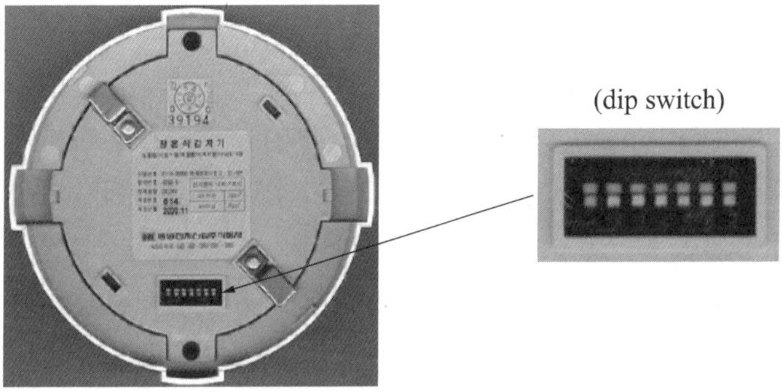

■ 그림 1-1-42 주소형 감지기의 외형 및 딥스위치

주소형 감지기는 감지기 내부에 마이크로프로세서를 내장시키는데 내장된 마이크로프로세서를 통해 부가적으로 다음의 기능들을 수행하게 된다. 이러한 기능들이 이루어지기 위해서는 다음과 같은 기능이 있어야 한다.

① 자기 진단 기능

자기 진단 회로로 감지기 자체의 고장 여부를 계속적으로 확인하여 고장이 발생하였을 때 수신기에 고장신호를 보낸다.

② 오염도 경보 기능

설치장소 및 연한에 따라 감지기의 이온실이 먼지, 기름 등의 이물질에 점차적으로 오염되어 아날로그 값이 그 설정치를 초과할 경우 감지기가 장해신호를 수신기에 송신하여 경보를 발신하는 기능으로 감지기의 청소 및 교체에 대한 신호를 보낸다.

③ 감지기 착탈 감시 기능

수신기에서 주소형 감지기와 일정 주기로 신호를 주고받고 있는데 감지기가 이탈되면 수신기에서는 이상 경보 및 해당 감지기의 고유번지가 표시되어 감지기의 착탈을 감시하게 할 수 있다.

4. 감지기의 설치기준

4.1 일반 공통 사항

자동화재탐지설비가 설치되는 건물에는 각 공간마다 화재를 감지할 수 있도록 감지기가 설치되어야 한다. 그러나 어떤 공간은 화재의 위험성이 적거나, 감지기를 설치해도 화재의 감지가 매우 어렵거나, 감지기의 유지 관리가 어려운 공간들이 있다. 이러한 장소에는 감지기를 설치하는 것이 합리적이지 않을 수 있다.

교차회로방식에 사용되는 감지기, 급속한 연소 확대가 우려되는 장소에 사용되는 감지기 및 축적기능이 있는 수신기에 연결하여 사용하는 감지기는 축적기능이 없는 것으로 설치해야 한다.

① 실내로의 공기유입구로부터 1.5 [m] 이상 떨어진 위치에 설치할 것. 단, 차동식 분포형은 제외

② 천장 또는 반자의 옥내에 면하는 부분에 설치할 것

③ 보상식 스포트형 감지기는 정온점이 감지기 주위의 평상시 최고온도보다 20 [℃] 이상 높은 것으로 설치할 것

④ 정온식 감지기는 주방, 보일러실 등으로서 다량의 화기를 취급하는 장소에 설치하되, 공칭작동온도가 최고주위온도보다 20 [℃] 이상 높은 것으로 설치할 것

⑤ 스포트형 감지기는 45° 이상 경사되지 않도록 부착할 것

⑥ 차동식 스포트형·보상식 스포트형 및 정온식 스포트형 감지기는 그 부착높이 및 특정소방대상물에 따라 다음 표 1-1-4에 따른 바닥면적마다 1개 이상을 설치할 것

● **표 1-1-4** 부착높이 및 특정소방대상물의 구분에 따른 차동식·보상식·정온식 스포트형 감지기의 종류

<table>
<tr><th colspan="2" rowspan="3">부착높이 및 특정소방대상물의 구분</th><th colspan="7">감지기의 종류(단위: m²)</th></tr>
<tr><th colspan="2">차동식 스포트형</th><th colspan="2">보상식 스포트형</th><th colspan="3">정온식 스포트형</th></tr>
<tr><th>1종</th><th>2종</th><th>1종</th><th>2종</th><th>특종</th><th>1종</th><th>2종</th></tr>
<tr><td rowspan="2">4 [m] 미만</td><td>주요구조부가 내화구조로 된 특정소방대상물 또는 그 부분</td><td>90</td><td>70</td><td>90</td><td>70</td><td>70</td><td>60</td><td>20</td></tr>
<tr><td>기타구조의 특정소방대상물 또는 그 부분</td><td>50</td><td>40</td><td>50</td><td>40</td><td>40</td><td>30</td><td>15</td></tr>
<tr><td rowspan="2">4 [m] 이상 8 [m] 미만</td><td>주요구조부가 내화구조로 된 특정소방대상물 또는 그 부분</td><td>45</td><td>35</td><td>45</td><td>35</td><td>35</td><td>30</td><td>-</td></tr>
<tr><td>기타구조의 특정소방대상물 또는 그 부분</td><td>30</td><td>25</td><td>30</td><td>25</td><td>25</td><td>15</td><td>-</td></tr>
</table>

4.2 부착높이에 따른 감지기의 종류

특정소방대상물의 부착높이에 따른 감지기의 종류는 표 1-1-5와 같다.

● **표 1-1-5** 부착높이에 따른 감지기의 종류

부착높이	감지기의 종류
4 [m] 미만	차동식(스포트형, 분포형) 보상식 스포트형 정온식(스포트형, 감지선형) 이온화식 또는 광전식(스포트형, 분리형, 공기흡입형) 열복합형 연기복합형 열연기복합형 불꽃감지기
4 [m] 이상 8 [m] 미만	차동식(스포트형, 분포형) 보상식 스포트형 정온식(스포트형, 감지선형) 특종 또는 1종 이온화식 1종 또는 2종 광전식(스포트형, 분리형, 공기흡입형) 1종 또는 2종 열복합형 연기복합형 열연기복합형 불꽃감지기
8 [m] 이상 15 [m] 미만	차동식 분포형 이온화식 1종 또는 2종 광전식(스포트형, 분리형, 공기흡입형) 1종 또는 2종 연기복합형 불꽃감지기
15 [m] 이상 20 [m] 미만	이온화식 1종 광전식(스포트형, 분리형, 공기흡입형) 1종 연기복합형 불꽃감지기
20 [m] 이상	불꽃감지기 광전식(분리형, 공기흡입형) 중 아날로그방식

비고) 1. 감지기별 부착높이 등에 대하여 별도로 형식승인 받은 경우에는 그 성능 인정 범위 내에서 사용할 수 있다.
2. 부착높이 20 [m] 이상에 설치되는 광전식 중 아날로그방식의 감지기는 공칭감지농도 하한 값이 감광률 5 [%/m] 미만인 것으로 한다.

4.3 연기감지기의 설치장소 및 설치기준

(1) 연기감지기의 설치장소

① 계단 및 경사로. 단, 15 [m] 미만 제외

② 복도. 단, 30 [m] 미만 제외

③ 엘리베이터 권상기실, 리넨 슈트(linen chute), 파이프 덕트 기타 이와 유사한 장소

④ 천장 또는 반자의 높이가 15～20 [m] 미만의 장소

(2) 연기감지기의 설치기준

연기감지기의 설치기준은 다음과 같고 설치위치 예는 그림 1-1-43 및 그림 1-1-44와 같으며, 거실에 설치할 때 연기감지기의 부착높이 및 설치 바닥면적의 관계는 표 1-1-6과 같이 나타낸다.

① 복도 및 통로는 보행거리 30 [m] 마다 1개 이상으로 할 것. 단, 3종은 20 [m]

② 계단 및 경사로는 수직거리 15 [m] 마다 1개 이상으로 할 것. 단, 3종은 10 [m]

③ 천장 또는 반자가 낮은 실내 또는 좁은 실내에 있어서는 출입구의 가까운 부분에 설치할 것

④ 천장 또는 반자 부근에 배기구가 있는 경우에는 그 부근에 설치할 것

⑤ 벽 또는 보로부터 0.6 [m] 이상 떨어진 곳에 설치할 것

⑥ 연기감지기의 설치거리의 관계는 표 1-1-7과 같다.

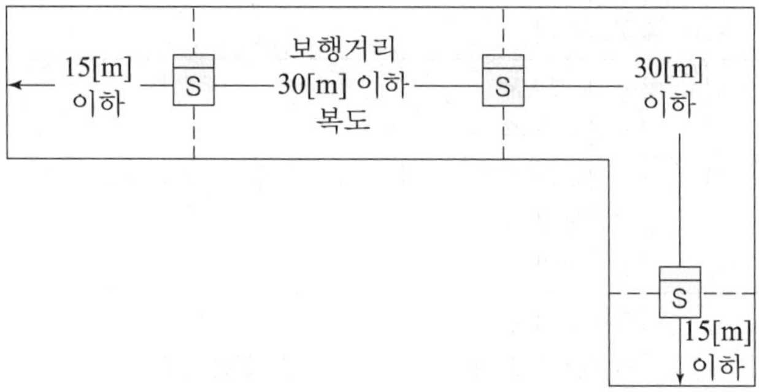

■ 그림 1-1-43 연기감지기의 설치위치 (예)

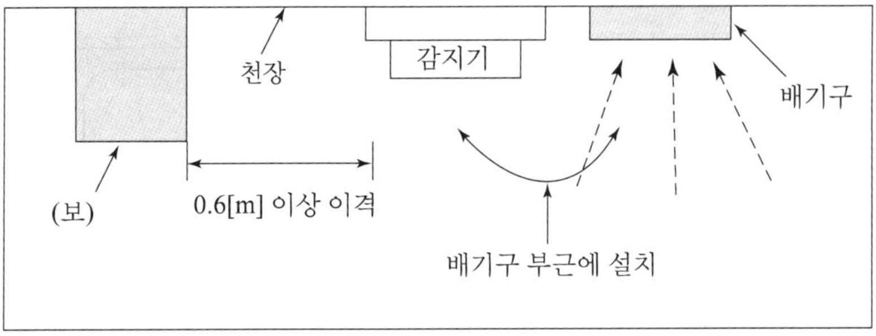

■ 그림 1-1-44 연기감지기의 설치위치 (예)

● 표 1-1-6 거실에 설치할 때 연기감지기의 부착높이 및 설치 바닥면적[m^2]

부착높이	감지기의 종류	
	1종 및 2종	3종
4 [m] 미만	150	50
4 [m] 이상 20 [m] 미만	75	-

● 표 1-1-7 연기감지기의 설치거리(복도, 통로, 계단, 경사로에 설치할 때)

장 소	감지기의 종류	
	1종 및 2종	3종
복도 및 통로(보행거리) [m]	30	20
계단 및 경사로(수직거리) [m]	15	10

4.4 공기관식 차동식 분포형 감지기의 설치기준

공기관식 차동식 분포형 감지기의 설치 예를 그림 1-1-45에 나타낸다.

① 공기관의 노출 부분은 감지구역마다 20 [m] 이상이 되도록 할 것

② 공기관과 감지구역의 각 변과의 수평거리는 1.5 [m] 이하가 되도록 하고, 공기관 상호 간의 거리는 6 [m] 이하가 되도록 할 것. 단, 주요구조부를 내화구조로 한 특정소방대상물 또는 그 부분에 있어서는 9 [m] 이하로 할 것

③ 공기관은 도중에서 분기하지 않도록 할 것

④ 하나의 검출 부분에 접속하는 공기관의 길이는 100 [m] 이하로 할 것

⑤ 검출부는 5° 이상 경사되지 않도록 부착할 것

⑥ 검출부는 바닥으로부터 0.8 [m] 이상 1.5 [m] 이하의 위치에 설치할 것

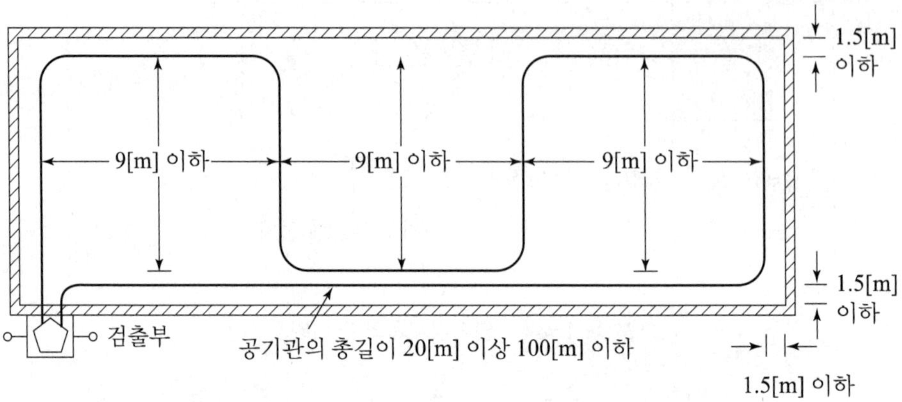

■ 그림 1-1-45 공기관식 감지기의 설치 예(내화구조)

4.5 열전대식 감지기의 설치기준

① 하나의 검출부에 설치하는 열전대부는 4～20개 이하가 되도록 한다. 단, 주소형 열전대식은 적용되지 않는다.

② 바닥면적

분 류	바닥면적	설치개수
내화구조	22 [m^2]	4개 이상
기타구조	18 [m^2]	4개 이상

4.6 열반도체식 감지기의 설치기준

① 하나의 검출기에 접속하는 감지부는 2～15개 이하가 되도록 한다.

② 부착높이 및 특정소방대상물의 구분에 따른 바닥면적

부착높이 및 특정소방대상물의 구분		감지기의 종류	
		1종	2종
8 [m] 미만	내화구조	65 [m^2]	36 [m^2]
	기타구조	40 [m^2]	23 [m^2]
8～15 [m] 미만	내화구조	50 [m^2]	36 [m^2]
	기타구조	30 [m^2]	23 [m^2]

4.7 정온식 감지선형 감지기의 설치기준

① 보조선이나 고정금구를 사용하여 감지선이 늘어지지 않도록 설치할 것
② 단자부와 마감 고정금구와의 설치 간격은 10 [cm] 이내로 설치할 것
③ 감지선형 감지기의 굴곡 반경은 5 [cm] 이상으로 할 것
④ 감지기와 감지구역의 각 부분과의 수평거리가 내화구조의 경우 1종 4.5 [m] 이하, 2종 3 [m] 이하로 할 것. 기타구조의 경우 1종 3 [m] 이하, 2종 1 [m] 이하로 할 것
⑤ 케이블트레이(cable tray)에 감지기를 설치하는 경우에는 케이블트레이 받침대에 마감 금구를 사용하여 설치할 것
⑥ 지하구나 창고의 천장 등에 지지물이 적당하지 않는 장소에서는 보조선을 설치하고 그 보조선에 설치할 것
⑦ 분전반 내부에 설치하는 경우 접착제를 이용하여 돌기를 바닥에 고정시키고 그 곳에 감지기를 설치할 것
⑧ 그 밖의 설치방법은 형식승인내용에 따르며 형식승인사항이 아닌 것은 제조사의 시방(示方)에 따라 설치할 것

종별 / 수평거리	1종		2종	
	내화구조	기타구조	내화구조	기타구조
감지기와 감지구역의 각 부분과의 수평거리	4.5 [m] 이하	3 [m] 이하	3 [m] 이하	1 [m] 이하

4.8 불꽃감지기의 설치기준

① 공칭감시거리 및 공칭시야각은 형식승인내용에 따를 것
② 감지기는 공칭감시거리와 공칭시야각을 기준으로 감시구역이 모두 포용될 수 있도록 설치할 것
③ 감지기는 화재 감지를 유효하게 감지할 수 있는 모서리 또는 벽 등에 설치할 것
④ 감지기를 천장에 설치하는 경우에 감지기는 바닥을 향하여 설치할 것
⑤ 수분이 많이 발생할 우려가 있는 장소에는 방수형으로 설치할 것
⑥ 그 밖의 설치기준은 형식승인내용에 따르며 형식승인사항이 아닌 것은 제조사의 시방(示方)에 따라 설치할 것

조 건	공칭감시거리	공칭시야각
20 [m] 미만의 장소에 적합한 것	1 [m] 간격	5° 간격
20 [m] 이상의 장소에 적합한 것	5 [m] 간격	

4.9 광전식 분리형 감지기의 설치기준

광전식 분리형 감지기의 설치 예를 그림 1-1-46에 나타낸다.

① 감지기의 수광면은 햇빛을 직접 받지 않도록 설치할 것

② 광축(송광면과 수광면의 중심을 연결한 선)은 나란한 벽으로부터 0.6 [m] 이상 이격하여 설치할 것

③ 감지기의 송광부와 수광부는 설치된 뒷벽으로부터 1 [m] 이내 위치에 설치할 것

④ 광축의 높이는 천장등(천장의 실내에 면한 부분 또는 상층의 바닥 하부면을 말한다) 높이의 80 [%] 이상일 것

⑤ 감지기의 광축 길이는 공칭감시거리 범위 이내일 것

⑥ 그 밖의 설치기준은 형식승인내용에 따르며 형식승인사항이 아닌 것은 제조사의 시방(示方)에 따라 설치할 것

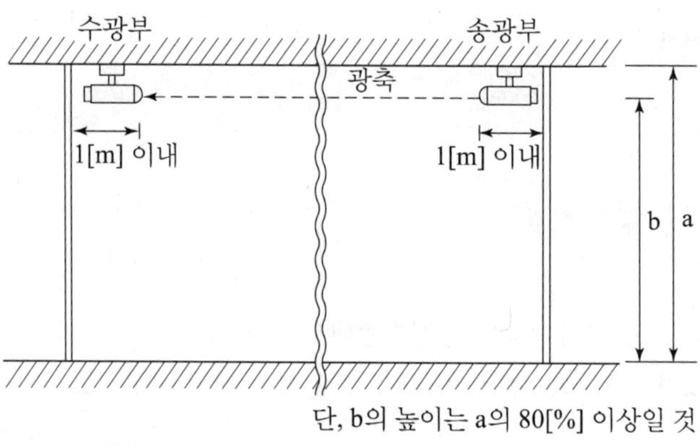

■ 그림 1-1-46 광전식 분리형 감지기의 설치 예

▌광전식 공기흡입형 감지기▐

광전식 공기흡입형 감지기의 설치장소, 감지 면적 및 공기흡입관의 이격거리 등은 형식승인내용에 따르며 형식승인사항이 아닌 것은 제조사의 시방에 따른다.

4.10 아날로그방식의 감지기 설치기준

아날로그방식의 감지기는 공칭감지온도 범위 및 공칭감지농도 범위에 적합한 장소에 설치할 것. 다만, 이 기준에서 정하지 않는 설치방법에 대하여는 형식승인사항이나 제조사의 시방에 따라 설치할 것

4.11 다신호방식의 감지기 설치기준

화재신호를 발신하는 감도에 적합한 곳에 설치할 것

5. 감지기의 설치제외장소 및 설치개수

5.1 감지기의 설치제외장소

① 천장 또는 반자의 높이가 20 [m] 이상인 장소

② 헛간 등 외부와 기류가 통하는 장소로서 감지기에 의하여 화재 발생을 유효하게 감지할 수 없는 장소

③ 부식성 가스가 체류하고 있는 장소

④ 설치 환경이 지나친 고온 또는 저온 등으로 감지기의 기능이 정지되기 쉽거나 감지기의 유지 관리가 어려운 장소

⑤ 목욕실, 욕조나 샤워 시설이 있는 화장실 기타 이와 유사한 장소

⑥ 파이프 덕트 등 그 밖의 이와 비슷한 것으로서 2개 층마다 방화구획된 것이나 수평 단면적이 5 [m^2] 이하인 장소

⑦ 먼지, 가루 또는 수증기가 다량으로 체류하는 장소 또는 주방 등 평상시에 연기가 발생하는 장소. 단, 연기감지기에 한한다.

⑧ 실내의 용적이 20 [m^3] 이하인 장소

⑨ 프레스 공장, 주조 공장 등 화재 발생의 위험이 적은 장소로서 감지기의 유지 관리가 어려운 장소

5.2 감지기의 설치개수

① 거실

거실의 경우에는 거실마다 감지기의 종류, 설치 면의 높이, 거실의 구조에 따라 다음과 같은 식으로 산정된다.

$$감지기의\ 개수 = \frac{감지구역의\ 면적\,[m^2]}{설치감지기\ 1개의\ 감지면적\,[m^2]} \quad (1)$$

② 복도 및 통로(연기감지기)

$$감지기의\ 개수 = \frac{감지구역의\ 보행거리\,[m]}{설치감지기\ 1개의\ 보행거리\,[m]} \quad (2)$$

③ 계단 및 경사로(연기감지기)

$$감지기의\ 개수 = \frac{감지구역의\ 수직거리\,[m]}{설치감지기\ 1개의\ 수직거리\,[m]} \quad (3)$$

5.3 기타

특별한 규정이 없는 감지기는 제조사의 시방에 따라 설치한다.

6. 감지기의 기능 시험

6.1 차동식 분포형 감지기

(1) 공기관식의 화재 작동 시험

① 펌프 시험

감지기의 작동 공기압에 상당하는 공기량을 시험 펌프에 의해 불어 넣어 작동할 때까지의 시간이 설정치 이내인가를 확인하는 시험으로 그림 1-1-47과 같이 나타낸다.

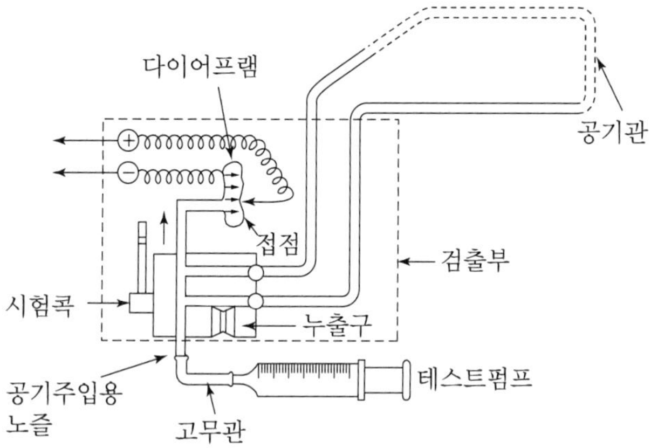

■ **그림 1-1-47** 차동식 분포형 감지기의 공기관식 펌프 시험

② 작동 계속 시험

감지기가 작동을 개시한 때부터 작동이 정지할 때까지의 시간을 측정하여 감지기의 작동이 정상인가를 확인하기 위한 시험이다.

③ 유통 시험

공기관이 새거나, 깨지거나, 줄어들었는지의 여부 및 공기관의 길이를 확인하기 위한 시험으로 그림 1-1-48과 같이 나타내며, 공기관의 두께는 0.3 [mm] 이상, 외경은 1.9 [mm] 이상이며, 공기관의 길이는 20～100 [m] 이하로 유지해야 한다.

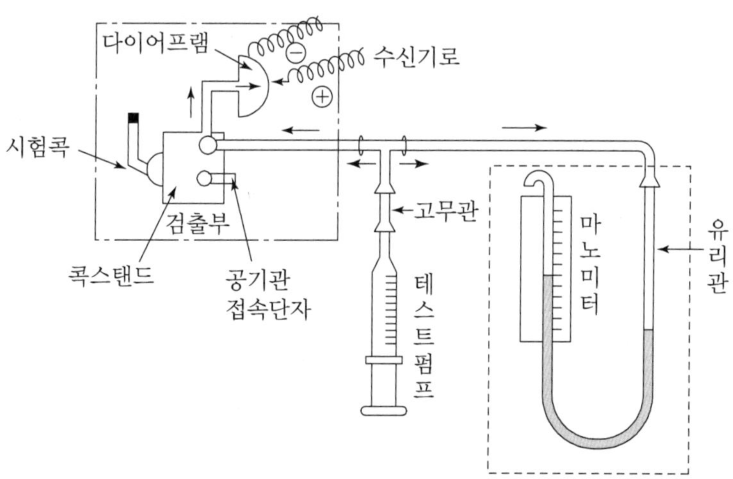

■ **그림 1-1-48** 차동식 분포형 감지기의 공기관식 유통 시험

가. 검출부의 시험공 또는 공기관의 한쪽 끝에 시험 펌프를 설치하고 다른 한쪽 끝에는 마노미터를 접속한다.

나. 시험 펌프로 공기를 불어 넣어 마노미터(manometer)[3]의 수위를 100 [mm]까지 상승시켜 수위를 정지시킨다.

다. 시험 콕을 이동시켜 송기구를 열고 수위가 50 [mm]까지 내려가는 유통 시간을 측정하여 공기관의 길이를 산출한다.

④ 접점 수고 시험

접점 수고치가 적정치를 보유하고 있는지를 확인하기 위한 시험으로 접점 수고치가 규정치 이상이면 감지기의 작동이 늦어진다.

(2) 연소 시험

① 감지기를 작동시키지 않고 행하는 시험

② 감지기를 작동시키고 행하는 시험

6.2 스포트형 감지기

감지기를 가열한 경우 감지기가 정상적으로 작동하는지 여부를 판정하는 시험

6.3 정온식 감지선형 감지기

감지기의 단선 유무를 확인하기 위해 합성 저항 시험을 실시한다.

6.4 연기감지기

가연시험기를 이용하여 감지기를 가연한 경우에 작동 유무를 판정하는 시험

3) 마노미터는 압력에 의해 밀려 올라간 액체 기둥의 높이를 측정하여 그에 상응하는 압력을 측정하는 장치이다.

7. 감지기의 오작동

7.1 감지기의 오작동

감지기의 오작동은 화재를 감지하지 못하는 실보와 화재와 유사한 상황에서 작동되는 비화재보로 구분할 수 있다. 비화재보(非火災報)는 소방시설의 신뢰도를 떨어뜨려 사용자들이 자동화재탐지설비의 정상적인 작동을 단절하여 화재가 발생할 때에 작동되지 못하는 경우를 초래할 수 있다.

7.2 비화재보의 원인

비화재보의 원인은 다음과 같은 원인에 의해서 발생되는데 인위적인 요인은 원인 행위를 제공하는 사람들의 주의에 의해 발생을 줄일 수 있다. 또한 감지기의 설치 위치나 종류의 변경에 의해서 감소될 수 있으며, 다음은 비화재보의 원인에 따른 발생 예를 나타낸다.

① 인위적인 원인
담배연기, 조리, 난방 등에서 약 60 [%] 발생

② 기능적인 요인
감지기의 자체적인 원인에 의해 약 6 [%] 발생

③ 관리상의 요인
감지기에 물의 침입, 청소 불량 등에서 약 0.4 [%] 발생

④ 설치상의 요인
부적절한 설치공사에 의한 배선의 단락, 절연 불량, 부식 등에서 0.6 [%] 발생

⑤ 기타원인으로 약 33 [%] 발생

7.3 연기감지기 비화재보의 발생원인

(1) 화재 이외의 연기

담배, 음식조리, 불장난, 모기향, 배기가스, 석유난로, 가스난로, 숯불 등

(2) 연기 이외의 미립자

수증기, 건축 재료 먼지, 시멘트가루, 벌레, 각종 스프레이, 살충제 살포 등

(3) 환경적 요인

① 부식성 가스

연기감지기는 구조상 감지기 내부에 부식되기 쉬운 전자 부품을 많이 사용하고 있고 고감도의 회로를 채택하고 있어서 부식되면 오작동을 발신할 수 있다. 산란광식의 경우 부식 생성물 가루가 광선을 반사하는 경우가 있고, 이온화식에서는 방사원의 표면이 부식 생성물로 오염되어 이온전류가 감소하는 경우가 있다.

② 전기적 노이즈

연기감지기는 미소한 신호를 증폭하는 회로를 가지고 있으므로 전기적 충격을 받으면 작동하는 경우가 많다. 예를 들면 감지기의 전선로(電線路)와 전력선(電力線)을 병행하여 포설하든지 또는 전력차단기 부근에 감지기를 설치한 경우 등에 차단기가 작동할 때 감지기가 오작동할 수 있다.

③ 환경 부유물에 의한 센서의 오염

건축 재료나 내장 재료 등에서 방출되는 점착성 부유물이나 담배의 진 등이 장기간 센서에 부착하여 감지기의 감도를 변화시키는 것으로 건물 신축 후 1～2년 정도의 건물 내부, 평소에 혼탁한 장소에서 많이 발생한다.

④ 부품의 고장

감지기는 많은 정밀 부품으로 구성되어 있고, 감시와 신호 발생에 직접 관련된 부품에 고장이 생기면 오신호를 발신할 수 있다. 이 경우는 고장이지만 넓은 의미로는 비화재보이므로 복구되지 않는다.

⑤ 배선의 문제

감지기 배선의 접지, 단락, 또는 절연 불량

7.4 비화재보를 방지하는 방법

① 설치장소에 적합한 감지기를 설치한다.
② 비화재보의 원인이 되는 기기를 피해서 설치한다.

7.5 장소별 설치 감지기의 종류

장소에 따라 화재유형과 위험성이 달라지므로 각 장소에 적합한 감지기를 설치해야 정확한 화재 감지를 할 수 있으며 오작동을 줄일 수 있다. 자동화재탐지설비 및 시각경보장치의 화재안전기술기준(NFTC 203) 표 2.4.6에는 설치장소별 감지기의 적응성이 제시되어 있다.

연습문제

문제 **01** 화재의 발생 유무를 감지하는 감지기의 기능에는 어떤 것이 있는가?

풀이 ① 센서 기능, ② 판단 기능, ③ 발신 기능

문제 **02** 감지기의 구성요소 및 기능에 대해서 논하시오.

풀이 ① 본체 : 감지부가 있는 곳

② 베이스 : 수신기와 감지기 또는 감지기와 감지기를 연결시키는 곳

③ 작동표시장치 : 감지기의 작동 여부를 확인하는 곳

문제 **03** 감지기의 작동원리에는 어떤 것이 있는가?

풀이 ① 공기의 팽창력을 이용하는 방법

② 전자계전기를 이용하는 방법

③ 영구자석을 이용하는 방법

문제 **04** 그림 1은 차동식 스포트형 공기식 감지기의 개략도이다. 각각의 명칭을 제시하시오.

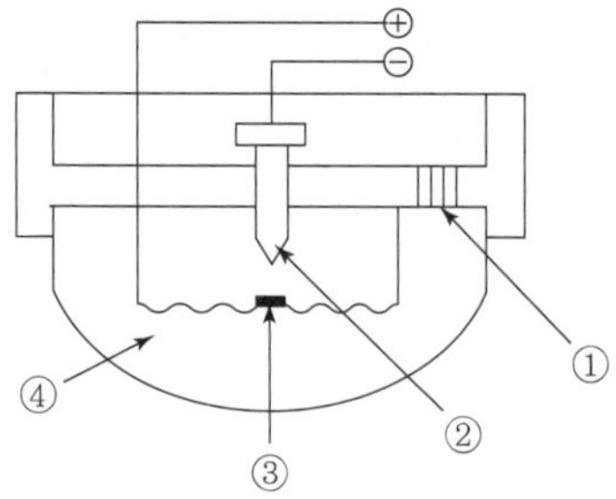

■ **그림 1** 공기식 감지기의 개략도

풀이 ① 누출구, ② 주접점, ③ 보조 접점, ④ 감열실

문제 05 그림 2는 차동식 스포트형 열전대식 감지기의 개략도를 나타낸다. 각각의 명칭을 제시하시오.

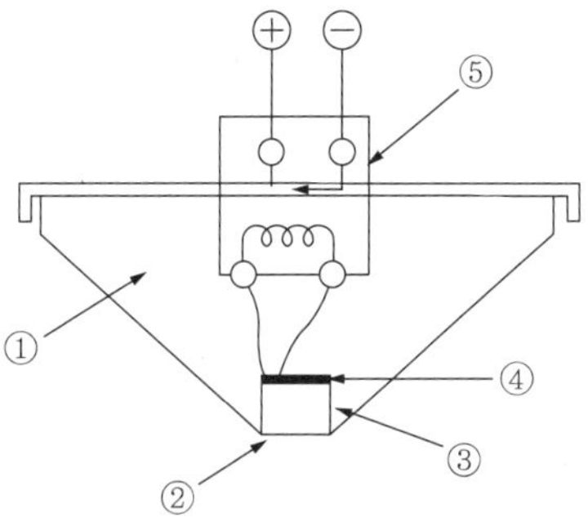

■ 그림 2 열전대식 감지기의 개략도

풀이 ① 감열실, ② 온접점, ③ 열전대, ④ 냉접점, ⑤ 고감도릴레이

문제 06 공기관식 감지기의 공기관의 고정 부분 및 지지간격 길이 등에 대해서 답하시오.

풀이

고정 부분	직선 부분	굴곡 부분	접속 부분	굴곡 반경
지지간격 길이	35 [cm] 이내	5 [cm] 이내	5 [cm] 이내	5 [cm] 이상

문제 07 그림 3은 열반도체식 감지기의 개략도를 나타낸다. 각각의 명칭을 제시하시오.

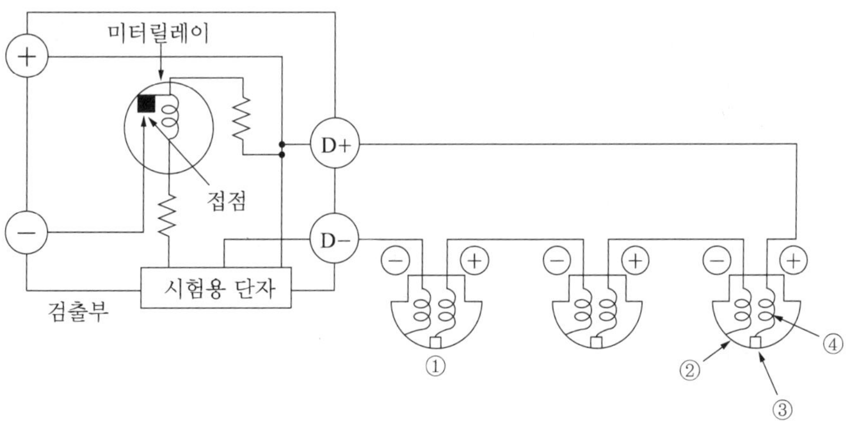

■ 그림 3 열반도체식 감지기의 개략도

풀이 ① 감열부, ② 수열판, ③ 열반도체 소자, ④ 동니켈선

문제 **08** 다음은 정온식 감지선형 감지기의 온도에 따른 색상을 제시하시오.

공칭작동온도	80 [℃] 이하	80 [℃] 이상~120 [℃] 이하	120 [℃] 이상
색 상	①	②	③

풀이 ① 백색, ② 청색, ③ 적색

문제 **09** 다음은 감지선의 설치기준에 대한 설명이다. 적절한 값을 제시하시오.

① 보조선 또는 고정금구를 이용하여 감지선이 변형이 없도록 시설하며 직선 부분의 고정은 (　　) [cm] 이내로 할 것

② 단자부와 마감 고정금구와의 설치 간격은 (　　) [cm] 이내로 할 것

③ 감지선형 감지기의 굴곡 반경은 (　　) [cm] 이상으로 할 것

④ 감지기와 감지구역의 각 부분과의 수평거리가 내화구조는 1종 (　　) [m] 이하, 2종 3 [m] 이하로 할 것.
단, 기타구조는 1종 3 [m] 이하, 2종 1 [m] 이하로 할 것

⑤ 케이블트레이에 감지기를 설치하는 경우에는 케이블트레이 받침대에 (　　)를 사용하여 시설할 것

⑥ 지하구나 창고의 천장 등에 지지물이 적당하지 않는 장소에서는 (　　)을 설치하고 그 보조선에 설치할 것

⑦ 분전반 내부에 설치하는 경우에는 (　　)를 이용하여 돌기를 바닥에 고정시키고 그 곳에 감지기를 설치할 것

⑧ 그 밖의 설치방법은 형식승인내용에 따르며 형식승인사항이 아닌 것은 제조사의 (　　)에 따라 시설할 것

풀이 ① 50, ② 10, ③ 5, ④ 4.5, ⑤ 마감 금구, ⑥ 보조선, ⑦ 접착제, ⑧ 시방

문제 **10** 화재 초기에 발생되는 연소 가스를 적절하게 검출하여 초기 피난 유도의 목적으로 설치하는 연기감지기는 1개의 경계 면적이 넓고, 층고가 (　　) [m] 정도로 높은 천장에도 설치할 수 있다.

풀이 8

문제 **11** 광전식 연기감지기는 외부의 빛의 영향을 받지 않도록 암실 형태의 용기 속에 광원과 수광 소자를 설치한 것이다. 광전식 공기흡입형 감지기의 작동순서에 대해서 논하시오.

풀이 ① 감지하고자 하는 공간의 공기를 흡인한다.
② 용기 내의 압력을 변화시켜 응축시킨다.
③ 광전식 검지 장치로 측정 및 분석한다.
④ 수적(水積)의 밀도가 설정치 이상이면 화재신호를 발신한다.

문제 **12** 이온화식 연기감지기는 방사선 동위 원소인 (, ,) 등이 방사하는 방사선 α선을 감지 이온으로 이용한 것이다. 연기 입자의 크기가 0.01~0.3 [μm] 정도이고 연소 과정에 검은색이 많이 발생할 수 있는 플라스틱이나 인화성 유류의 사용 및 취급 장소, 발화된 화재가 급격히 넓게 확산될 가능성이 높은 장소, 눈으로 화재의 식별이 어려운 연소물을 취급하는 장소 등에 설치하면 효과적이다.

풀이 아메리슘(Americium) 241(Am^{241}), 아메리슘 95(Am^{95}), 라듐(Ra)

문제 **13** 불꽃감지기의 공칭감시거리는 ( ) [m] 미만의 장소에 적합한 것은 1 [m] 간격으로 설치하고, 20 [m] 이상의 장소에 적합한 것은 ( ) [m] 간격으로 분할하여 설치한다. 그리고 시야각은 5° 이상이며, 도로형인 경우에는 최대시야각이 ( ) 이상이어야 한다.

풀이 20, 5, 180°

문제 **14** 복합형 감지기와 다신호식 감지기의 차이점을 구분하는 것은?

복합형 감지기	구 분	다신호식 감지기
감지 원리가 다른 감지 소자의 조합	①	종별, 감도, 축적 여부 등이 다른 감지 소자의 조합
두 기능이 모두 작동될 때 또는 두 개의 화재신호를 각각 발신	②	각 감지 소자가 작동할 때

풀이 ① 감지 소자, ② 화재신호의 발신

문제 **15** 열 아날로그식 스포트형 감지기는 일국소의 주위 온도가 일정한 범위의 온도에 도달될 때 해당 온도에 반응하는 화재신호를 발신하는 감지기이다. 이것은 공칭 감지온도는 (　　) [℃] 이상 (　　) [℃] 이하이다.

풀이 60, 165

문제 **16** 주소형 감지기는 고유한 신호를 발신할 수 있는 신호장치가 있으며, (　　) 에 의해서 고유 번지를 지정한다. 그리고 주소형 감지기는 수신기의 디지털 표시창에 해당 감지기의 고유 번지가 표시된다. 이렇게 수신기에서 개별적으로 인식할 수 있도록 하는 신호방식을 고유 번지 기능 또는 주소 기능이라고 한다.

풀이 딥스위치(dip switch)

문제 **17** 주소형 감지기에 대한 기능의 종류를 제시하시오.

풀이 ① 자기 진단 기능 , ② 오염도 경보 기능, ③ 감지기 착탈 감시 기능

문제 **18** 다음은 감지기 설치를 위한 일반 공통 사항이다. 적절한 내용을 제시하시오.

① 실내로의 공기유입구로부터 (　　) [m] 이상 떨어진 위치에 설치할 것. 단, 차동식 분포형은 제외
② 천장 또는 반자의 (　　)에 면하는 부분에 설치할 것
③ 보상식 스포트형 감지기는 정온점이 감지기 주위의 평상시 최고온도보다 (　　) [℃] 이상 높은 것으로 설치할 것
④ 정온식 감지기는 주방, 보일러실 등으로서 다량의 화기를 취급하는 장소에 설치하되, 공칭작동온도가 최고주위온도보다 (　　) [℃] 이상 높은 것으로 설치할 것
⑤ 스포트형 감지기는 (　　) 이상 경사되지 않도록 부착할 것

풀이 1.5, 옥내, 20, 20, 45°

문제 **19** 다음은 연기감지기의 설치장소에 관련된 규정이다. 빈칸에 적절한 내용을 제시하시오.

① 계단 및 경사로. 단, (　　) [m] 미만 제외
② 복도. 단, (　　) [m] 미만 제외
③ 엘리베이터 권상기실, 리넨 슈트(linen chute), (　　) 기타 이와 유사한 장소

④ 천장 또는 (　　)의 높이가 15～20 [m] 미만의 장소

풀이 15, 30, 파이프 덕트, 반자

문제 **20** 연기감지기의 설치기준에 부합하도록 빈칸을 채우시오.

① 복도 및 통로는 보행거리 (　　) [m] 마다 1개 이상으로 할 것. 단, 3종은 20 [m]
② 계단 및 경사로는 수직거리 (　　) [m] 마다 1개 이상으로 할 것. 단, 3종은 10 [m]
③ 천장 또는 반자가 낮은 실내 또는 좁은 실내에 있어서는 (　　)의 가까운 부분에 설치할 것
④ 천장 또는 반자 부근에 (　　)가 있는 경우에는 그 부근에 설치할 것
⑤ 벽 또는 보로부터 (　　) [m] 이상 떨어진 곳에 설치할 것

풀이 30, 15, 출입구, 배기구, 0.6

문제 **21** 공기관식 차동식 분포형 감지기의 설치기준에 적합하도록 다음 빈칸을 채우시오.

① 공기관의 노출 부분은 감지구역마다 (　　) [m] 이상이 되도록 할 것
② 공기관과 감지구역의 각 변과의 수평거리는 (　　) [m] 이하가 되도록 하고, 공기관 상호 간의 거리는 6 [m] 이하가 되도록 할 것. 단, 주요구조부를 내화구조로 한 특정소방대상물 또는 그 부분에 있어서는 9 [m] 이하로 할 것
③ 공기관은 도중에서 (　　)하지 않도록 할 것
④ 하나의 검출 부분에 접속하는 공기관의 길이는 (　　) [m] 이하로 할 것
⑤ 검출부는 (　　) 이상 경사되지 않도록 부착할 것
⑥ 검출부는 바닥으로부터 (　　) [m] 이상 1.5 [m] 이하의 위치에 설치할 것

풀이 20, 1.5, 분기, 100, 5°, 0.8

문제 **22** 열전대식 감지기의 설치기준에서 다음의 바닥면적 [m^2]에 대한 감지기의 설치개수는?

분　류	바닥면적	설치개수
내화구조	22 [m^2]	①
기타구조	18 [m^2]	②

풀이 ① 4개 이상, ② 4개 이상

문제 23 정온식 감지선형 감지기의 설치기준에 대해 적합한 내용을 기입하시오.

① 보조선이나 고정금구를 사용하여 ( )이 늘어지지 않도록 설치할 것
② 단자부와 마감 고정금구와의 설치 간격은 ( ) [cm] 이내로 설치할 것
③ 감지선형 감지기의 굴곡 반경은 ( ) [cm] 이상으로 할 것
④ 감지기와 감지구역의 각 부분과의 수평거리가 내화구조의 경우 1종 ( ) [m] 이하, 2종 3 [m] 이하로 할 것. 기타구조의 경우 1종 3 [m] 이하, 2종 1 [m] 이하로 할 것
⑤ 케이블트레이에 감지기를 설치하는 경우에는 케이블트레이 받침대에 ( )를 사용하여 설치할 것
⑥ 지하구나 창고의 천장 등에 지지물이 적당하지 않는 장소에서는 보조선을 설치하고 그 보조선에 설치할 것
⑦ 분전반 내부에 설치하는 경우 ( )를 이용하여 돌기를 바닥에 고정시키고 그 곳에 감지기를 설치할 것
⑧ 그 밖의 설치방법은 형식승인내용에 따르며 ( )사항이 아닌 것은 제조사의 시방(示方)에 따라 설치할 것

풀이 감지선, 10, 5, 4.5, 마감 금구, 접착제, 형식승인

문제 24 불꽃감지기의 설치기준에서 공칭감시거리의 간격은?

조 건	공칭감시거리	공칭시야각
20 [m] 미만의 장소에 적합한 것	①	5° 간격
20 [m] 이상의 장소에 적합한 것	②	

풀이 ① 1 [m] 간격, ② 5 [m] 간격

문제 25 광전식 분리형 감지기의 설치기준에 대해 적합한 내용을 기입하시오.

① 감지기의 ( )은 햇빛을 직접 받지 않도록 설치할 것
② 광축은 나란한 벽으로부터 ( ) [m] 이상 이격하여 설치할 것
③ 감지기의 송광부와 수광부는 설치된 뒷벽으로부터 ( ) [m] 이내 위치에 설치할 것
④ 광축의 높이는 천장등 높이의 ( ) [%] 이상일 것
⑤ 감지기의 광축 길이는 ( ) 범위 이내일 것
⑥ 그 밖의 설치기준은 형식승인내용에 따르며 ( )사항이 아닌 것은 제조사의 시방(示方)에 따라 설치할 것

풀이 수광면, 0.6, 1, 80, 공칭감시거리, 형식승인

문제 **26** 감지기의 설치제외장소에 대한 적절한 내용을 제시하시오.

① 천장 또는 반자의 높이가 (　　) [m] 이상인 장소
② 헛간 등 외부와 (　　)로서 감지기에 의하여 화재 발생을 유효하게 감지할 수 없는 장소
③ (　　) 가스가 체류하고 있는 장소
④ 설치 환경이 지나친 고온 또는 저온 등으로 (　　)의 기능이 정지되기 쉽거나 감지기의 유지 관리가 어려운 장소
⑤ 목욕실, 욕조나 샤워 시설이 있는 (　　) 기타 이와 유사한 장소
⑥ 파이프 덕트 등 그 밖의 이와 비슷한 것으로서 2개 층마다 방화구획된 것이나 수평단면적이 (　　) [m^2] 이하인 장소
⑦ 먼지, 가루 또는 수증기가 다량으로 체류하는 장소 또는 주방 등 평상시에 (　　)가 발생하는 장소. 단, 연기감지기에 한한다.
⑧ 실내의 용적이 (　　) [m^3] 이하인 장소
⑨ 프레스 공장, 주조 공장 등 화재 발생의 위험이 적은 장소로서 감지기의 (　　)가 어려운 장소

풀이 20, 기류가 통하는 장소, 부식성, 감지기, 화장실, 5, 연기, 20, 유지 관리

문제 **27** 높이 3.5 [m], 바닥면적 200 [m^2]인 내화구조로 된 거실에 다음 감지기를 각각 설치할 때 필요 감지기 개수를 구하라.

① 차동식 스포트형 감지기(1종)
② 보상식 스포트형 감지기(2종)
③ 정온식 스포트형 감지기(1종)
④ 연기감지기(1종)

풀이 다음의 공식에 대입하면

$$\text{감지기의 개수} = \frac{\text{감지구역의 면적 [m}^2\text{]}}{\text{설치감지기 1개의 감지면적 [m}^2\text{]}}$$

① 차동식(1종) … 3개
② 보상식(2종) … 3개
③ 정온식(1종) … 4개
④ 연기감지기 …. 2개

문제 **28** 보행거리가 40 [m]인 복도에 연기감지기(1종)를 설치하고자 한다. 몇 개의 감지기를 설치해야 하는가?

풀이 감지기의 개수 $= \dfrac{\text{감지구역의 보행거리 [m]}}{\text{설치감지기 1개의 보행거리 [m]}} = \dfrac{40}{30} = 2$개

문제 **29** 수직거리가 45 [m]인 계단에 연기감지기를 설치하고자 한다. 몇 개의 감지기를 설치해야 하는가?

풀이 감지기의 개수 $= \dfrac{\text{감지구역의 수직거리 [m]}}{\text{설치감지기 1개의 수직거리 [m]}} = \dfrac{45}{15} = 3$개

문제 **30** 공기관식 감지기에서 공기관의 두께는 (　　) [mm] 이상, 외경은 (　　) [mm] 이상이며, 공기관의 길이는 (　　) [m] 이하로 유지해야 한다.

풀이 0.3, 1.9, 20 ~ 100

Chapter 02

발신기, 음향장치 및 시각경보기

1. 발신기

소방전기설비에 적용되는 발신기(發信機, transmitter)는 화재발생신호를 수신기 또는 중계기에 수동으로 신호를 발신하는 것이며, 화재를 발견한 사람이 보호판(保護板, guard plate)을 깨고 누름버튼스위치(PB; push button switch)를 누름으로써 화재 발생을 수신기 또는 중계기에 전달하기 때문에 신뢰성이 우수한 설비이다.

발신기는 외함, 보호판, 누름버튼스위치, 응답표시등, 전화잭 등으로 구성되어 있으며, 경종 및 표시등과 같이 동일 시스템에 내장하여 벽에 설치하고 외부 색은 적색(赤色, red color)이다. 발신기의 작동방식은 화재 감지기에 의한 신호와 발신기에 의한 신호를 구분하여 처리하는 방식 및 발신기가 동작하였을 때 소화전 펌프 등의 소화 활동 기기를 동시에 작동시키는 방법 등이 있다.

1.1 발신기의 분류

(1) 기능에 의한 분류

① T형 발신기(T-type transmitter)
화재신호 전송과 수신기 사이에 상호 통화를 동시에 할 수 있음

② P형 발신기(P-type transmitter)
화재신호 전송과 수신기 사이에 상호 통화를 동시에 할 수 없음

가. P형 1급 발신기 : 전화 연락 장치(전화잭)가 있음

나. P형 2급 발신기 : 전화 연락 장치(전화잭)가 없음

③ M형 발신기(M-type transmitter)

수동으로 각 발신기의 고유신호를 발신하는 것

(2) 설치장소에 따른 분류

① 옥외형 : 건물의 밖에 설치할 수 있는 것

② 옥내형 : 건물의 내부에 설치하는 것

(3) 방폭 구조에 따른 분류

① 방폭형 : 방폭 성능이 있는 것. 화약류, 가스류 등이 보관된 설비

② 비방폭형 : 방폭 성능이 없는 것. 분진, 가스 등에 대한 방폭 기능이 없음

(4) 방수 유무에 따른 분류

① 방수형 : 방수 기능이 있는 것. 목욕탕, 사우나 등에 사용할 수 있음

② 비방수형 : 방수 기능이 없는 것. 물기, 습기 등에 대한 방수 능력이 없음

1.2 발신기의 구성요소

발신기(發信機, transmitter)는 P형 발신기, T형 발신기, M형 발신기 등이 있다. 외함은 두께 1.2 [mm] 이상의 강판으로 물리적 충격에 파손 또는 변형이 없도록 제작한다. 보호판은 외경, 두께, 표시 등이 통일되어 있다. 발신기용 누름버튼스위치는 한번 누르면 자동으로 복귀되지 않는 것으로 인위적으로만 복구가 가능한 비복구형 스위치이다.

(1) 외함

외함(外函, enclosed)은 불연성 또는 난연성 재질로 만들어져야 하며, 두께는 다음의 기준을 따른다.

① 강판을 사용하는 경우

가. T형 발신기 및 P형 발신기 : 1.2 [mm] 이상

나. M형 발신기 : 1.6 [mm] 이상

다. 벽속에 매립되는 외함 : 1.6 [mm] 이상. 단, 속보설비에 내장된 것은 예외

② **합성수지를 사용하는 경우**

가. 80 [℃] 이상의 온도에서 열로 변형이 생기지 않을 것

나. 자기소화성이 있는 재료일 것. 단, 발신기의 보호판, 램프 덮개, 후면 덮개, 발광다이오드, 표시 명판 등은 제외

(2) 누름스위치

발신기의 누름스위치(push button switch)는 수신기에 화재신호를 발신할 때 사용하는 것으로 안쪽으로 밀어 넣으면 지속적으로 화재신호를 발신하여 지구음향장치나 주경종을 울리도록 하여 화재 발생을 알리는 역할을 하게 된다.

복구하는 방법은 구조에 따라 2가지의 형태가 있는데 스위치를 누른 후에 다시 잡아당겨 원래의 위치로 해야 복구되는 것과 스위치를 누른 후 다시 한 번 누르면 원래의 상태로 복구되는 형태가 있다. 일반적으로 수동조작수동복귀스위치를 설치하는 것이 발신기의 신뢰성이 우수하다.

(3) 보호판

발신기의 보호판(保護板, guard plate)은 스위치를 보호하기 위한 것으로 기물의 충돌이나 사람들의 실수에 의한 오작동을 방지하기 위하여 설치한다. 누름스위치는 눌러 깨지거나 밀려들어가는 구조의 유기질 유리인 것을 중앙에 지름 20 [mm]로 균일하게 접하는 작동 방향으로 가하는 힘이 2 [kg] 초과하고 8 [kg] 이하인 범위에서 작동되어야 하며, 2 [kg] 이하의 힘에는 밀려들어가지 않도록 고정되어 있다. 단, M형 발신기는 유기질 유리 또는 두께 1 [mm] 이상 2 [mm] 이하의 무기질 유리를 사용해야 한다.

(4) 응답표시등

응답표시등(應答表示燈, answer lamp)은 발신기의 조작에 의하여 발신된 신호가 수신기에 전달되었는지를 조작자가 확인할 수 있도록 점등되는 것으로 주로 발광다이오드(LED; light emitting diode)가 사용되며 화재신호가 수신기로 발신되면 점등 상태가 된다.

(5) 전화잭

수신기가 설치된 수신기와 상호 연락을 위하여 휴대용 수화기를 전화잭(phone jack)에 삽입하면 수신기에서 버저나 경보음이 울리게 되며 수신부와 송수화가 가능하게 된다. 이것은 점검할 때에 각 감지기별 작동 상태 등을 감지기 설치장소와 수신부에서 확인하여 의사 전달을 하기 위한 것이다.

(6) 위치표시등

위치표시등(位置表示燈, position pilot lamp)은 발신기의 위치를 표시해 주는 등으로서 발신기가 소화전함 상단에 설치된 경우에는 소화전의 위치표시등의 기능과 발신기 위치표시등의 기능을 함께 하는 것이다.

(7) 내부 배선

발신기의 내부 배선(內部 配線, inside wiring)은 충분한 전류 용량을 갖는 것으로 하며, 배선의 접속은 전기·기계적으로 충분한 성능을 유지해야 한다. 전선의 접속은 전선의 세기(인장 하중, 引張 荷重)를 20 [%] 이상 감소시키지 않아야 한다. 다만, 점퍼선(jumper wire)을 이용하여 접속하는 경우와 기타 전선에 가하여지는 장력이 전선의 세기에 비하여 현저히 작을 경우에는 그렇지 않다.

1.3 발신기의 회로 구성

(1) P형 발신기

P형 발신기는 화재신호를 수동으로 각 발신기의 공통신호를 수신기 또는 중계기에 발신하는 것으로서 발신과 동시에 통화가 되지 않는 것을 말하며 1급, 2급 등으로 분류한다.

① P형 1급 발신기

P형 1급 발신기는 1급 수신기 또는 R형 중계기에 접속하여 사용하는 것으로 명판, 응답표시등, 누름버튼스위치, 보호판, 전화잭 등으로 구성되어 있다. 그림 1-2-1은 P형 1급 발신기의 실체 사진 및 명칭을 나타낸다.

(a) 실체 사진

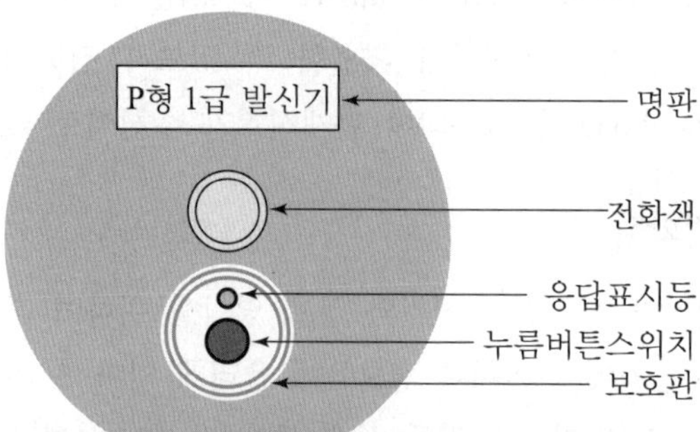

(b) 실제도 및 명칭

■ 그림 1-2-1 P형 1급 발신기의 실체 사진 및 명칭

그림 1-2-2는 P형 1급 발신기의 내부 회로도 및 명칭으로 응답선(단자)에는 안전 저항과 응답표시등(應答表示燈, answer lamp)이 직렬로 연결되어 있고, 전화잭은 공통선과 누름버튼스위치로 분기되어 있는 것을 알 수 있다.

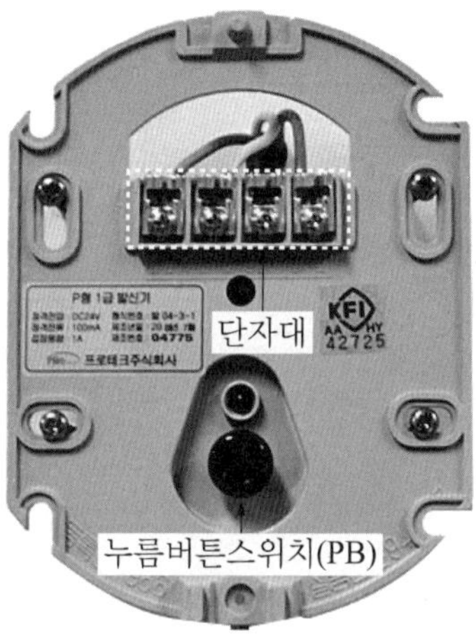

(a) P형 1급 발신기의 내부

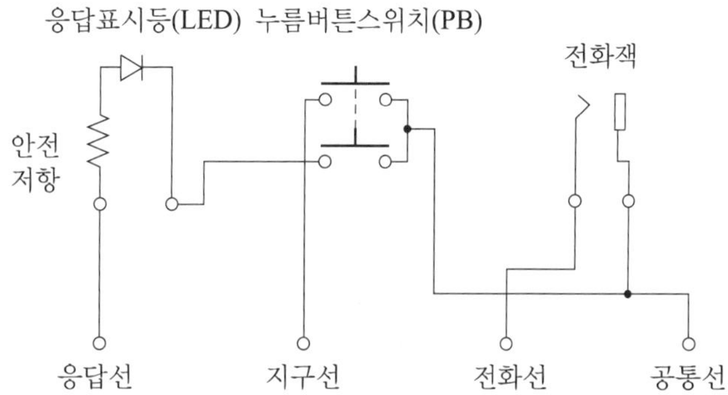

(b) P형 1급 발신기의 내부 회로의 단선 결선도

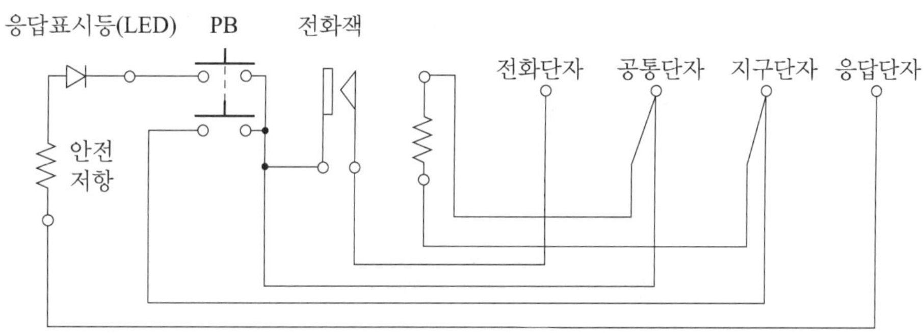

(c) P형 1급 발신기의 내부 회로의 복선 결선도

■ **그림 1-2-2** P형 1급 발신기의 내부 회로도 및 명칭

그림 1-2-3은 P형 1급 발신기와 수신기 사이의 결선 회로도 및 명칭을 나타낸다. 그림 1-2-3(a)는 P형 1급 발신기와 수신기 사이 회로의 단선 결선도이며, 발신기는 회로선, 공통선, 응답선, 전화선 등이 있다. 그림 1-2-3(b)는 P형 1급 발신기와 수신기 사이 회로의 복선 결선도이며, 그림 1-2-3(c)는 P형 1급 발신기와 수신기 사이 회로의 실제 배치도를 나타낸다.

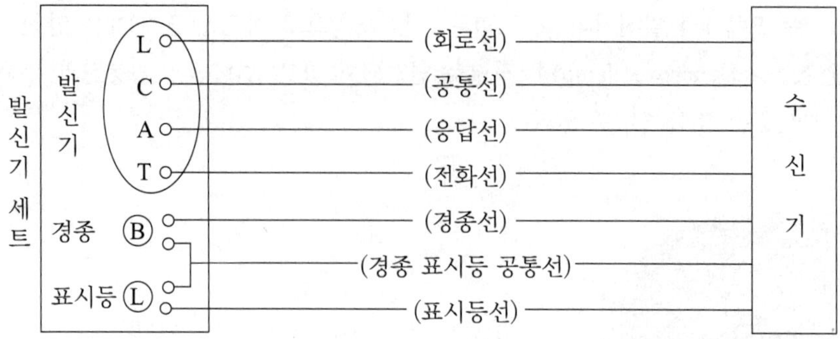

(a) P형 1급 발신기와 수신기 사이 회로의 단선 결선도

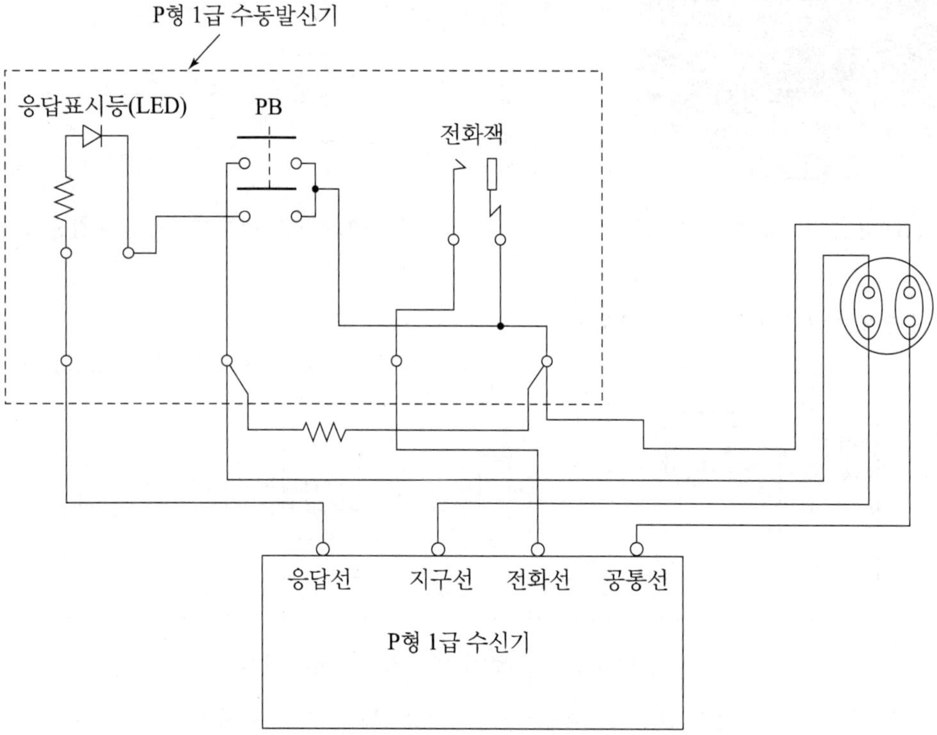

(b) P형 1급 발신기와 수신기 사이 회로의 복선 결선도

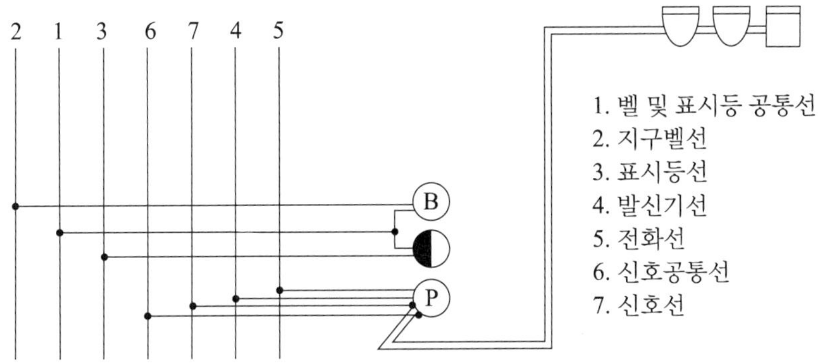

(c) P형 1급 발신기와 수신기 사이의 실제 배치도

■ **그림 1-2-3** P형 1급 발신기와 수신기 사이의 결선 회로도 및 명칭

그림 1-2-4(a)는 발신기의 결선도이며, R형 중계기 또는 종합감시반을 기준으로 나타낸다. 그림 1-2-4(b)는 R형 수신기와 R형 중계기 사이는 전선수가 $2+n$가닥이 소요되며, 각각의 단계마다 2가닥이 추가되는 것을 알 수 있다. 회로에 표시된 P는 발신기, L은 표시등, B는 경종을 나타낸다.

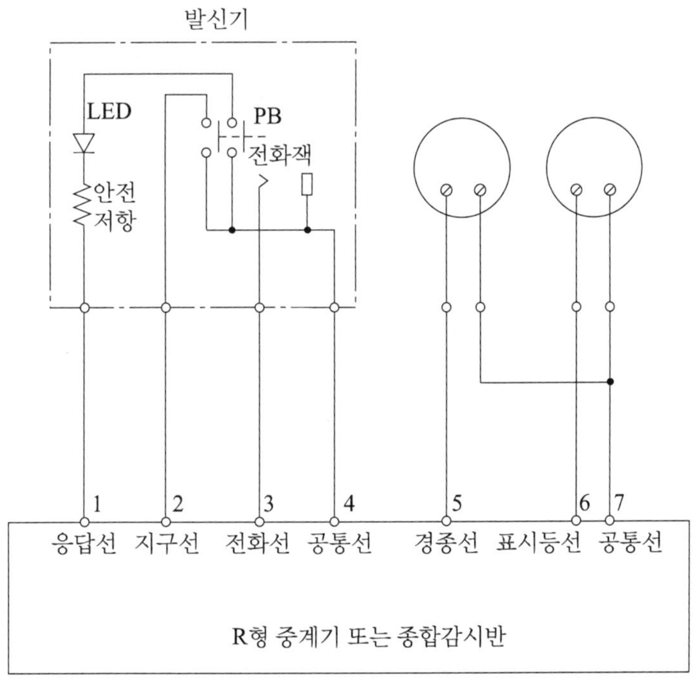

(a) 발신기의 결선도

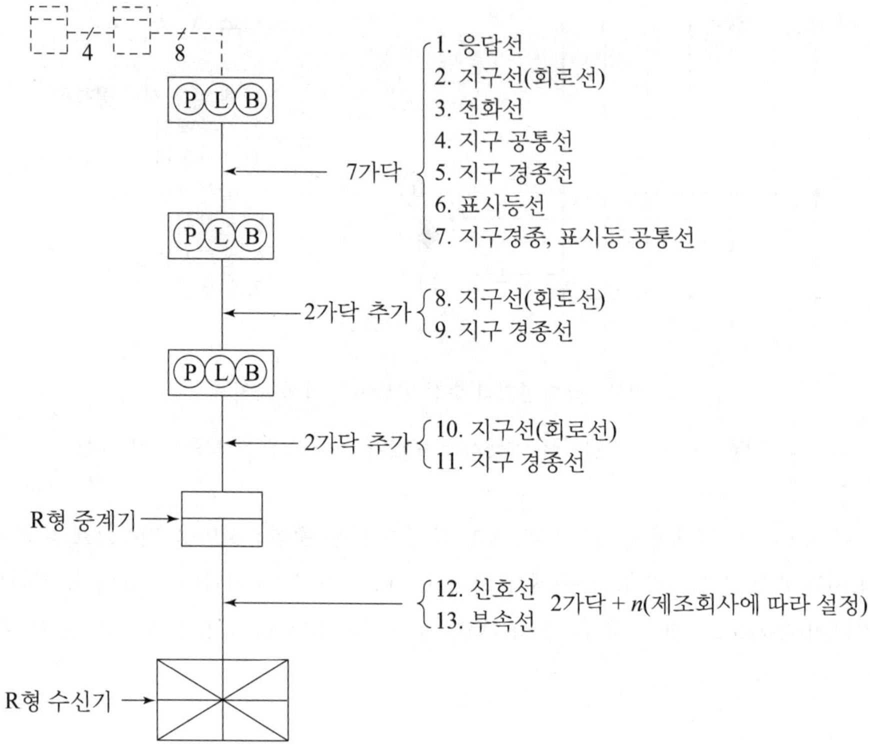

(b) 발신기의 계통도

■ **그림 1-2-4** 발신기의 결선도 및 계통도

② P형 2급 발신기

P형 2급 발신기는 2급 수신기에만 연결하여 사용할 수 있는 것으로 전화 회로 및 응답 표시 회로가 없으며, 단순히 누름버튼스위치를 이용하여 수동으로 화재신호를 발신하는 것이다. 그림 1-2-5는 P형 2급 발신기의 실제도를 나타낸 것이며, 표 1-2-1은 P형 1급 발신기와 P형 2급 발신기의 기능을 비교하여 나타낸다.

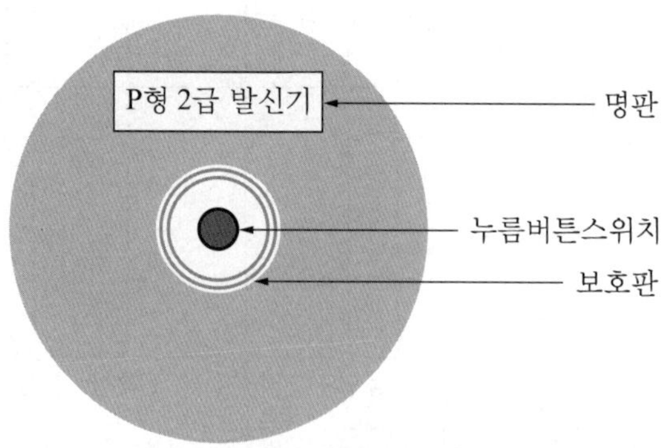

■ **그림 1-2-5** P형 2급 발신기의 실제도 및 명칭

● **표 1-2-1** 발신기 종별에 따른 기능의 비교

종 별	외 함	응답표시등	누름버튼스위치	보호판	전화잭	접속 수신기
P형 1급 발신기	○	○	○	○	○	P형 1급, R형
P형 2급 발신기	○	×	○	○	×	P형 2급

(2) T형 발신기

T형 발신기는 수동으로 각 발신기의 공통신호를 T형 수신기에 발신하는 것으로 발신과 동시에 통화가 가능한 시스템이다. P형 발신기와 같은 누름버튼스위치를 이용하는 것이 아니고 전화형의 송·수화기가 설치되어 있으므로 송화기를 들면 자동으로 신호가 송출되어 통화가 가능하다. 따라서 화재 상황을 정확하게 전달할 수 있으나 송화기 주변이 화염에 노출되면 사용이 불가능하다. T형 발신기는 방수 성능의 유무에 따라 옥내형과 옥외형 등이 있으며, 그림 1-2-6은 T형 발신기의 외형과 내부의 개략도이다.

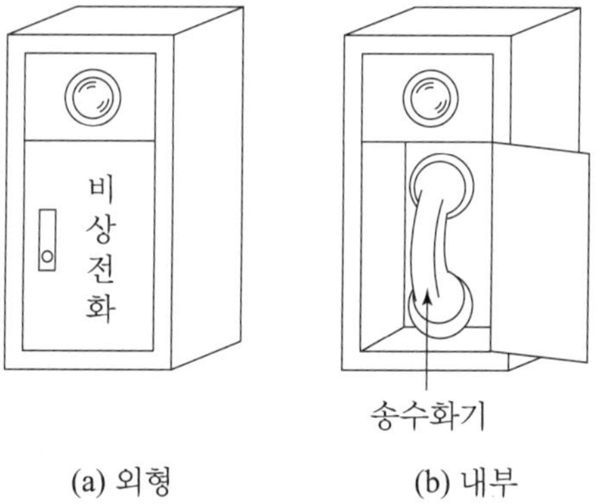

■ **그림 1-2-6** T형 발신기의 외형 및 내부의 개략도

(3) M형 발신기

M형 발신기는 각 발신기의 고유신호를 M형 수신기에 발신하는 시스템이다. 누름버튼스위치의 작동과 동시에 발신기 고유의 신호가 소방관서에 설치된 M형 수신기에 전달된다.

모든 발신기는 하나의 배선에 접속되고 접속할 수 있는 발신기 수는 100개 이하이며, 발신기에서 발신하여 수신 완료까지의 소요시간은 10～20 [s] 정도이다.

1.4 발신기의 설치

발신기는 일반적으로 경보장치와 함께 발신기 세트로 설치되나 옥내소화전이 설치되는 대상물에는 옥내소화전함의 상단에 설치되는 경우가 많다. 그림 1-2-7은 발신기의 설치 형태를 나타낸다.

(1) 발신기의 설치 형태

(a) 발신기　　(b) 발신기＋경종　　(c) 발신기＋경종＋소화전

■ **그림 1-2-7** 발신기의 설치 형태

(2) 발신기의 설치기준

발신기는 많은 사람의 눈에 잘 보이는 곳에 설치하되 누름버튼스위치를 누르는데 장애물이 없도록 해야 하며 복도 또는 통로 등 소화전함에 가장 가까운 위치에 설치한다. 다만, 지하구의 경우에는 발신기를 설치하지 않을 수 있다.

표 1-2-2는 자동화재탐지설비의 발신기가 적용되는 대상과 수평거리를 나타낸 것이며, 표 1-2-3은 적용 대상과 보행거리를 나타낸다.

● **표 1-2-2** 자동화재탐지설비 발신기의 적용 대상 및 수평거리

수평거리	적용 대상
25 [m] 이하	발신기 음향장치(확성기) 비상콘센트(지하상가 및 바닥면적 3,000 [m^2] 이상)
50 [m] 이하	비상콘센트(기타)

● **표 1-2-3** 자동화재탐지설비 발신기의 적용 대상 및 보행거리

보행거리	적용 대상
15 [m] 이하	유도 표지
20 [m] 이하	복도 통로 유도등 거실 통로 유도등 3종 연기감지기
30 [m] 이하	1종, 2종 연기감지기
300 [m] 이하	무선기기 접속단자

① 조작이 쉬운 장소에 설치하고, 스위치는 바닥으로부터 0.8 [m] 이상 1.5 [m] 이하의 높이에 설치할 것

② 특정소방대상물의 층마다 설치하되 해당 특정소방대상물의 각 부분으로부터 하나의 발신기까지의 수평거리가 25 [m] 이하가 되도록 할 것. 다만, 복도 또는 별도로 구획된 실로서 보행거리가 40 [m] 이상일 경우에는 추가로 설치한다.

(a) 표시등의 외형

(b) 표시등의 내부

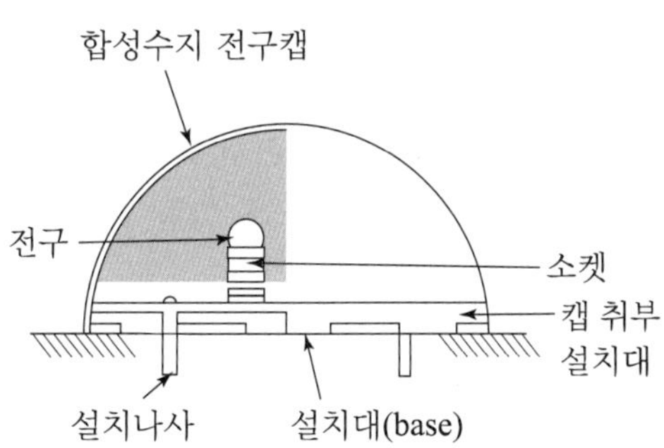

(c) 표시등의 명칭

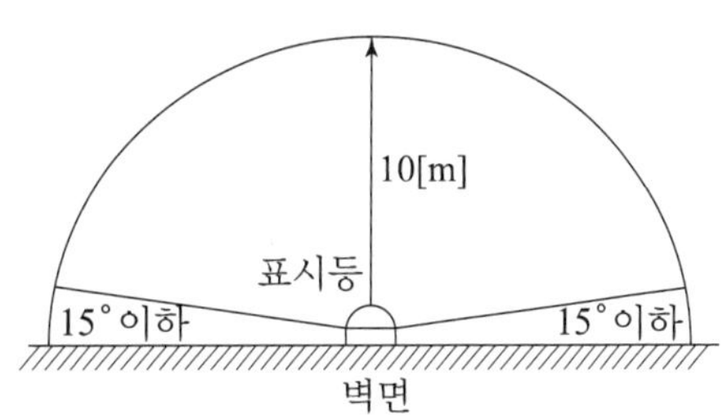

(d) 표시등의 설치 거리

■ **그림 1-2-8** 표시등의 외형, 구조 및 설치 거리

가. 지하가 중 터널의 경우에는 주행차로 한쪽 측벽에 50 [m] 이내의 간격으로 설치
나. 편도 2차로 이상의 양방향터널이나 4차로 이상의 일방향터널의 경우에는 양쪽의 측벽에 각각 50 [m] 이내의 간격으로 엇갈리게 설치

③ ②항의 규정에도 불구하고 ②항의 기준을 초과하는 경우로서 기둥 또는 벽이 설치되지 아니한 대형 공간의 경우 발신기는 설치대상 장소의 가장 가까운 장소의 벽 또는 기둥 등에 설치한다.

④ 발신기의 위치를 표시하는 표시등은 외함의 상부에 설치하되 그 불빛은 부착면으로부터 15° 이상의 범위 안에서 부착지점으로부터 10 [m] 이내의 어느 곳에서도 쉽게 식별할 수 있는 적색등으로 설치한다. 그림 1-2-8은 발신기 표시등의 설치 예를 나타낸다.

2. 음향장치

화재 또는 응급 상황이 발생했을 때 작동하는 경보장치(警報裝置, alarm device)는 감지기나 발신기가 작동되어 수신기가 신호를 받게 되면 수신기의 출력신호를 받아 화재의 발생을 건물 내의 사람들에게 알리기 위한 음향장치(音響裝置, sound system)와 청각장애인을 위한 시각경보기(視覺警報器, visible alarm)가 있다.

2.1 음향장치의 종류

음향장치에는 경종(bell)과 사이렌(siren)이 있는데 경종은 수신기로부터 기동 출력을 받아 전동기가 작동되어 타봉에 의해 종을 타종하는 방식과 전자석을 이용한 것이 있다.

그리고 전자사이렌은 압전 버저나 일정 주파수를 발진시켜 스피커를 명동(鳴動, rumbling)시키는 방식이다. 자동화재탐지설비의 음향장치로는 대부분 경종을 사용한다. 그림 1-2-9는 경종의 외형, 구조 및 회로도를 나타낸다.

(a) 경종 실체 사진

(b) 경종 내부

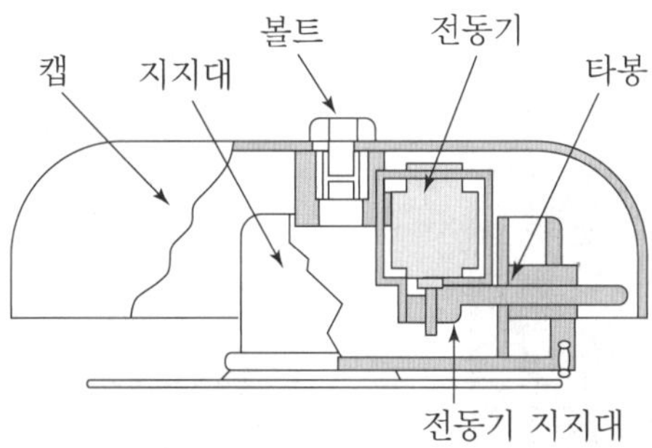

(c) 경종의 구조

■ **그림 1-2-9** 경종의 실체 사진 및 구조

그림 1-2-10은 전자사이렌의 외형 및 내부 구조를 나타낸 것으로 학교, 공장, 사무실 등 다중이용시설에 사용된다.

(a) 외부 실체 사진

(b) 내부 실체 사진

■ **그림 1-2-10** 전자사이렌의 외형 및 내부 구조

2.2 음향장치의 설치 형태

음향장치(音響裝置, sound system)는 설치위치에 따라 수신기의 내부 또는 직근에 설치하는 주음향장치와 특정소방대상물의 곳곳에 설치하는 지구음향장치가 있는데 일반적으로 지구음향장치는 발신기와 함께 속보 세트에 내장되거나 옥내소화전설비가 설치되는 경우에는 옥내소화전함의 상단에 속보 세트 형태로 설치된다. 그림 1-2-11은 음향장치의 설치 형태를 나타낸다.

(a) 발신기 + 경종　　　(b) 발신기 + 경종 + 소화전

■ **그림 1-2-11** 음향장치의 설치 형태

2.3 음향장치의 설치기준

① 주음향장치는 수신기의 내부 또는 그 직근에 설치한다.

② 직상발화 우선방식인 경우 경보층의 범위는 표 1-2-4와 같고, 음향장치의 규모별 경보방식은 표 1-2-5와 같이 적용한다.

● **표 1-2-4** 음향장치의 직상발화 우선방식인 경우의 경보층 [층수가 11층(공동주택의 경우 16층) 이상의 특정소방대상물은 다음의 기준에 따라 경보를 발할 수 있도록 한다.]

발화층	경보층
2층 이상	발화층 및 그 직상 4개 층
1층	발화층, 그 직상 4개 층 및 지하층
지하층	발화층, 그 직상층 및 기타의 지하층

● **표 1-2-5** 음향장치의 규모별 경보방식

특정소방대상물의 규모	경보방식
5층 이상으로 연면적 3,000 [m^2]를 초과	직상발화 우선경보
상기 규모 이외의 장소	일제경보
공장 등과 같이 여러 개의 동으로 구성된 것	동 구분경보

③ 지구음향장치는 특정소방대상물의 층마다 설치하되, 해당 특정소방대상물의 각 부분으로부터 하나의 음향장치까지의 수평거리가 25 [m] 이하가 되도록 하고, 해당 층의 각 부분에 유효하게 경보를 발할 수 있도록 설치할 것. 다만, 「방송설비의 화재안전기술기준(NFTC 202)」에 적합한 방송설비를 자동화재탐지설비의 감지기와 연동하여 작동하도록 설치한 경우에는 지구음향장치를 설치하지 않을 수 있다. 그림 1-2-12는 지구음향장치의 설치 형태를 나타낸다.

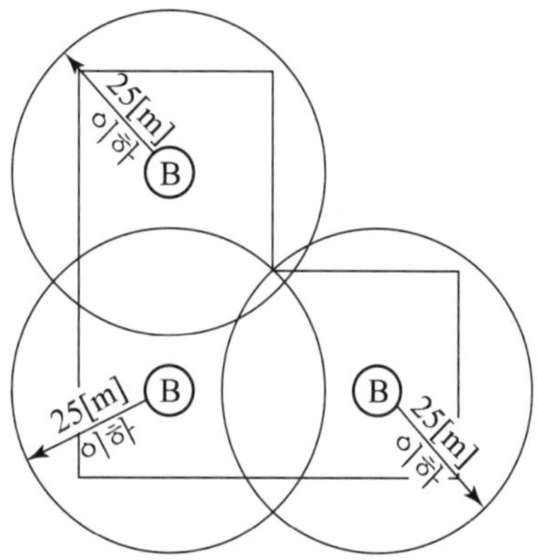

■ **그림 1-2-12** 지구음향장치의 설치 예

④ ③에도 불구하고 ③의 기준을 초과하는 경우로서 기둥 또는 벽이 설치되지 아니한 대형공간의 경우 지구음향장치는 설치대상 장소의 가장 가까운 장소의 벽 또는 기둥 등에 설치한다.

⑤ 음향장치의 구조 및 성능

가. 정격전압의 80 [%] 전압에서 음향을 발할 수 있는 것으로 할 것. 다만, 건전지를 주전원으로 사용하는 음향장치는 그렇지 않다.

나. 음향의 크기는 부착된 음향장치의 중심으로부터 1 [m] 떨어진 위치에서 90 [dB] 이상이 되는 것으로 할 것

다. 감지기 또는 발신기의 작동과 연동하여 작동할 수 있는 것으로 할 것

2.4 음향장치의 결선

음향장치(音響裝置, sound system)의 결선은 직상발화 우선경보방식과 일제경보방식이 있다.

(1) 직상발화 우선경보방식

그림 1-2-13은 우선경보방식 또는 발화층 및 직상층 우선경보방식을 나타낸 것으로 기본 7선에 2선을 추가하여 시설한다. 또한 입력수가 1개일 때의 감지기는 회로별로 설치하고, 출력수가 1개일 때는 경종을 층별로 접속한다. 표 1-2-6은 직상발화 우선경보방식의 전선 내역을 나타낸다.

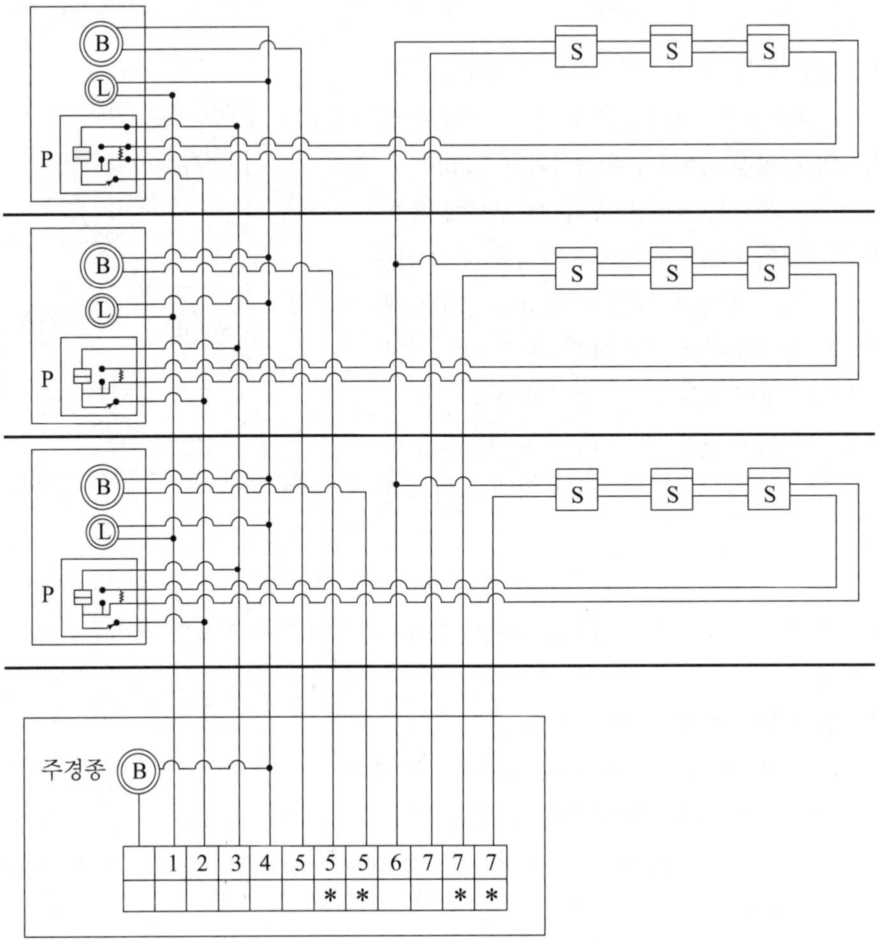

■ 그림 1-2-13 직상발화 우선경보방식의 결선도

● 표 1-2-6 직상발화 우선경보방식의 전선 내역

단자 번호	내 용	추 가	단자 번호	내 용	추 가
1	표시등선	-	5	경종선	*
2	전화선	-	6	공통(감지기)선	-
3	발신기 응답선	-	7	회로(감지기)선	*
4	공통선	-	-	-	-

(2) 일제경보방식

그림 1-2-14는 일제경보방식을 나타낸 것으로 기본 7선에 1선씩 추가되며 입력수가 1개일 때의 감지기는 회로별로 접속하며, 출력수가 1개일 때는 건물 전체층의 경종은 하나의 전선으로 공통 접속하여 동시에 울리게 한다. 그리고 각각의 방식에 대한 전선의 사용 내역은 표 1-2-7과 같이 나타낸다.

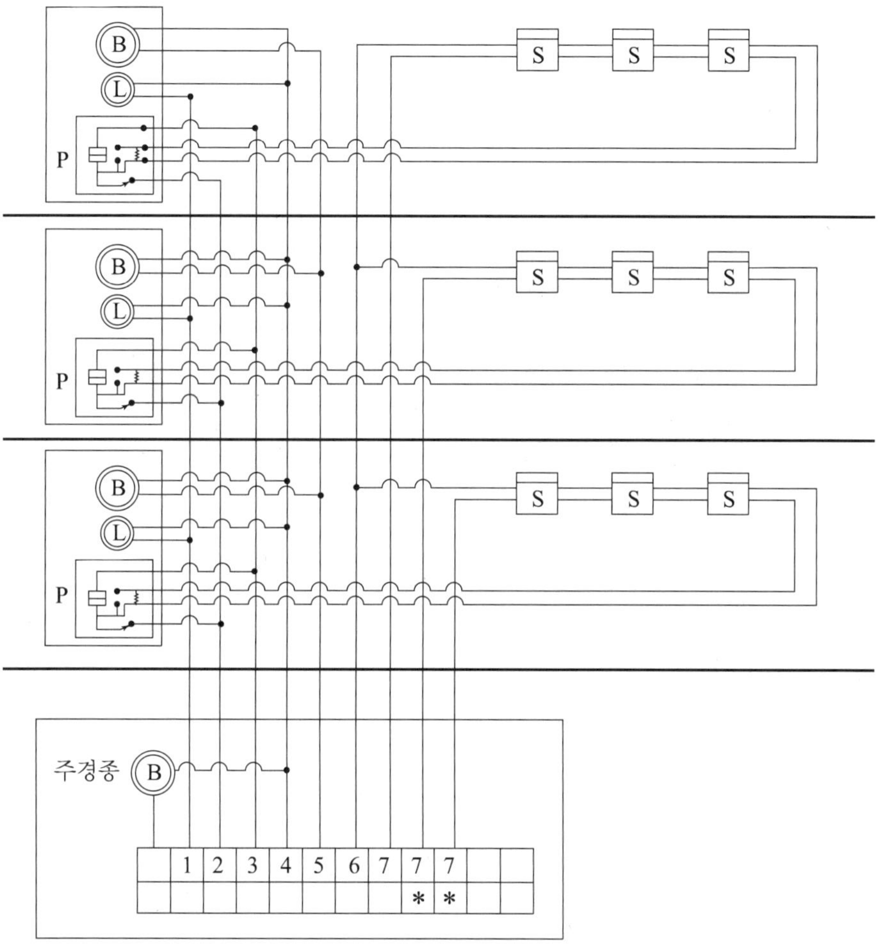

■ 그림 1-2-14 일제경보방식의 결선도

● 표 1-2-7 일제경보방식의 전선 사용 내역

단자 번호	내 용	추 가	단자 번호	내 용	추 가
1	표시등선	-	5	경종선	-
2	전화선	-	6	공통(감지기)선	-
3	발신기 응답선	-	7	회로(감지기)선	*
4	공통선	-	-	-	-

3. 시각경보기

음향장치는 청각장애인들에게 화재 피난 경보를 알릴 수 없기 때문에 시각으로 알려주는 경보장치가 시각경보기(視覺警報器, visual alarm)이다. 시각경보기는 섬광을 이용하여 화재 경보를 알 수 있도록 크세논 전구를 사용하여 초당 1회 이상 3회 이하로 점멸하며 수신기에서 작동신호를 받은 후 3 [s] 이내 경보를 발신해야 하며, 정지신호를 받았을 경우에는 3 [s] 이내 정지되어야 한다. 그림 1-2-15는 시각경보기의 실체 사진 및 내부 구조를 나타낸다.

(a) 실체 사진 (b) 내부 구조

■ **그림 1-2-15** 시각경보기의 실체 사진 및 회로도

3.1 시각경보기의 설치대상

① 근린생활시설, 문화 및 집회시설, 종교시설, 판매시설, 운수시설, 의료시설, 노유자 시설
② 운동시설, 업무시설, 숙박시설, 위락시설, 창고시설 중 물류터미널, 발전시설 및 장례시설
③ 교육연구시설 중 도서관, 방송통신시설 중 방송국
④ 지하가 중 지하상가

3.2 시각경보기의 설치기준

① 복도, 통로, 청각장애인용 객실 및 공용으로 사용하는 거실(로비, 회의실, 강의실, 식당, 휴게실, 오락실, 대기실, 체력단련실, 접객실, 안내실, 전시실, 기타 이와 유사한 장소를 말한다)에 설치하며, 각 부분으로부터 유효하게 경보를 발할 수 있는 위치에 설치할 것

② 공연장, 집회장, 관람장 또는 이와 유사한 장소에 설치하는 경우에는 시선이 집중되는 무대(舞臺, stage)부 부분 등에 설치할 것

③ 설치 높이는 바닥으로부터 2 [m] 이상 2.5 [m] 이하의 장소에 설치할 것. 다만, 천장의 높이가 2 [m] 이하인 경우에는 천장으로부터 0.15 [m] 이내의 장소에 설치해야 한다.

④ 시각경보장치의 광원은 전용의 축전지설비 또는 전기저장장치(외부 전기에너지를 저장해 두었다가 필요한 때 전기를 공급하는 장치)에 의하여 점등되도록 할 것. 다만, 시각경보기에 작동전원을 공급할 수 있도록 형식승인을 얻은 수신기를 설치한 경우에는 그렇지 않다.

연습문제

문제 01 소방전기설비에 적용되는 발신기는 화재발생신호를 수신기 또는 중계기에 수동으로 신호를 발신하는 것이며, 화재를 발견한 사람이 (　　)을 깨고 누름버튼스위치를 누름으로써 화재 발생을 (　　) 또는 (　　)에 전달하기 때문에 신뢰성이 우수한 설비이다.

풀이 보호판, 수신기, 중계기

문제 02 발신기는 외함, 보호판, 누름버튼스위치, 응답표시등, 전화잭 등으로 구성되어 있으며, 경종 및 표시등과 같이 동일 시스템에 내장하여 벽에 설치하고 외부 색은 (　　)이다.

풀이 적색

문제 03 기능에 따라 발신기를 분류하면 어떤 것들이 있는가?

풀이 ① T형 발신기, ② P형 발신기, ③ M형 발신기

문제 04 발신기의 외함은 두께 (　　) [mm] 이상의 강판으로 물리적 충격에 파손 또는 변형이 없도록 제작한다. 발신기용 누름버튼스위치는 한번 누르면 (　　)으로 복귀되지 않는 것으로 인위적으로만 복구가 가능한 비복구형 스위치이다.

풀이 1.2, 자동

문제 05 발신기 외함을 합성수지 제품으로 제작할 때 섭씨 몇 도의 온도에서 열로 변형이 생기지 않아야 하는가?

풀이 80 [℃]

문제 **06** 발신기의 (   )는 수신기에 화재신호를 발신할 때 사용하는 것으로 안쪽으로 밀어 넣으면 지속적으로 화재신호를 발신하여 지구음향장치나 주경종을 울리도록 하여 화재 발생을 알리는 역할을 하게 된다.

풀이 누름스위치

문제 **07** 발신기의 누름스위치는 눌러 깨지거나 밀려들어가는 구조의 유기질 유리인 것을 중앙에 지름 20 [mm]로 균일하게 접하는 작동 방향으로 가하는 힘이 (   ) [kg] 초과하고 (   ) [kg] 이하인 범위에서 작동되어야 하며, 2 [kg]의 힘에는 밀려들어가지 않도록 고정되어 있다. 단, M형 발신기는 유기질 유리 또는 두께 1 [mm] 이상 2 [mm] 이하의 무기질 유리를 사용해야 한다.

풀이 2, 8

문제 **08** 발신기의 내부 배선은 충분한 전류 용량을 갖는 것으로 해야 하며, 배선의 접속은 전기·기계적으로 충분한 성능을 유지해야 한다. 전선의 접속은 전선의 세기를 (   ) [%] 이상 감소시키지 않아야 한다. 다만, 점퍼선(jumper wire)을 이용하여 접속하는 경우와 기타 전선에 가하여지는 장력이 전선의 세기에 비하여 현저히 작을 경우에는 그렇지 않다.

풀이 20

문제 **09** 그림 1은 P형 1급 발신기의 실제도를 나타낸 것이다. 각각의 명칭을 기입하시오.

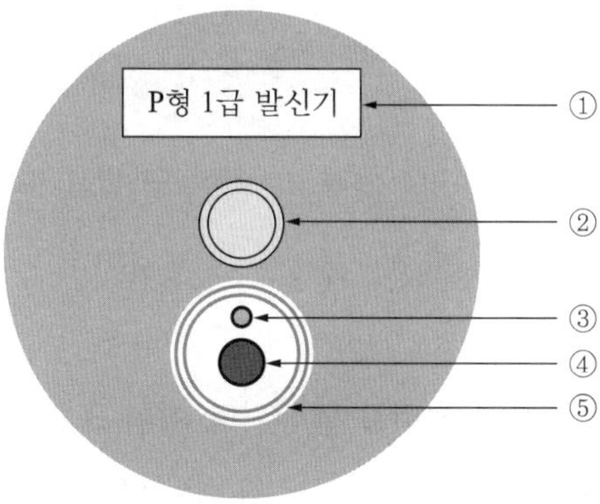

■ 그림 1 P형 1급 발신기의 실제도

풀이 ① 명판, ② 전화잭, ③ 응답표시등, ④ 누름버튼스위치, ⑤ 보호판

문제 10 그림 2는 P형 1급 발신기의 내부 회로도를 나타낸 것이다. 각각의 명칭을 기입하시오.

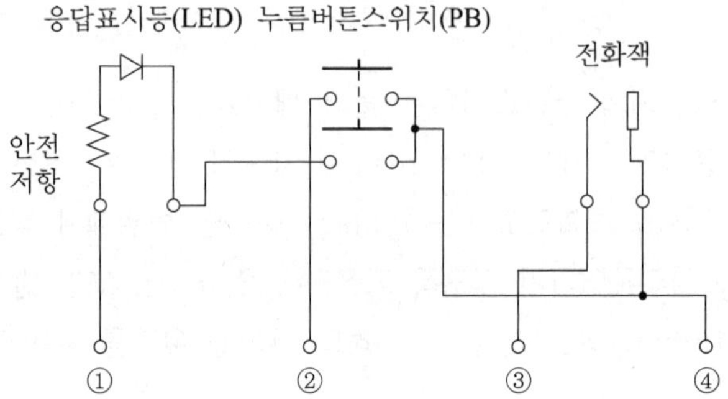

■ **그림 2** P형 1급 발신기의 내부 회로도

풀이 ① 응답선, ② 지구선, ③ 전화선, ④ 공통선

문제 11 그림 3은 P형 2급 발신기의 실제도를 나타낸 것이다. 각각의 명칭을 기입하시오.

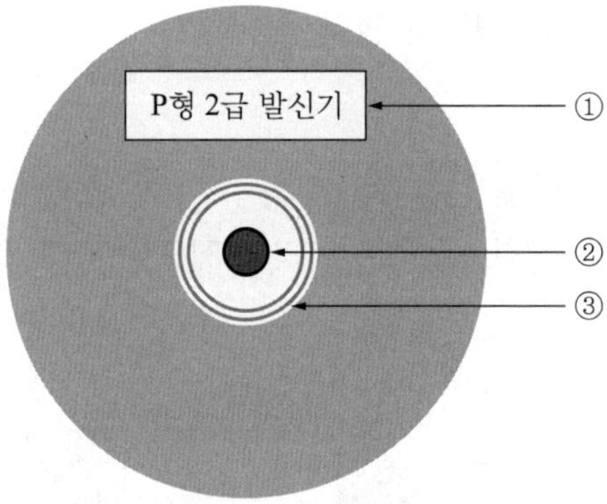

■ **그림 3** P형 2급 발신기의 실제도

풀이 ① 명판, ② 누름버튼스위치, ③ 보호판

문제 12 다음은 빈칸에 들어갈 발신기의 설치 조건은 무엇인가?

① 조작이 쉬운 장소에 설치하고, 스위치는 바닥으로부터 (　　) [m] 이상 (　　) [m] 이하의 높이에 설치할 것

② 특정소방대상물의 층마다 설치하되 해당 특정소방대상물의 각 부분으로부터 하나의 발신기까지의 수평거리가 (　　) [m] 이하가 되도록 할 것. 다만, 복도 또는 별도로 구획된 실로서 보행거리가 (　　) [m] 이상일 경우에는 추가로 설치한다.

풀이 0.8, 1.5, 25, 40

문제 **13** 발신기의 위치를 표시하는 표시등은 외함의 상부에 설치하되, 그 불빛은 부착면으로부터 (　　) 이상의 범위 안에서 부착지점으로부터 (　　) [m] 이내의 어느 곳에서도 쉽게 식별할 수 있는 적색등으로 설치한다.

풀이 15°, 10

문제 **14** 화재 또는 응급 상황이 발생했을 때 작동하는 경보장치는 감지기나 발신기가 작동되어 수신기가 신호를 받게 되면 수신기의 출력신호를 받아 화재의 발생을 건물 내의 사람들에게 알리기 위한 (　　)와 청각장애인을 위한 (　　)가 있다.

풀이 음향장치, 시각경보기

문제 **15** (　　)에는 경종(bell)과 사이렌(siren)이 있는데, 경종은 수신기로부터 기동출력을 받아 전동기가 작동되어 타봉에 의해 종을 타종하는 방식과 전자석을 이용한 것이 있다.

풀이 음향장치

문제 **16** 다음은 음향장치의 설치기준이다. 빈칸에 적당한 내용을 넣으세요.

발화층	경보층
①	발화층 및 그 직상 4개 층
②	발화층, 그 직상 4개 층 및 지하층
③	발화층, 그 직상층 및 기타의 지하층

풀이 ① 2층 이상, ② 1층, ③ 지하층

문제 **17** 다음 표의 특정소방대상물의 규모에서 적용해야 할 음향장치의 경보방식을 제시하세요.

특정소방대상물의 규모	경보방식
5층 이상으로 연면적 3,000 [m^2]를 초과	①
상기 규모 이외의 장소	②
공장 등과 같이 여러 개의 동으로 구성된 것	③

풀이 ① 직상발화 우선경보, ② 일제경보, ③ 동 구분경보

문제 **18** 지구음향장치는 특정소방대상물의 층마다 설치하되, 해당 특정소방대상물의 각 부분으로부터 하나의 음향장치까지의 수평거리가 (　　) [m] 이하가 되도록 하고, 해당 층의 각 부분에 유효하게 경보를 발할 수 있도록 설치해야 한다.

풀이 25

문제 **19** 음향장치의 구조 및 성능에서 정격전압의 (　　) [%] 전압에서 음향을 발할 수 있어야 하며, 음량은 부착된 음향장치의 중심으로부터 (　　) [m] 떨어진 위치에서 (　　) [dB] 이상이 되어야 한다.

풀이 80, 1, 90

문제 **20** 다음은 시각경보기의 설치기준이다. 적절한 내용을 제시하시오.

① 복도, 통로, 청각장애인용 객실 및 공용으로 사용하는 거실에 설치하며, 각 부분으로부터 유효하게 경보를 발할 수 있는 위치에 설치할 것
② 공연장, 집회장, 관람장 또는 이와 유사한 장소에 설치하는 경우에는 시선이 집중되는 무대부 부분 등에 설치할 것
③ 설치 높이는 바닥으로부터 (　　) [m] 이상 (　　) [m] 이하의 장소에 설치할 것. 다만, 천장의 높이가 2 [m] 이하인 경우에는 천장으로부터 0.15 [m] 이내의 장소에 설치해야 한다.
④ 시각경보장치의 광원은 전용의 (　　)설비 또는 전기저장장치에 의하여 점등되도록 할 것. 다만, 시각경보기에 작동전원을 공급할 수 있도록 형식승인을 얻은 수신기를 설치한 경우에는 그렇지 않다.

풀이 2, 2.5, 축전지

Chapter 03

수신기

수신기(受信機, receiver)는 감지기와 발신기로부터 화재신호를 수신하여 경보장치를 기동시키고 화재 발생 및 화재 위치를 표시하는 기능을 한다. 또한 화재가 발생했을 때 자동으로 자체적인 화재 감지 기능이 없는 비상방송설비, 자동화재속보설비, 3선식 유도등 설비 등을 기동시키는 기능이 있다.

1. 수신기의 분류

1.1 신호방식에 따른 분류

수신기(受信機; receiver)는 감지기와 발신기로부터 공통신호로 수신하느냐 고유신호로 수신하느냐에 따라 P형 수신기와 R형 수신기로 구분한다. 감지기가 수신기에 전송해야 할 정보는 화재 발생과 화재 위치(경계구역)에 관한 것이다. 여기서 화재 발생에 대한 정보는 화재와 비화재에 대한 것이며, 화재 위치에 관한 정보는 경계구역 수만큼의 자료가 필요하다.

(1) P형 수신기

P형 수신기(Proprietary type receiver)는 화재신호를 접점신호인 공통신호로 수신하기 때문에 각 경계구역마다 별도의 실선 배선으로 연결한다. 그러므로 경계구역수가 증가할수록 회선수가 증가하게 된다. 대형건물은 많은 회선이 필요하여 설치, 유지, 보수에 문제가 되므로 소규모 건물에 설치된다.

(2) R형 수신기

R형 수신기(Record type receiver)는 감지기 또는 발신기에서 보내는 접점신호를 중계기에 의해 고유신호로 전환하여 수신기에 전달하는 방식과 통신신호를 발신할 수 있는 주소형 감지기를 사용하여 직접 고유신호를 수신기에 전달하는 방식이 있다.

R형 수신기는 통신신호방식으로 신호를 주고받기 때문에 하나의 선로를 통하여 많은 신호를 주고받을 수 있어 배선수를 획기적으로 감소시킬 수 있어 경계구역수가 많은 대형건물에 많이 사용된다.

(3) M형 수신기

M형 수신기(Municipal type receiver)는 공공용 수신기로서 도로에 설치된 M형 발신기를 이용하여 소방서에 설치된 수신기에 화재의 발생을 통보하는 것이다. M형 수신기는 화재속보설비 기능을 겸비한 것으로 신호선들은 개별 신호선에 의해서 신호를 수신한다.

일반적으로 한국에서는 이와 같은 방식을 채택하고 있지 않으며, 일본, 미국 등에서 사용되고 있다.

1.2 기능에 따른 분류

(1) 일반 수신기

화재신호를 최초로 수신한 후 5 [s] 이내에 지구경종의 작동 및 화재 표시를 나타내는 수신기를 말한다.

(2) 축적형 수신기

화재신호를 수신한 후 곧바로 화재신호를 수신하지 않고 5 [s] 이상 60 [s] 이내의 설정된 축적 시간이 경과된 후에 화재신호를 재차 수신할 때 지구경종 작동 또는 화재 표시를 나타내는 수신기이다.

(3) 다신호식 수신기

최초로 화재신호를 수신했을 때 주경종 및 지구 표시가 작동하고, 화재신호가 재차 수신되면 지구경종이 작동하는 수신기를 말한다.

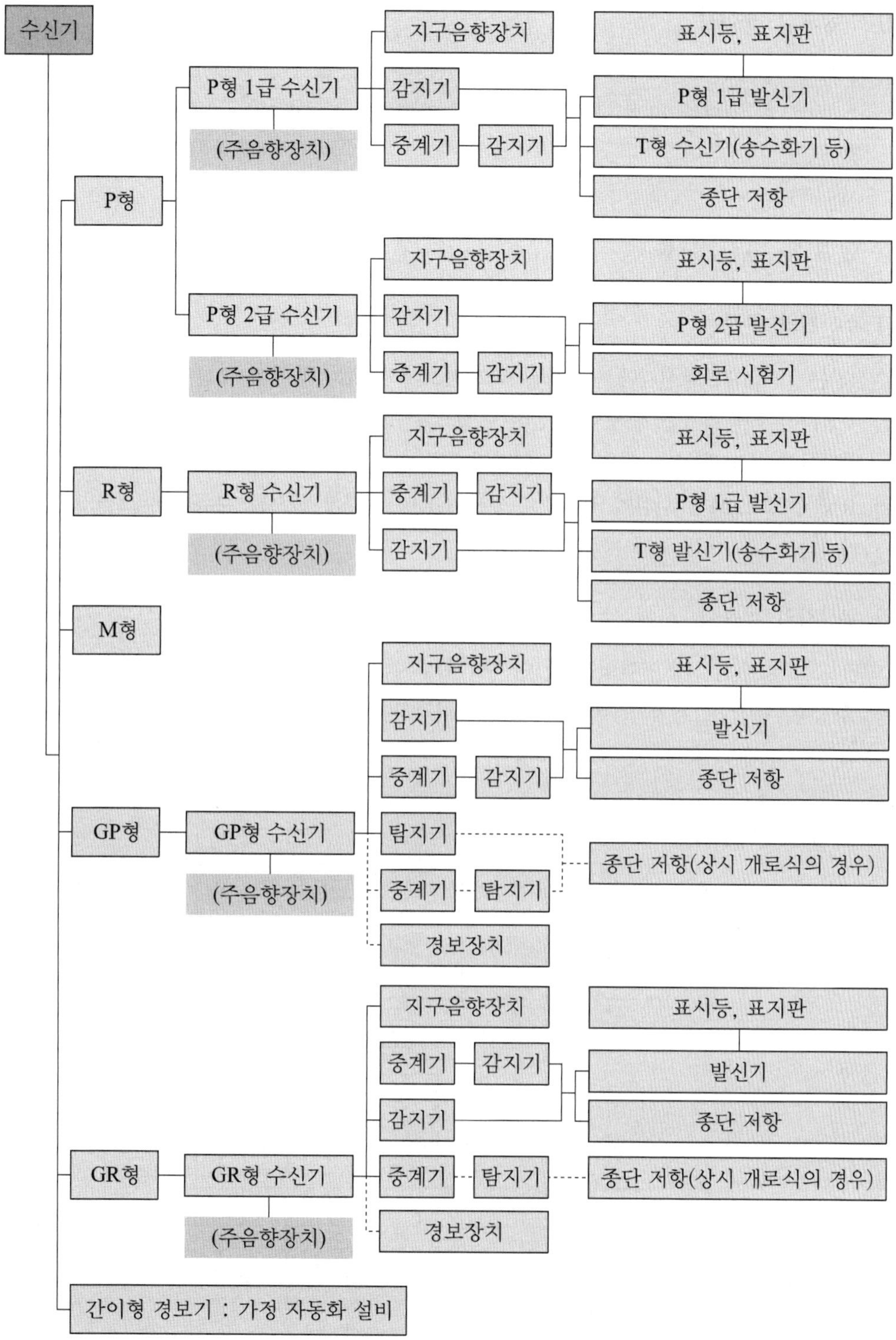

■ **그림 1-3-1** 형식에 따른 수신기의 분류

(4) 아날로그 수신기

화재신호를 열 또는 연기에 따라 온도 범위, 연기 농도, 감도 설정 등을 단계별로 표시할 수 있는 수신기로서 주경종 및 지구경종의 작동이 단계적으로 작동되는 수신기이다.

1.3 형식에 의한 분류

(1) 수신기의 구성

수신기는 감지기나 발신기에서 보내온 화재신호 또는 탐지부에서 발신된 가스누설신호 등을 직접 수신하거나 중계기를 통해서 수신하는 것으로 특정소방대상물의 관계자에게 경보해 주거나 소방관서에 통보해 주는 장치이다. 일반적으로 수신기는 구성 및 작동 형태에 따라 P형 수신기, R형 수신기, M형 수신기, GP형 수신기, GR형 수신기 등으로 분류하며 그림 1-3-1과 같이 나타낸다.

(2) 수신기의 접속

그림 1-3-2는 수신기에 연결되는 각 단자별 외부 결선도의 예를 나타낸 것으로 표시등, 외부경종, 주경종, 발신기, 감지기, 비상전원 등의 회로와 구성된다.

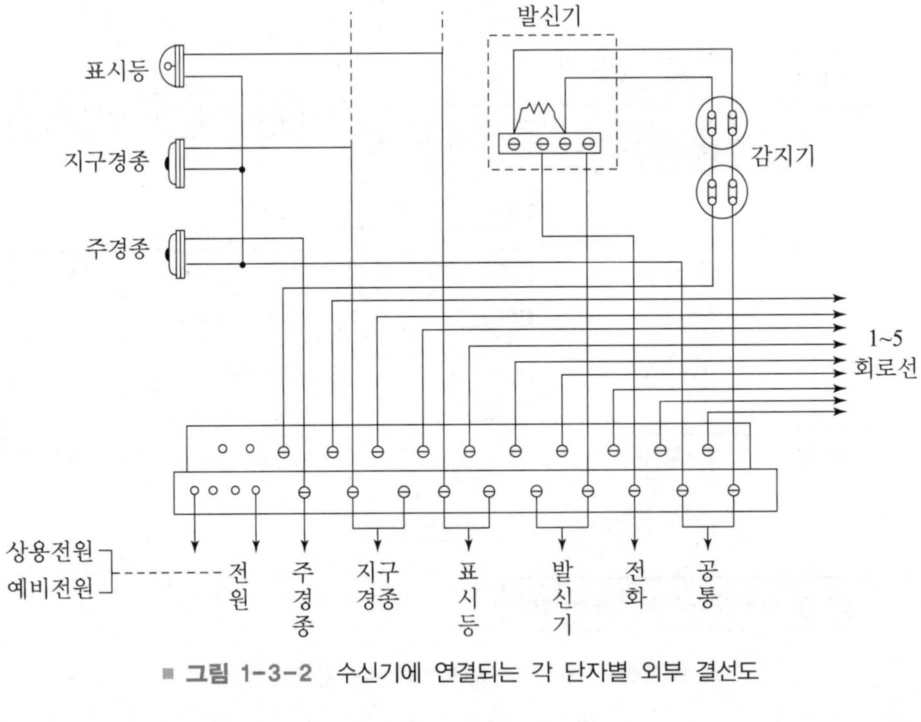

■ 그림 1-3-2 수신기에 연결되는 각 단자별 외부 결선도

소방전기설비의 회로 해석에 사용되는 명칭 및 기호를 표 1-3-1에 나타낸다. 회로선의 유사한 명칭이 지구선, 표시선, 신호선, 감지기선 등으로 불리는 것은 설치된 설비의 명칭을 인용하여 호칭하기 때문이다. 그러나 효율적인 시스템의 관리 및 운용을 위해서는 통일된 명칭과 기호를 사용하는 것이 요구된다.

● 표 1-3-1 감지기, 발신기, 수신기 등에 사용되는 명칭 및 기호

명 칭	기 호	영 어	유사한 명칭
회로선	L	Line	지구선 신호선 표시선 감지기선
	N	Number	
공통선	C	Common	지구 공통선 회로 공통선 신호 공통선 감지기 공통선 발신기 공통선
응답선	A	Answer	발신기선 발신기 응답선 확인선 응답 확인선
전화선	T	Telephone	-
경종선	B	Bell	벨선
표시등선	PL	Pilot Lamp	-
경종 공통선	BC	Bell Common	벨 공통선
경종표시등 공통선	특별한 기호가 없음		벨표시등 공통선

1.4 사용방식에 따른 분류

(1) 복합형 수신기

다른 소방시설의 감시제어반과 함께 구성된 수신기를 복합형 수신기(複合形 受信機)라고 한다. 복합형 수신기도 신호방식에 따라 P형 복합형 수신기와 R형 복합형 수신기로 구분된다.

(2) GP형 및 GR형 수신기

가스누설탐지기의 수신기와 겸용으로 사용하는 수신기를 신호방식에 따라 GP형, GR형 수신기라고 한다. 감지기와 발신기는 수신기에 화재 발생과 화재 위치에 관한 2가지의 정보를 제공해야 한다.

공통신호방식의 감지기는 화재 발생에 관한 정보만을 제공하고, 화재 위치는 경계구역마다 각각의 회로를 구성하는 방식으로 제공한다. 고유신호방식은 각 신호발생장치마다 고유신호를

발신하기 때문에 수신기는 화재 발생 여부와 화재 위치를 알 수 있다.

공통신호방식 감지기는 그림 1-3-3과 같이 접점신호로 수신기에 화재발생신호를 송신한다. 감지기가 작동하게 되면 스위치가 닫혀 회로에 전류가 흘러 수신기에서는 이를 화재가 발생했다는 것으로 파악한다. 이러한 신호방식은 한 선로에 전류가 흐르는 경우와 전류가 흐르지 않는 경우의 단 2가지의 신호만을 보낼 수 있다. 이러한 방식은 화재 발생 여부를 전송할 수 있지만 화재 위치에 관한 정보는 전송할 수 없다. 그러므로 화재 위치에 대한 정보를 전송하기 위해서는 각 경계구역마다 별도의 회로가 필요하다.

공통신호방식은 신호발생장치들이 모두 공통된 신호를 발신하므로 수신기에서는 당연히 신호를 구분할 수 없다. 그러나 고유신호방식은 신호발생장치마다 개별적인 고유신호를 발신하기 때문에 수신기는 각 신호들을 구분할 수 있다.

고유신호방식은 수신기와 각 감지기가 통신신호를 채택하여 각 감지기나 혹은 경계구역마다 각기 다른 신호를 전송하게 하는 방식이다. 공통신호방식은 하나의 회로에 단 두 가지의 신호를 보낼 수 있지만 고유신호방식은 통신신호방식으로 되어 있어 많은 신호를 전송할 수 있다. 그러므로 경계구역수의 증가에 따라 회로를 증설할 필요가 없다. 다만, 수신기와 감지기 혹은 중계기가 통신신호를 송수신할 수 있는 기능이 있어야 한다.

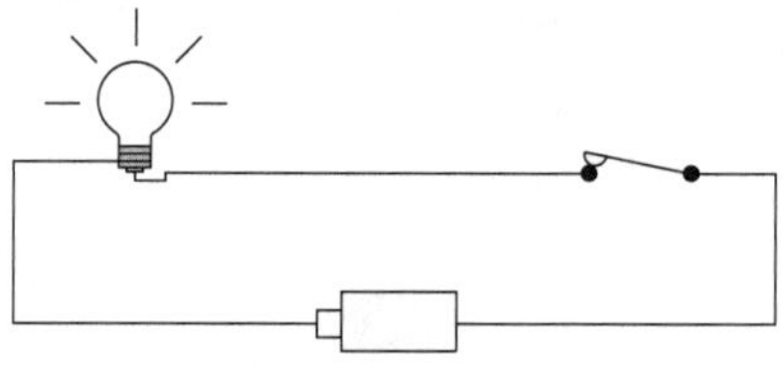

■ 그림 1-3-3 수신기의 접점신호

2. 수신기의 일반사항 및 기능

2.1 수신기의 일반사항

(1) 수신기는 작동이 정확해야 하고 취급 및 점검이 쉬워야 한다. 또한 전파 방해나 잡음, 먼지, 습기, 곤충 등에 의해서 기능에 영향을 받지 않아야 한다. 그리고 시스템을 운용하는 관리자가 보수 및 부속품의 교체가 쉬운 구조이어야 한다. 다만, 방수형 및 방폭형은 예외로 할 수 있다.

(2) 외함은 불연성 또는 난연성 재질로 만들어야 하며, 두께는 다음의 기준을 요구한다. 다만, 합성수지를 사용하는 경우는 80±2 [℃]의 온도에서 열로 인한 변형이 생기지 않는 자기소화성이 있어야 하며, 두께는 강판의 2.5배 이상이 요구된다.

① 1회선용은 1 [mm] 이상
② 1회선을 초과하는 것은 1.2 [mm] 이상
③ 직접 벽면에 접하여 벽속에 매립하여 시설하는 외함은 1.6 [mm] 이상

(3) 내부의 부품은 기계적 기능에 영향을 초래할 우려가 있는 곳은 내식성의 칠, 도금 처리 등을 해야 하며, 전기적 기능에 영향이 있는 단자, 나사 및 와셔 등은 동합금이나 이와 동등 이상의 특성이 있는 재질을 사용해야 한다.

(4) 내부 기기의 배선은 충분한 전기용량을 갖는 것으로 하며 배선의 연결 및 접속은 전기·기계적 성능이 기준에 적합해야 한다. 또한 극성이 있는 배선은 오접속을 방지하기 위해 적절한 조치를 해야 한다.

(5) 외부에서 사람이 쉽게 접촉할 우려가 있는 충전부는 적절한 절연이 확보되어야 하며, 전선 이외의 전류가 흐르는 부분과 가동축 부분의 접촉력이 충분하지 아니한 곳에는 접촉부의 접촉 불량을 방지하기 위한 조치를 해야 한다.

(6) 정격전압이 60 [V]를 넘는 기구의 금속제 외함에는 접지 단자를 설치해야 하며, 예비전원 회로에는 과전류 및 단락 사고 등으로부터 시스템을 보호할 수 있는 퓨즈를 설치한다.

(7) 내부의 부품 등에서 발생되는 열에 의해서 구조 및 기능에 이상이 생길 우려가 있는 것은 방열판(放熱板, radiator grille) 또는 방열공(放熱孔, louver) 등에 의하여 방열이 원활하도록 해야 한다. 다만, 방수형 또는 방폭형의 것은 방열공을 설치하지 않는다.

(8) P형 1급, P형 1급 복합식, GP형 1급 및 GP형 1급 복합식(회선수가 1회선인 것은 제외), R형 및 R형 복합식, GR형, GR형 복합식의 수신기 또는 M형의 수신기는 발신기가 작동하는 경우 그 표시를 할 수 있어야 한다.

(9) 수신기(1회선용은 제외)는 2회선이 동시에 작동하여도 화재 표시가 되어야 하며, 감지기의 감지 또는 P형 발신기나 T형 발신기의 발신 개시로부터 P형, P형 복합식, GP형 복합식, R형 복합식, GR형 또는 GR형 복합식 수신기의 수신 완료까지의 소요시간은 5 [s](축적형은 60 [s] 이내) 이내이어야 한다.

(10) 화재신호를 수신하는 경우 P형, P형 복합식, GP형, GP형 복합식, R형, R형 복합식, GR형 또는 GR형 복합식의 수신기에 있어서는 2개 이상의 지구 표시 장치에 의하여 각각 화재 표시를 할 수 있어야 한다. M형 수신기는 3개 이상의 지구 표시 장치에 의하여 각각 화재 표시를 할 수 있어야 한다.

(11) P형 2급 및 P형 2급 복합식, P형 1급 및 P형 1급 복합식(회선수가 1인 것), GP형 1급 및 GP형 1급 복합식(회선수가 1인 것), GP형 2급 및 GP형 2급 복합식의 수신기를 제외한 발신기와 수신기는 화재신호의 전달에 지장이 없이 상호의 전화 연락이 될 수 있어야 한다.

(12) T형 발신기와 접속되는 수신기는 2회선 이상의 T형 발신기가 동시에 발신하여도 통화하고자 하는 발신기를 임의로 선택할 수 있어야 하며, 차단된 회선의 T형 발신기에 통화중인 소리가 흘러 들어가야 한다.

(13) M형 수신기는 화재수신 완료까지의 소요시간(기록식의 M형 수신기를 사용하는 것은 동일 신호를 2회 기록할 때까지의 소요시간)이 20 [s] 이내이어야 한다. 3개의 M형 발신기가 동시에 작동하는 경우에는 서로 간섭하지 않고 순차적으로 화재 표시가 되어야 한다.

(14) 내부에 주전원의 양극을 동시에 개폐할 수 있는 전원 스위치를 설치해야 하며, 전원 입력측의 양선(1회선용은 1선 이상) 및 외부 부하에 직접 전원을 송출하도록 구성된 회로에는 퓨즈 또는 브레이커 등을 설치해야 한다. 또한 내부에는 예비전원을 설치해야 한다. 다만, P형 2급, P형 2급 복합식, GP형 2급, GP형 2급 복합식의 수신기로서 접속할 수 있는 회전수가 1인 것과 방화상 유효한 조치를 강구한 것은 그렇지 않다.

(15) 전면에는 예비전원의 상태를 감시할 수 있는 감시 장치가 있어야 하며, 주전원을 감시하는 장치를 설치해야 한다. 또한 복귀 스위치의 작동 또는 음향장치의 울림을 정지시키는 스위치를 설치하는 경우에는 그 목적에만 사용되는 것이어야 한다. 자동적으로 정위치에 복귀하지 않는 스위치를 설치하는 경우에는 음향신호장치 또는 점멸하는 주의등을 설치해야 한다. 수신기의 외부 배선 연결용 단자에 있어서 공통신호선용 단자는 7개 회로마다 1개 이상 설치해야 한다.

2.2 수신기의 기능

(1) 전력 공급 기능

수신기에 공급되는 전력은 일반 상용전원으로 공급되는 교류 220 [V]를 직류 24 [V]로 변환시켜 내부의 전원으로 사용하며, 감지기, 발신기, 음향장치 등에 전원을 공급한다. 이렇게 변환하여 사용하는 것은 교류 220 [V]를 직접 사용하게 되면 유도전류가 발생하여 시스템의 오작동의 위험성이 높기 때문이다. 즉, 직류 24 [V]를 시스템 제어 및 운용 전압으로 사용하면 수신기의 오작동 발생 확률이 낮고 관리 및 운용할 때 예상되는 감전 사고의 위험성도 상대적으로 적기 때문이다.

(2) 수신 기능

수신기의 수신 기능은 감지기와 발신기로부터 화재신호를 수신하는 것이다.

(3) 기동 기능

수신기의 기동 기능은 감지기와 발신기로부터 화재신호를 수신한 후 화재 표시등을 점등시켜 화재 발생 표시를 한다. 또한 화재 발생 위치를 표시등 또는 문자로서 표시를 하고, 화재 발생을 건물 내의 사람들에게 알리기 위해 경보장치를 기동시킨다. 그리고 자동화재탐지설비와 연동으로 구성된 소방설비들도 기동시킨다.

(4) 시험 기능

수신기의 시험 기능은 자동화재탐지설비의 작동 상태를 점검하기 위한 예비전원 시험, 도통 시험, 화재 표시 작동 시험 등을 할 수 있다.

(5) 복구 기능

수신기의 복구 기능은 화재신호를 발신하는 원인이 제거된 후에 정상 상태로 복구시키는 기능이 있다.

(6) 기타 기능

위의 기본적인 기능 외에도 시스템 유지 관리의 편리성과 정확성을 높이기 위해 다양한 기능들이 부가된다.

3. P형 수신기

3.1 표시등과 스위치의 기능

그림 1-3-4는 P형 1급 수신기의 명칭 및 표시를 나타낸다. P형 수신기는 제조회사에 따라 표시등 및 스위치의 형태가 다를 수 있으나 일반적으로 표시등과 스위치들의 기능은 같다. 그리고 각 수신기마다 사용설명서가 부착되어 있어 이를 참조하면 표시등과 스위치들의 기능을 알 수 있다.

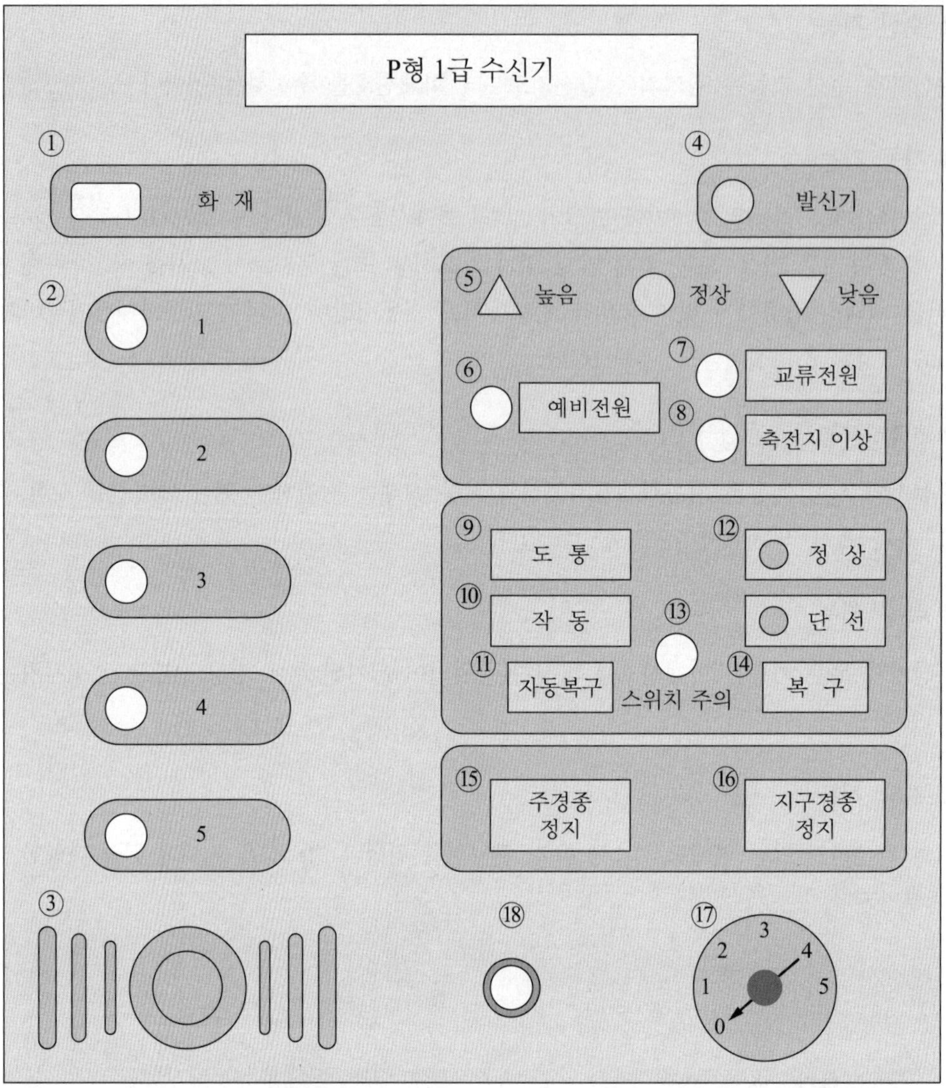

■ 그림 1-3-4 P형 1급 수신기의 명칭 및 표시

① **화재 표시등** : 화재 발생 표시

② **지구 표시등** : 해당 경계구역 표시

③ **버저** : 발신기의 전화잭에 휴대용 수화기를 꽂으면 작동

④ **발신기 작동 표시등** : 발신기가 작동했을 때 점등

⑤ **전압 상태 표시등** : 상용전원 및 예비전원의 전압을 표시하는 것으로 평상시에는 상용전원의 상태를 표시하며, 예비전원으로 전환할 때 예비전원의 상태를 표시한다.

⑥ **예비전원 표시등** : 예비전원 사용할 때 점등

⑦ **교류전원 표시등** : 교류전원 사용할 때 점등

⑧ **축전지 이상 표시등** : 축전지에 이상이 있을 때 점등

⑨ **도통 시험 스위치** : 감지기 회로의 도통 시험을 위한 스위치로서 본 스위치를 누르고 회로 선택 스위치 ⑰을 순차적으로 돌려가며 도통 상태 표시등 ⑫를 보면서 점검한다.

⑩ **작동 시험 스위치** : 수신기의 작동 상태를 점검하기 위한 스위치로서 본 스위치를 누르고 회로 선택 스위치 ⑰을 순차적으로 돌려가며 화재 표시등 ①의 점등, 해당 지구 표시등 ②의 점등, 주음향장치(주경종), 지구음향장치(지구경종) 등이 정상적으로 작동하는지를 점검한다.

⑪ **자동 복구 스위치** : 신호가 수신될 때만 표시등 및 경보장치가 작동하도록 하는 스위치로서 신호가 들어오지 않으면 자동적으로 복구된다. 자동 복구 스위치를 누른 상태에서 작동 시험을 하면 회로가 선택 될 때만 표시등 및 음향장치가 작동되고 다음 회로로 돌리면 그 전 회로의 상태는 복구된다. 그리고 본 스위치를 눌러 놓고 감지기의 본체를 열고 베이스의 (+)와 (−)의 회로를 닫아 전류가 통하도록 하면 회로가 닫힐 때만 표시등 및 음향장치가 작동되고 다시 회로를 열면 표시등 및 음향장치가 멈추기 때문에 각 감지기의 도통 상태를 점검하는 데 용이하게 쓰인다.

⑫ **도통 상태 표시등** : 도통 시험할 때 회로의 단선 유무를 표시해주는 표시등이다.

⑬ **스위치 주의 표시등** : 스위치가 정상의 상태에 놓여 있지 않을 때 점멸하는 표시등이다. 자동 복구, 도통, 작동, 주경종 정지, 지구경종 정지 등의 스위치가 눌러져 있을 때 작동한다.

⑭ **복구 스위치** : 감지기와 발신기에서 들어오는 신호를 처음부터 다시 인식하게 하는 스위치로서 수신기에 표시등과 음향장치가 작동 상태에 있을 때 복구 스위치를 누르면 처음부터 다시 인식하게 되므로 신호가 계속 들어오면 다시 표시등과 음향장치가 작동되며, 신호가 들어오지 않으면 작동을 멈추게 된다.

⑮ **주경종 정지 스위치** : 주경종의 작동을 멈추게 하거나 감지기나 발신기에서 신호가 들어오더라도 주경종이 울리지 않도록 하는 스위치이다.

※ 주음향장치는 스위치에 의하여 주음향장치의 울림이 정지된 상태에서도 새로운 경계구역의 화재신호를 수신하는 경우에는 자동적으로 주음향장치의 울림 정지 기능을 해제하고 주음향장치가 울려야 한다.

⑯ **지구경종 정지 스위치** : 지구경종이 울리지 않도록 하는 스위치다.

⑰ **회로 선택 스위치** : 도통, 작동 시험시 각 회로를 선택하는 스위치다.

⑱ **전화잭** : 휴대용 수화기를 꽂을 수 있는 잭

3.2 P형 수신기의 시험 및 판정기준

전압 상태의 표시는 수신기에 따라서 전압계로 나타내는 것과 표시등으로 나타내는 것이 있다. 전압계는 바늘이 24 [V]를 지시하고 있으면 정상이다. 표시등은 정상에 점등되어 있으면 정상이다.

(1) 전원의 점검

① 평상시의 상태 점검

가. 교류전원등만 점등되어 있어야 한다.

나. 스위치 주의등은 다른 스위치가 정상의 위치에 있지 않은 경우에 점멸한다.

다. 주경종 정지 스위치, 지구경종 정지 스위치가 정지에 있으면 화재가 발생해도 경종이 울리지 않게 되어 위험한 상황에 빠질 수 있다.

② 상용전원의 점검

가. 교류전원등이 점등되어 있는지 확인한다.

나. 전압의 상태가 정상인지 확인한다.

(2) 화재 표시 작동 시험

① 시험방법

가. 회로 선택 스위치로 시험하는 방법은 동작 스위치를 눌러서 스위치 주의등의 점등을 확인한 후 회로 선택 스위치를 차례로 회전시켜 1회로마다 화재시의 작동 시험을 수행하는 시험이다.

나. 감지기 또는 발신기의 작동 시험과 함께 하는 방법은 감지기 또는 발신기를 차례로 작동시켜 경계구역과 지구 표시등과의 접속 상태를 확인하는 시험이다.

② 판정기준

가. 각 릴레이의 작동, 화재 표시등, 지구 표시등, 그 밖의 표시 장치의 점등 상태 확인

나. 음향장치 작동 확인

다. 감지기 회로 또는 부속기기 회로와의 연결 접속이 정상인지 여부를 확인

③ 주의사항

작동 시험을 하는 방법은 수신기마다 다를 수 있으므로 사용설명서를 참고하면 된다.

가. 수신기 중에 회로 선택 스위치가 없는 것이 있는데 이것은 작동 시험 스위치만 누르

면 자동으로 회로가 선택되며 작동 시험이 수행된다. 이 경우에도 점검 기준은 같다.

나. 작동 시험 스위치가 없는 수신기는 회로 선택 스위치만 돌리면 바로 작동 시험에 들어간다.

다. 작동 시험을 할 때 회로가 구성되지 않은 예비 회로에 대한 작동 시험도 회로가 구성된 회로와 똑같이 작동한다. 작동 시험은 회로 구성과 관계없이 수신기에 있는 계전기를 강제적으로 작동시켜 시험하기 때문이다.

(3) 회로 도통 시험

① 시험방법

수신기의 회로 도통 시험은 수동 점검방법으로 수신기 단자와 감지기 회로선의 접속 상태, 감지기 회로의 단선 유무를 점검하기 위한 시험이다.

가. 회로 도통 시험 스위치를 누른다.

나. 회로 선택 스위치를 순차적으로 회전시킨다.

다. 각 회선별로 전압계의 눈금을 확인하여 지시치가 0 [V]는 단선, 2～6 [V]는 정상, 24 [V]는 단락(감지기나 발신기 작동 혹은 단락) 여부를 확인한다.

라. 종단저항 등의 접속 상태를 조사한다.

마. 전압계가 없는 것은 정상을 표시하는 표시등이 점등되어야 한다.

바. 예비 회로인 경우에는 단선으로 표시된다.

② 판정기준

각 회선의 전압계의 지시치 또는 발광다이오드(LED)의 점등 유무 상태로 판정한다.

③ 주의사항

예비 회로란 감지기 회로와 연결되지 않은 회로를 말하며 수동 도통 시험할 때는 단선으로 표시된다.

(4) 공통선 시험

공통선 시험은 7회선 이하는 제외한다.

① 시험방법

설비에서 공통선이 담당하고 있는 경계구역의 적정 여부를 다음의 절차에 따라 점검하는 시험이다.

가. 수신기 내 접속단자의 회로 공통선을 1개 제거한다.

나. 회로 도통 시험의 예와 같이 도통 스위치를 누르고 회로 선택 스위치를 차례로 회전

시킨다.

다. 전압계 또는 발광 다이오드를 확인하고 '단선'을 지시한 경계구역의 회선수를 조사한다.

② 판정기준

공통선이 담당하고 있는 경계구역수가 7 이하일 것

(5) 예비전원 시험

예비전원의 점검사항은 축전지 용량의 적정 여부와 상용전원을 차단할 때 바로 예비전원으로 전환되는지를 점검하는 시험으로 설비 감시 상태를 60분간 지속한 후 유효하게 10분 이상 경보해야 한다.

① 시험방법

상용전원 및 비상전원이 사고 등으로 정전되었을 때 자동적으로 예비전원으로 절환되어야 하며, 정전이 복구되면 자동적으로 상용전원으로 다시 절환되는지 여부를 확인하는 시험으로 다음과 같은 절차에 따라 수행한다.

가. 예비전원 시험 스위치를 누른다.

나. 전압계의 지시치가 설정치의 범위 내에 있어야 한다. 단, 발광다이오드의 그 정상 유무를 표시하는 것은 발광다이오드의 정상 점등 유무를 확인한다.

다. 교류전원을 개로하고 자동 절환 릴레이의 작동 상태를 조사한다.

② 판정기준

예비전원의 전압, 용량, 절환 상태 및 복구 작동 등이 정상인지 여부로 판정한다.

③ 주의사항

가. 예비전원 상태 표시등(축전지 이상 표시등)이 있는 수신기는 이 표시등으로 예비전원의 상태를 알 수 있다. 점등되어 있으면 축전지에 이상이 있는 것이다.

나. 예비전원 스위치를 눌렀을 때 처음에는 24 [V] 혹은 정상을 가리키다가 전압이 밑으로 내려가거나 낮음으로 이동하는 것이 있는데 이것은 예비전원의 용량이 부족한 것이다. 노후된 수신기는 축전지의 용량이 부족한 경우가 많아 예비전원 상태에서 작동시험을 해 볼 필요가 있다.

(6) 동시 동작 시험

수신기의 동시 동작 시험은 2회선 이상의 선로에 적용된다.

① 시험방법

감지기가 동시에 수회선 작동하더라도 수신기의 기능에 이상이 없는가의 여부를 다음의 절차에 따라 확인하는 시험이다.

가. 주전원을 대상으로 시험을 수행한다.
나. 각 회선의 화재 작동을 복구시키는 일이 없이 5회선 또는 미만의 전회선을 동시에 작동시키고 시험한다.
다. '나.'의 주음향장치 및 지구음향장치를 작동시키고 시험한다.
라. 부수신기와 표시기를 함께 하는 것에 있어서는 이 모두를 작동 상태로 설정하고 시험을 실시한다.

② 판정기준

각 회선을 동시 작동시켰을 때 수신기, 부수신기, 표시기, 음향장치 등의 기능에 이상이 없고, 화재가 발생했을 때 작동이 정확하게 수행될 것

(7) 회로 저항 시험

설비의 저항 증가 및 전압강하 등에서 발생되는 감지기 회로의 선로 저항치가 수신기의 기능에 이상을 가져오는지 여부를 확인하는 시험이다.

(8) 저전압 시험

설비에 공급되는 정격전압이 80 [%] 이하로 저하되었을 때 수신기에 내장되어 있는 음향장치가 적절하게 신호(소리)를 발신하는가를 시험하는 것이다.

(9) 비상전원 시험

상용전원에 고장이 발생했을 때 비상전원으로 축전지설비를 이용할 것을 대비하여 수행하는 시험이다.

3.3 P형 수신기와 경계구역 간의 배선

(1) 수신기의 배선

그림 1-3-5는 두 개의 전구를 개별적으로 점등시키기 위한 회로를 구성하기 위해서는 전원에서 나가는 (+)선은 개별적으로 구성되어야 각각의 전구를 점등시킬 수 있다.

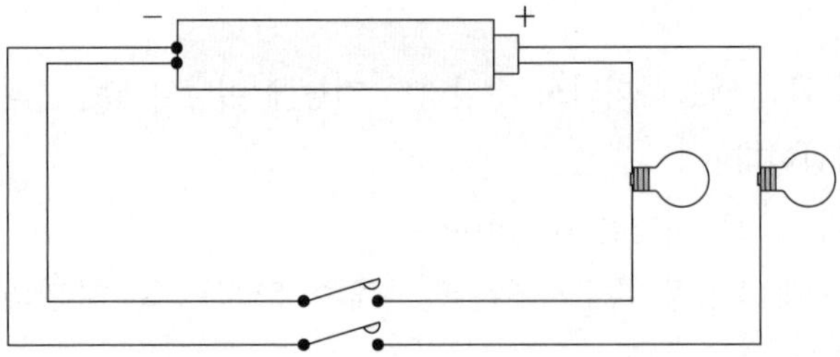

■ 그림 1-3-5 수신기의 일반 배선

그러나 전원으로 들어가는 (−)선은 공통으로 사용해도 각각의 전구를 개별적으로 점등시킬 수 있는데, 이렇게 공통으로 사용하는 선을 공통선이라고 한다. 공통선을 사용하면 수신기에서 감지기, 발신기, 전화잭, 지구경종 등을 연결할 때 전선수를 줄일 수 있다. 그림 1-3-6에서 전구는 수신기에 있는 계전기, 스위치는 감지기나 발신기라고 할 수 있다.

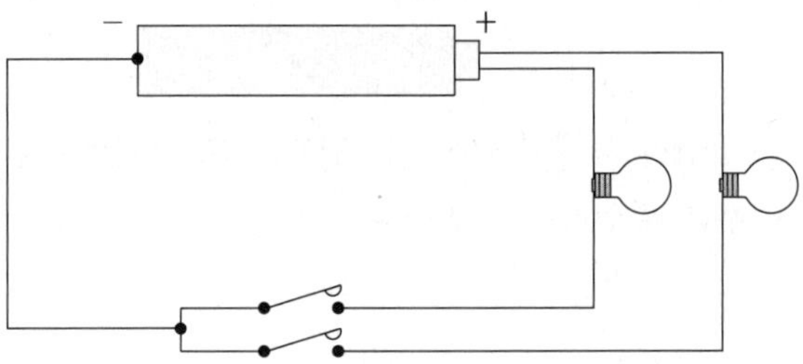

■ 그림 1-3-6 수신기 공통선을 이용한 배선

(2) 하나의 경계구역의 연결

하나의 경계구역에는 일반적으로 감지기, 발신기, 지구경종으로 구성되는데 회로선(+), 응답선, 전화선은 하나의 공통선(−)을 사용하고 지구경종선, 표시등선은 별도의 공통선을 사용하여 구성하게 된다. 그러므로 하나의 경계구역을 구성하기 위한 기본 전선 가닥수는 회로선, 응답선, 전화선, 회로공통선, 지구경종선, 표시등선, 공통선 7가닥의 전선이 필요하게 된다.

(3) 여러 경계구역의 연결

하나의 경계구역을 연결하기 위해서 필요한 회로선(+), 응답선, 전화선, 회로공통선, 지구경종선, 표시등선, 공통선 7개의 기본선 중에 응답선, 전화선, 지구경종선, 공통선, 표시등선은 병렬로 연결되기 때문에 경계구역수가 늘어나더라도 별도의 전선수가 늘어나지 않으나, 감지기 회로선은 경계구역수 만큼 필요하게 된다. 단, 감지기 회로의 공통선(−)은 7개 이하의 경계구역으로 해야 하므로 경계구역수가 7개마다 한 선씩 늘어나게 되며, 지구경종이 직상층 경보방식으로 구성된 대상물에 대해서는 지상층의 각 층마다 구분해서 경보를 해주어야 하므로 지상층의 각 층마다 한 선씩 늘어나게 된다. 그림 1-3-7은 여러 경계구역의 연결 상태를 나타낸 예이다.

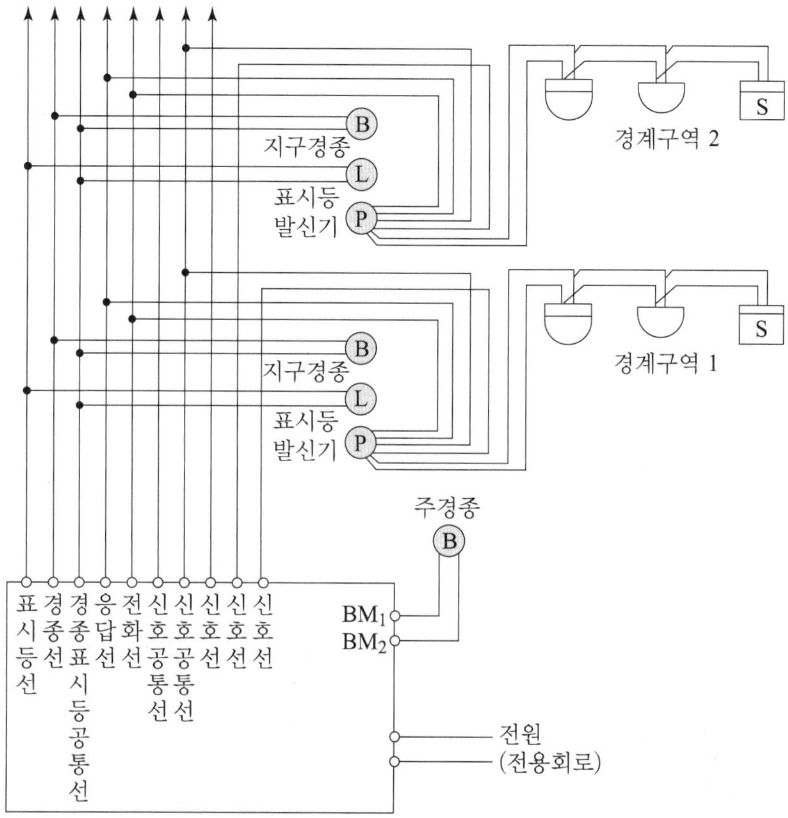

■ **그림 1-3-7** 여러 경계구역의 연결 예

4. R형 수신기

4.1 R형 수신기의 신호 전송

R형 수신기는 고유신호인 통신신호로 교신한다. 통신신호를 발신하는 주소형 감지기와 발신기의 경우에는 다음 그림 1-3-8과 같이 R형 수신기와 직접 연결된다.

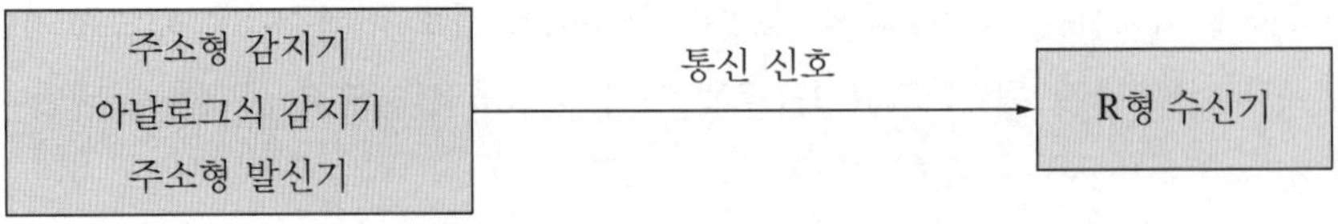

■ **그림 1-3-8** R형 수신기와 직접 연결하여 신호를 전송하는 경우

그러나 통신신호 발생장치가 내장되지 않은 감지기(비주소형 감지기)를 사용하는 경우는 공통신호(접점신호)를 고유신호(통신신호)로 변환시켜 줄 수 있는 신호변환장치인 중계기를 사용하여 전송하는 경우를 그림 1-3-9와 같이 나타낸다.

■ **그림 1-3-9** 중계기를 이용하여 R형 수신기에 통신신호를 전송하는 경우

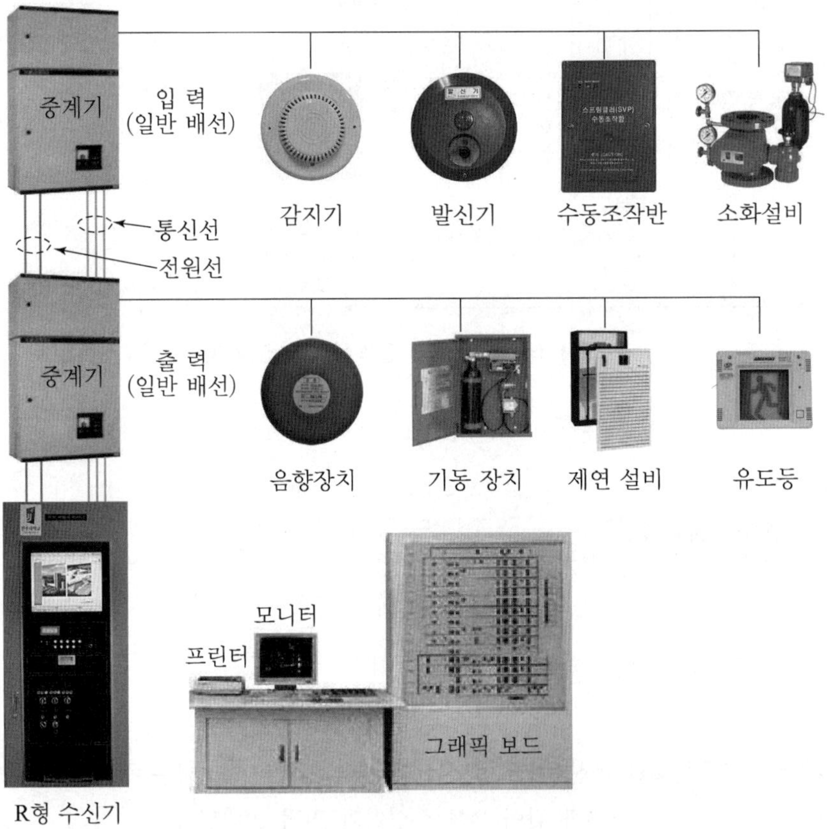

■ **그림 1-3-10** R형 수신기 시스템의 구성 및 작동

● **표 1-3-2** P형 수신기와 R형 수신기의 차이점

구 분	P형 수신기	R형 수신기
신호 전송방식	1 : 1 개별 신호	다중전송방식
신호의 종류	공통신호	고유신호
자가진단기능	없음	있음
배 선	실선 배선	통신 배선
설치 건물	소형건물	대형건물
중계기의 주요기능	전압 유지	접점신호를 통신신호로 전환
배선 수	많음	적음
회 로	내부회로 복잡	내부회로 모듈로 처리
설치 공간	많이 필요	적게 필요
신뢰성	사고 발생 시 기능 상실	중계기 고장 시 시스템은 정상 가동
표시방법	창구식, 지도식	창구식, 지도식, 모니터, LCD 등
가 격	저렴함	고가
경제성	낮음	높음
증설 또는 변경	배선 및 배관 추가	예비 회로 사용

그림 1-3-10은 R형 수신기 시스템의 구성 및 작동 관계를 나타낸다. 입력설비는 감지기, 발신기, 수동 조작반, 소화설비 등을 통해서 획득한 신호를 중계하여 출력설비인 음향장치, 기동장치, 제연설비, 유도등 등이 기능을 발휘하도록 되어 있다. 또한 표 1-3-2는 P형 수신기와 R형 수신기의 차이점을 나타낸다.

5. 수신기의 설치기준

(1) 자동화재탐지설비의 수신기

① 해당 특정소방대상물의 경계구역을 각각 표시할 수 있는 회선수 이상의 수신기를 설치할 것

② 해당 특정소방대상물에 가스누설탐지설비가 설치된 경우에는 가스누설탐지설비로부터 가스누설신호를 수신하여 가스누설경보를 할 수 있는 수신기를 설치할 것

(2) 자동화재탐지설비의 수신기는 특정소방대상물 또는 그 부분이 지하층, 무창층 등으로서 환기가 잘되지 아니하거나 실내면적이 40 [m^2] 미만인 장소, 감지기의 부착면과 실내바닥과의 거리가 2.3 [m] 이하인 장소로서 일시적으로 발생한 열, 연기 또는 먼지 등으로 인하여 감지기가 화재신호를 발신할 우려가 있는 때에는 축적기능 등이 있는 것(축적형 감지기가 설치된 장소에는 감지기 회로의 감시전류를 단속적으로 차단시켜 화재를 판단하는 방식 외의 것을 말한다)으로 설치하여야 한다.

(3) 수신기는 다음 각 호의 기준에 따라 설치해야 한다.

① 수위실 등 상시 사람이 근무하는 장소에 설치할 것
② 수신기가 설치된 장소에는 경계구역 일람도를 비치할 것
③ 수신기의 음향기구는 그 음량 및 음색이 다른 기기의 소음 등과 명확히 구별될 수 있는 것으로 할 것
④ 수신기는 감지기, 중계기 또는 발신기가 작동하는 경계구역을 표시할 수 있는 것으로 할 것
⑤ 화재, 가스, 전기 등에 대한 종합방재반을 설치한 경우에는 해당 조작반에 수신기의 작동과 연동하여 감지기, 중계기 또는 발신기가 작동하는 경계구역을 표시할 수 있는 것으로 할 것
⑥ 하나의 경계구역은 하나의 표시등 또는 하나의 문자로 표시되도록 할 것
⑦ 수신기의 조작 스위치는 바닥으로부터의 높이가 0.8 [m] 이상 1.5 [m] 이하인 장소에 설치할 것
⑧ 하나의 특정소방대상물에 둘 이상의 수신기를 설치하는 경우에는 수신기를 상호 간 연동하여 화재발생 상황을 각 수신기마다 확인할 수 있도록 할 것
⑨ 화재로 인하여 하나의 층의 지구음향장치 또는 배선이 단락되더라도 다른 층의 화재통보에 지장이 없도록 각 층 배선 상에 유효한 조치를 할 것

연습문제

문제 01 수신기는 ( )와 ( )로부터 화재신호를 수신하여 경보장치를 기동시키고 화재 발생 및 화재 위치를 표시하는 기능을 한다. 또한 화재가 발생했을 때 자동으로 자체적인 화재 감지 기능이 없는 비상방송설비, 자동화재속보설비, 3선식 유도등 설비 등을 기동시키는 기능이 있다.

풀이 감지기, 발신기

문제 02 P형 수신기는 화재신호를 접점신호인 공통신호로 수신하기 때문에 각 ( )마다 별도의 실선 배선으로 연결한다. 그러므로 경계구역수가 증가할수록 회선수가 증가하게 된다. 대형건물은 많은 회선이 필요하여 설치, 유지, 보수에 문제가 되므로 ( ) 건물에 설치된다.

풀이 경계구역, 소규모

문제 03 R형 수신기는 통신신호방식으로 신호를 주고받기 때문에 하나의 선로를 통하여 많은 신호를 주고받을 수 있어 배선수를 획기적으로 감소시킬 수 있어 ( )가 많은 ( )건물에 많이 사용된다.

풀이 경계구역수, 대형

문제 04 M형 수신기는 공공용 수신기로서 도로에 설치된 M형 발신기를 이용하여 ( )에 설치된 수신기에 화재의 발생을 통보하는 것이다. M형 수신기는 화재속보설비 기능을 겸비한 것으로 신호선들은 개별 신호선에 의해서 신호를 수신한다.

풀이 소방서

문제 05 일반 수신기는 화재신호를 최초로 수신한 후 ( ) [s] 이내에 지구경종의 작동 및 화재 표시를 나타내는 수신기를 말한다.

풀이 5

문제 06 축적형 수신기는 화재신호를 수신한 후 곧바로 화재신호를 수신하지 않고 ( ) [s] 이상 ( ) [s] 이내의 설정된 축적 시간이 경과된 후에 화재신호를 재차 수신할 때 지구경종의 작동 또는 화재 표시를 나타내는 수신기이다.

풀이 5, 60

문제 07 다신호식 수신기는 최초로 화재신호를 수신했을 때 ( ) 및 지구 표시가 작동하고, 화재신호가 재차 수신되면 ( )이 작동하는 수신기를 말한다.

풀이 주경종, 지구경종

문제 08 아날로그 수신기는 화재신호를 열 또는 연기에 따라 온도 범위, 연기 농도, 감도 설정 등을 ( )로 표시할 수 있는 수신기로서 ( ) 및 ( )의 작동이 단계적으로 작동되는 수신기이다.

풀이 단계별, 주경종, 지구경종

문제 09 소방전기설비의 회로 해석에 사용되는 명칭을 나타내는 다음 빈칸을 채우시오.

명 칭	기 호	영 어	유사한 명칭	
①	L	Line	지구선	신호선
	N	Number	표시선	감지기선
②	C	Common	지구 공통선 신호 공통선 발신기 공통선	회로 공통선 감지기 공통선
③	A	Answer	발신기선 확인선	발신기 응답선 응답 확인선
④	T	Telephone	-	
⑤	B	Bell	벨선	

명 칭	기 호	영 어	유사한 명칭
⑥	PL	Pilot Lamp	-
⑦	BC	Bell Common	벨 공통선
⑧	특별한 기호가 없음		벨표시등 공통선

풀이 ① 회로선, ② 공통선, ③ 응답선, ④ 전화선, ⑤ 경종선, ⑥ 표시등선, ⑦ 경종 공통선, ⑧ 경종표시등 공통선

문제 10 복합형 수신기는 다른 소방시설의 감시제어반과 함께 구성된 수신기를 복합형 수신기라고 한다. 복합형 수신기도 신호방식에 따라 (　　) 복합형 수신기와 (　　) 복합형 수신기로 구분된다.

풀이 P형 , R형

문제 11 GP형 및 GR형 수신기는 (　　)의 수신기와 겸용으로 사용하는 수신기로 신호방식에 따라 GP형, GR형 수신기라고 한다. 감지기와 발신기는 수신기에 화재 발생과 화재 위치에 관한 2가지의 정보를 제공해야 한다.

풀이 가스누설탐지기

문제 12 수신기의 외함은 불연성 또는 난연성 재질로 만들어야 한다. 다만, 합성수지를 사용하는 경우는 80±2 [℃]의 온도에서 열로 인한 변형이 생기지 않는 (　　)이 있어야 하며, 두께는 강판의 (　　) 이상이 요구된다.

풀이 자기소화성, 2.5배

문제 13 수신기 내부 기기의 배선은 충분한 전기용량을 갖는 것으로 하며 배선의 연결 및 접속은 전기·기계적 성능이 기준에 적합해야 한다. 또한 극성이 있는 배선은 (　　)을 방지하기 위해 적절한 조치를 해야 한다.

풀이 오접속

문제 14 수신기의 정격전압이 60 [V]를 넘는 기구의 금속제 외함에는 (　　)를 설치해야 하며, 예비전원회로에는 과전류 및 단락 사고 등으로부터 시스템을 보호할 수

있는 ( )를 설치한다.

풀이 접지 단자, 퓨즈

문제 15 M형 수신기는 화재수신 완료까지의 소요시간(기록식의 M형 수신기를 사용하는 것은 동일 신호를 2회 기록할 때까지의 소요시간)이 ( ) [s] 이내이어야 하고 3개의 M형 발신기가 동시에 작동하는 경우에는 무간섭이며 순차적으로 ( )가 되어야 한다.

풀이 20, 화재 표시

문제 16 수신기 내부에 자동적으로 정위치에 복귀하지 않는 스위치를 설치하는 경우에는 음향신호장치 또는 점멸하는 주의등을 설치해야 한다. 수신기의 외부 배선 연결용 단자에 있어서 공통신호선용 단자는 ( )회로마다 ( ) 이상 설치해야 한다.

풀이 7개, 1개

문제 17 수신기에 공급되는 전력은 일반 상용전원으로 공급되는 교류( ) [V]를 직류( ) [V]로 변환시켜 내부의 전원으로 사용하며, 감지기, 발신기, 음향장치 등에 전원을 공급한다. 이렇게 변환하여 사용하는 것은 교류 220 [V]를 직접 사용하게 되면 ( )가 발생하여 시스템의 오작동 및 위험성이 높기 때문이다

풀이 220, 24, 유도전류

문제 18 수신기의 기능에 따른 종류에 대해서 논하시오.

풀이 전력공급기능, 수신 기능, 기동 기능, 시험 기능, 복구 기능, 기타 기능

문제 19 그림 1은 P형 1급 수신기의 명칭 및 표시를 나타낸다. P형 수신기는 제조회사에 따라 표시등 및 스위치의 형태가 다양할 수 있으나 일반적으로 표시등과 스위치들의 기능은 다음과 같다. 각각의 이름을 제시하시오.

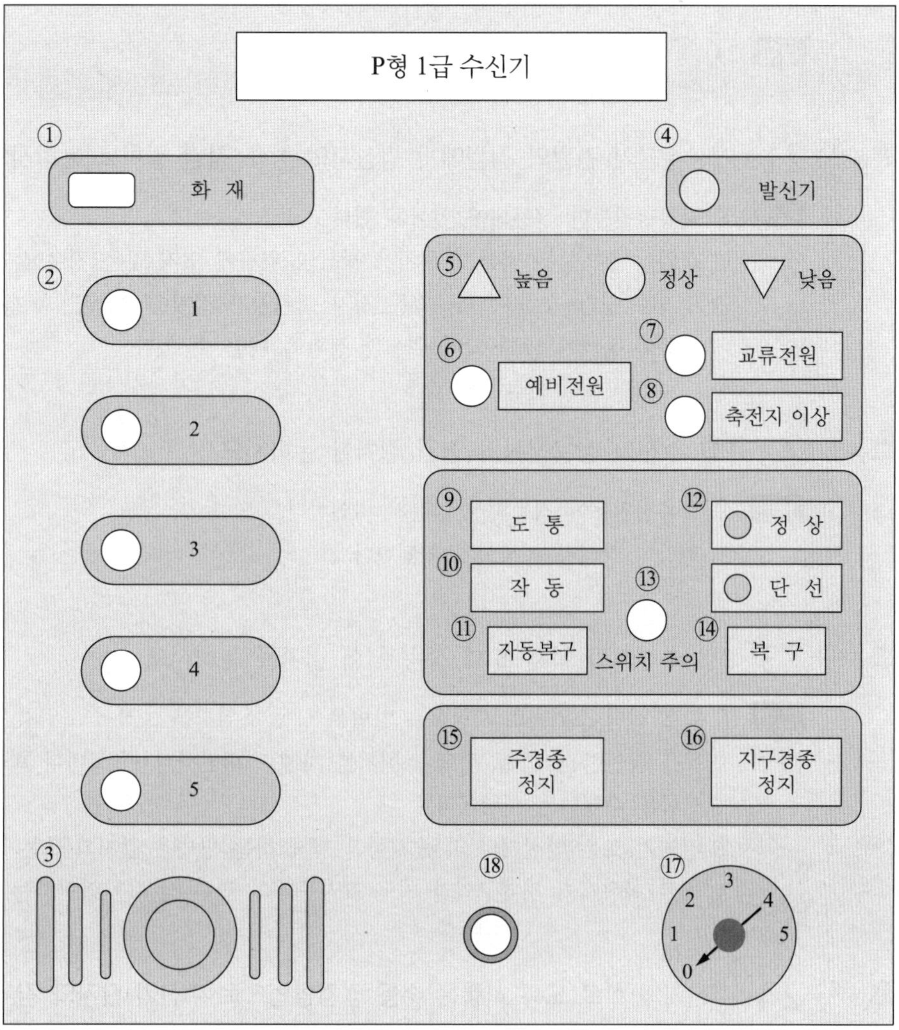

■ **그림 1** P형 1급 수신기의 명칭 및 표시

풀이 ① 화재 표시등, ② 지구 표시등, ③ 버저, ④ 발신기 작동 표시등, ⑤ 전압 상태 표시등, ⑥ 예비전원 표시등, ⑦ 교류전원 표시등, ⑧ 축전지 이상 표시등, ⑨ 도통 시험 스위치, ⑩ 작동 시험 스위치, ⑪ 자동 복구 스위치, ⑫ 도통 상태 표시등, ⑬ 스위치 주의 표시등, ⑭ 복구 스위치, ⑮ 주경종 정지 스위치, ⑯ 지구경종 정지 스위치, ⑰ 회로 선택 스위치, ⑱ 전화잭

문제 **20** P형 수신기의 전압 상태의 표시는 수신기에 따라서 전압계로 나타내는 것과 표시등으로 나타내는 것이 있다. 전압계는 바늘이 ( ) [V]를 지시하고 있으면

정상이며, 표시등은 정상에 점등되어 있으면 정상이다.

풀이 24

문제 21 P형 수신기 전원의 점검에서 평상시의 상태 점검 절차를 논하시오.

풀이 ① 교류전원등만 점등되어 있어야 한다.
② 스위치 주의등은 다른 스위치가 정상의 위치에 있지 않은 경우에 점멸한다.
③ 주경종 정지 스위치, 지구경종 정지 스위치가 정지에 있으면 화재가 발생해도 경종이 울리지 않게 되어 위험한 상황에 빠질 수 있다.

문제 22 P형 수신기 상용전원의 점검 절차를 논하시오.

풀이 ① 교류전원등이 점등되어 있는지 확인한다.
② 전압의 상태가 정상인지 확인한다.

문제 23 P형 수신기의 화재 표시 작동 시험 절차를 논하시오.

풀이 ① 회로 선택 스위치로 시험하는 방법은 작동 스위치를 눌러서 스위치 주의등의 점등을 확인한 후 회로 선택 스위치를 차례로 회전시켜 1회로마다 화재시의 작동 시험을 수행하는 시험이다.
② 감지기 또는 발신기의 작동 시험과 함께 하는 방법은 감지기 또는 발신기를 차례로 작동시켜 경계구역과 지구 표시등과의 접속 상태를 확인하는 시험이다.

문제 24 수신기의 회로 도통 시험은 수동 점검방법으로 수신기 단자와 감지기 회로선의 접속 상태, 감지기 회로의 단선 유무를 점검하기 위한 시험이다. P형 수신기의 회로 도통시험 절차를 논하시오.

풀이 ① 회로 도통 시험 스위치를 누른다.
② 회로 선택 스위치를 순차적으로 회전시킨다.
③ 각 회선별로 전압계의 눈금을 확인하여 지시치가 0 [V]는 단선, 2~6 [V]는 정상, 24 [V]는 단락(감지기나 발신기 작동 혹은 단락)인지를 확인한다.
④ 종단저항 등의 접속 상태를 조사한다.
⑤ 전압계가 없는 것은 정상을 표시하는 표시등이 점등되어야 한다.
⑥ 예비 회로인 경우에는 단선으로 표시된다.

문제 **25** P형 수신기의 공통선 시험은 7회선 이하를 제외한다. 설비에서 공통선이 담당하고 있는 경계구역의 적정 여부를 판단하는 절차에 대해 논하시오.

풀이 ① 수신기 내 접속단자의 회로 공통선을 1개 제거한다.
② 회로 도통 시험의 예와 같이 도통 스위치를 누르고 회로 선택 스위치를 차례로 회전시킨다.
③ 전압계 또는 발광다이오드를 확인하고 '단선'을 지시한 경계구역의 회선수를 조사한다.

문제 **26** P형 수신기 예비전원의 점검사항은 축전지 용량의 적정 여부와 상용전원을 차단할 때 바로 예비전원으로 전환되는지를 점검하는 시험으로 설비 감시 상태를 (　　)분간 지속한 후 유효하게 (　　)분 이상 경보해야 한다.

풀이 60, 10

문제 **27** P형 수신기의 예비전원시험은 상용전원 및 비상전원이 사고 등으로 정전되었을 때 자동적으로 예비전원으로 절환되어야 하며 정전이 복구되면 자동적으로 상용전원으로 다시 절환되는지 여부를 확인하는 시험으로 적정 여부를 판단하는 절차에 대해 논하시오.

풀이 ① 예비전원 시험 스위치를 누른다.
② 전압계의 지시치가 설정치의 범위 내에 있어야 한다. 단, 발광다이오드의 정상 유무를 표시하는 것은 발광다이오드의 정상 점등 유무를 확인한다.
③ 교류전원을 개로하고 자동 절환 릴레이의 작동 상태를 조사한다.

문제 **28** P형 수신기의 저전압 시험은 소방설비에 공급되는 정격전압이 (　　) [%] 이하로 저하되었을 때 수신기에 내장되어 있는 (　　)가 적절하게 신호(소리)를 발신하는가를 시험하는 것이다.

풀이 80, 음향장치

문제 **29** 소방설비에서 여러 경계구역의 연결은 하나의 경계구역을 연결하기 위해서 필요한 회로선(+), 응답선, 전화선, 회로공통선, 지구경종선, 표시등선, 공통선 7개의 기본선 중에 응답선, 전화선, 지구경종선, 공통선, 표시등선은 병렬로 연결되기 때문에 경계구역수가 늘어나더라도 별도의 전선수가 늘어나지 않으나, (   )은 경계구역수 만큼 필요하게 된다. 단, 감지기 회로의 공통선(-)은 7개 이하의 경계구역으로 해야 함으로 경계구역수가 (   )마다 한선씩 늘어나게 되며, 지구경종이 직상층 경보방식으로 구성된 대상물에 대해서는 지상층의 각 층마다 구분해서 경보를 해주어야 함으로 지상층의 각 층마다 한 선씩 늘어나게 된다.

풀이 감지기 회로선, 7개

문제 **30** 자동화재탐지설비의 수신기는 특정소방대상물 또는 그 부분이 지하층·무창층 등으로서 환기가 잘되지 아니하거나 실내면적이 (   ) [m^2] 미만인 장소, 감지기의 부착면과 실내바닥과의 거리가 (   ) [m] 이하인 장소로서 일시적으로 발생한 열, 연기 또는 먼지 등으로 인하여 감지기가 화재신호를 발신할 우려가 있는 때에는 축적기능 등이 있는 것으로 설치하여야 한다. 축적형 감지기가 설치된 장소에는 감지기 회로의 감시전류를 단속적으로 차단시켜 화재를 판단하는 방식 외의 것을 말한다.

풀이 40, 2.3

문제 **31** 하나의 경계구역은 하나의 (   ) 또는 하나의 문자로 표시되도록 할 것이며, 수신기의 조작 스위치는 바닥으로부터의 높이가 (   ) [m] 이상 (   ) [m] 이하인 장소에 설치할 것

풀이 표시등, 0.8, 1.5

Chapter 04

중계기 및 표시장치

1. 중계기의 종류

중계기(中繼器, repeater)는 접점신호를 통신신호로, 통신신호를 접점신호로 변환시켜 주는 신호변환장치의 역할을 한다. 중계기를 거친 신호는 입력신호와 출력신호로 구분할 수 있는데 입력신호와 출력신호의 수에 따라 분산형 중계기와 집합형 중계기로 분류된다.

입력신호는 자동화재탐지설비의 감지기와 발신기의 작동신호, 소화전 펌프의 작동확인, 압력 스위치의 작동, 저수위신호, 스프링클러의 습식 및 준비작동식 밸브 개방 확인, 방화셔터의 작동신호 등과 같이 수신기에 전달되어야 한다.

출력신호는 경보장치의 기동, 소화전 펌프의 작동, 스프링클러의 습식 및 준비작동식 밸브의 개방 등과 같이 수신기에 의해 작동되는 신호이다. 그림 1-4-1은 중계기와 감지기, 발신기 및 경보장치 등의 관계를 나타낸다.

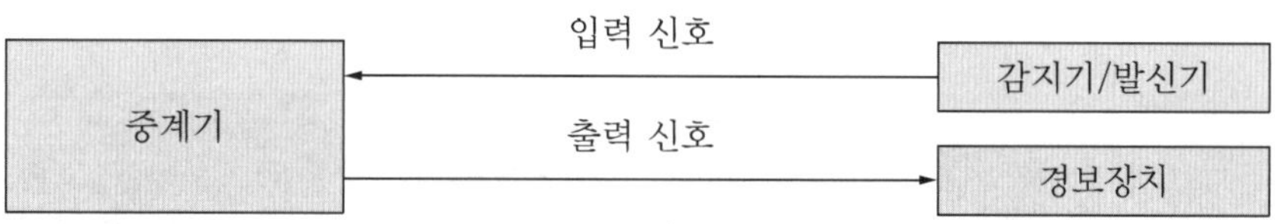

■ **그림 1-4-1** 중계기와 감지기, 발신기 및 경보장치 등의 관계

1.1 분산형 중계기

분산형 중계기(分散形 中繼器)는 소용량에 주로 적용되며 입력/출력 지점에 따라 입력 1/출력 1, 입력 2/출력 2가 일반적으로 사용되며, 그림 1-4-2와 같이 나타낸다. 어떠한 중계기를 사

용하느냐는 입력과 출력 신호가 몇 개인지에 따라 결정되며 전원은 수신기로부터 공급된다.

분산형 중계기를 사용하는 시스템은 자동화재탐지설비, 전실댐퍼, 알람밸브, 방화셔터 등의 각 계열별로 연결된다. 필요한 중계기의 숫자는 경계구역, 전실댐퍼, 알람밸브, 방화셔터의 수 만큼 필요하다.

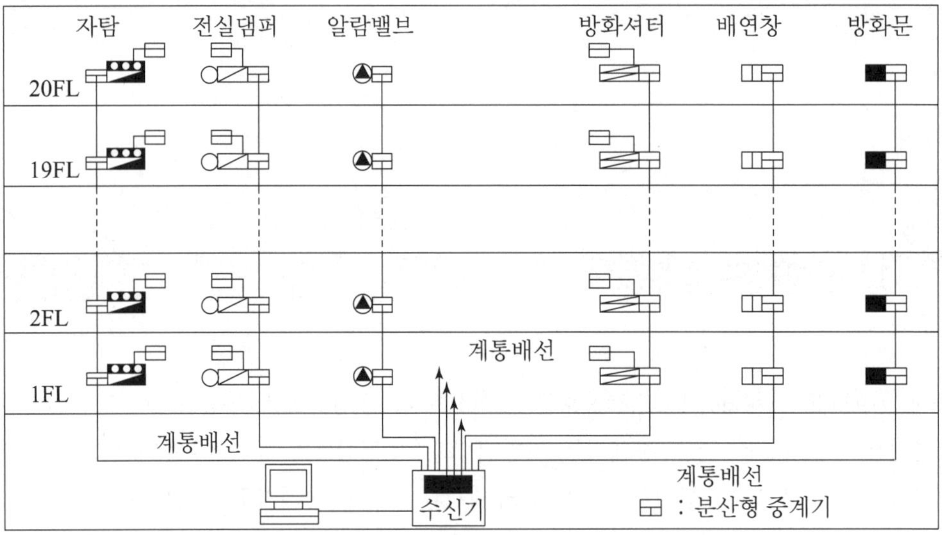

■ 그림 1-4-2 분산형 중계기의 계통 및 실제도

그림 1-4-3은 분산형 중계기의 실체 사진으로 정격전압 직류 24 [V], 전류 0.1 [A]로 접속가능 회선은 4회선 또는 3회선이다. 그림 1-4-3(b)의 2차측에 시스템의 안정을 위해 종단저항(終端抵抗, terminating resistance)이 연결된 것을 알 수 있고, 중계기가 작동될 때의 표시등(LED)의 점등상태를 통해서 확인이 가능하다.

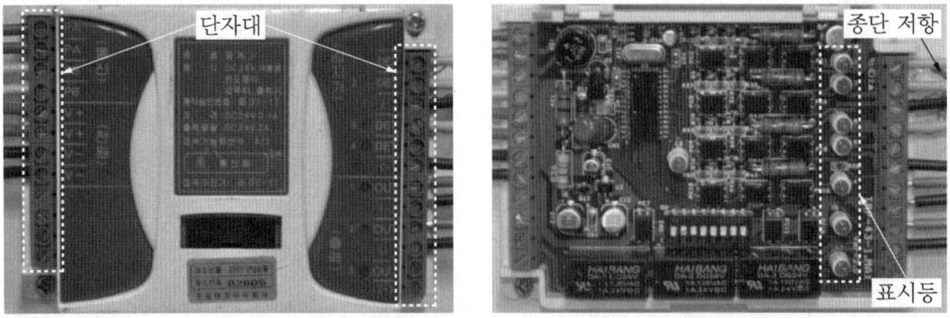

(a) 분산형 중계기의 외형 실체 사진 (b) 분산형 중계기의 내부 실체 사진

■ 그림 1-4-3 분산형 중계기의 실체 사진

1.2 집합형 중계기

집합형 중계기(集合形 中繼器)는 대용량에 주로 적용되며 하나의 함에 많은 입력 및 출력 지점을 구성한 것으로 우리나라에서는 입력 32회선, 출력 22회선 중계기를 많이 사용하고 있다. 집합형 중계기의 전원은 수신기로부터 공급받는 것이 아니라 별도의 상용전원 AC 220 [V]를 사용한다.

중계기 내부에 정류기 및 비상 축전지를 내장하고 있어 전원 공급 계통 사고가 발생했을 때에도 정상적인 작동을 수행한다. 수신기와 중계기 간의 선로에 문제가 있어도 중계기의 독립제어 기능에 의해 자동 절환되어 정상적인 방재 업무를 수행하며, 그림 1-4-4는 분산형 중계기 및 집합형 중계기의 구성을 비교한 것이다.

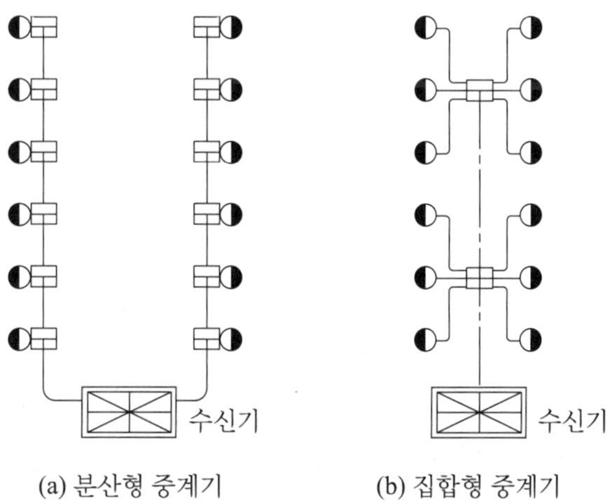

■ 그림 1-4-4 중계기의 구성 비교

1.3 분산형 중계기와 집합형 중계기의 비교

일반적으로 분산형 중계기는 소용량의 건축물에 설치하며, 집합형 중계기는 대용량의 건축물에 설치한다. 따라서 건축물의 특성과 용도를 고려하여 중계기를 설치하게 된다. 표 1-4-1은 분산형 중계기와 집합형 중계기의 특성을 비교한 것이다.

● 표 1-4-1 분산형 중계기와 집합형 중계기의 특성 비교

구 분	분산형 중계기	집합형 중계기
입력전원	DC 24 [V]	AC 110/220 [V]
전원 공급	수신기의 비상전원을 이용하며, 중계기에 전원장치가 없음	외부 전원을 이용하고, 정류기 및 비상전원이 내장되어 있음
회로수용능력	주로 소용량의 건축물에 설치하며, 5회로 미만이나 건축물에 따라 차이가 있음	주로 대용량의 건축물에 설치하며, 30～50회로 정도이나 더 많은 회로가 설치되는 경우도 있음
외형크기	소형	대형
설치방법	발신기함, 소화전함, 수동조작함, SVP, 연동제어기 등에 내장하거나 별도의 격납함에 설치하며, 각각의 말단 기기별 1대씩 설치함	전기실의 피트(pit)에 주로 설치하며, 2～3개 층당에 1대씩 설치함
상용전원 공급중단사고	상용전원의 공급이 중단되면 해당 계통의 전체시스템이 마비되는 단점이 있음	내장된 예비전원에 의해 전원을 공급할 수 있어서 시스템이 정상 작동에 문제가 없음
설치대상	전기실의 피트 공간이 좁은 건축물 또는 아날로그 감지기를 객실별로 설치하는 호텔, 오피스텔, 아파트 등에 적합함	전압강하의 발생이 우려되는 장소 또는 수신기와 중계기의 거리가 먼 초고층 빌딩 및 건축물 등에 적합함

2. R형 시스템이 적용된 중계기

2.1 일반형 감지기를 사용하는 중계기

통신신호 발생장치가 없는 일반형 감지기를 R형 수신기와 함께 구성하기 위해서는 신호변환장치인 중계기를 사용한다. R형 시스템의 경종, 시각경보기, 솔레노이드 등을 작동시키기 위해서는 중계기를 사용하여 수신기의 출력신호를 전달하는 시스템으로 구성되며, 그림 1-4-5와 같이 나타낸다.

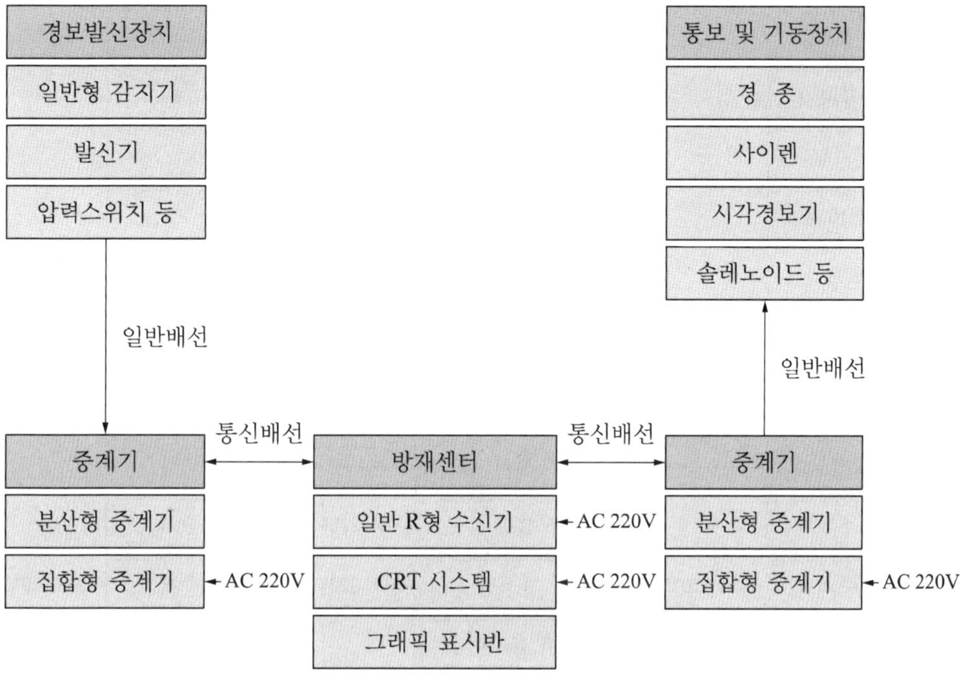

■ 그림 1-4-5 중계기를 사용한 R형 시스템

2.2 아날로그식 감지기를 사용한 중계기

통신신호를 발생하는 주소형 감지기인 아날로그식 감지기(analog type detector)는 감지기 주변의 온도 또는 연기의 농도를 송신하는 감지기이기 때문에 이를 수신하고 표시할 수 있는 아날로그식 수신기를 사용한다. 그리고 통신신호 발생장치가 없는 발신기와 압력스위치로부터 신호를 받기 위해서는 중계기를 사용한다. 그리고 경종, 시각경보기, 솔레노이드 등을 작동시키기 위해서 중계기를 사용하여 수신기의 출력신호를 전달하는 시스템으로 그림 1-4-6과 같이 구성된다.

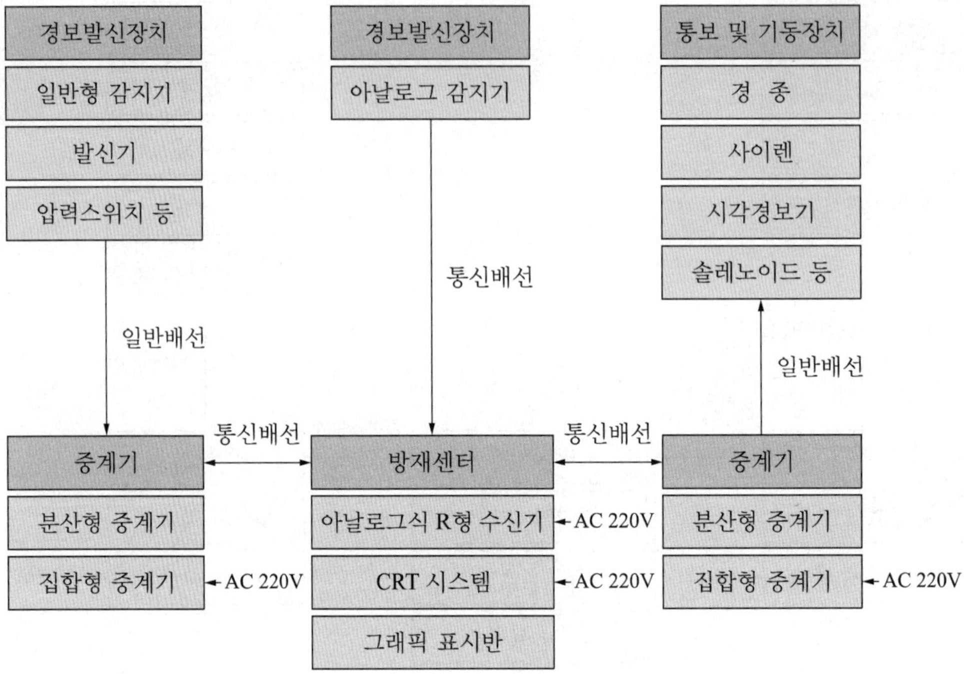

■ 그림 1-4-6 아날로그식 감지기를 사용하는 경우

3. 표시장치

R형 수신기는 화재 위치 및 회로 단선 표시를 LCD(liquid crystal display) 모니터에 문자로서 표시를 한다. 그러나 회로수가 많아지면 이를 일일이 찾아보아야 하는 불편한 점이 있어 이를 보완하기 위해 많은 방재실에서는 CRT(cathode-ray tube) 모니터와 그래픽 표시반을 설치한다.

3.1 CRT 모니터

CRT 모니터는 수신기로부터 받은 정보를 건물의 평면도와 단면도에 작동된 소방시설의 종류와 위치를 자동적으로 표시하여 작동 상태를 쉽게 알아볼 수 있게 한 것이다. 모니터에 표시되는 내용은 자동화재탐지설비에 관련된 내용뿐만 아니라 그 건물에 설치된 모든 소방 및 방화시설도 포함한다.

그리고 관리의 편리성을 높이기 위하여 건물투시도 및 개요도, 소방시설일람표, 방재관리일지 및 비상상태가 발생할 때의 조치 안내 등에 관련된 화면을 제공하며 과거에 발생된 방재 정보를 보존하여 기간별로 작동된 방재 기록을 확인할 수 있다. 제어하는 방식은 터치스크린(touch screen)을 이용한 제어방식, 마우스를 이용한 제어방식, 라이트펜(light pen)을 이용하는 방식이 있다.

3.2 그래픽 표시반

주요 구성품은 발광다이오드(LED; light emitting diode)와 모자이크 타일로 구성되며 수신기에서 신호를 받아 심벌 처리된 모자이크 타일에 LED 램프를 점등시키는 장치이다. 건물의 계통도 또는 건축물의 실제 형태의 그림에 소방설비를 표현하므로 그 건축물의 설비 현황 및 동작 유무를 쉽게 파악할 수 있다.

표시 내용은 자동화재탐지설비의 화재 감지기 및 발신기의 작동 상태뿐만 아니라 소화전, 알람밸브, 프리액션 밸브 작동, 저수위 표시, 가스 소화설비 내의 감지기 작동 및 약제 방출 표시, 전실 감지기 및 댐퍼 작동 표시, 제연팬 감시, 방화문 및 방화셔터 작동 감시 등을 표시한다.

3.3 R형 수신기의 스위치 및 표시등

R형 수신기도 P형 수신기와 마찬가지로 자동화재탐지설비의 기본적인 기능을 가지고 있어야 하며 단지 표시하는 방법에 차이가 있을 뿐이다.

표 1-4-2는 화재가 발생했을 때의 상태를 비교한 것이고, 표 1-4-3은 발신기가 작동했을 때의 상태를 비교한 것을 나타낸다.

● **표 1-4-2** 화재가 발생했을 때

P형 수신기	감지기 작동시	R형 수신기
화재 표시등 점등	화재 표시	화재 표시등 점등
경보장치 기동 출력	경보장치	경보장치 기동 출력
지구 표시등 점등	화재 위치 표시	LCD 모니터에 문자로 표시
-	기 타	CRT 모니터 및 그래픽 표시반에 표시 (단, 설치가 되어 있을 때)

● 표 1-4-3 발신기가 작동했을 때

P형 수신기	감지기 작동시	R형 수신기
발신기 작동 표시등 점등	발신기 작동 표시	발신기 작동 표시등 점등
화재 표시등 점등	화재 표시	화재 표시등 점등
경보장치 기동 출력	경보장치	경보장치 기동 출력
지구 표시등 점등	화재 위치 표시	LCD 모니터에 문자로 표시
-	기 타	CRT 모니터, 그래픽 표시반에 표시 (단, 설치가 되어 있을 때)

4. R형 수신기의 점검방법

4.1 SRE 수신기(예)

SRE 수신기는 화재 발생 위치 및 고장 발생을 표시하는 디지털 표시장치와 각종 설비의 연동 제어 및 시험을 위한 제어부로 구성되어 있다. 이 시스템은 분산형 중계기를 사용한 시스템으로서 하나의 경계구역에 하나의 중계기가 구성되어 있어 중계기 번호가 회선 번호라고 할 수 있다.

(1) 표시부

자동화재탐지설비(자탐설비)와 관련된 표시부의 형태 및 명칭은 그림 1-4-7과 같이 나타낸다.

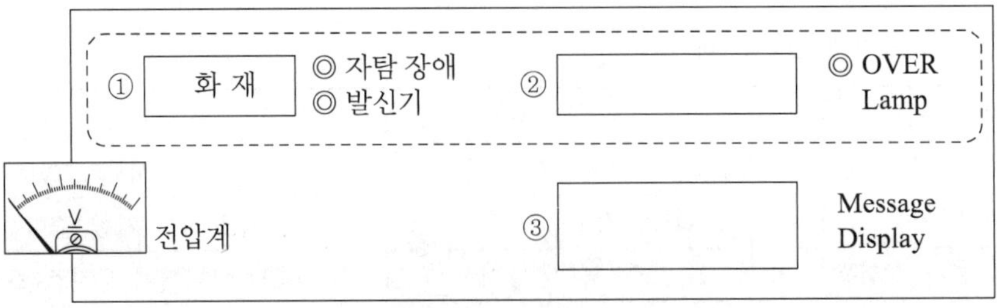

■ 그림 1-4-7 표시부의 형태 및 명칭

① **화재가 발생했을 때**

화재가 발생하면 화재 표시등 ①과 신호를 보낸 중계기나 주소형 감지기 번호의 표시창 ②에 표시되며, 해당 번호의 부가적인 설명이 메시지 표시창 ③에 표시된다. 발신기가 작동했을 때는 발신기 표시등이 추가 점등된다. 여러 개의 신호가 수신된 경우에는 OVER Lamp가 점등되는데 제어부에 있는 회로 이동 스위치를 누르면 순차적으로 표시가 된다.

② **단선이 발생했을 때**

이 수신기는 자동 단선 감시 기능이 있어 별도의 도통 시험이 필요 없으며 단선이 되면 자동적으로 자동화재탐지설비의 장애 표시등과 해당 중계기나 주소형 감지기 번호가 표시창 ②에 표시되며, 해당 번호의 부가적인 설명이 메시지 표시창 ③에 표시된다.

(2) 제어부

자동화재탐지설비와 관련된 표시등과 스위치는 교류전원등, 스위치 주의등, 전원 이상등, 복구, 주음향 정지, 지구음향 정지, 예비전원 시험 스위치 등이 있으며 P형과 동일한 기능을 한다.

전화 번호판처럼 보이는 단말기기의 텐 키 스위치(ten key switch)는 회로의 선택 및 제어에 사용되는 스위치이다. 동작 시험시 회로 선택 번호를 눌러 입력하고 단말 발보 스위치를 누르면 해당 회로를 동작 시험 할 수 있다. 그림 1-4-8은 제어부의 형태 및 표시를 나타낸다.

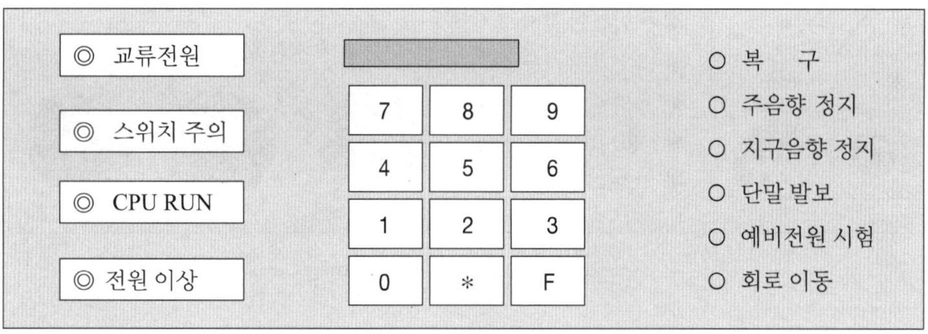

■ 그림 1-4-8 제어부의 형태 및 표시

4.2 D-MUX 3000형(예)

수신기는 화재 발생 지구 및 고장 발생을 표시하는 디지털 표시장치와 각종 설비의 연동 제어 및 시험을 위한 제어부로 구성되어 있다. 이 시스템은 집합형 중계기로 구성되어 있어 한 중계기에 32입력/22출력 신호가 배정되어 있다. 그러므로 화재가 발생할 때나 단선시에 중계기 번호와 회선 번호가 표시된다. 그림 1-4-9는 표시부를 나타낸 것이고, 그림 1-4-10은 제어부를 나타낸다.

(1) 표시부

■ 그림 1-4-9 표시부의 명칭

(2) 제어부

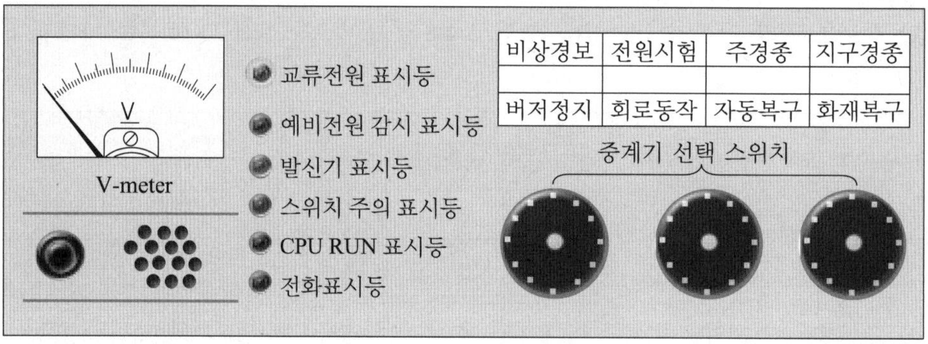

■ 그림 1-4-10 제어부의 명칭

5. 비화재보 방지기가 내장된 수신기

비화재보는 소방시스템에서 물리적 감각과 인지 과정 사이의 신호가 제시되지 않았는데도 신호가 있었다고 보고하는 오류, 또는 재인기억(再認記憶, recognition memory)에서 앞서 제시된 적이 없는 항목을 제시되었다고 보고하는 오류를 의미한다. 일반적으로 비화재보는 오경보(誤

警報, false alarm) 및 장애경보(障碍警報, nuisance alarm) 등으로 분류되며 각각의 메커니즘은 차이가 있다. 오경보는 연기가 아닌 것이 원인이 되어 발생하는 것이다. 종류로는 전자파간섭, 전기적인 잡음, 낙뢰 등으로 인한 자극이 원인이다.

장애경보는 위험이 없는 연기 또는 연기와 비슷한 것으로 인해 나타나는 것이다. 담배연기, 음식을 조리할 때 발생하는 연기, 수증기, 용접 등이 있다. 장애경보는 정상적으로 동작하고 있는 탐지설비라면 감지할 수도 있다는 점에서 오경보와 구분되며 전미방화협회(NFPA; National Fire Protection Association)에서는 이러한 장애경보가 발생하지 않도록 감지기 설치기준 등을 규정하고 있다.

경보의 원인이 연기(煙氣, smoke) 관련 사항인 조리시 연기로 인한 경보는 장애경보로 볼 수 있으며, 연기 관련 사항이 아닌 누수는 오경보로 볼 수 있다.

비화재보를 방지하기 위하여 수신기에 비화재보 방지기가 내장된다. 비화재보 방지기는 열식 또는 연기식 감지기의 순간적인 작동으로 발생되는 비화재보에는 경보를 발신하지 않고 자동으로 원상 복구되며, 지속적인 화재신호를 수신하였을 경우에만 화재 경보를 발신하게 된다. 그러나 수신기에 비화재보 방지 기능이 있는 경우에는 축적형 감지기를 설치할 수 없다. 이는 이중으로 경보 시간을 지연시키는 결과가 되기 때문이다.

5.1 비화재보 방지기의 기능

① 비화재보 방지기의 공칭축적시간은 10 [s] 이상 60 [s] 이내로 해야 하며 10 [s] 간격으로 정해야 한다.

② 화재신호 수신 후 발신개시까지의 소요시간은 공칭축적시간의 ±5 [s]이어야 한다.

③ 화재신호로서 확정할 때까지는 지구음향장치를 울리지 않도록 해야 한다.

④ 발신기로부터 화재신호를 검출한 경우에는 비화재보 방지 기능을 자동적으로 해제하고, 화재신호를 즉시 발신해야 한다.

⑤ 수신기로부터 화재신호를 검출한 경우에는 해당 신호의 검출(비화재보방지기 작동중이라는 표시)을 자동적으로 표시해야 하며 수신기 내부에 설치하는 구조인 것은 해당 신호를 검출한 표시를 수신기 외부에서 확인할 수 있는 조치를 할 수 있어야 한다.

⑥ 해제 위치에 스위치를 설정하고 수신기 작동 시험시 수신기의 화재등 및 지구등이 점등되어야 한다.

※ 비화재보 방지 기능 해제 스위치는 수신기의 전면부에 설치하는 경우와 수신기 내부의 비화재보 방지기에 있는 경우가 있다. 스위치의 명칭은 대부분 축적/비축적 혹은 비화재보 ON/OFF라고 표시한다. 축적과 ON 위치에 있을 때 비화재보 방지 기능이 작동한다.

5.2 비화재보 방지기가 내장된 수신기의 작동

비화재보 방지기는 감지기 및 발신기가 작동할 때와 작동 시험할 때 응답하는 상태가 다르며, 표 1-4-4는 비화재보 방지기가 작동할 때의 작동 시험을 나타낸다.

(1) 감지기가 작동할 때

지구경종은 정해진 시간 동안 작동되지 않으나 화재 표시등, 지구 표시등, 주경종은 작동할 수 있다.

(2) 발신기가 작동할 때

발신기가 작동하는 경우에는 사람이 작동한 것이기 때문에 장난을 제외하고는 화재일 가능성이 매우 높다. 그러므로 비화재보 방지기가 작동하지 않고 정상으로 작동하여 화재 표시등과 지구 표시등이 점등되고 주경종, 지구경종이 작동한다.

(3) 작동 시험할 때

비화재보 방지기의 기능이 작동할 때에는 작동하지 않을 때와 다음과 같은 차이점이 있다. 이러한 작동을 한다고 해서 이상이 있는 것으로 오인하는 경우가 있으나 이것은 비화재보 방지기가 작동하기 때문이다.

● **표 1-4-4** 비화재보 방지기가 작동할 때의 작동 시험

작동할 때	작동 상황	작동하지 않을 때
점등 혹은 점등 안 되다가 일정 시간 경과 후 점등	화재 표시등	점 등
점 등	지구 표시등	점 등
울림 혹은 울리지 않다가 일정 시간 경과 후 울림	주경종	울 림
울리지 않다가 일정 시간 경과 후 울림	지구경종	울 림
일정 시간 간격으로 복구되는 소리(덜컥)가 들림	-	-

연습문제

문제 01 중계기는 접점신호를 통신신호로, 통신신호를 접점신호로 변환시켜 주는 신호변환장치의 역할을 한다. 중계기를 거치는 신호는 입력신호와 출력신호로 구분할 수 있는데 입력신호와 출력신호의 수에 따라 (　　)와 (　　)로 분류된다.

풀이 분산형 중계기, 집합형 중계기

문제 02 중계기의 (　　)는 자동화재탐지설비의 감지기와 발신기의 작동신호, 소화전 펌프의 작동확인, 압력스위치의 작동, 저수위신호, 스프링클러의 습식 및 준비작동식 밸브 개방 확인, 방화셔터의 작동신호 등과 같이 수신기에 전달되어야 할 신호가 된다.

풀이 입력신호

문제 03 중계기의 (　　)는 경보장치의 기동, 소화전 펌프의 작동, 스프링클러의 습식 및 준비 작동식 밸브의 개방 등과 같이 수신기에 의해 작동되는 신호이다.

풀이 출력신호

문제 04 분산형 중계기는 (　　)에 주로 적용되며 입력/출력 지점에 따라 입력 1/출력 1, 입력 2/출력 2가 일반적으로 사용되며, 자동화재탐지설비, 전실댐퍼, 알람밸브, 방화셔터 등의 각 계열별로 연결된다. 필요한 중계기의 숫자는 경계구역, 전실댐퍼, 알람밸브, 방화셔터의 수만큼 필요하다.

풀이 소용량

문제 **05** 집합형 중계기는 (　　)에 주로 적용되며 하나의 함에 많은 입력 및 출력 지점을 구성한 것으로 우리나라에서는 입력 32/출력 22 중계기를 많이 사용하고 있다. 집합형 중계기의 전원은 수신기로부터 공급받는 것이 아니라 별도의 상용전원 AC 220 [V]를 사용한다.

풀이 대용량

문제 **06** 집합형 중계기는 중계기 내부에 (　　) 및 비상 축전지를 내장하고 있어 전원 공급 계통 사고가 발생했을 때에도 정상적인 동작을 수행한다. 수신기와 중계기 사이의 선로에 문제가 있어도 중계기가 (　　) 기능에 의해 자동 절환되어 정상적인 방재 업무를 수행한다.

풀이 정류기, 독립제어

문제 **07** 통신신호 발생장치가 없는 일반형 감지기를 R형 수신기와 함께 구성하기 위해서는 신호변환장치인 (　　)를 사용하고, 경종, 시각경보기, 솔레노이드 등을 작동시키기 위해 중계기를 사용하여 수신기의 (　　)를 전달하는 시스템으로 구성된다.

풀이 중계기, 출력신호

문제 **08** 통신신호를 발생하는 주소형 감지기인 아날로그식 감지기는 감지기 주변의 온도 또는 연기의 농도를 송신하는 감지기이기 때문에 이를 수신하고 표시할 수 있는 아날로그식 수신기를 사용한다. 그리고 통신신호 발생장치가 없는 발신기와 압력스위치로부터 신호를 받기 위해서는 (　　)를 사용한다.

풀이 중계기

문제 **09** R형 수신기는 (　　) 및 회로 단선 표시를 LCD 모니터에 문자로서 표시를 한다. 그러나 회로수가 많아지면 이를 일일이 찾아보아야 하는 불편한 점이 있어 이를 보완하기 위해 많은 (　　)에서는 CRT 모니터와 그래픽 표시반을 설치한다.

풀이 화재 위치, 방재실

문제 10 CRT 모니터는 수신기로부터 받은 정보를 모니터를 통해 건물의 평면도와 단면도에 작동된 소방시설의 종류와 위치를 자동적으로 표시하여 (　　)를 쉽게 알아볼 수 있게 한 것이다. 모니터 상에 표시되는 내용은 (　　)에 관련된 내용뿐만 아니라 그 건물에 설치된 모든 소방시설, 방화시설도 포함한다.

풀이 작동 상태, 자동화재탐지설비

문제 11 건물 방재실의 모니터에는 관리의 편리성을 높이기 위하여 건물투시도, 개요도, (　　,　　) 및 비상상태가 발생할 때 조치 안내 등에 관련된 화면을 제공하며 과거에 발생된 방재 정보를 보존하여 기간별로 동작된 방재 기록을 확인할 수 있다. 제어하는 방식은 터치스크린(touch screen)을 이용한 제어방식, 마우스를 이용한 제어방식, 라이트펜(light pen)을 이용하는 방식이 있다.

풀이 소방시설일람표, 방재관리일지

문제 12 건물 방재실 그래픽 표시반의 주요 구성품은 LED와 모자이크 타일로 구성되며 수신기에서 신호를 받아 심벌 처리된 모자이크 타일에 LED 램프를 점등시키는 장치이다. 건물의 계통도 또는 건축물의 실제 형태의 그림에 소방설비를 표현하므로 그 건축물의 설비 현황 및 (　　)를 쉽게 파악할 수 있다. 표시 내용은 자동화재탐지설비의 화재 (　　) 및 발신기 작동 상태뿐만 아니라 소화전, 알람밸브, 프리액션 밸브 작동, 저수위 표시, 가스 소화설비 내의 감지기 작동 및 약제 방출 표시, 전실 감지기 및 댐퍼 작동 표시, 제연팬 감시, 방화문 및 (　　) 작동 감시 등을 표시한다.

풀이 작동 유무, 감지기, 방화셔터

문제 13 어떤 설비에서 화재가 발생하여 P형 및 R형 수신기의 감지기가 작동했을 때 비교의 대상이 적절하도록 아래의 빈칸을 채우시오.

P형	감지기 작동시	R형
화재 표시등 점등	①	화재 표시등 점등
경보장치 기동 출력	②	경보장치 기동 출력
지구 표시등 점등	③	LCD 모니터에 문자로 표시
-	기 타	CRT 모니터 및 그래픽 표시반에 표시 (단, 설치가 되어 있을 때)

풀이 ① 화재 표시, ② 경보장치, ③ 화재 위치 표시

문제 14 일반적으로 사용되는 자동화재탐지설비의 R형 수신기 제어부에 표시되는 것은 무엇인가?

풀이 교류전원등, 스위치 주의등, 전원 이상등, 복구, 주음향 정지, 지구음향 정지, 예비전원 시험

문제 15 비화재보 방지기의 기능에 대한 설명이다. 적절한 내용을 빈칸에 채우시오.

① 비화재보 방지기의 공칭축적시간은 (　　) [s] 이상 (　　) [s] 이내로 해야 하며 10 [s] 간격으로 정해야 한다.
② 화재신호 수신 후 발신개시까지의 소요시간은 공칭축적시간의 (　　) [s]이어야 한다.
③ 화재신호로서 확정할 때까지는 (　　)를 울리지 않도록 해야 한다.
④ 발신기로부터 화재신호를 검출한 경우에는 (　　)을 자동적으로 해제하고, 화재신호를 즉시 발신해야 한다.
⑤ (　　)로부터 화재신호를 검출한 경우에는 해당 신호의 검출을 자동적으로 표시해야 하며 수신기 내부에 설치하는 구조인 것은 해당 신호를 검출한 표시를 수신기 외부에서 확인할 수 있는 조치를 할 수 있어야 한다.
⑥ 해제 위치에 스위치를 설정하고 수신기 작동 시험시 수신기의 (　　) 및 지구등이 점등되어야 한다.

풀이 10, 60, ±5 [s], 지구음향장치, 비화재보 방지 기능, 수신기, 화재등

문제 16 비화재보 방지기의 감지기가 작동할 때 지구경종은 정해진 시간 동안 작동되지 않으나 (　　,　　,　　)은 작동할 수 있다.

풀이 화재 표시등, 지구 표시등, 주경종

문제 17 비화재보 방지기의 발신기가 작동하는 경우에는 사람이 작동한 것이기 때문에 장난을 제외하고는 화재일 가능성이 매우 높다. 그러므로 비화재보 방지기가 작동하지 않고 정상으로 작동하여 화재 표시등과 지구 표시등이 (　　)되고, 주경종, 지구경종이 (　　)한다.

풀이 점등, 작동

문제 **18** 비화재보 방지기를 작동 시험할 때와 작동하지 않을 때는 다음 표와 같은 차이점이 있다. 각각의 내용이 부합하도록 적절한 내용을 채우시오.

작동할 때	작동 상황	작동하지 않을 때
점등 혹은 점등 안 되다가 일정 시간 경과 후 점등	①	점 등
점등	지구 표시등	②
울림 혹은 울리지 않다가 일정 시간 경과 후 울림	③	울 림
울리지 않다가 일정 시간 경과 후 울림	지구경종	④
일정 시간 간격으로 복구되는 소리(덜컥)가 들림	-	-

풀이 ① 화재 표시등, ② 점등, ③ 주경종, ④ 울림

Chapter 05

유도등 및 유도표지

피난 설비(避難 設備, fire escape apparatus)로 사용되는 유도등(誘導燈, exit lights) 및 유도표지(誘導標識, exit signs)는 화재가 발생되었을 때 긴급 대피 방향을 안내하기 위한 설비로서 유도등은 전원을 이용하는 것으로 정상 상태에서는 상용전원에 따라 켜지고 상용전원이 정전되는 경우에는 비상전원으로 자동 전환되어 켜지는 등을 말한다.

유도표지는 피난의 방향과 피난구를 표시한 표지판으로 등화를 갖지 않고 표시면의 자체 휘도로 피난을 유도하는 표지이다.

① "유도등"이란 화재 시에 피난을 유도하기 위한 등으로서 정상 상태에서는 상용전원에 따라 켜지고 상용전원이 정전되는 경우에는 비상전원으로 자동 전환되어 켜지는 등을 말한다.

② "피난구 유도등"이란 피난구 또는 피난 경로로 사용되는 출입구를 표시하여 피난을 유도하는 등을 말한다.

③ "통로 유도등"이란 피난 통로를 안내하기 위한 유도등으로 복도 통로 유도등, 거실 통로 유도등, 계단통로유도등을 말한다.

④ "복도 통로 유도등"이란 피난 통로가 되는 복도에 설치하는 통로 유도등으로서 피난구의 방향을 명시하는 것을 말한다.

⑤ "거실 통로 유도등"이란 거주, 집무, 작업, 집회, 오락 그밖에 이와 유사한 목적을 위하여 계속적으로 사용하는 거실, 주차장 등 개방된 통로에 설치하는 유도등으로 피난의 방향을 명시하는 것을 말한다.

⑥ "계단 통로 유도등"이란 피난 통로가 되는 계단이나 경사로에 설치하는 통로 유도등으로 바닥면 및 디딤 바닥면을 비추는 것을 말한다.

⑦ "객석 유도등"이란 객석의 통로, 바닥 또는 벽에 설치하는 유도등을 말한다.

⑧ "피난구 유도표지"란 피난구 또는 피난 경로로 사용되는 출입구를 표시하여 피난을 유도

하는 표지를 말한다.

⑨ "통로 유도표지"란 피난 통로가 되는 복도, 계단 등에 설치하는 것으로서 피난구의 방향을 표시하는 유도표지를 말한다.

⑩ "피난유도선"이란 햇빛이나 전등불에 따라 축광(이하 "축광방식"이라 한다)하거나 전류에 따라 빛을 발신하는(이하 "광원점등방식"이라 한다) 유도체로서 어두운 상태에서 피난을 유도할 수 있도록 띠 형태로 설치되는 피난유도시설을 말한다.

⑪ "입체형"이란 유도등 표시면을 2면 이상으로 하고, 각 면마다 피난유도표시가 있는 것을 말한다.

⑫ "3선식 배선"이란 평상시에는 유도등을 소등 상태로 유도등의 비상전원을 충전하고, 화재 등 비상시 점등신호를 받아 유도등을 자동으로 점등되도록 하는 방식의 배선을 말한다.

1. 유도등 및 유도표지의 종류

유도등(誘導燈, taxi light)은 그림 1-5-1과 같이 분류되며, 유도표지는 설치장소 및 위치에 따라 그림 1-5-2와 같이 분류할 수 있다. 또한 유도등이 작동될 때 배터리의 전압은 DC 24 [V]를 안정적으로 유지해야 한다.

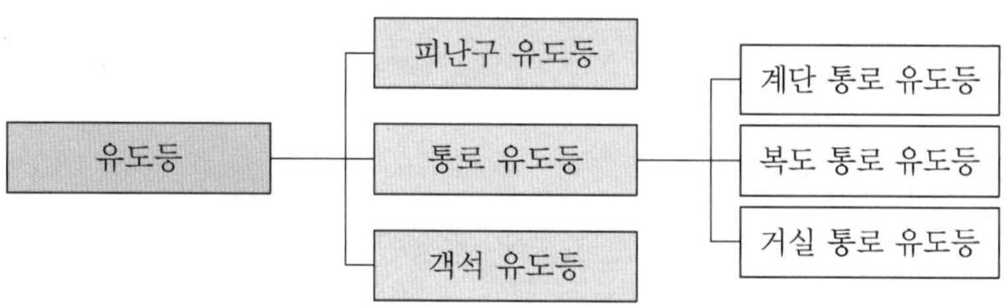

■ 그림 1-5-1 유도등의 분류

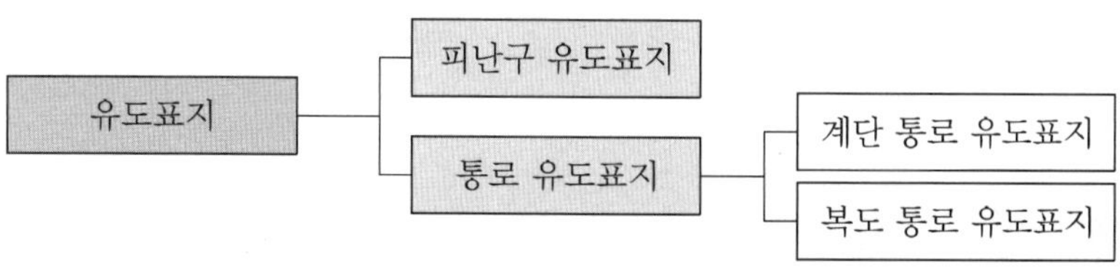

■ 그림 1-5-2 유도표지의 분류

(1) 피난구 유도등

피난구 유도등은 피난구(避難區) 또는 피난 경로로 사용되는 출입구가 있다는 것을 표시하는 녹색등화의 유도등을 말한다. 유도등의 크기에 따라 대형, 중형, 소형이 있다. 그림 1-5-3(a)은 피난구 유도등의 실체 사진으로 흰색 바탕에 녹색으로 표시하도록 되어 있고, 그림 1-5-3(b)는 내부를 나타낸다.

(a) 피난구 유도등

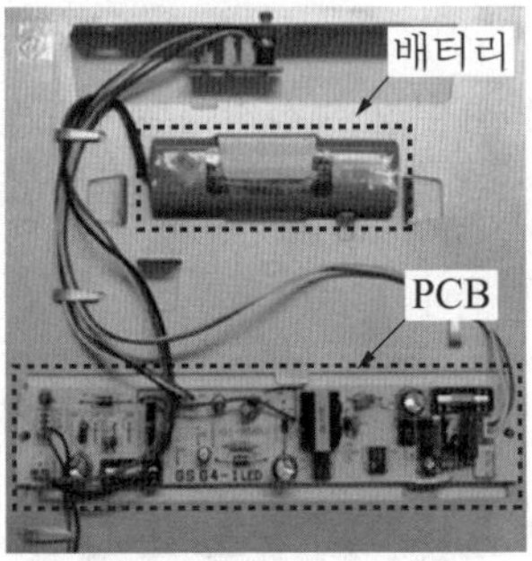

(b) 피난구 유도등 내부

■ **그림 1-5-3** 피난구 유도등의 실체 사진

(2) 통로 유도등

통로 유도등은 피난 통로를 안내하기 위한 유도등으로 크기에 따라 대형, 중형, 소형으로 분류되며, 설치장소나 사용목적 등에 따라 복도 통로 유도등, 계단 통로 유도등, 거실 통로 유도등으로 분류한다.

① 복도 통로 유도등

복도 통로 유도등은 피난 통로가 되는 복도에 설치하는 통로 유도등으로서 피난구의 방향을 명시하는 것을 말한다. 그림 1-5-4(a)는 복도 통로 유도등의 실체 사진으로 흰색 바탕에 녹색으로 표시하도록 되어 있고, 그림 1-5-4(b)는 내부를 나타낸다.

(a) 복도 통로 유도등

(b) 복도 통로 유도등 내부

■ 그림 1-5-4 복도 통로 유도등의 실체 사진

② 거실 통로 유도등

거실 통로 유도등은 거주, 집무, 작업, 집회, 오락 그밖에 이와 유사한 목적을 위하여 계속적으로 사용하는 거실, 주차장 등 개방된 통로에 설치하는 유도등으로 피난의 방향을 명시하는 것을 말한다. 그림 1-5-5는 거실 통로 유도등의 실체 사진을 나타낸다.

■ 그림 1-5-5 거실 통로 유도등

③ 계단 통로 유도등

계단 통로 유도등은 피난 통로가 되는 계단이나 경사로에 설치하는 통로 유도등으로 바닥면 및 디딤 바닥면을 비추는 것을 말한다. 그림 1-5-6은 계단 통로 유도등의 실체 사진을 나타낸다.

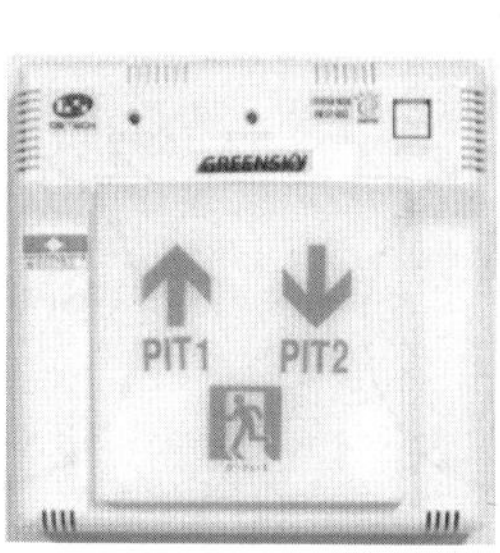

■ 그림 1-5-6 계단 통로 유도등

(3) 객석 유도등

객석 유도등은 객석의 통로, 바닥 또는 벽에 설치하는 유도등을 말하며, 그림 1-5-7은 객석 유도등의 실체 사진을 나타낸다.

■ 그림 1-5-7 객석 유도등

(4) 피난구 유도표지

피난구 유도표지는 피난구 또는 피난 경로로 사용되는 출입구가 있다는 것을 지시하는 유도표지를 말한다. 그림 1-5-8(a)는 피난구 유도표지판이며, 그림 1-5-8(b)는 층간 유도표지판을 나타낸다.

(a) 피난구 유도표지판

(b) 층간 유도표지판

■ 그림 1-5-8 피난구 유도표지

(5) 통로 유도표지

통로 유도표지는 피난 통로가 되는 복도, 계단 등에 설치하는 것으로서 피난구의 방향을 표시하는 유도표지를 말한다. 그림 1-5-9는 통로 바닥 유도표지의 형태와 모양을 나타낸다.

(a) 일방향

(b) 양방향

■ 그림 1-5-9 통로 바닥 유도표지의 형태와 모양

2. 유도등 및 유도표지의 설치대상

피난구 유도등, 통로 유도등 및 유도표지는 특정소방대상물(지하구 및 지하가 중 터널을 제외한다)에 설치하도록 되어 있다. 그리고 유도등은 유흥 주점 영업(유흥 주점 영업 중 손님이 춤을 출 수 있는 무대가 설치된 카바레, 나이트클럽 또는 그 밖의 이와 비슷한 영업에 한한다)과 문화 집회 및 운동시설에 설치해야 한다.

2.1 특정소방대상물의 용도별 유도등 및 유도표지의 종류

특정소방대상물에서 유도등 및 유도표지의 설치대상은 표 1-5-1과 같이 나타낸다.

● **표 1-5-1** 유도등 및 유도표지의 종류

설치장소	유도등 및 유도표지의 종류
1. 공연장, 집회장(종교집회장 포함), 관람장, 운동시설 2. 유흥주점영업시설(유흥주점영업 중 손님이 춤을 출 수 있는 무대가 설치된 카바레, 나이트클럽 또는 그 밖에 이와 비슷한 영업시설만 해당)	• 대형 피난구 유도등 • 통로 유도등 • 객석 유도등
3. 위락시설, 판매시설, 운수시설, 관광숙박업, 의료시설, 장례식장, 방송통신시설, 전시장, 지하상가, 지하철역사	• 대형 피난구 유도등 • 통로 유도등
4. 숙박시설(제3호의 관광숙박업 외의 것), 오피스텔 5. 제1호부터 제3호까지 외의 건축물로서 지하층, 무창층 또는 층수가 11층 이상인 특정소방대상물	• 중형 피난구 유도등 • 통로 유도등
6. 제1호부터 제5호까지 외의 건축물로서 근린생활시설, 노유자 시설, 업무시설, 발전시설, 종교시설(집회장 용도로 사용하는 부분 제외), 교육연구시설, 수련시설, 공장, 창고시설, 교정 및 군사시설(국방·군사시설 제외), 기숙사, 자동차정비공장, 운전학원 및 정비학원, 다중이용업소, 복합건축물, 아파트	• 소형 피난구 유도등 • 통로 유도등
7. 그 밖의 것	• 피난구 유도표지 • 통로 유도표지

비고) 1. 소방서장은 특정소방대상물의 위치, 구조 및 설비의 상황을 판단하여 대형 피난구 유도등을 설치해야 할 장소에 중형 피난구 유도등 또는 소형 피난구 유도등을, 중형 피난구 유도등을 설치해야 할 장소에 소형 피난구 유도등을 설치하게 할 수 있다.
2. 복합건축물과 아파트의 경우 주택의 세대 내에는 유도등을 설치하지 않을 수 있다.

2.2 설치 장소 및 기준

(1) 피난구 유도등

① 설치 장소 및 기준

가. 옥내로부터 직접 지상으로 통하는 출입구 및 그 부속실의 출입구[그림 1-5-10(a)]

나. 직통 계단, 직통 계단의 계단실 및 그 부속실의 출입구[그림 1-5-10(b)]

다. '가.' 및 '나.'에서 정한 출입구에 이르는 복도 또는 통로로 통하는 출입구[그림 1-5-10(c)]

라. 안전 구획된 거실로 통하는 출입구[그림 1-5-10(d)]

피난구 유도등은 피난구의 바닥으로부터 높이 1.5 [m] 이상의 곳에 설치해야 한다.

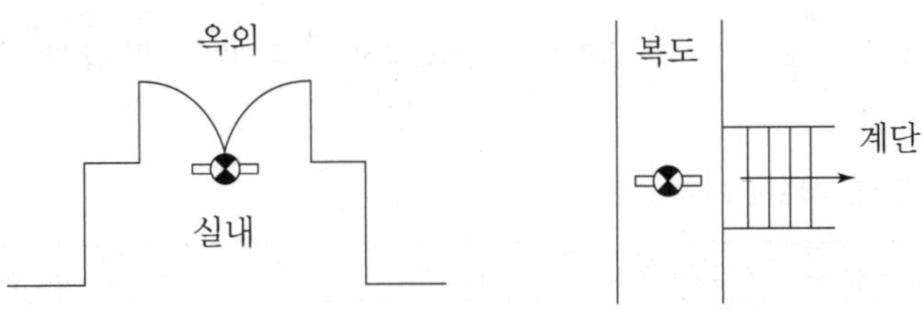

(a) 옥내로부터 직접 지상으로 통하는 출입구 및 그 부속실의 출입구

(b) 직통계단-직통계단의 계단실 및 그 부속실의 출입구

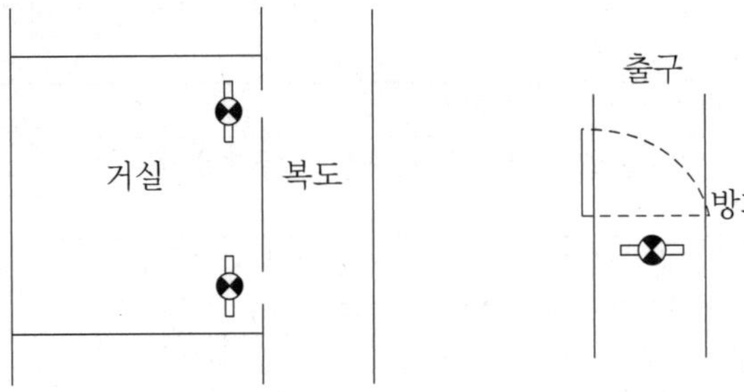

(c) 출입구에 이르는 복도 및 통로로 통하는 출입구

(d) 안전구획된 거실로 통하는 출입구

■ 그림 1-5-10 피난구 유도등의 설치장소

② 설치제외장소

가. 바닥면적이 1,000 [m^2] 미만인 층으로서 옥내로부터 직접 지상으로 통하는 출입구

나. 거실 각 부분으로부터 쉽게 도달할 수 있는 출입구

다. 거실 각 부분으로부터 하나의 출입구에 이르는 보행거리가 20 [m] 이하이고 비상조명등과 유도표지가 설치된 거실의 출입구

라. 출입구가 3개소 이상 있는 거실로서 그 거실 각 부분으로부터 하나의 출입구에 이르는 보행거리가 30 [m] 이하인 경우에는 주된 출입구 2개소 외의 출입구. 다만, 공연장, 집회장, 관람장, 판매시설, 숙박시설, 노유자 시설, 의료시설 및 전시시설의 경우에는 그렇지 않다.

(2) 통로 유도등

① 설치장소 및 설치기준[그림 1-5-11]

가. 특정소방대상물의 각 거실과 그로부터 지상에 이르는 복도 또는 계단의 통로에 설치할 것

나. 복도 통로 유도등의 기준

a. 복도에 설치할 것

b. 구부러진 모퉁이 및 보행거리 20 [m]마다 설치할 것

c. 바닥으로부터 1 [m] 이하의 위치에 설치할 것. 다만, 특정소방대상물 중 지하층 또는 무창층의 용도가 도매시장, 소매시장, 여객자동차 터미널, 지하역사, 지하상가인 경우에는 복도 통로 중앙 부분의 바닥에 설치할 것

d. 바닥에 설치하는 통로 유도등은 하중에 따라 파괴되지 않는 강도의 것으로 할 것

다. 거실 통로 유도등의 기준

a. 거실의 통로에 설치할 것. 다만, 거실의 통로가 벽체 등으로 구획된 경우에는 복도 통로 유도등을 설치해야 한다.

b. 구부러진 모퉁이 및 보행거리 20 [m] 마다 설치할 것

c. 바닥으로부터 높이 1.5 [m] 이상의 위치에 설치할 것

라. 계단 통로 유도등은 다음의 기준에 따라 설치할 것

a. 각층의 경사로 참 또는 계단참마다(1개 층에 경사로참 또는 계단참이 2 이상 있는 경우에는 2개의 계단참마다) 설치할 것

b. 바닥으로부터 높이 1 [m] 이하의 위치에 설치할 것

마. 통행에 지장이 없도록 설치할 것

바. 주위에 이와 유사한 등화 광고물, 게시물 등을 설치하지 말 것

사. 조도는 통로 유도등의 바로 밑의 바닥으로부터 수평으로 0.5 [m] 떨어진 지점에서 측정하여 1 [lx] 이상(바닥에 매설한 것에 있어서는 통로 유도등의 직상부 1 [m]의 높이에서 측정하여 1 [lx] 이상)

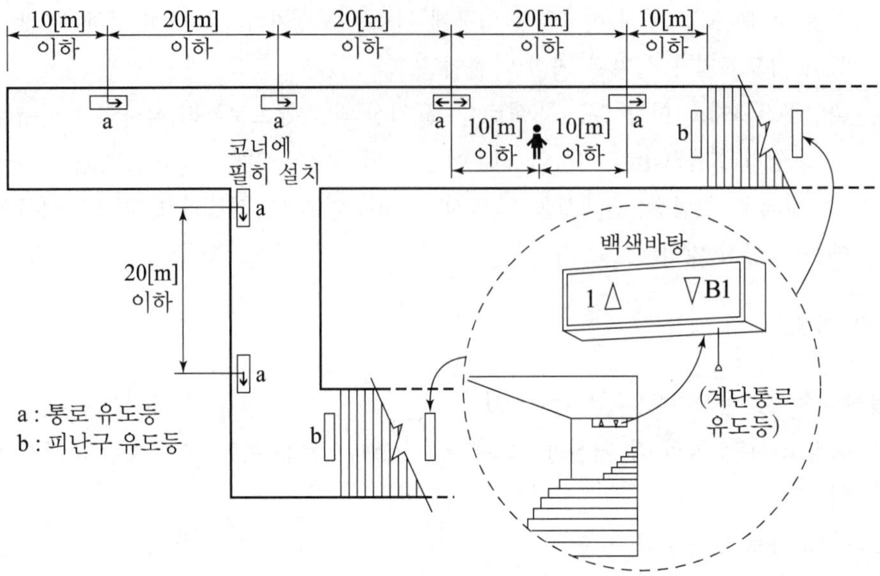

(a) 통로 유도등 및 피난구 유도등의 설치 기준 예(1)

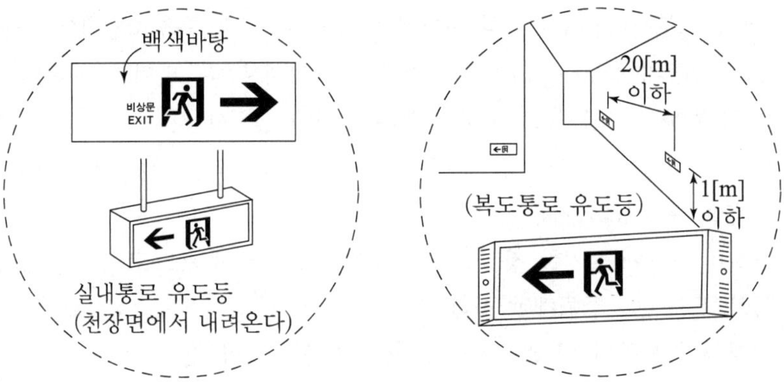

(b) 통로 유도등의 설치 기준 예(2)

■ **그림 1-5-11 통로 유도등 및 피난구 유도등의 설치기준 예**

아. 통로 유도등은 백색 바탕에 녹색으로 피난 방향을 표시한 등으로 할 것. 다만, 계단에 설치하는 것에 있어서는 피난의 방향을 표시하지 않을 수 있다.

② **설치제외장소**

가. 구부러지지 아니한 복도 또는 통로로서 길이가 30 [m] 미만인 복도 또는 통로

나. 복도 또는 통로로서 보행거리가 20 [m] 미만이고 그 복도 또는 통로와 연결된 출입구 또는 그 부속실의 출입구에 피난구 유도등이 설치된 복도 또는 통로

(3) 객석 유도등

① 설치장소

객석 유도등은 객석의 통로, 바닥 또는 벽에 설치해야 한다.

② 설치제외장소

가. 주간에만 사용하는 장소로서 채광이 충분한 객석

나. 거실등의 각 부분으로부터 하나의 거실 출입구에 이르는 보행거리가 20 [m] 이하인 객석의 통로로서 그 통로에 통로 유도등이 설치된 객석

③ 설치기준

가. 객석내의 통로가 경사로 또는 수평으로 되어 있는 부분에 있어서는 다음의 식에 의하여 산출한 수(소수점 이하의 수는 1로 본다)의 유도등을 설치하고, 그 조도는 통로바닥의 중심선 0.5 [m]의 높이에서 측정하여 0.2 [lx] 이상이어야 한다.

$$\text{설치개수} = \frac{\text{객석 통로의 직선부분의 길이 [m]}}{4} - 1 \qquad (1)$$

나. 객석 내의 통로가 옥외 또는 이와 유사한 부분에 있는 경우에는 해당 통로 전체에 미칠 수 있는 수의 유도등을 설치하되, 그 조도는 통로 바닥의 중심선 0.5 [m]의 높이에서 측정하여 0.2 [lx] 이상이 되어야 한다.

(4) 유도표지

① 설치기준

가. 유도표지의 설치[그림 1-5-12]

a. 계단에 설치하는 것을 제외하고는 각 층마다 복도 및 통로의 각 부분으로부터 하나의 유도표지까지의 보행거리가 15 [m] 이하가 되는 곳과 구부러진 모퉁이의 벽에 설치할 것

b. 피난구 유도표지는 출입구 상단에 설치하고, 통로 유도표지는 바닥으로부터 높이 1 [m] 이하의 위치에 설치할 것

c. 주위에는 이와 유사한 등화, 광고물, 게시물 등을 설치하지 않을 것

d. 유도표지는 부착판 등을 사용하여 쉽게 떨어지지 않도록 설치할 것

e. 축광방식의 유도표지는 외광 또는 조명장치에 의하여 상시 조명이 제공되거나 비상조명등에 의한 조명이 제공되도록 설치할 것

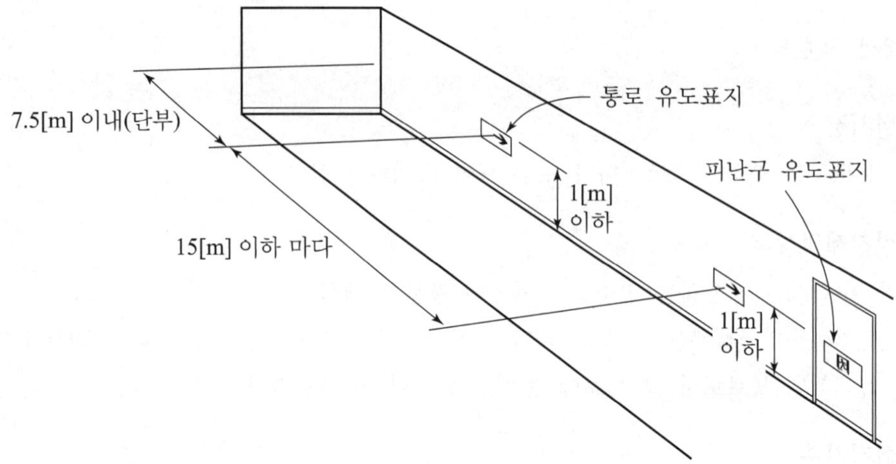

■ **그림 1-5-12** 유도표지의 설치기준

나. 피난 방향을 표시하는 통로 유도등을 설치한 부분에 있어서는 유도표지를 설치하지 않을 수 있다.

다. 유도표지의 기준

a. 방사성 물질을 사용하는 유도표지는 쉽게 파괴되지 않는 재질로 처리할 것

b. 유도표지는 주위 조도 0 [lx]에서 60분간 발광 후 직선거리 20 [m] 떨어진 위치에서 보통시력으로 유도표지가 있다는 것이 식별되어야 하고, 3 [m] 거리에서 표시면의 문자 또는 화살표 등을 쉽게 식별할 수 있는 것으로 할 것

c. 유도표지의 표시면은 쉽게 변형, 변질 또는 변색되지 않을 것

d. 축광유도표지 및 축광위치표지의 표시면을 0 [lx] 상태에서 1시간 이상 방치한 후 200 [lx] 밝기의 광원으로 20분간 조사시킨 상태에서 다시 주위조도를 0 [lx]로 하여 휘도시험을 실시하는 경우 설정시간 동안 발광시킨 후의 휘도는 다음에 적합하여야 한다.

발광시간 [min]	휘도 [mcd/m^2]
5	110
10	50
20	24
60	7

e. 표시면의 두께 및 크기

축광유도표지 및 축광위치표지의 표시면의 두께는 1.0 [mm] 이상(금속재질인 경우 0.5 [mm] 이상)이어야 하며, 축광유도표지 및 축광위치표지의 표시면의 크기는 다

음에 적합하여야 한다. 다만, 표시면이 사각형이 아닌 경우 표시면에 내접하는 사각형의 크기는 다음에 적합하여야 한다.

종류	긴변	짧은변 또는 면적
피난구축광유도표지	360 [mm]	120 [mm]
통로축광유도표지	250 [mm]	85 [mm]
축광위치표지	200 [mm]	70 [mm]
보조축광표지	20 [mm]	2,500 [mm^2]

② 설치제외장소

가. 유도등이 설치된 출입구, 복도, 계단 및 통로

나. 바닥면적이 1,000 [m^2] 미만인 층으로서 옥내로부터 직접 지상으로 통하는 출입구

다. 거실 각 부분으로부터 쉽게 도달할 수 있는 출입구

라. 구부러지지 아니한 복도 또는 통로로서 길이가 30 [m] 미만인 복도 또는 통로

마. '라'에 해당하지 않는 복도 또는 통로로서 보행거리가 20 [m] 미만이고 그 복도 또는 통로와 연결된 출입구 또는 그 부속실의 출입구에 피난구 유도등이 설치된 복도 또는 통로

3. 피난유도선의 설치기준

(1) 축광방식의 피난유도선

① 구획된 각 실로부터 주출입구 또는 비상구까지 설치할 것

② 바닥으로부터 높이 50 [cm] 이하의 위치 또는 바닥면에 설치할 것

③ 피난유도 표시부는 50 [cm] 이내의 간격으로 연속되도록 설치할 것

④ 부착대에 의하여 견고하게 설치할 것

⑤ 외광 또는 조명장치에 의하여 상시 조명이 제공되거나 비상조명등에 의한 조명이 제공되도록 할 것

(2) 광원점등방식의 피난유도선

① 구획된 각 실로부터 주출입구 또는 비상구까지 설치할 것

② 피난유도 표시부는 바닥으로부터 높이 1 [m] 이하의 위치 또는 바닥 면에 설치할 것

③ 피난유도 표시부는 50 [cm] 이내의 간격으로 연속되도록 설치하되 실내장식물 등으로 설치가 곤란할 경우 1 [m] 이내로 설치할 것
④ 수신기로부터의 화재신호 및 수동조작에 의하여 광원이 점등되도록 설치할 것
⑤ 비상전원이 상시 충전상태를 유지하도록 설치할 것
⑥ 바닥에 설치되는 피난유도 표시부는 매립하는 방식을 사용할 것
⑦ 바닥에 설치되는 제어부는 조작 및 관리가 용이하도록 바닥으로부터 0.8 [m] 이상 1.5 [m] 이하의 높이에 설치할 것

4. 유도등의 전원 및 배선

4.1 유도등의 전원

(1) 유도등의 전원은 축전지 또는 교류 전압의 옥내 간선으로 하고, 전원까지의 배선은 전용으로 해야 한다. 그림 1-5-13은 유도등의 결선도를 나타낸 것이며, 그림 1-5-14는 유도등의 회로도를 나타낸다.

(2) 유도등의 비상전원

① 축전지로 할 것
② 유도등은 20분 이상 유효하게 작동 시킬 수 있는 용량의 것으로 할 것. 다만, 다음 특정소방대상물의 경우에는 피난층에 이르는 부분의 유도등을 60분 이상 유효하게 작동 시킬 수 있는 용량으로 해야 한다. 또한 유도등이 작동될 때 배터리의 전압은 DC 24 [V]를 안정적으로 유지해야 한다.
가. 지하층을 제외한 층수가 11층 이상의 층
나. 지하층 또는 무창층의 용도가 도매시장, 소매시장, 여객 자동차 터미널, 지하역사 또는 지하상가

(3) 유도등의 배선 기준

① 유도등의 인입선과 옥내 배선은 직접 연결할 것
② 유도등은 전기 회로에 점멸기를 설치하지 않고 항상 점등 상태를 유지할 것. 다만, 특정소방대상물 또는 그 부분에 사람이 없거나 3선식 배선에 따라 상시 충전되는 구조인 경우

에는 그렇지 않다.

가. 외부 광(光)에 따라 피난구 또는 피난 방향을 쉽게 식별할 수 있는 장소

나. 공연장, 암실(暗室) 등으로서 어둠이 필요한 장소

다. 특정소방대상물의 관계인 또는 종사원이 주로 사용하는 장소

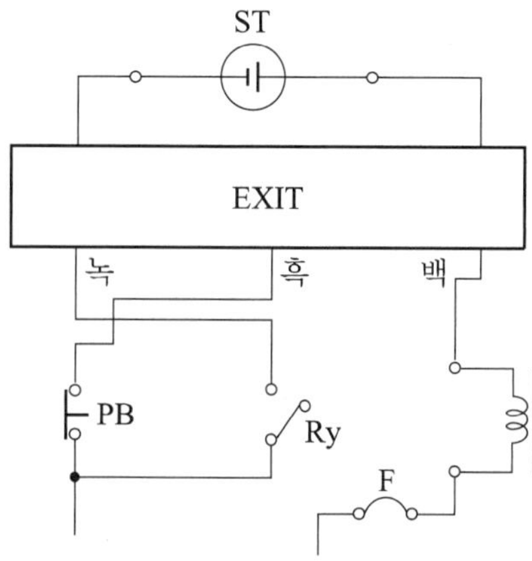

■ 그림 1-5-13 유도등의 결선도

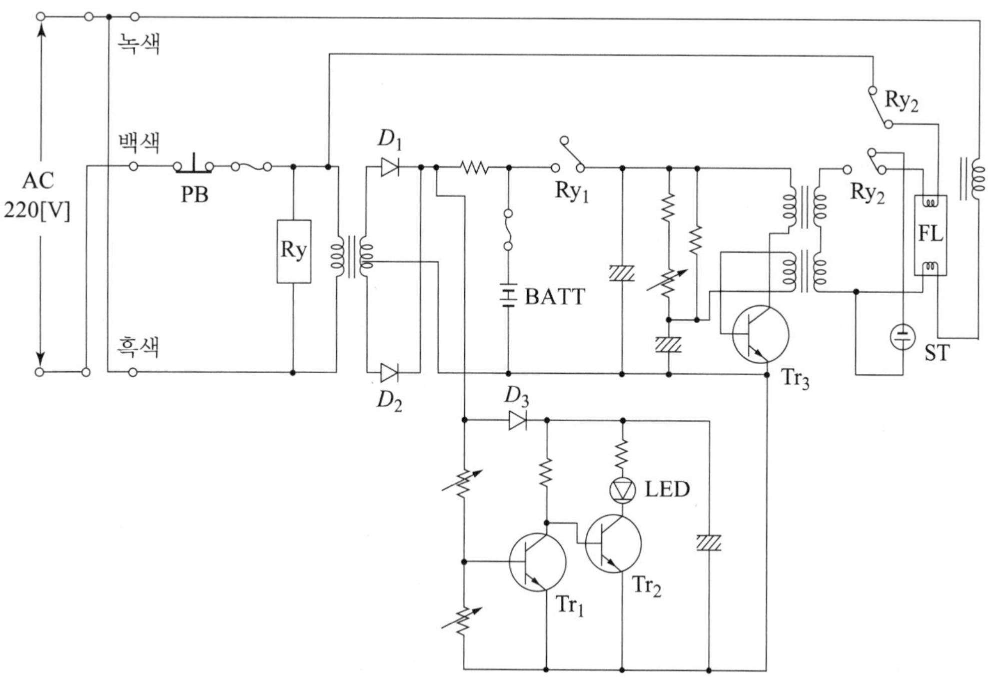

■ 그림 1-5-14 유도등의 회로도

4.2 유도등의 2선식 배선과 3선식 배선

유도등 내부에는 광원이 되는 형광등과 상용전원이 차단되었을 때 사용하는 축전지가 내장된다. 2선식 배선은 평상시에도 형광등(광원)과 축전지에 전원을 동시에 공급하는 형태이다. 그러나 3선식 축전지에는 계속 전원을 공급하고 형광등(광원)은 특별한 경우에 전원이 공급되도록 3선으로 배선하는 방식이다.

(1) 2선식 유도등

2선식 유도등은 유도등에 2선이 인입되는 방식으로 형광등(광원)과 축전지에 동시에 전원이 공급된다. 그러므로 평상시에도 형광등이 점등되어 있고, 회로도는 그림 1-5-15와 같이 나타낸다.

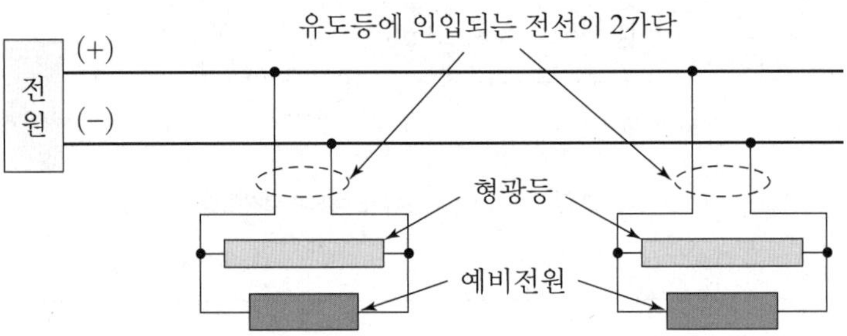

■ 그림 1-5-15 2선식 유도등의 배선

(2) 3선식 유도등

3선식 유도등은 형광등(광원)에 공급되는 전원의 선로와 축전지에 공급되는 전원을 분리하여 구성하는 방식으로 평상시 형광등에는 전원이 공급되지 않고 일정한 경우에만 전원이 공급되는 방식으로 되어 있으며, 그림 1-5-16과 같이 나타낸다. 따라서 3선식 유도등은 평상시에는 점등되지 않으며, 3선식 유도등은 다음의 경우에 점등되어야 한다.

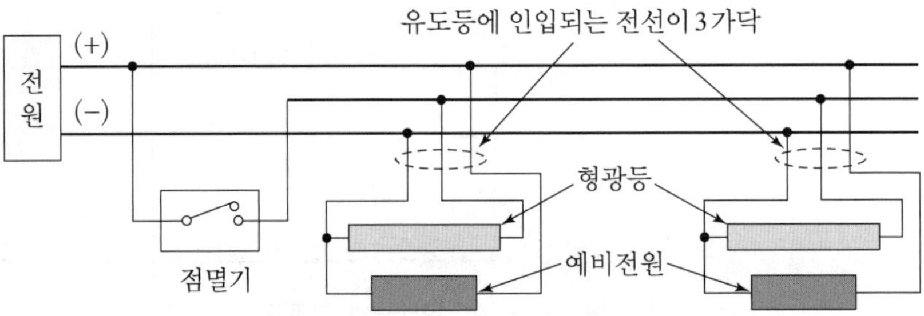

■ 그림 1-5-16 3선식 유도등의 배선

① 자동화재탐지설비의 감지기 또는 발신기가 작동될 때
② 비상경보설비의 발신기가 작동될 때
③ 상용전원이 정전되거나 전원선이 단선될 때
④ 방재 업무를 통제하는 곳 또는 전기실의 배전반에 수동으로 점등될 때
⑤ 자동소화설비가 작동될 때

(3) 작동 점검방법

① 유도등의 점등이 안 되었을 때
가. 2선식에서는 형광등(광원)이나 배선에 이상이 있는 것이다.
나. 3선식의 유도등은 평상시 점등되지 않는 것이 정상이며, 수동으로 작동시켰을 경우에는 점등되어야 한다.
② 자동 복귀형 점멸기를 작동시켰을 때 2선식, 3선식 모두 점등되어야 한다. 점등되지 않으면 이상이 있는 것이다.
③ 축전지(예비전원) 감시등은 축전지가 정상일 때 소등되어 있으며 축전지 감시등이 점등되어 있다면 축전지의 접촉 불량, 비상전원용 퓨즈의 단선, 축전지의 미설치 등의 이상이 있는 것으로 볼 수 있다.

5. 설치·관리기준의 특례

소방본부장 또는 소방서장은 기존건축물이 증축, 개축, 대수선되거나 용도변경 되는 경우에 있어서 이 기준이 정하는 기준에 따라 해당 건축물에 설치해야 할 유도등과 유도표지 및 피난유도선의 배관, 배선 등의 공사가 현저하게 곤란하다고 인정되는 경우에는 해당 설비의 기능 및 사용에 지장이 없는 범위 안에서 이 기준 일부를 적용하지 않을 수 있다.

6. 재검토 기한

소방청장은 「훈령·예규 등의 발령 및 관리에 관한 규정」에 따라 이 고시에 대하여 2023년 1월 1일을 기준으로 매 3년이 되는 시점(매 3년째의 12월 31일까지를 말한다)마다 그 타당성을 검토하여 개선 등의 조치를 해야 한다.

연습문제

문제 01 피난 설비로 사용되는 유도등 및 유도표지는 화재가 발생되었을 때 긴급 대피 방향을 안내하기 위한 설비로서 유도등은 전원을 이용하는 것으로 정상 상태에서는 (   )에 따라 켜지고, 정전되는 경우에는 (   )으로 자동전환되어 켜지는 등을 말한다.

풀이 상용전원, 비상전원

문제 02 (   )은 화재가 발생했을 때 피난을 유도하기 위한 등으로서 정상 상태에서는 상용전원에 따라 켜지고 상용전원이 정전되는 경우에는 비상전원으로 자동전환되어 켜지는 등을 말한다.

풀이 유도등

문제 03 (   )은 피난구 또는 피난 경로로 사용되는 출입구를 표시하여 피난을 유도하는 등을 말한다.

풀이 피난구 유도등

문제 04 피난구 유도등의 설치 장소 및 기준에 대해서 적절한 내용을 빈칸에 넣으시오.

① 옥내로부터 직접 (   )으로 통하는 출입구 및 그 부속실의 출입구
② 직통 계단, 직통 계단의 (   ) 및 그 부속실의 출입구
③ '①' 및 '②'에서 정한 출입구에 이르는 복도 또는 통로로 통하는 (   )
④ 안전 구획된 (   )로 통하는 출입구
⑤ 피난구 유도등은 피난구의 바닥으로부터 높이 (   ) [m] 이상의 곳에 설치해야 한다.

풀이 지상, 계단실, 출입구, 거실, 1.5

문제 **05** 피난구 유도등의 설치제외장소에 대해서 적절한 내용을 빈칸에 넣으시오.

① 바닥면적이 ( ) [m^2] 미만인 층으로서 옥내로부터 직접 지상으로 통하는 출입구
② 거실 각 부분으로부터 쉽게 도달할 수 있는 ( )
③ 거실 각 부분으로부터 하나의 출입구에 이르는 보행거리가 ( ) [m] 이하이고 비상조명등과 유도표지가 설치된 거실의 출입구
④ 출입구가 ( )개소 이상 있는 거실로서 그 거실 각 부분으로부터 하나의 출입구에 이르는 보행거리가 30 [m] 이하인 경우에는 주된 출입구 ( )개소 외의 출입구. 다만, 공연장, 집회장, 관람장, 판매시설, 숙박시설, 노유자 시설, 의료시설 및 전시시설의 경우에는 그렇지 않다.

풀이 1,000, 출입구, 20, 3, 2

문제 **06** 특정소방대상물의 각 거실과 그로부터 지상에 이르는 복도 또는 계단의 통로에 설치하는 복도 통로 유도등의 기준에 대해서 논하시오.

풀이 ① 복도에 설치할 것
② 구부러진 모퉁이 및 보행거리 20 [m]마다 설치할 것
③ 바닥으로부터 1 [m] 이하의 위치에 설치할 것
④ 바닥에 설치하는 통로 유도등은 하중에 따라 파괴되지 않는 강도의 것으로 할 것

문제 **07** 특정소방대상물의 각 거실과 그로부터 지상에 이르는 복도 또는 계단의 통로에 설치하는 거실 통로 유도등의 기준에 대해서 논하시오.

풀이 ① 거실의 통로에 설치할 것. 다만, 거실의 통로가 벽체 등으로 구획된 경우에는 복도통로 유도등을 설치해야 한다.
② 구부러진 모퉁이 및 보행거리 20 [m]마다 설치할 것
③ 바닥으로부터 높이 1.5 [m] 이상의 위치에 설치할 것

문제 **08** 특정소방대상물의 각 거실과 그로부터 지상에 이르는 복도 또는 계단의 통로에 설치하는 계단 통로 유도등의 기준에 대해서 논하시오.

풀이 ① 각층의 경사로 참 또는 계단참마다(1개 층에 경사로참 또는 계단참이 2 이상 있는 경우에는 2개의 계단참마다) 설치할 것
② 바닥으로부터 높이 1 [m] 이하의 위치에 설치할 것

문제 **09** 피난구 유도등의 조도는 통로 유도등의 바로 밑의 바닥으로부터 수평으로 ( ) [m] 떨어진 지점에서 측정하여 ( ) [lx] 이상이며, 바닥에 매설한 것에 있어서는 통로 유도등의 직상부 1 [m]의 높이에서 측정하여 1 [lx] 이상이다. 또한 통로 유도등은 백색 바탕에 ( )으로 피난 방향을 표시한 등으로 할 것. 다만, 계단에 설치하는 것에 있어서는 피난의 방향을 표시하지 않을 수 있다.

풀이 0.5, 1, 녹색

문제 **10** 건물에 설치되는 통로 유도등의 설치제외장소는 구부러지지 아니한 복도 또는 통로로서 길이가 ( ) [m] 미만인 복도 또는 통로, 복도 또는 통로로서 보행거리가 ( ) [m] 미만이고 그 복도 또는 통로와 연결된 출입구 또는 그 부속실의 출입구에 피난구 유도등이 설치된 복도 또는 통로이다.

풀이 30, 20

문제 **11** 건물에 설치되는 객석 유도등의 설치제외장소는 ( )에만 사용하는 장소로서 채광이 충분한 객석, 거실 등의 각 부분으로부터 하나의 거실 출입구에 이르는 보행거리가 ( ) [m] 이하인 객석의 통로로서 그 통로에 통로 유도등이 설치된 객석 등이다.

풀이 주간, 20

문제 **12** 객석 내의 통로가 경사로 또는 수평으로 되어 있는 부분에 설치되는 유도등은 통로바닥의 중심선 0.5 [m]의 높이에서 측정하여 0.2 [lx] 이상의 조도가 유지되어야 한다. 통로 유도등을 산출하는 식을 제시하시오.

풀이 $$\text{설치개수} = \frac{\text{객석 통로의 직선부분의 길이 [m]}}{4} - 1$$

문제 **13** 다음은 유도표지의 설치기준에 대한 내용이다. 빈칸에 적절한 내용을 제시하시오.

① 계단에 설치하는 것을 제외하고는 각 층마다 복도 및 통로의 각 부분으로부터 하나의 유도표지까지의 보행거리가 ( ) [m] 이하가 되는 곳과 구부러진 모퉁이의 벽

에 설치할 것
② 피난구 유도표지는 출입구 상단에 설치하고, 통로 유도표지는 바닥으로부터 높이 (　　) [m] 이하의 위치에 설치할 것
③ 주위에는 이와 (　　) 등화, 광고물, 게시물 등을 설치하지 않을 것
④ 유도표지는 (　　) 등을 사용하여 쉽게 떨어지지 않도록 설치할 것

풀이 15, 1, 유사한, 부착판

문제 14 유도표지는 주위 조도 0 [lx]에서 (　　)분간 발광 후 직선거리 20 [m] 떨어진 위치에서 보통시력으로 유도표지가 있다는 것이 식별되어야 하고 (　　) [m] 거리에서 표시면의 문자 또는 화살표 등을 쉽게 식별할 수 있는 것으로 할 것

풀이 60, 3

문제 15 유도표지의 설치제외장소는 다음과 같다. 빈칸에 적절한 내용을 제시하시오.

① 유도등이 설치된 출입구, 복도, 계단 및 통로
② 바닥면적이 (　　) [m^2] 미만인 층으로서 옥내로부터 직접 지상으로 통하는 출입구
③ 거실 각 부분으로부터 쉽게 도달할 수 있는 (　　)
④ 구부러지지 아니한 복도 또는 통로로서 길이가 (　　) [m] 미만인 복도 또는 통로
⑤ '④'에 해당하지 않는 복도 또는 통로로서 보행거리가 (　　) [m] 미만이고 그 복도 또는 통로와 연결된 출입구 또는 그 부속실의 출입구에 피난구 유도등이 설치된 복도 또는 통로

풀이 1,000, 출입구, 30, 20

문제 16 유도등의 전원은 (　　) 또는 교류 전압의 옥내 간선으로 하고, 전원까지의 배선은 (　　)으로 해야 한다.

풀이 축전지, 전용

문제 17 유도등의 비상전원은 다음의 기준에 적합하게 설치해야 한다.

① 축전지로 할 것
② 유도등은 (　　)분 이상 유효하게 작동시킬 수 있는 용량의 것으로 할 것. 다만, 다

음 각 목의 특정소방대상물의 경우에는 피난층에 이르는 부분의 유도등을 (　　)분 이상 유효하게 작동시킬 수 있는 용량으로 해야 한다.

가. 지하층을 제외한 층수가 (　　)층 이상의 층

나. 지하층 또는 무창층의 용도가 도매시장, 소매시장, 여객 자동차 터미널, 지하역사 또는 지하상가

풀이 20, 60, 11

문제 **18** 유도등의 배선 기준에서 유도등의 인입선과 옥내 배선은 (　　) 연결할 것. 유도등은 전기 회로에 점멸기를 설치하지 않고 항상 (　　) 상태를 유지할 것. 다만, 특정소방대상물 또는 그 부분에 사람이 없거나 3선식 배선에 따라 상시 충전되는 구조인 경우에는 그렇지 않다.

풀이 직접, 점등

문제 **19** 축광방식에 설치하는 피난유도선에 대한 설명이 적절하도록 빈칸을 채우시오.

① 구획된 각 실로부터 주출입구 또는 (　　)까지 설치할 것

② 바닥으로부터 높이 (　　) [cm] 이하의 위치 또는 바닥면에 설치할 것

③ 피난유도 표시부는 (　　) [cm] 이내의 간격으로 연속되도록 설치할 것

④ (　　)에 의하여 견고하게 설치할 것

⑤ 외광 또는 조명장치에 의하여 상시 조명이 제공되거나 (　　)에 의한 조명이 제공되도록 할 것

풀이 비상구, 50, 50, 부착대, 비상조명등

문제 **20** 3선식 배선에 따라 상시 충전되는 유도등이 점등될 때를 나타낸 것이다.

① 자동화재탐지설비의 (　　) 또는 발신기가 작동될 때

② 비상경보설비의 (　　)가 작동될 때

③ 상용전원이 (　　)되거나 전원선이 단선될 때

④ 방재 업무를 통제하는 곳 또는 전기실의 배전반에서 (　　)으로 점등될 때

⑤ 자동소화설비가 (　　)될 때

풀이 감지기, 발신기, 정전, 수동, 작동

문제 **21** 유도등의 작동 점검방법에서 유도등의 점등이 안 되었을 때는 2선식에서는 형광등이나 (　　)에 이상이 있는 것이다. 그리고 3선식은 유도등이 평상시 점등되지 않는 것이 정상이며, 수동으로 작동시켰을 경우에는 (　　)되어야 한다.

풀이 배선, 점등

Chapter 06

비상조명등 및 휴대용 비상조명등

1. 개요

비상조명등(非常照明燈, emergency lighting)은 화재 발생 등에 따른 정전 시에 안전하고 원활한 피난 활동을 할 수 있도록 거실 및 피난 통로 등에 설치되어 자동 점등되는 조명등을 말하며, 휴대용 비상조명등(携帶用 非常照明燈, portable emergency lighting)은 화재 발생 등으로 인한 정전 시 피난자가 휴대할 수 있는 조명등을 말한다.

① "비상조명등"이란 화재 발생 등에 따른 정전 시에 안전하고 원활한 피난 활동을 할 수 있도록 거실 및 피난 통로에 설치되어 자동 점등되는 조명등을 말한다.

② "휴대용 비상조명등"이란 화재 발생 등으로 정전시 안전하고 원활한 피난을 위하여 피난자가 휴대할 수 있는 조명등을 말한다.

그림 1-6-1은 비상조명등의 종류 및 예비전원의 형태를 나타낸 것이며, 그림 1-6-2는 상용전원을 이용한 비상조명등의 연결을 나타낸다.

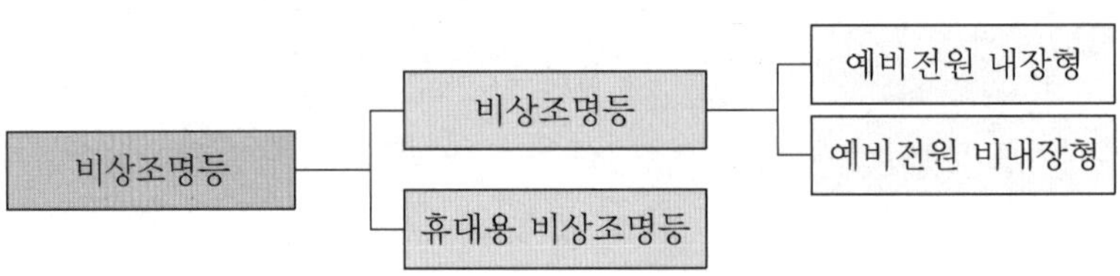

■ 그림 1-6-1 비상조명등의 종류

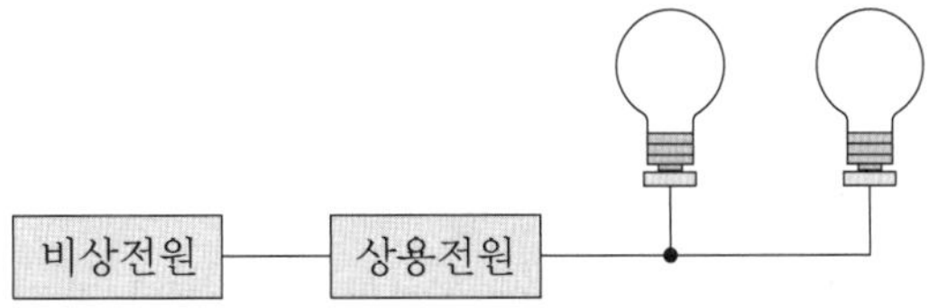

■ 그림 1-6-2 상용전원을 이용한 비상조명등의 연결

2. 비상조명등 설치 및 제외 대상

2.1 설치대상

비상조명등을 설치해야 하는 특정소방대상물(창고시설 중 창고 및 하역장, 위험물 저장 및 처리 시설 중 가스시설 및 사람이 거주하지 않거나 벽이 없는 축사 등 동물 및 식물 관련 시설은 제외한다)은 다음의 어느 하나에 해당하는 것으로 한다.

① 지하층을 포함하는 층수가 5층 이상인 건축물로서 연면적 3,000 [m^2] 이상인 경우에는 모든 층

② ①에 해당하지 않는 특정소방대상물로서 그 지하층 또는 무창층의 바닥면적이 450 [m^2] 이상인 경우에는 해당 층

③ 지하가 중 터널로서 그 길이가 500 [m] 이상인 것

2.2 면제기준

비상조명등을 설치해야 하는 특정소방대상물에 피난구유도등 또는 통로유도등을 화재안전기준에 적합하게 설치한 경우에는 그 유도등의 유효범위(유도등의 조도가 바닥에서 1 [lx] 이상이 되는 부분)에서 설치가 면제된다.

2.3 비상조명등의 설치기준

(1) 설치위치

특정소방대상물의 각 거실과 그로부터 지상에 이르는 복도, 계단 및 그 밖의 통로에 설치할 것

(2) 조도

조도는 비상조명등이 설치된 장소의 각 부분의 바닥에서 1 [lx] 이상이 되도록 할 것

(3) 축전지

예비전원을 내장하는 비상조명등에는 평상시 점등 여부를 확인할 수 있는 점검스위치를 설치하고 해당 조명등을 유효하게 작동시킬 수 있는 용량의 축전지와 예비전원 충전장치를 내장할 것

(4) **예비전원을 내장하지 않은 비상조명등의 비상전원**은 자가발전설비, 축전지설비 또는 전기저장장치(외부 전기에너지를 저장해 두었다가 필요한 때 전기를 공급하는 장치)를 다음의 기준에 따라 설치해야 한다.

① 점검에 편리하고 화재 및 침수 등의 재해로 인한 피해를 받을 우려가 없는 곳에 설치할 것

② 상용전원으로부터 전력의 공급이 중단된 때에는 자동으로 비상전원으로부터 전력을 공급받을 수 있도록 할 것

③ 비상전원의 설치장소는 다른 장소와 방화구획 할 것. 이 경우 그 장소에는 비상전원의 공급에 필요한 기구나 설비 외의 것(열병합발전설비에 필요한 기구나 설비는 제외한다)을 두어서는 안 된다.

④ 비상전원을 실내에 설치하는 때에는 그 실내에 비상조명등을 설치할 것

(5) 비상전원의 작동시간

(3)과 (4)에 따른 예비전원과 비상전원은 비상조명등을 20분 이상 유효하게 작동시킬 수 있는 용량으로 할 것. 다만, 다음의 특정소방대상물의 경우에는 그 부분에서 피난층에 이르는 부분의 비상조명등을 60분 이상 유효하게 작동시킬 수 있는 용량으로 해야 한다.

① 지하층을 제외한 층수가 11층 이상의 층

② 지하층 또는 무창층으로서 용도가 도매시장, 소매시장, 여객자동차터미널, 지하역사 또는 지하상가

2.4 비상조명등의 제외

거실의 각 부분으로부터 하나의 출입구에 이르는 보행거리가 15 [m] 이내인 부분 또는 의원, 경기장, 공동주택, 의료시설, 학교의 거실 등의 경우에는 비상조명등을 설치하지 않을 수 있다.

3. 비상조명등의 스위치 및 표시등

비상조명등은 교류전원 표시등, 예비전원 감시등 및 자동 복귀형 점멸기 등으로 구성되어 있고, 그림 1-6-3은 비상조명등의 주요 명칭을 나타낸다.

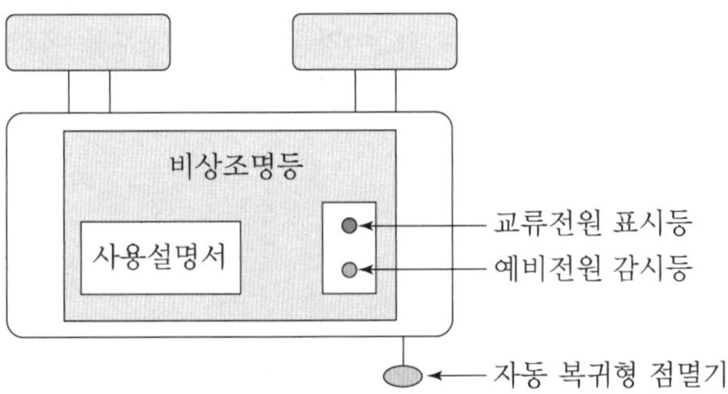

■ 그림 1-6-3 비상조명등의 표시등 및 스위치

(1) 교류전원 표시등

교류전원의 공급 상태를 표시하는 등으로서 공급시 점등되어 있다.

(2) 예비전원 감시등

예비전원의 상태를 표시하는 등으로 예비전원에 이상이 있으면 점등된다.

(3) 자동 복귀형 점멸기

상용전원에서 예비전원으로 전환되는지를 확인하는 스위치로서 끈을 잡아당기면 교류전원 표시등이 소등되고 조명등이 점등되어야 한다. 그리고 끈을 놓으면 원상태로 복귀해야 한다.

4. 휴대용 비상조명등

4.1 설치대상

① 숙박시설
② 수용인원 100명 이상의 영화상영관, 판매시설 중 대규모점포, 철도 및 도시철도 시설 중 지하역사, 지하가 중 지하상가

4.2 제외부분

지상 1층 또는 피난층으로서 복도, 통로 또는 창문 등의 개구부를 통하여 피난이 용이한 경우 숙박시설로서 복도에 비상조명등을 설치한 경우에는 휴대용 비상조명등을 설치하지 않을 수 있다.

4.3 설치기준

① 숙박시설 또는 다중이용업소에는 객실 또는 영업장 안의 구획된 실마다 잘 보이는 곳(외부에 설치 시 출입문 손잡이로부터 1 [m] 이내 부분)에 1개 이상 설치할 것
② 대규모점포(지하상가 및 지하역사는 제외)와 영화상영관에는 보행거리 50 [m] 이내마다 3개 이상 설치할 것
③ 지하상가 및 지하역사에는 보행거리 25 [m] 이내마다 3개 이상 설치할 것
④ 설치높이는 바닥으로부터 0.8 [m] 이상 1.5 [m] 이하의 높이에 설치할 것
⑤ 어둠속에서 위치를 확인할 수 있도록 할 것
⑥ 사용 시 자동으로 점등되는 구조일 것
⑦ 외함은 난연성능이 있을 것
⑧ 건전지를 사용하는 경우에는 방전 방지조치를 해야 하고, 충전식 배터리의 경우에는 상시 충전되도록 할 것
⑨ 건전지 및 충전식 배터리의 용량은 20분 이상 유효하게 사용할 수 있는 것으로 할 것

5. 설치·관리기준의 특례

소방본부장 또는 소방서장은 기존건축물이 증축, 개축, 대수선되거나 용도변경 되는 경우에 있어서 이 기준이 정하는 기준에 따라 해당 건축물에 설치해야 할 비상조명등의 배관, 배선 등의 공사가 현저하게 곤란하다고 인정되는 경우에는 해당 설비의 기능 및 사용에 지장이 없는 범위 안에서 이 기준 일부를 적용하지 않을 수 있다.

6. 재검토 기한

소방청장은「훈령·예규 등의 발령 및 관리에 관한 규정」에 따라 이 고시에 대하여 2023년 1월 1일을 기준으로 매 3년이 되는 시점(매 3년째의 12월 31일까지를 말한다)마다 그 타당성을 검토하여 개선 등의 조치를 해야 한다.

연습문제

문제 01 비상조명등은 화재 발생 등에 따른 정전 시에 안전하고 원활한 (　　)을 할 수 있도록 거실 및 피난 통로 등에 설치되어 자동 점등되는 조명등을 말하며, 휴대용 비상조명등은 (　　) 등으로 인한 정전 시 피난자가 휴대할 수 있는 조명등을 말한다.

풀이 피난 활동, 화재 발생

문제 02 (　　)은 화재 발생 등에 따른 정전 시에 안전하고 원활한 피난 활동을 할 수 있도록 거실 및 피난 통로 등에 설치되어 자동 점등되는 조명등을 말한다.

풀이 비상조명등

문제 03 (　　)은 화재 발생 등으로 정전 시 안전하고 원활한 피난을 위하여 피난자가 휴대할 수 있는 조명등을 말한다.

풀이 휴대용 비상조명등

문제 04 비상조명등의 설치대상은 지하층을 포함한 층수가 (　　)층 이상인 건축물로서 연면적 3,000 [m^2] 이상 또는 지하가 중 터널로서 길이가 (　　) [m] 이상에 설치한다.

풀이 5, 500

문제 05 비상조명등의 설치 제외 대상은 거실의 각 부분으로부터 하나의 출입구에 이르는 보행거리가 (　　) [m] 이내인 부분 및 의원, 경기장, 공동주택, 의료시설, 학교의 거실 등이다.

풀이 15

문제 06 비상조명등의 조도는 비상조명등이 설치된 장소의 각 부분의 바닥에서 (　　) [lx] 이상이며, 예비전원을 내장하는 비상조명등에는 평상시 점등 여부를 확인할 수 있는 점검스위치를 설치하고 해당 조명등을 유효하게 작동시킬 수 있는 용량의 (　　)와 예비전원 충전장치를 내장해야 한다.

풀이 1, 축전지

문제 07 예비전원을 내장하지 않은 비상조명등의 비상전원의 요구사항에 대해서 논하시오.

풀이 ① 점검이 편리하고 화재 및 침수 등의 재해로 인한 피해를 받을 우려가 없는 곳에 설치할 것

② 상용전원으로부터 전력의 공급이 중단된 때에는 자동으로 비상전원으로부터 전력을 공급받을 수 있도록 할 것

③ 비상전원의 설치장소는 다른 장소와 방화구획 할 것. 이 경우 그 장소에는 비상전원의 공급에 필요한 기구나 설비 외의 것(열병합발전설비에 필요한 기구나 설비는 제외)을 두어서는 안 된다.

④ 비상전원을 실내에 설치하는 때에는 그 실내에 비상조명등을 설치할 것

문제 08 비상조명등의 비상전원은 비상조명등을 (　　)분 이상 유효하게 작동시킬 수 있는 용량으로 할 것. 다만, 지하층을 제외한 층수가 11층 이상의 특정소방대상물의 경우에는 그 부분에서 피난층에 이르는 부분의 비상조명등을 (　　)분 이상 유효하게 작동시킬 수 있는 용량으로 해야 한다.

풀이 20, 60

문제 09 휴대용 비상조명등의 설치대상은 숙박시설 및 수용인원 (　　)명 이상의 영화상영관, 판매시설 중 대규모점포, 철도 및 도시철도 시설 중 지하역사, 지하가 중 지하상가 등이다.

풀이 100

문제 **10** 휴대용 비상조명등의 설치기준은 다음과 같다. 빈칸에 적절한 내용을 채우시오.

① 숙박시설 또는 다중이용업소에는 객실 또는 영업장 안의 구획된 실마다 잘 보이는 곳(외부에 설치 시 출입문 손잡이로부터 1 [m] 이내 부분)에 (　　)개 이상 설치할 것
② 대규모점포(지하상가 및 지하역사는 제외)와 영화상영관에는 보행거리 50 [m] 이내마다 (　　)개 이상 설치할 것
③ 지하상가 및 지하역사에는 보행거리 25 [m] 이내마다 (　　)개 이상 설치할 것
④ 설치높이는 바닥으로부터 (　　) [m] 이상 1.5 [m] 이하의 높이에 설치할 것
⑤ 어둠속에서 위치를 확인할 수 있도록 할 것
⑥ 사용 시 자동으로 (　　)되는 구조일 것
⑦ (　　)은 난연성능이 있을 것
⑧ 건전지를 사용하는 경우에는 (　　)를 해야 하고, 충전식 배터리의 경우에는 상시 충전되도록 할 것
⑨ 건전지 및 충전식 배터리의 용량은 (　　)분 이상 유효하게 사용할 수 있는 것으로 할 것

풀이 1, 3, 3, 0.8, 점등, 외함, 방전 방지조치, 20

Chapter 07

비상콘센트설비

1. 개요

화재가 발생하면 건물 내의 전원이 대부분 차단되므로 출동한 소방대의 소화활동 장비에 전원을 공급하기 위해서 이동용 자가용 발전기를 사용하거나 외부로부터 전선 릴(cord reel)을 이용하여 전원을 사용해야 하는데 건물 내부로 접근이 용이치 않은 고층건물이나 지하층은 전원 공급에 많은 어려움이 있다.

그래서 일정한 규모 이상의 건물에는 화재 발생 시 소화활동에 필요한 전원을 전용으로 공급받을 수 있는 설비를 설치하도록 하고 있는데 이를 비상콘센트(emergency outlet)설비라고 한다. 이 설비는 일반전원이 차단되더라도 비상콘센트에 공급되는 전원에 영향을 최소화 할 수 있도록 분기하여 전원에서 비상콘센트까지는 전용 배선으로 하고, 배선은 내화배선과 내열배선으로 설치하도록 하고 있다.

① "비상전원"이란 상용전원으로부터 전력의 공급이 중단된 때에는 자동으로 공급되는 전원을 말한다.

② "비상콘센트설비"란 화재 시 소화활동 등에 필요한 전원을 전용회선으로 공급하는 설비를 말한다.

③ "인입개폐기"란 「전기설비기술기준의 판단기준」 제169조에 따른 것을 말한다.

④ "저압"이란 직류는 1.5 [kV] 이하, 교류는 1 [kV] 이하인 것을 말한다.

⑤ "고압"이란 직류는 1.5 [kV], 교류는 1 [kV]를 초과하고, 7 [kV] 이하인 것을 말한다.

⑥ "특고압"이란 7 [kV]를 초과하는 것을 말한다.

⑦ "변전소"란 변전소의 밖으로부터 전송받은 전기를 변전소 안에 시설한 변압기·전동발전기·회전변류기·정류기 그 밖의 기계기구에 의하여 변성하는 곳으로서 변성한 전기를 다

시 변전소 밖으로 전송하는 곳을 말한다.

2. 비상콘센트의 설치대상

비상콘센트설비를 설치해야 하는 특정소방대상물(위험물 저장 및 처리 시설 중 가스시설 및 지하구는 제외)은 다음의 어느 하나에 해당하는 것으로 한다.

① 층수가 11층 이상인 특정소방대상물의 경우에는 11층 이상의 층

② 지하층의 층수가 3층 이상이고, 지하층의 바닥면적의 합계가 1,000 [m^2] 이상인 것은 지하층의 모든 층

③ 지하가 중 터널로서 길이가 500 [m] 이상인 것

3. 비상콘센트의 구성

비상콘센트설비는 전원, 배선, 콘센트, 보호함 등으로 구성되어 있다. 그림 1-7-1은 비상콘센트설비의 구성도를 나타낸 것이며, 그림 1-7-2는 비상콘센트설비의 배선도를 나타낸다.

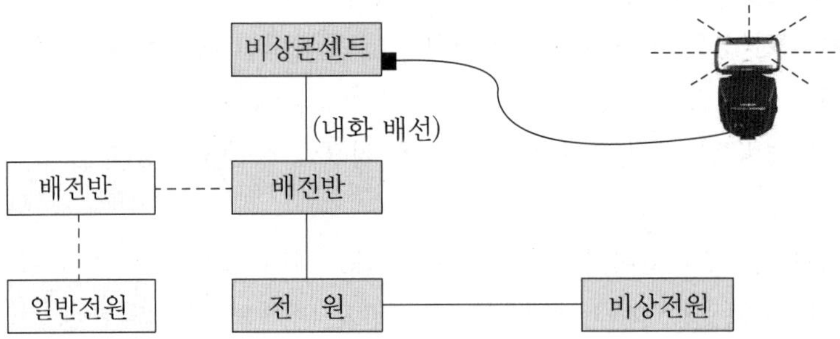

■ 그림 1-7-1 비상콘센트설비의 구성도

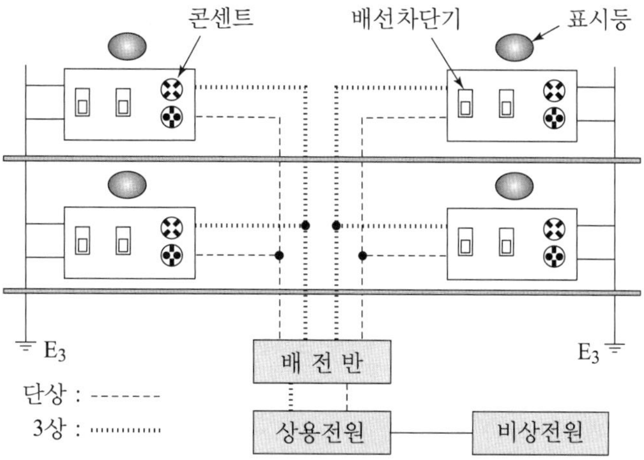

■ **그림 1-7-2** 비상콘센트설비의 배선도

그림 1-7-3은 고층건물에 설치되는 비상콘센트설비의 단선 결선도를 나타낸 것이다. 비상콘센트 함에 단상 및 3상 콘센트를 수납하도록 되어 있다. 그림 1-7-4는 내장형 비상콘센트 보호함의 개략도를 나타낸다.

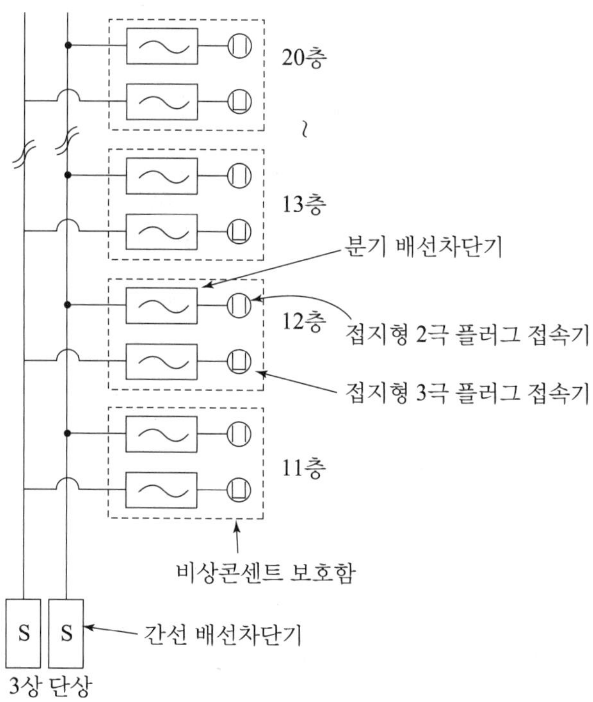

■ **그림 1-7-3** 고층건물에 설치된 비상콘센트설비의 단선 결선도

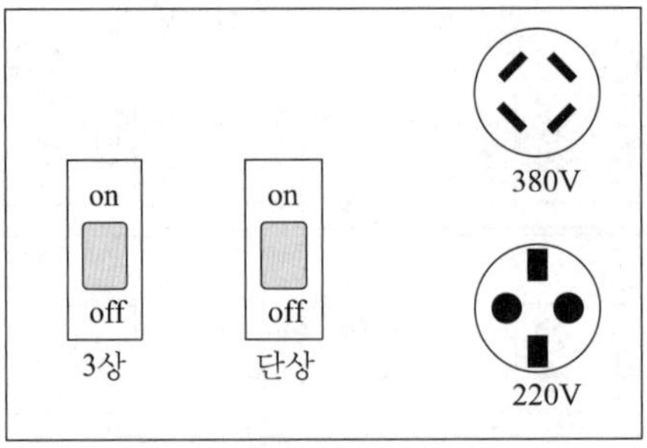

■ 그림 1-7-4 비상콘센트의 보호함

4. 비상콘센트의 설치기준

4.1 전원

비상콘센트설비에는 다음의 기준에 따른 전원을 설치해야 한다.

① 상용전원회로의 배선은 저압수전인 경우에는 인입개폐기의 직후에서, 고압수전 또는 특고압수전인 경우에는 전력용 변압기 2차측의 주차단기 1차측 또는 2차측에서 분기하여 전용배선으로 할 것

② 지하층을 제외한 층수가 7층 이상으로서 연면적이 2,000 [m^2] 이상이거나 지하층의 바닥면적의 합계가 3,000 [m^2] 이상인 특정소방대상물의 비상콘센트설비에는 자가발전설비, 비상전원수전설비, 축전지설비 또는 전기저장장치(외부 전기에너지를 저장해 두었다가 필요한 때 전기를 공급하는 장치를 말한다)를 비상전원으로 설치할 것. 다만, 2 이상의 변전소에서 전력을 동시에 공급받을 수 있거나 하나의 변전소로부터 전력의 공급이 중단되는 때에는 자동으로 다른 변전소로부터 전력을 공급받을 수 있도록 상용전원을 설치한 경우에는 비상전원을 설치하지 않을 수 있다.

③ ②에 따른 비상전원 중 자가발전설비, 축전지설비 또는 전기저장장치는 다음 기준에 따라 설치하고, 비상전원수전설비는 「소방시설용 비상전원수전설비의 화재안전기술기준(NFTC 602)」에 따라 설치할 것

가. 점검에 편리하고 화재 및 침수 등의 재해로 인한 피해를 받을 우려가 없는 곳에 설치할 것

나. 비상콘센트설비를 유효하게 20분 이상 작동시킬 수 있는 용량으로 할 것

다. 상용전원으로부터 전력의 공급이 중단된 때에는 자동으로 비상전원으로부터 전력을 공급받을 수 있도록 할 것

라. 비상전원의 설치장소는 다른 장소와 방화구획 할 것. 이 경우 그 장소에는 비상전원의 공급에 필요한 기구나 설비 외의 것(열병합발전설비에 필요한 기구나 설비는 제외한다)을 두어서는 안 된다.

마. 비상전원을 실내에 설치하는 때에는 그 실내에 비상조명등을 설치할 것

4.2 전원회로

비상콘센트설비의 전원회로(비상콘센트에 전력을 공급하는 회로를 말한다)는 다음의 기준에 따라 설치해야 한다.

① 비상콘센트설비의 전원회로는 3상 교류 220 [V] 또는 380 [V]인 것과 단상교류 110 [V] 또는 220 [V]인 것으로서, 그 공급용량은 3상 교류인 경우 3 [kVA] 이상인 것과 단상교류인 경우 1.5 [kVA] 이상인 것으로 할 것

② 전원회로는 각 층에 2 이상이 되도록 설치할 것. 다만, 설치해야 할 층의 비상콘센트가 1개인 때에는 하나의 회로로 할 수 있다.

③ 전원회로는 주배전반에서 전용회로로 할 것. 다만, 다른 설비회로의 사고에 따른 영향을 받지 않도록 되어 있는 것은 그렇지 않다.

④ 전원으로부터 각 층의 비상콘센트에 분기되는 경우에는 분기배선용 차단기를 보호함 안에 설치할 것

⑤ 콘센트마다 배선용 차단기(KS C 8321)를 설치해야 하며, 충전부가 노출되지 않도록 할 것

⑥ 개폐기에는 "비상콘센트"라고 표시한 표지를 할 것

⑦ 비상콘센트용의 풀박스 등은 방청도장을 한 것으로서, 두께 1.6 [mm] 이상의 철판으로 할 것

⑧ 하나의 전용회로에 설치하는 비상콘센트는 10개 이하로 할 것. 이 경우 전선의 용량은 각 비상콘센트(비상콘센트가 3개 이상인 경우에는 3개)의 공급용량을 합한 용량 이상의 것으로 해야 한다.

4.3 플러그접속기

플러그접속기는 다음과 같이 설치해야 한다.

① 비상콘센트의 플러그접속기는 3상 교류 220 [V] 또는 380 [V]의 것에 있어서는 접지형 3극 플러그접속기(KS C 8305)를, 단상교류 110 [V] 또는 220 [V]의 것에 있어서는 접지형 2극 플러그접속기(KS C 8305)를 사용해야 한다.

② 비상콘센트의 플러그접속기의 칼받이의 접지극에는 접지공사를 해야 한다.

4.4 비상콘센트의 배치 및 위치

비상콘센트는 다음의 기준에 따라 설치해야 한다.

① 바닥으로부터 높이 0.8 [m] 이상 1.5 [m] 이하의 위치에 설치할 것

② 비상콘센트의 배치는 아파트 또는 바닥면적이 1,000 [m^2] 미만인 층은 계단의 출입구(계단의 부속실을 포함하며 계단이 2 이상 있는 경우에는 그 중 1개의 계단을 말한다)로부터 5 [m] 이내에, 바닥면적 1,000 [m^2] 이상인 층(아파트는 제외한다)은 각 계단의 출입구 또는 계단 부속실의 출입구(계단의 부속실을 포함하며 계단이 3 이상 있는 층의 경우에는 그 중 2개의 계단을 말한다)로부터 5 [m] 이내에 설치하되, 그 비상콘센트로부터 그 층의 각 부분까지의 거리가 다음의 기준을 초과하는 경우에는 그 기준 이하가 되도록 비상콘센트를 추가하여 설치할 것

가. 지하상가 또는 지하층의 바닥면적의 합계가 3,000 [m^2] 이상인 것은 수평거리 25 [m]

나. '가.'에 해당하지 않는 것은 수평거리 50 [m]

4.5 절연저항 및 절연내력

비상콘센트설비의 전원부와 외함 사이의 절연저항 및 절연내력은 다음의 기준에 적합해야 한다.

① 절연저항은 전원부와 외함 사이를 500 [V] 절연저항계로 측정할 때 20 [MΩ] 이상일 것

② 절연내력은 전원부와 외함 사이에 정격전압이 150 [V] 이하인 경우에는 1,000 [V]의 실효전압을, 정격전압이 150 [V] 이상인 경우에는 그 정격전압에 2를 곱하여 1,000을 더한 실효전압을 가하는 시험에서 1분 이상 견디는 것으로 할 것

4.6 비상콘센트의 보호함

비상콘센트를 보호하기 위한 비상콘센트의 보호함은 다음의 기준에 따라 설치해야 한다.

① 보호함에는 쉽게 개폐할 수 있는 문을 설치할 것

② 보호함 표면에 "비상콘센트"라고 표시한 표지를 할 것

③ 보호함 상부에 적색의 표시등을 설치할 것. 다만, 비상콘센트의 보호함을 옥내소화전함 등과 접속하여 설치하는 경우에는 옥내소화전함 등의 표시등과 겸용할 수 있다.

4.7 비상콘센트설비의 배선

비상콘센트설비의 배선은 「전기사업법」 제67조에 따른 「전기설비기술기준」에서 정하는 것 외에 다음의 기준에 따라 설치해야 한다.

① 전원회로의 배선은 내화배선으로, 그 밖의 배선은 내화배선 또는 내열배선으로 할 것

② ①에 따른 내화배선 및 내열배선에 사용하는 전선의 종류 및 설치방법은 「옥내소화전설비의 화재안전기술기준(NFTC 102)」 2.7.2의 표 2.7.2 기준에 따를 것

5. 설치·관리기준의 특례

소방본부장 또는 소방서장은 기존건축물이 증축, 개축, 대수선되거나 용도변경 되는 경우에 있어서 이 기준이 정하는 기준에 따라 해당 건축물에 설치해야 할 비상콘센트설비의 배관, 배선 등의 공사가 현저하게 곤란하다고 인정되는 경우에는 해당 설비의 기능 및 사용에 지장이 없는 범위 안에서 이 기준 일부를 적용하지 않을 수 있다.

6. 재검토 기한

소방청장은 「훈령·예규 등의 발령 및 관리에 관한 규정」에 따라 이 고시에 대하여 2023년 1월 1일을 기준으로 매 3년이 되는 시점(매 3년째의 12월 31일까지를 말한다)마다 그 타당성을 검토하여 개선 등의 조치를 해야 한다.

7. 비상콘센트의 사용방법

① 비상콘센트 함을 찾는다. 지하층과 11층 이상의 층의 계단 부근에 설치되어 있는데 대부분 소화전함 상단부에 내장되어 있다.
② 사용하고자 하는 장비의 사용 전압을 확인한다.
③ 해당 전압의 콘센트에 연결한다.
④ 배선차단기(MCCB)를 ON으로 한다.

연습문제

문제 01 일정한 규모 이상의 건물에는 화재 발생 시 소화활동에 필요한 전원을 전용으로 공급하기 위해 설치되는 비상콘센트는 일반전원이 차단되더라도 비상콘센트에 공급되는 전원에 영향을 최소화 할 수 있도록 분기하여 전원에서 비상콘센트까지는 전용 배선으로 하고, 배선은 (   )과 (   )으로 설치하도록 하고 있다.

풀이 내화배선, 내열배선

문제 02 (   )는 인입점 이후에 설치되는 최초의 개폐기를 말한다.

풀이 인입개폐기

문제 03 (   )은 직류는 1,500 [V] 이하, 교류는 1,000 [V] 이하인 것을 말한다.

풀이 저압

문제 04 (   )은 직류는 1,500 [V], 교류는 1,000 [V]를 넘고 7,000 [V] 이하인 것을 말한다.

풀이 고압

문제 05 (   )은 7,000 [V]를 초과하는 것을 말한다.

풀이 특고압

문제 06 (   )는 발전소(發電所)에서 생산한 전력을 송전선로나 배전선로를 통하여 수요자에게 보내는 과정에서 전압이나 전류의 성질을 바꾸기 위하여 설치하는 시설을 말한다.

풀이 변전소

문제 07 비상콘센트설비는 가스시설, 지하구 등은 제외하고 지하층을 포함한 층수가 11층 이상인 특정소방대상물의 경우에는 ( )층 이상의 층, 지하층의 층수가 3층 이상이고 지하층의 바닥면적의 합계가 ( ) [m^2] 이상인 것은 지하층의 모든 층, 지하가 중 터널로서 길이가 ( ) [m] 이상인 것에 설치한다.

풀이 11, 1,000, 500

문제 08 비상콘센트설비의 전원회로는 다음의 기준에 의하여 설치해야 한다. 빈칸에 적절한 내용을 제시하시오.

① 비상콘센트설비의 전원회로는 3상 교류 220 [V] 또는 380 [V]인 것과 단상교류 110 [V] 또는 220 [V]인 것으로서, 그 공급용량은 3상 교류의 경우 ( ) [kVA] 이상인 것과 단상교류의 경우 1.5 [kVA] 이상인 것으로 할 것
② 전원회로는 각 층에 ( ) 이상이 되도록 설치할 것. 다만, 설치해야 할 층의 비상콘센트가 1개인 때에는 하나의 회로로 할 수 있다.
③ 전원회로는 주배전반에서 ( )로 할 것. 다만, 다른 설비회로의 사고에 따른 영향을 받지 않도록 되어 있는 것은 그렇지 않다.
④ 전원으로부터 각 층의 비상콘센트에 분기되는 경우에는 분기배선용 차단기를 보호함 안에 설치할 것
⑤ 콘센트마다 ( )를 설치해야 하며, 충전부가 노출되지 않도록 할 것
⑥ 개폐기에는 "비상콘센트"라고 표시한 ( )를 할 것
⑦ 비상콘센트용의 풀박스 등은 방청도장을 한 것으로서, 두께 ( ) [mm] 이상의 철판으로 할 것
⑧ 하나의 전용회로에 설치하는 비상콘센트는 ( )개 이하로 할 것. 이 경우 전선의 용량은 각 비상콘센트의 공급용량을 합한 용량 이상의 것으로 해야 한다.

풀이 3, 2, 전용회로, 배선용 차단기, 표지, 1.6, 10

문제 09 비상콘센트의 플러그접속기는 3상 교류 220 [V] 또는 380 [V]의 것에 있어서는 접지형 3극 플러그접속기를, 단상교류 110 [V] 또는 220 [V]의 것에 있어서는 접지형 2극 플러그접속기를 사용해야 한다. 또한 비상콘센트의 플러그접속기의 칼받이의 접지극에는 ( )를 해야 한다.

풀이 접지공사

문제 **10** 비상콘센트의 배치 및 위치는 바닥으로부터 높이 (   ) [m] 이상 (   ) [m] 이하의 위치에 설치하며, 아파트 또는 바닥면적이 1,000 [m^2] 미만인 층에 있어서는 계단의 출입구로부터 (   ) [m] 이내에 설치해야 한다.

풀이 0.8, 1.5, 5

문제 **11** 비상콘센트설비의 전원부와 외함 사이의 절연저항은 전원부와 외함 사이를 500 [V] 절연저항계로 측정할 때 (   ) [MΩ] 이상이며, 절연내력은 전원부와 외함 사이에 정격전압이 150 [V] 이하인 경우에는 1,000 [V]의 실효전압을, 정격전압이 150 [V] 이상인 경우에는 그 정격전압에 2를 곱하여 1,000을 더한 실효전압을 가하는 시험에서 (   )분 이상 견디는 것으로 한다.

풀이 20, 1

문제 **12** 비상콘센트를 보호하기 위한 보호함은 다음과 같이 설치해야 한다. 빈칸의 적절한 내용을 제시하시오.

① 보호함에는 쉽게 (   )할 수 있는 문을 설치할 것
② 보호함 표면에 "(   )"라고 표시한 표지를 할 것
③ 보호함 상부에 (   )의 표시등을 설치할 것. 다만, 비상콘센트의 보호함을 옥내소화전함 등과 접속하여 설치하는 경우에는 옥내소화전함 등의 표시등과 겸용할 수 있다.

풀이 개폐, 비상콘센트, 적색

문제 **13** 비상콘센트설비의 전원회로의 배선은 (   )으로 그 밖의 배선은 내화배선 또는 (   )으로 해야 한다.

풀이 내화배선, 내열배선

Part 02

화재경보설비

Chapter 01

자동화재탐지설비 및 시각경보장치

1. 개요

건물에서 화재가 발생할 때 신속한 화재의 발견과 경보, 화재 발생 위치의 파악은 인명과 재산 피해를 효과적으로 경감시킬 수 있는 중요한 요소이다. 화재 초기에 경보가 발령되면 인명대피의 시간적 여유가 생길 수 있으며, 건물관계자는 화재 초기에 대응할 수 있어 화재 진압이 용이하게 된다. 그리고 화재 위치까지 알려준다면 사람들의 피난을 안전하게 유도할 수 있으며, 신속한 화재 진압을 가능하게 할 수 있다.

자동화재탐지설비(自動火災探知設備, automatic fire detection system)는 이러한 필요성에 따라 화재 발생을 조기에 경보하고 화재 위치를 통보하는 기능을 하는 설비로 화재가 발생하면 자동으로 화재발생신호를 발신하는 감지기, 사람이 수동으로 화재발생신호를 보낼 수 있는 발신기, 화재발생신호를 수신하여 화재 위치를 표시하고 경보장치 등에 작동신호를 발신하는 수신기, 화재가 발생했음을 경보해 주는 음향장치 및 시각경보기(경보장치) 등으로 구성되어 있다.

① "경계구역"이란 특정소방대상물 중 화재신호를 발신하고 그 신호를 수신 및 유효하게 제어할 수 있는 구역을 말한다.

② "수신기"란 감지기나 발신기에서 발신하는 화재신호를 직접 수신하거나 중계기를 통하여 수신하여 화재의 발생을 표시 및 경보하여 주는 장치를 말한다.

③ "중계기"란 감지기, 발신기 또는 전기적인 접점 등의 작동에 따른 신호를 받아 이를 수신기의 제어반에 전송하는 장치를 말한다.

④ "감지기"란 화재가 발생할 때 발생하는 열, 연기, 불꽃 또는 연소생성물을 자동적으로 감지하여 수신기에 화재신호 등을 발신하는 장치를 말한다.

⑤ “발신기”란 수동누름버튼 등의 작동으로 화재신호를 수신기에 발신하는 장치를 말한다.
⑥ “시각경보장치”란 자동화재탐지설비에서 발신하는 화재신호를 시각경보기에 전달하여 청각장애인에게 점멸형태의 시각경보를 하는 것을 말한다.
⑦ “거실”이란 거주, 집무, 작업, 집회, 오락 그 밖에 이와 유사한 목적을 위하여 사용하는 방을 말한다.

2. 신호처리방식 및 작동체계

2.1 신호처리방식

화재신호 및 상태신호 등(이하 “화재신호 등”이라 한다)을 송·수신하는 방식은 다음 각 호와 같다.

1. “유선식”은 화재신호 등을 배선으로 송·수신하는 방식
2. “무선식”은 화재신호 등을 전파에 의해 송·수신하는 방식
3. “유·무선식”은 유선식과 무선식을 겸용으로 사용하는 방식

「소방시설 설치 및 관리에 관한 법률(소방시설법)」에서 언급된 자동화재탐지설비를 설치해야 하는 특정소방대상물은 표 2-1-1과 같다.

● 표 2-1-1 자동화재탐지설비를 설치해야 하는 특정소방대상물

<table>
<tr><td rowspan="5">연면적</td><td>400 [m²] 이상</td><td>노유자 시설</td></tr>
<tr><td>600 [m²] 이상</td><td>근린생활시설(목욕장 제외), 의료시설(정신의료기관 또는 요양병원 제외), 숙박시설, 위락시설, 장례식장 및 복합건축물</td></tr>
<tr><td>1,000 [m²] 이상</td><td>공동주택, 근린생활시설 중 목욕장, 문화 및 집회시설, 종교시설, 판매시설, 운수시설, 운동시설, 업무시설, 공장, 창고시설, 위험물 저장 및 처리시설, 항공기 및 자동차 관련 시설, 교정 및 군사시설 중 국방·군사시설, 방송통신시설, 발전시설, 관광 휴게시설, 지하가(터널 제외)</td></tr>
<tr><td>1,000 [m] 이상</td><td>지하가 중 터널 길이</td></tr>
<tr><td>2,000 [m²] 이상</td><td>교육연구시설(교육시설 내에 있는 기숙사 및 합숙소 포함), 수련시설(수련시설 내에 있는 기숙사 및 합숙소 포함, 숙박시설이 있는 수련시설 제외), 동물 및 식물 관련 시설(기둥과 지붕만으로 구성되어 외부와 기류가 통하는 장소 제외), 분뇨 및 쓰레기 처리시설, 교정 및 군사시설(국방·군사시설 제외) 또는 묘지 관련 시설</td></tr>
<tr><td rowspan="2">바닥면적 합계</td><td>300 [m²] 미만</td><td>의료시설 중 정신의료기관 또는 의료재활시설(창살이 설치된 것)</td></tr>
<tr><td>300 [m²] 이상</td><td>의료시설 중 정신의료기관 또는 의료재활시설(창살이 설치되지 않은 것)</td></tr>
<tr><td>수용인원</td><td>100명 이상</td><td>숙박시설이 있는 수련시설</td></tr>
<tr><td>지정수량</td><td>500배 이상</td><td>공장 및 창고시설로서 특수가연물을 저장·취급하는 것</td></tr>
<tr><td colspan="2">전부</td><td>노유자 생활시설
판매시설 중 전통시장
지하구
6층 이상인 건축물
공동주택 중 아파트등·기숙사 및 숙박시설
근린생활시설 중 전기저장시설
발전시설 중 전기저장시설
의료시설 중 요양병원(의료재활시설 제외)</td></tr>
</table>

2.2 작동체계 및 원리

(1) 작동체계

자동화재탐지설비는 화재신호 발생 장치인 감지기와 발신기에서 신호를 발신하게 되면 수신기는 경보장치를 기동시키고 화재 및 위치 표시를 하는 기기라고 할 수 있다. 즉, 감지기는 화

재가 발생할 때에 자동으로 신호를 발신하며, 발신기는 버튼을 눌렀을 때 신호를 발신한다. 그리고 수신기는 신호를 받으면 경보장치를 작동시키고 화재 및 위치를 표시하게 된다.

자동화재탐지설비는 화재를 감시하는 능력이 있으므로 화재가 발생할 때 자동으로 작동해야 할 설비를 연동시켜 작동시킨다. 이러한 설비들에는 비상방송설비, 자동화재속보설비, 3선식 유도등 설비 등이 있으며, 그림 2-1-1은 자동화재탐지설비의 작동 흐름도를 나타낸다.

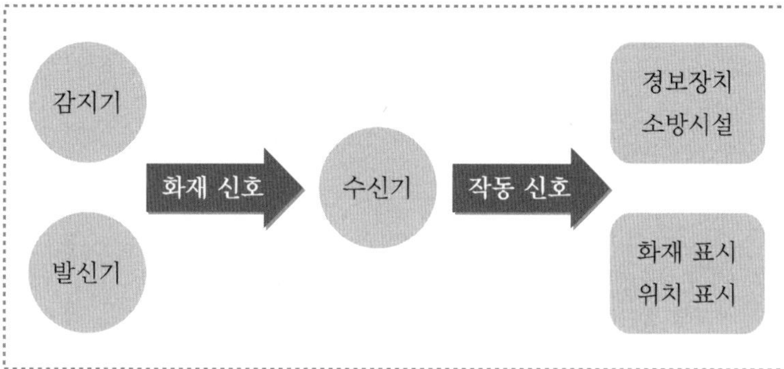

■ **그림 2-1-1** 자동화재탐지설비의 작동 흐름도

(2) 작동원리

자동화재탐지설비는 신호전송방식에 따라 공통신호방식인 P형과 고유신호방식인 R형으로 구분할 수 있다. 평상시에는 회로의 종단에 저항이 설치되어 있어 적은 전류만 흐르지만 화재가 발생되어 일정치 이상의 전류가 흐르게 되면 계전기가 작동하여 화재 표시등, 지구 표시등, 경보장치, 연동되는 소방시설을 작동시킨다.

감지기는 회로에서 스위치 역할을 하므로 일정치 이상의 전류가 흐르게 하는 기능을 하며, 발신기는 사람이 수동으로 누름스위치를 누르면 접점이 닫혀 일정치 이상의 전류가 흐르게 하는 것이라고 할 수 있다. R형 시스템은 감지기나 발신기가 작동하면 특정한 통신신호가 수신기에 발신되는 것이라고 볼 수 있으며, 그림 2-1-2～4는 자동화재탐지설비의 구성도 예를 나타낸다.

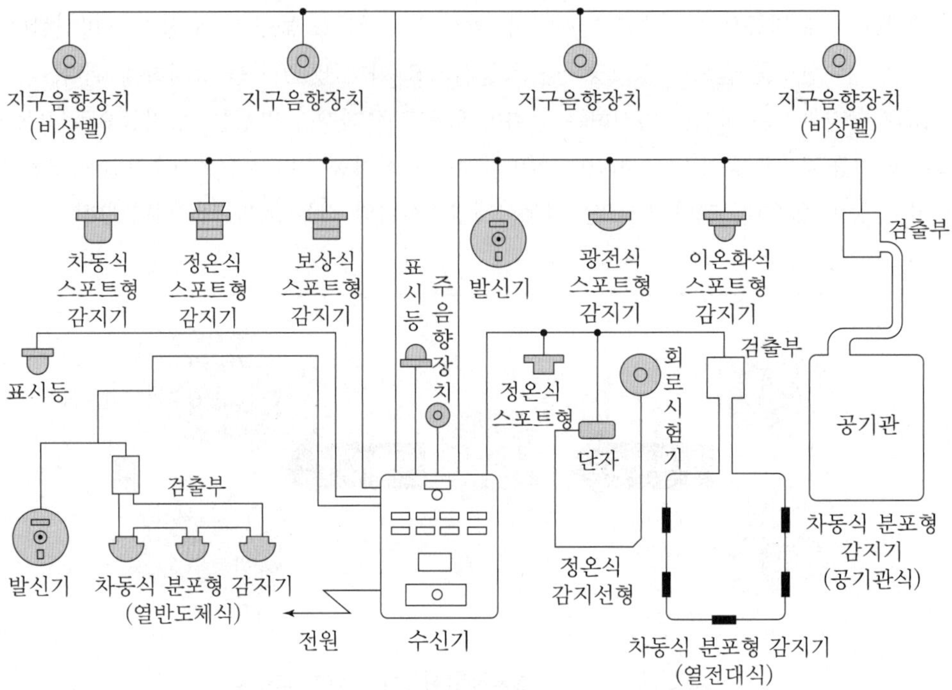

■ 그림 2-1-2 자동화재탐지설비의 구성도 예(1)

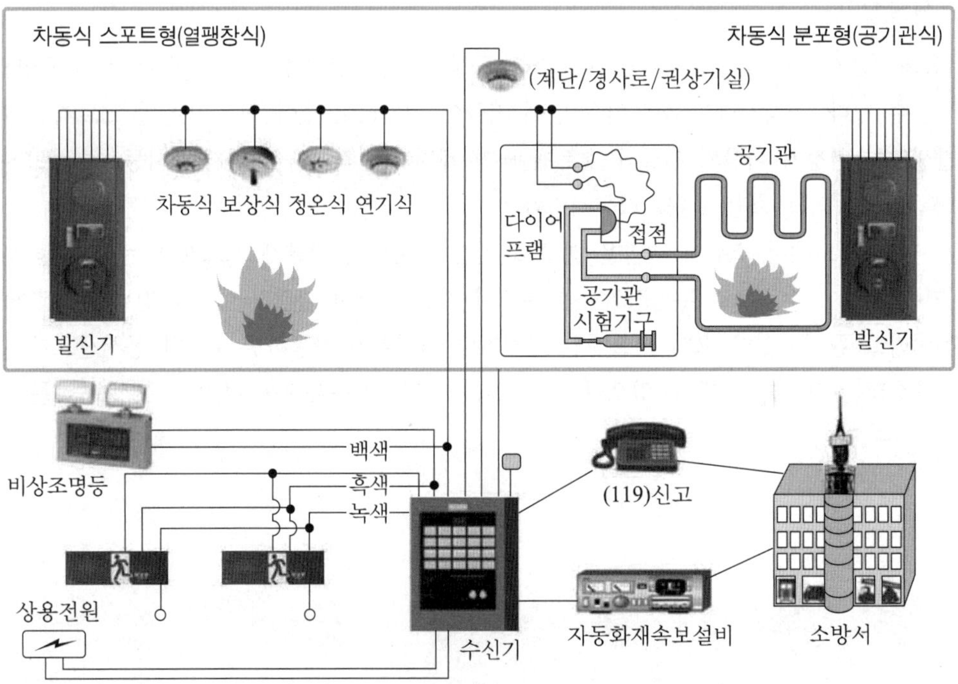

■ 그림 2-1-3 자동화재탐지설비의 구성도 예(2)

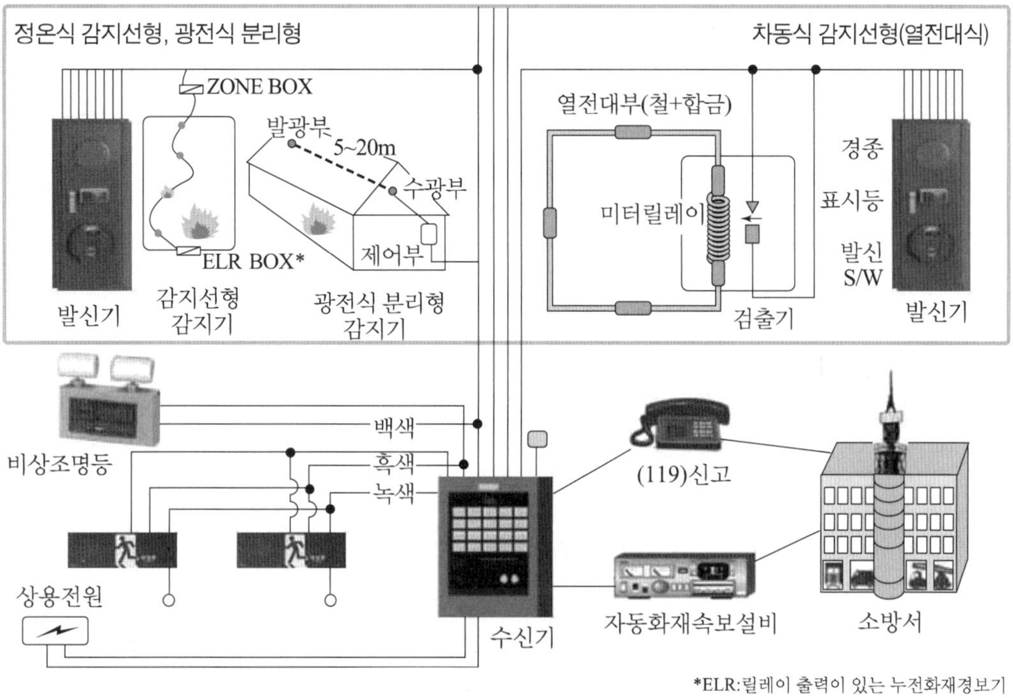

■ 그림 2-1-4 자동화재탐지설비의 구성도 예(3)

3. 경계구역

① 자동화재탐지설비의 경계구역은 다음 각 호의 기준에 따라 설정해야 한다. 다만, 감지기의 형식승인 시 감지거리, 감지면적 등에 대한 성능을 별도로 인정받은 경우에는 그 성능 인정범위를 경계구역으로 할 수 있다.

1. 하나의 경계구역이 2 이상의 건축물에 미치지 않도록 할 것
2. 하나의 경계구역이 2 이상의 층에 미치지 않도록 할 것
3. 하나의 경계구역의 면적은 600 [m^2] 이하로 하고 한 변의 길이는 50 [m] 이하로 할 것

② 계단(직통계단 외의 것에 있어서는 떨어져 있는 상하계단의 상호 간의 수평거리가 5 [m] 이하로서 서로 간에 구획되지 아니한 것에 한한다. 이하 같다), 경사로(에스컬레이터경사로 포함)·엘리베이터 승강로(권상기실이 있는 경우에는 권상기실), 리넨 슈트, 파이프 피트 및 덕트 기타 이와 유사한 부분에 대하여는 별도로 경계구역을 설정하되, 하나의 경계

구역은 높이 45 [m] 이하(계단 및 경사로에 한한다)로 하고, 지하층의 계단 및 경사로(지하층의 층수가 1일 경우는 제외한다)는 별도로 하나의 경계구역으로 해야 한다. 표 2-1-2는 수직적 경계구역의 범위와 대상을 나타낸다.

● **표 2-1-2** 수직적 경계구역의 범위와 대상

구 분	계단, 경사로	E/V 권상기실, 리넨 슈트, 파이프 덕트, 기타
높 이	45 [m] 이하	제한 없음
지하층 구분	지상층과 지하층 구분 (단, 지하 1층만 있을 경우에는 제외)	제한 없음

③ 외기에 면하여 상시 개방된 부분이 있는 차고, 주차장, 창고 등에 있어서는 외기에 면하는 각 부분으로부터 5 [m] 미만의 범위 안에 있는 부분은 경계구역의 면적에 산입하지 않는다.

④ 스프링클러설비, 물분무등소화설비 또는 제연설비의 화재감지장치로서 화재감지기를 설치한 경우의 경계구역은 해당 소화설비의 방호구역 또는 제연구역과 동일하게 설정할 수 있다. 표 2-1-3은 다른 소화설비의 화재 감지 장치일 때 경계구역 면적을 나타낸다.

● **표 2-1-3** 다른 소화설비의 화재 감지 장치일 때 경계구역 면적

소화설비		방호구역	설정 기준
스프링클러설비	폐쇄형	바닥면적 기준	3,000 [m^2] 이하
		층별 기준	1개 층이 하나의 방호구역
			1개 층에 헤드가 10개 이하 3개 층 이내를 하나의 방호구역으로 할 수 있다.
	개방형	층별 기준	1개 층이 하나의 방수구역
		헤드 기준	50개 이하
물분무소화설비		방호대상구역	방사구역 마다 설정

4. 수신기

① 자동화재탐지설비의 수신기는 다음 각 호의 기준에 적합한 것으로 설치해야 한다.

1. 해당 특정소방대상물의 경계구역을 각각 표시할 수 있는 회선수 이상의 수신기를 설치할 것
2. 해당 특정소방대상물에 가스누설탐지설비가 설치된 경우에는 가스누설탐지설비로부터 가스누설신호를 수신하여 가스누설경보를 할 수 있는 수신기를 설치할 것

② 자동화재탐지설비의 수신기는 특정소방대상물 또는 그 부분이 지하층·무창층 등으로서 환기가 잘되지 않거나 실내면적이 40 [m^2] 미만인 장소, 감지기의 부착면과 실내바닥과의 거리가 2.3 [m] 이하인 장소로서 일시적으로 발생한 열, 연기 또는 먼지 등으로 인하여 감지기가 화재신호를 발신할 우려가 있는 때에는 축적기능 등이 있는 것(축적형 감지기가 설치된 장소에는 감지기 회로의 감시전류를 단속적으로 차단시켜 화재를 판단하는 방식 외의 것을 말한다)으로 설치해야 한다.

③ 수신기는 다음 각 호의 기준에 따라 설치해야 한다.

1. 수위실 등 상시 사람이 근무하는 장소에 설치할 것
2. 수신기가 설치된 장소에는 경계구역 일람도를 비치할 것
3. 수신기의 음향기구는 그 음량 및 음색이 다른 기기의 소음 등과 명확히 구별될 수 있는 것으로 할 것
4. 수신기는 감지기, 중계기 또는 발신기가 작동하는 경계구역을 표시할 수 있는 것으로 할 것
5. 화재·가스 전기등에 대한 종합방재반을 설치한 경우에는 해당 조작반에 수신기의 작동과 연동하여 감지기, 중계기 또는 발신기가 작동하는 경계구역을 표시할 수 있는 것으로 할 것
6. 하나의 경계구역은 하나의 표시등 또는 하나의 문자로 표시되도록 할 것
7. 수신기의 조작스위치는 바닥으로부터의 높이가 0.8 [m] 이상 1.5 [m] 이하인 장소에 설치할 것
8. 하나의 특정소방대상물에 둘 이상의 수신기를 설치하는 경우에는 수신기를 상호 간 연동하여 화재발생 상황을 각 수신기마다 확인할 수 있도록 할 것
9. 화재로 인하여 하나의 층의 지구음향장치 또는 배선이 단락되어도 다른 층의 화재통보에 지장이 없도록 각 층 배선 상에 유효한 조치를 할 것

5. 중계기

자동화재탐지설비의 중계기는 다음 각 호의 기준에 따라 설치해야 한다.

1. 수신기에서 직접 감지기 회로의 도통시험을 하지 않는 것에 있어서는 수신기와 감지기 사이에 설치할 것
2. 조작 및 점검에 편리하고 화재 및 침수 등의 재해로 인한 피해를 받을 우려가 없는 장소에 설치할 것
3. 수신기에 따라 감시되지 않는 배선을 통하여 전력을 공급받는 것에 있어서는 전원 입력측의 배선에 과전류 차단기를 설치하고 해당 전원의 정전이 즉시 수신기에 표시되는 것으로 하며, 상용전원 및 예비전원의 시험을 할 수 있도록 할 것

6. 감지기

① 자동화재탐지설비의 감지기는 부착높이에 따라 다음 표에 따른 감지기를 설치해야 한다. 다만, 지하층, 무창층 등으로서 환기가 잘되지 않거나 실내면적이 40 [m^2] 미만인 장소, 감지기의 부착면과 실내바닥과의 거리가 2.3 [m] 이하인 곳으로서 일시적으로 발생한 열·연기 또는 먼지 등으로 인하여 화재신호를 발신할 우려가 있는 장소('4. 수신기'의 ②항에 따른 수신기를 설치한 장소를 제외한다)에는 다음 각 호에서 정한 감지기 중 적응성 있는 감지기를 설치해야 한다.

1. 불꽃감지기
2. 정온식 감지선형 감지기
3. 분포형 감지기
4. 복합형 감지기
5. 광전식 분리형 감지기
6. 아날로그방식의 감지기
7. 다신호방식의 감지기
8. 축적방식의 감지기

부착높이	감지기의 종류
4 [m] 미만	차동식 (스포트형, 분포형) 보상식 스포트형 정온식 (스포트형, 감지선형) 이온화식 또는 광전식 (스포트형, 분리형, 공기흡입형) 열복합형 연기복합형 열연기복합형 불꽃감지기
4 [m] 이상 8 [m] 미만	차동식 (스포트형, 분포형) 보상식 스포트형 정온식 (스포트형, 감지선형) 특종 또는 1종 이온화식 1종 또는 2종 광전식 (스포트형, 분리형, 공기흡입형) 1종 또는 2종 열복합형 연기복합형 열연기복합형 불꽃감지기
8 [m] 이상 15 [m] 미만	차동식 분포형 이온화식 1종 또는 2종 광전식 (스포트형, 분리형, 공기흡입형) 1종 또는 2종 연기복합형 불꽃감지기
15 [m] 이상 20 [m] 미만	이온화식 1종 광전식 (스포트형, 분리형, 공기흡입형) 1종 연기복합형 불꽃감지기
20 [m] 이상	불꽃감지기 광전식 (분리형, 공기흡입형) 중 아날로그방식

비고) 1) 감지기별 부착높이 등에 대하여 별도로 형식승인을 받은 경우에는 그 성능인정 범위 내에서 사용할 수 있다.
2) 부착높이 20 [m] 이상에 설치되는 광전식 중 아날로그방식의 감지기는 공칭감지농도 하한값이 감광률 5 [%/m] 미만인 것으로 한다.

② 계단, 경사로, 복도, 엘리베이터 승강로 또는 이와 유사한 장소 및 특정소방대상물의 취침, 숙박, 입원 등 이와 유사한 용도로 사용되는 거실에는 연기감지기를 설치해야 한다.

③ 감지기는 다음 각 호의 기준에 따라 설치해야 한다. 다만, 교차회로방식에 사용되는 감지기, 급속한 연소 확대가 우려되는 장소에 사용되는 감지기 및 축적기능이 있는 수신기에 연결하여 사용하는 감지기는 축적기능이 없는 것으로 설치해야 한다.

1. 감지기(차동식 분포형의 것을 제외한다)는 실내로의 공기유입구로부터 1.5 [m] 이상 떨어진 위치에 설치할 것
2. 감지기는 천장 또는 반자의 옥내에 면하는 부분에 설치할 것
3. 보상식 스포트형 감지기는 정온점이 감지기 주위의 평상시 최고온도보다 일정 온도 이상 높은 것으로 설치할 것
4. 정온식 감지기는 주방, 보일러실 등으로서 다량의 화기를 취급하는 장소에 설치하되, 공칭작동온도가 최고 주위온도보다 일정 온도 이상 높은 것으로 설치할 것
5. 차동식 스포트형, 보상식 스포트형 및 정온식 스포트형 감지기는 그 부착높이 및 특정소방대상물에 따라 다음 표에 따른 바닥면적마다 1개 이상을 설치할 것

[단위: m^2]

<table>
<tr><th colspan="2" rowspan="3">부착높이 및 특정소방대상물의 구분</th><th colspan="7">감지기의 종류</th></tr>
<tr><th colspan="2">차동식
스포트형</th><th colspan="2">보상식
스포트형</th><th colspan="3">정온식
스포트형</th></tr>
<tr><th>1종</th><th>2종</th><th>1종</th><th>2종</th><th>특종</th><th>1종</th><th>2종</th></tr>
<tr><td rowspan="2">4 [m] 미만</td><td>주요구조부가 내화구조로 된 특정소방대상물 또는 그 부분</td><td>90</td><td>70</td><td>90</td><td>70</td><td>70</td><td>60</td><td>20</td></tr>
<tr><td>기타구조의 특정소방대상물 또는 그 부분</td><td>50</td><td>40</td><td>50</td><td>40</td><td>40</td><td>30</td><td>15</td></tr>
<tr><td rowspan="2">4 [m] 이상
8 [m] 미만</td><td>주요구조부가 내화구조로 된 특정소방대상물 또는 그 부분</td><td>45</td><td>35</td><td>45</td><td>35</td><td>35</td><td>30</td><td>-</td></tr>
<tr><td>기타구조의 특정소방대상물 또는 그 부분</td><td>30</td><td>25</td><td>30</td><td>25</td><td>25</td><td>15</td><td>-</td></tr>
</table>

6. 스포트형 감지기는 45도 이상 경사되지 않도록 부착할 것
7. 공기관식 차동식 분포형 감지기는 다음의 기준에 따를 것
   가. 공기관의 노출 부분은 감지구역마다 20 [m] 이상이 되도록 할 것
   나. 공기관과 감지구역의 각 변과의 수평거리는 1.5 [m] 이하가 되도록 하고, 공기관 상호간의 거리는 6 [m](주요구조부를 내화구조로 한 특정소방대상물 또는 그 부분에 있어서는 9 [m]) 이하가 되도록 할 것
   다. 공기관은 도중에서 분기하지 않도록 할 것
   라. 하나의 검출 부분에 접속하는 공기관의 길이는 100 [m] 이하로 할 것
   마. 검출부는 5도 이상 경사되지 않도록 부착할 것
   바. 검출부는 바닥으로부터 0.8 [m] 이상 1.5 [m] 이하의 위치에 설치할 것
8. 열전대식 차동식 분포형 감지기는 다음의 기준에 따를 것

가. 열전대부는 감지구역의 바닥면적 18 [m^2](주요구조부가 내화구조로 된 특정소방대상물에 있어서는 22 [m^2])마다 1개 이상으로 할 것. 다만, 바닥면적이 72 [m^2](주요구조부가 내화구조로 된 특정소방대상물에 있어서는 88 [m^2]) 이하인 특정소방대상물에 있어서는 4개 이상으로 해야 한다.

나. 하나의 검출부에 접속하는 열전대부는 20개 이하로 할 것

9. 열반도체식 차동식 분포형 감지기는 다음의 기준에 따를 것

가. 감지부는 그 부착높이 및 특정소방대상물에 따라 다음 표에 따른 바닥면적마다 1개 이상으로 할 것. 다만, 바닥면적이 다음 표에 따른 면적의 2배 이하인 경우에는 2개(부착높이가 8미만 미만이고, 바닥면적이 다음 표에 따른 면적 이하인 경우에는 1개) 이상으로 해야 한다.

[단위: m^2]

부착높이 및 특정소방대상물의 구분		감지기의 종류	
		1종	2종
8 [m] 미만	주요구조부가 내화구조로 된 특정소방대상물 또는 그 부분	65	36
	기타구조의 특정소방대상물 또는 그 부분	40	23
8 [m] 이상 15 [m] 미만	주요구조부가 내화구조로 된 특정소방대상물 또는 그 부분	50	36
	기타구조의 특정소방대상물 또는 그 부분	30	23

나. 하나의 검출기에 접속하는 감지부는 2개 이상 15개 이하가 되도록 할 것. 다만, 각각의 감지부에 대한 작동여부를 검출기에서 표시할 수 있는 것(주소형)은 형식승인 받은 성능인정 범위 내의 수량으로 설치할 수 있다.

10. 연기감지기는 다음의 기준에 따라 설치할 것

가. 감지기의 부착높이에 따라 다음 표에 따른 바닥면적마다 1개 이상으로 할 것

[단위: m^2]

부착높이	감지기의 종류	
	1종 및 2종	3종
4 [m] 미만	150	50
4 [m] 이상 20 [m] 미만	75	-

나. 감지기는 복도 및 통로에 있어서는 보행거리 30 [m](3종에 있어서는 20 [m])마다, 계단 및 경사로에 있어서는 수직거리 15 [m](3종에 있어서는 10 [m])마다 1개 이

상으로 할 것

다. 천장 또는 반자가 낮은 실내 또는 좁은 실내에 있어서는 출입구의 가까운 부분에 설치할 것

라. 천장 또는 반자부근에 배기구가 있는 경우에는 그 부근에 설치할 것

마. 감지기는 벽 또는 보로부터 0.6 [m] 이상 떨어진 곳에 설치할 것

11. 열복합형 감지기의 설치에 관하여는 제3호 및 제9호를, 연기복합형 감지기의 설치에 관하여는 제10호를, 열연기복합형 감지기의 설치에 관하여는 제5호 및 제10호를 준용하여 설치할 것

12. 정온식 감지선형 감지기는 다음의 기준에 따라 설치할 것

가. 보조선이나 고정금구를 사용하여 감지선이 늘어지지 않도록 설치할 것

나. 단자부와 마감 고정금구와의 설치간격은 10 [cm] 이내로 설치할 것

다. 감지선형 감지기의 굴곡반경은 5 [cm] 이상으로 할 것

라. 감지기와 감지구역의 각 부분과의 수평거리가 내화구조의 경우 1종 4.5 [m] 이하, 2종 3 [m] 이하로 할 것. 기타구조의 경우 1종 3 [m] 이하, 2종 1 [m] 이하로 할 것

마. 케이블트레이에 감지기를 설치하는 경우에는 케이블트레이 받침대에 마감금구를 사용하여 설치할 것

바. 지하구나 창고의 천장 등에 지지물이 적당하지 않는 장소에서는 보조선을 설치하고 그 보조선에 설치할 것

사. 분전반 내부에 설치하는 경우 접착제를 이용하여 돌기를 바닥에 고정시키고, 그 곳에 감지기를 설치할 것

아. 그 밖의 설치방법은 형식승인내용에 따르며 형식승인사항이 아닌 것은 제조사의 시방(示方)에 따라 설치할 것

13. 불꽃감지기는 다음의 기준에 따라 설치할 것

가. 공칭감시거리 및 공칭시야각은 형식승인내용에 따를 것

나. 감지기는 공칭감시거리와 공칭시야각을 기준으로 감시구역이 모두 포용될 수 있도록 설치할 것

다. 감지기는 화재감지를 유효하게 감지할 수 있는 모서리 또는 벽 등에 설치할 것

라. 감지기를 천장에 설치하는 경우에는 감지기는 바닥을 향하여 설치할 것

마. 수분이 많이 발생할 우려가 있는 장소에는 방수형으로 설치할 것

바. 그 밖의 설치기준은 형식승인내용에 따르며 형식승인사항이 아닌 것은 제조사의 시방에 따라 설치할 것

14. 아날로그방식의 감지기는 공칭감지온도 범위 및 공칭감지농도 범위에 적합한 장소에,

다신호방식의 감지기는 화재신호를 발신하는 감도에 적합한 장소에 설치할 것

15. 광전식 분리형 감지기는 다음의 기준에 따라 설치할 것
   가. 감지기의 수광면은 햇빛을 직접 받지 않도록 설치할 것
   나. 광축(송광면과 수광면의 중심을 연결한 선)은 나란한 벽으로부터 0.6 [m] 이상 이격하여 설치할 것
   다. 감지기의 송광부와 수광부는 설치된 뒷벽으로부터 1 [m] 이내 위치에 설치할 것
   라. 광축의 높이는 천장 등(천장의 실내에 면한 부분 또는 상층의 바닥 하부면을 말한다) 높이의 80 [%] 이상일 것
   마. 감지기의 광축의 길이는 공칭감시거리 범위 이내일 것
   바. 그 밖의 설치기준은 형식승인내용에 따르며 형식승인사항이 아닌 것은 제조사의 시방에 따라 설치할 것

④ ③항에도 불구하고 화학공장, 격납고, 제련소와 전산실 또는 반도체 공장 등의 장소에는 각각 광전식 분리형 감지기 또는 불꽃감지기를 설치하거나 광전식 공기흡입형 감지기 등을 설치할 수 있다.

⑤ 화재 발생을 유효하게 감지할 수 없는 장소 또는 감지기의 기능이 정지되기 쉽거나 화재 발생의 위험이 적은 장소로서 감지기의 유지관리가 어려운 장소 등에는 감지기를 설치하지 않을 수 있다.

⑥ ①항의 단서에도 불구하고 일시적으로 발생한 열, 연기 또는 먼지 등으로 인하여 화재신호를 발신할 우려가 있는 장소에는 해당 장소에 적응성 있는 감지기를 설치할 수 있다.

7. 음향장치 및 시각경보장치

① 자동화재탐지설비의 음향장치는 다음 각 호의 기준에 따라 설치해야 한다.

1. 주음향장치는 수신기의 내부 또는 그 직근에 설치할 것
2. 층수가 11층(공동주택의 경우에는 16층) 이상의 특정소방대상물은 발화층에 따라 경보하는 층을 달리하여 경보를 발할 수 있도록 할 것
3. 지구음향장치는 특정소방대상물의 층마다 설치하되, 해당 특정소방대상물의 각 부분으로부터 하나의 음향장치까지의 수평거리가 25 [m] 이하가 되도록 하고, 해당층의 각부분에 유효하게 경보를 발할 수 있도록 설치할 것

4. 음향장치는 다음 각 목의 기준에 따른 구조 및 성능의 것으로 해야 한다.
   가. 정격전압의 80 [%]의 전압에서 음향을 발할 수 있는 것으로 할 것. 다만, 건전지를 주전원으로 사용하는 음향장치는 그렇지 않다.
   나. 음량은 부착된 음향장치의 중심으로부터 1 [m] 떨어진 위치에서 90 [dB] 이상이 되는 것으로 할 것
   다. 감지기 및 발신기의 작동과 연동하여 작동할 수 있는 것으로 할 것
5. 제3호에도 불구하고 제3호의 기준을 초과하는 경우로서 기둥 또는 벽이 설치되지 아니한 대형공간의 경우 지구음향장치는 설치대상 장소의 가장 가까운 장소의 벽 또는 기둥 등에 설치할 것

② 청각장애인용 시각경보장치는 소방청장이 정하여 고시한 「시각경보장치의 성능인증 및 제품검사의 기술기준」에 적합한 것으로서 다음 각 목의 기준에 따라 설치해야 한다.
1. 복도, 통로, 청각장애인용 객실 및 공용으로 사용하는 거실(로비, 회의실, 강의실, 식당, 휴게실, 오락실, 대기실, 체력단련실, 접객실, 안내실, 전시실, 기타 이와 유사한 장소를 말한다)에 설치하며, 각 부분으로부터 유효하게 경보를 발할 수 있는 위치에 설치할 것
2. 공연장, 집회장, 관람장 또는 이와 유사한 장소에 설치하는 경우에는 시선이 집중되는 무대부 부분 등에 설치할 것
3. 설치 높이는 바닥으로부터 2 [m] 이상 2.5 [m] 이하의 장소에 설치할 것 다만, 천장의 높이가 2 [m] 이하인 경우에는 천장으로부터 0.15 [m] 이내의 장소에 설치해야 한다.
4. 시각경보장치의 광원은 전용의 축전지설비 또는 전기저장장치(외부 전기에너지를 저장해 두었다가 필요한 때 전기를 공급하는 장치)에 의하여 점등되도록 할 것. 다만, 시각경보기에 작동전원을 공급할 수 있도록 형식승인을 얻은 수신기를 설치한 경우에는 그렇지 않다.

③ 하나의 특정소방대상물에 둘 이상의 수신기가 설치된 경우 어느 수신기에서도 지구음향장치 및 시각경보장치를 작동할 수 있도록 해야 한다.

8. 발신기

① 자동화재탐지설비의 발신기는 다음 각 호의 기준에 따라 설치해야 한다.
1. 조작이 쉬운 장소에 설치하고, 스위치는 바닥으로부터 0.8 [m] 이상 1.5 [m] 이하의 높

이에 설치할 것

2. 특정소방대상물의 층마다 설치하되, 해당 특정소방대상물의 각 부분으로부터 하나의 발신기까지의 수평거리가 25 [m] 이하가 되도록 할 것. 다만, 복도 또는 별도로 구획된 실로서 보행거리가 40 [m] 이상일 경우에는 추가로 설치해야 한다.
3. 제2호에도 불구하고 제2호의 기준을 초과하는 경우로서 기둥 또는 벽이 설치되지 아니한 대형공간의 경우 발신기는 설치대상 장소의 가장 가까운 장소의 벽 또는 기둥 등에 설치할 것

② 발신기의 위치를 표시하는 표시등은 함의 상부에 설치하되, 그 불빛은 부착면으로부터 15도 이상의 범위 안에서 부착지점으로부터 10 [m] 이내의 어느 곳에서도 쉽게 식별할 수 있는 적색등으로 해야 한다.

9. 전원

자동화재탐지설비의 상용전원은 다음의 기준에 따라 설치해야 한다. 그림 2-1-5는 비상전원반의 실체 사진이며, 그림 2-1-6은 비상전원반의 내부 회로 구성을 나타낸다.

① 자동화재탐지설비의 상용전원은 전기가 정상적으로 공급되는 축전지설비, 전기저장장치 또는 교류전압의 옥내 간선으로 하고, 전원까지의 배선은 전용으로 해야 한다.

② 자동화재탐지설비에는 그 설비에 대한 감시상태를 60분간 지속한 후 유효하게 10분 이상 경보할 수 있는 비상전원으로서 축전지설비 또는 전기저장장치를 설치해야 한다.

■ 그림 2-1-5 비상전원반의 실체 사진

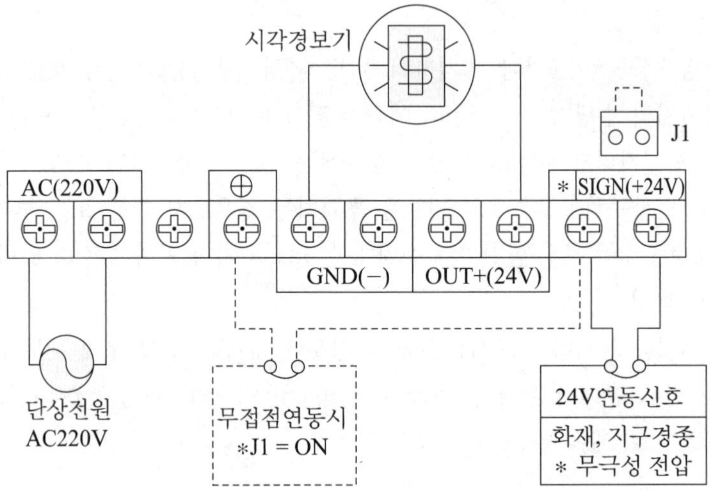

■ 그림 2-1-6 비상전원반의 내부 회로 구성

10. 배선

배선은 「전기사업법」 제67조에 따른 「전기설비기술기준」에서 정한 것 외에 다음 각 호의 기준과 「옥내소화전설비의 화재안전성능기준(NFPC 102)」 제10조 제2항에 따라 설치해야 한다.

1. 전원회로의 배선은 내화배선으로 하고, 그 밖의 배선은 내화배선 또는 내열배선에 따를 것
2. 감지기 상호간 또는 감지기로부터 수신기에 이르는 감지기 회로의 배선의 경우에는 아날로그방식, R형수신기용 등으로 사용되는 것은 전자파의 방해를 받지 않는 것으로 배선하고, 그 외의 일반배선을 사용할 때에는 내화배선 또는 내열배선으로 할 것
3. 감지기 회로에는 도통시험을 위한 종단저항을 설치할 것
4. 감지기 사이의 회로의 배선은 송배선식으로 할 것
5. 전원회로의 전로와 대지 사이 및 배선 상호간의 절연저항은 「전기사업법」 제67조에 따른 기술기준이 정하는 바에 의하고, 감지기 회로 및 부속회로의 전로와 대지 사이 및 배선 상호간의 절연저항은 1경계구역마다 직류 250 [V]의 절연저항측정기를 사용하여 측정한 절연저항이 0.1 [MΩ] 이상이 되도록 할 것
6. 자동화재탐지설비의 배선은 다른 전선과 별도의 관, 덕트(절연효력이 있는 것으로 구획한 때에는 그 구획된 부분은 별개의 덕트로 본다), 몰드 또는 풀박스 등에 설치할

것. 다만, 60 [V] 미만의 약 전류회로에 사용하는 전선으로서 각각의 전압이 같을 때는 그렇지 않다.

7. 피(P)형 수신기 및 지피(G.P.)형 수신기의 감지기 회로의 배선에 있어서 하나의 공통선에 접속할 수 있는 경계구역은 7개 이하로 할 것
8. 자동화재탐지설비의 감지기 회로의 전로저항은 50 [Ω] 이하가 되도록 해야 하며, 수신기의 각 회로별 종단에 설치되는 감지기에 접속되는 배선의 전압은 감지기 정격전압의 80 [%] 이상이어야 할 것

11. 설치·유지기준의 특례

소방본부장 또는 소방서장은 기존건축물이 증축, 개축, 대수선되거나 용도변경 되는 경우에 있어서 이 기준이 정하는 기준에 따라 해당 건축물에 설치해야 할 자동화재탐지설비의 배관, 배선 등의 공사가 현저하게 곤란하다고 인정되는 경우에는 해당 설비의 기능 및 사용에 지장이 없는 범위 안에서 이 기준 일부를 적용하지 않을 수 있다.

12. 재검토 기한

소방청장은 「훈령·예규 등의 발령 및 관리에 관한 규정」에 따라 이 고시에 대하여 2023년 1월 1일을 기준으로 매 3년이 되는 시점(매 3년째의 12월 31일까지를 말한다)마다 그 타당성을 검토하여 개선 등의 조치를 해야 한다.

13. 자동화재탐지설비의 점검

13.1 P형 자동화재탐지설비

13.1.1 P형 자동화재탐지설비의 개요

자동화재탐지설비는 화재 초기에 발생하는 열, 연기, 불꽃 등을 자동으로 탐지하여 경보를 발신함으로써 화재를 조기에 발견하여 조기통보, 초기소화, 조기피난을 유도하는 설비이다. 화재가 발생했을 때 천장이나 반자에 설치된 감지기에 의해 자동으로 동작하거나 발신기를 수동조작에 의해 동작시켜 화재신호를 수신기에 입력시킨다. 입력된 화재신호에 의해 경종 및 시각경보기가 동작되며, 건물의 수용인원, 연면적, 층수에 따라 설치된 소화설비 및 피난설비가 있을 경우 자동으로 연동하여 동작된다.

P형 자동화재탐지설비는 화재를 자동으로 감지하는 감지기, 수동 발신을 위한 발신기, 화재신호를 수신하는 수신기, 수신기에 입력된 화재신호에 의한 경보를 발하는 주경종, 지구경종 및 시각경보기, 이들 상호 간을 연결하는 배선 및 전원 등으로 구성되어 있다.

13.1.2 P형 자동화재탐지설비의 점검

P형 자동화재탐지설비의 점검은 수신기 화재표시동작시험, 도통시험, 예비전원시험, 감지기 구성 및 동작 확인, P형 발신기의 구성 및 작동순서, 연동설비 중 피난설비, P형 자동화재탐지설비의 비화재보, 자동화재탐지설비의 관련 법정 점검표 작성 등을 실시한다.

(1) 화재표시동작시험

화재표시동작시험은 수신기의 시험스위치 이용, 발신기 누름버튼 이용 및 감지기 점검기구 이용, 감지기를 점검기구로 동작하는 방법 등이 있다.

① 수신기의 시험스위치 이용

가. 시험 전 안전조치를 한다.

a. 주경종, 지구경종, 사이렌, 방송 등을 정지할 것

b. 연동설비를 정지(유도등, 방화셔터, 자동소화설비 등)할 것

c. 빠른 진행을 위해 오동작방지기를 비축적으로 전환할 것

나. 동작시험스위치와 자동복구스위치를 누른다.

다. 회로선택스위치를 1회로씩 선택한다.

라. 동작 확인을 한다.

a. 화재표시등, 위치표시등 점등 확인할 것

b. 주경종, 지구경종, 사이렌, 방송 등을 해제하여 확인할 것

c. 연동설비를 해제하여 확인할 것

마. 수신기를 시험 전으로 복구시킨다.

a. 동작시험스위치, 자동복구스위치를 다시 눌러 원상태로 복구할 것

b. 주경종, 지구경종, 사이렌, 방송 등을 다시 눌러 원상태로 복구할 것

c. 회로선택스위치를 정상위치로 복구할 것

d. 연동설비를 정상상태(유도등, 방화셔터, 자동소화설비 등)로 전환할 것

② 발신기 누름버튼 및 감지기 점검기구 이용

가. 시험 전 안전조치를 한다.

a. 주경종, 지구경종, 사이렌, 방송 등을 정지할 것

b. 연동설비를 정지(유도등, 방화셔터, 자동소화설비 등)할 것

나. 해당 구역 발신기의 누름버튼을 누른다.

a. 감지기를 점검기구로 동작

b. 동작표시등 확인할 것

다. 동작 확인을 한다.

a. 발신기표시등(발신기 작동일 경우에만 해당), 화재표시등, 위치표시등 점등 확인할 것

b. 주경종, 지구경종, 사이렌, 방송 등을 해제하여 확인할 것

c. 연동설비를 해제하여 확인할 것

라. 발신기의 누름버튼을 시험 전으로 복구시킨다.

마. 수신기를 시험 전으로 복구시킨다.

a. 화재복구스위치를 누름

b. 주경종, 지구경종, 사이렌, 방송 등을 다시 눌러 원상태로 복구할 것

c. 연동설비인 유도등, 방화셔터, 자동소화설비 등을 정상상태로 전환할 것

(2) 화재도통시험

① 도통시험스위치를 누른다.

② 회로선택스위치를 1회로씩 선택한다.

③ 도통 확인을 한다.

가. 도통시험 확인등이 있는 수신기

나. 전압계가 있는 수신기

④ 수신기를 시험 전으로 복구시킨다.

가. 도통시험스위치를 다시 눌러 원상태로 복구할 것

나. 회로선택스위치를 정상위치로 복구할 것

(3) 예비전원시험

① 교류전원등(점등상태)과 예비전원감시등(소등상태)을 확인

가. 비전원감시등이 점멸상태이면 예비전원이 불량

② 예비전원스위치를 누른다.

가. 누르고 있는 동안만 시험 가능

③ 예비전원 시험 결과를 확인한다.

가. 자동절환여부는 상용전원 입력을 차단한 후 자동절환 릴레이의 작동 상황 확인할 것

나. 예비전원 전압의 적정 여부를 확인할 것

④ 예비전원스위치를 복구한다.

(4) 감지기 구성 및 동작 확인

① 감지기 구성 및 배선방법을 확인한다.

② 감지기의 동작을 확인한다.

가. 발광다이오드(LED)를 사용하여 감지기가 작동하면 점등되고, 수신기에서 화재복구스위치를 누르면 소등

③ 감지기 동작시험을 실시한다.

가. 열감지기 및 연기감지기는 감지기시험기를 이용할 것

나. 연기감지기는 연기스프레이를 이용할 것

④ LED 미점등 시 감지기 회로 전압을 확인한다.

가. 회로전압이 19.2 [V] 이상이면 감지기 불량

나. 회로전압이 0 [V]이면 회로 단선

다. 감지가가 불량이면 교체할 것

라. 감지기의 동작시험을 재실시하여 LED가 점등되면 정상

(5) P형 발신기의 구성 및 작동순서

① 발신기의 누름버튼을 눌렀을 경우 두 접점이 동시에 붙게 된다.

가. 수신반의 지구화재 릴레이를 구동시켜 화재발보(주경종, 지구경종, 비상방송 등)할 것

나. 수신반의 발신기등과 발신기의 LED를 동시에 점등

② 발신기의 누름버튼을 누른다.

③ 수신기, 발신기 확인등 및 발신기 LED 점등 확인한다.

④ 주경종 및 지구경종, 비상방송 등 연동설비 확인한다.

⑤ 발신기의 누름버튼 복구(빼냄) 및 결합한다.

(6) 연동설비 중 피난설비

P형 자동화재탐지설비에는 시설의 연면적, 층수, 수용인원에 따른 여러 가지 소방설비가 추가적으로 설치될 수 있고, 이 설비들은 P형 자동화재탐지설비의 수신반과 연동되어 동작된다.

① 피난구 유도등

가. 피난출구가 있다는 표시등이며, 출입구 상단에 설치

나. 표시면은 녹색 바탕에 백색 문자

② 통로 유도등

가. 피난구의 방향을 명시하는 표시등

나. 표시면은 백색 바탕에 녹색 문자

③ 배선방식

가. 2선식(원칙)의 점등 상태는 평상시에 점등되어 있음

나. 3선식(일부 적용)의 점등 상태는 평상시 소등되어 있다. 그런데 화재, 정전, 수동조작 시에 점등

④ 점검방법

가. 2선식은 평상시 점등이면 정상이고, 유도등이 평상시 소등이면 비정상

나. 3선식은 유도등의 절환스위치를 수동 또는 자동으로 전환하여 사용

(7) P형 자동화재탐지설비의 비화재보

화재가 아닌 경우에도 화재로 인식하여 경보를 발하는 경우이며, 반대로 실제 화재 시 경보를 발하지 못하는 경우를 실보라고 한다. 비화재보시 대처방법은 다음과 같은 것들이 있다.

① 수신기 확인할 것

② 실제 화재 여부 확인할 것

③ 음향장치 정지할 것

④ 비화재보 원인 제거할 것

⑤ 수신기 복구할 것
⑥ 음향장치 복구할 것
⑦ 스위치주의등 확인할 것

(8) 자동화재탐지설비의 관련 법정 점검표 작성

법정 점검 주기에 따라 소방시설 점검을 수행하고, 그 결과를 점검결과보고서인 점검표에 기록하여 관할 소방서에 제출(보관)해야 한다. 점검표를 작성하는 요령은 점검항목에 대하여 (양호 ○, 요정비 △, 불량 ×)로 구분하여 기재해야 한다. 또한, 불량 내용과 조치 내용을 모두 기재해야 한다.

13.2 R형 자동화재탐지설비

13.2.1 R형 자동화재탐지설비의 개요

중대형 건축물 등에 설치되는 R형 시스템은 화재가 발생하면 감지기나 발신기 등의 경보발신장치가 작동에 의한 접점신호를 통신신호로 변환하는 중계기를 통하여 수신기와 통신할 수 있도록 구성된다.

(1) 수신기

복합형 수신기는 자동화재탐지설비의 수신기가 옥내소화전설비 및 스프링클러설비의 감시제어반의 기능을 겸하는 수신기를 말하며, 옥내소화전설비 및 스프링클러설비가 있는 건축물에 설치된 수신기의 대부분이 복합형수신기이다.

(2) 중계기

신호변환장치로 중계기 내부에도 중앙처리장치(CPU)가 있으며, 메인 CPU와 중계기 CPU가 통신카드를 거쳐 프로토콜을 주고받는다. 중계기 내부의 릴레이 등의 소자를 통해 메인 CPU의 명령이 있을 때 경종 및 사이렌으로 출력을 하며, 중계기로 감지기 등을 입력받아 중계기가 메인 CPU 등으로 입력신호를 준다.

(3) R형 수신기 계통

R형 수신기에는 각각의 계통을 나누어 설치할 수 있는데 하나의 계통에는 중계기를 100여대 이상 설치할 수 있다. 중계기에는 개별적으로 주소가 있다. 예를 들어 1계통 1번 중계기 1번 회

로의 감지기 동작신호가 입력 시 통신신호로 수신반에 전달되고, 이벤트 발생을 수신기에서 메인창에 표시한다. 그리고 수신기는 현장 여건에 맞추어 등록되어 있는 연동표에 따라 다시 중계기에 경종 및 사이렌 등의 출력을 내보내라는 명령을 준다.

(4) R형 수신기의 내부 구성

① **CPU 모듈**

메인 CPU를 통하여 모든 소방 시스템에 입력도 받고 출력도 내보내면서 메인창에 이벤트 발생을 알려준다. 각 중계기 및 아날로그 감지기 등에는 개별 주소가 있다. 그 주소를 이용하여 메인 CPU가 담당 중계기 및 감지기에 출력을 주거나 입력을 받는다. 주소 등을 입력하는 별도 저장 공간이 수신기에 있는데 그 공간에 각 주소 및 주소에 따른 명령들을 현장 여건에 맞게 저장하게 되며, 이것을 연동표라고 한다.

② **통신 모듈**

메인 CPU와 중계기 및 아날로그 감지기 사이에 통신할 수 있도록 구성되어 있는 보드이다. 기본적으로 통신카드 1개당 2계통씩 담당하고, 1계통에 접속할 수 있는 중계기는 100대 이상이다. 보통 수신반은 16계통 및 36계통 이상도 사용한다.

③ **전원 모듈**

각 모듈에 전원을 공급하며, 전원상태를 감시한다.

④ **RP 모듈**

비상방송의 R/P신호를 입력받아 통신 및 접점으로 출력한다.

⑤ **전원부**

AC전원을 DC 24 [V]로 변환하여 공급하는 트랜스와 스위치, 퓨즈로 구성되어 있다.

⑥ **예비전원**

무보수 밀폐형 연축전지 또는 니켈카드뮴전지를 사용한다.

13.2.2 R형 자동화재탐지설비의 점검

R형 자동화재탐지설비의 점검은 제조사별로 약간의 차이는 있지만 다음과 같이 R형 수신기의 표시부 및 제어부, R형 수신기 화면 표시 확인, R형 수신기 고장의 형태와 원인 등을 실시한다.

(1) R형 수신기의 표시부 및 제어부

화재표시동작시험은 수신기의 시험스위치 이용, 발신기 누름버튼 이용 및 감지기 점검기구 이용, 감지기를 점검기구로 동작하는 방법 등이 있다.

① 평상시 수신기 상태

가. 표시부 상태

a. 상태표시부의 교류전원등은 일반적으로 녹색등으로 점등할 것

b. 전압 정상 표시등이 녹색으로 점등할 것

c. 스위치 주의 표시등은 소등할 것

나. 제어부의 표시 상태

a. 정보표시부의 화재표시등이 적색으로 점등

b. 수동발신기의 작동으로 화재신호가 발신되었다면 발신기표시등이 점등할 것

c. 화재표시창 1에 최초로 화재를 발신한 회선번호가 표시할 것

d. 화재표시창 2에 두 번째로 발신한 회선번호가 표시할 것

e. 화재신호가 3개 이상 들어오면 초과표시등이 점등할 것

f. LCD 표시창에 화재 발생 정보를 표시할 것

g. LCD 표시창의 하부에 조치 메시지가 표시될 것

다. 제어부의 통보장치 상태

a. 주음향장치가 동작할 것

b. 지구경종이 동작할 것

c. 시각경보기가 동작할 것

d. 비상방송설비가 작동되어 스피커가 동작할 것

② 화재경보시 조치

가. 조치방법

a. 1단계는 LCD 표시창에서 화재 발생 위치를 확인할 것

b. 2단계는 정보 표시창에서 발신기등의 점등을 확인할 것

c. 3단계는 연동 정지시킨 스위치가 있다면 즉시 연동정지스위치를 풀어 통보장치가 구동할 것

d. 4단계는 즉시 화재현장으로 출동하여 소화기 등으로 초기소화 작업을 할 것

나. 복구 조치

a. 1단계는 수동발신기가 작동한 경우에는 현장 발신기의 누름스위치를 수동으로 복

구할 것

b. 2단계는 해당 구역의 감지기를 확인하여 작동 LED가 점등된 감지기가 있으면 감지기를 제거할 것

c. 3단계는 진화 작업 완료 후 주음향 정지스위치를 눌러 주음향의 주경종을 정지시킬 것

(2) R형 수신기 화면 표시 확인

각 제조사별로 약간의 차이가 있으므로 제작사의 설명서에 따라 확인을 실시한다. 모니터에 표시된 스위치 등은 마우스로 클릭하여 정지 및 동작을 시킬 수 있다. 화재 발생 및 설비의 이상 내용이 모니터의 상단부에 표시되고, 하단부에는 조작스위치가 설치되어 있다.

하단부에 설치되어 있는 조작스위치의 기능은 P형 자동화재탐지설비의 기능스위치와 유사하다. 대상물에 설치되어 있는 소방설비의 종류에 따라 프로그램 조절이 가능하므로 설비가 증가되거나 감소될 수 있다. 수신기에서 로컬(지역)으로 공급되는 전압의 정보와 축적·비축적의 기능, 지구경종, 스프링클러설비, 방화문, 방화셔터, 제연설비 등등 대상물의 연면적, 층수, 수용인원에 따라 설치된 소방시설들의 연동, 연동정지 기능들을 터치스크린 방식으로 제어할 수 있다.

(3) R형 수신기 고장의 형태와 원인

① 중계기 통신램프

가. 중계기 통신램프의 점등 불량 형태

a. 1개 계통에 물려 있는 전체 중계기의 통신램프가 점등되지 않을 경우는 수신기의 통신카드 불량 또는 통신선로가 단선일 경우가 있다.

b. 개별 중계기의 통신램프가 점등되지 않을 경우는 중계기 어드레스 스위치의 설정이 잘못되어 있거나 중계기 불량일 경우가 있다.

나. 중계기 통신램프 점등 불량의 확인방법

a. 전류전압측정기 또는 회로시험기를 DC로 전환하고

b. 통신 + 단자와 통신 − 단자에 리드봉을 접속할 때

c. 전압이 나오지 않으면 통신을 못하고 있는 것이다.

정상일 경우에는 수신기와 중계기 간 통신 프로토콜을 주고받으므로 일정한 전압값이 아니라 전위 변동이 있다. 단, 전압차는 제조사별로 차이가 있을 수 있다.

② 수신기 및 감지기

가. 수신기 자체적 이상 증상

a. 모니터가 나오지 않을 때는 모니터 뒤쪽의 연결잭을 확인할 것

b. 스위치등 미점등시 스위치부 안쪽 커넥터 등의 체결 상태 확인, 정상복구 되지 않을 경우 제조사 의뢰할 것

나. 감지기가 정상 동작해도 중계기가 입력을 못 받을 때는 중계기 불량인 경우가 대부분이다.

다. 수신기 및 감지기의 확인방법

a. 전류전압측정기(테스터기)를 DC로 전환하고

b. 해당 구역 중계기의 회로단자와 공통단자에 리드봉을 접속할 때

c. 전압이 나오지 않으면 통신을 못하고 있는 것이다. 정상일 경우에는 21 [V] 정도이며, 감지기 동작 시에는 0 [V]로 전압이 떨어진다.

라. 경종이 출력되지 않을 때의 고장 원인은 중계기 내부 출력 릴레이가 불량인 경우가 대부분이므로 확인방법은 다음과 같다.

a. 전류전압측정기 또는 회로시험기를 DC로 전환하고

b. 해당 구역 중계기의 경종출력단자와 공통단자에 리드봉을 접속할 때

c. 전압이 나오지 않으면 통신을 못하고 있는 것이다. 정상일 경우에는 0 [V]이며, 출력 시에는 24 [V] 정도로 측정된다.

연습문제

문제 **01** (　　　)는 화재 발생을 조기에 경보하고 화재 위치를 통보하는 기능을 하는 설비로 화재가 발생하면 자동으로 화재발생신호를 발신하는 감지기, 사람이 수동으로 화재발생신호를 보낼 수 있는 발신기, 화재발생신호를 수신하여 화재 위치를 표시하고 경보장치 등에 작동신호를 발신하는 수신기, 화재가 발생했음을 경보해 주는 음향장치 및 시각경보기(경보장치)로 구성되어 있다.

풀이 자동화재탐지설비

문제 **02** (　　　)은 특정소방대상물 중 화재신호를 발신하고 그 신호를 수신 및 유효하게 제어할 수 있는 구역을 말한다.

풀이 경계구역

문제 **03** (　　　)는 감지기나 발신기에서 발신하는 화재신호를 직접 수신하거나 중계기를 통하여 수신하여 화재의 발생을 표시 및 경보하여 주는 장치를 말한다.

풀이 수신기

문제 **04** (　　　)는 감지기, 발신기 또는 전기적 접점 등의 작동에 따른 신호를 받아 이를 수신기의 제어반에 전송하는 장치를 말한다.

풀이 중계기

문제 **05** (　　　)는 화재가 발생할 때 발생하는 열, 연기, 불꽃 또는 연소 생성물을 자동적으로 감지하여 수신기에 발신하는 장치를 말한다.

풀이 감지기

문제 06 (　　)는 화재발생신호를 수신기에 수동으로 발신하는 장치를 말한다.

풀이 발신기

문제 07 (　　)는 자동화재탐지설비에서 발신하는 화재신호를 시각경보기에 전달하여 청각장애인에게 점멸 형태의 시각 경보를 하는 것을 말한다.

풀이 시각경보장치

문제 08 (　　)은 거주, 집무, 작업, 집회, 오락 그 밖에 이와 유사한 목적을 위하여 사용하는 방을 말한다.

풀이 거실

문제 09 다음 표는 소방시설법에서 언급된 자동화재탐지설비의 설치대상 및 연면적/저장량을 나타낸 것이다. 적절한 내용을 제시하시오.

구분	번호	설치대상
	①	노유자 시설
	②	근린생활시설(목욕장 제외), 의료시설(정신의료기관 또는 요양병원 제외), 숙박시설, 위락시설, 장례식장 및 복합건축물
	③	공동주택, 근린생활시설 중 목욕장, 문화 및 집회시설, 종교시설, 판매시설, 운수시설, 운동시설, 업무시설, 공장, 창고시설, 위험물 저장 및 처리시설, 항공기 및 자동차 관련 시설, 교정 및 군사시설 중 국방·군사시설, 방송통신시설, 발전시설, 관광 휴게시설, 지하가(터널 제외)
연면적	④	지하가 중 터널 길이
	⑤	교육연구시설(교육시설 내에 있는 기숙사 및 합숙소 포함), 수련시설(수련시설 내에 있는 기숙사 및 합숙소 포함, 숙박시설이 있는 수련시설 제외), 동물 및 식물 관련 시설(기둥과 지붕만으로 구성되어 외부와 기류가 통하는 장소 제외), 분뇨 및 쓰레기 처리시설, 교정 및 군사시설(국방·군사시설 제외) 또는 묘지 관련 시설
바닥면적 합계	⑥	의료시설 중 정신의료기관 또는 의료재활시설(창살이 설치된 것)
	⑦	의료시설 중 정신의료기관 또는 의료재활시설(창살이 설치되지 않은 것)
수용인원	⑧	숙박시설이 있는 수련시설
지정수량	⑨	공장 및 창고시설로서 특수가연물을 저장·취급하는 것

풀이 ① 400 [m^2] 이상, ② 600 [m^2] 이상, ③ 1,000 [m^2] 이상, ④ 1,000 [m] 이상, ⑤ 2,000 [m^2] 이상, ⑥ 300 [m^2] 미만, ⑦ 300 [m^2] 이상, ⑧ 100명 이상, ⑨ 500배 이상

문제 **10** 건물 내부의 공간은 일반적으로 거실과 같은 수평적 공간과 계단 및 파이프 덕트 등과 같은 수직적인 공간이 있다. 다음은 수평적 경계구역에 대한 설명으로 빈칸에 적절한 내용을 제시하시오.

① 하나의 경계구역이 ( )개 이상의 건축물에 미치지 않도록 할 것

② 하나의 경계구역이 ( )개 이상의 층에 미치지 않도록 할 것. 다만, 500 [m^2] 이하의 범위 안에서는 2개의 층을 하나의 경계구역으로 할 수 있다.

③ 하나의 경계구역의 면적은 600 [m^2] 이하로 하고 한 변의 길이는 ( ) [m] 이하로 할 것. 다만, 해당 특정소방대상물의 주된 출입구에서 그 내부 전체가 보이는 것에 있어서는 1,000 [m^2] 이하로 할 수 있다.

④ 지하구의 경우 하나의 경계구역의 길이는 ( ) [m] 이하로 할 것

⑤ 도로터널의 경우 하나의 경계구역의 길이는 ( ) [m] 이하로 할 것

풀이 2, 2, 50, 700, 100

문제 **11** 어떤 주민이 보유하고 있는 건물을 건축 허가 동의할 때는 특정소방대상물의 주된 출입구에서 그 내부 전체가 보여 경계구역의 면적을 1,000 [m^2]로 판정하였으나 사용 중에 건물주가 간이 벽을 설치하거나 물건을 적재하여 주된 출입구에서 그 내부 전체가 보이지 않는 경우 경계구역의 범위는 어떻게 설정해야 하는가?

풀이 이와 같은 건물은 경계구역을 600 [m^2] 이하로 재설정해야 한다. 왜냐하면 내부 전체가 보이지 않으면 화재를 확인하는데 시간이 소요되고 화재 진압 및 대피가 적절하게 진행될 수 없다.

문제 **12** 계단, 경사로, 엘리베이터 권상기실, 리넨 슈트, 파이프 덕트 기타 이와 유사한 부분에 대하여는 별도로 경계구역을 설정하되 하나의 경계구역은 높이 ( ) [m] 이하로 하고, 지하층의 계단 및 경사로(지하층의 층수가 1일 경우는 제외한다)는 별도로 하나의 경계구역으로 해야 한다. 직통 계단 외의 것에 있어서는 떨어져 있는 상하 계단의 상호 간의 수평거리가 ( ) [m] 이하로서 서로 사이에 구획되지 아니한 것에 한한다.

풀이 45, 5

문제 13 건축물의 층수가 지하 5층, 지상 20층이고 각 층의 층고가 3 [m]인 건물에 지하 5층부터 지상 20층까지 통하는 계단과 파이프 덕트가 설치되어 있을 때 계단과 파이프 덕트는 몇 개의 경계구역으로 산정해야 하는가?

풀이 ① 계단

- 지하층이 5층이므로 지상과 지하를 구분해서 경계구역을 산정한다.
- 계단 및 지상층의 높이는 60 [m], 지하층의 높이는 15 [m]이므로 지하층은 1개, 지상층은 2개, 총 3개가 된다.

② 파이프 덕트는 지상층과 지하층의 구분 없이 그리고 높이에 상관없이 하나의 경계구역으로 할 수 있으므로 1개를 설치한다.

그러므로 전체는 4개가 필요하다.

문제 14 어떤 건물의 목욕실, 욕조나 샤워 시설 등이 있는 화장실 등과 같이 감지기 설치가 제외된 장소의 면적도 경계구역의 면적에 산입해야 하는가?

풀이 산입해야 한다.

문제 15 어떤 특정소방대상물이 지상 8층, 지하 3층, 층별 바닥면적 550 [m^2], 층간 높이 3 [m], 계단 1개, 엘리베이터 1개 인 경우 최소 경계구역수는?

풀이 수평적 경계구역 : 각 층마다 1개씩, 총 11개

수직적 경계구역 : 엘리베이터 권상기실 1개, 계단(지하 3층이므로) 2개

총 14개

문제 16 공용주택으로 계단실형 아파트이며 하나의 계단으로부터 출입할 수 있는 세대수가 층당 2세대 이하이다. 지상 22층은 바닥면적이 550 [m^2], 지하 1층은 주차장으로 2,500 [m^2], 층별 높이 3 [m], 엘리베이터 1개, 계단 1개, 준비 작동식 스프링클러 설치 시 최소 경계구역수는?

풀이 수평적 경계구역 : S·P가 설치된 주택 부분 1～22층까지＝22개

※ 다만, 한 개 층의 헤드가 10개 이하일 경우 3개 층을 하나의 방호구역으로 할 수 있다.

S·P가 설치된 주차장＝1개

수직적 경계구역 : 계단높이 72 [m](계단탑 3 [m])로 2개, 엘리베이터 권상기실 1개

총 26개

문제 **17** 자동화재탐지설비의 상용전원은 전기가 정상적으로 공급되는 ( ) 또는 교류 전압의 옥내 간선으로 하고 전원까지의 배선은 전용으로 시설한다. 또한 개폐기에는 “자동화재탐지설비용”이라고 표시한 표지를 하며, 자동화재탐지설비에는 그 설비에 대한 감시 상태를 60분간 지속한 후 유효하게 ( )분 이상 경보할 수 있는 축전지설비(수신기에 내장하는 경우를 포함한다)를 설치해야 한다. 다만, 상용전원이 축전지설비인 경우에는 그렇지 않다.

풀이 축전지, 10

문제 **18** 감지기 회로의 도통 시험을 위한 종단저항의 기준에 대해서 논하시오.

풀이 ① 점검 및 관리가 쉬운 장소에 설치할 것
② 전용함을 설치하는 경우 그 설치 높이는 바닥으로부터 1.5 [m] 이내로 할 것
③ 감지기 회로의 끝부분에 설치하며, 종단 감지기에 설치할 경우에는 구별이 쉽도록 해당 감지기의 기판 등에 별도의 표시를 할 것

문제 **19** 자동화재탐지설비에서 감지기 회로 및 부속 회로의 전로와 대지 사이 및 배선 상호 간의 절연저항은 1경계구역마다 직류 ( ) [V]의 절연저항 측정기를 사용하여 측정한 절연저항이 ( ) [MΩ] 이상이 되도록 한다.

풀이 250, 0.1

문제 **20** 자동화재탐지설비의 감지기 회로의 전로저항은 ( ) [Ω] 이하가 되도록 해야 하며, 수신기의 각 회로별 종단에 설치되는 감지기에 접속되는 배선의 전압은 감지기 정격전압의 ( ) [%] 이상이어야 한다.

풀이 50, 80

Chapter 02

자동화재속보설비

1. 개요

자동화재속보설비(自動火災速報設備, automatic fire breaking system)는 자동화재탐지설비로부터 화재신호를 받아 소방서에 자동적으로 화재 발생과 위치를 신속하게 통보해 주는 설비이다. 자동화재속보기의 형태는 여러 가지가 있으나 부착되어 있는 사용 설명서를 참고하면 각 표시등 및 스위치의 기능들을 알 수 있다.

① "속보기"란 화재신호를 통신망을 통하여 음성 등의 방법으로 소방관서에 통보하는 장치를 말한다.

② "통신망"이란 유선이나 무선 또는 유무선 겸용 방식을 구성하여 음성 또는 데이터 등을 전송할 수 있는 집합체를 말한다.

③ "데이터전송방식"이란 전기·통신매체를 통해서 전송되는 신호에 의하여 어떤 지점에서 다른 수신 지점에 데이터를 보내는 방식을 말한다.

④ "코드전송방식"이란 신호를 표본화하고 양자화하여, 코드화한 후에 펄스 혹은 주파수의 조합으로 전송하는 방식을 말한다.

그림 2-2-1은 자동화재속보기의 표시등 및 스위치를 나타낸다.

① 시간/횟수/설정 표시

평상시에는 현재 시각이 나타나며, 작동시에는 작동한 시간 및 횟수가 표시된다.

② 교류전원등, 예비전원등, 복구 스위치의 기능은 자동화재탐지설비의 기능과 같다.

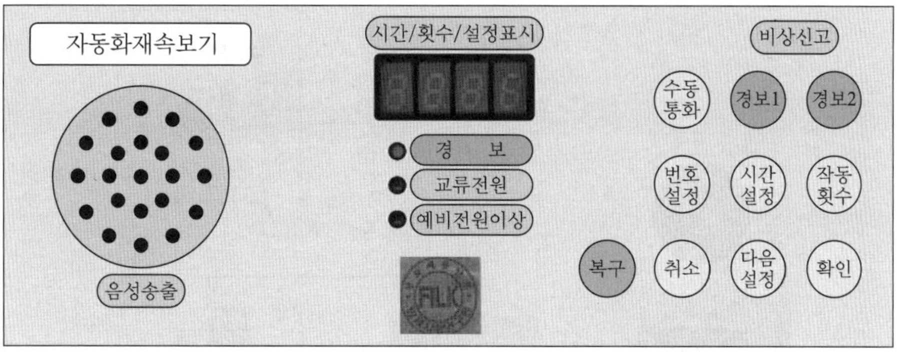

■ 그림 2-2-1 자동화재속보기의 표시등 및 스위치

2. 자동화재속보기의 종류

자동화재속보기는 일반형과 문화재형으로 구분되며, 화재 발생 시 자동으로 화재 발생 장소를 신속하게 소방관서에 통보하여 주는 설비이다. 자동화재탐지설비의 수신기에서 화재신호를 수신하여 20 [s] 이내에 오보 또는 화재인지를 판별한 후 자동화재속보설비에 접속된 상용 전화선로를 차단함과 동시에 소방관서에 자동으로 3회 이상 반복하여 신고하는 설비이다.

2.1 일반형 자동화재속보설비의 속보기

(1) 구성도

자동화재탐지설비 수신기의 화재신호와 연동으로 작동하여 관계인에게 화재 발생을 경보함과 동시에 소방관서에 자동적으로 통신망을 통한 해당 화재 발생 및 해당 특정소방대상물의 위치 등을 음성으로 통보해 주는 것을 말한다. P형 및 R형 수신기로부터 발하는 화재신호를 수신하여 20 [s] 이내에 소방관서에 통보하고, 특정소방대상물 위치를 3회 이상 소방관서에 자동으로 통보한다. 그림 2-2-2는 일반형 자동화재속보설비의 구성도를 나타낸다.

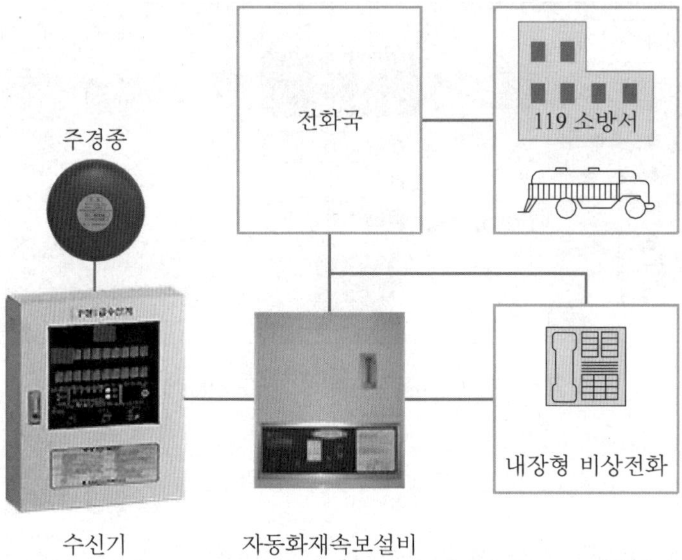

■ 그림 2-2-2 일반형 자동화재속보설비의 구성도

(2) 동작 순서

일반형 자동화재속보설비의 속보기에 대한 구성도는 다음과 같다.

화재 발생 → [(자동감지) 감지기 동작 / (수동조작) 발신기 작동] → 수신기 입력 → 자동화재 속보설비 → 소방서 통보

■ 그림 2-2-3 일반형 자동화재속보설비의 동작 순서

2.2 문화재형 자동화재속보설비의 속보기

(1) 구성도

문화재형 자동화재속보설비는 속보기에 감지기를 직접 연결하는 방식의 설비로 P형 및 R형 수신기와 화재속보기의 성능을 복합한 것이다. P형 및 R형 수신기와 A형 화재속보기의 성능을 복합한 것으로 감지기나 발신기에 의해 발신하는 신호 또는 중계기를 통해 송신된 신호를 특정 소방대상물의 관계자에게 통보하고, 20 [s] 이내에 3회 이상 특정소방대상물의 위치를 소방관서에 자동으로 통보한다. 단, 자동화재탐지설비 1개의 경계구역에 한하며, 그림 2-2-4는 일반형 자동화재속보설비의 구성도를 나타낸다.

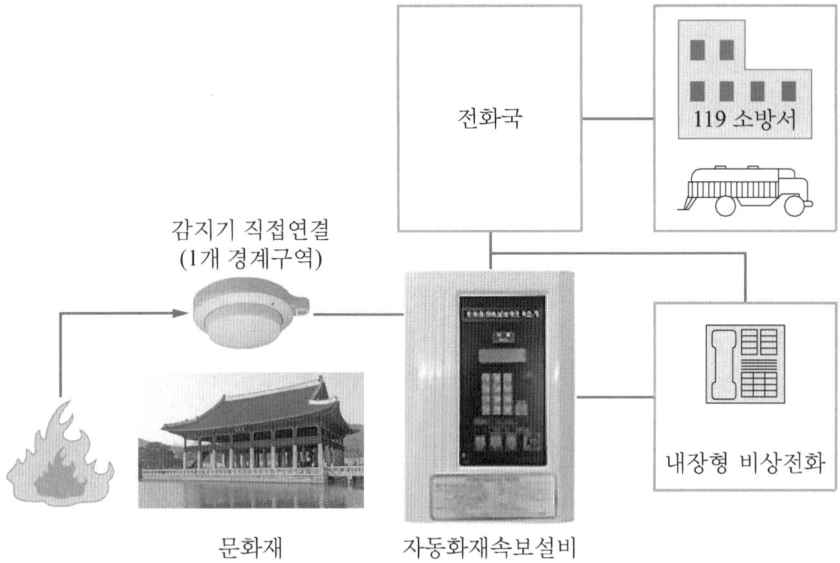

■ 그림 2-2-4 문화재형 자동화재속보설비의 구성도

(2) 동작 순서

문화재형 자동화재속보설비의 속보기에 대한 구성도는 다음과 같다.

화재 발생 → (자동감지) 감지기 동작 → 자동화재 속보설비 → 전화국 → 소방서 통보

■ 그림 2-2-5 문화재형 자동화재속보설비의 동작 순서

3. 설치대상

3.1 설치대상

① 노유자 생활시설

② 노유자 시설로서 바닥면적이 500 [m^2] 이상인 층이 있는 것

③ 수련시설(숙박시설이 있는 것만 해당한다)로서 바닥면적이 500 [m^2] 이상인 층이 있는 것

④ 보물 또는 국보로 지정된 목조건축물

⑤ 근린생활시설 중 다음의 어느 하나에 해당하는 시설

가. 의원, 치과의원 및 한의원으로서 입원실이 있는 시설

나. 조산원 및 산후조리원

⑥ 의료시설 중 다음의 어느 하나에 해당하는 것

가. 종합병원, 병원, 치과병원, 한방병원 및 요양병원(의료재활시설은 제외한다)

나. 정신병원 및 의료재활시설로 사용되는 바닥면적의 합계가 500 [m^2] 이상인 층이 있는 것

⑦ 판매시설 중 전통시장

3.2 제외대상

방재실 등 화재 수신기가 설치된 장소에 24시간 화재를 감시할 수 있는 사람이 근무하고 있는 경우에는 자동화재속보설비를 설치하지 않을 수 있다.

4. 기능

① 자동화재탐지설비로부터 작동신호를 수신하거나 동작시키는 경우 20 [s] 이내에 소방관서에 자동적으로 신호를 발하여 통보하되, 3회 이상 속보할 수 있어야 한다.

② 주전원이 정지한 경우에는 자동으로 예비전원으로 전환되고, 주전원이 정상상태로 복귀한 경우에는 자동적으로 예비전원에서 주전원으로 전환되어야 한다.

③ 예비전원은 자동적으로 충전되어야 하며 자동과충전방지장치가 있어야 한다.

④ 자동화재탐지설비로부터 화재신호를 수신하거나 속보기를 수동으로 동작시키는 경우 자동적으로 적색 화재표시등이 점등되고 음향장치로 화재를 경보하여야 하며 화재표시 및 경보는 수동으로 복구 및 정지시키지 않는 한 지속되어야 한다.

⑤ 연동 또는 수동으로 소방관서에 화재발생 음성정보를 속보중인 경우에도 송수화장치를 이용한 통화가 우선적으로 가능하여야 한다.

⑥ 예비전원을 병렬로 접속하는 경우에는 역충전 방지 등의 조치를 하여야 한다.

⑦ 예비전원은 감시상태를 60분간 지속한 후 10분 이상 동작(화재속보 후 화재표시 및 경보를 10분간 유지하는 것을 말한다)이 지속될 수 있는 용량이어야 한다.

⑧ 속보기는 연동 또는 수동 작동에 의한 다이얼링 후 소방관서와 전화접속이 이루어지지 않는 경우에는 최초 다이얼링을 포함하여 10회 이상 반복적으로 접속을 위한 다이얼링이 이루어져야 한다. 이 경우 매회 다이얼링 완료 후 호출은 30초 이상 지속되어야 한다.

⑨ 속보기의 송수화장치가 정상위치가 아닌 경우에도 연동 또는 수동으로 속보가 가능하여야 한다.

⑩ 음성으로 통보되는 속보내용을 통하여 해당 소방대상물의 위치, 화재발생 및 속보기에 의한 신고임을 확인할 수 있어야 한다.

⑪ 속보기는 음성속보방식 외에 데이터 또는 코드전송방식 등을 이용한 속보기능을 부가로 설치할 수 있다. 이 경우 데이터 및 코드전송방식은 「자동화재속보설비의 속보기의 성능인증 및 제품검사의 기술기준」 별표 1에 따른다.

⑫ ⑪ 후단의 [별표 1]에 따라 소방관서 등에 구축된 접수시스템 또는 별도의 시험용 시스템을 이용하여 시험한다.

5. 설치기준

① 자동화재탐지설비와 연동으로 작동하여 자동적으로 화재신호를 소방관서에 전달되는 것으로 할 것. 이 경우 부가적으로 특정소방대상물의 관계인에게 화재신호를 전달되도록 할 수 있다.

② 조작스위치는 바닥으로부터 0.8 [m] 이상 1.5 [m] 이하의 높이에 설치할 것

③ 속보기는 소방관서에 통신망으로 통보하도록 하며, 데이터 또는 코드전송방식을 부가적으로 설치할 수 있다. 단, 데이터 및 코드전송방식의 기준은 소방청장이 정하여 고시한 「자동화재속보설비의 속보기의 성능인증 및 제품검사의 기술기준」 제5조제12호에 따른다.

④ 문화재에 설치하는 자동화재속보설비는 ①의 기준에도 불구하고 속보기에 감지기를 직접 연결하는 방식(자동화재탐지설비 1개의 경계구역에 한한다)으로 할 수 있다.

⑤ 속보기는 소방청장이 정하여 고시한 「자동화재속보설비의 속보기의 성능인증 및 제품검사의 기술기준」에 적합한 것으로 설치할 것

6. 설치·유지기준의 특례

소방본부장 또는 소방서장은 기존건축물이 증축, 개축, 대수선되거나 용도변경 되는 경우에 있어서 이 기준이 정하는 기준에 따라 해당 건축물에 설치해야 할 자동화재속보설비의 배관, 배선 등의 공사가 현저하게 곤란하다고 인정되는 경우에는 해당 설비의 기능 및 사용에 지장이 없는 범위 안에서 이 기준 일부를 적용하지 않을 수 있다.

7. 재검토 기한

소방청장은 「훈령·예규 등의 발령 및 관리에 관한 규정」에 따라 이 고시에 대하여 2023년 1월 1일을 기준으로 매 3년이 되는 시점(매 3년째의 12월 31일까지를 말한다)마다 그 타당성을 검토하여 개선 등의 조치를 해야 한다.

연습문제

문제 01 자동화재속보설비는 자동화재탐지설비로부터 화재신호를 받아 (　　)에 자동적으로 화재 발생과 위치를 신속하게 통보해 주는 설비이다.

풀이 소방서

문제 02 자동화재속보설비의 설치대상은 공장 및 창고시설 또는 업무시설로서 바닥면적이 (　　) [m^2] 이상인 층이 있는 것. 노유자 시설로서 바닥면적이 (　　) [m^2] 이상인 층이 있는 것. 교육연구시설 중 청소년시설로서 바닥면적이 (　　) [m^2] 이상인 층이 있는 것 등이다.

풀이 1,500, 500, 500

문제 03 자동화재속보설비의 수신반이 설치된 장소에 (　　) 가능한 전화가 설치되어 있고, 감시인이 상주하는 경우에는 자동화재속보설비를 설치하지 않을 수 있다.

풀이 상시 통화

문제 04 자동화재속보설비는 자동화재탐지설비로부터 작동신호를 수신하였을 때 (　　) [s] 이내에 소방관서에 자동적으로 신호를 발신하여 통보하되 (　　)회 이상 속보할 수 있어야 한다.

풀이 20, 3

문제 **05** 자동화재속보설비의 전원이 정지한 경우에는 자동으로 ( )으로 전환되고, 주전원이 정상 상태로 복귀한 경우에는 자동적으로 ( )에서 주전원으로 전환되어야 한다.

풀이 예비전원, 예비전원

문제 **06** 자동화재속보설비의 예비전원은 자동적으로 충전되어야 하며 ( )가 있어야 하며, 자동화재탐지설비로부터 화재신호를 수신하였을 경우 자동적으로 적색 화재 표시등이 점등되고 음향장치로 화재를 경보해야 하며 화재 표시 및 ( )는 수동으로 복구 및 정지시키지 않는 한 지속되어야 한다.

풀이 자동 과충전 방지 장치, 경보

문제 **07** 자동화재탐지설비의 예비전원을 병렬로 접속하는 경우에는 ( ) 등의 조치를 해야 한다. 또한 예비전원은 감시 상태를 ( )분간 지속한 후 ( )분 이상 작동이 지속될 수 있는 용량이어야 한다.

풀이 역충전 방지, 60, 10

문제 **08** 자동화재속보설비는 자동화재탐지설비와 연동으로 작동하여 자동적으로 화재 발생 상황을 소방관서에 전달되어야 하며, 스위치는 바닥으로부터 ( ) [m] 이상 ( ) [m] 이하의 높이에 설치해야 한다.

풀이 0.8, 1.5

Chapter 03

누전경보설비

1. 개요

누전경보기(漏電警報器, electric leakage box alarm 또는 electric leakage detector)는 600 [V][4] 이하인 경계 전로의 누설전류를 검출하여 해당 특정소방대상물의 관계자에게 경보를 발신하는 설비로서 누설전류를 검출하는 변류기(變流器, CT; current transformer), 변류기로부터 검출된 신호를 수신하여 누전의 발생을 해당 특정소방대상물의 관계자에게 경보하여 주는 수신기(受信機, receiver)로 구성되어 있다. 그림 2-3-1은 누전경보기의 실체 사진이며, 그림 2-3-2는 누전경보기의 표시등 및 스위치를 나타낸다.

① "누전경보기"란 내화구조가 아닌 건축물로서 벽, 바닥 또는 천장의 전부나 일부를 불연재료 또는 준불연재료가 아닌 재료에 철망을 넣어 만든 건물의 전기설비로부터 누설전류를 탐지하여 경보를 발신하며 변류기와 수신부로 구성된 것을 말한다.

② "수신부"란 변류기로부터 검출된 신호를 수신하여 누전의 발생을 해당 특정소방대상물의 관계인에게 경보하여 주는 것(차단 기구를 갖는 것을 포함한다)을 말한다.

③ "변류기"란 경계 전로의 누설전류를 자동적으로 검출하여 이를 누전경보기의 수신부에 송신하는 것을 말한다.

④ 음향장치는 사용 전압의 80 [%]에서 정상적으로 경보음을 발신할 수 있어야 하고 음량은 1 [m] 떨어진 곳에서 70 [dB] 이상이어야 한다.

⑤ 감도 조절 스위치는 수신기가 경보음을 발신해야 하는 누설전류의 양을 조절하는 스위치로 0.2 [A], 0.5 [A], 1.0 [A]를 선택할 수 있다.

⑥ 도통 시험 스위치는 수신기와 변류기 사이의 배선에 대한 단선 유무 확인과 작동 시험을

4) 소방 관련 법규는 600 [V] 이하의 경우에만 적용하고 그 이상의 전압에 대해서는 전기 관련 법규에 적용된다.

하는 스위치이다. 눌렀을 때 작동 표시등, 도통 표시등, 경보음이 울려야 한다.

⑦ 복구/자동복구 스위치는 자동화재탐지설비 수신기의 복구 스위치와 동일한 역할을 한다.

(a) 누전경보기

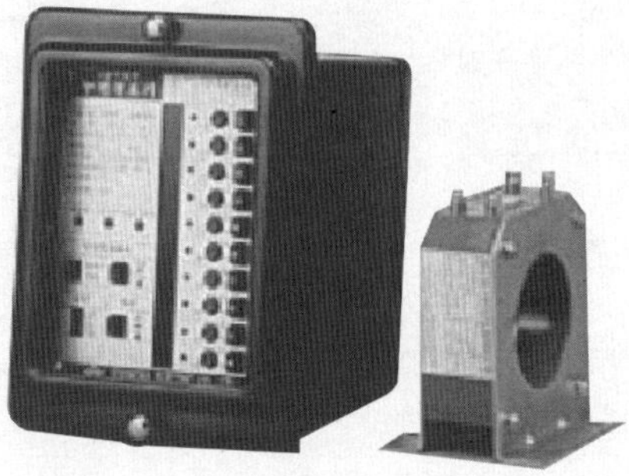

(b) 누전경보기와 변류기

■ 그림 2-3-1 누전경보기의 실체 사진

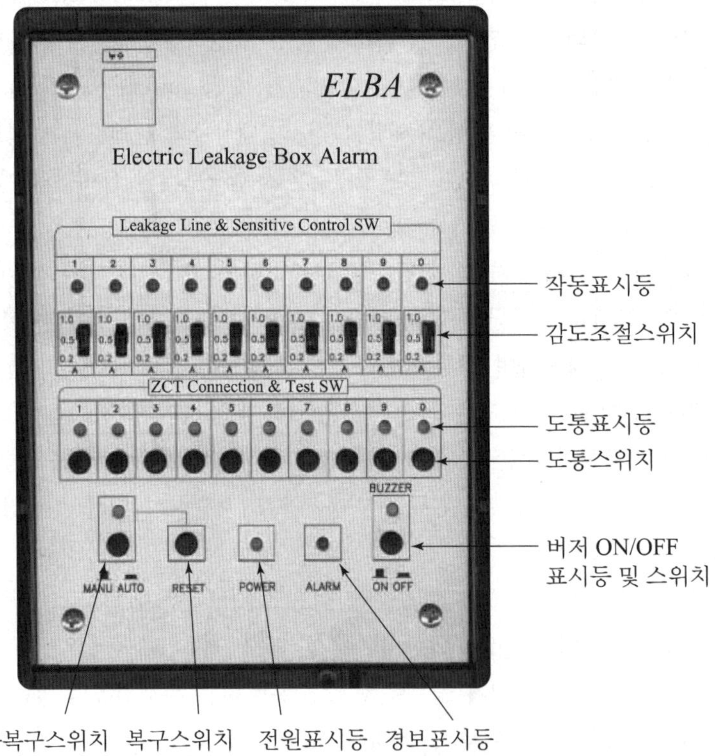

■ 그림 2-3-2 누전경보기의 표시등 및 스위치

2. 작동원리

누전차단기(漏電遮斷器, Residual Current Protective Device; RCD or Earth Leakage Breaker; ELB)는 인체의 감전사고 예방을 위해 설치되는 기기이며, 누전경보기는 사용 전압 600 [V] 이하의 특정소방대상물에서 누전과 같은 이상 징후가 발생했을 때 관계자에게 경보를 하는 설비이다.

누전경보기는 누전차단기와 같은 원리를 가지고 있고, 누설전류를 검출하는 영상변류기(影像變流器, ZCT; Zero Phase Current Transformer)와 그 전류를 증폭하는 증폭기, 수신기 및 경보를 발생시키는 음향장치 등으로 구성되어 있다.

그림 2-3-3은 전기설비의 누전 경로를 설명하기 위해 나타낸 것으로 누전이 없는 상태에서는 누설전류 $\dot{I}_g$는 흐르지 않고, 선전류 $\dot{I}_a$와 $\dot{I}_b$은 같은 값이다. 그러나 회로에 누전이 발생하면 $\dot{I}_b = \dot{I}_a - \dot{I}_g$가 되어 $\dot{I}_b$는 $\dot{I}_a$보다 $\dot{I}_g$만큼 작아진다. 따라서 검지기에서 검지된 신호를 증폭하여 회로를 차단하거나 경보를 하게 되어 있다.

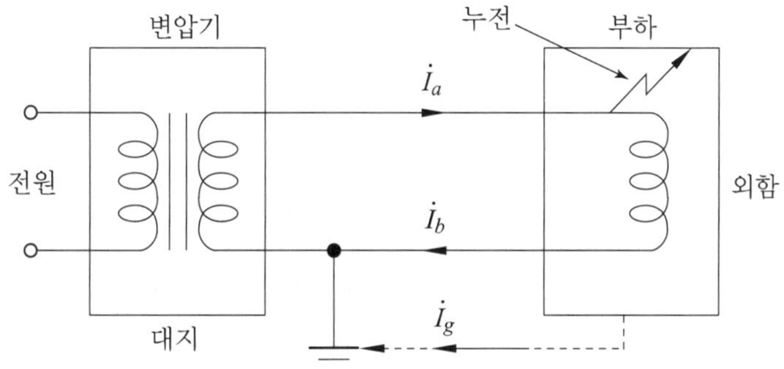

■ 그림 2-3-3 회로의 누설전류 경로

2.1 단상식

누전경보기의 작동은 회로에 설치된 변류기가 누설전류를 감지하여 그 값을 비교한 후에 시스템을 보호하기 위한 것이다. 누전경보에 적용되는 영상변류기의 동작 원리는 그림 2-3-4와 같다. 정상적인 회로에서는 ZCT를 관통하는 $\dot{I}_1$, $\dot{I}_2$는 동일한 크기이고 역방향이 되므로 $\dot{I}_1 = \dot{I}_2$가 되어 $\overrightarrow{\phi_1}$과 $\overrightarrow{\phi_2}$는 상쇄되므로 2차 유기전압 e는 유기되지 않고 식 (1)과 같다.

$$e = 0, \qquad (\overrightarrow{\phi_1} + \overrightarrow{\phi_2} = 0) \qquad (1)$$

그러나 누전이 발생된 경우 누설전류 $\dot{I}_g$가 발생하면 입·출력 전류의 크기가 변하여 $\dot{I}_1 = \dot{I}_2 + \dot{I}_g$가 되며, 이때 $\dot{I}_g$에 의하여 자속 $\overrightarrow{\phi_g}$가 발생하므로 식 (2)와 같이 된다.

$$e \neq 0, \qquad (\overrightarrow{\phi_1} + \overrightarrow{\phi_2} = \overrightarrow{\phi_g}) \qquad (2)$$

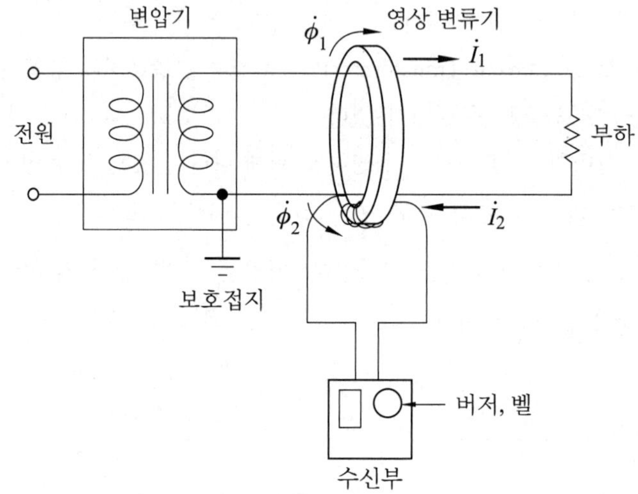

(a) 정상 상태

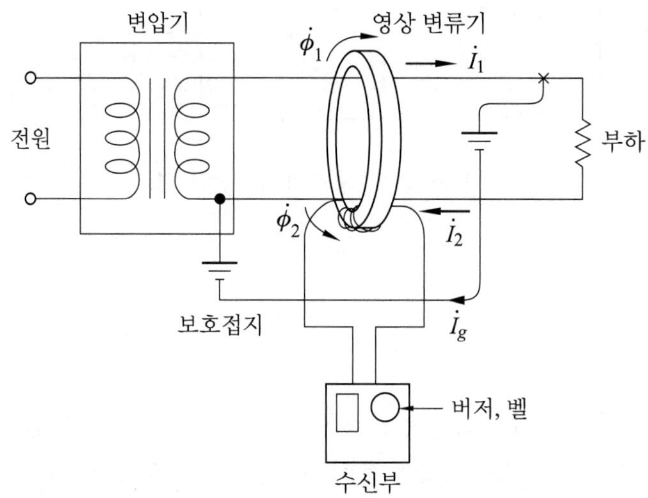

(b) 누전 상태

■ **그림 2-3-4** 단상 영상변류기의 작동원리

그러므로 절연 열화 등에 의해 전기설비에 누전이 발생되면 $\dot{I}_1 = \dot{I}_2 + \dot{I}_g$가 되므로 ZCT에는 $\dot{I}_g$에 의해 발생된 $\overrightarrow{\phi_g}$의 2차 유기전압 e가 발생된다. e는 ZCT가 포화되지 않은 상태에서는 $\dot{I}_g$에 비례하므로 e에 의해 누설전류신호를 출력하게 된다.

2.2 3상식

전기설비의 다상 방식 중에서 가장 많이 쓰이는 것은 3상 방식이며, 대칭 3상 방식의 순시 전력의 총합이 항상 일정하기 때문에 3상 전동기는 일정한 회전력을 받아 진동과 소음이 작게 되는 큰 이점이 있다. 이와 같은 장점이 있는 회로의 선로에 누설전류가 발생하는 경우 사고를 유발하게 되므로 사고 예방의 측면에서 누전경보기를 설치한다.

그림 2-3-5(a)는 정상 상태의 3상 3선식 회로에 영상변류기가 설치된 것을 나타낸 것이다. 부하의 각상에 흐르는 상전류를 $\dot{I}_a$, $\dot{I}_b$, $\dot{I}_c$라 하고, 각 선에 흐르는 선전류를 $\dot{I}_1$, $\dot{I}_2$, $\dot{I}_3$라 하면 그들의 관계는 다음과 같이 나타낸다.

$$\dot{I}_1 = \dot{I}_b - \dot{I}_a \tag{3}$$

$$\dot{I}_2 = \dot{I}_c - \dot{I}_b \tag{4}$$

$$\dot{I}_3 = \dot{I}_a - \dot{I}_c \tag{5}$$

식 (3)~(5)에서 알 수 있듯이 선전류 $\dot{I}_1$, $\dot{I}_2$, $\dot{I}_3$의 벡터 합은 '0'이다. 따라서 각 선전류는 평형을 이루게 되어 영상변류기(ZCT)의 2차측에는 출력이 나타나지 않는다. 그러나 그림 2-3-5 (b)와 같이 회로에서 누설전류 $\dot{I}_g$가 발생하여 대지로 지락전류가 흐른다면 선전류의 평형이 깨어지며 다음과 같은 관계로 나타낸다.

$$\dot{I}_1 = \dot{I}_b - \dot{I}_a \tag{6}$$

$$\dot{I}_2 = \dot{I}_c - \dot{I}_b \tag{7}$$

$$\dot{I}_3 = \dot{I}_a - \dot{I}_c + \dot{I}_g \tag{8}$$

식 (6)~(8)의 선전류 $\dot{I}_1$, $\dot{I}_2$, $\dot{I}_3$의 벡터 합은 다음과 같이 나타낸다.

$$\dot{I}_1 + \dot{I}_2 + \dot{I}_3 = \dot{I}_g \tag{9}$$

누설전류 $\dot{I}_g$는 $\dot{\Phi}_g$의 자속을 발생시켜 영상변류기에 유기전압 e가 발생하게 되므로 이 전압을 증폭시켜 수신기에 신호를 보내 경보를 하게 되는 것이다.

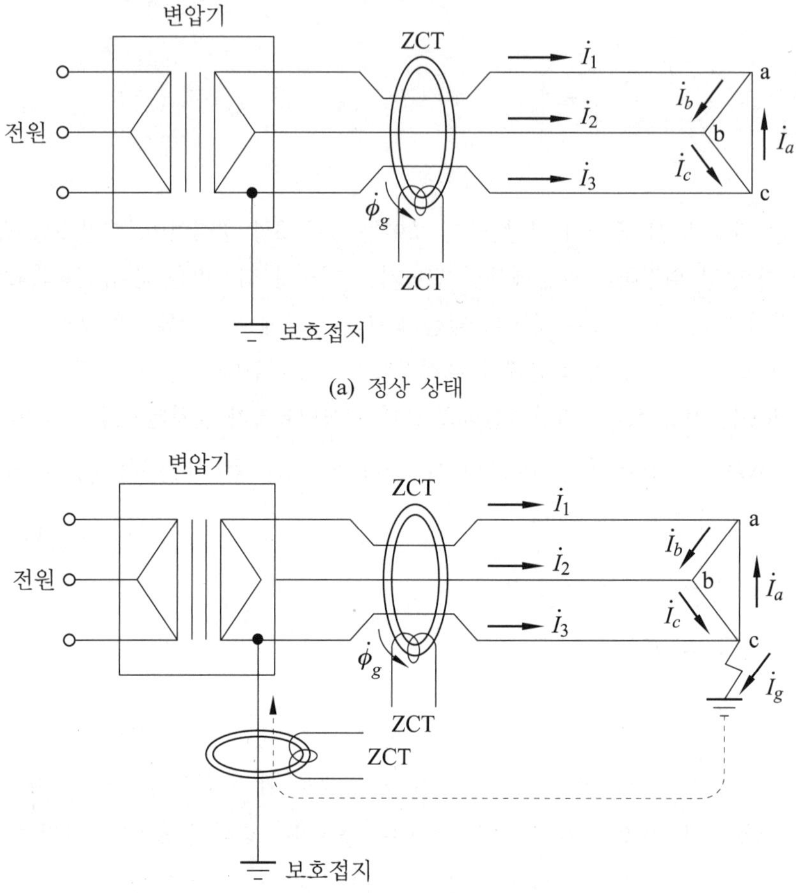

(a) 정상 상태

(b) 누전 상태

■ 그림 2-3-5 3상 영상변류기의 작동원리

3. 영상변류기의 결선방법

회로의 누설전류를 검출하기 위해 설치하는 영상변류기(影像變流器, ZCT; Zero Phase Current Transformer)는 전선의 관통 유무, 결선의 형태, 접지선의 위치, 접지의 종류 등에 따라 특성이 다르게 나타난다. 따라서 설비의 특성을 고려한 영상변류기의 설치는 시스템의 안정도 향상에 밀접한 관계가 있다.

3.1 전선이 영상변류기를 관통하는 경우

그림 2-3-6(a)는 단상 2선식 선로에 영상변류기를 설치한 경우를 나타낸 것이다. 선로의 2가닥 모두가 영상변류기를 관통하였을 때 선로에 전류 변화가 발생하는 경우 불평형 상태를 검지하여 그 결과를 수신기에 전송하여 경보 또는 차단하는 작동이 가능하다.

그러나 그림 2-3-6(b)와 같이 분기된 선로가 영상변류기를 관통하는 경우 정확한 누설전류 값을 표시하지 않으므로 적절한 동작을 할 수가 없다.

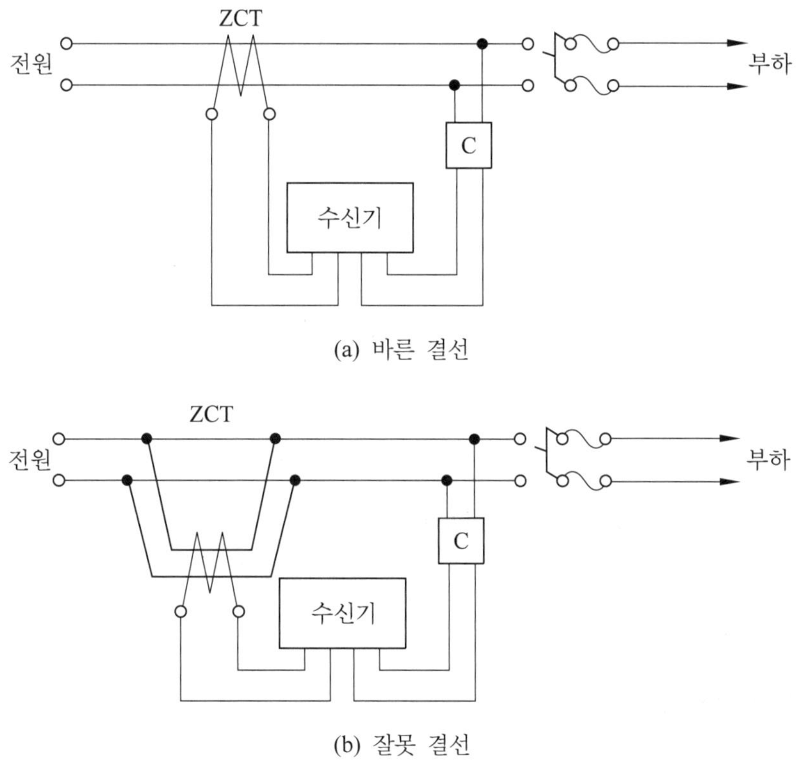

■ **그림 2-3-6** 단상 2선식 선로의 영상변류기 연결

그림 2-3-7(a)는 단상 3선식 선로의 3가닥 모두가 영상변류기를 관통하였을 때의 상태를 나타낸 것이다. 따라서 선로에 전류 변화가 발생하는 경우 불평형 상태를 검지하여 그 결과를 수

신기에 전송하여 경보 또는 차단하는 작동이 가능하다. 그러나 그림 2-3-7(b)와 같이 선로의 전선 한 가닥(중성선)이 영상변류기를 관통하였을 때는 정확한 누설전류 값을 표시하지 않으므로 정확한 동작이 불가능하다.

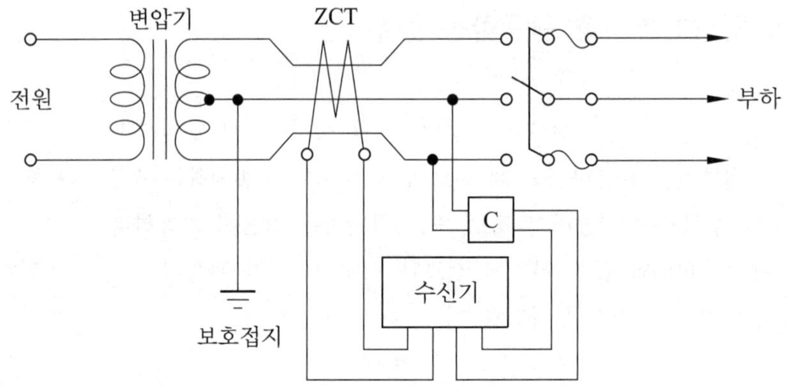

(a) 바른 결선

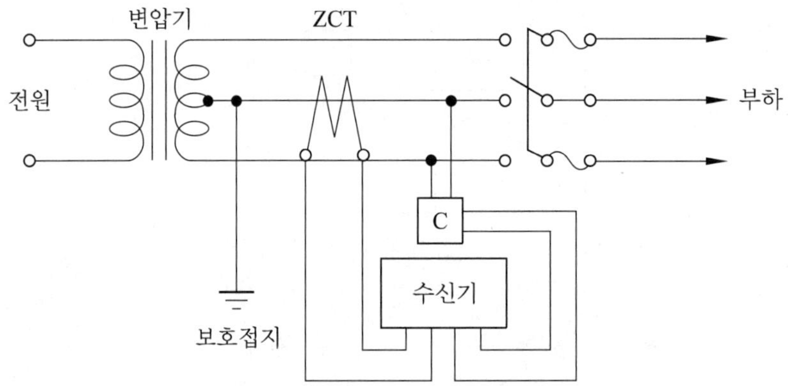

(b) 잘못 결선

■ **그림 2-3-7** 단상 3선식 선로의 영상변류기 연결

3.2 접지선과 연동된 경우

전기설비에 낙뢰 또는 이상 전압이 발생하였을 때 전기설비의 소손을 예방하고, 시스템의 안정도 향상을 위해 접지를 하게 된다. 전기설비에 적용되는 접지의 종류는 회로의 사용 요건에 따라 계통접지, 보호접지, 피뢰시스템접지, 변압기 중성점 접지 등으로 구분된다.

그림 2-3-8(a)는 단상 3선식 선로의 2차측에 계통접지공사가 되어 있는 회로를 나타낸다. 즉, 영상변류기를 접지선의 후단에 설치하고 선로의 3가닥 모두가 영상변류기를 관통하도록 회로를 구성하였다.

따라서 선로에 전류 변화가 발생하는 경우 불평형 상태를 검지하여 그 결과를 수신기에 전송하여 경보 또는 차단하는 작동이 가능하다. 그러나 그림 2-3-8(b)와 같이 선로의 3가닥 모두가 영상변류기를 관통하도록 회로를 구성하였다 하더라도 접지선이 영상변류기의 전단과 후단에 설치됨으로써 회로의 불평형 상태를 정확히 검지할 수 없다. 즉, 영상변류기의 후단에 설치된 접지선을 제거하는 것이 바람직한 결선이다.

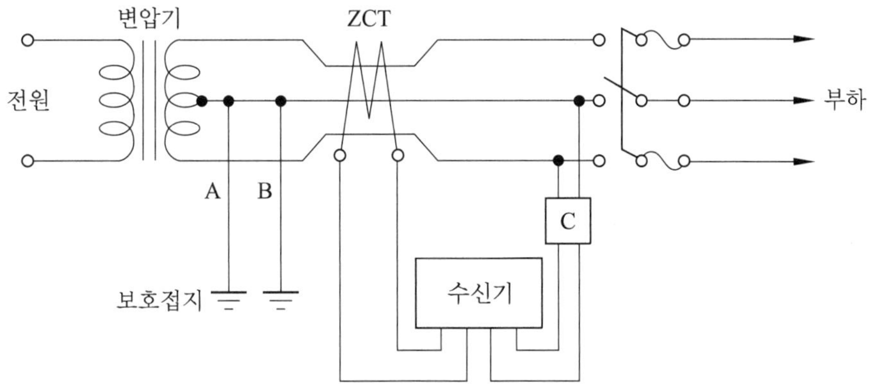

(a) 바른 결선

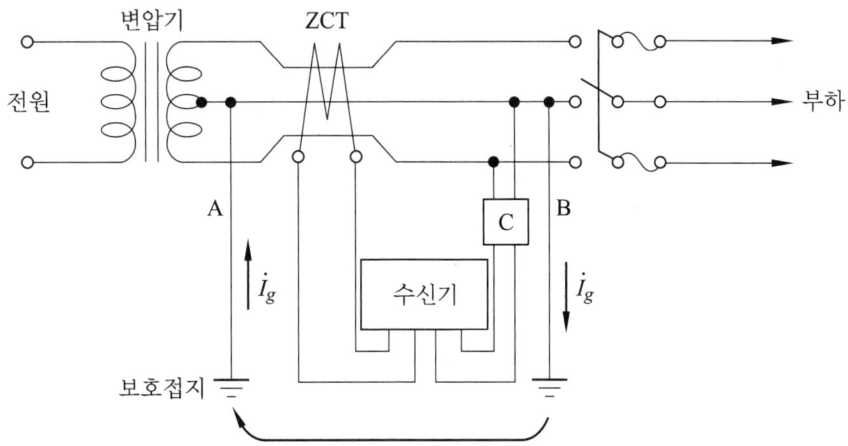

(b) 잘못 결선

■ **그림 2-3-8** 접지선의 위치에 따른 영상변류기의 결선

그림 2-3-9(a)는 단상 3선식 선로의 2차측 접지선에 영상변류기를 설치한 회로를 나타낸다. 즉, 접지선이 영상변류기를 관통하도록 구성하였고 수신기를 경유하여 주 회로에 적절하게 연결되어 있다. 따라서 누설전류의 변화가 발생하는 경우 그 결과를 수신기가 정확히 감지하여 회로의 경보 또는 차단하는 작동이 가능하다.

그러나 그림 2-3-9(b)와 같이 2차측 접지선이 영상변류기를 관통하도록 설치하였다 하더라도 영상변류기 전단에 접지선이 추가로 시설되어 있어서 누설된 전류를 정확히 감지할 수 없게 된다.

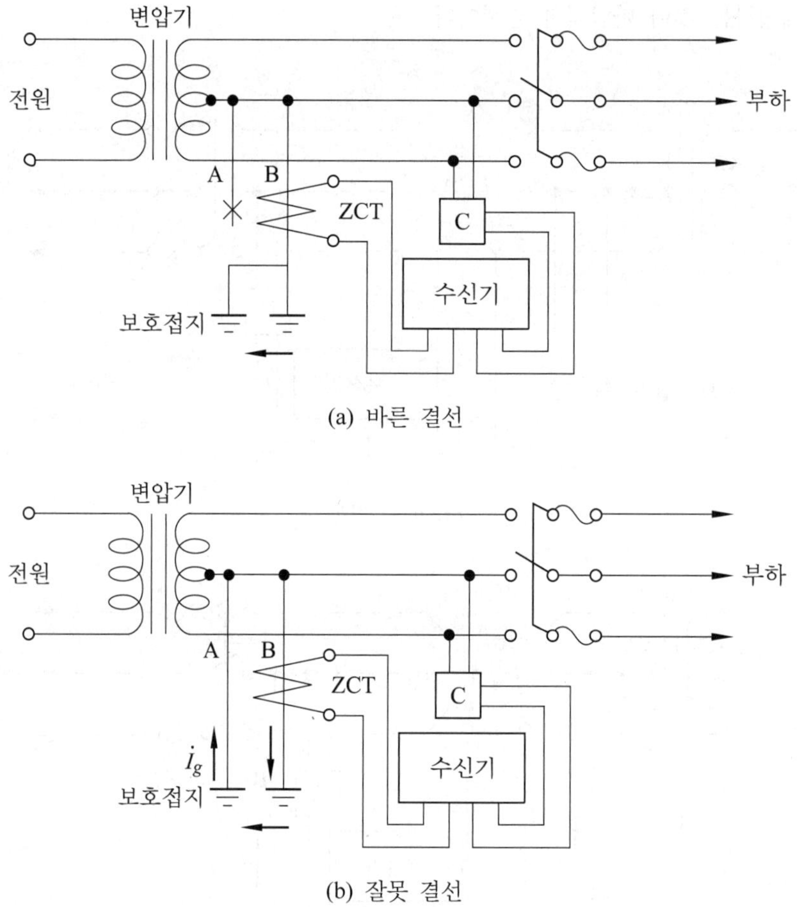

■ **그림 2-3-9** 접지선에 영상변류기의 연결

그림 2-3-10(a)는 3상 3선식 전기설비 외함의 접지선에 영상변류기를 설치한 것을 나타내고 있다. 접지선에 영상변류기를 설치하여 회로를 구성하였으므로, 선로에 전류 변화가 발생하는 경우 그 결과를 수신기에 전송하여 경보 또는 차단하는 작동이 가능하다.

그러나 그림 2-3-10(b)와 같이 외함의 접지선을 선로의 2차측 전선에 연결하는 경우 선로 전류에서 외함으로 순환 전류가 발생하여 정확한 누설전류 값을 검지할 수 없게 된다. 회로의 이상이 발생했을 때 적절하게 영상변류기가 반응할 수 없다.

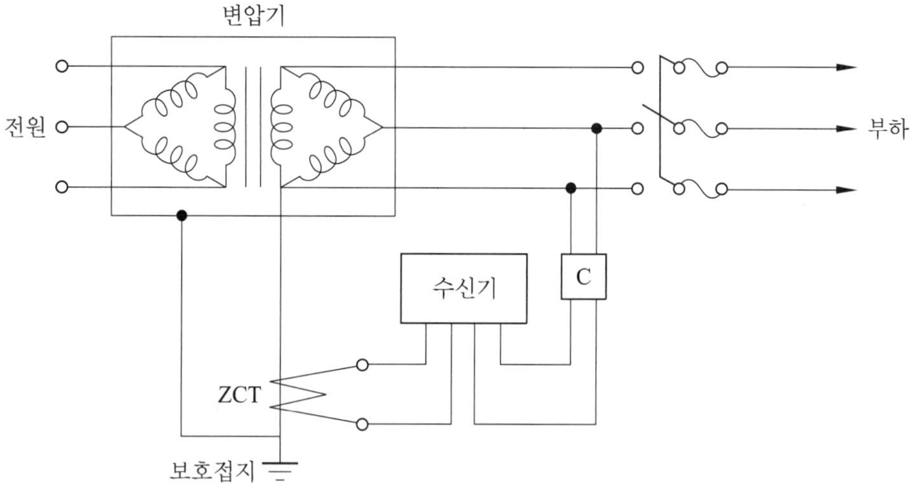

(a) 바른 결선

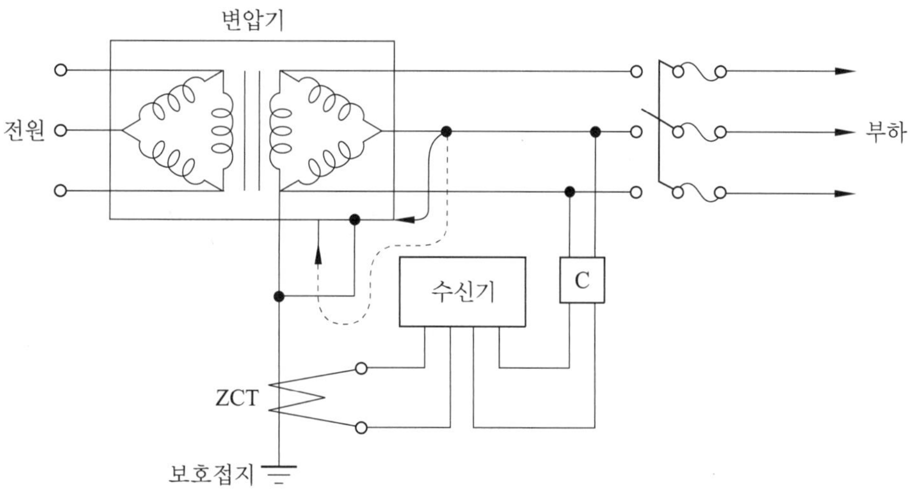

(b) 잘못 결선

■ **그림 2-3-10** 기기 외함 접지선에 영상변류기의 연결

3.3 접지방식이 다른 경우

그림 2-3-11(a)는 단상 3선식 선로의 2차측에 계통접지가 되어 있고, 부하측 외함에 보호접지

가 되어 있는 회로이다. 전원측의 계통접지공사와 부하측의 보호접지공사가 독립적으로 되어 있고, 선로의 3가닥 전선 모두가 영상변류기를 관통하고 있어서 선로에 전류 변화가 발생하는 경우 불평형 상태를 검지하여 그 결과를 수신기에 전송하여 경보 또는 차단하는 작동이 가능하다.

그러나 그림 2-3-11(b)는 그림 2-3-11(a)와 동일한 조건에서 시설된 접지선이 서로 연결되어 있어서 누설전류를 영상변류기가 정확히 검지할 수 없으므로 오동작 또는 작동 불능 상태가 될 수 있다. 즉, 영상변류기 전단의 접지선과 후단에 설치된 접지선을 독립적으로 유지하는 것이 바람직한 결선이다.

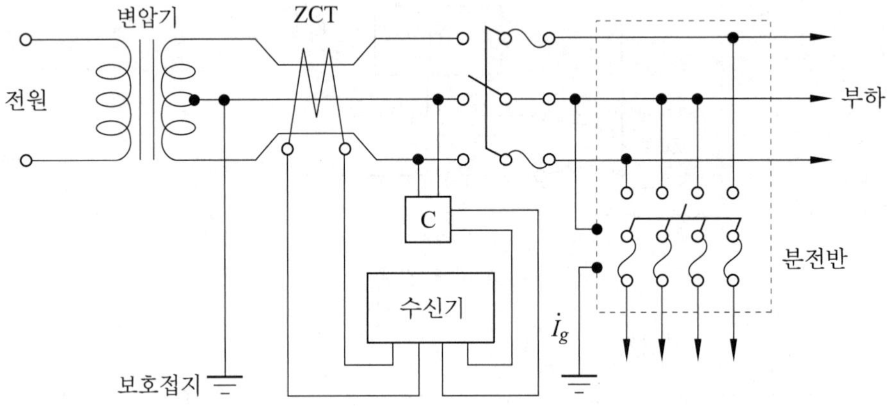

(a) 바른 결선

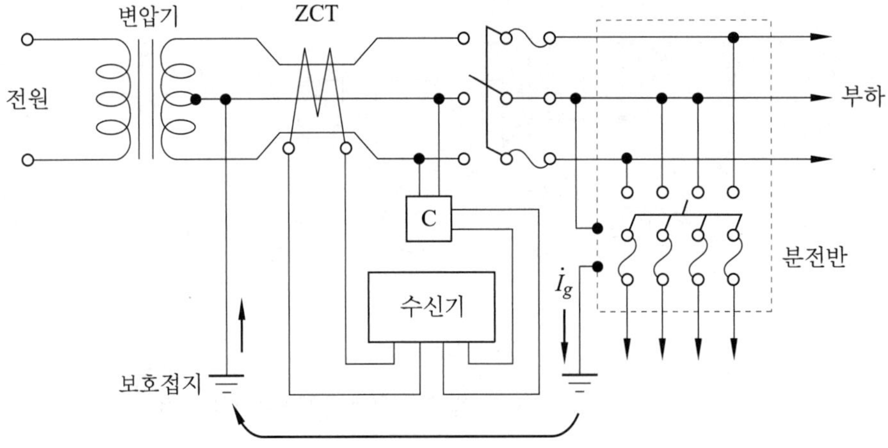

(b) 잘못 결선

■ **그림 2-3-11** 접지방식이 다른 경우의 영상변류기 연결

4. 누전경보기와 수신기의 연결

소방설비에 사용되는 누전경보기는 표 2-3-1에 나타낸 바와 같이 설비의 정격전류가 60 [A]를 초과하는 경우와 이하의 설비로 되어 있다. 따라서 전기 화재의 예방에는 실질적인 효과가 없고 단순이 소방설비에서 발생된 대전류에 반응하는 정도이다.

● **표 2-3-1** 누전경보기의 정격전류 및 종별

정격전류	종 별
60 [A] 초과	1급
60 [A] 이하	1급 또는 2급

그림 2-3-12는 차단기구가 있는 수신기의 내부 회로도를 나타낸 것으로 회로가 차단됨에 따라 2차 재해의 예방 효과를 기대할 수 있다. 표 2-3-2는 소방전기설비의 적용 대상에 따른 전압의 범위를 나타낸 것으로 최대 전압은 600 [V]이다.

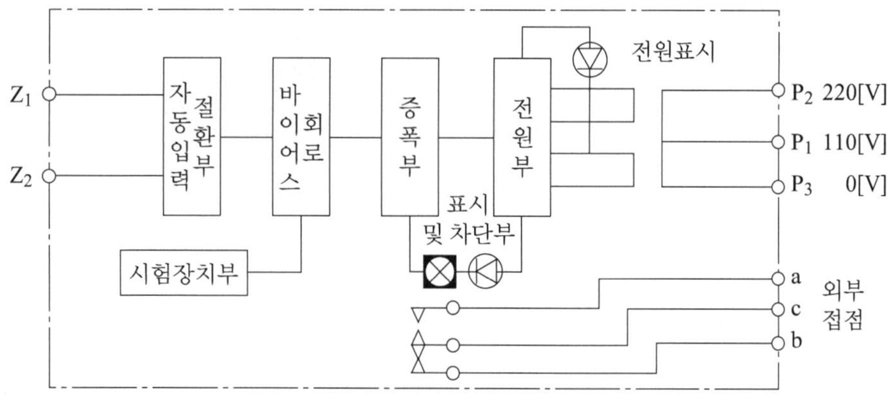

■ **그림 2-3-12** 차단기구가 있는 수신기의 내부 회로도

● **표 2-3-2** 소방전기설비의 적용 대상에 따른 전압의 범위

전압 범위	적용 대상
0.5 [V]	누전경보기의 전압강하 최대값
2～300 [V] 이하	유도등, 비상조명등의 사용 전압
60 [V] 이상	접지 단자 설치
100～300 [V] 이하	보안기의 작동 전압
300 [V] 이하	전원 변압기의 1차 전압
600 [V] 이하	누전경보기의 경계 전로 전압

표 2-3-3은 누전경보기의 절연저항 시험 구분 및 대상을 나타낸 것이며, 그림 2-3-13과 그림 2-3-14는 누전경보기의 수신기 구조를 나타낸다. 그리고 표 2-3-4는 전기설비에 시공되는 접지공사의 종류 및 접지저항의 범위를 나타낸다.

● **표 2-3-3** 누전경보기의 절연저항 시험 구분 및 대상

구 분	수신부	변류기
측정 개소	• 절연된 충전부와 외함 사이 • 차단기구의 개폐부 – 열린 상태에서는 같은 극의 전원 단자와 부하측 단자 사이 – 닫힌 상태에서는 충전부와 손잡이 사이	• 절연된 1차 권선과 2차 권선 사이의 절연저항 • 절연된 1차 권선과 외부 금속부 사이의 절연저항 • 절연된 2차 권선과 외부 금속부 사이의 절연저항
측정 계기	직류 500 [V] 절연저항계	직류 500 [V] 절연저항계
절연저항의 적정성 판단	5 [MΩ] 이상	5 [MΩ] 이상

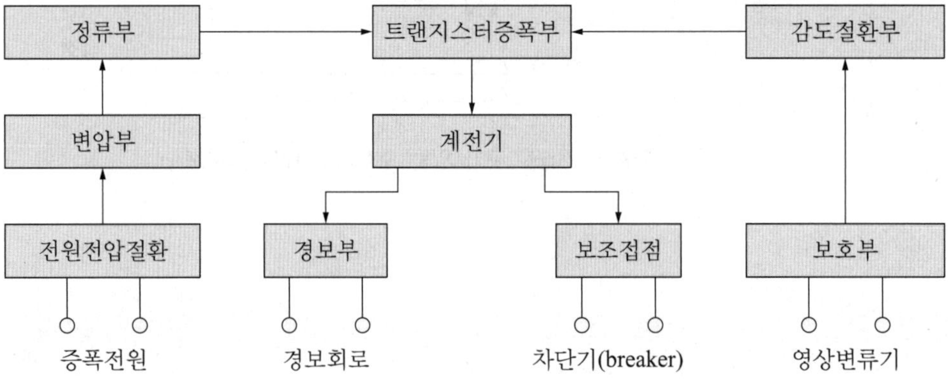

■ **그림 2-3-13** 누전경보기의 수신기 구조(1)

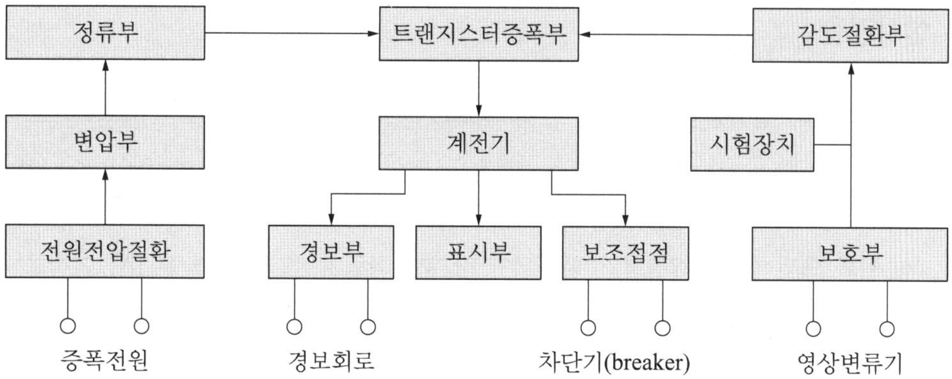

■ 그림 2-3-14 누전경보기의 수신기 구조(2)

5. 설치 대상 및 기준

5.1 설치 및 면제 대상

(1) 설치대상

누전경보기는 계약전류용량(같은 건축물에 계약 종류가 다른 전기가 공급되는 경우에는 그 중 최대계약전류용량을 말한다)이 100 [A]를 초과하는 특정소방대상물(내화구조가 아닌 건축물로서 벽, 바닥 또는 반자의 전부나 일부를 불연재료 또는 준불연재료가 아닌 재료에 철망을 넣어 만든 것만 해당한다)에 설치해야 한다. 다만, 위험물 저장 및 처리 시설 중 가스시설, 지하가 중 터널 및 지하구의 경우에는 그렇지 않다.

(2) 면제대상

누전경보기를 설치해야 하는 특정소방대상물 또는 그 부분에 아크경보기(옥내 배전선로의 단선이나 선로 손상 등으로 인하여 발생하는 아크를 감지하고 경보하는 장치를 말한다) 또는 전기 관련 법령에 따른 지락차단장치를 설치한 경우에는 그 설비의 유효범위에서 설치가 면제된다.

5.2 설치기준

(1) 누전경보기의 설치방법

① 경계전로의 정격전류가 60 [A]를 초과하는 전로에 있어서는 1급 누전경보기를 설치하고, 60 [A] 이하의 전로에 있어서는 1급 또는 2급 누전경보기를 설치할 것. 다만, 정격전류가 60 [A]를 초과하는 경계전로가 분기되어 각 분기회로의 정격전류가 60 [A] 이하로 되는 경우 해당 분기회로마다 2급 누전경보기를 설치한 때에는 해당 경계전로에 1급 누전경보기를 설치한 것으로 본다.

② 변류기는 특정소방대상물의 형태, 인입선의 시설방법 등에 따라 옥외 인입선의 제1지점의 부하측 또는 접지선측의 점검이 쉬운 위치에 설치할 것. 다만, 인입선의 형태 또는 특정소방대상물의 구조상 부득이한 경우에는 인입구에 근접한 옥내에 설치할 수 있다.

③ 변류기를 옥외의 전로에 설치하는 경우에는 옥외형으로 설치할 것

(2) 수신부의 설치방법

① 누전경보기의 수신부는 옥내의 점검에 편리한 장소에 설치하되, 가연성의 증기·먼지 등이 체류할 우려가 있는 장소의 전기회로에는 해당 부분의 전기회로를 차단할 수 있는 차단기구를 가진 수신부를 설치해야 한다. 이 경우 차단기구의 부분은 해당 장소 외의 안전한 장소에 설치해야 한다.

② 누전경보기의 수신부는 다음의 장소 이외의 장소에 설치해야 한다. 다만, 해당 누전경보기에 대하여 방폭·방식·방습·방온·방진 및 정전기 차폐 등의 방호조치를 한 것은 그렇지 않다.

가. 가연성의 증기·먼지·가스 등이나 부식성의 증기·가스 등이 다량으로 체류하는 장소
나. 화약류를 제조하거나 저장 또는 취급하는 장소
다. 습도가 높은 장소
라. 온도의 변화가 급격한 장소
마. 대전류회로·고주파 발생회로 등에 따른 영향을 받을 우려가 있는 장소

③ 음향장치는 수위실 등 상시 사람이 근무하는 장소에 설치해야 하며, 그 음량 및 음색은 다른 기기의 소음 등과 명확히 구별할 수 있는 것으로 해야 한다.

(3) 누전경보기의 전원

① 전원은 분전반으로부터 전용회로로 하고, 각 극에 개폐기 및 15 [A] 이하의 과전류차단기(배선용 차단기에 있어서는 20 [A] 이하의 것으로 각 극을 개폐할 수 있는 것)를 설치할 것

② 전원을 분기할 때에는 다른 차단기에 따라 전원이 차단되지 않도록 할 것

③ 전원의 개폐기에는 "누전경보기용"이라고 표시한 표지를 할 것

6. 설치·유지기준의 특례

소방본부장 또는 소방서장은 기존건축물이 증축, 개축, 대수선되거나 용도변경 되는 경우에 있어서 이 기준이 정하는 기준에 따라 해당 건축물에 설치해야 할 누전경보기의 배관, 배선 등의 공사가 현저하게 곤란하다고 인정되는 경우에는 해당 설비의 기능 및 사용에 지장이 없는 범위 안에서 이 기준의 일부를 적용하지 않을 수 있다.

7. 재검토 기한

소방청장은 「훈령·예규 등의 발령 및 관리에 관한 규정」에 따라 이 고시에 대하여 2023년 1월 1일을 기준으로 매 3년이 되는 시점(매 3년째의 12월 31일까지를 말한다)마다 그 타당성을 검토하여 개선 등의 조치를 해야 한다.

연습문제

문제 01 누전경보기는 600 [V] 이하인 경계 전로의 누설전류를 검출하여 해당 특정소방대상물의 관계자에게 경보를 발신하는 설비로서 (   )를 검출하는 변류기(CT), 변류기로부터 검출된 신호를 수신하여 누전의 발생을 해당 특정소방대상물의 관계자에게 (   )하여 주는 수신기로 구성되어 있다.

풀이 누설전류, 경보

문제 02 (   )란 내화구조가 아닌 건축물로서 벽, 바닥 또는 천장의 전부나 일부를 불연재료 또는 준불연재료가 아닌 재료에 철망을 넣어 만든 건물의 전기설비로부터 누설전류를 탐지하여 경보를 발신하며 변류기와 수신부로 구성된 것을 말한다.

풀이 누전경보기

문제 03 (   )는 변류기로부터 검출된 신호를 수신하여 누전의 발생을 해당 특정소방대상물의 관계인에게 경보하여 주는 것을 말한다.

풀이 수신부

문제 04 (   )는 경계 전로의 누설전류를 자동적으로 검출하여 이를 누전경보기의 수신부에 송신하는 것을 말한다.

풀이 변류기

문제 05 (   )는 사용 전압의 80 [%]에서 정상적으로 경보음을 발신할 수 있어야 하고 음량은 1 [m] 떨어진 곳에서 70 [dB] 이상이어야 한다.

풀이 음향장치

문제 **06** (　　)는 수신기가 경보음을 발신해야 하는 누설전류의 양을 조절하는 스위치로 0.2 [A], 0.5 [A], 1.0 [A]를 선택할 수 있다.

풀이 감도 조절 스위치

문제 **07** (　　)는 수신기와 변류기 사이의 배선에 대한 단선 유무 확인과 작동 시험을 하는 스위치이다. 눌렀을 때 작동 표시등, 도통 표시등, 경보음이 울려야 한다.

풀이 도통 시험 스위치

문제 **08** 누전차단기는 (　　)을 위해 설치하는 기기이며, 누전경보기는 사용 전압 600 [V] 이하의 특정소방대상물에서 누전과 같은 이상 징후가 발생했을 때 관계자에게 (　　)를 하는 설비이다.

풀이 인체의 감전사고 예방, 경보

문제 **09** 소방전기설비에 시설하는 누전경보기는 누전차단기와 같은 성능을 가지고 있고, 누설전류를 검출하는 (　　)와 그 전류를 증폭하는 증폭기, 수신기 및 경보를 발생시키는 음향장치 등으로 구성되어 있다.

풀이 영상변류기(ZCT)

문제 **10** 소방설비에 사용되는 누전경보기는 정격전류가 (　　) [A]를 초과는 경우에 1급 누전경보기를 설치하고, (　　) [A] 이하의 설비에는 1급 또는 2급 누전경보기를 설치한다.

풀이 60, 60

문제 **11** 다음은 누전경보기의 절연저항 시험 구분 및 대상을 나타낸 것이며, 다음 빈칸을 적절하게 채우시오.

구 분	수신부	변류기
측정 개소	• 절연된 충전부와 외함 사이 • 차단기구의 개폐부 – 열린 상태에서는 같은 극의 전원 단자와 부하측 단자 사이 – 닫힌 상태에서는 충전부와 손잡이 사이	• 절연된 1차 권선과 2차 권선 사이의 절연저항 • 절연된 1차 권선과 외부 금속부 사이의 절연저항 • 절연된 2차 권선과 외부 금속부 사이의 절연저항
측정 계기	①	직류 500 [V] 절연저항계
절연저항의 적정성 판단	②	5 [MΩ] 이상

풀이 ① 직류 500 [V] 절연저항계, ② 5 [MΩ] 이상

문제 12 전기설비에 낙뢰 또는 이상 전압이 발생하였을 때 전기설비의 소손을 예방하고, 시스템의 안정도 향상을 위한 접지의 종류는 무엇인가?

풀이 ① 계통접지, ② 보호접지, ③ 피뢰시스템접지, ④ 변압기 중성점 접지

문제 13 누전경보기의 수신기는 옥내의 (   )에 편리한 장소에 설치하되 가연성의 증기, 먼지 등이 체류할 우려가 있는 장소의 전기 회로에는 해당 부분의 전기 회로를 차단할 수 있는 (   )를 가진 수신기를 설치해야 한다. 이 경우 차단 기구의 부분은 해당 장소 외의 안전한 장소에 설치해야 한다.

풀이 점검, 차단 기구

문제 14 누전경보기의 음향장치는 (   ) 등 상시 사람이 근무하는 장소에 설치해야 하며, 그 음량 및 음색은 다른 기기의 소음 등과 명확히 구별할 수 있는 것으로 해야 한다.

풀이 수위실

문제 15 누전경보기의 전원 공급은 분전반으로부터 전용 회로로 하고, 각 극에 (   ) 및 (   ) [A] 이하의 과전류차단기(배선차단기에 있어서는 20 [A] 이하의 것으로 각 극을 개폐할 수 있는 것)를 설치해야 한다.

풀이 개폐기, 15

Chapter 04

비상경보설비 및 단독경보형 감지기

1. 개요

비상경보설비(非常警報設備, emergency alarm system)에는 비상벨설비, 자동식 사이렌설비가 있다. 비상벨설비와 자동식 사이렌설비는 사람이 화재를 발견하고 건물 내에 있는 사람들에게 알리는 설비로 수동으로만 작동하며, 단독경보형 감지기는 화재 발생 상황을 자동으로 감지하여 그 자체에 부착된 음향장치로 경보를 발신하는 것을 말한다.

① "비상벨설비"란 화재발생 상황을 경종으로 경보하는 설비를 말한다.
② "자동식 사이렌설비"란 화재발생 상황을 사이렌으로 경보하는 설비를 말한다.
③ "단독경보형 감지기"란 화재발생 상황을 단독으로 감지하여 자체에 내장된 음향장치로 경보하는 감지기를 말한다.
④ "발신기"란 화재발생신호를 수신기에 수동으로 발신하는 장치를 말한다.
⑤ "수신기"란 발신기에서 발신하는 화재신호를 직접 수신하여 화재의 발생을 표시 및 경보하여 주는 장치를 말한다.

2. 신호처리방식

화재신호 및 상태신호 등(이하 "화재신호 등"이라 한다)을 송수신하는 방식은 다음 각 호와 같다.

1. "유선식"은 화재신호 등을 배선으로 송·수신하는 방식
2. "무선식"은 화재신호 등을 전파에 의해 송·수신하는 방식
3. "유·무선식"은 유선식과 무선식을 겸용으로 사용하는 방식

3. 비상경보설비

3.1 설치대상

① 연면적 400 [m^2] 이상인 것은 모든 층 (모래·석재 등 불연재료 공장 및 창고시설, 위험물 저장 및 처리 시설 중 가스시설, 사람이 거주하지 않거나 벽이 없는 축사 등 동물 및 식물 관련 시설 및 지하구는 제외)
② 지하층 또는 무창층의 바닥면적이 150 [m^2](공연장의 경우 100 [m^2]) 이상인 것은 모든 층
③ 지하가 중 터널로서 길이가 500 [m] 이상인 것
④ 50명 이상의 근로자가 작업하는 옥내 작업장

3.2 면제대상

① 비상경보설비 또는 단독경보형 감지기를 설치해야 하는 특정소방대상물에 자동화재탐지설비 또는 화재알림설비를 화재안전기준에 적합하게 설치한 경우에는 그 설비의 유효범위에서 설치가 면제된다.
② 비상경보설비를 설치해야 할 특정소방대상물에 단독경보형 감지기를 2개 이상의 단독경보형 감지기와 연동하여 설치한 경우 그 설비의 유효범위에서 설치가 면제된다.

4. 비상벨설비 및 자동식 사이렌설비

비상벨설비와 자동식 사이렌설비는 "전원설비"로 자동화재탐지설비의 수신기를 이용하는 방식과 비상경보용 축전지설비를 이용하는 방식이 있으나 대부분 수신기를 사용한다. 경보장치로 벨을 사용하면 비상벨설비, 사이렌을 이용하면 자동식 사이렌설비가 된다. 그림 2-4-1은 비상벨/자동식 사이렌설비의 구조를 나타낸다.

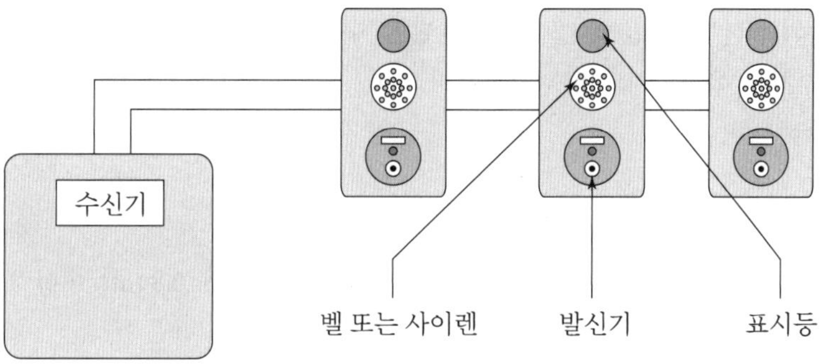

■ **그림 2-4-1** 비상벨/자동식 사이렌설비의 구조

4.1 작동원리

사람이 화재를 발견하여 발신기 버튼을 누르면 수신기에 신호가 전달되고 수신기는 경종(사이렌)을 작동시킨다. 그리고 수신기에는 화재 표시등과 지구 표시등이 점등된다. 지구 표시등은 작동한 발신기를 알려주는 역할을 한다. 그림 2-4-2는 비상벨설비의 작동 흐름도를 나타낸다.

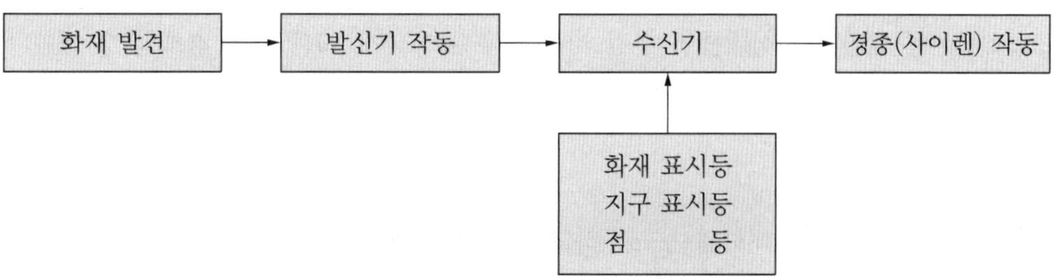

■ **그림 2-4-2** 비상벨설비의 작동 흐름도

4.2 비상벨설비 및 자동식 사이렌설비의 설치기준

(1) 설치위치

부식성 가스 또는 습기 등으로 인하여 부식의 우려가 없는 장소에 설치해야 한다.

(2) 음향장치

① 지구음향장치는 특정소방대상물의 층마다 설치하되 해당 특정소방대상물의 각 부분으로부터 하나의 음향장치까지의 수평거리가 25 [m] 이하가 되도록 하고, 해당 층의 각 부분에 유효하게 경보를 발할 수 있도록 설치해야 한다.

② 정격전압의 80 [%] 전압에서도 음향을 발할 수 있도록 해야 한다.

③ 음량은 부착된 음향장치의 중심으로부터 1 [m] 떨어진 위치에서 90 [dB] 이상이 되는 것으로 해야 한다.

(3) 발신기

① 조작이 쉬운 장소에 설치하고, 조작스위치는 바닥으로부터 0.8 [m] 이상 1.5 [m] 이하의 높이에 설치할 것

② 특정소방대상물의 층마다 설치하되, 해당 특정소방대상물의 각 부분으로부터 하나의 발신기까지의 수평거리가 25 [m] 이하가 되도록 할 것. 다만, 복도 또는 별도로 구획된 실로서 보행거리가 40 [m] 이상일 경우에는 추가로 설치해야 한다.

③ 발신기의 위치표시등은 함의 상부에 설치하되, 그 불빛은 부착면으로부터 15° 이상의 범위 안에서 부착지점으로부터 10 [m] 이내의 어느 곳에서도 쉽게 식별할 수 있는 적색등으로 할 것

(4) 전원

① 상용전원은 전기가 정상적으로 공급되는 축전지설비, 전기저장장치 또는 교류전압의 옥내간선으로 하고, 전원까지의 배선은 전용으로 해야 한다.

② 그 설비에 대한 감시상태를 60분간 지속한 후 유효하게 10분 이상 경보할 수 있는 비상전원으로서 축전지설비 또는 전기저장장치를 설치해야 한다.

(5) 배선

① 전원회로의 배선은 내화배선으로 하고, 그 밖의 배선은 내화배선 또는 내열배선으로 할 것

② 전원회로의 전로와 대지 사이 및 배선 상호간의 절연저항은 「전기사업법」 제67조에 따른

기술기준이 정하는 바에 의하고, 부속회로의 전로와 대지 사이 및 배선 상호간의 절연저항은 1경계구역마다 직류 250 [V]의 절연저항 측정기를 사용하여 측정한 절연저항이 0.1 [MΩ] 이상이 되도록 할 것

③ 배선은 다른 전선과 별도의 관·덕트(절연효력이 있는 것으로 구획한 때에는 그 구획된 부분은 별개의 덕트로 본다)·몰드 또는 풀박스 등에 설치할 것. 다만, 60 [V] 미만의 약전류회로에 사용하는 전선으로서 각각의 전압이 같을 때에는 그렇지 않다.

5. 단독경보형 감지기

5.1 설치대상

① 교육연구시설 내에 있는 기숙사 또는 합숙소로서 연면적 2,000 [m^2] 미만인 것

② 수련시설 내에 있는 기숙사 또는 합숙소로서 연면적 2,000 [m^2] 미만인 것

③ 자동화재탐지설비의 설치대상에 해당하지 않는 수련시설(숙박시설이 있는 것만 해당한다)

④ 연면적 400 [m^2] 미만의 유치원

⑤ 공동주택 중 연립주택 및 다세대주택(연동형으로 설치)

5.2 구조 및 기능

단독경보형 감지기는 자체에 건전지와 음향장치가 내장되어 전원을 공급하며 화재가 발생할 때에는 감지기 자체에서 경보를 발신할 수 있도록 구성된 설비이다. 내장된 건전지가 모두 소모되면 자동적으로 경보음이 울려서 건전지 교체시기를 알리는 기능을 겸하고 있다. 감지기의 중앙에 위치한 버튼은 기능을 점검하기 위한 것이다. 그림 2-4-3은 단독경보형 감지기의 실체 사진을 나타낸다.

① 감지부, 자동 복귀형 수동 시험 스위치, 음향장치, 작동 표시등 및 전원 감시 장치로 구성되어 있다

② 주전원을 건전지로 사용하는 것은 평상시 전원감시등이 섬광되어야 하며, 섬광시간은 1 [s] 이내로, 섬광주기는 30 [s] 내지 60 [s] 이내이어야 하며, 10분 이상을 계속 경보할 수

있어야 한다.

③ 음향장치는 80 [%]인 전압에서 소리를 내어야 하며, 음압은 음향장치의 중심선으로부터 1 [m] 떨어진 지점에서 70 [dB] 이상이어야 한다.

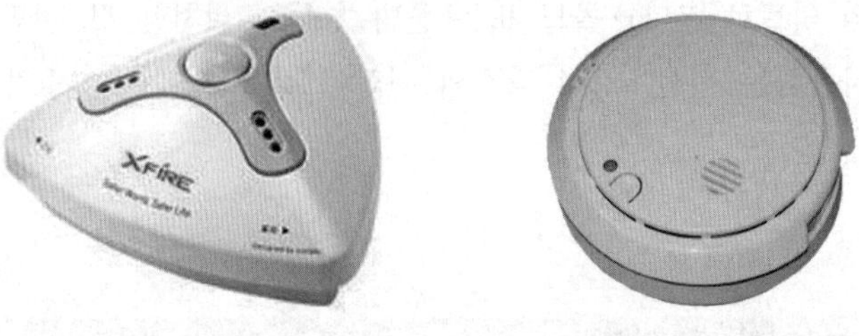

■ 그림 2-4-3 단독경보형 감지기의 실체 사진

5.3 설치기준

① 각 실(이웃하는 실내의 바닥면적이 각각 30 [m^2] 미만이고 벽체 상부의 전부 또는 일부가 개방되어 이웃하는 실내와 공기가 상호 유통되는 경우에는 이를 1개의 실로 본다)마다 설치하되, 바닥면적이 150 [m^2]를 초과하는 경우에는 150 [m^2]마다 1개 이상 설치할 것

② 계단실은 최상층의 계단실 천장(외기가 상통하는 계단실의 경우를 제외한다)에 설치할 것

③ 건전지를 주전원으로 사용하는 단독경보형 감지기는 정상적인 작동상태를 유지할 수 있도록 주기적으로 건전지를 교환할 것

④ 상용전원을 주전원으로 사용하는 단독경보형 감지기의 2차 전지는 「소방시설 설치 및 관리에 관한 법률」 제40조에 따라 제품검사에 합격한 것을 사용할 것

5.4 시험방법

(1) 비상예비전원 시험

상용전원에서 비상예비전원으로 자동절환 여부 및 예비전원 전압의 적정여부를 확인하는 시험이다.

① 교류전원등의 점등 상태와 예비전원감시등의 소등 상태를 확인
예비전원감시등이 점멸 상태이면 예비전원이 불량이다.

② 예비전원스위치를 누른다.
누르고 있는 동안만 시험이 가능하다.
③ 예비전원 시험 결과를 확인한다.
가. 자동절환여부는 상용전원 입력을 차단한 후, 자동절환 릴레이의 작동 상황 확인
나. 예비전원 전압의 적정 여부
④ 예비전원스위치를 복구한다.

(2) 기동장치(발신기) 동작 시험

누름버튼 등을 조작 시 작동하고, 음향장치가 울리는지의 여부를 확인하는 시험이다.

① 작동순서
발신기의 누름버튼을 눌렀을 경우 두 접점이 동시에 붙게 되어
가. 수신반의 지구화재 릴레이를 구동시켜 화재 발보(주·지구경종, 비상방송 등)
나. 수신반의 발신기등과 발신기의 LED를 동시에 점등시킨다.
② 점검방법
가. 1단계 : 발신기의 누름버튼을 누름
나. 2단계 : 수신기 발신기 확인등 및 발신기 LED 점등 확인
다. 3단계 : 주경종 및 지구경종, 비상방송 등 연동설비 확인
라. 4단계 : 발신기의 누름버튼 복구(빼냄) 및 결합

(3) 음량 및 경보방식 적합 여부 시험

음량 및 음색이 다른 기계의 음량 및 음색과 구별 여부, 경보방식(일제경보, 구분경보)대로 지구 음향장치가 울리는지의 여부를 확인하는 시험이다.

① 1단계 : 발신기의 누름버튼을 누름
② 2단계 : 경종, 사이렌의 음량을 음량계로 측정하여 90 [dB] 이상 확인

6. 설치·관리기준의 특례

소방본부장 또는 소방서장은 기존건축물이 증축, 개축, 대수선되거나 용도변경 되는 경우에 있어서 이 기준이 정하는 기준에 따라 해당 건축물에 설치해야 할 비상경보설비의 배관, 배선

등의 공사가 현저하게 곤란하다고 인정되는 경우에는 해당 설비의 기능 및 사용에 지장이 없는 범위 안에서 이 기준 일부를 적용하지 않을 수 있다.

7. 재검토 기한

소방청장은 「훈령·예규 등의 발령 및 관리에 관한 규정」에 따라 이 고시에 대하여 2023년 1월 1일을 기준으로 매 3년이 되는 시점(매 3년째의 12월 31일까지를 말한다)마다 그 타당성을 검토하여 개선 등의 조치를 해야 한다.

연습문제

문제 01 비상경보설비에는 비상벨설비, 자동식 사이렌설비가 있다. 비상벨설비와 자동식 사이렌설비는 사람이 화재를 발견하고 건물 내에 있는 사람들에게 알리는 설비로 (　　)으로만 작동하며, 단독경보형 감지기는 화재 발생 상황을 (　　)으로 감지하여 그 자체에 부착된 음향장치로 경보를 발신하는 것을 말한다.

풀이 수동, 자동

문제 02 (　　)는 화재 발생 상황을 경종으로 경보하는 설비를 말한다.

풀이 비상벨설비

문제 03 (　　)는 화재 발생 상황을 사이렌으로 경보하는 설비를 말한다.

풀이 자동식 사이렌설비

문제 04 (　　)는 화재 발생 상황을 단독으로 감지하여 자체에 내장된 음향장치로 경보하는 감지기를 말한다.

풀이 단독경보형 감지기

문제 05 (　　)는 화재발생신호를 수신기에 수동으로 발신하는 장치를 말한다.

풀이 발신기

문제 06 (　　)는 발신기에서 발신하는 화재신호를 직접 수신하여 화재의 발생을 표시 및 경보하여 주는 장치를 말한다.

풀이 수신기

문제 **07** 비상경보설비의 설치대상은 연면적이 (　　) [m^2] 이상(지하가 중 터널 또는 사람이 거주하지 않거나 벽이 없는 축사를 제외)이거나, 지하층 또는 무창층의 바닥면적이 (　　) [m^2] 이상(공연장인 경우 100 [m^2])인 것. 지하가 중 터널로서 길이가 (　　) [m] 이상인 것. (　　)인 이상의 근로자가 작업하는 옥내 작업장 등이다.

풀이 400, 150, 500, 50

문제 **08** 비상벨설비 및 자동식 사이렌설비의 지구음향장치는 특정소방대상물의 층마다 설치하되 해당 특정소방대상물의 각 부분으로부터 하나의 음향장치까지의 수평거리가 (　　) [m] 이하가 되도록 하고, 해당 층의 각 부분에 유효하게 경보를 발신할 수 있도록 설치해야 한다. 또한 정격전압의 (　　) [%] 전압에서 음향을 발신할 수 있어야 하며, 음량은 부착된 음향장치의 중심으로부터 (　　) [m] 떨어진 위치에서 (　　) [dB] 이상이 되어야 한다.

풀이 25, 80, 1, 90

문제 **09** 비상벨설비 및 자동식 사이렌설비의 발신기는 다음의 기준에 의하여 설치해야 한다. 다만, 지하구의 경우에는 발신기를 설치하지 않을 수 있다.

① 조작이 쉬운 장소에 설치하고, 스위치는 바닥으로부터 (　　) [m] 이상 (　　) [m] 이하의 높이에 설치할 것
② 발신기는 하나의 층마다 설치하되 해당 특정소방대상물의 각 부분으로부터 하나의 발신기까지의 수평거리가 (　　) [m] 이하가 되도록 할 것. 다만, 복도 또는 별도로 구획된 실로서 보행거리가 40 [m] 이상일 경우에는 추가로 설치해야 한다.
③ 발신기의 위치를 표시하는 표시등은 발신기의 상부에 설치하되 그 불빛은 부착면으로부터 15° 이상의 범위 안에서 부착 지점으로부터 (　　) [m] 이내의 어느 곳에서도 쉽게 식별할 수 있는 (　　)으로 할 것

풀이 0.8, 1.5, 25, 10, 적색등

문제 **10** 비상벨설비 및 자동식 사이렌설비의 전원은 전기가 정상적으로 공급되는 축전지 또는 교류 전압의 옥내 간선으로 하고 전원까지의 배선은 전용으로 할 것. 개폐기에는 "비상벨설비용" 또는 "자동식 사이렌설비용"이라고 표시한 표지를 할 것.

또한 그 설비에 대한 감시 상태를 ( )분 이상 지속한 후 유효하게 ( )분 이상 경보할 수 있는 축전지설비를 설치해야 한다.

풀이 60, 10

문제 11 단독경보형 감지기의 설치대상에 대해서 논하시오.

풀이 ① 연면적 1,000 [m^2] 미만의 아파트
② 연면적 1,000 [m^2] 미만의 기숙사
③ 교육연구시설 내에 있는 합숙소 또는 기숙사로서 연면적 2,000 [m^2] 미만인 것
④ 연면적 600 [m^2] 미만의 숙박시설
⑤ 숙박시설이 있는 청소년시설

문제 12 단독경보형 감지기의 주전원을 건전지로 사용하는 것은 평상시 전원감시등이 섬광되어야 하며 섬광시간은 1 [s] 이내로 섬광주기는 30 [s] 내지 60 [s] 이내이어야 하며, ( )분 이상을 계속 경보할 수 있어야 한다. 음향장치는 80 [%]인 전압에서 소리를 내어야 하며, 음압은 음향장치의 중심선으로부터 ( ) [m] 떨어진 지점에서 ( ) [dB] 이상이어야 한다.

풀이 10, 1, 70

문제 13 단독경보형 감지기는 각 실마다 설치하되 바닥면적이 150 [m^2]를 초과하는 경우 150 [m^2] 마다 ( )개 이상 설치할 것. 단, 이웃하는 실내의 바닥면적이 각각 ( ) [m^2] 미만이고 벽체 상부의 전부 또는 일부가 개방되어 공기가 상호 유통되는 경우 1실로 본다.

풀이 1, 30

Chapter 05

가스누설경보설비

가스누설경보설비(gas leakage alarm system)는 가연성 가스 또는 불완전 연소 가스가 누설되는 것을 탐지하고 이를 경보하여 가스 누출로 인한 피해를 예방하기 위한 설비이다. 가스누설경보기의 화재안전성능기준(NFPC 206)의 적용범위는 「소방시설 설치 및 관리에 관한 법률 시행령」(이하 "영"이라 한다) 별표 4 제2호차목에 따른 가스누설경보기의 설치 및 관리에 대해 적용한다. 다만, 「액화석유가스의 안전관리 및 사업법」 및 「도시가스 사업법」에 따른 가스누출 자동차단장치 또는 가스누출경보기 설치대상으로서 「액화석유가스의 안전관리 및 사업법」 및 「도시가스 사업법」에 적합하게 설치한 경우에는 이 기준에 적합한 것으로 본다.

1. 용어의 정의

① "가연성가스 경보기"란 보일러 등 가스연소기에서 액화석유가스(LPG; liquefied petroleum gas), 액화천연가스(LNG; liquefied natural gas) 등의 가연성가스가 새는 것을 탐지하여 관계자나 이용자에게 경보하여 주는 것을 말한다. 다만, 탐지소자 외의 방법에 의하여 가스가 새는 것을 탐지하는 것, 점검용으로 만들어진 휴대용탐지기 또는 연동기기에 의하여 경보를 발하는 것은 제외한다.

② "일산화탄소 경보기"란 일산화탄소가 새는 것을 탐지하여 관계자나 이용자에게 경보하여 주는 것을 말한다. 다만, 탐지소자 외의 방법에 의하여 가스가 새는 것을 탐지하는 것, 점검용으로 만들어진 휴대용탐지기 또는 연동기기에 의하여 경보를 발하는 것은 제외한다.

③ "탐지부"란 가스누설경보기(이하 "경보기"라 한다) 중 가스누설을 탐지하여 중계기 또는

수신부에 가스누설신호를 발신하는 부분을 말한다.

④ "수신부"란 경보기 중 탐지부에서 발하여진 가스누설신호를 직접 또는 중계기를 통하여 수신하고 이를 관계자에게 음향으로서 경보하여 주는 것을 말한다.

⑤ "분리형"이란 탐지부와 수신부가 분리되어 있는 형태의 경보기를 말한다.

⑥ "단독형"이란 탐지부와 수신부가 일체로 되어 있는 형태의 경보기를 말한다.

⑦ "가스연소기"란 가스레인지 또는 가스보일러 등 가연성가스를 이용하여 불꽃을 발생하는 장치를 말한다.

2. 형태 및 설치대상

2.1 형태

(1) 단독형

단독형은 하나의 본체에 검지기와 경보부가 같이 구성된 것으로 설치하고자 하는 곳에 간편하게 설치할 수 있다.

(2) 분리형

분리형은 검지기와 경보부가 분리되어 있는 것으로 검지기는 가스 저장실에 설치하며, 경보부는 경비실과 같이 항상 사람이 상주하는 장소에 설치하여 원거리에서도 저장실의 가스 누설 상태를 쉽게 감지할 수 있다.

2.2 설치대상

(1) 화재의 예방 및 안전관리에 관한 법률

시행령 제18조 제2항 [별표 1]의 규정(개정 2023.1.3)에서 보일러 등의 설비 또는 기구 등의 위치·구조 및 관리와 화재예방을 위하여 불을 사용할 때 지켜야 하는 사항은 다음과 같다.

● 표 2-5-1 시행령 제18조 제2항 [별표 1]의 규정

종 류	내 용
보일러	가. 가연성 벽·바닥 또는 천장과 접촉하는 증기기관 또는 연통의 부분은 규조토 등 난연성 또는 불연성 단열재로 덮어씌워야 한다. 나. 경유·등유 등 액체연료를 사용할 때에는 다음 사항을 지켜야 한다. 1) 연료탱크는 보일러 본체로부터 수평거리 1 [m] 이상의 간격을 두어 설치할 것 2) 연료탱크에는 화재 등 긴급상황이 발생하는 경우 연료를 차단할 수 있는 개폐밸브를 연료탱크로부터 0.5 [m] 이내에 설치할 것 3) 연료탱크 또는 보일러 등에 연료를 공급하는 배관에는 여과장치를 설치할 것 4) 사용이 허용된 연료 외의 것을 사용하지 않을 것 5) 연료탱크가 넘어지지 않도록 받침대를 설치하고, 연료탱크 및 연료탱크 받침대는 「건축법 시행령」 제2조제10호에 따른 불연재료(이하 "불연재료"라 한다)로 할 것 다. 기체연료를 사용할 때에는 다음 사항을 지켜야 한다. 1) 보일러를 설치하는 장소에는 환기구를 설치하는 등 가연성 가스가 머무르지 않도록 할 것 2) 연료를 공급하는 배관은 금속관으로 할 것 3) 화재 등 긴급 시 연료를 차단할 수 있는 개폐밸브를 연료용기 등으로부터 0.5 [m] 이내에 설치할 것 4) 보일러가 설치된 장소에는 가스누설경보기를 설치할 것 라. 화목(火木) 등 고체연료를 사용할 때에는 다음 사항을 지켜야 한다. 1) 고체연료는 보일러 본체와 수평거리 2 [m] 이상 간격을 두어 보관하거나 불연재료로 된 별도의 구획된 공간에 보관할 것 2) 연통은 천장으로부터 0.6 [m] 떨어지고, 연통의 배출구는 건물 밖으로 0.6 [m] 이상 나오도록 설치할 것 3) 연통의 배출구는 보일러 본체보다 2 [m] 이상 높게 설치할 것 4) 연통이 관통하는 벽면, 지붕 등은 불연재료로 처리할 것 5) 연통재질은 불연재료로 사용하고 연결부에 청소구를 설치할 것 마. 보일러 본체와 벽·천장 사이의 거리는 0.6 [m] 이상이어야 한다. 바. 보일러를 실내에 설치하는 경우에는 콘크리트바닥 또는 금속 외의 불연재료로 된 바닥 위에 설치해야 한다.
난 로	가. 연통은 천장으로부터 0.6 [m] 이상 떨어지고, 연통의 배출구는 건물 밖으로 0.6 [m] 이상 나오게 설치해야 한다. 나. 가연성 벽·바닥 또는 천장과 접촉하는 연통의 부분은 규조토 등 난연성 또는 불연성의 단열재로 덮어씌워야 한다. 다. 이동식난로는 다음의 장소에서 사용해서는 안 된다. 다만, 난로가 쓰러지지 않도록 받침대를 두어 고정시키거나 쓰러지는 경우 즉시 소화되고 연료의 누출을 차단할 수 있는 장치가 부착된 경우에는 그렇지 않다. 1) 「다중이용업소의 안전관리에 관한 특별법」 제2조제1항제4호에 따른 다중이용업소 2) 「학원의 설립·운영 및 과외교습에 관한 법률」 제2조제1호에 따른 학원 3) 「학원의 설립·운영 및 과외교습에 관한 법률 시행령」 제2조제1항제4호에 따른

	독서실 4) 「공중위생관리법」 제2조제1항제2호에 따른 숙박업, 같은 항 제3호에 따른 목욕장업 및 같은 항 제6호에 따른 세탁업의 영업장 5) 「의료법」 제3조제2항제1호에 따른 의원·치과의원·한의원, 같은 항 제2호에 따른 조산원 및 같은 항 제3호에 따른 병원·치과병원·한방병원·요양병원·정신병원·종합병원 6) 「식품위생법 시행령」 제21조제8호에 따른 식품접객업의 영업장 7) 「영화 및 비디오물의 진흥에 관한 법률」 제2조제10호에 따른 영화상영관 8) 「공연법」 제2조제4호에 따른 공연장 9) 「박물관 및 미술관 진흥법」 제2조제1호에 따른 박물관 및 같은 조 제2호에 따른 미술관 10) 「유통산업발전법」 제2조제7호에 따른 상점가 11) 「건축법」 제20조에 따른 가설건축물 12) 역·터미널
건조설비	가. 건조설비와 벽·천장 사이의 거리는 0.5 [m] 이상이어야 한다. 나. 건조물품이 열원과 직접 접촉하지 않도록 해야 한다. 다. 실내에 설치하는 경우에 벽·천장 및 바닥은 불연재료로 해야 한다.
가스·전기시설	가. 가스시설의 경우 「고압가스 안전관리법」, 「도시가스사업법」 및 「액화석유가스의 안전관리 및 사업법」에서 정하는 바에 따른다. 나. 전기시설의 경우 「전기사업법」 및 「전기안전관리법」에서 정하는 바에 따른다.
불꽃을 사용하는 용접·용단 기구	용접 또는 용단 작업장에서는 다음 각 목의 사항을 지켜야 한다. 다만, 「산업안전보건법」 제38조의 적용을 받는 사업장에는 적용하지 않는다. 가. 용접 또는 용단 작업장 주변 반경 5 [m] 이내에 소화기를 갖추어 둘 것 나. 용접 또는 용단 작업장 주변 반경 10 [m] 이내에는 가연물을 쌓아두거나 놓아두지 말 것. 다만, 가연물의 제거가 곤란하여 방화포 등으로 방호조치를 한 경우는 제외한다.
노·화덕설비	가. 실내에 설치하는 경우에는 흙바닥 또는 금속 외의 불연재료로 된 바닥에 설치해야 한다. 나. 노 또는 화덕을 설치하는 장소의 벽·천장은 불연재료로 된 것이어야 한다. 다. 노 또는 화덕의 주위에는 녹는 물질이 확산되지 않도록 높이 0.1 [m] 이상의 턱을 설치해야 한다. 라. 시간당 열량이 30만 [kcal] 이상인 노를 설치하는 경우에는 다음의 사항을 지켜야 한다. 1) 「건축법」 제2조제1항제7호에 따른 주요구조부(이하 "주요구조부"라 한다)는 불연재료 이상으로 할 것 2) 창문과 출입구는 「건축법 시행령」 제64조에 따른 60분+ 방화문 또는 60분 방화문으로 설치할 것 3) 노 주위에는 1 [m] 이상 공간을 확보할 것
음식조리를 위하여 설치하는 설비	「식품위생법 시행령」 제21조제8호에 따른 식품접객업 중 일반음식점 주방에서 조리를 위하여 불을 사용하는 설비를 설치하는 경우에는 다음 각 목의 사항을 지켜야 한다. 가. 주방설비에 부속된 배출덕트(공기 배출통로)는 0.5 [mm] 이상의 아연도금강판 또는 이와 같거나 그 이상의 내식성 불연재료로 설치할 것

	나. 주방시설에는 동물 또는 식물의 기름을 제거할 수 있는 필터 등을 설치할 것 다. 열을 발생하는 조리기구는 반자 또는 선반으로부터 0.6 [m] 이상 떨어지게 할 것 라. 열을 발생하는 조리기구로부터 0.15 [m] 이내의 거리에 있는 가연성 주요구조부는 단열성이 있는 불연재료로 덮어씌울 것

비고
1. "보일러"란 사업장 또는 영업장 등에서 사용하는 것을 말하며, 주택에서 사용하는 가정용 보일러는 제외한다.
2. "건조설비"란 산업용 건조설비를 말하며, 주택에서 사용하는 건조설비는 제외한다.
3. "노·화덕설비"란 제조업·가공업에서 사용되는 것을 말하며, 주택에서 조리용도로 사용되는 화덕은 제외한다.
4. 보일러, 난로, 건조설비, 불꽃을 사용하는 용접·용단기구 및 노·화덕설비가 설치된 장소에는 소화기 1개 이상을 갖추어 두어야 한다.

(2) 소방시설 설치 및 관리에 관한 법률 시행령 [별표 4]의 규정

① 문화 및 집회시설, 종교시설, 판매시설, 운수시설, 의료시설, 노유자 시설

② 수련시설, 운동시설, 숙박시설, 창고시설 중 물류터미널, 장례시설

3. 구성 및 작동원리

3.1 구성

가스누설경보설비는 가정 또는 산업 현장에서 사용되는 연료용 가스 또는 자연 발생된 가연성 가스의 누설을 탐지하여 관리자 또는 사용자에게 경보함으로써 폭발 사고 및 중독 사고를 사전에 방지하는 목적으로 설치된다. 경보장치는 구조에 따라 단독형, 분리형이 있으며, 용도에 따라 가정용, 영업용, 공업용 등이 있다. 또한, 탐지 대상 가스가 공기보다 무거운지 가벼운지에 따라 분류하고, 대부분의 가스에 적용되는 장치도 있다.

그리고 경보방식에 따라 즉시 경보형, 경보 지연형, 반한시 경보형 등이 적용되고 있다. 가스누설경보설비는 탐지부, 수신기, 중계기, 경보장치 등으로 구성되며, 그림 2-5-1에 가스누설경보설비의 구성도를 나타낸다.

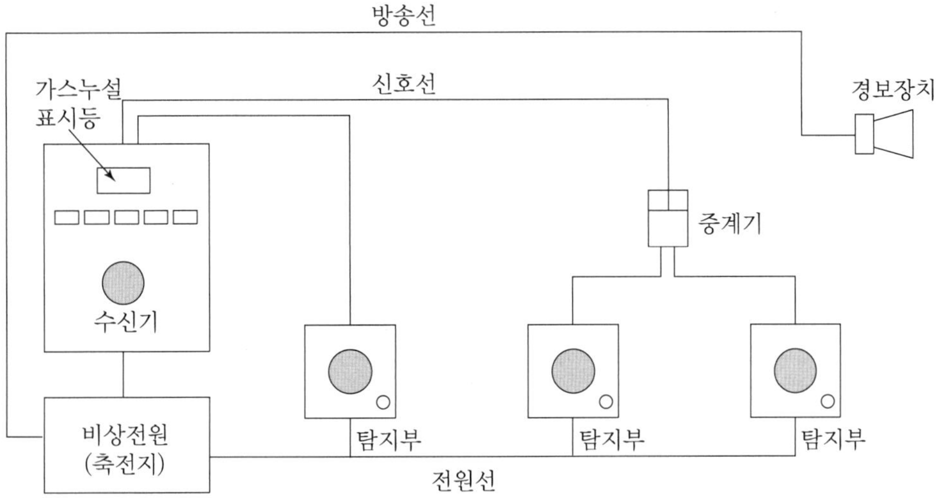

■ **그림 2-5-1** 가스누설경보설비의 구성도

3.2 작동원리

가스누설경보의 흐름도를 그림 2-5-2와 같다. 정전압 회로를 이용하여 전원을 공급하도록 하며, 공기 중의 가스 농도가 기기의 설정값을 초과하는 경우 검출 회로의 탐지 소자가 검지를 통하여 가스 누설의 정도를 알게 되고, 그 값을 온도 보상 회로를 통해서 검증한다.

보상된 신호는 일정 시간 경과 후 경보 지연 회로를 통해서 단속 경보 및 경보를 하는 과정을 거친다. 그림 2-5-2는 가스누설경보의 흐름도를 나타낸다.

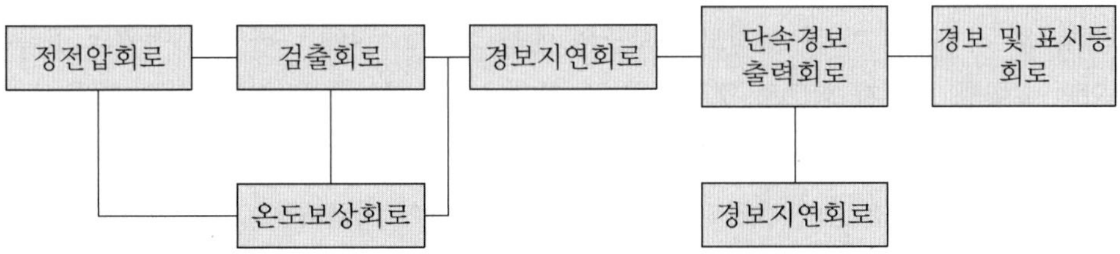

■ **그림 2-5-2** 가스누설경보의 흐름도

3.3 가스누설탐지

가스 누설을 탐지하는 방식에 따라 반도체식, 접촉 연소식, 기체 열전도식 등이 있으며, 그림 2-5-3은 회로도와 검출 소자의 구조를 나타낸다. 그림 2-5-3(a)는 검출 센서와 보상 소자는 백금(Pt) 선에 알루미나 촉매를 도포한 것을 주로 사용하며, 코일 형태로 감은 백금 선의 표면에 누설 가스가 접촉하면 가스 농도에 비례하는 연소 현상이 발생한다. 발생한 열은 전기 저항을 증가시켜 V_A와 V_B 사이의 전위차가 형성되어 전류가 흐르므로 증폭기가 발진함에 따라 시스템을 작동시키는 것이며, 그림 2-5-3(b)는 검출 센서의 구조를 나타낸다.

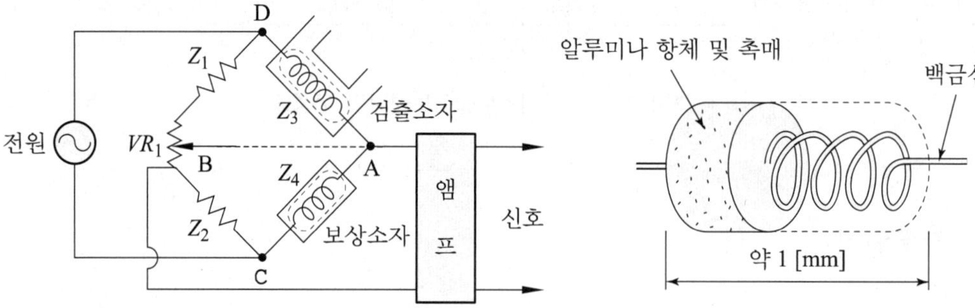

(a) 회로도 (b) 검출 센서

■ 그림 2-5-3 접촉 연소식의 회로도와 검출 센서의 구조

3.4 가스누설경보 회로도

일반적으로 사용되는 가스누설경보 회로도의 예를 그림 2-5-4에 나타낸다. 전원의 공급은 상용 전압의 교류를 브리지 회로로 정류한 직류 전압이 사용된다. 회로의 작동 형태를 살펴보면 전류 I_1은 탐지 센서의 안정도를 위하여 정전압 회로에서 공급되도록 한다.

누설된 가스가 탐지 소자에 검지되면 소자의 내부 저항이 저하되므로 R_a 양단자 사이의 전압이 상승하여 전압 비교기 V_c의 입력신호가 상승하게 된다. 상승된 V_c의 부(−) 전압이 R_b에 공급되고, 이 기준을 초과할 때 V_c의 출력은 부(−)에서 정(+)으로 반전되어 트랜지스터를 도통시켜 누설 표시등(PL)과 경보 버저(BZ)를 울리며, 제어부에 정(+) 전압을 공급하게 된다.

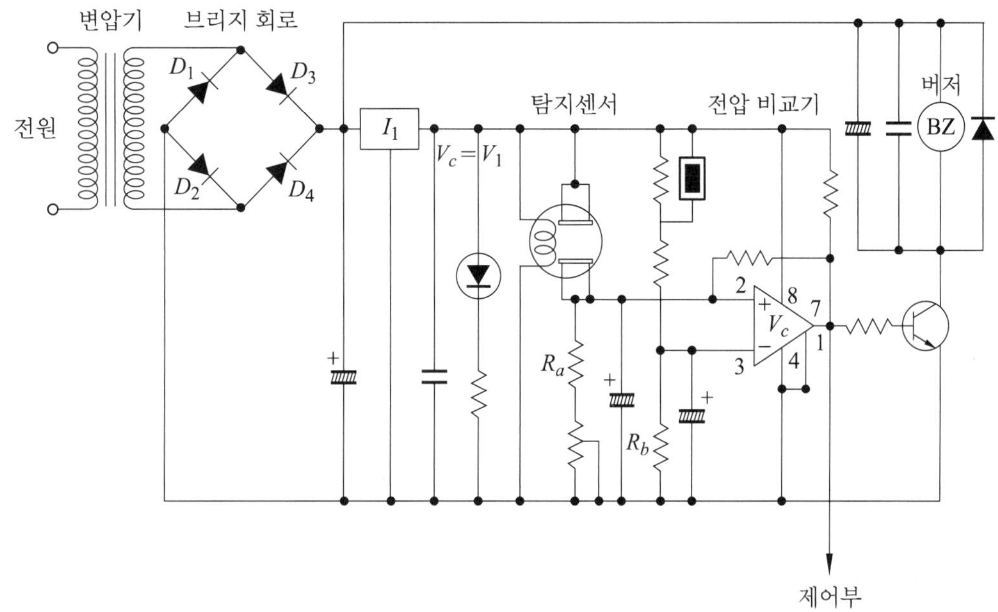

■ 그림 2-5-4 가스누설경보 회로도(예)

4. 가스누설경보기의 종류 및 기준

4.1 가연성가스 경보기

① 가연성가스를 사용하는 가스연소기가 있는 경우에는 가연성가스의 종류에 적합한 경보기를 가스연소기 주변에 설치해야 한다.

② 분리형 경보기의 수신부는 다음 각 호의 기준에 따라 설치해야 한다.

1. 가스연소기 주위의 경보기의 상태 확인 및 유지 관리에 용이한 위치에 설치할 것
2. 가스누설 음향의 음량과 음색이 다른 기기의 소음 등과 명확히 구별될 것
3. 가스누설 음향은 수신부로부터 1 [m] 떨어진 위치에서 음압이 70 [dB] 이상일 것
4. 수신부의 조작 스위치는 바닥으로부터의 높이가 0.8 [m] 이상 1.5 [m] 이하인 장소에 설치할 것
5. 수신부가 설치된 장소에는 관계자 등에게 신속히 연락할 수 있도록 비상연락 번호를 기재한 표를 비치할 것

③ 분리형 경보기의 탐지부는 다음 각 호의 기준에 따라 설치해야 한다.

1. 탐지부는 가스연소기의 중심으로부터 직선거리 8 [m](공기보다 무거운 가스를 사용하는 경우에는 4 [m]) 이내에 1개 이상 설치해야 한다.
2. 탐지부는 천정으로부터 탐지부 하단까지의 거리가 0.3 [m] 이하가 되도록 설치한다. 다만, 공기보다 무거운 가스를 사용하는 경우에는 바닥면으로부터 탐지부 상단까지의 거리는 0.3 [m] 이하로 한다.

④ 단독형 경보기는 다음 각 호의 기준에 따라 설치해야 한다.

1. 가스연소기 주위의 경보기의 상태 확인 및 유지 관리에 용이한 위치에 설치할 것
2. 가스누설 음향의 음량과 음색이 다른 기기의 소음 등과 명확히 구별될 것
3. 가스누설 음향장치는 수신부로부터 1 [m] 떨어진 위치에서 음압이 70 [dB] 이상일 것
4. 단독형 경보기는 가스연소기의 중심으로부터 직선거리 8 [m](공기보다 무거운 가스를 사용하는 경우에는 4 [m]) 이내에 1개 이상 설치해야 한다.
5. 단독형 경보기는 천장으로부터 경보기 하단까지의 거리가 0.3 [m] 이하가 되도록 설치한다. 다만, 공기보다 무거운 가스를 사용하는 경우에는 바닥면으로부터 단독형 경보기 상단까지의 거리는 0.3 [m] 이하로 한다.
6. 경보기가 설치된 장소에는 관계자 등에게 신속히 연락할 수 있도록 비상연락 번호를 기재한 표를 비치할 것

4.2 일산화탄소 경보기

① 일산화탄소 경보기를 설치하는 경우에는 가스연소기 주변에 설치할 수 있다.

② 분리형 경보기의 수신부는 다음 각 호의 기준에 따라 설치해야 한다.

1. 가스누설 음향의 음량과 음색이 다른 기기의 소음 등과 명확히 구별될 것
2. 가스누설 음향은 수신부로부터 1 [m] 떨어진 위치에서 음압이 70 [dB] 이상일 것
3. 수신부의 조작 스위치는 바닥으로부터의 높이가 0.8 [m] 이상 1.5 [m] 이하인 장소에 설치할 것
4. 수신부가 설치된 장소에는 관계자 등에게 신속히 연락할 수 있도록 비상연락 번호를 기재한 표를 비치할 것

③ 분리형 경보기의 탐지부는 천장으로부터 탐지부 하단까지의 거리를 고려하여 설치한다.

④ 단독형 경보기는 다음 각 호의 기준에 따라 설치해야 한다.

1. 가스누설 음향의 음량과 음색이 다른 기기의 소음 등과 명확히 구별될 것

2. 가스누설 음향장치는 수신부로부터 1 [m] 떨어진 위치에서 음압이 70 [dB] 이상일 것
3. 단독형 경보기는 천장으로부터 경보기 하단까지의 거리가 0.3 [m] 이하가 되도록 설치한다.
4. 경보기가 설치된 장소에는 관계자 등에게 신속히 연락할 수 있도록 비상연락 번호를 기재한 표를 비치할 것

⑤ ②항 내지 ④항에도 불구하고 일산화탄소 경보기의 성능을 확보할 수 있는 별도의 설치방법을 인정받은 경우에는 해당 설치방법을 반영한 제조사의 시방서에 따라 설치할 수 있다.

5. 가스누설경보기의 설치방법

5.1 설치장소

분리형 경보기의 탐지부 및 단독형 경보기는 다음의 장소 이외의 장소에 설치해야 한다.

① 출입구 부근 등으로서 외부의 기류가 통하는 곳
② 환기구 등 공기가 들어오는 곳으로부터 1.5 [m] 이내인 곳
③ 연소기의 폐가스에 접촉하기 쉬운 곳
④ 가구, 보, 설비 등에 가려져 누설가스의 유통이 원활하지 못한 곳
⑤ 수증기 또는 기름 섞인 연기 등이 직접 접촉될 우려가 있는 곳

5.2 전원

경보기는 건전지 또는 교류전압의 옥내간선을 사용하여 상시 전원이 공급되도록 해야 한다.

5.3 공통 사항

① 수분, 증기가 접촉할 우려가 없는 곳에 설치

② 가스가 체류하기 쉬운 장소에 설치
③ 주위 온도가 현저히 낮거나 높은 곳을 피하여 설치
④ 분리형 경보기는 사람이 상주하는 곳에 설치

5.4 공기보다 무거운 가스

공기보다 무거운 가스를 사용하는 연소기가 설치되어 있는 곳의 검지기는 연소기로부터 4 [m] 이내에 설치하고 바닥으로부터 0.3 [m] 정도 떨어져 설치한다. 그림 2-5-5는 공기보다 무거운 가스의 검지를 위해 설치하는 검지기의 부착 위치를 나타낸다.

예) 프로판(C_3H_8), 부탄(C_4H_{10})

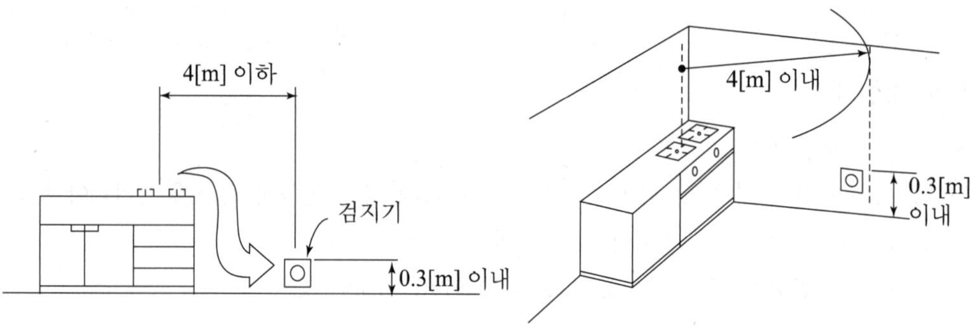

■ 그림 2-5-5 공기보다 무거운 가스

5.5 공기보다 가벼운 가스

공기보다 가벼운 가스를 사용하는 연소기가 설치되어 있는 곳의 검지기는 연소기로부터 8 [m] 이내, 천장으로부터 0.3 [m] 이내에 설치를 하고, 0.6 [m] 이상 돌출된 보(洑)가 있는 경우에는 보(洑) 보다 안쪽으로 설치하고 천장부에 흡기구가 있으면 그 부근에 검지기를 설치한다. 그림 2-5-6은 공기보다 가벼운 가스의 검지를 위해 설치하는 검지기의 부착 위치를 나타낸다.

예) 메탄(CH_4)

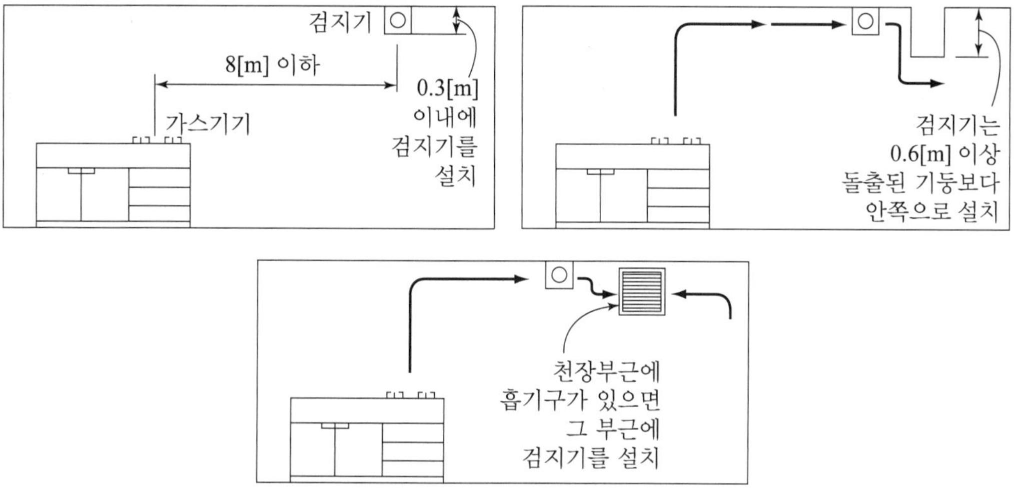

■ 그림 2-5-6 공기보다 가벼운 가스

6. 재검토 기한

소방청장은 「훈령·예규 등의 발령 및 관리에 관한 규정」에 따라 이 고시에 대하여 2023년 1월 1일을 기준으로 매 3년이 되는 시점(매 3년째의 12월 31일까지를 말한다)마다 그 타당성을 검토하여 개선 등의 조치를 해야 한다.

연습문제

문제 01 가스누설경보설비는 가연성가스 또는 (   ) 연소 가스가 누설되는 것을 탐지하고 이를 경보하여 가스 누출로 인한 피해를 예방하기 위한 설비이다.

풀이 불완전

문제 02 가스누설경보설비의 단독형은 본체에 (   )와 (   )가 같이 구성된 것으로 설치하고자 하는 곳에 간편하게 설치할 수 있다.

풀이 검지기, 경보부

문제 03 가스누설경보설비는 가스 누설을 탐지하는 방식에 따라 반도체식, 접촉 연소식, 기체 열전도식 등이 있으며, 검출 센서와 보상 소자는 백금(Pt) 선에 (   )를 도포한 것을 주로 사용하며, 코일 형태로 감은 백금 선의 표면에 (   )가 접촉하면 가스 농도에 비례하는 연소 현상이 발생한다.

풀이 알루미나 촉매, 누설 가스

문제 04 가스누설경보설비를 설치해야 되는 곳에 대해 논하시오.

풀이 ① 수분, 증기가 접촉할 우려가 없는 곳에 설치
② 가스가 체류하기 쉬운 장소에 설치
③ 주위 온도가 현저히 낮거나 높은 곳을 피하여 설치
④ 분리형 경보기는 사람이 상주하는 곳에 설치

문제 05 공기보다 무거운 가스를 사용하는 연소기가 설치되어 있는 곳의 검지기는 연소기로부터 (   ) [m] 이내에 설치하고, 바닥으로부터 (   ) [m] 정도 떨어져 설치한다.

풀이 4, 0.3

문제 06 공기보다 가벼운 가스를 사용하는 연소기가 설치되어 있는 곳의 검지기는 연소기로부터 (   ) [m] 이내, 천장으로부터 (   ) [m] 이내에 설치를 하고, (   ) [m] 이상 돌출된 보가 있는 경우에는 보 보다 안쪽으로 설치하고 천장부에 흡기구가 있으면 그 부근에 검지기를 설치한다.

풀이 8, 0.3, 0.6

Chapter 06

비상방송설비

1. 개요

비상방송설비(非常放送設備, broadcast equipment of emergency)는 화재 발생 상황을 자동 또는 수동으로 음성이나 비상경보의 방송을 확성기로 알려주는 설비이다. 그림 2-6-1은 비상방송설비의 실체 사진을 나타낸다.

① "확성기"란 소리를 크게 하여 멀리까지 전달될 수 있도록 하는 장치로써 일명 스피커를 말한다.

② "음량조절기"란 가변저항을 이용하여 전류를 변화시켜 음량을 크게 하거나 작게 조절할 수 있는 장치를 말한다.

③ "증폭기"란 전압전류의 진폭을 늘려 감도를 좋게 하고 미약한 음성전류를 커다란 음성전류로 변화시켜 소리를 크게 하는 장치를 말한다.

④ "기동장치"란 화재감지기, 발신기 등의 상태변화를 전송하는 장치를 말한다.

⑤ "몰드"란 전선을 물리적으로 보호하기 위해 사용되는 통형 구조물을 말한다.

⑥ "약전류회로"란 전신선, 전화선 등에 사용하는 전선이나 케이블, 인터폰, 확성기의 음성회로, 라디오·텔레비전의 시청회로 등을 포함하는 약전류가 통전되는 회로를 말한다.

⑦ "전원회로"란 전기·통신, 기타 전기를 이용하는 장치 등에 전력을 공급하기 위하여 필요한 기기로 이루어지는 전기회로를 말한다.

⑧ "절연저항"이란 전류가 도체에서 절연물을 통하여 다른 충전부나 기기로 누설되는 경우 그 누설 경로의 저항을 말한다.

⑨ "절연효력"이란 전기가 불필요한 부분으로 흐르지 않도록 절연하는 성능을 나타내는 것을 말한다.

⑩ "정격전압"이란 전기기계기구, 선로 등의 정상적인 동작을 유지시키기 위해 공급해 주어야 하는 기준 전압을 말한다.

⑪ "조작부"란 기기를 제어할 수 있도록 조작스위치, 지시계, 표시등 등을 집결시킨 부분을 말한다.

⑫ "풀박스"란 장거리 케이블 포설을 용이하게 하기 위해 전선관 중간에 설치하는 상자형 구조물 등을 말한다.

2. 설치대상

2.1 설치대상

그림 2-6-1은 비상방송설비의 설치를 위한 수평거리를 나타낸다.

① 연면적 3,500 [m^2] 이상인 것은 모든 층

② 층수가 11층 이상인 것은 모든 층

③ 지하층의 층수가 3층 이상인 것은 모든 층

다만, 위험물 저장 및 처리 시설 중 가스시설, 사람이 거주하지 않거나 벽이 없는 축사 등 동물 및 식물 관련 시설, 지하가 중 터널 및 지하구는 제외한다.

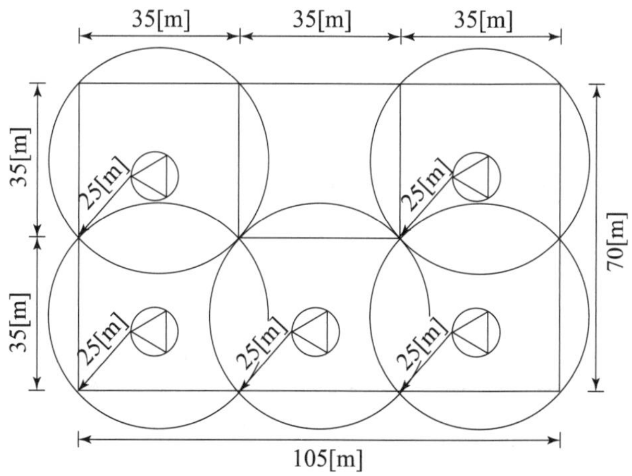

■ 그림 2-6-1 비상방송설비의 수평거리

2.2 면제대상

비상방송설비를 설치해야 하는 특정소방대상물에 자동화재탐지설비 또는 비상경보설비와 같은 수준 이상의 음향을 발하는 장치를 부설한 방송설비를 화재안전기준에 적합하게 설치한 경우에는 그 설비의 유효범위에서 설치가 면제된다.

3. 작동원리

3.1 작동 흐름도

비상방송설비(非常放送設備, broadcast equipment of emergency)는 자동화재탐지설비로부터 화재신호를 받아서 확성기로 화재 발생을 알려준다. 자동화재탐지설비에는 비상방송설비로 화재신호를 보내지 못하도록 하는 연동 정지 스위치가 있는데 이 스위치가 연동 정지에 있으면 비상방송설비가 작동하지 못한다. 검사 시에 이에 대한 사항을 주의해서 보아야 한다.

그림 2-6-2는 비상방송설비의 작동 흐름도이며, 그림 2-6-3은 비상방송설비의 계통도를 나타낸다. 또한 그림 2-6-4는 비상방송설비의 결선도를 나타낸다.

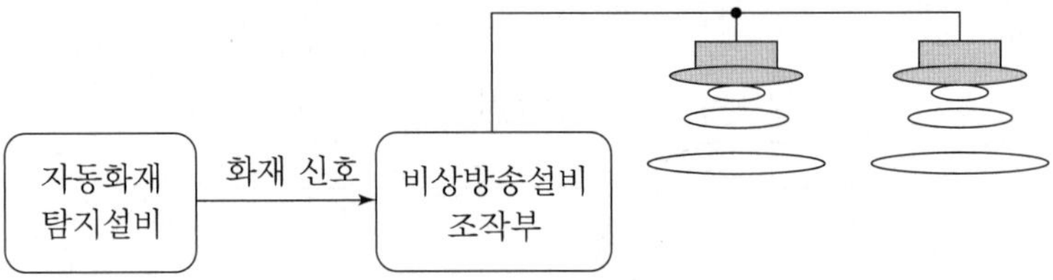

■ 그림 2-6-2 비상방송설비의 작동 흐름도

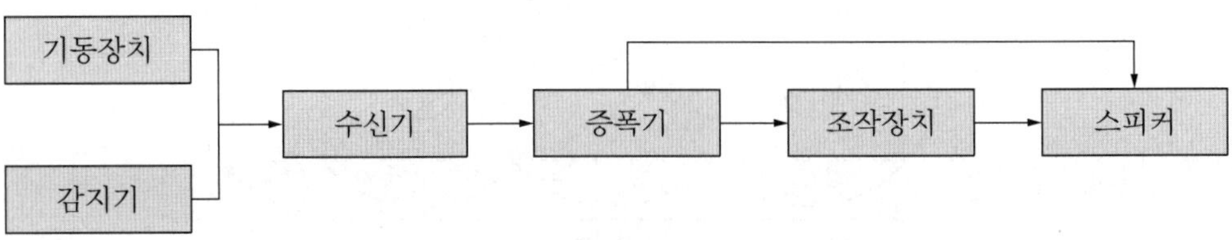

■ 그림 2-6-3 비상방송설비의 계통도

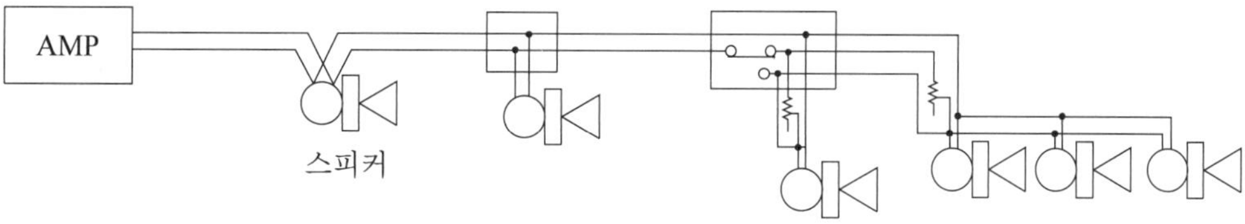

■ 그림 2-6-4 비상방송설비의 결선도

3.2 경보방식

① 5층(지하층은 제외한다) 이상의 특정소방대상물 또는 그 부분에 있어서는 2층 이상의 층에서 발화한 때에는 발화층 및 직상층에서 경보를 발신할 수 있도록 할 것

② 1층에서 발화한 때에는 발화층, 그 직상층 및 지하층에서 경보를 발신할 수 있도록 할 것

③ 지하층에서 발화한 때에는 발화층, 그 직상층 및 기타의 지하층에서 우선적으로 경보를 발신할 수 있도록 할 것

4. 제어부의 표시등 및 스위치

비상방송설비의 제어부는 제조회사에 따라 여러 형태가 있다. 그러나 사용설명서를 참고하면 각 스위치 및 표시등의 역할을 알 수 있다. 제품 중 하나를 설명하면 그림 2-6-5는 비상방송설비의 스위치 및 표시등이며, 그림 2-6-6은 3선 배선식 음향조절기의 회로도 예를 나타낸다.

① 화재 발생 표시부

자동화재탐지설비로부터 화재신호를 수신하면 점등하여 화재 발생을 표시한다.

② 방송 작동층 표시부

비상방송설비는 자동화재탐지설비로부터 화재신호와 발화층에 대한 정보를 수신하여 직상층 경보방식으로 경보를 발신하도록 되어 있는데 방송 작동층 표시부는 현재 방송이 되고 있는 층을 표시하는 기능을 한다.

③ **방송층 선택 스위치**

수동으로 방송시 방송층을 선택할 수 있는 스위치로 선택층을 누르고 방송을 하면 해당 층에만 방송이 된다.

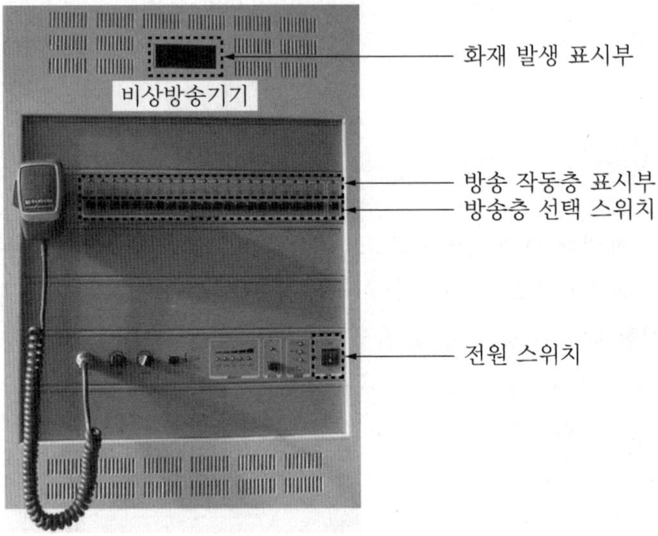

■ **그림 2-6-5** 비상방송설비의 스위치 및 표시등

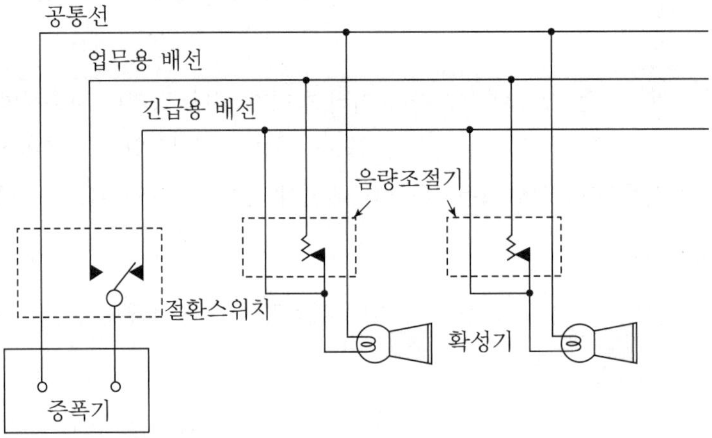

■ **그림 2-6-6** 3선 배선식 음향조절기의 회로도 예

5. 설치기준

5.1 음향장치

비상방송설비는 다음의 기준에 따라 설치해야 한다. 이 경우 엘리베이터 내부에는 별도의 음향장치를 설치할 수 있다.

① 확성기의 음성입력은 3 [W](실내에 설치하는 것에 있어서는 1 [W]) 이상일 것

② 확성기는 각 층마다 설치하되, 그 층의 각 부분으로부터 하나의 확성기까지의 수평거리가 25 [m] 이하가 되도록 하고, 해당 층의 각 부분에 유효하게 경보를 발할 수 있도록 설치할 것

③ 음량조정기를 설치하는 경우 음량조정기의 배선은 3선식으로 할 것

④ 조작부의 조작스위치는 바닥으로부터 0.8 [m] 이상 1.5 [m] 이하의 높이에 설치할 것

⑤ 조작부는 기동장치의 작동과 연동하여 해당 기동장치가 작동한 층 또는 구역을 표시할 수 있는 것으로 할 것

⑥ 증폭기 및 조작부는 수위실 등 상시 사람이 근무하는 장소로서 점검이 편리하고 방화상 유효한 곳에 설치할 것

⑦ 층수가 5층 이상으로서 연면적이 3,000 [m^2]를 초과하는 특정소방대상물은 다음의 기준에 따라 경보를 발할 수 있도록 해야 한다.

가. 2층 이상의 층에서 발화한 때에는 발화층 및 그 직상층에 경보를 발할 것

나. 1층에서 발화한 때에는 발화층, 그 직상층 및 지하층에 경보를 발할 것

다. 지하층에서 발화한 때에는 발화층, 그 직상층 및 기타의 지하층에 경보를 발할 것

⑧ 다른 방송설비와 공용하는 것에 있어서는 화재 시 비상경보 외의 방송을 차단할 수 있는 구조로 할 것

⑨ 다른 전기회로에 따라 유도장애가 생기지 않도록 할 것

⑩ 하나의 특정소방대상물에 2 이상의 조작부가 설치되어 있는 때에는 각각의 조작부가 있는 장소 상호 간에 동시 통화가 가능한 설비를 설치하고, 어느 조작부에서도 해당 특정소방대상물의 전 구역에 방송을 할 수 있도록 할 것

⑪ 기동장치에 따른 화재신호를 수신한 후 필요한 음량으로 화재발생상황 및 피난에 유효한 방송이 자동으로 개시될 때까지의 소요시간은 10초 이내로 할 것

⑫ 음향장치는 다음의 기준에 따른 구조 및 성능의 것으로 해야 한다.

가. 정격전압의 80 [%] 전압에서 음향을 발할 수 있는 것을 할 것

나. 자동화재탐지설비의 작동과 연동하여 작동할 수 있는 것으로 할 것

5.2 배선

비상방송설비의 배선은 「전기사업법」 제67조에 따른 「전기설비기술기준」에서 정한 것 외에 다음의 기준에 따라 설치해야 한다.

① 화재로 인하여 하나의 층의 확성기 또는 배선이 단락 또는 단선되어도 다른 층의 화재 통보에 지장이 없도록 할 것

② 전원회로의 배선은 「옥내소화전설비의 화재안전기술기준(NFTC 102)」 2.7.2의 표 2.7.2(1)에 따른 내화배선에 따르고, 그 밖의 배선은 「옥내소화전설비의 화재안전기술기준(NFTC 102)」 2.7.2의 표 2.7.2(1) 또는 표 2.7.2(2)에 따른 내화배선 또는 내열배선에 따를 것

③ 전원회로의 전로와 대지 사이 및 배선상호간의 절연저항은 「전기사업법」 제67조에 따른 「전기설비기술기준」이 정하는 바에 따르고, 부속회로의 전로와 대지 사이 및 배선 상호간의 절연저항은 1경계구역마다 직류 250 [V]의 절연저항측정기를 사용하여 측정한 절연저항이 0.1 [MΩ] 이상이 되도록 할 것

④ 비상방송설비의 배선은 다른 전선과 별도의 관, 덕트(절연효력이 있는 것으로 구획한 때에는 그 구획된 부분은 별개의 덕트로 본다) 몰드 또는 풀박스 등에 설치할 것. 다만, 60 [V] 미만의 약전류회로에 사용하는 전선으로서 각각의 전압이 같을 때에는 그렇지 않다.

5.3 전원

비상방송설비의 상용전원은 다음의 기준에 따라 설치해야 한다.

① 상용전원은 전기가 정상적으로 공급되는 축전지설비, 전기저장장치(외부 전기에너지를 저장해 두었다가 필요한 때 전기를 공급하는 장치) 또는 교류전압의 옥내간선으로 하고, 전원까지의 배선은 전용으로 할 것

② 개폐기에는 "비상방송설비용"이라고 표시한 표지를 할 것

③ 비상방송설비에는 그 설비에 대한 감시상태를 60분간 지속한 후 유효하게 10분(감시상태 유지를 포함한다) 이상 경보할 수 있는 비상전원으로서 축전지설비(수신기에 내장하는 경우를 포함한다) 또는 전기저장장치(외부 전기에너지를 저장해 두었다가 필요한 때 전기를 공급하는 장치)를 설치해야 한다.

6. 설치·관리기준의 특례

소방본부장 또는 소방서장은 기존건축물이 증축, 개축, 대수선되거나 용도변경 되는 경우에 있어서 이 기준이 정하는 기준에 따라 해당 건축물에 설치해야 할 비상방송설비의 배관, 배선 등의 공사가 현저하게 곤란하다고 인정되는 경우에는 해당 설비의 기능 및 사용에 지장이 없는 범위 안에서 이 기준 일부를 적용하지 않을 수 있다.

7. 재검토 기한

소방청장은 「훈령·예규 등의 발령 및 관리에 관한 규정」에 따라 이 고시에 대하여 2023년 1월 1일을 기준으로 매 3년이 되는 시점(매 3년째의 12월 31일까지를 말한다)마다 그 타당성을 검토하여 개선 등의 조치를 해야 한다.

8. 점검방법

(1) 1단계

① 자동화재탐지설비에서 동작시험으로 화재신호 입력
　가. 주경종, 지구경종, 사이렌, 방송, 연동설비 등을 정지, 축적 확인
　나. 비상방송설비 연동 전환
　다. 동작시험스위치를 누른다.
　라. 회로선택스위치를 1회로 선택한다(건물 전체에 대하여 진행).
　마. 주경종을 정상 위치로 전환하고, 비상방송설비에 화재신호 입력
② 자동화재탐지설비의 감지기, 발신기 신호 입력에 의한 화재신호 입력

(2) 2단계

① 비상방송설비 화재표시등, 해당 층 표시 확인

(3) 3단계

① 방송개시 소요시간 10 [s] 확인

② 우선경보 적합 여부 확인

가. 직상층 우선경보방식으로 화재 발생 상황 및 피난에 유효한 방송이 송출되는지 확인

(4) 4단계

① 자동화재탐지설비 및 비상방송설비 복구, 정상 상태 전환

가. 자동화재탐지설비 수신기 복구는 회로선택스위치, 경종스위치, 복구스위치 등

나. 비상방송설비 복구는 복구스위치 등

연습문제

문제 01 비상방송설비는 화재 발생 상황을 자동 또는 수동으로 음성이나 비상경보의 방송을 (　　)로 알려주는 설비이다.

풀이 확성기

문제 02 (　　)는 소리를 크게 하여 멀리까지 전달될 수 있도록 하는 장치로써 일명 스피커를 말한다.

풀이 확성기

문제 03 (　　)는 가변저항을 이용하여 전류를 변화시켜 음량을 크게 하거나 작게 조절할 수 있는 장치를 말한다.

풀이 음량조절기

문제 04 (　　)는 전압전류의 진폭을 늘려 감도를 좋게 하고 미약한 음성전류를 커다란 음성전류로 변화시켜 소리를 크게 하는 장치를 말한다.

풀이 증폭기

문제 05 비상방송설비의 설치를 위한 기준이 적절하도록 다음 빈칸에 채우시오.

① 연면적 (　　) [m^2] 이상인 것
② 지하층을 제외한 층수가 (　　)층 이상인 것
③ 지하층의 층수가 (　　)개 층 이상인 것

풀이 3,500, 11, 3

문제 06 비상방송설비의 경보방식이 적절하도록 다음 빈칸을 채우시오.

① 5층 이상의 특정소방대상물 또는 그 부분에 있어서는 (　　) 이상의 층에서 발화한 때에는 발화층 및 직상층에서 우선적으로 경보를 발신할 수 있도록 할 것
② 1층에서 발화한 때에는 발화층, 그 (　　) 및 지하층에서 우선적으로 경보를 발신할 수 있도록 할 것
③ 지하층에서 발화한 때에는 발화층, 그 직상층 및 기타의 (　　)에서 우선적으로 경보를 발할 수 있도록 할 것

풀이 2층, 직상층, 지하층

문제 07 그림 1은 3선 배선식 음량조절기의 회로도 예를 나타낸 것이다. 각각의 명칭을 제시하시오.

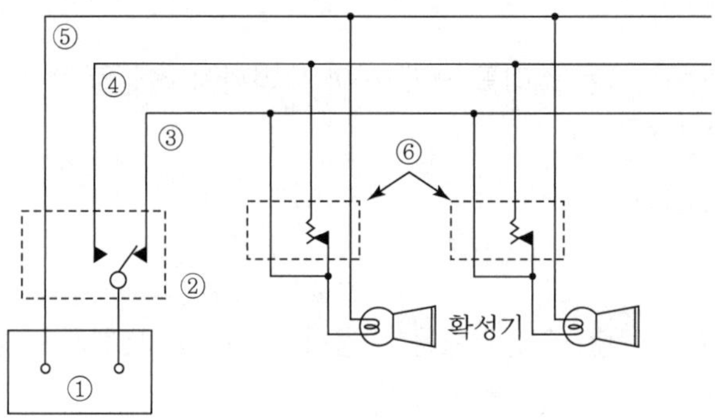

■ **그림 1** 3선 배선식 음량조절기의 회로도 예

풀이 ① 증폭기, ② 절환스위치, ③ 긴급용 배선, ④ 업무용 배선, ⑤ 공통선, ⑥ 음량조절기

문제 08 비상방송설비의 설치기준에서 조작부의 조작스위치는 바닥으로부터 (　　) [m] 이상 (　　) [m] 이하의 높이에 설치하며, 기동 장치에 의한 화재 신고를 수신한 후, 필요한 음량으로 화재 발생 상황 및 피난에 유효한 방송이 자동으로 개시될 때까지의 소요시간은 (　　) [s] 이하로 한다.

풀이 0.8, 1.5, 10

문제 09 비상방송설비 확성기의 음성입력은 (　　) [W](실내에 설치하는 것에 있어서는 1 [W]) 이상이며, 확성기는 각 층마다 설치하되 그 층의 각 부분으로부터 하

나의 확성기까지의 수평거리가 (   ) [m] 이하가 되도록 하고 해당 층의 각 부분에 유효하게 경보를 발신할 수 있도록 설치한다.

풀이 3, 25

문제 **10** 비상방송설비 음향장치는 정격전압의 (   ) [%] 전압에서 음향을 발신할 수 있어야 하며, 자동화재탐지설비의 작동과 (   )하여 작동할 수 있는 것으로 해야 한다.

풀이 80, 연동

문제 **11** 비상방송설비의 배선은 다음과 같은 기준을 준수해야 한다. 적절한 내용을 제시하시오.

① 음량조절기를 설치하는 경우 음량조절기의 배선은 (   )으로 할 것
② 다른 전기 회로에 의하여 유도 장애가 생기지 않도록 할 것
③ 화재로 인하여 하나의 층의 (   ) 또는 배선이 단락 또는 단선되어도 다른 층의 화재 경보에 지장이 없도록 할 것
④ 전원회로의 배선은 내화배선에 의하고 그 밖의 배선은 내화배선 또는 (   )에 의한다.
⑤ 전원회로의 전로와 대지 사이 및 배선 상호간의 절연저항은 부속회로의 전로와 대지 사이 및 배선 상호간의 절연저항은 1경계구역마다 직류 250 [V]의 절연저항 측정기를 사용하여 측정한 절연저항이 (   ) [MΩ] 이상이 되도록 할 것
⑤ 배선은 다른 전선과 별도의 관, 덕트 몰드 또는 풀박스 등에 설치할 것. 다만, (   ) [V] 미만의 약전류회로에 사용하는 전선으로서 각각의 전압이 같을 때에는 그렇지 않다.

풀이 3선식, 확성기, 내열배선, 0.1, 60

문제 **12** 비상방송설비의 전원은 전기가 정상적으로 공급되는 (   ), 전기저장장치 또는 교류전압의 옥내 간선으로 하고, 전원까지의 배선은 전용으로 시설하고, 그 설비에 대한 감시상태를 60분간 지속한 후 유효하게 (   )분 이상 경보할 수 있는 비상전원으로서 축전지설비 또는 전기저장장치를 설치해야 한다.

풀이 축전지설비, 10

Chapter 07

무선통신보조설비

1. 개요

지하층(地下層, basement)이나 지하상가(地下商街, underground shopping area)는 그 구조상 전파의 반송 특성이 나빠서 무선 교신이 용이하지 않아 화재 진압이나 구조 현장에서 소방대원 간의 무선 교신이 어렵게 된다. 그래서 이러한 특성이 있는 건축물 중 일정 규모 이상의 특정소방대상물에 전파가 도착하기 어려운 것을 보충하기 위해서 누설동축케이블(LCX, leakage co-axial cable)이나 안테나를 설치하여 원활하게 무선 교신을 할 수 있도록 한 설비이다. 그림 2-7-1은 무선통신설비(無線通信設備, radio communication equipment)가 적용된 시스템의 개략도를 나타낸다.

① "누설동축케이블"이란 동축케이블의 외부도체에 가느다란 홈을 만들어서 전파가 외부로 새어나갈 수 있도록 한 케이블을 말한다.

② "분배기"란 신호의 전송로가 분기되는 장소에 설치하는 것으로 임피던스 매칭(impedance matching)과 신호 균등 분배를 위해 사용하는 장치를 말한다.

③ "분파기"란 서로 다른 주파수의 합성된 신호를 분리하기 위해서 사용하는 장치를 말한다.

④ "혼합기"란 두개 이상의 입력신호를 원하는 비율로 조합한 출력이 발생하도록 하는 장치를 말한다.

⑤ "증폭기"란 전압·전류의 진폭을 늘려 감도 등을 개선하는 장치를 말한다.

⑥ "무선중계기"란 안테나를 통하여 수신된 무전기 신호를 증폭한 후 음영지역에 재방사하여 무전기 상호 간 송수신이 가능하도록 하는 장치를 말한다.

⑦ "옥외안테나"란 감시제어반 등에 설치된 무선중계기의 입력과 출력포트에 연결되어 송수신 신호를 원활하게 방사·수신하기 위해 옥외에 설치하는 장치를 말한다.

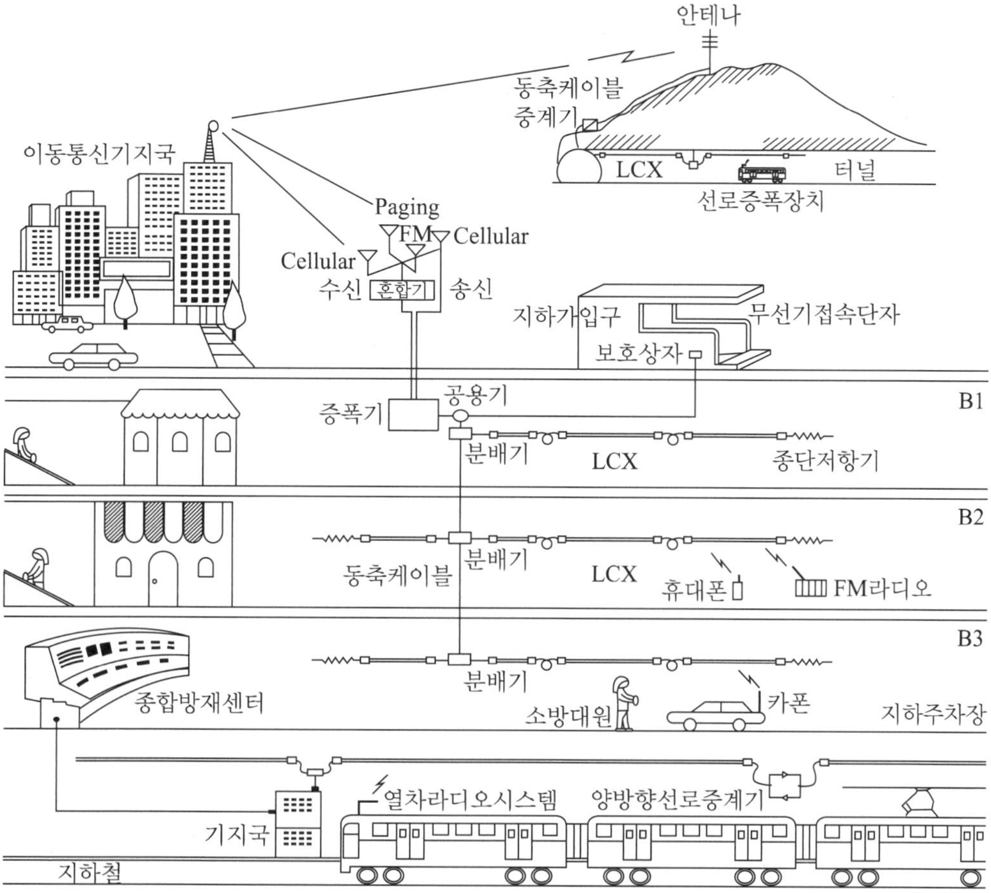

■ **그림 2-7-1** 무선통신설비가 적용된 시스템의 개략도

⑧ "임피던스"란 교류 회로에 전압이 가해졌을 때 전류의 흐름을 방해하는 값으로서 교류 회로에서의 전류에 대한 전압의 비를 말한다.

2. 설치 및 면제 대상

(1) 설치대상

① 지하가(터널은 제외)로서 연면적 1,000 [m^2] 이상인 것

② 지하층의 바닥면적의 합계가 3,000 [m^2] 이상인 것 또는 지하층의 층수가 3층 이상이고

지하층의 바닥면적의 합계가 1,000 [m^2] 이상인 것은 지하층의 모든 층

③ 지하가 중 터널로서 길이가 500 [m] 이상인 것

④ 지하구 중 공동구

⑤ 층수가 30층 이상인 것으로서 16층 이상 부분의 모든 층

(2) 면제대상

무선통신보조설비를 설치해야 하는 특정소방대상물에 이동통신 구내 중계기 선로설비 또는 무선이동중계기(「전파법」 제58조의2에 따른 적합성평가를 받은 제품만 해당한다) 등을 화재안전기준의 무선통신보조설비기준에 적합하게 설치한 경우에는 설치가 면제된다. 즉, 지하층으로서 특정소방대상물의 바닥부분 2면 이상이 지표면과 동일하거나 지표면으로부터의 깊이가 1 [m] 이하인 경우에는 해당 층에 한해 무선통신보조설비를 설치하지 않을 수 있다.

3. 구성요소

누설동축케이블 방식은 누설동축케이블, 동축케이블, 무전기 접속단자함, 분배기, 증폭기, 케이블커넥터, 무반사종단저항 등으로 구성되며, 그림 2-7-2와 같이 나타낸다.

(1) 누설동축케이블

누설동축케이블(LCX; leakage coaxial cable)은 동축케이블의 외부 도체에 가느다란 홈(slot)을 만들어서 전파가 외부로 새어 나갈 수 있도록 한 케이블로 내열성을 가지게 한 것은 내열 누설동축케이블이라고 부른다.

(2) 무전기 접속단자함

접속함(接續函, junction box)은 일반적으로 건물 지상의 현관이나 수위실에 설치되며, 소화전 설치대상에는 소화전의 감시제어반에 설치하여 소화 활동을 지휘하는 소방대원의 휴대용 무전기를 접속하기 위한 것으로 외함과 접속단자로 구성된다.

(3) 분배기

분배기(分配器, distributor)는 신호의 전송로가 분기되는 장소에 설치하는 것으로 임피던스 매칭(impedance matching)과 신호 균등 분배를 위해서 사용하는 장치이다.

(4) 증폭기

증폭기(增幅器, amplifier)는 누설동축케이블의 길이가 길어짐에 따라 저항의 증가로 출력이 약해지므로 이를 증폭하는 장치이다. 전파의 출력을 높이기 위해서 증폭기에는 전원이 설치된다. 전원은 상용전원으로 축전지와 교류전원이 사용될 수 있으며, 상용전원을 차단할 때 사용할 수 있는 비상전원이 부착되는 데 비상전원의 용량은 무선통신보조설비를 유효하게 30분 이상 작동시킬 수 있는 것으로 한다.

(5) 무반사종단저항

빛이 공기 중을 통과하다가 공기와 밀도가 다른 유리에 도달하면 일부는 유리를 투과하고 일부는 반사한다. 무선통신용 신호도 동축케이블의 끝에 도달하면 갑자기 임피던스가 무한대로 되므로 그 지점에서 반사하여 왔던 길로 되돌아가 메아리가 생기는데 이런 반사파를 없애기 위해 설치하는 것이 무반사종단저항(無反射終端抵抗, reflectionless terminating resistance)이며, 다음과 같은 곳에 설치하는 것이 요구된다.

① 점검 및 관리가 쉬운 장소에 설치

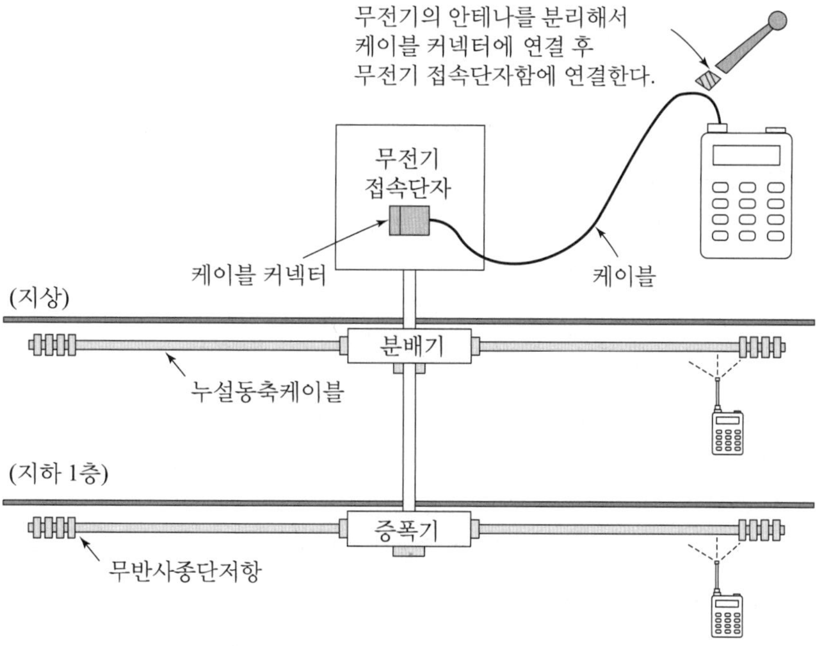

■ 그림 2-7-2 무선통신보조설비의 구성 및 명칭

② 전용함을 설치하는 경우 바닥으로부터 1.5 [m] 이내

③ 감지기 회로의 끝부분에 설치하며 종단 감지기에 설치할 경우 구별이 쉽도록 해당 감지기의 기판 등에 별도의 표시를 할 것. 감지기 회로는 송배전식으로 한다.

4. 설치기준

(1) 누설동축케이블

① 소방전용주파수대에서 전파의 전송 또는 복사에 적합한 것으로서 소방전용의 것으로 할 것. 다만, 소방대 상호간의 무선 연락에 지장이 없는 경우에는 다른 용도와 겸용할 수 있다.

② 누설동축케이블과 이에 접속하는 안테나 또는 동축케이블과 이에 접속하는 안테나로 구성할 것

③ 누설동축케이블 및 동축케이블은 불연 또는 난연성의 것으로서 습기 등의 환경조건에 따라 전기의 특성이 변질되지 않는 것으로 하고, 노출하여 설치한 경우에는 피난 및 통행에 장애가 없도록 할 것

④ 누설동축케이블 및 동축케이블은 화재에 따라 해당 케이블의 피복이 소실된 경우에 케이블 본체가 떨어지지 않도록 4 [m] 이내마다 금속제 또는 자기제 등의 지지금구로 벽, 천장, 기둥 등에 견고하게 고정할 것. 다만, 불연재료로 구획된 반자 안에 설치하는 경우에는 그렇지 않다.

⑤ 누설동축케이블 및 안테나는 금속판 등에 따라 전파의 복사 또는 특성이 현저하게 저하되지 않는 위치에 설치할 것

⑥ 누설동축케이블 및 안테나는 고압의 전로로부터 1.5 [m] 이상 떨어진 위치에 설치할 것. 다만, 해당 전로에 정전기 차폐장치를 유효하게 설치한 경우에는 그렇지 않다.

⑦ 누설동축케이블의 끝부분에는 무반사 종단저항을 견고하게 설치할 것

⑧ 누설동축케이블 또는 동축케이블의 임피던스는 50 [Ω]으로 하고, 이에 접속하는 안테나, 분배기 기타의 장치는 해당 임피던스에 적합한 것으로 해야 한다.

(2) 옥외안테나

옥외안테나는 다음의 기준에 따라 설치해야 한다.

① 건축물, 지하가, 터널 또는 공동구의 출입구(「건축법 시행령」 제39조에 따른 출구 또는 이와 유사한 출입구를 말한다) 및 출입구 인근에서 통신이 가능한 장소에 설치할 것
② 다른 용도로 사용되는 안테나로 인한 통신장애가 발생하지 않도록 설치할 것
③ 옥외안테나는 견고하게 파손의 우려가 없는 곳에 설치하고 그 가까운 곳의 보기 쉬운 곳에 "무선통신보조설비 안테나"라는 표시와 함께 통신 가능거리를 표시한 표지를 설치할 것
④ 수신기가 설치된 장소 등 사람이 상시 근무하는 장소에는 옥외안테나의 위치가 모두 표시된 옥외안테나 위치표시도를 비치할 것

(3) 무선기기의 접속단자

① 지상에서 유효하게 소방활동을 할 수 있는 장소 또는 수위실 등 상시 사람이 근무하고 있는 장소에 설치할 것
② 단자는 한국산업규격(KS)에 적합한 것으로 하고, 바닥으로부터 높이 0.8 [m] 이상 1.5 [m] 이하의 위치에 설치할 것
③ 지상에 설치하는 접속단자는 보행거리 300 [m] 이내마다 설치하고, 다른 용도로 사용되는 접속단자에서 5 [m] 이상의 거리를 둘 것
④ 지상에 설치하는 단자를 보호하기 위하여 견고하고 함부로 개폐할 수 없는 구조의 보호함을 설치하고, 먼지, 습기 및 부식 등에 의하여 영향을 받지 않도록 조치할 것
⑤ 단자 보호함의 표면은 "무선기기 접속단자"라고 표시한 표지를 할 것

(4) 분배기, 분파기 및 혼합기

분배기, 분파기 및 혼합기 등은 다음의 기준에 따라 설치해야 한다.
① 먼지, 습기 및 부식 등에 따라 기능에 이상을 가져오지 않도록 할 것
② 임피던스는 50 [Ω]의 것으로 할 것
③ 점검에 편리하고 화재 등의 재해로 인한 피해의 우려가 없는 장소에 설치할 것

(5) 증폭기 및 무선중계기를 설치하는 경우

증폭기 및 무선중계기를 설치하는 경우에는 다음의 기준에 따라 설치해야 한다.
① 상용전원은 전기가 정상적으로 공급되는 축전지설비, 전기저장장치(외부 전기에너지를 저장해 두었다가 필요한 때 전기를 공급하는 장치) 또는 교류전압의 옥내 간선으로 하고, 전원까지의 배선은 전용으로 할 것
② 증폭기의 전면에는 주회로 전원의 정상 여부를 표시할 수 있는 표시등 및 전압계를 설치할 것
③ 증폭기에는 비상전원이 부착된 것으로 하고 해당 비상전원 용량은 무선통신보조설비를

유효하게 30분 이상 작동시킬 수 있는 것으로 할 것

④ 증폭기 및 무선중계기를 설치하는 경우에는 「전파법」 제58조의2에 따른 적합성평가를 받은 제품으로 설치하고 임의로 변경하지 않도록 할 것

⑤ 디지털방식의 무전기를 사용하는데 지장이 없도록 설치할 것

5. 사용방법

무선통신보조설비를 실제로 운용할 경우에는 그림 2-7-3에 나타낸 것과 같이 다음 사항에 유의해야 한다.

① ⓐ의 휴대용 무전기를 지상의 접속단자에 접속했을 경우 ⓐ와 지상에 있는 ⓑ는 서로 교신이 불가능해진다.

② ⓐ의 휴대용 무전기는 방재센터 ⓒ 및 지하가의 대원과 교신할 수 있다.

③ 방재센터 ⓒ는 지하가의 대원과 지상의 접속기를 접속한 ⓐ와 교신이 가능하다.

④ 지하 1층에 있는 대원 ⓓ와 지하 2층에 있는 대원 ⓔ, ⓕ와의 교신은 분배기를 여러 개 설치했을 경우나 케이블의 설치거리가 길어질 경우에는 이들 자체의 전송 손실이나 접합 손실 때문에 교신이 불가능한 경우도 있다. 이 경우 지하 2층의 대원 ⓔ는 지상 ⓐ로 교신하고, ⓐ가 그 내용을 지하 1층 대원 ⓓ에게 교신할 수 있다.

⑤ 동일 층에 있는 대원 ⓔ와 ⓕ의 교신은 어느 정도 범위 내에서는 가능하다. (어느 정도란 누설동축케이블의 시설방법이 직선적이고, 해당 케이블의 1.5 [m] 이내의 범위에서 교신했을 때 약 500 [m] 정도이다.)

⑥ 지상의 대원 ⓐ와 방재센터 내의 대원 ⓒ가 송수신 중일 때에는 지하가 내의 대원은 모두 수신만 가능하다.

⑦ 지상의 대원 ⓐ와 지하층의 대원 ⓓ, 방재센터 내의 ⓒ와 지하 2층의 대원이 각각 근접한 다른 주파수로 교신하고 있을 경우라도 ⓐ 또는 ⓒ의 어느 쪽인가 송신 상태일 때 다른 쪽의 통신이 방해받을 수가 있으므로 가능한 한 같은 주파수를 사용하는 것이 좋다.

⑧ 무선통신보조설비는 1 [W] 정도의 휴대용 무전기의 사용을 고려하여 설계되었으므로 출력이 큰 차량 적재 무전기는 직접 접속할 수 없다.

⑨ 1 [W]의 휴대용 무전기를 접속단자로 접속해서 지하가 내부에서 1 [W]의 휴대용 무전기를 사용하여 가장 최적의 조건에서 1.5 [km] 정도이다. 그 이상 통화 거리를 늘리려면 저

손실 동축케이블을 시설하든지 증폭기를 설치해야 한다.

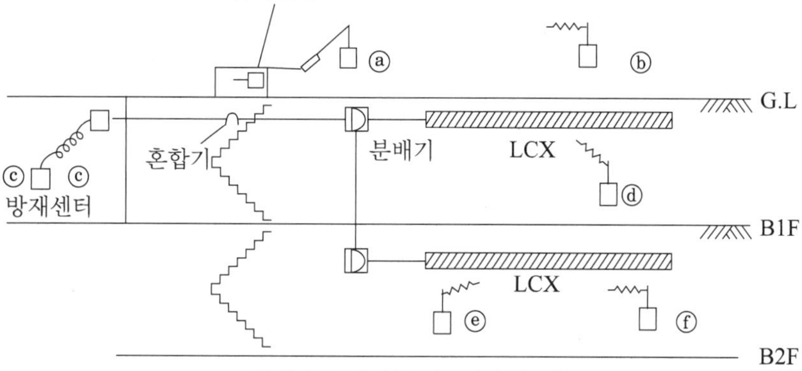

■ **그림 2-7-3** 무선통신보조설비의 사용 예

6. 설치·관리기준의 특례

소방본부장 또는 소방서장은 기존건축물이 증축, 개축, 대수선되거나 용도변경 되는 경우에 있어서 이 기준이 정하는 기준에 따라 해당 건축물에 설치해야 할 무선통신보조설비의 배관, 배선 등의 공사가 현저하게 곤란하다고 인정되는 경우에는 해당 설비의 기능 및 사용에 지장이 없는 범위 안에서 이 기준 일부를 적용하지 않을 수 있다.

7. 재검토 기한

소방청장은 「훈령·예규 등의 발령 및 관리에 관한 규정」에 따라 이 고시에 대하여 2023년 1월 1일을 기준으로 매 3년이 되는 시점(매 3년째의 12월 31일까지를 말한다)마다 그 타당성을 검토하여 개선 등의 조치를 해야 한다.

연습문제

문제 01 무선통신보조설비는 지하층이나 지하상가는 그 구조상 전파의 반송 특성이 나빠서 무선 교신이 용이하지 않아 화재 진압이나 구조 현장에서 소방대원 간의 무선 교신이 어렵게 된다. 그래서 이러한 특성이 있는 건축물 중 일정 규모 이상의 특정소방대상물에 전파가 도착하기 어려운 것을 보충하기 위해서 (　　　)이나 안테나를 설치하여 원활하게 무선 교신을 할 수 있도록 한 설비이다.

풀이 누설동축케이블

문제 02 (　　　)은 동축케이블의 외부도체에 가느다란 홈을 만들어서 전파가 외부로 새어나갈 수 있도록 한 케이블을 말한다.

풀이 누설동축케이블

문제 03 (　　　)는 신호의 전송로가 분기되는 장소에 설치하는 것으로 임피던스 매칭(impedance matching)과 신호 균등 분배를 위해 사용하는 장치를 말한다.

풀이 분배기

문제 04 (　　　)는 서로 다른 주파수의 합성된 신호를 분리하기 위해서 사용하는 장치를 말한다.

풀이 분파기

문제 05 (　　　)는 두 개 이상의 입력신호를 원하는 비율로 조합한 출력이 발생하도록 하는 장치를 말한다.

풀이 혼합기

문제 06 (   )는 신호 전송 시 신호가 약해져 수신이 불가능해지는 것을 방지하기 위해서 증폭하는 장치를 말한다.

풀이 증폭기

문제 07 무선통신보조설비의 설치대상은 다음과 같다. 빈칸에 적절한 내용을 제시하시오.

① 지하가(터널 제외)로서 연면적 (   ) [m^2] 이상인 것

② 지하층의 바닥면적의 합계가 (   ) [m^2] 이상인 것 또는 지하층의 층수가 3층 이상이고 지하층의 바닥면적의 합계가 1,000 [m^2] 이상인 것은 지하층의 모든 층

③ 지하가 중 터널로서 길이가 (   ) [m] 이상인 것

④ 지하구 중 (   )

풀이 1,000, 3,000, 500, 공동구

문제 08 그림 1은 무선통신보조설비의 구성 예를 나타낸 것이다. 각각의 명칭을 적절하게 넣으세요.

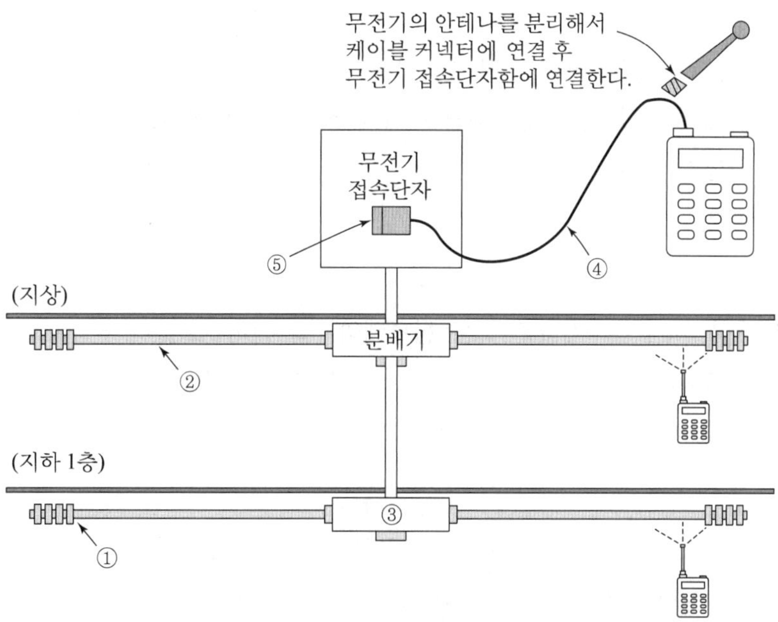

■ **그림 1** 무선통신보조설비의 구성 예

풀이 ① 무반사종단저항, ② 누설동축케이블, ③ 증폭기, ④ 케이블, ⑤ 케이블 커넥터

문제 **09** 무선통신용 신호도 동축케이블의 끝에 도달하면 갑자기 임피던스가 무한대로 되므로 그 지점에서 반사하여 왔던 길로 되돌아가 메아리가 생기는데 이런 반사파를 없애기 위해 설치하는 무반사종단저항의 위치가 적절하도록 다음 빈칸을 채우시오.

① (　　) 및 관리가 쉬운 장소에 설치
② 전용함을 설치하는 경우 바닥으로부터 (　　) [m] 이내
③ 감지기 회로의 끝부분에 설치하며 종단 감지기에 설치할 경우 구별이 쉽도록 해당 감지기의 기판 등에 (　　)를 한다.

풀이 점검, 1.5, 별도의 표시

문제 **10** 누설동축케이블 및 동축케이블은 화재에 따라 해당 케이블의 피복이 소실된 경우에 케이블 본체가 떨어지지 않도록 (　　) [m] 이내마다 금속제 또는 자기제 등의 지지금구로 벽, 천장, 기둥 등에 견고하게 고정할 것. 다만, 불연재료로 구획된 반자 안에 설치하는 경우에는 그렇지 않다.

풀이 4

문제 **11** 누설동축케이블 및 안테나는 고압의 전로로부터 (　　) [m] 이상 떨어진 위치에 설치할 것. 다만, 해당 전로에 정전기 차폐장치를 유효하게 설치한 경우에는 그렇지 않다.

풀이 1.5

문제 **12** 누설동축케이블 또는 동축케이블의 임피던스는 (　　) [Ω]으로 하고, 이에 접속하는 안테나, 분배기 기타의 장치는 해당 임피던스에 적합한 것으로 해야 한다.

풀이 50

문제 **13** 무선통신보조설비의 무선기기의 접속단자는 다음의 기준을 준수해야 한다.

① 지상에서 유효하게 소방 활동을 할 수 있는 장소 또는 (　　) 등 상시 사람이 근무하고 있는 장소에 설치할 것
② 단자는 한국산업규격에 적합한 것으로 하고, 바닥으로부터 높이 (　　) [m] 이상 1.5 [m] 이하의 위치에 설치할 것

③ 지상에 설치하는 접속단자는 보행거리 (　　) [m] 이내마다 설치하고, 다른 용도로 사용되는 접속단자에서 5 [m] 이상의 거리를 둘 것

④ 지상에 설치하는 단자를 보호하기 위하여 견고하고 함부로 개폐할 수 없는 구조의 보호함을 설치하고, 먼지, 습기 및 부식 등에 의하여 영향을 받지 않도록 조치할 것

⑤ 단자의 보호함의 표면은 "(　　)"라고 표시한 표지를 할 것

풀이 수위실, 0.8, 300, 무선기 접속단자

문제 **14** 무선통신설비의 분배기, 분파기 및 혼합기 등은 다음의 기준에 따라 설치해야 한다. 내용에 적합하도록 빈칸을 채우시오.

① 먼지, 습기 및 부식 등에 따라 (　　)에 이상을 가져오지 않도록 할 것

② 임피던스는 (　　) [Ω]의 것으로 할 것

③ 점검에 편리하고 화재 등의 재해로 인한 (　　) 장소에 설치할 것

풀이 기능, 50, 피해의 우려가 없는

문제 **15** 무선통신보조설비의 설치 제외는 지하층으로서 특정소방대상물의 바닥부분 (　　)면 이상이 지표면과 동일하거나 지표면으로부터의 깊이가 (　　) [m] 이하인 경우에는 해당 층에 한해 무선통신보조설비를 설치하지 않을 수 있다.

풀이 2, 1

Chapter 08

도로터널의 소방설비

1. 개요

도로터널의 화재안전성능기준 및 기술기준은 「소방시설 설치 및 관리에 관한 법률 시행령」(이하 "영"이라 한다) 제11조제1항에 따라 도로터널에 설치해야 하는 소방시설 등의 설치 및 관리에 대해 적용한다. 기준의 효력은 「소방시설 설치 및 관리에 관한 법률」(이하 "법"이라 한다) 제2조제1항제6호나목에 따라 도로터널에 설치하는 소방시설 등의 기술기준으로서의 효력을 가진다. 그리고 이 기준에 적합한 경우에는 법 제2조제1항제6호나목에 따라 「도로터널의 화재안전성능기준(NFPC 603)」을 충족하는 것으로 본다.

① "도로터널"이란 「도로법」 제10조에 따른 도로의 일부로서 자동차의 통행을 위해 지붕이 있는 구조물을 말한다.

② "설계화재강도"란 터널 내 화재 시 소화설비 및 제연설비 등의 용량산정을 위해 적용하는 차종별 최대열방출률(MW)을 말한다.

③ "횡류환기방식"이란 터널 안의 배기가스와 연기 등을 배출하는 환기방식으로서 기류를 횡방향(바닥에서 천장)으로 흐르게 하여 환기하는 방식을 말한다.

④ "대배기구방식"이란 횡류환기방식의 일종으로 배기구에 개방/폐쇄가 가능한 전동댐퍼를 설치하여 화재 시 화재지점 부근의 배기구를 개방하여 집중적으로 배연할 수 있는 제연방식을 말한다.

⑤ "종류환기방식"이란 터널 안의 배기가스와 연기 등을 배출하는 환기방식으로서 기류를 종방향(출입구 방향)으로 흐르게 하여 환기하는 방식을 말한다.

⑥ "반횡류환기방식"이란 터널 안의 배기가스와 연기 등을 배출하는 환기방식으로서 터널에 수직배기구를 설치해서 횡방향과 종방향으로 기류를 흐르게 하여 환기하는 방식을 말한다.

⑦ "양방향터널"이란 하나의 터널 안에서 차량의 흐름이 서로 마주보게 되는 터널을 말한다.

⑧ "일방향터널"이란 하나의 터널 안에서 차량의 흐름이 하나의 방향으로만 진행되는 터널을 말한다.
⑨ "연기발생률"이란 일정한 설계화재강도의 차량에서 단위 시간당 발생하는 연기량을 말한다.
⑩ "피난연결통로"란 본선터널과 병설된 상대터널 또는 본선터널과 평행한 피난대피터널을 연결하는 통로를 말한다.
⑪ "배기구"란 터널 안의 오염공기를 배출하거나 화재 시 연기를 배출하기 위한 개구부를 말한다.
⑫ "배연용 팬"이란 화재 시 연기 및 열기류를 배출하기 위한 팬을 말한다.

2. 소화기

① 소화기의 능력단위는 A급 화재에 3단위 이상, B급 화재에 5단위 이상 및 C급 화재에 적응성이 있는 것으로 할 것
② 소화기의 총중량은 사용 및 운반의 편리성을 고려하여 7 [kg] 이하로 할 것
③ 소화기는 주행차로의 우측 측벽에 50 [m] 이내의 간격으로 2개 이상을 설치하며, 편도 2차선 이상의 양방향터널과 4차로 이상의 일방향터널의 경우에는 양쪽 측벽에 각각 50 [m] 이내의 간격으로 엇갈리게 2개 이상을 설치할 것
④ 바닥면(차로 또는 보행로를 말한다)으로부터 1.5 [m] 이하의 높이에 설치할 것
⑤ 소화기구함의 상부에 "소화기"라고 조명식 또는 반사식의 표지판을 부착하여 사용자가 쉽게 인지할 수 있도록 할 것

3. 옥내소화전설비

① 소화전함과 방수구는 주행차로 우측 측벽을 따라 50 [m] 이내의 간격으로 설치하며, 편도 2차선 이상의 양방향터널이나 4차로 이상의 일방향터널의 경우에는 양쪽 측벽에 각각 50 [m] 이내의 간격으로 엇갈리게 설치할 것
② 수원은 그 저수량이 옥내소화전의 설치개수 2개(4차로 이상의 터널의 경우 3개)를 동시에

40분 이상 사용할 수 있는 충분한 양 이상을 확보할 것

③ 가압송수장치는 옥내소화전 2개(4차로 이상의 터널인 경우 3개)를 동시에 사용할 경우 각 옥내소화전의 노즐 선단에서의 방수압력은 0.35 [MPa] 이상이고, 방수량은 190 [L/min] 이상이 되는 성능의 것으로 할 것. 다만, 하나의 옥내소화전을 사용하는 노즐 선단에서의 방수압력이 0.7 [MPa]을 초과할 경우에는 호스접결구의 인입측에 감압장치를 설치해야 한다.

④ 압력수조나 고가수조가 아닌 전동기 또는 내연기관에 의한 펌프를 이용하는 가압송수장치는 주펌프와 동등 이상의 성능이 있는 별도의 펌프로서 내연기관의 기동과 연동하여 작동되거나 비상전원을 연결한 예비펌프를 추가로 설치할 것

⑤ 방수구는 40 [mm] 구경의 단구형을 옥내소화전이 설치된 벽면의 바닥면으로부터 1.5 [m] 이하의 쉽게 사용 가능한 높이에 설치할 것

⑥ 소화전함에는 옥내소화전 방수구 1개, 15 [m] 이상의 소방호스 3본 이상 및 방수노즐을 비치할 것

⑦ 옥내소화전설비의 비상전원은 옥내소화전설비를 유효하게 40분 이상 작동할 수 있어야 할 것

4. 물분무소화설비

물분무소화설비는 다음의 기준에 따라 설치해야 한다.

① 물분무 헤드는 도로면 1 [m^2]당 6 [L/min] 이상의 수량을 균일하게 방수할 수 있도록 할 것

② 물분무설비의 하나의 방수구역은 25 [m] 이상으로 하며, 3개 방수구역을 동시에 40분 이상 방수할 수 있는 수량을 확보할 것

③ 물분무설비의 비상전원은 물분무소화설비를 유효하게 40분 이상 작동할 수 있어야 할 것

5. 비상경보설비

비상경보설비는 다음의 기준에 따라 설치해야 한다.

① 발신기는 주행차로 한쪽 측벽에 50 [m] 이내의 간격으로 설치하며, 편도 2차선 이상의 양방향터널이나 4차로 이상의 일방향터널의 경우에는 양쪽의 측벽에 각각 50 [m] 이내의 간격으로 엇갈리게 설치하고, 발신기는 바닥면으로부터 0.8 [m] 이상 1.5 [m] 이하의 높이에 설치할 것

② 음향장치는 발신기 설치위치와 동일하게 설치할 것. 다만, 「비상방송설비의 화재안전기술기준(NFTC 202)」에 적합하게 설치된 방송설비를 비상경보설비와 연동하여 작동하도록 설치한 경우에는 비상경보설비의 지구음향장치를 설치하지 않을 수 있다.

③ 음향장치의 음량은 부착된 음향장치의 중심으로부터 1 [m] 떨어진 위치에서 90 [dB] 이상이 되도록 하고, 음향장치는 터널 내부 전체에 동시에 경보를 발하도록 설치할 것

④ 시각경보기는 주행차로 한쪽 측벽에 50 [m] 이내의 간격으로 비상경보설비의 상부 직근에 설치하고, 설치된 전체 시각경보기는 동기방식에 의해 작동될 수 있도록 할 것

6. 자동화재탐지설비

① 터널에 설치할 수 있는 감지기의 종류

1. 차동식 분포형 감지기
2. 정온식 감지선형 감지기(아날로그식에 한한다)
3. 중앙기술심의위원회의 심의를 거쳐 터널화재에 적응성이 있다고 인정된 감지기

② 하나의 경계구역의 길이는 100 [m] 이하로 해야 한다.

③ '①'에 의한 감지기의 설치기준은 다음의 기준과 같다. 다만, 중앙기술심의위원회의 심의를 거쳐 제조사의 시방서에 따른 설치방법이 터널화재에 적합하다고 인정되는 경우에는 다음의 기준에 의하지 않고 심의결과에 의한 제조사의 시방서에 따라 설치할 수 있다.

1. 감지기의 감열부(열을 감지하는 기능을 갖는 부분을 말한다)와 감열부 사이의 이격거리는 10 [m] 이하로, 감지기와 터널 좌·우측 벽면과의 이격거리는 6.5 [m] 이하로 설치할 것
2. '1.'에도 불구하고 터널 천장의 구조가 아치형의 터널에 감지기를 터널 진행방향으로 설치하고자 하는 경우에는 감열부와 감열부 사이의 이격거리를 10 [m] 이하로 하여 아치형 천장의 중앙 최상부에 1열로 감지기를 설치해야 하며, 감지기를 2열 이상으로 설치하고자 하는 경우에는 감열부와 감열부 사이의 이격거리는 10 [m] 이하로 감지기 간

의 이격거리는 6.5 [m] 이하로 설치할 것

3. 감지기를 천장면(터널 안 도로 등에 면한 부분 또는 상층의 바닥 하부면을 말한다)에 설치하는 경우에는 감지기가 천장면에 밀착되지 않도록 고정금구 등을 사용하여 설치할 것
4. 형식승인내용에 설치방법이 규정된 경우에는 형식승인내용에 따라 설치할 것. 다만, 감지기와 천장면과의 이격거리에 대해 제조사의 시방서에 규정되어 있는 경우에는 시방서의 규정에 따라 설치할 수 있다.

④ '②'에도 불구하고 감지기의 작동에 의하여 다른 소방시설 등이 연동되는 경우로서 해당 소방시설 등의 작동을 위한 정확한 발화 위치를 확인할 필요가 있는 경우에는 경계구역의 길이가 해당 설비의 방호구역 등에 포함되도록 설치해야 한다.

⑤ 발신기 및 지구음향장치는 '5. 비상경보설비'를 준용하여 설치해야 한다.

7. 비상조명등

① 상시 조명이 소등된 상태에서 비상조명등이 점등되는 경우 터널 안의 차도 및 보도의 바닥면의 조도는 10 [lx] 이상, 그 외 모든 지점의 조도는 1 [lx] 이상이 될 수 있도록 설치할 것

② 비상조명등의 비상전원은 상용전원이 차단되는 경우 자동으로 비상조명등을 유효하게 60분 이상 작동할 수 있어야 할 것

③ 비상조명등에 내장된 예비전원이나 축전지설비는 상용전원의 공급에 의하여 상시 충전상태를 유지할 수 있도록 설치할 것

8. 제연설비

① 제연설비는 다음의 기준을 만족하도록 설계해야 한다.

1. 설계화재강도 20 [MW]를 기준으로 하고, 이때의 연기발생률은 80 [m^3/s]로 하며, 배출량은 발생된 연기와 혼합된 공기를 충분히 배출할 수 있는 용량 이상을 확보할 것

2. "1."에도 불구하고 화재강도가 설계화재강도보다 높을 것으로 예상될 경우 위험도분석을 통하여 설계화재강도를 설정하도록 할 것

② 제연설비는 다음의 기준에 따라 설치해야 한다.

1. 종류환기방식의 경우 제트팬의 소손을 고려하여 예비용 제트팬을 설치하도록 할 것
2. 횡류환기방식(또는 반횡류환기방식) 및 대배기구방식의 배연용 팬은 덕트의 길이에 따라서 노출온도가 달라질 수 있으므로 수치해석 등을 통해서 내열온도 등을 검토한 후에 적용하도록 할 것
3. 대배기구의 개폐용 전동모터는 정전 등 전원이 차단되는 경우에도 조작상태를 유지할 수 있도록 할 것
4. 화재에 노출이 우려되는 제연설비와 전원공급선 및 제트팬 사이의 전원공급장치 등은 250 [℃]의 온도에서 60분 이상 운전상태를 유지할 수 있도록 할 것

③ 제연설비의 기동은 다음에 의하여 자동 및 수동으로 기동될 수 있도록 해야 한다.

1. 화재감지기가 동작되는 경우
2. 발신기의 스위치 조작 또는 자동소화설비의 기동장치를 동작시키는 경우
3. 화재수신기 또는 감시제어반의 수동조작스위치를 동작시키는 경우

④ 제연설비의 비상전원은 제연설비를 유효하게 60분 이상 작동할 수 있도록 해야 한다.

9. 연결송수관설비

① 연결송수관설비의 방수노즐 선단에서의 방수압력은 0.35 [MPa] 이상, 방수량은 400 [L/min] 이상을 유지할 수 있도록 할 것

② 방수구는 50 [m] 이내의 간격으로 옥내소화전함에 병설하거나 독립적으로 터널 출입구 부근과 피난연결통로에 설치할 것

③ 방수기구함은 50 [m] 이내의 간격으로 옥내소화전함 안에 설치하거나 독립적으로 설치하고, 하나의 방수기구함에는 65 [mm] 방수노즐 1개와 15 [m] 이상의 호스 3본을 설치하도록 비치할 것

10. 무선통신보조설비

① 무선통신보조설비의 옥외안테나는 방재실 인근과 터널의 입구 및 출구, 피난연결통로 등에 설치해야 한다.

② 라디오 재방송설비가 설치되는 터널의 경우에는 무선통신보조설비와 겸용으로 설치할 수 있다.

11. 비상콘센트설비

① 비상콘센트설비의 전원회로는 단상교류 220 [V]인 것으로서 그 공급용량은 1.5 [kVA] 이상인 것으로 할 것

② 전원회로는 주배전반에서 전용회로로 할 것. 다만, 다른 설비의 회로 사고에 따른 영향을 받지 않도록 되어 있는 것은 그렇지 않다.

③ 콘센트마다 배선용 차단기(KS C 8321)를 설치해야 하며, 충전부가 노출되지 않도록 할 것

④ 주행차로의 우측 측벽에 50 [m] 이내의 간격으로 바닥으로부터 0.8 [m] 이상 1.5 [m] 이하의 높이에 설치할 것

12. 재검토 기한

소방청장은 「훈령·예규 등의 발령 및 관리에 관한 규정」에 따라 이 고시에 대하여 2023년 1월 1일을 기준으로 매 3년이 되는 시점(매 3년째의 12월 31일까지를 말한다)마다 그 타당성을 검토하여 개선 등의 조치를 해야 한다.

연습문제

문제 01 (　　　)은 도로의 일부로서 자동차의 통행을 위해 지붕이 있는 구조물을 말한다.

풀이 도로터널

문제 02 (　　　)는 터널 내 화재 시 소화설비 및 제연설비 등의 용량산정을 위해 적용하는 차종별 최대열방출률(MW)을 말한다.

풀이 설계화재강도

문제 03 (　　　)은 터널 안의 배기가스와 연기 등을 배출하는 환기방식으로서 기류를 종방향(출입구 방향)으로 흐르게 하여 환기하는 방식을 말한다.

풀이 종류환기방식

문제 04 (　　　)은 터널 안의 배기가스와 연기 등을 배출하는 환기방식으로서 기류를 횡방향(바닥에서 천장)으로 흐르게 하여 환기하는 방식을 말한다.

풀이 횡류환기방식

문제 05 (　　　)은 터널 안의 배기가스와 연기 등을 배출하는 환기방식으로서 터널에 수직배기구를 설치해서 횡방향과 종방향으로 기류를 흐르게 하여 환기하는 방식을 말한다.

풀이 반횡류환기방식

문제 06 (　　　)은 하나의 터널 안에서 차량의 흐름이 서로 마주보게 되는 터널을 말한다.

풀이 양방향터널

문제 07 (　　)은 하나의 터널 안에서 차량의 흐름이 하나의 방향으로만 진행되는 터널을 말한다.

풀이 일방향터널

문제 08 (　　)은 일정한 설계화재강도의 차량에서 단위 시간당 발생하는 연기량을 말한다.

풀이 연기발생률

문제 09 (　　)는 본선터널과 병설된 상대터널 또는 본선터널과 평행한 피난대피터널을 연결하는 통로를 말한다.

풀이 피난연결통로

문제 10 (　　)는 터널 안의 오염공기를 배출하거나 화재 시 연기를 배출하기 위한 개구부를 말한다.

풀이 배기구

문제 11 도로터널의 소화기의 시설은 다음과 같은 조건이 요구된다.

① 소화기의 능력단위는 A급 화재에 (　　)단위 이상, B급 화재에 5단위 이상 및 C급 화재에 적응성이 있는 것으로 할 것
② 소화기의 총중량은 사용 및 운반의 편리성을 고려하여 (　　) [kg] 이하로 할 것
③ 소화기는 주행차로의 우측 측벽에 (　　) [m] 이내의 간격으로 2개 이상을 설치하며, 편도 2차선 이상의 양방향터널과 4차로 이상의 일방향터널의 경우에는 양쪽 측벽에 각각 50 [m] 이내의 간격으로 엇갈리게 2개 이상을 설치할 것
④ 바닥면으로부터 (　　) [m] 이하의 높이에 설치할 것
⑤ 소화기구함의 상부에 "소화기"라고 조명식 또는 반사식의 (　　)을 부착하여 사용자가 쉽게 인지할 수 있도록 할 것

풀이 3, 7, 50, 1.5, 표지판

문제 12 도로터널의 옥내소화전설비의 소화전함과 방수구는 주행차로 우측 측벽을 따라 (　　) [m] 이내의 간격으로 설치하며, 편도 (　　)차선 이상의 양방향터널이

나 ( )차로 이상의 일방향터널의 경우에는 양쪽 측벽에 각각 50 [m] 이내의 간격으로 엇갈리게 설치해야 한다.

풀이 50, 2, 4

문제 **13** 도로터널의 옥내소화전설비의 수원은 그 저수량이 옥내소화전의 설치개수 2개(4차로 이상의 터널의 경우 3개)를 동시에 ( )분 이상 사용할 수 있는 충분한 양 이상을 확보해야 한다.

풀이 40

문제 **14** 도로터널의 옥내소화전설비의 가압송수장치는 옥내소화전 2개(4차로 이상의 터널인 경우 3개)를 동시에 사용할 경우 각 옥내소화전의 노즐 선단에서의 방수압력은 ( ) [MPa] 이상이고, 방수량은 190 [L/min] 이상이 되는 성능의 것으로 할 것. 다만, 하나의 옥내소화전을 사용하는 노즐 선단에서의 방수압력이 0.7 [MPa]을 초과할 경우에는 호스접결구의 인입측에 감압장치를 설치해야 한다.

풀이 0.35

문제 **15** 도로터널의 옥내소화전설비의 압력수조나 고가수조가 아닌 전동기 및 내연기관에 의한 펌프를 이용하는 가압송수장치는 주펌프와 동등 이상의 별도의 ( )를 설치해야 한다. 또한 방수구는 ( ) [mm] 구경의 단구형을 옥내소화전이 설치된 벽면의 바닥면으로부터 1.5 [m] 이하의 높이에 설치해야 한다.

풀이 예비펌프, 40

문제 **16** 도로터널의 옥내소화전설비의 소화전함에는 옥내소화전 방수구 ( )개, 15 [m] 이상의 소방호스 ( )본 이상 및 방수노즐을 비치하고, 옥내소화전설비의 비상전원은 40분 이상 작동할 수 있어야 한다.

풀이 1, 3

문제 **17** 도로터널의 발신기는 주행차로 한쪽 측벽에 ( ) [m] 이내의 간격으로 설치하며, 편도 2차선 이상의 양방향터널이나 4차로 이상의 일방향터널의 경우에는 양쪽의 측벽에 각각 50 [m] 이내의 간격으로 엇갈리게 설치할 것

풀이 50

문제 **18** 도로터널의 발신기는 바닥면으로부터 (　　) [m] 이상 1.5 [m] 이하의 높이에 설치해야 하며, 음량장치의 음량은 부착된 음향장치의 중심으로부터 1 [m] 떨어진 위치에서 90 [dB] 이상이 되도록 할 것

풀이 0.8

문제 **19** 도로터널의 시각경보기는 주행차로 한쪽 측벽에 (　　) [m] 이내의 간격으로 비상경보설비 상부 직근에 설치하고, 전체 시각경보기는 동기방식에 의해 작동될 수 있도록 할 것

풀이 50

문제 **20** 도로터널에 시설하는 자동화재탐지설비 감지기의 감열부와 감열부 사이의 이격거리는 10 [m] 이하로, 감지기와 터널 좌·우측 벽면과의 이격거리는 (　　) [m] 이하로 설치할 것

풀이 6.5

문제 **21** 도로터널에 시설하는 비상조명등은 상시 조명이 소등된 상태에서 비상조명등이 점등되는 경우 터널 안의 차도 및 보도의 바닥면의 조도는 (　　) [lx] 이상, 그 외 모든 지점의 조도는 1 [lx] 이상이 될 수 있도록 설치해야 한다. 또한 상용전원이 차단되는 경우 자동으로 비상전원으로 (　　)분 이상 점등되도록 설치할 것

풀이 10, 60

문제 **22** 도로터널에 시설하는 비상콘센트설비의 전원회로는 단상교류 220 [V]인 것으로서 그 공급용량은 (　　) [kVA] 이상인 것으로 할 것. 그리고 주행차로의 우측 측벽에 (　　) [m] 이내의 간격으로 바닥으로부터 (　　) [m] 이상 1.5 [m] 이하의 높이에 설치할 것

풀이 1.5, 50, 0.8

Part 03

소방전원설비(시스템)

Chapter 01

소방전선의 용어와 내화 및 내열전선

소방시설은 화재가 발생할 때 작동하는 시설로서 대부분 전기에너지를 동력으로 사용하고 있다. 그러나 화재가 발생할 때는 전선의 소훼 등으로 쉽게 전원의 공급이 차단될 수 있다. 그래서 소방법에서는 화재가 발생할 때도 소방시설이 정상 작동할 수 있도록 다음과 같은 사항을 규정하고 있다.

첫째, 화재 등의 사고로 일반전원이 차단되더라도 소방시설에 공급되는 전원이 차단되지 않도록 분기해야 한다.
둘째, 상용전원이 차단되었을 때 자동으로 전환되는 대체 전원이 있어야 한다.
셋째, 소방시설에 공급되는 전원의 배선은 화재로 인한 화염과 열기에 견딜 수 있는 내화배선 또는 내열배선 등으로 시공되어야 한다.

1. 용어의 정의

각종 산업시설과 빌딩의 대형화로 화재가 발생했을 때 대형사고로 이어져 많은 인명 피해와 막대한 재산 피해가 발생하므로 그 피해를 최소화하기 위하여 옥내·외에 시설한 소화전설비, 스프링클러설비, 비상경보설비, 방송설비, 화재감지설비 등과 소방용 비상설비를 동작시키기 위한 비상전원 공급설비 및 비상회로에 적합한 전선을 소방용 전선이라 한다. 소방용 케이블에는 난연 내열 케이블(FR-3), 난연 내화 케이블(FR-8), 난연 무독 내열 케이블(NFR-3), 난연 무독내화 케이블(NFR-8) 등이 있다.

(1) 내열성

내열성(耐熱性, thermal resistance)이란 소방용 내열전선의 주요성능으로 높은 열에 변질되거나 변형되지 않고 견디는 성질을 말한다. 연속 최고사용온도는 CV는 90 [℃], EV는 75 [℃], PVC는 60～75 [℃], VV는 60 [℃] 등이다.
여기서, C는 가교폴리에틸렌(Cross Linked Polyethylene), V는 비닐(Vinyl), E는 폴리에틸렌(Polyethylene) 등을 의미한다.

(2) 내화성

내화성(耐火性, fire resistance)이란 불꽃이나 아크 또는 높은 열에 의하여 연소되지 않을 뿐만 아니라 실용상 지장을 주는 변형이나 변질을 초래하지 않는 특징이 있다. 화재가 발생되어 불이 붙어 있는 일정 시간 동안 케이블이 단락되지 않는 상태로 전류를 안전하게 통전시킴으로써 비상용기기의 초기가동을 원활하게 한다.

내화재나 내화구조는 모두 불연성으로 높은 열에도 타지 않고 불에 견디는 특징이 있으므로 내화성 전선을 소방용 전선으로 사용한다. FR-8은 840℃에서 30분 이상 계속 통전이 가능하다.

(3) 난연성

난연성(難燃性, fire retardant)이란 불꽃, 아크 또는 높은 열에 의하여 쉽게 불이 붙지 않거나 붙어도 잘 연소되지 않는 성질이다. 일반적으로 가연성 물질보다 불에 잘 타지 않고 연소속도가 상대적으로 느려서 불이 붙거나 착화하여도 불꽃 등 화원을 제거하면 자기소화(自己消火, autolysis)하는 성질이 있어 자연소화되는 특성이 있는 것을 말한다.

(4) 내열배선

화재가 발생했을 때 방재설비를 이상 없이 작동시킬 수 있는 내열성능이 있는 것을 말한다. 내열성능에 따라 내열배선(耐熱配線, heat-resisting)의 종별을 일본의 건축구조 부분의 내화 시험방법에서는 내열 A종/B종/C종 배선으로 분류한다. 내열배선에는 알루미늄피복케이블, CD케이블(combined duct cable), 실리콘 절연전선, 4불화에틸렌 절연전선, 연피케이블, 하이파론 절연전선 등이 있다.

건축구조 부분의 내화 시험방법에 규정된 가열곡선(화재온도 곡선)에 따라 가열곡선의 약 1/8부분에서 30분(110 [℃]) 가열할 때 이상 없이 통전되는 성능을 지니는 배선을 내열 A종 배선(FA)이라 한다. 가열곡선 1/3곡선 부분에서 30분(280 [℃]) 가열할 때 이상 없이 통전되는 성능을 가진 배선을 내열 B종 배선(FB 또는 FR-3)으로 간주한다. 가열곡선에 따라 30분(840 [℃]) 가열할 때 이상 없이 통전되는 성능을 지닌 배선을 내열 C종 배선(FC 또는 FR-8)이라 한다. 내열배선의 선정은 시설 장소의 내열성능과 배선의 내열성능을 고려하여 결정해야 한다.

(5) 난연 무독케이블

난연 무독케이블(NFR-3)은 화재가 발생하면 화염의 전파를 최대한 억제하는 고도의 난연성과 연기의 발생을 최대로 줄이는 저연성 및 독성이 강한 할로겐(halogen) 계통의 가스를 발생시키지 않는 전선을 말한다.

(6) 내화배선

내화전선의 규정은 2017년 07월 26일 개정되었으며 다음과 같다.

① 내화성능은 버너의 노즐에서 75 [mm] 거리에서 온도가 750 ± 5 [℃]인 불꽃으로 3시간 동안 가열한 다음 12시간 경과한 후 전선 간에 허용전류용량 3 [A]의 퓨즈를 연결하여 내화시험전압을 가한 경우 퓨즈가 단선되지 않는 것

② 또는 소방청장이 정하여 고시한 「소방용 전선의 성능인증 및 제품검사의 기술기준」에 적합할 것

2. 소방전원의 공급

소방시설에 공급되는 전원은 평상시에 사용하는 상용전원과 정전 및 사고로 상용전원이 차단되었을 때 사용하기 위한 대체 전원으로 구성되어 있다. 대체전원은 비상전원 또는 예비전원이라는 용어로도 사용되는데 일반적으로 작은 용량은 예비전원, 대용량의 것은 비상전원으로 분류된다.

2.1 전원의 종류

상용전원은 다음 3가지로 구분할 수 있는데 특별한 경우를 제외하고는 전력회사에서 공급되는 전원을 사용한다.

① 전력회사에서 공급되는 전원

② 자가발전설비에 의해 공급되는 전원

③ 축전지설비를 이용하여 공급되는 전원

상용전원을 대체해서 사용되는 전원 공급의 형태는 자가발전설비, 축전지설비, 비상전원 수전설비 등이 있다.

(1) 자가발전설비

자가발전설비는 자체적으로 발전설비를 이용하여 상용전원이 차단되면 자동으로 전원이 공급될 수 있도록 한 설비이다. 일반적으로 옥내소화전설비, 스프링클러설비와 같이 대용량을 필요로 하는 설비에서 사용된다.

(2) 축전지설비

평상시에는 상용전원으로부터 전기를 공급받아 충전하고 있다가 상용전원이 차단되면 자동으로 전원이 공급될 수 있도록 한 설비로서 자동화재탐지설비의 수신기, 감시제어반, 유도등과 같이 소용량에 사용된다.

(3) 비상전원 수전설비

별도의 전원이 있는 것이 아니라 전력회사에서 공급되는 전원이 화재가 발생할 때에도 소훼나 차단되지 않고 소방시설에 공급될 수 있도록 한 전원 수전설비이다. 비상전원 수전설비는 화재가 발생할 때의 안전성에 한계가 있어 스프링클러설비 설치대상 중 일부와 비상콘센트설비에서만 대체 전원으로 사용할 수 있다.

2.2 상용전원의 분기

전력회사에서 생산된 전기는 전주의 주상변압기를 거쳐 수용가에서 사용할 수 있는 전압으로 강압시켜 공급되거나 전력 수요량이 100 [kV] 이상인 수용가에서는 자체적으로 사용 전압으로 강압시킬 수 있는 자가 수변전 설비를 설치한다. 그림 3-1-1은 일반 주택에 적용되는 옥내·외 배선의 예를 나타낸다. 그리고 현재 대한민국에서 사용되는 직류 전압과 교류 전압의 종류는 다음과 같은 것들이 있다.

① 직류(DC) : 1.5 [V], 3 [V], 4.5 [V], 5 [V], 6 [V], 9 [V], 12 [V], 24 [V], 48 [V], 96 [V]
② 교류(AC) : 110 [V], 220 [V], 380 [V], 440 [V], 3.3 [kV], 6.6 [kV], 22.9 [kV], 154 [kV], 345 [kV], 765 [kV]

(1) 안전장치 및 배선

① 인입선

옥외에 있는 전주의 주상변압기로부터 각 가정으로 직접 연결되어 있는 인입선(引入線, service wire)의 취부점까지를 가리키며 그 끝은 인입구 배선을 거쳐 옥내 배선으로 연결된다. 인입선 취부점에는 한눈에 알아볼 수 있도록 황색 또는 적색 튜브가 감겨져 있다. 이곳이 수용가와 전력회사 전기설비 간의 경계가 된다.

② 전류차단기

일반수용가에는 사용하고자 하는 콘센트와 전기기구 등의 용량에 필요한 전류 크기를 결정하여 공급받는데 이것을 계약 전류라 한다. 전류차단기(電流遮斷器, current breaker)를 계약차단기라고도 한다. 계약 전류를 초과하는 전류가 흐르면 차단기가 작동하여 자동적으로 전기가 차단된다. 그리고 「주택건설기준 등에 관한 규정」 제40조의 전기시설에는 다음과 같이 수용가의 전기용량을 규정하고 있다.

가. 주택에 설치하는 전기시설의 용량은 각 세대별로 3 [kW] 이상이어야 한다. 단, 세대당 전용면적이 60 [m^2] 이상인 경우에는 3 [kW]에 60 [m^2]를 초과하는 10 [m^2]마다 0.5 [kW]를 더한 값을 적용한다.

나. 주택에는 세대별 전기사용량을 측정하는 전력량계를 각 세대 전용부분 밖의 검침이 용이한 곳에 설치해야 한다. 다만, 전기사용량을 자동으로 검침하는 원격검침방식을 적용하는 경우에는 전력량계를 각 세대 전용부분 안에 설치할 수 있다.

다. 주택단지 안의 옥외에 설치하는 전선은 지하에 매설해야 한다. 다만, 세대당 전용면적이 60 [m^2] 이하인 주택을 전체세대수의 2분의 1 이상 건설하는 단지에서 폭 8 [m] 이상의 도로에 가설하는 전선은 가공선으로 할 수 있다.

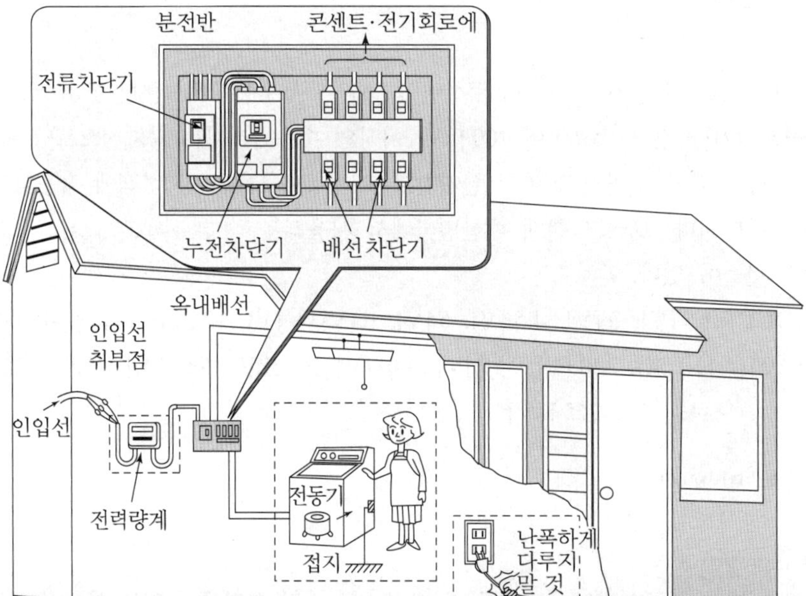

■ 그림 3-1-1 일반 주택의 옥내·외 배선

③ 누전차단기

누전차단기(RCD)는 전기설비에 누전이 발생했을 때 인체 및 생명체의 감전보호를 목적으로 설치하며, 부가적으로 시스템의 안전을 확보하기 위한 기기이다. 누전이 발생하면 보통 때에는 흐르지 않는 곳에 전류가 흐르게 된다. 이 경우에는 감전 방지나 화재 방지를 위하여 누전차단기가 작동하여 자동적으로 차단기가 작동된다.

④ 배선차단기(분기개폐기, 과전류차단기)

배선차단기(MCCB)는 전기설비에 과부하 및 단락 등이 발생했을 때 전력설비를 보호할 목적으로 설치하는 기기로 사고의 확산 및 예방하기 위한 차단 장치이다.

(2) 상용전원의 분기방법

소방시설에 공급되는 전원의 분기는 화재 등의 사고로 일반 배선의 전원이 차단되더라도 소방시설에 공급되는 전원에는 영향을 주지 않도록 분기되어 화재 등의 사고가 발생될 때도 소방시설은 정상적으로 작동할 수 있도록 해야 한다. 소방시설의 상용전원이 다음과 같이 분기가 되었을 경우 지상 2층에 화재가 발생하게 되어 전선의 소훼 등으로 과전류가 흐르게 되면 해당 구역의 분기과전류개폐기가 작동하여 전원이 차단된다. 이렇게 될 경우 소방시설에도 전원이 공급되지 않는다. 그림 3-1-2는 분기과전류개폐기 후단에서 소방전원의 분기 예를 나타낸다.

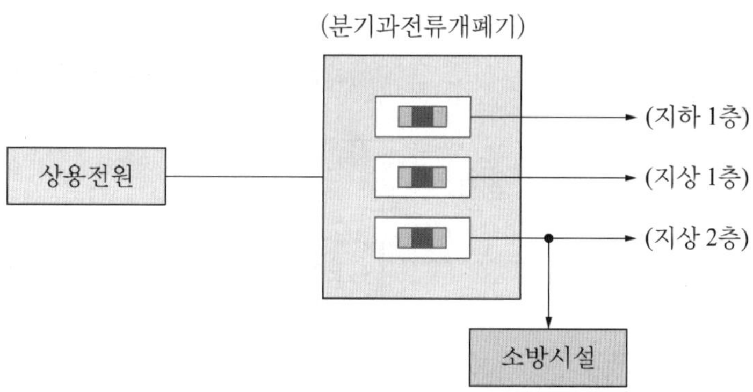

■ 그림 3-1-2 분기과전류개폐기 후단에서 소방전원의 분기 예

그러므로 소방시설의 전원은 다음과 같이 분기되어 화재 등의 사고가 발생했을 때도 정상적으로 공급될 수 있도록 분기되어야 한다. 그림 3-1-3은 상용전원 후단에서 소방전원의 분기 예를 나타낸다.

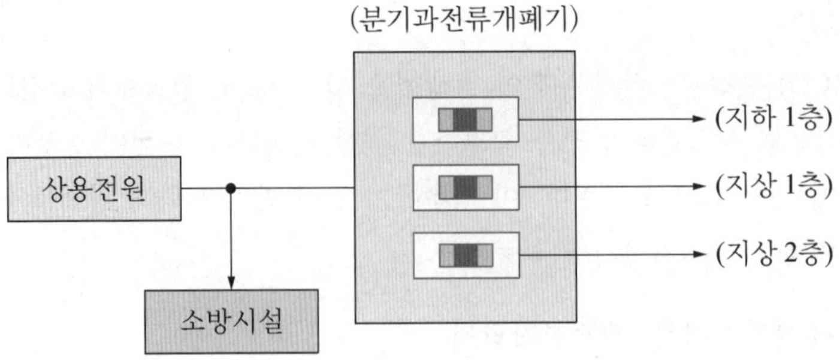

■ **그림 3-1-3** 상용전원 후단에서 소방전원의 분기 예

(3) 자동화재탐지설비 상용전원의 분기

전원 회로의 배선은 내화배선에 의하고 그 밖의 배선(감지기 상호간 또는 감지기로부터 수신기에 이르는 감지기 회로의 배선은 제외한다)은 내화배선 또는 내열배선에 따라 설치해야 한다. 또한 감지기 상호간 또는 감지기로부터 수신기에 이르는 감지기 회로의 배선은 다음 기준에 따라 설치할 것. 그림 3-1-4는 인입구 후단에서 소방전원의 분기 예를 나타낸다.

① 전원은 전기가 정상적으로 공급되는 축전지 또는 교류 전압의 옥내 간선으로 하고, 전원까지의 배선은 전용으로 할 것

② 개폐기에는 "자동화재탐지설비용"이라고 표시한 표지를 할 것

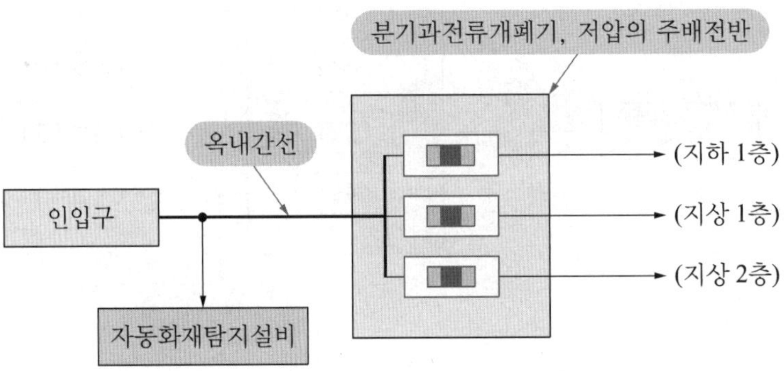

■ **그림 3-1-4** 인입구 후단에서 소방전원의 분기 예

(4) 소화전 및 스프링클러

옥내소화전 및 스프링클러에 사용되는 내화배선 또는 내열배선의 구분을 표 3-1-1에 나타낸 것이며, 그림 3-1-5는 소화전의 배선 종류 및 연결 형태를 나타낸다. 전원 회로와 같은 모선은 내화배선이 요구되고, 모선으로부터 분기된 배선은 내열배선과 동등 이상의 특성이 요구된다.

● **표 3-1-1** 옥내소화전 및 스프링클러에 사용되는 내화배선 또는 내열배선의 구분

배 선	구 분
내화배선	• 비상전원으로부터 동력제어반 및 가압송수장치에 이르는 전원 회로의 배선 (예외) 자가발전설비와 동력제어반이 동일한 실에 설치된 경우에는 자가발전기로부터 그 제어반에 이르는 전원 회로의 배선
내화 또는 내열 배선	• 상용전원으로부터 동력제어반에 이르는 배선 • 그 밖의 옥내소화전설비의 감시, 조작 또는 표시등 회로의 배선 (예외) 감시제어반 또는 동력제어반 안의 감시, 조작 또는 표시등 회로의 배선

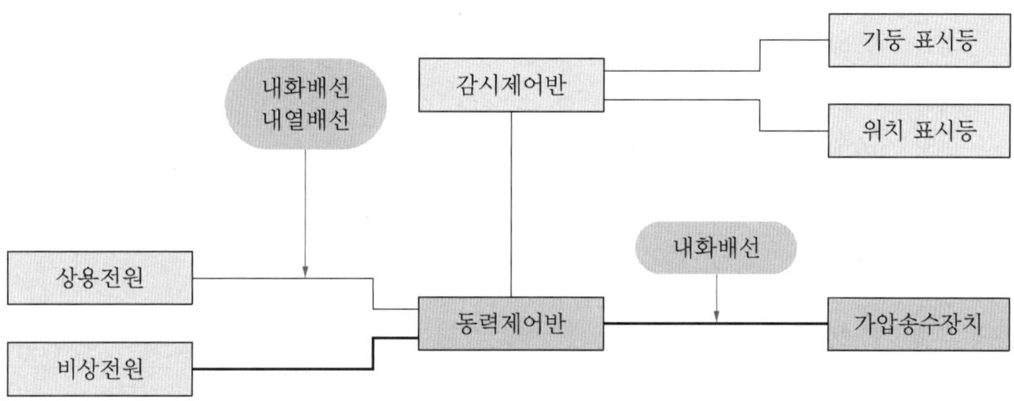

■ **그림 3-1-5** 소화전의 배선 종류 및 연결 형태

옥내소화전설비에는 그 특정소방대상물의 수전방식에 따라 다음 기준에 의한 상용전원 회로의 배선을 설치하도록 규정하고 있다. 그림 3-1-6은 저압을 수전하는 소방설비의 계통도이며, 그림 3-1-7은 고압을 수전하는 소방설비의 계통도를 나타낸다.

① 저압 수전인 경우에는 인입개폐기(引入開閉器, service entrance switch)의 직후에서 분기하여 전용 배선으로 해야 하며, 전용의 전선관에 보호되도록 할 것

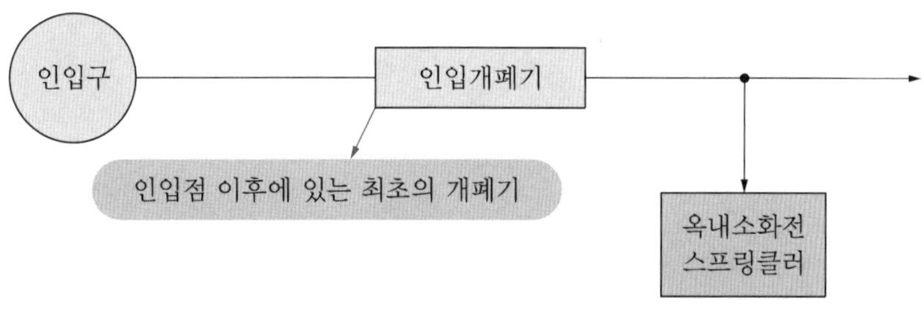

■ **그림 3-1-6** 저압을 수전하는 소방설비의 계통도

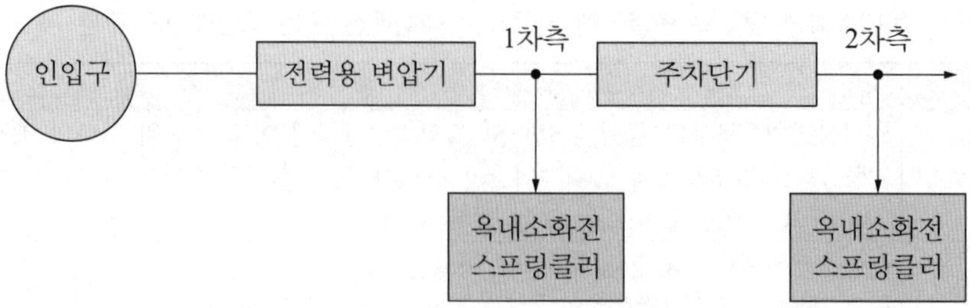

■ 그림 3-1-7 고압을 수전하는 소방설비의 계통도

② 특별고압 수전 또는 고압 수전인 경우에는 전력용 변압기 2차측의 주차단기 1차측에서 분기하여 전용 배선으로 하되, 상용전원의 상시 공급에 지장이 없을 경우에는 주차단기 2차측에서 분기하여 전용 배선으로 할 수 있다. 다만, 가압송수장치의 정격 입력 전압이 수전 전압과 같은 경우에는 '①'의 기준에 의한다.

3. 내화전선

소방시설에 공급되는 전원의 배선은 화재로부터 보호될 수 있도록 전선의 종류와 그에 따른 공사방법을 별도로 규정하고 있다.

3.1 내화전선 및 매설방법

소방시설에 사용되는 내화전선의 종류 및 공사방법을 표 3-1-2에 나타낸다.

● 표 3-1-2 소방시설에 사용되는 내화전선의 종류 및 공사방법

전선의 종류	공사방법
1. 450/750 [V] 저독성 난연 가교 폴리올레핀 절연 전선 2. 0.6/1 [kV] 가교 폴리에틸렌 절연 저독성 난연 폴리올레핀 시스 전력 케이블 3. 6/10 [kV] 가교 폴리에틸렌 절연 저독성 난연 폴리올레핀 시스 전력용 케이블 4. 가교 폴리에틸렌 절연 비닐시스 트레이용 난연 전력 케이블 5. 0.6/1 [kV] EP 고무절연 클로로프렌 시스 케이블 6. 300/500 [V] 내열성 실리콘 고무 절연전선(180℃) 7. 내열성 에틸렌-비닐 아세테이트 고무 절연 케이블 8. 버스덕트(Bus Duct) 9. 기타 「전기용품 및 생활용품 안전관리법」 및 「전기설비기술기준」에 따라 동등 이상의 내화성능이 있다고 주무부장관이 인정하는 것	금속관·2종 금속제 가요전선관 또는 합성수지관에 수납하여 내화구조로 된 벽 또는 바닥 등에 벽 또는 바닥의 표면으로부터 25 [mm] 이상의 깊이로 매설해야 한다. 다만, 다음의 기준에 적합하게 설치하는 경우에는 그렇지 않다. 가. 배선을 내화성능을 갖는 배선전용실 또는 배선용 샤프트·피트·덕트 등에 설치하는 경우 나. 배선전용실 또는 배선용 샤프트·피트·덕트 등에 다른 설비의 배선이 있는 경우에는 이로부터 15 [cm] 이상 떨어지게 하거나 소화설비의 배선과 이웃하는 다른 설비의 배선 사이에 배선지름(배선의 지름이 다른 경우에는 가장 큰 것을 기준으로 한다)의 1.5배 이상의 높이의 불연성 격벽을 설치하는 경우
내화전선	케이블공사의 방법에 따라 설치해야 한다.

비고 : 내화전선의 내화성능은 버너의 노즐에서 75 [mm]의 거리에서 온도가 750±5 [℃]인 불꽃으로 3시간 동안 가열한 다음 12시간 경과 후 전선 간에 허용전류용량 3 [A]의 퓨즈를 연결하여 내화시험 전압을 가한 경우 퓨즈가 단선되지 않는 것. 또는, 소방청장이 정하여 고시한 「소방용전선의 성능인증 및 제품검사의 기술기준」에 적합할 것

그림 3-1-8은 내화전선의 매설방법이며, 그림 3-1-9는 배선전용실에 내화전선을 시설한 것이다. 또한 그림 3-1-10은 HIV를 다른 설비 배선과 배선전용실 등을 공동으로 사용할 때의 시설 형태를 나타낸다.

① 매설하는 방법

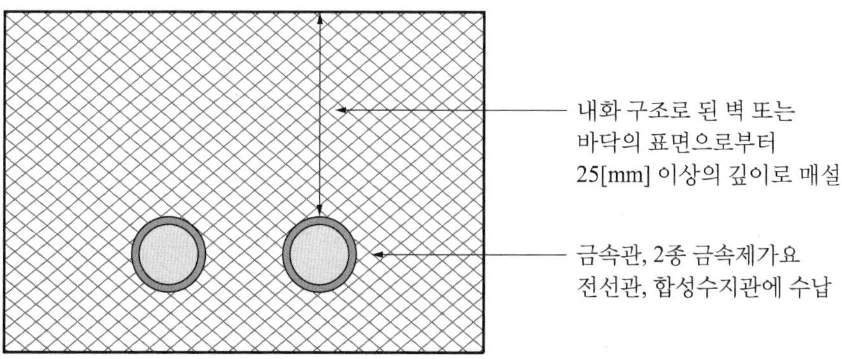

■ 그림 3-1-8 내화전선의 매설방법

② 배선전용실에 전용으로 설치하는 경우

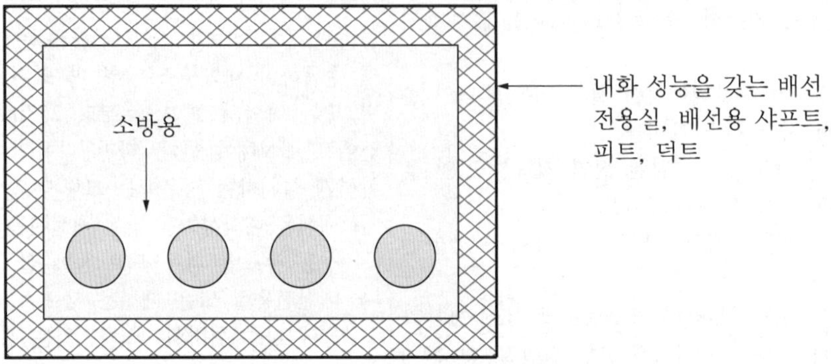

■ 그림 3-1-9 내화전선의 시설

③ 다른 설비의 배선과 배선전용실 등을 공동으로 사용할 때

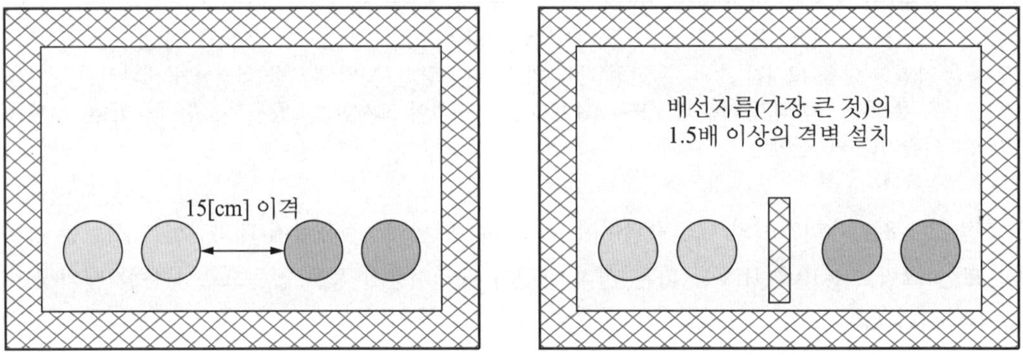

■ 그림 3-1-10 다른 설비 배선과 배선전용실 등을 공동 사용

3.2 내화전선의 시험기준

내화전선의 시험기준 「소방시설 설치 및 관리에 관한 법률(소방시설법)」 및 「소방용품의 품질관리 등에 관한 규칙」에 의한 「소방용전선의 성능인증 및 제품검사의 기술기준」을 규정함을 목적으로 한다. “내화전선”은 옥내소화전설비, 스프링클러설비, 옥외소화전설비, 자동화재탐지설비, 비상방송설비, 연결송수관설비, 비상콘센트설비 등의 배선에 사용되는 내화성을 가진 전선을 말한다.

(1) 성능 및 재질

① 전선의 재료 및 구조

가. 도체의 재료는 KS C 3101(전기용 연동선)에 규정된 연동선을 사용해야 하며, 그 구조는 동심원상으로 연선하며 최외층의 피치는 층심경의 20배 이하로 하고 최외층의 꼬임방향은 S꼬임으로 한다.

나. 내화층은 적당한 두께의 내화층을 도체와 절연체 사이에 두어 내화특성을 갖도록 분리재를 감을 수 있다.

다. 절연체의 두께는 규정을 따르며 도체와 동심원상으로 피복해야 한다.

라. 선심의 식별은 절연체 또는 절연체 표면의 색상, 분리재의 색상 등으로 구분된다. 다만, 폴리에틸렌의 자연색상은 백색으로 간주한다.

1심 : 백색

2심 : 백색, 흑색

3심 : 백색, 흑색, 적색

4심 : 백색, 흑색, 적색, 녹색

5심 : 백색, 흑색, 적색, 녹색, 황색

6심 : 백색, 흑색, 적색, 녹색, 황색, 갈색

7심 : 백색, 흑색, 적색, 녹색, 황색, 갈색, 청색

마. 원형내화전선의 경우 선심의 연합은 적당한 충진물을 사용해야 하고, 선심가닥수를 원형으로 연합하고, 최적층의 꼬임 방향은 S꼬임으로 한다.

바. 단심내화전선의 경우 절연체위에 내화 보호층, 다심내화전선을 연합한 후 유리사 테이프로 중권한다. 다만, 단심 125 [mm^2] 미만인 것과 고압내화전선은 제외한다.

사. 내화전선의 외장(시스 또는 시즈; sheath)은 기준한 두께 이상으로 피복해야 한다. 다만, 고압의 내화전선은 KS C 3131(6/10 [kV] 가교폴리에틸렌 케이블)과 KS C IEC 60502-1{정격전압 1～30 [kV] 압출성형 절연 전력케이블 및 그 부속품 - 제1부 : 케이블(1 [kV] 및 3 [kV])}에서 기준하는 것과 동등 이상의 성능이 되도록 피복한다.

② 사용전압이 저압인 경우

직류에 있어서는 1,500 [V] 이하, 교류에 있어서는 1,000 [V] 이하의 전압을 사용하는 전로에 사용되는 내화전선의 성능과 재질은 폴리에틸렌으로 절연하고, 넌할로겐 난연성 폴리올레핀으로 외장한 전선으로 다음 표 3-1-3에서 정한 성능 이상이어야 한다. 또한 표 3-1-4는 가열 시험의 시간 및 온도이며, 표 3-1-5는 가열변형 시험의 인가하중을 나타낸다.

● **표 3-1-3** 저압 내화전선의 성능 및 재질

<table>
<tr><th colspan="2">항 목</th><th>기 준</th></tr>
<tr><td colspan="2">도체저항 시험</td><td>도체저항은 KS C IEC 60811(고무, 플라스틱 절연전선 시험방법) 6에 따라 시험하였을 때 별도 1에서 정한 도체 저항값 이하이어야 한다.</td></tr>
<tr><td colspan="2">전선의
절연내력 시험</td><td>제8조의 규정에 따라 시험할 경우 1분 동안 견디어야 한다.</td></tr>
<tr><td colspan="2">절연저항 시험</td><td>KS C IEC 60811(고무, 플라스틱 절연전선 시험방법) 9.1에 따라 시험하였을 때 별도 1에서 정한 절연저항값과 동등 이상의 성능이 있어야 한다.</td></tr>
<tr><td colspan="2">절연체의
인장 시험</td><td>KS C IEC 60811(고무, 플라스틱 절연전선 시험방법) 18에 따라 시험하였을 때 인장강도는 1.0 [kgf/mm^2], 신장률은 350 [%] 이상이어야 한다.</td></tr>
<tr><td colspan="2">시즈의
인장 시험</td><td>KS C IEC 60811(고무, 플라스틱 절연전선 시험방법) 18에 따라 시험하였을 때 인장강도는 0.7 [kgf/mm^2], 신장률은 300 [%] 이상이어야 한다.</td></tr>
<tr><td colspan="2">내한성 시험</td><td>영하 20±1 [℃]에서 KS C IEC 60811(고무, 플라스틱 절연전선 시험방법) 24에 따라 시험하였을 때 파열되지 않아야 한다.</td></tr>
<tr><td rowspan="2">가열
시험</td><td>절연체</td><td>KS C IEC 60811(고무, 플라스틱 절연전선 시험방법) 19 및 표 3-1-4에 따라 시험하였을 때 인장강도는 80 [%] 이상, 신장률은 70 [%] 이상이어야 한다.</td></tr>
<tr><td>시즈</td><td>KS C IEC 60811(고무, 플라스틱 절연전선 시험방법) 19 및 표 3-1-4에 따라 시험하였을 때 인장강도는 75 [%] 이상, 신장률은 65 [%] 이상이어야 한다.</td></tr>
<tr><td colspan="2">가열변형 시험</td><td>KS C IEC 60811(고무, 플라스틱 절연전선 시험방법) 25 및 가열온도 75±3 [℃]로 가열하여 표 3-1-5의 인가하중을 가하였을 때 시즈 및 절연체의 두께감소율은 10 [%] 이하이어야 한다.</td></tr>
<tr><td colspan="2">난연성 시험</td><td>제4조의 규정에 의하여 연소시험을 진행 중 버너의 불꽃을 제거하였을 때 자연소화되어야 하고 전소되지 않아야 하며 또는 불꽃이 진전되지 않아야 한다.</td></tr>
<tr><td colspan="2">연기밀도 시험</td><td>제5조의 규정에 따라 시험하였을 때 연기밀도는 150 [Dm] 이하이어야 한다.</td></tr>
<tr><td colspan="2">연소가스부식성
시험</td><td>제6조의 규정에 따라 시험하였을 때 수소이온 농도지수(pH)는 3.5 이상이어야 하고 연소가스의 전도도는 100 [μs/cm] 이하이어야 한다.</td></tr>
<tr><td colspan="2">산소지수 시험</td><td>제7조의 규정에 따라 시험하였을 때 산소지수는 25.0 [%] 이상이어야 한다.</td></tr>
<tr><td colspan="2">내화성 시험</td><td>제9조의 규정에 따라 시험하였을 때 시험 중 및 시험 종료 12시간 후 다시 시험전압을 시료에 인가할 경우 퓨즈가 단선되지 않아야 한다.</td></tr>
</table>

● **표 3-1-4** 가열 시험의 시간 및 온도

재 질	가열온도	가열시간
절연체(폴리에틸렌)	90±1 [℃]	96시간
넌할로겐 난연성 폴리올레핀(시즈)	100±1 [℃]	168시간

● 표 3-1-5 가열변형 시험의 인가하중

재 질	외경 [mm]	도체단면적 [mm^2]	하중 [g]
절연체	-	22 미만	1250
	-	22 이상～50 미만	1530
	-	50 이상～80 미만	2040
	-	80 이상～200 미만	2550
	-	200 이상～250 미만	2960
	-	250 이상～325 미만	3230
	-	325 이상	3470
시 즈	10 이하	-	1020
	10 이상～20 미만	-	1530
	20 이상～25 미만	-	2040
	25 이상～30 미만	-	2550
	30 이상	-	2960

③ 사용전압이 고압인 경우

7,000 [V] 이하의 전압으로 직류는 1,500 [V], 교류는 1,000 [V]를 넘는 전압의 전로에 사용되는 내화전선의 성능 및 재질은 부틸고무계 합성고무 또는 가교폴리에틸렌 등으로 절연하고, 염화비닐수지, 클로로프렌 염화비닐수지 또는 폴리에틸렌 등으로 외장한 전선으로서 다음 표 3-1-6에 정한 성능 이상이어야 한다. 또한 표 3-1-7은 가열변형 시험의 가열온도이며, 표 3-1-8은 가열변형 시험의 인가하중을 나타낸다.

● 표 3-1-6 고압 내화전선의 성능 및 재질

항 목	기 준
도체저항 시험	도체저항은 KS C IEC 60811(고무·플라스틱 절연전선 시험방법) 6에 따라 시험하였을 때, 6/10 [kV] 가교폴리에틸렌 내화전선은 KS C 3131(고압가교폴리에틸렌 케이블)의 부표값과 동등 이상의 성능이 있어야 하며, 부틸고무 전력케이블 내화전선은 KS C IEC 60502-1{정격전압 1～30 [kV] 압출성형 절연전력케이블 및 그 부속품-제1부 : 케이블(1 [kV] 및 3 [kV])} 부표값과 동등 이상의 성능이 있어야 한다.
전선의 절연내력 시험	6/10 [kV] 가교폴리에틸렌 내화전선은 KS C 3131(고압가교폴리에틸렌 케이블)의 부표의 시험전압을, 부틸고무 전력케이블 내화전선은 KS C IEC 60502-1{정격전압 1～30 [kV] 압출성형 절연 전력케이블 및 그 부속품-제1부 : 케이블(1 [kV] 및 3 [kV])} 부표의 시험전압을 가할 경우 10분 동안 견디어야 한다.

<table>
<tr><td colspan="2">절연저항 시험</td><td>KS C IEC 60811(고무, 플라스틱 절연전선 시험방법) 9.1에 따라 시험하였을 때 6/10 [kV] 가교폴리에틸렌 내화전선은 KS C 3131(고압가교폴리에틸렌 케이블)의 부표값과 동등 이상의 성능이 있어야 하고, 부틸고무 내화전선은 KS C IEC 60502-1{정격전압 1～30 [kV] 압출성형 절연 전력케이블 및 그 부속품 - 제1부 : 케이블(1 [kV] 및 3 [kV])}의 부표값과 동등이상의 성능이 있어야 한다.</td></tr>
<tr><td colspan="2">절연체의 인장 시험</td><td>KS C IEC 60811(고무·플라스틱 절연전선 시험방법) 18에 따라 시험하였을 때 인장강도 및 신장률은 6/10 [kV] 가교폴리에틸렌 내화전선은 KS C 3131(고압가교폴리에틸렌 케이블)과 동등 이상의 성능이 있어야 하며, 부틸고무 내화전선은 KS C IEC 60502-1{정격전압 1～30 [kV] 압출성형 절연 전력케이블 및 그 부속품 - 제1부 : 케이블(1 [kV] 및 3 [kV])}과 동등 이상의 성능이 있어야 한다.</td></tr>
<tr><td colspan="2">시즈의 인장 시험</td><td>KS C IEC 60811(고무, 플라스틱 절연전선 시험방법) 18에 따라 시험하였을 때 인장강도 및 신장률은 6/10 [kV] 가교폴리에틸렌 내화전선은 KS C 3131(고압가교폴리에틸렌 케이블)의 동등이상의 성능이 있어야 하며, 부틸고무 내화전선은 KS C IEC 60502-1{정격전압 1～30 [kV] 압출성형 절연 전력케이블 및 그 부속품 - 제1부 : 케이블(1 [kV] 및 3 [kV])}의 동등 이상의 성능이 있어야 한다.</td></tr>
<tr><td colspan="2">내한성 시험
(고압가교폴리에틸렌 비닐시즈)</td><td>(－20±0.1) [℃]에서 KS C IEC 60811(고무, 플라스틱 절연전선 시험방법) 24에 따라 시험하였을 때 파열되지 않아야 한다.</td></tr>
<tr><td rowspan="2">내가열성시험</td><td>가교폴리에틸렌 내화전선</td><td>6/10 [kV] 가교폴리에틸렌 내화전선 KS C 3131(고압가교폴리에틸렌 케이블)과 동등 이상의 성능이 있어야 한다.</td></tr>
<tr><td>폴리에틸렌 내화전선</td><td>6/10 [kV] 가교폴리에틸렌 내화전선 KS C 3131(고압가교폴리에틸렌 케이블)과 동등이상의 성능이 있어야 하며, 부틸고무 전력케이블 내화전선은 KS C IEC 60502-1{정격전압 1～30 [kV] 압출성형 절연 전력케이블 및 그 부속품 - 제1부 : 케이블(1 [kV] 및 3 [kV])}과 동등 이상의 성능이 있어야 한다.</td></tr>
<tr><td colspan="2">내오존성 시험
(부틸고무)</td><td>KS C IEC 60811(고무, 플라스틱 절연전선 시험방법) 26에 따라 시험하였을 때 균열이 생기지 않아야 한다.</td></tr>
<tr><td colspan="2">연기밀도 시험</td><td>제5조의 규정에 따라 시험하였을 때 연기밀도는 150 [Ds] 이하이어야 한다.</td></tr>
<tr><td colspan="2">연소가스부식성 시험</td><td>제6조의 규정에 따라 시험하였을 때 수소이온농도(pH)는 3.5 이상이어야 연소가스의 전도도는 100 [μs/cm] 이하이어야 한다.</td></tr>
<tr><td colspan="2">산소지수 시험</td><td>제7조의 규정에 따라 시험하였을 때 산소지수는 25.0 [%] 이상이어야 한다.</td></tr>
<tr><td colspan="2">가열변형 시험</td><td>KS C IEC 60811(고무·플라스틱 절연전선 시험방법) 25 표 3-1-7 및 표 3-1-8의 인가하중을 가하였을 때 두께 감소율이 가교폴리에틸렌은 40 [%] 이하, 폴리에틸렌은 10 [%] 이하이어야 한다.</td></tr>
<tr><td colspan="2">난연성 시험</td><td>제4조의 규정에 의하여 연소시험을 진행 중 버너의 불꽃을 제거하였을 때 자연소화되어야 하며, 연소 길이는 180 [mm] 이하이어야 한다.</td></tr>
<tr><td colspan="2">내화성 시험</td><td>제9조의 규정에 따라 시험하였을 때 시험 중 및 시험종료 12시간 후 다시 시험전압을 시료에 인가할 경우 퓨즈가 단선되지 않아야 한다.</td></tr>
</table>

● 표 3-1-7 가열변형 시험의 가열온도

재 질	가열온도 [℃]
폴리에틸렌	75±3
고압가교폴리에틸렌	120±3

● 표 3-1-8 가열변형 시험의 인가하중

구 성		전선완성품 외경 [mm]	하중 [g]	
재 질	공칭단면적 [mm^2]		3300 [V]용	6600 [V]용
절연체	8～37	-	2000	3000
	38～60	-	2500	3500
	61～400	-	4000	4500
	401～1000	-	5000	5000
폴리에틸렌 및 고압가교폴리에틸렌(시즈)		10 이상～20 미만	1500	
		20 이상～25 미만	2000	
		25 이상～30 미만	2500	
		30 이상～35 미만	3000	
		35 이상～40 미만	3500	
		45 이상	4000	

(2) 난연성 시험

① 난연시험용 시험기는 금속제 수직형 트레이를 사용한다.

② 트레이는 사다리 형태이며 깊이 7.5 [cm], 너비 30 [cm], 길이 244 [cm]로 한다.

③ 수직형 트레이 시험기의 버너는 리본가스버너를 사용한다.

④ 리본가스 버너의 불꽃길이는 38 [cm] 이상이어야 하고, 트레이격자 사이의 시료중심에 불꽃을 가한다.

⑤ 난연시험용 시료의 길이는 2.4 [m] 길이로 한다.

⑥ 버너 면은 시료 표면에서부터 7.6 [cm] 간격을 두어야 하며, 수직형 트레이 바닥에서 60 [cm] 높이에 수평으로 장치되어야 한다.

⑦ 수직형 트레이 시험기의 온도측정용 온도감지센서는 불꽃과 근접하게 설치해야 하며, 시료와는 닿지 않도록 0.3 [cm]의 거리를 두어 설치해야 한다.

⑧ 가열시간은 (816±10) [℃]를 유지하면서 20분간 불꽃을 가한다.

⑨ 시료의 배열은 수직형 트레이 중심부분에 시료를 단층으로 배열하고 전선의 직경 1/2 간격으로 폭 150 [mm] 이상이 되도록 금속제 사다리 중앙부에 배열한다.

⑩ 시험은 3회 이상 실시한다.

(3) 연기밀도 시험

① 연기밀도시험용 시험 장치는 ASTM(American society for testing materials) E 662(고체 물질에서 발생하는 연기의 특성광학밀도)에서 규정된 것을 사용한다.

② 시즈 길이가 76 [cm] 되도록 전선축 방향으로 여러 조각으로 분리한 시편이 서로 밀착 및 겹치지 않도록 75 [mm]×75 [mm] 시편대에 고정한다.

③ 시험 중 시편이 시편대에 녹아 붙지 않도록 하며 시편대와 시편 조각이 겹치는 부분에 0.4 [mm]의 알루미늄 박판을 설치한다.

④ 시험편을 부착하지 아니한 시편대를 시험대 위치에 고정시킨 다음 가열로를 점화하여 조사 열량이 (2.5±0.05) [W/cm^2]이 되도록 가열로 인가전압을 조정한다.

⑤ 광선투과장치와 시험기록계를 작동시킨 다음 기준점을 조정한다.

⑥ 기준점 조정후 시험장치의 배출구를 차단하고, 시편을 부착한 시편대를 교환한 다음 시험장치의 문을 닫는다.

⑦ 시험기록계의 광선 투과율이 최저가 된 다음 3 [min] 후 또는 시험개시 20 [min]에 가열로를 소화한 다음 배출구를 개방한다.

⑧ 시험기록계는 연기가 배출되어 다시 광선투과율이 최대가 될 때까지 작동시킨다.

⑨ 최소 연기밀도는 다음 계산식에 의하여 산출한다.

$$D_s = \frac{V}{AL} \times \left(\log\frac{100}{T} + F\right)$$

여기서, T는 광선투과율 [%], D_s는 광학밀도, F는 시편의 노출면적 [m^2],

L는 광선투과거리 [m], V는 시험장치의 용기체적 [m^3]이다.

(4) 연소가스부식성 시험

① 시험편은 외부 시즈에서 1 [g] 이상 채취하여 잘게 부순 다음 깨끗한 접시에 1 [g]을 담아 수정투명관 안에 넣는다.

② 수정관은 유량계와 가스정제 플라스크의 중간에 설치한다.

③ 연결된 가스정제 플라스크 3개에 각각 170 [mL]의 증류수를 채우고 pH값과 전기분해 전도도를 측정하기 위하여 전극을 수정유리관과 가장 가까운 플라스크에 설치한다.

④ 수정유리관을 (780±20) [℃]까지 올릴 수 있는 전기로에 설치한다.

⑤ 가스유량은 시간당 (10±2) [L]로 공급한다.

⑥ pH 및 전도도는 연소가 시작된 다음 5분 동안은 1분 간격으로 그 후 25분 동안을 5분 간격으로 측정한다.

(5) 산소지수 시험

① 시험편은 봉상형으로 전선에서 길이 150 [mm], 폭 6.0 [mm], 두께 (30±0.5) [mm]를 채취하여 시험한다.

② 산소지수법에 의한 고분자 재료의 연소시험방법에 의하여 시험편의 연소시간이 3분간 지속되거나 또는 착염 후 연소 길이가 5 [cm]일 때의 최저의 산소유량과 질소유량을 측정하여 산소지수 값을 다음 계산식에 의하여 산출한다.

$$\text{산소지수} = \frac{[O_2]}{[O_2]+[N_2]} \times 100$$

여기서, $[O_2]$는 최저의 산소유량 [L/min], $[N_2]$는 최저 산소유량에 대응한 질소유량 [L/min]을 말한다.

(6) 절연내력 시험

① 시료는 120 [cm]로 채취한다.

② 시료가 단심인 경우는 도체와 시즈 사이를 시험한다. 다만, 절연체가 있는 경우는 절연체와 도체사이를 시험한다.

③ 2개 이상의 도체를 가지고 있는 내화전선은 도체와 도체간, 최외각도체와 시즈 사이 도체를 일괄한 것과 시즈 사이에 전압을 인가한다. 다만, 절연체가 있는 경우 절연체와 일괄한 도체 사이에 절연내력을 시험한다.

④ 시험 인가전압은 60 [Hz]의 정현파에 가까운 전압을 사용한다.

⑤ 절연내력 시험기에서 선택하는 누설전류는 50 [mA]로 한다.

⑥ 저압 내화전선의 인가전압은 AC 1,500 [V]를 사용한다.

⑦ 고압 내화전선으로 3,500 [V] 미만인 전선은 인가전압을 AC 900 [V]로 한다.

⑧ 고압 내화전선으로 3,500 [V] 이상인 전선은 인가전압을 AC 17,000 [V]로 한다.

(7) 내화 시험

① 내화 시험 장치는 KS C IEC 60331-11(화재조건에서의 전기케이블의 실험)에서 규정한 시험기를 사용한다.

② 시료에서 (120±5) [cm]를 채취한 다음 양쪽 끝부분을 (100±5) [mm] 길이로 시즈를 벗겨낸다.

③ 고정대에 시편을 양쪽 클램프에 고정시키고 절연체를 서로 떨어지도록 벌려 놓고 전기적 접촉을 3상 또는 단상 3선식의 시험전압기에 연결한다. 시험전압기 각상의 퓨즈용량은 2 [A]로 하며, 접지선용 퓨즈용량은 2 [A]이어야 한다.

④ 500 [mm]의 리본타입 프로판 버너 노즐에서 45 [mm] 거리에 열전대를 고정 설치한 다음 그 위치에서 (750±5) [℃]가 되도록 한다.

⑤ 전압(도체 사이 1 [kV], 도체와 접지단 사이 0.6 [kV])을 인가한 상태로 ④에서 규정한 온도에 도달하면 열전대를 제거하고 그 위치에 시료를 설치한다.

⑥ 내화 시험을 90분간 동안 계속한 다음 버너의 불꽃을 소화시키며, 인가하던 전압을 차단한다.

⑦ ⑥의 시험 종료 후 15분간 전선에 정격전압을 인가하여 퓨즈의 단선여부를 확인한다.

(8) 표시

① 소방용전선에는 그 표면에 쉽게 지워지지 않는 방법으로 다음의 사항을 연속 표시해야 한다.

1. 기호 및 성능인증번호
2. 제조자명 또는 그 상호
3. 제조년도
4. 사용전압

② 소방용전선의 포장은 1조씩 드럼 또는 다발로 하고, 운반도중 손상되지 않도록 해야 하며, 또한 포장에는 다음의 사항을 표시해야 한다.

1. 품명 및 성능인증번호
2. 선심수 및 도체지름 또는 공칭단면적
3. 길이
4. 실중량(드럼인 경우 총중량)
5. 드럼의 회전방향(드럼인 경우)
6. 내화전선의 감은 끝자리(드럼인 경우)
7. 제조업체명 또는 그 상호(수입한 경우 수입원)
8. 제조년월

③ 제품의 호칭방법은 종류, 선심수, 도체지름, 공칭단면적에 의한다.
(예 : 내화전선 3C×25 [mm^2] 또는 NFR-8 3C×25 [mm^2])

3.3 견품 시험

(1) 시험방법

시험방법은 도면대조 및 해당 시험항목 시험기준에 의한다.

(2) 시험순서

1. 구조검사 → 절연저항 시험 → 전선의 절연내력 시험 → 도체저항 → 표 시
2. 절연체의 인장 시험 → 시즈의 인장 시험 → 절연체의 가열 시험 또는 내가열성 시험 → 내오존성 시험(고압) → 가열변형 시험 → 내한성 시험
3. 난연성 시험 → 내화성 시험
4. 연기밀도 시험 → 연소가스부식성 시험 → 산소지수 시험

비고) 1. 넌할로겐 내화전선 및 일반내화전선의 시험에 해당한다.
2. 시험은 넌할로겐 내화전선의 시험에 해당한다.
3. 시험은 병렬로 실시할 수 있다.
4. 시료는 다음 표 3-1-9에 적합하도록 구분하며, 종류별, 각 요소 중 1개 항목에 한하여 선별 구분한다. 또한 표 3-1-10은 시료 구분의 예를 나타난다.

● **표 3-1-9** 시료의 구분

<table>
<tr><th>종 류</th><th>요 소</th><th>구 분</th></tr>
<tr><td rowspan="5">1. 폴리에틸렌 외장내화전선
2. 가교폴리에틸렌 외장내화전선
3. 고압가교폴리에틸렌 외장내화전선
4. 부틸고무 외장내화전선
5. 염화비닐수지 외장내화전선
6. 플루오르프렌 염화비닐수지 외장내화전선
7. 기타 내화전선</td><td>도체의 재료</td><td>① 동선인 것
② 기타인 것</td></tr>
<tr><td>도체의 굵기</td><td>① 연선인 것 및 성형단선인 것에 있어서는 공칭단면적이 8 [mm²] 이하인 것(성형단선인 것을 제외한다), 단선인 것에 있어서는 직경이 3.2 [mm] 이하인 것
② 연선인 것 및 성형단선의 것에 있어서는 공칭단면적이 8.0 [mm²]을 초과하고 32 [mm²] 이하인 것 또는 단선인 것(성형단선인 것을 제외한다)에 있어서는 직경이 3.2 [mm]를 초과하는 것</td></tr>
<tr><td>절연체의 주재료</td><td>① 폴리에틸렌 혼합물인 것
② 부틸고무계 합성고무인 것
③ 에틸렌프로필렌 고무 혼합물인 것
④ 기타인 것</td></tr>
<tr><td>외장의 주재료
(비닐외장케이블의 경우에 한한다)</td><td>① 비닐 혼합물인 것
② 폴리에틸렌 등의 고무 혼합물인 것
③ 넌할로겐 난연성인 것</td></tr>
<tr><td>선심</td><td>① 단심인 것
② 2심 이상인 것</td></tr>
</table>

● 표 3-1-10 시료구분 예

종 류	도 체	도체의 굵기	절연체	외장재료	선심수
폴리에틸렌 내화전선	동	연선 8 [mm^2] 이하	폴리에틸렌 혼합물	넌할로겐	10

3.4 제품 시험

(1) 시험항목

● 표 3-1-11 시험항목

시험항목			비 고
일반시험	1. 구조	○	※ 동일시료 ※ 특별시험시료는 발췌시료의 양끝단 중에서 절취하며, 각각 별도로 절취한다. ※ 10은 넌할로겐 내화전선에 한한다.
	2. 표시	○	
특별시험	3. 도체저항 시험	○	
	4. 절연내력 시험	○	
	5. 난연성 시험	○	
	6. 절연체의 인장강도	△	
	7. 시즈의 인장강도	△	
	8. 내한성 시험	△	
	9. 내화성 시험	△	
	10. 산소지수 시험	△	

주) 1. "○"는 해당 시험항목을 표시함
2. "△"는 부정기 시험을 표시함

(2) 시험순서

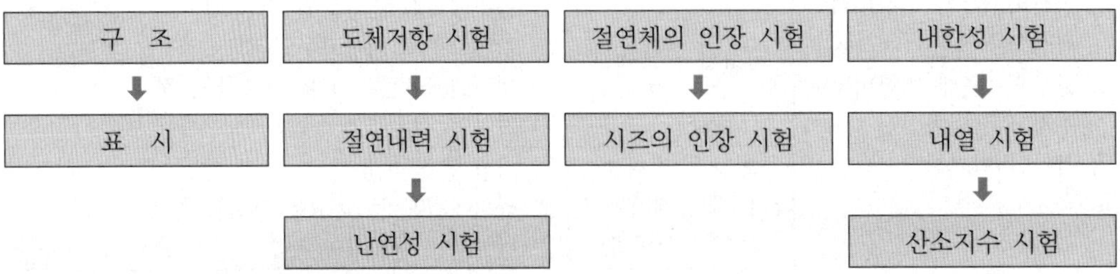

비고) 1. 1 내지 4의 시험은 병렬로 실시할 수 있다.
2. 2 내지 3의 시험항목 중 별도의 시료로 시험하는 시험항목은 병렬로 실시할 수 있다.

(3) 제품 시험 시행방법

① 제품 시험 시료는 별표 2, 별표 3 및 KS A 3151에 의하여 발췌한다.

② 일반시험의 시료크기는 신청시료의 크기에 1-Ⅰ를 적용하며, 특별시험의 시료크기는 일반시험의 시료크기에 1-S-1을 적용한다.

③ 합격품질수준은 일반시험의 경우 중결점은 AQL 1.0, 경결점은 AQL 6.5로 하며 특별시험은 Ac(합격판정개수): 0, Re(불합격판정개수): 1로 한다.

④ 특별시험 시료수가 일반시험 시료수보다 더 많을 경우 일반시험 시료는 특별시험 시료수만큼 발취한다.

⑤ 제품 시험 진행 중 불합격판정 개수 이상의 결점수가 발생되어 해당 로트가 불합격되는 경우에는 남은 시험항목의 시험을 생략 할 수 있다.

(4) 제품 시험 판정기준

① 로트의 합부판정은 별표 1(결점표) 및 별표 2(합격품질수준표)에 의한다.

② 샘플링방법 및 판정기준에 관계없이 샘플링한 시료에 치명결점이 1개라도 포함되는 경우에는 그 로트를 불합격으로 한다.

③ 샘플링한 시료 중에서 결점의 개수가 별표 2의 해당 합격품질수준에서 정하는 Ac(합격판정개수) 이하인 경우에는 합격으로 하고, Re(불합격판정개수) 이상인 경우에는 그 수량(lot)을 불합격으로 한다.

④ 2 이상의 결점 등급이 있는 제품은 각각의 등급에서 결점으로 계산하고 하나의 시료중 동일 등급의 결점이 2개 이상 있는 경우에는 결점 1로 한다.

(5) 부정기 시험

① 부정기 시험은 15로트당 1회의 비율로 실시한다. 다만, 한국소방산업기술원 원장 또는 성능시험지정기관장이 제품의 품질유지를 위하여 필요하다고 인정될 때에는 수시로 부정기 시험을 실시할 수 있다.

② 부정기 시험 해당 로트(수량)의 판정은 부정기 시험 결과를 포함하여 판정한다.

③ 부정기 시험 결과 부적합한 경우에는 다음에 의하여 조치한다.

가. 부적합 판정된 로트 이후에 신청하는 제품 시험 로트부터 연속 5로트가 합격할 때까지 부적합한 시험항목에 대하여 부정기 시험을 실시한다. 이 경우 각 로트의 크기는 불합격되기 전 연속 5로트 평균크기의 1/2 이상이어야 한다.

나. '가.'의 규정에 의한 부정기 시험에서 연속 5로트가 합격하기 이전에 5로트를 초과하여 신청된 제품 시험 로트는 희망수검일이 최종 부정기 시험 로트의 합격판정 이전인

경우 '가.'의 규정에 의한 부정기 시험의 적용을 받는다.

다. '가.'의 규정에 의하여 부정기 시험을 적용받는 로트는 규정에도 불구하고 부정기 시험 결과를 포함하여 판정한다.

[별표 1] 결점표

치명결점	중결점	경결점
1. 구조 및 성능인정과 상이한 것 2. 특별시험항목의 기준에 부적합한 것	1. 표시사항 중 사용전압의 오기 2. 선심의 색상불량 3. 전선에 합격표시를 직접 인쇄하는 경우 합격표시가 적합하게 인쇄되지 않는 것	1. 표시사항 중 사용전압 이외의 오기 누락 등

[별표 2] 합격품질수준표

시료 글자	시료 크기	합격품질수준(AQL)													
		0.65		1.0		1.5		2.5		4.0		6.5		10	
		Ac	Re	Ac	Re	Ac	Re	Ac	Re	Ac	Re	Ac	Re	Ac	Re
A	2	↓		↓		↓		↓		↓		0	1	↓	
B	3	↓		↓		↓		↓		0	1	↑		↓	
C	5	↓		↓		↓		0	1	↑		↓		1	2
D	8	↓		↓		0	1	↑		↓		1	2	2	3
E	13	↓		0	1	↑		↓		1	2	2	3	3	4
F	20	0	1	↑		↓		1	2	2	3	3	4	5	6
G	32	↑		↓		1	2	2	3	3	4	5	6	7	8
H	50	↓		1	2	2	3	3	4	5	6	7	8	10	11
J	80	1	2	2	3	3	4	5	6	7	8	10	11	14	15
K	125	2	3	3	4	5	6	7	8	10	11	14	15	21	22
L	200	3	4	5	6	7	8	10	11	14	15	21	22	↑	
M	315	5	6	7	8	10	11	14	15	21	22	↑		↑	
N	500	7	8	10	11	14	15	21	22	↑		↑		↑	
P	800	10	11	14	15	21	22	↑		↑		↑		↑	
Q	1250	14	15	21	22	↑		↑		↑		↑		↑	
R	2000	21	22	↑		↑		↑		↑		↑		↑	

↓ : 밑에 적은 첫 번째 샘플링검사방식을 사용한다. 만일, 시료의 크기가 로트의 크기 이상일 때에는 전수검사한다.

↑ : 위에 적은 첫 번째 샘플링검사방식을 사용한다.

Ac : 합격판정개수

Re : 불합격판정개수

[별표 3] 시료번호 발췌표

시료의 크기	일반시험		특별시험	
	1-Ⅰ	1-Ⅱ	1-S-1	1-S-2
1~8	A	A	A	A
9~15	A	B	A	A
16~25	B	C	A	A
26~50	C	D	A	B
51~90	C	E	B	B
91~150	D	F	B	B
151~280	E	G	B	C
281~500	F	H	B	C
501~1,200	G	J	C	C
1,201~3,200	H	K	C	D
3,201~10,000	J	L	C	D
10,001~35,000	K	M	C	D
35,001~150,000	L	N	D	E
150,001~500,000	M	P	D	E
500,001 이상	N	Q	D	E

4. 내열전선

4.1 내열전선의 종류

표 3-1-12는 소방시설에 사용되는 내열전선의 종류 및 공사방법을 나타낸다.

● 표 3-1-12 소방시설에 사용되는 내열전선의 종류 및 공사방법

전선의 종류	공사방법
1. 450/750 [V] 저독성 난연 가교 폴리올레핀 절연 전선 2. 0.6/1 [kV] 가교 폴리에틸렌 절연 저독성 난연 폴리올레핀 시스 전력 케이블 3. 6/10 [kV] 가교 폴리에틸렌 절연 저독성 난연 폴리올레핀 시스 전력용 케이블 4. 가교 폴리에틸렌 절연 비닐시스 트레이용 난연 전력 케이블 5. 0.6/1 [kV] EP 고무절연 클로로프렌 시스 케이블 6. 300/500 [V] 내열성 실리콘 고무 절연전선(180℃) 7. 내열성 에틸렌-비닐 아세테이트 고무 절연 케이블 8. 버스덕트(Bus Duct) 9. 기타 「전기용품 및 생활용품 안전관리법」 및 「전기설비기술기준」에 따라 동등 이상의 내열성능이 있다고 주무부장관이 인정하는 것	금속관·금속제 가요전선관·금속덕트 또는 케이블(불연성덕트에 설치하는 경우에 한한다) 공사방법에 따라야 한다. 다만, 다음의 기준에 적합하게 설치하는 경우에는 그렇지 않다. 가. 배선을 내화성능을 갖는 배선전용실 또는 배선용 샤프트·피트·덕트 등에 설치하는 경우 나. 배선전용실 또는 배선용 샤프트·피트·덕트 등에 다른 설비의 배선이 있는 경우에는 이로부터 15 [cm] 이상 떨어지게 하거나 소화설비의 배선과 이웃하는 다른 설비의 배선사이에 배선지름(배선의 지름이 다른 경우에는 지름이 가장 큰 것을 기준으로 한다)의 1.5배 이상의 높이의 불연성 격벽을 설치하는 경우
내화전선·내열전선	케이블공사의 방법에 따라 설치해야 한다.

비고 : 내열전선의 내열성능은 온도가 816±10 [℃]인 불꽃을 20분간 가한 후 불꽃을 제거하였을 때 10초 이내에 자연소화가 되고, 전선의 연소된 길이가 180 [mm] 이하이거나 가열온도의 값을 한국산업표준(KS F 2257-1)에서 정한 건축구조부분의 내화시험방법으로 15분 동안 380 [℃]까지 가열한 후 전선의 연소된 길이가 가열로의 벽으로부터 150 [mm] 이하일 것. 또는 소방청장이 정하여 고시한 「소방용전선의 성능인증 및 제품검사의 기술기준」에 적합할 것

내열배선의 공사방법이 내화배선과 다른 점은 내열배선의 경우에는 매설 공사를 하지 않고 금속관, 금속제가요전선관, 금속덕트 등의 공사를 할 수 있다는 것이다. 내화배선과 내열배선의 차이점은 표 3-1-13에 나타낸다.

● 표 3-1-13 내화배선과 내열배선의 차이점

내화배선	차이점	내열배선
금속관, 2종 금속제 가요전선관 또는 합성수지관에 수납하여 내화구조로 된 벽 또는 바닥 등에 벽 또는 바닥으로부터 25 [mm] 이상의 깊이로 매설해야 한다.	규 정	금속관, 금속제 가요전선관, 금속덕트 또는 케이블(불연성덕트에 설치하는 경우에 한한다) 공사방법에 의한다.
매설해야 한다.	매설 여부	매설하지 않아도 된다.

4.2 내열전선의 시험기준

내열전선의 시험기준은 「소방시설 설치 및 관리에 관한 법률(소방시설법)」 및 「소방용품의 품질관리 등에 관한 규칙」의 규정에 의한 「소방용전선의 성능인증 및 제품검사의 기술기준」을 규정한다. "내열전선"은 옥내소화전설비, 스프링클러설비, 옥외소화전설비, 자동화재탐지설비, 비상방송설비, 연결송수관설비, 비상콘센트설비 등의 배선에 사용되는 내열성을 가진 전선을 말한다.

(1) 전선의 재료 및 구조

① 도체의 재료는 KS C 3101(전기용 연동선)에 규정된 연동선을 사용해야 하며, 구조는 별도 1과 같이 동심원으로 연선하며 최외층의 피치는 층심경의 20배 이하로 하고 최외층의 꼬임방향은 S꼬임으로 한다.

② 절연체의 두께는 규정에 정한 값과 동등이상의 두께로 가교폴리에틸렌을 도체와 동심원상으로 피복해야 한다.

③ 선심의 식별은 절연체 또는 절연체 표면의 색상, 분리재의 색상을 다음과 같이 구분한다. 다만, 가교폴리에틸렌의 자연색상은 백색으로 간주한다.

가. 단심

1심 : 백색　　2심 : 청색, 적색, 백색

3심 : 청색, 적색, 백색　　4심 : 청색, 적색, 백색, 녹색

5심 이상인 경우는 관련 규정을 준수한다.

나. 페어타입

1페어 : (청색, 적색)

2페어 : (청색, 백색) (적색, 백색)을 대각선상으로 선심을 구성한다.

④ 페어의 구성은 '③의 나.'에 따라 색별한 선심을 꼬아 구성한다. 페어 전선은 규정과 같이 2개연으로 구성한다.

⑤ 전선의 선심은 다음과 같이 구성한다.

가. 1페어 및 2페어는 ④에 따라 구성한다.

나. 3 [A] 이상의 전선은 페어를 각층을 서로 반대방향으로 동심원상이 되도록 연합해야 하며 각층 중에는 층간구분을 위하여 분리재 등으로 감는다.

다. 각층의 선심에 제2종 페어 색상띠를 1페어 넣고, 나머지에 제1종 페어 색상띠를 넣는다. 또한 중심층이 1페어인 경우에는 제2종 페어를 넣는다.

⑥ 선심의 연합은 선심요소 가닥수를 동심꼬임 또는 SZ꼬임의 원형으로 연합하여 필요시 적당한 충진물을 사용하여 최외층의 꼬임방향은 S꼬임으로 한다.

⑦ 상권감기는 연합한 다음에 내열보호용 테이프로 감는다.

⑧ 시즈는 넌할로겐 난연성 폴리올레핀을 규정된 두께로 피복한다. 다만, 시즈의 색상은 검정색을 사용한다.

(2) 내열전선의 성능과 재질

표 3-1-14 내열전선의 성능 및 재질

항 목		기 준
도체저항 시험		KS C IEC 60811(고무, 플라스틱 절연전선 시험방법)의 6에 따라 시험하였을 때 관련 규정의 기준값과 동등 이상의 성능이 있어야 한다.
전선의 절연내력 시험		KS C IEC 60811(고무·플라스틱 절연전선 시험방법)에 따라 단심은 8의 (1), 다심은 8의 (2)로 시험하였을 때 AC 1,500 [V]에서 1분간 견디어야 한다.
전선의 절연저항 시험		KS C IEC 60811(고무, 플라스틱 절연전선 시험방법) 9.1에 따라 시험하였을 때 관련 규정의 기준값과 동등 이상의 성능이 있어야 한다.
절연체 및 시즈	인장강도 및 신장률	KS C IEC 60811(고무, 플라스틱 절연전선 시험방법) 19 및 표 3-1-15에 따라 시험하였을 때 인장강도 및 신장률은 가열전 값의 80 [%] 이상이어야 한다.
절연체의 내가열성 시험	인장강도 및 신장률	KS C IEC 60811(고무, 플라스틱 절연전선 시험방법) 19 및 표 3-1-15에 따라 시험하였을 때 인장강도 및 신장률은 가열전 값의 80 [%] 이상이어야 한다.
시즈의 내가열성 시험	인장강도 및 신장률	KS C IEC 60811(고무, 플라스틱 절연전선 시험방법) 19 및 표 3-1-15에 따라 시험하였을 때 인장강도는 가열전 값의 70 [%] 이상, 신장률은 가열전 값의 65 [%] 이상이어야 한다.
시즈의 내한성 시험		영하 20±3 [℃]에서 KS C IEC 60811(고무, 플라스틱 절연전선 시험방법) 24에 따라 시험하였을 때 파열되지 않아야 한다.
시즈의 가열변형 시험		가열온도는 75±1 [℃], 인가하중은 표 3-1-16을 이용하여 KS C IEC 60811(고무·플라스틱 절연전선 시험방법)의 25에 따라 시험하였을 때 두께 감소율은 10 [%] 이하이어야 한다.
내열 시험	절연저항 시험	제4조의 기준에 따라 시험하였을 때 가열전의 경우 500 [MΩ] 이상, 가열 중 5분마다 15분까지 측정 시 0.1 [MΩ] 이상이어야 한다.
	절연내력 시험	가열 중 AC 250 [V] 내열 시험 전압을 인가하고 있을 때 퓨즈가 단선되지 않아야 한다.
	연소성	가열종료 후 시편의 연소 길이는 로벽에서 부터 150 [mm] 이하이어야 한다.
난연성 시험		제5조의 규정에 따라 연소시험을 진행 중 버너의 불꽃을 제거한 후 잔염이 있으면 그대로 방치한 상태에서 수직트레이의 상단 끝까지 도달하지 않아야 한다.
연기밀도 시험		제6조의 규정에 따라 시험하였을 때 연기밀도는 150 [Dm] 이하이어야 한다.
연소가스부식성 시험		제7조의 규정에 따라 시험하였을 때 수소이온농도지수(pH)는 3.5 이상이어야 하고, 연소가스의 전도도는 100 [μs/cm] 이하이어야 한다.
산소지수 시험		제8조의 규정에 따라 시험하였을 때 산소지수는 25.0 [%] 이상이어야 한다.

● 표 3-1-15 시즈 및 절연체의 내가열성시험 가열시간

재 질	가열온도	가열시간
절연체	120±1 [℃]	96시간
넌할로겐 난연성 폴리올레핀(시즈)	100±1 [℃]	168시간

● 표 3-1-16 가열변형 시험의 인가하중

외경 [mm]	인가하중 [g]
10 미만	1,020
10 이상 20 미만	1,530
20 이상 25 미만	2,040
25 이상 30 미만	2,550
30 이상	2,960

(3) 내열 시험방법

① 내열전선의 시료

가. 시료를 길이 1.3 [m]로 한다.

나. 굵기 1.6 [mm] 동선 또는 이와 동등이상의 내열강도를 가진 금속선을 사용하며, 가로 300 [mm], 세로 300 [mm], 두께 10 [mm]인 페라이트판 또는 이와 동등 이상의 내열 강도를 가진 판에 설치하고, 시료무게의 2배의 하중을 걸 수 있어야 한다.

② 가열로의 구조

가. 로내의 온도측정 위치는 별도 8과 같다.

나. 시료의 길이 및 부착은 별도 6과 같다.

다. 가열로의 연료는 KS M 2150(액화석유가스) 제4호에 적합해야 한다.

라. 가열로에 시료를 넣지 않고 가열하여 (380±38) [℃]의 온도를 15 [min] 이상 유지할 수 있는 성능이 있어야 한다.

③ 가열방법은 시료를 규정에 근거한 위치에 넣고 가열온도의 값을 KS F 2257-1(건축부재의 내화 시험방법 - 일반요구사항)에서 정한 방법으로 15분 동안 380 [℃]까지 상승시킨다.

④ 가열로내의 온도는 KS C 1602(열전대)에서 규정하는 소선의 직경 1.0 [mm], 0.75급 이상의 성능을 갖는 Ca 또는 K 열전대 및 자동기록계를 사용하여 전선의 외경에 따라 규정과 같이 측정한다.

⑤ 가열 전 및 가열 중 절연저항 측정은 단심일 경우는 절연된 도체와 동선의 사이, 선심이 2이상인 경우는 절연된 도체와 동선과의 사이, 금속제 시즈인 경우는 해당 차폐층 또는 금속제 시즈와 절연된 도체와의 사이를 측정한다.

⑥ 절연저항 시험은 직류 500 [V] 절연저항계를 사용한다.

⑦ 가열 중 규정한 장소에 3 [A]의 퓨즈를 전선과 직렬로 연결하고 시험 종료 후 그 양단에 AC 250 [V]를 인가할 때 퓨즈가 단선되지 않아야 한다.

⑧ 규정한 방법으로 가열을 종료한 다음 시료의 연소 길이를 측정한다.

(4) 연기밀도 시험방법

내열전선의 연기밀도 시험방법은 「소방용전선의 성능인증 및 제품검사의 기술기준」 제3조 및 제4조를 적용한다.

(5) 연소가스부식성 시험방법

내열전선의 연소가스부식성 시험방법은 「소방용전선의 성능인증 및 제품검사의 기술기준」 제3조 및 제5조를 적용한다.

(6) 표시

① 내열전선에는 그 표면에 쉽게 지워지지 않는 방법으로 다음의 사항을 연속 표시해야 한다.

1. 기호 및 성능인증번호
2. 제조업자 또는 그 상호
3. 제조년도

② 내열전선의 포장은 1조씩 드럼 또는 다발로 하고, 운반도중 손상되지 않도록 해야 하며, 또한 포장에는 다음의 사항을 표시해야 한다.

1. 품명 및 성능인증번호
2. 선심수 및 도체지름 또는 공칭단면적
3. 길이
4. 실중량(드럼인 경우 총중량)
5. 드럼의 회전방향(드럼인 경우)
6. 내열전선의 감은 끝자리(드럼의 경우)
7. 제조업체명 또는 그 상호(수입한 경우 수입원)
8. 제조년월

③ 제품의 호칭방법은 종류, 선심수, 도체 지름 또는 공칭단면적 또는 기호에 의한다.
(예 : 내화전선 3C×25 [mm^2] 또는 NFR-8 3C×25 [mm^2])

4.3 견품 시험

(1) 시험방법

시험방법은 도면대조 및 해당 시험항목 시험기준에 의한다.

(2) 시험순서

1.	2.	3.	4.	5
구 조	절연체의 인장강도 시험	연기밀도 시험	시즈의 인장강도 시험	내열성 시험
표 시	절연체의 신장률 시험	연소가스 부식성 시험	시즈의 가열변형성 시험	난연성 시험
전선의 절연내력 시험	시즈의 인장강도 시험	산소지수 시험		
전선의 절연저항 시험	시즈의 신장률 시험			
도체저항 시험				

비고) 1. 제3호의 시험은 넌할로겐 내열전선의 시험에 해당한다.
2. 제1호 내지 제5호의 시험은 병렬로 실시한다.
3. 시료는 다음 표에 적합하도록 구분하며, 종류별, 각 요소 중 1개 항목에 한하여 선별 구분한다.

● 표 3-1-17 시료의 구분

종 류	요 소	구 분
1. 가교폴리에틸렌 외장 내화전선 2. 비닐 외장 내열전선 3. 폴리에틸렌 외장 내열전선 4. 고압가교폴리 에틸렌 외장 내열전선 5. 기타의 내열전선	도체의 재료	(1) 동선인 것 (2) 기타인 것
	도체의 굵기	(1) 연선인 것 및 성형단선인 것에 있어서는 공칭단면적이 8 [mm^2] 이하인 것. 단선인 것에 있어서는 직경이 3.2 [mm] 이하인 것 (2) 연선인 것 및 성형단선의 것에 있어서는 공칭단면적이 8.0 [mm^2]을 초과하고 32 [mm^2] 이하인 것 또는 단선인 것에 있어서는 직경이 3.2 [mm]를 초과하는 것 (3) 연선인 것 및 성형단선인 것에 있어서는 공칭단면적이 3.2 [mm]를 초과하는 것
	절연체의 주재료	(1) 폴리에틸렌 혼합물인 것 (2) 부틸고무계 합성고무인 것 (3) 에틸렌프로필렌 고무 혼합물인 것 (4) 기타인 것
	외장의 주재료 (비닐외장케이블의 경우에 한한다)	(1) 비닐 혼합물인 것 (2) 폴리에틸렌 등의 내화성 혼합물인 것 (3) 넌할로겐 난연성인 것
	선심	(1) 단심인 것 (2) 2심 이상인 것

● 표 3-1-18 신청구분의 예

종 류	도 체	도체의 굵기	절연체	외장재료	선심수
클로로프렌 내열전선	동	연선 8 [mm^2] 이하	폴리에틸렌 혼합물	넌할로겐	3

4.4 제품 시험

(1) 시험항목

● 표 3-1-19 내열전선의 시험항목

시험항목			비 고
일반시험	1. 구조	○	
	2. 표시	○	
특별시험	3. 도체저항 시험	○	※ 동일시료 ※ 특별시험시료는 발췌시료의 양끝단 중에서 절취하며, 각각 별도로 절취한다. ※ 10은 넌할로겐 내열전선에 적용한다.
	4. 전선의 절연내력 시험	○	
	5. 난연성 시험	○	
	6. 절연체의 인장강도 및 신장률	△	
	7. 시즈의 인장강도 및 신장률 시험	△	
	8. 시즈의 내한성 시험	△	
	9. 내열 시험	△	
	10. 산소지수 시험	△	

주) 1. "○"는 해당 시험항목을 표시함
2. "△"는 부정기 시험을 표시함

(2) 시험순서

구 조	도체저항 시험	절연체의 인장강도 및 신장률	시즈의 내한성 시험
⬇	⬇	⬇	⬇
표 시	전선의 절연내력 시험	시즈의 인장강도시험 및 신장률	내열 시험
	⬇		⬇
	난연성 시험		산소지수 시험

비고) 1. 1 내지 4의 시험은 병렬로 실시할 수 있다.
2. 2 내지 4의 시험항목 중 별도의 시료로 시험하는 시험항목은 병렬로 실시할 수 있다.

(3) 제품 시험 시행방법

① 제품 시험 시료는 별표 2, 별표 3 및 KS A 3151에 의하여 발췌한다.

② 일반시험의 시료크기는 신청시료의 크기에 1-Ⅰ를 적용하며, 특별시험의 시료크기는 일반시험의 시료크기에 1-S-1을 적용한다.

③ 합격품질수준은 일반시험의 경우 중결점은 AQL(합격품질수준) 1.0, 경결점은 AQL 6.5로 하며 특별시험은 Ac(합격판정개수)는 0, Re(불합격판정개수)는 1로 한다.
④ 특별시험 시료수가 일반시험 시료수보다 더 많을 경우 일반시험 시료는 특별시험 시료수 만큼 발취한다.
⑤ 제품 시험 진행 중 불합격판정 개수 이상의 결점수가 발생되어 해당 로트가 불합격되는 경우에는 남은 시험항목의 시험을 생략할 수 있다.

(4) 제품 시험 판정기준

① 로트의 합부판정은 별표 1(결점표) 및 별표 2(합격품질수준표)에 의한다.
② 샘플링방법 및 판정기준에 관계없이 샘플링한 시료에 치명결점이 1개라도 포함되는 경우에는 그 로트를 불합격으로 한다.
③ 샘플링한 시료 중에서 결점의 개수가 별표 2의 해당 합격품질수준에서 정하는 Ac(합격판정개수) 이하인 경우에는 합격으로 하고, Re(불합격판정개수) 이상인 경우에는 그 로트를 불합격으로 한다.
④ 2 이상의 결점 등급이 있는 제품은 각각의 등급에서 결점으로 계산하고 하나의 시료중 동일 등급의 결점이 2개 이상 있는 경우에는 결점 1로 한다.

(5) 부정기 시험

① 부정기 시험은 15로트당 1회의 비율로 실시한다. 다만, 한국소방산업기술원 원장 또는 성능시험지정기관장이 제품의 품질유지를 위하여 필요하다고 인정될 때에는 수시로 부정기 시험을 실시할 수 있다.
② 부정기 시험 해당 로트의 판정은 부정기 시험 결과를 포함하여 판정한다.
③ 부정기 시험 결과 부적합한 경우에는 다음 각 목에 의하여 조치한다.
가. 부적합 판정된 로트 이후에 신청하는 제품 시험 로트부터 연속 5로트가 합격할 때까지 부적합한 시험항목에 대하여 부정기 시험을 실시한다. 이 경우 각 로트의 크기는 불합격되기 전 연속 5로트 평균크기의 1/2 이상이어야 한다.
나. '가.'의 규정에 의한 부정기 시험에서 연속 5로트가 합격하기 이전에 5로트를 초과하여 신청된 제품 시험 로트는 희망수검일이 최종 부정기 시험 로트의 합격판정 이전인 경우 '가.'의 규정에 의한 부정기 시험의 적용을 받는다.
다. '가.'의 규정에 의하여 부정기 시험을 적용받는 로트는 규정에도 불구하고 부정기 시험 결과를 포함하여 판정한다.

[별표 1] 결점표

치명결점	중결점	경결점
1. 구조 및 성능인정과 상이한 것 2. 특별시험항목의 기준에 부적합한 것	1. 표시사항 중 사용전압의 오기 2. 선심의 색상불량 3. 6전선에 합격표시를 직접 인쇄하는 경우 합격표시가 적합하게 인쇄되지 않는 것	1. 표시사항중 사용전압 이외의 오기 누락 등

[별표 2] 합격품질수준표

시료번호	시료의 크기	합격품질수준(AQL)													
		0.65		1.0		1.5		2.5		4.0		6.5		10	
		Ac	Re	Ac	Re	Ac	Re	Ac	Re	Ac	Re	Ac	Re	Ac	Re
A	2									↓		0	1		
B	3							↓		0	1	↑		↓	
C	5					↓		0	1	↑		↓		1	2
D	8			↓		0	1	↑		↓		1	2	2	3
E	13	↓		0	1	↑		↓		1	2	2	3	3	4
F	20	0	1	↑		↓		1	2	2	3	3	4	5	6
G	32	↑		↓		1	2	2	3	3	4	5	6	7	8
H	50	↓		1	2	2	3	3	4	5	6	7	8	10	11
J	80	1	2	2	3	3	4	5	6	7	8	10	11	14	15
K	125	2	3	3	4	5	6	7	8	10	11	14	15	21	22
L	200	3	4	5	6	7	8	10	11	14	15	21	22	↑	
M	315	5	6	7	8	10	11	14	15	21	22	↑			
N	500	7	8	10	11	14	15	21	22	↑					
P	800	10	11	14	15	21	22	↑							
Q	1250	14	15	21	22	↑									
R	2000	21	22	↑											

↓ : 밑에 적은 첫 번째 샘플링검사방식을 사용한다. 만일, 시료의 크기가 로트의 크기 이상일 때에는 전수검사한다.
↑ : 위에 적은 첫 번째 샘플링검사방식을 사용한다.
Ac : 합격판정개수
Re : 불합격판정개수

[별표 3] 시료번호 발췌표

시료의 크기	일반시험		특별시험	
	1-Ⅰ	1-Ⅱ	1-S-1	1-S-2
1~8	A	A	A	A
9~15	A	B	A	A
16~25	B	C	A	A
26~50	C	D	A	B
51~90	C	E	B	B
91~150	D	F	B	B
151~280	E	G	B	C
281~500	F	H	B	C
501~1,200	G	J	C	C
1,201~3,200	H	K	C	D
3,201~10,000	J	L	C	D
10,001~35,000	K	M	C	D
35,001~150,000	L	N	D	E
150,001~500,000	M	P	D	E
500,001 이상	N	Q	D	E

[별도 1] 전선의 단면도

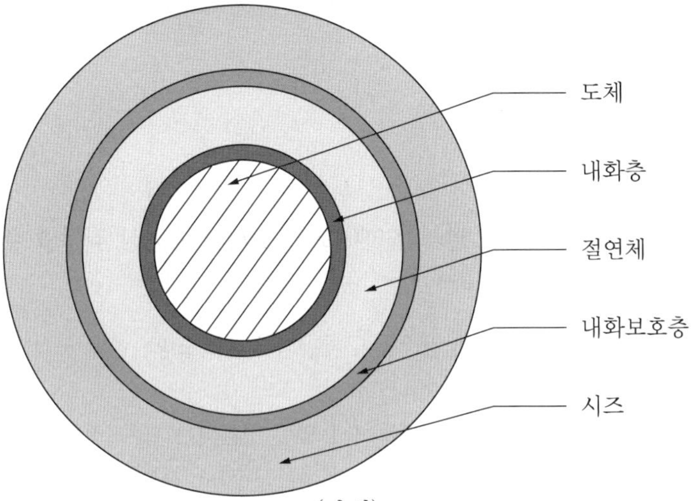

(단심)

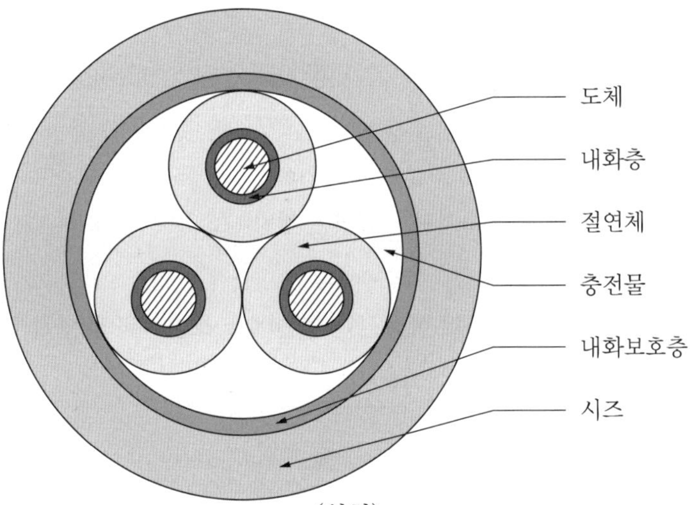

(원형)

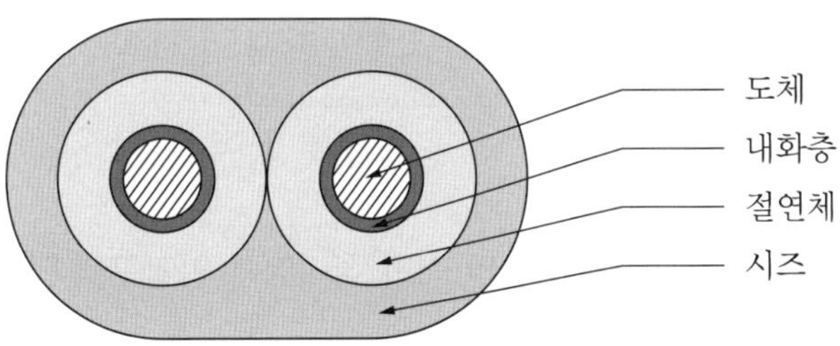

(평형)

연습문제

문제 01 소방시설은 화재가 발생할 때에도 소방시설이 정상 작동할 수 있도록 규정하고 있는 사항에 대해서 논하시오.

풀이 ① 화재 등의 사고로 일반전원이 차단되더라도 소방시설에 공급되는 전원이 차단되지 않도록 분기해야 한다.

② 상용전원이 차단되었을 때 자동으로 전환되는 대체 전원이 있어야 한다.

③ 소방시설에 공급되는 전원의 배선은 화재로 인한 화염과 열기에 견딜 수 있는 내화배선 또는 내열배선 등으로 시공되어야 한다.

문제 02 전기설비에 전력을 공급하기 위한 상용전원의 3가지를 제시하시오.

풀이 ① 전력회사에서 공급되는 전원

② 자가발전설비에 의해 공급되는 전원

③ 축전지설비를 이용하여 공급되는 전원

문제 03 어떤 소방용 설비에서 상용전원 후단에서 소방전원의 분기 예를 제시하시오.

풀이

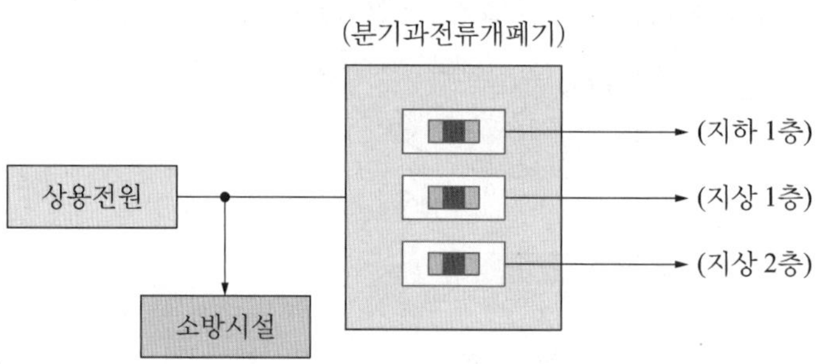

문제 04 자동화재탐지설비가 적용된 어떤 설비에서 인입구 후단에서 소방전원을 분기한 예의 회로를 제시하시오.

풀이

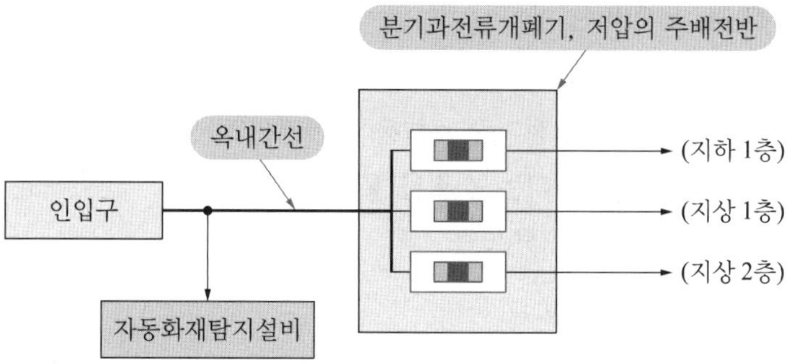

문제 05 그림 1은 전력설비의 내화전선으로 사용되는 MI 케이블이다. 각각의 명칭을 제시하시오.

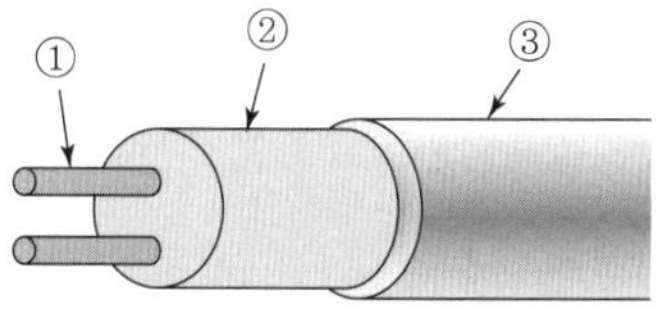

■ **그림 1** 전력설비의 전선으로 사용되는 MI 케이블의 구조

풀이 ① 도체, ② 무기절연체, ③ 동관

문제 06 소방설비의 내화배선은 금속관, 2종 금속제 가요전선관 또는 합성수지관 등에 수납하여 내화구조로 된 벽 또는 바닥 등에 벽 또는 바닥으로부터 (　　) [mm] 이상의 깊이로 매설해야 한다.

풀이 25

문제 07 소방설비의 내열배선에 사용되는 전선의 종류를 제시하시오.

풀이 ① 450/750 [V] 저독성 난연 가교 폴리올레핀 절연 전선
② 0.6/1 [kV] 가교 폴리에틸렌 절연 저독성 난연 폴리올레핀 시스 전력 케이블
③ 6/10 [kV] 가교 폴리에틸렌 절연 저독성 난연 폴리올레핀 시스 전력용 케이블
④ 가교 폴리에틸렌 절연 비닐시스 트레이용 난연 전력 케이블
⑤ 0.6/1 [kV] EP 고무절연 클로로프렌 시스 케이블
⑥ 300/500 [V] 내열성 실리콘 고무 절연전선(180℃)
⑦ 내열성 에틸렌 - 비닐, 아세테이트 고무 절연 케이블

⑧ 버스덕트(Bus Duct)

문제 08 소방 배선의 내열성이란 소방용 내열전선의 주요성능으로 높은 열에 변질되거나 변형되지 않고 견디는 성질을 말하며, 연속 최고사용온도는 CV는 (　　) [℃], EV는 (　　) [℃], PVC는 (　　) [℃], VV는 (　　) [℃] 등이다.

풀이 90, 75, 60～75, 60

문제 09 (　　)은 불꽃이나 아크 또는 높은 열에 의하여 연소되지 않을 뿐만 아니라, 실용상 지장을 주는 변형이나 변질을 초래하지 않는 특징이 있어, 화재가 발생되어 불이 붙어 있는 일정 시간 동안 케이블이 단락되지 않는 상태로 전류를 안전하게 통전시킴으로써 비상용기기의 초기가동을 원활하게 한다.

풀이 내화성

문제 10 (　　)은 불꽃, 아크 또는 높은 열에 의하여 쉽게 불이 붙지 않거나 붙어도 잘 연소되지 않는 성질로 일반적으로 가연성 물질보다 불에 잘 타지 않고 연소속도가 상대적으로 느려서 불이 붙거나 착화하여도 불꽃 등 화원을 제거하면 자기소화(自己消火)하는 성질이 있어 자연소화되는 특성이 있는 것을 말한다.

풀이 난연성

문제 11 (　　)은 화재가 발생하면 화염의 전파를 최대한 억제하는 고도의 난연성과 연기의 발생을 최대로 줄이는 저연성 및 독성이 강한 할로겐(halogen) 계통의 가스를 발생시키지 않는 전선을 말한다.

풀이 난연 무독케이블

Chapter 02

전선 및 케이블의 종류

1. 용어의 정의

용어의 적용범위는 인축의 감전에 대한 보호와 전기설비 계통, 시설물 등의 안전에 필요한 성능과 기술적인 요구사항에 적용한다. 이 규정에서 적용하는 전압의 구분은 다음과 같다.

(1) 저압은 교류 1,000 [V] 이하, 직류 1,500 [V] 이하인 것.
(2) 고압은 교류 1,000 [V], 직류 1,500 [V]를 초과하고, 7,000 [V] 이하인 것.
(3) 특별고압은 7,000 [V]를 초과하는 것.

① "가공인입선"이란 가공전선로의 지지물로부터 다른 지지물을 거치지 않고 수용장소의 붙임점에 이르는 가공전선을 말한다.

② "가섭선(架涉線)"이란 지지물에 가설되는 모든 선류를 말한다.

③ "계통연계"란 둘 이상의 전력계통 사이를 전력이 상호 융통될 수 있도록 선로를 통하여 연결하는 것으로 전력계통 상호간을 송전선, 변압기 또는 직류-교류 변환설비 등에 연결하는 것을 말한다. 계통연락이라고도 한다.

④ "계통외도전부(Extraneous Conductive Part)"란 전기설비의 일부는 아니지만 지면에 전위 등을 전해줄 위험이 있는 도전성 부분을 말한다.

⑤ "계통접지(System Earthing)"란 전력계통에서 돌발적으로 발생하는 이상현상에 대비하여 대지와 계통을 연결하는 것으로 중성점을 대지에 접속하는 것을 말한다.

⑥ "고장보호(간접접촉에 대한 보호, Protection Against Indirect Contact)"란 고장시 기기의 노출도전부에 간접 접촉함으로써 발생할 수 있는 위험으로부터 인축을 보호하는 것을 말한다.

⑦ "관등회로"란 방전등용 안정기 또는 방전등용 변압기로부터 방전관까지의 전로를 말한다.
⑧ "기본보호(직접접촉에 대한 보호, Protection Against Direct Contact)"란 정상 운전 시 기기의 충전부에 직접 접촉함으로써 발생할 수 있는 위험으로부터 인축을 보호하는 것을 말한다.
⑨ "내부피뢰시스템(Internal Lightning Protection System)"이란 등전위본딩 또는 외부피뢰시스템의 전기적 절연으로 구성된 피뢰시스템의 일부를 말한다.
⑩ "노출도전부(Exposed Conductive Part)"란 충전부는 아니지만 고장 시에 충전될 위험이 있고, 사람이 쉽게 접촉할 수 있는 기기의 도전성 부분을 말한다.
⑪ "단독운전"이란 전력계통의 일부가 전력계통의 전원과 전기적으로 분리된 상태에서 분산형전원에 의해서만 운전되는 상태를 말한다.
⑫ "단순 병렬운전"이란 자가용 발전설비 또는 저압 소용량 일반용 발전설비를 배전계통에 연계하여 운전하되 생산한 전력의 전부를 자체적으로 소비하기 위한 것으로서 생산한 전력이 연계계통으로 송전되지 않는 병렬 형태를 말한다.
⑬ "등전위본딩(Equipotential Bonding)"이란 등전위를 형성하기 위해 도전부 상호 간을 전기적으로 연결하는 것을 말한다.
⑭ "등전위본딩망(Equipotential Bonding Network)"이란 구조물의 모든 도전부와 충전 도체를 제외한 내부설비를 접지극에 상호 접속하는 망을 말한다.
⑮ "리플프리(Ripple-free)직류"란 교류를 직류로 변환할 때 리플 성분의 실효값이 10 [%] 이하로 포함된 직류를 말한다.
⑯ "보호도체(PE; Protective Conductor)"란 감전에 대한 보호 등 안전을 위해 제공되는 도체를 말한다.
⑰ "보호등전위본딩(Protective Equipotential Bonding)"이란 감전에 대한 보호 등과 같이 안전을 목적으로 하는 등전위본딩을 말한다.
⑱ "보호본딩도체(Protective Bonding Conductor)"란 보호등전위본딩을 제공하는 보호도체를 말한다.
⑲ "보호접지(Protective Earthing)"란 고장 시 감전에 대한 보호를 목적으로 기기의 한 점 또는 여러 점을 접지하는 것을 말한다.
⑳ "분산형전원"이란 중앙급전 전원과 구분되는 것으로서 전력 소비지역 부근에 분산하여 배치 가능한 전원을 말한다. 상용전원의 정전 시에만 사용하는 비상용 예비전원은 제외하며, 신재생에너지 발전설비, 전기저장장치 등을 포함한다.
㉑ "서지보호장치(SPD; Surge Protective Device)"란 과도 과전압을 제한하고 서지전류를 분류하기 위한 장치를 말한다.

㉒ "수뢰부시스템(Air-termination System)"이란 낙뢰를 포착할 목적으로 돌침, 수평도체, 메시도체 등과 같은 금속 물체를 이용한 외부피뢰시스템의 일부를 말한다.

㉓ "스트레스전압(Stress Voltage)"이란 지락 고장 중에 접지부분 또는 기기나 장치의 외함과 기기나 장치의 다른 부분 사이에 나타나는 전압을 말한다.

㉔ "옥내배선"이란 건축물 내부의 전기사용장소에 고정시켜 시설하는 전선을 말한다.

㉕ "옥외배선"이란 건축물 외부의 전기사용장소에서 그 전기사용장소에서의 전기사용을 목적으로 고정시켜 시설하는 전선을 말한다.

㉖ "옥측배선"이란 건축물 외부의 전기사용장소에서 그 전기사용장소에서의 전기사용을 목적으로 조영물에 고정시켜 시설하는 전선을 말한다.

㉗ "외부피뢰시스템(External Lightning Protection System)"이란 수뢰부시스템, 인하도선시스템, 접지극시스템으로 구성된 피뢰시스템의 일종을 말한다.

㉘ "이격거리"란 떨어져야 할 물체의 표면 간의 최단거리를 말한다.

㉙ "인하도선시스템(Down-conductor System)"이란 뇌전류를 수뢰부시스템에서 접지극으로 흘리기 위한 외부피뢰시스템의 일부를 말한다.

㉚ "임펄스내전압(Impulse Withstand Voltage)"이란 지정된 조건 하에서 절연파괴를 일으키지 않는 규정된 파형 및 극성의 임펄스전압의 최대 파고값 또는 충격내전압을 말한다.

㉛ "접근상태"란 제1차 접근상태 및 제2차 접근상태를 말한다.

가. "제1차 접근상태"란 가공전선이 다른 시설물과 접근(병행하는 경우를 포함하며 교차하는 경우 및 동일 지지물에 시설하는 경우를 제외한다)하는 경우에 가공전선이 다른 시설물의 위쪽 또는 옆쪽에서 수평거리로 가공전선로의 지지물의 지표상의 높이에 상당하는 거리 안에 시설(수평 거리로 3 [m] 미만인 곳에 시설되는 것을 제외한다)됨으로써 가공전선로 전선의 절단, 지지물의 도괴 등의 경우에 그 전선이 다른 시설물에 접촉할 우려가 있는 상태를 말한다.

나. "제2차 접근상태"란 가공전선이 다른 시설물과 접근하는 경우에 그 가공전선이 다른 시설물의 위쪽 또는 옆쪽에서 수평거리로 3 [m] 미만인 곳에 시설되는 상태를 말한다.

㉜ "접속설비"란 공용 전력계통으로부터 특정 분산형전원 전기설비에 이르기까지의 전선로와 이에 부속하는 개폐장치, 모선 및 기타 관련 설비를 말한다.

㉝ "접지도체"란 계통, 설비 또는 기기의 한 점과 접지극 사이의 도전성 경로 또는 그 경로의 일부가 되는 도체를 말한다.

㉞ "접지시스템(Earthing System)"이란 기기나 계통을 개별적 또는 공통으로 접지하기 위하여 필요한 접속 및 장치로 구성된 설비를 말한다.

㉟ "접지전위상승(EPR; Earth Potential Rise)"이란 접지계통과 기준대지 사이의 전위차를 말

한다.

㊱ "접촉범위(Arm's Reach)"란 사람이 통상적으로 서 있거나 움직일 수 있는 바닥면 상의 어떤 점에서라도 보조장치의 도움 없이 손을 뻗어서 접촉이 가능한 접근구역을 말한다.

㊲ "정격전압"이란 발전기가 정격운전 상태에 있을 때 동기기 단자에서의 전압을 말한다.

㊳ "중성선다중접지방식"이란 전력계통의 중성선을 대지에 다중으로 접속하고, 변압기의 중성점을 그 중성선에 연결하는 계통접지방식을 말한다.

㊴ "지락전류(Earth Fault Current)"란 충전부에서 대지 또는 고장점(지락점)의 접지된 부분으로 흐르는 전류를 말하며, 지락에 의하여 전로의 외부로 유출되어 화재, 사람이나 동물의 감전 또는 전로나 기기의 손상 등 사고를 일으킬 우려가 있는 전류를 말한다.

㊵ "지중 관로"란 지중 전선로, 지중 약전류 전선로, 지중 광섬유 케이블 선로, 지중에 시설하는 수관 및 가스관과 이와 유사한 것 및 이들에 부속하는 지중함 등을 말한다.

㊶ "지진력"이란 지진이 발생될 경우 지진에 의해 구조물에 작용하는 힘을 말한다.

㊷ "충전부(Live Part)"란 통상적인 운전상태에서 전압이 걸리도록 되어 있는 도체 또는 도전부를 말한다. 중성선을 포함하나 PEN 도체, PEM 도체 및 PEL 도체는 포함하지 않는다.

㊸ "특별저압(ELV; Extra Low Voltage)"이란 인체에 위험을 초래하지 않을 정도의 저압을 말한다. SELV(Safety Extra Low Voltage)는 비접지회로에 해당되며, PELV(Protective Extra Low Voltage)는 접지회로에 해당된다.

㊹ "피뢰등전위본딩(Lightning Equipotential Bonding)"이란 뇌전류에 의한 전위차를 줄이기 위해 직접적인 도전접속 또는 서지보호장치를 통하여 분리된 금속부를 피뢰시스템에 본딩하는 것을 말한다.

㊺ "피뢰레벨(LPL; Lightning Protection Level)"이란 자연적으로 발생하는 뇌방전을 초과하지 않는 최대 그리고 최소 설계 값에 대한 확률과 관련된 일련의 뇌격전류 매개변수(파라미터)로 정해지는 레벨을 말한다.

㊻ "피뢰시스템(LPS; Lightning Protection System)"이란 구조물 뇌격으로 인한 물리적 손상을 줄이기 위해 사용되는 전체시스템이며, 외부피뢰시스템과 내부피뢰시스템으로 구성된다.

㊼ "피뢰시스템의 자연적 구성부재(Natural Component of LPS)"란 피뢰의 목적으로 특별히 설치하지는 않았으나 추가로 피뢰시스템으로 사용될 수 있거나 피뢰시스템의 하나 이상의 기능을 제공하는 도전성 구성부재이다.

㊽ "PEN 도체(Protective Earthing conductor and Neutral conductor)"란 교류회로에서 중성선 겸용 보호도체를 말한다.

㊾ "PEM 도체(Protective Earthing conductor and a Mid-point conductor)"란 직류회로에서 중간선 겸용 보호도체를 말한다.

㊿ "PEL 도체(Protective Earthing conductor and a Line conductor)"란 직류회로에서 선도체 겸용 보호도체를 말한다.

2. 전선의 조건

전선(電線, electric wire)의 종류에는 절연전선, 코드, 케이블 및 나전선(또는 동대) 등이 있다. 도체로서는 동(연동 및 경동), 알루미늄, 동합금 등이 사용되고 있다. 전선을 안전하게 사용하기 위해 도체의 표면을 보호하는 보호피복이나 절연체는 천연고무, 합성고무, 합성수지, 면(천) 등이 사용되고 있으나 최근에 사용되는 대부분의 재료를 합성수지를 이용하고 있다.

전선 또는 케이블은 그 종류가 대단히 많을 뿐만 아니라 특성 차이가 있어서 「전기용품 및 생활용품 안전관리법」의 적용을 받는 것은 물론 한국산업규격(KS; Korean Industrial Standards) 및 국제전기기술위원회(IEC; International Electrotechnical Commission)의 규격에 적합한 제품을 사용하도록 되어 있다. 전선의 굵기를 결정하기 위한 요소는 허용전류, 전압강하, 기계적 강도, 전력 손실, 경제성 등을 고려하며, 각각의 요소에 대한 내용은 다음과 같다.

(1) 허용전류(allowable current ampacity)

전선에 전기를 안전하게 흘릴 수 있는 최대 전류

(2) 전압강하(voltage drop)

입력 전압과 출력 전압의 차이

(3) 기계적 강도(mechanical strength)

전선이 물리적인 힘을 받아서 손상을 받는 일이 없이 견딜 수 있는 능력

(4) 전력 손실(power dissipation)

전선에 전기가 1초 동안 흐를 때 발생되는 손실

(5) 경제성(economics)

전기설비의 투자 경비에 대한 연간 경비와 전력 손실 금액의 총합이 최소가 되도록 정하는 것 등이 요구된다.

전선의 굵기는 기술표준원 고시 제2002-1747호(2002.12.27)에 의한 것으로 전선, 케이블, 전로용품 분야 23종 KS규격 국제규격 부합화에 따라 개정 고시하였다. 즉, 전선, 케이블, 전로용품 분야의 제품 품질향상을 위해 국제규격화하였으며, 전선의 경우 도체 규격기준[mm]이 국제기준[mm^2]으로 변경되었다. 표 3-2-1은 KS의 국제규격 부합화에 따라 개정 고시된 전선의 종류이며, 표 3-2-2는 KS 600 [V] 비닐절연전선(IV) 도체 신·구 규격 비교를 나타낸다.

● **표 3-2-1** KS의 국제규격 부합화에 따라 개정 고시된 전선의 종류

번호	규격번호	규격명	비 고
1	KS C IEC 60811	플라스틱 절연전선 시험방법	시험방법 및 시험조건 기준치 : 현 KS 적용
2	KS C 3132	600 [V] EP 고무절연 케이블	
3	KS C 3301	600 [V] 고무절연전선	
4	KS C 3303	고무 코드	
5	KS C 3311	자동차용 저압 전선	
6	KS C 3317	600 [V] 고무절연 캡타이어 케이블	
7	KS C 3321	용접용 케이블	
8	KS C 3322	인입용 알루미늄 도체 비닐절연전선	
9	KS C 3330	제어용 케이블	
10	KS C 3331	600 [V] 부틸 고무절연 클로로프렌 시스 케이블	
11	KS C 3332	고무절연 클로로프렌 시스 케이블	
12	KS C 3340	PVC 옥내 전화선	
13	KS C 3341	저독성 난연 폴리올레핀 제어용 케이블 및 절연전선	
14	KS C 3609	엘리베이터용 케이블	
15	KS C 3611	600 [V] 폴리에틸렌 케이블	
16	KS C 3318	옥외용 비닐절연전선(OW)	시험방법 및 시험조건 기준치 : 국제기준 적용 (구조 및 도체저항 제외)
17	KS C 3323	600 [V] 비닐절연 비닐 시스 케이블(VV)	
18	KS C 3328	600 [V] 2종 비닐절연전선(HIV)	
19	KS C 3602	600 [V] 비닐절연 비닐 캡타이어 케이블	
20	KS C 3604	비닐절연 비닐 시스 전화용 국내케이블	
21	KS C 3302	600 [V] 비닐절연전선(IV)	시험방법 및 시험조건 기준치 : 국제기준 적용 (국제규격과 동일)
22	KS C 3304	비닐 코드	
23	KS C 3325	전기기기용 비닐절연전선(KIV)	

● **표 3-2-2** 600 [V] 비닐절연전선(IV) 도체 신·구 규격 비교

구 분	기존 KS규격			개정 KS규격		
	도체지름 [mm]	공칭단면적 [mm²]	바깥지름 [mm]	공칭단면적 [mm²]	바깥지름[mm] 하한값	바깥지름[mm] 상한값
단 선	0.8	0.5	2.4	1.5	2.6	3.2
	1	0.8	2.6	〃	〃	〃
	1.2	1.1	2.8	〃	〃	〃
	1.6	2.0	3.2	2.5	3.2	3.9
	2	3.1	3.6	4	3.6	4.4
	2.6	5.3	4.6	6	4.1	5.0
	3.2	8.0	5.6	10	5.3	6.4
	4	12.6	6.8			
	5	19.6	8.2			
연 선		0.9	2.8	1.5	2.7	3.3
		1.25	3	〃	〃	〃
		2	3.4	2.5	3.3	4.0
		3.5	4	4	3.8	4.6
		5.5	5	6	4.3	5.2
		8	6	10	5.6	6.7
		14	7.6	16	6.4	7.8
		22	9.2	25	8.1	9.7
				35	9.0	10.9
		38	11.5	50	10.6	12.8
		60	14	70	12.1	14.6
				95	14.1	17.1
		100	17	120	15.6	18.8
		150	21	150	17.3	20.9
				185	19.3	23.3
		200	23	240	22.0	26.6
		250	26	300	24.5	29.6
		325	29	400	27.5	33.2
		400	32	〃	〃	〃
		500	35			

3. 전선의 식별 및 굵기

(1) 전선의 식별

① 전기설비에 적용되는 전선의 색상은 표 3-2-3에 따른다. L1은 첫 번째 상이며, L2는 두 번째 상이고, L3은 세 번째 상이다. 그리고 N은 중성선이며, PE는 설비의 보호도체의 배선이다.

● 표 3-2-3 전선의 상 및 색상

상 (문자)	색상
L1	갈색
L2	흑색
L3	회색
N, 중성선	청색
PE, 보호도체	녹색, 노란색

② 색상 식별이 종단 및 연결지점에서만 이루어지는 나도체 등은 전선 종단부에 색상이 반영구적으로 유지될 수 있는 도색, 밴드, 색 테이프 등의 방법으로 표시해야 한다.

③ ① 및 ②를 제외한 전선의 식별은 KS C IEC 60445(인간과 기계 간 인터페이스, 표시 식별의 기본 및 안전원칙 - 장비단자, 도체단자 및 도체의 식별)에 적합해야 한다.

(2) 저압 옥내배선의 사용전선

① 저압 옥내배선의 전선은 단면적 2.5 [mm^2] 이상의 연동선 또는 이와 동등 이상의 강도 및 굵기의 것.

② 옥내배선의 사용 전압이 400 [V] 이하인 경우로 다음 중 어느 하나에 해당하는 경우에는 ①을 적용하지 않는다.

가. 전광표시장치 기타 이와 유사한 장치 또는 제어 회로 등에 사용하는 배선에 단면적 1.5 [mm^2] 이상의 연동선을 사용하고 이를 합성수지관공사, 금속관공사, 금속몰드공사, 금속덕트공사, 플로어덕트공사 또는 셀룰러덕트공사에 의하여 시설하는 경우

나. 전광표시장치 기타 이와 유사한 장치 또는 제어회로 등의 배선에 단면적 0.75 [mm^2] 이상인 다심케이블 또는 다심 캡타이어케이블을 사용하고 또한 과전류가 생겼을 때 자동적으로 전로에서 차단하는 장치를 시설하는 경우

다. 진열장 또는 이와 유사한 것의 내부 배선 및 진열장 또는 이와 유사한 것의 내부 관등회로 배선의 규정에 의하여 단면적 0.75 [mm^2] 이상인 코드 또는 캡타이어케이블을 사용하는 경우

라. 엘리베이터·덤웨이터 등의 승강로 안의 저압 옥내배선 등의 시설의 규정에 의하여 리프트 케이블을 사용하는 경우

마. 특별저압 조명용 특수 용도에 대해서는 KS C IEC 60364-7-715(특수설비 또는 특수장소에 관한 요구사항 - 특별 저전압 조명설비) 참조한다.

(3) 중성선의 단면적

① 다음의 경우는 중성선의 단면적은 최소한 선도체의 단면적 이상이어야 한다.

가. 2선식 단상회로

나. 선도체의 단면적이 구리선 16 [mm^2], 알루미늄선 25 [mm^2] 이하인 다상 회로

다. 제3고조파 및 제3고조파의 홀수 배수의 고조파 전류가 흐를 가능성이 높고 전류 종합고조파 왜형률이 15 ~ 33 [%]인 3상회로

② 제3고조파 및 제3고조파 홀수배수의 전류 종합고조파 왜형률이 33 [%]를 초과하는 경우, KS C IEC 60364-5-52(저압전기설비 - 제5-52부 : 전기기기의 선정 및 설치 - 배선설비)의 "부속서 E(고조파 전류가 평형3상 계통에 미치는 영향)"를 고려하여 아래와 같이 중성선의 단면적을 증가시켜야 한다.

가. 다심케이블의 경우 선도체의 단면적은 중성선의 단면적과 같아야 하며, 이 단면적은 선도체의 1.45 × I_B(회로 설계전류)를 흘릴 수 있는 중성선을 선정한다.

나. 단심케이블은 선도체의 단면적이 중성선 단면적보다 작을 수도 있으며, 계산은 다음과 같다.

a. 선 : $I_B < I_n < I_Z$

b. 중성선 : 선도체의 $1.45 I_B$와 동등 이상의 전류 = $I_2 < 1.45 \cdot I_Z$

여기서, I_B : 설계전류, I_n : 정격전류, I_Z : 도체의 허용전류, I_2 : 차단기 동작전류

③ 다상 회로의 각 선도체 단면적이 구리선 16 [mm^2] 또는 알루미늄선 25 [mm^2]를 초과하는 경우 다음 조건을 모두 충족한다면 그 중성선의 단면적을 선도체 단면적보다 작게 해도 된다.

가. 통상적인 사용 시에 상(phase)과 제3고조파 전류 간에 회로 부하가 균형을 이루고 있고, 제3고조파 홀수 배수 전류가 선도체 전류의 15 [%]를 넘지 않는다.

나. 중성선은 212.2.2에 따라 과전류 보호된다.

다. 중성선의 단면적은 구리선 16 [mm^2], 알루미늄선 25 [mm^2] 이상이다.

그리고 표 3-2-4는 배선설비의 종류, 사용회로, 재료 및 도체의 최소 단면적을 나타낸다.

표 3-2-4 배선설비의 종류 및 도체의 최소 단면적

배선설비의 종류		사용회로	도체의 최소 단면적 [mm^2]	
고정 설비	케이블과 절연전선	전력과 조명회로	구리	2.5
			알루미늄	KS C IEC 60228에 따라 10
		신호와 제어회로	구리	1.5
	나전선	전력 회로	구리	10
			알루미늄	16
		신호와 제어회로	구리	4
절연전선과 케이블의 가요 접속		특정 기기	구리	관련 IEC 표준에 의함
		기타 적용		0.75[a]
		특수한 적용을 위한 특별 저압 회로		0.75

a : 7심 이상의 다심 유연성 케이블에서는 최소 단면적을 0.1 [mm^2]로 할 수 있다.

4. 전선의 종류

전선(電線, electric wire)은 전력 또는 전기신호를 보내기 위해 사용되는 선류를 통틀어 이르는 말이다. 도체의 절연 형태에 따라 나전선(裸電線, bare wire)과 절연전선(絕緣電線, insulated wire)으로 분류된다. 또한, 도체의 형태에 따라 단선(單線, solid wire), 연선(撚線, stranded wire), 케이블(cable), 동대(銅帶, bus bar) 등으로 분류된다.

(1) 단선

단선(單線, solid wire)은 전선이 한 가닥으로 만들어진 것을 말한다. 대부분 단선은 구리를 이용하여 제작하며, 도전율이 매우 좋고 적당한 기계적 강도를 유지한다. 그리고 알루미늄을 이용하여 제작한 전선은 기계적 강도가 너무 낮고, 도전율이 구리의 약 60 [%] 정도이므로 순수한 알루미늄으로 전선을 제작하여 사용하면 전기재해의 발생 가능성이 매우 높다. 단선의 제작에 사용되는 구리는 구리의 재질에 따라 경동선(硬銅線, hard-drawn copper wire), 반경동선(半硬銅線, half hard-drawn copper wire), 연동선(軟銅線, annealed copper wire) 등으로 분류되며, 도전율의 차이는 없다. 경동선은 경도(硬度, hardness)가 높아 주로 옥외 배선에 사용되며, 연동선은 경도가 낮아 주로 옥내 배선에 사용된다. 따라서 동일한 구리선이라 하더라도 용도를 적

절하게 선정하여 시공할 때 작업의 편리성과 효율성을 높일 수 있다.

(2) 연선

연선(撚線, stranded wire)은 가는 소선(素線, strand)을 여러 가닥 꼬아 합친 것이다. 단선에 비해 잘 휘어지고 변형이 쉬우므로 물리적인 진동 및 충격이 반복적으로 발생되는 기기에 전기를 공급할 때 주로 사용된다. 소선을 꼬는 방식에 따라 다음과 같이 분류된다.

① 동심 연선

동심원 형태로 소선을 꼬아서 만든 것이다.

② 복합 연선

동심 연선과 같이 제작한 것을 몇 개 다시 꼬아 만든 것이다

③ 결속 연선

다수의 가는 소선을 한 묶음으로 하여 같은 방향으로 꼰 것으로 각 소선은 층을 이루지 않고 평행하게 된다.

④ 평형 연선

소선을 평형으로 꼰 것으로 면권선으로 제작한 것으로 대전류 기기에 사용한다.

⑤ 중공 연선

전선의 중심을 아무것도 없이 텅 비어 있도록 하고 1층 또는 2층의 연선으로 감아서 만든 것으로 고압 송전선용으로 사용한다.

(3) 케이블

케이블(cable)은 사용 전압에 따라 특별고압용 케이블, 고압 케이블, 저압 배선용 케이블 등으로 분류된다. 그리고 용도에 따라 전력용 케이블, 소방용 케이블, 제어용 케이블, 통신용 케이블 등이 있다. 또한, 대부분의 케이블의 명칭은 용도 및 절연체의 이름을 이용하여 명명한다.

① 전력용 케이블

가. 600 [V] 폴리에틸렌 케이블(600 [V] EV, EE, CV, CE)

나. 고압가교 폴리에틸렌 케이블(3.3 [kV] CV, CE, 6.6 [kV] CV, CE, CVT, CET)

다. 연피 OF 케이블(66 [kV] OFZN, OFZNTA, OFZV, OFZVTA, OFZE, OFZETA, 77 [kV] OFZNTA, OFZV, OFZVTA, OFZE, OFZETA)

라. 22.9 [kV] 동심중성선 전력케이블(CN/CV)

마. TR-XLPE 케이블(TR-XLPE)
바. 케이블 콘크리트 직접 매설 공법(CB)
사. 600 [V] 비닐절연비닐시스케이블(VVF, VVR)
아. 600 [V] 비닐절연 비닐캡타이어 케이블(VCT) 등

② **소방용 케이블**

가. 내열전선(FR-3)
나. 내화전선(FR-8)
다. 난연무독 내열전선(NFR-3)
라. 난연무독 내화전선(NFR-8) 등

③ **제어용 케이블**

가. 제어용케이블(CVV, CEV, CEE, CCV, CCE)
나. 제어신호용비닐절연비닐시스케이블(CVS)
다. 정전 차폐부 제어용 비닐절연 비닐시스케이블(CVV-S)
라. 편조형 제어용 비닐절연비닐시스케이블(CVV-SB)
마. 난연 동차폐부 제어용 비닐절연 비닐시즈 케이블(FR-CVVS) 등

④ **통신용 케이블**

가. 8자형 옥외전화선(TOV)
나. PVC절연 옥내전화선(TIV)
다. 비닐절연 비닐시스 전화용 국내 케이블(SH)
라. 폴리에틸렌절연 비닐시스 시내 쌍 케이블(CPEV) 등

(4) 부스바

부스바(bus bar)는 대전류를 유도하기 위한 도전성 금속으로 평판형, 원통형 등이 있다. 부스바는 배전선로에서 변압기의 2차측과 각각의 전선로를 연결하여 저전압으로 대전류를 설비에 공급하는 도체로 동(Cu; copper), 알루미늄(Al; aluminium) 등이 사용된다. 부스바(bus bar)는 대부분 동(銅, copper)을 이용하여 제작하기 때문에 동대라는 이름이 명명되었다. 부스바는 대전류가 필요한 전기설비의 수배전반의 인입구 또는 배선에 주로 사용되는 전선이다.

① **평판형 부스바**

일반 수배전반에 사용되는 평판형 부스바의 두께는 12 [mm]이고, 넓이는 125 [mm] 정도이다. 그러므로 전력설비의 용량이 커지면 직사각형 평판을 2장 또는 3장 겹쳐서 제작하여 시공

한다. 즉, 이와 같이 여러 장의 직사각형 부스바를 겹쳐 제작하고 시공하면 부피가 커지고, 동의 소모가 많아져 재료비 상승이 발생되는 단점이 있다. 그런데 이와 같이 여러 장으로 적층하여 제작한 부스바를 연속 설치하여 대전류를 공급하면 부스바와 부스바 사이의 접촉 불량, 연결부에 사용된 돌출된 볼트 및 너트의 전하 집중 현상 등으로 부분방전[5](部分放電, partial discharge) 또는 연면방전[6](沿面放電, surface discharge)에 의한 설비사고를 유발시킬 수 있다.

② 원통형 부스바

원통형 부스바는 대용량 중요 설비에 주로 적용된다. 원통형 부스바는 평판형 부스바에 비해 부피가 작고, 동의 소모를 줄일 수 있어서 경제적이다. 그리고 원통형 부스바를 사용하여 배전반을 제작하면 연결점이 줄어들고 곡면 배치가 가능하므로 전하 집중에 의한 코로나 방전이 적어져 시스템의 신뢰도가 향상되는 것은 물론 배전반 내부의 공간이 충분히 확보되어 작업자의 감전사고 예방에 도움이 된다. 원통형 부스바의 접속은 금형으로 제작된 홀더를 사용하며, 홀더의 내부에는 가로 및 세로의 나사산이 가공되어 있어서 접촉저항을 줄이며, 물리적인 충격 및 진동에 잘 견디는 효과가 있다. 또한, 내부의 나사산과 규칙적으로 가공된 구멍을 통해서 접촉부의 열과 내부에서 발생된 열을 외부로 자연 방사 또는 방열되므로 설비의 스트레스를 줄이는 효과가 있다.

5. 전선의 접속 및 배선도 표시

전선을 접속하는 경우에는 전선의 전기저항을 증가시키지 않도록 접속해야 한다.

(1) 나전선 상호 또는 나전선과 절연전선 캡타이어케이블 또는 케이블과 접속

① 전선의 세기는 인장하중(引張荷重, tensile load)을 20 [%] 이상 감소시키지 아니할 것. 다만, 점퍼선을 접속하는 경우와 기타 전선에 가하여지는 장력이 전선의 세기에 비하여 현저히 작을 경우에는 그렇지 않다.

② 접속부분은 접속관 기타의 기구를 사용할 것. 다만, 가공전선 상호, 전차선상호, 또는 광산의 갱도 안에서 전선 상호를 접속하는 경우에 기술상 곤란할 때에는 그렇지 않다.

5) 부분방전은 절연물의 표면에서의 고전계에 의한 부분적인 표면 방전 또는 절연물 내부에 존재하는 틈이나 기포에 생기는 내부 방전 등의 부분 방전으로 이곳에서 전압 스트레스에 의한 절연물의 열화가 진전한다.
6) 연면방전은 두 전극 사이에 고전압을 가함으로써 전극 사이의 절연물 표면을 따라서 방전이 일어나는 현상이다.

(2) 절연전선 상호, 절연전선과 코드, 캡타이어케이블 또는 케이블과 접속

접속부분의 절연전선(絕緣電線, insulated wire)에 절연물과 동등 이상의 절연효력이 있는 접속기를 사용하는 경우 이외에는 접속부분을 그 부분의 절연전선의 절연물과 동등 이상의 절연효력이 있는 것으로 충분히 피복할 것

(3) 코드 상호, 캡타이어케이블 상호, 케이블 상호 또는 이들 상호를 접속

① 코드 접속기, 접속함 기타의 기구를 사용할 것

② 공칭단면적이 10 [mm^2] 이상인 캡타이어케이블 상호를 접속하는 경우에는 절연피복을 완전히 유화(硫化)하거나 접속부분의 위에 견고한 금속제의 방호장치를 할 때 또는 금속 피복이 아닌 케이블상호를 규정에 준하여 접속하는 경우에는 그렇지 않다.

(4) 도체에 알루미늄을 사용하는 전선과 동을 사용하는 전선을 접속

전기 화학적 성질이 다른 도체를 접속하는 경우에는 접속부분에 전기적 부식(腐蝕)이 생기지 않도록 할 것

(5) 도체에 알루미늄을 사용하는 절연전선 또는 케이블을 옥내배선·옥측배선 또는 옥외배선에 사용하는 경우에 그 전선을 접속

① 「전기용품 및 생활용품 안전관리법」의 적용을 받는 접속기를 사용할 경우 이외에는 KS C 2810(2004) "옥내배선용 전선 접속구 통칙"의 "5.2 온도상승", "5.3 히트사이클" 및 "6. 구조"에 적합한 접속관 기타의 기구를 사용할 것

☞ 「전기용품 및 생활용품 안전관리법」은 전기용품의 생산, 조립, 가공과 판매 및 사용에 있어서 안전관리에 관한 사항을 규정함으로써 화재 및 감전 등의 위험 및 장해의 발생을 방지하기 위해 제정한 법이다.

(6) 두 개 이상의 전선을 병렬로 사용하는 경우

① 병렬로 사용하는 각 전선의 굵기는 동선 50 [mm^2] 이상 또는 알루미늄 70 [mm^2] 이상으로 하고, 전선은 같은 도체, 같은 재료, 같은 길이 및 같은 굵기의 것을 사용할 것

② 같은 극의 각 전선은 동일한 터미널러그에 완전히 접속할 것

③ 같은 극인 각 전선의 터미널러그(terminal lug)는 동일한 도체에 2개 이상의 리벳 또는 2개 이상의 나사로 접속할 것

④ 병렬로 사용하는 전선에는 각각에 퓨즈를 설치하지 말 것

⑤ 교류회로에서 병렬로 사용하는 전선은 금속관 안에 전자적 불평형이 생기지 않도록 시설할 것

(7) 밀폐된 공간에서 전선의 접속부에 사용하는 테이프 및 튜브 등 도체의 절연에 사용되는 절연 피복은 KS C IEC 60454에 적합한 것을 사용할 것

(8) 전선을 도면에 배선할 때 표시하는 방법

전기설비기술기준에 적합한 전선을 선정하여 회로에 배선도를 나타낼 때 그림 3-2-1과 같은 규정에 근거하여 나타낸다.

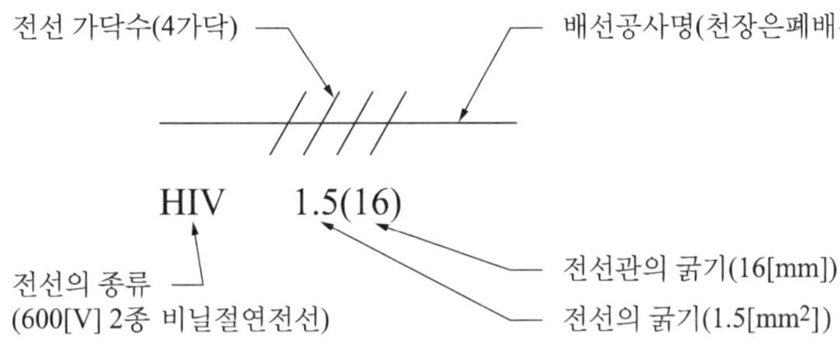

■ 그림 3-2-1 배선도가 나타내는 의미 및 표기

6. 비닐절연전선

(1) 600 [V] 2종 비닐절연전선(HIV)

HIV(600 [V] Grade Heat-Resistant Polyvinyl chloride Insulated Wires)는 600 [V] 이하의 주로 일반전기공작물이나 전기기기의 배선(특히, 방재용 배선)에 사용하는 비닐절연전선이며, 내열성의 가소제를 사용한 염화비닐수지를 주체로 한 화합물(化合物, compound)로 절연된 것이다.

도체의 최고 허용온도는 75 [℃]이나 짧은 시간에는 보다 높은 온도인 380 [℃]에서 15분 이상 견디도록 되어 있다. 사용 도체는 전기용 연동선 또는 연동연선 등을 사용하며, 절연체는 내열 PVC를 사용하지만 외경치수는 600 [V] 비닐절연전선(IV)과 같다.

전선의 색은 흑색을 원칙으로 하며 특별히 색을 구별할 필요가 있을 경우에는 도체가 연동일 경우에는 흑, 백, 적, 녹, 황, 청의 6색으로 하고, 경동일 경우에는 흑, 백, 청의 3색으로 한다. 제품의 호칭방법은 명칭, 도체의 종류를 나타내는 기호 및 도체의 지름 혹은 공칭단면적 또는 기호, 도체의 종류를 나타내는 기호 및 도체의 지름 혹은 공칭단면적에 따른다. 전선의 적용 규격은 KS C 3328이며, 그림 3-2-2는 HIV의 외형 및 구조를 나타낸다.

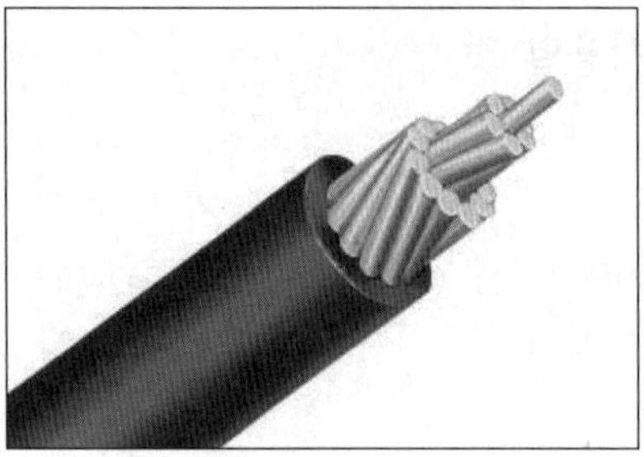

(a) 실체 사진

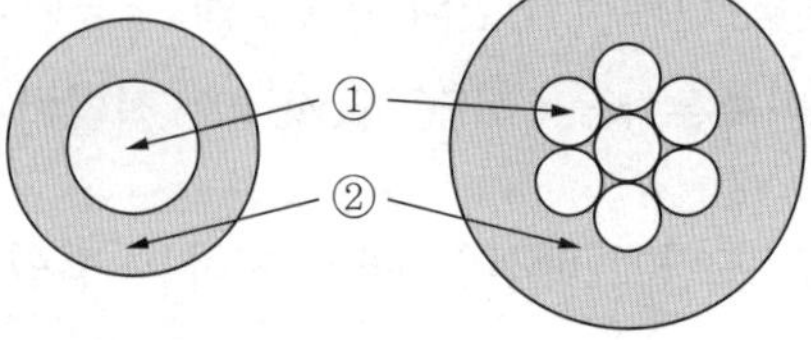

(b) 단면 구조

■ 그림 3-2-2 HIV의 외형 및 구조

(2) 인입용 비닐절연전선(DV)

DV(Polyvinyl Chloride Insulated Drop Service Wires)는 600 [V] 이하에서 주로 가공인입선(架空引入線, service drop)으로 사용되는 염화비닐수지를 주체로 한 화합물(化合物, compound)로 절연된 다심의 절연전선이다.

도체 최고사용온도는 60 [℃]이며, 도체에는 전기용 경동선이나 1종 경동연선 등을 사용하고, 전선은 선명하게 착색되어 있어 배선할 때 편리하고 피복의 내후성이 우수하다. 절연체의 두께는 600 [V] 비닐절연전선(IV)과 동등하다. 이 전선에는 2개 꼬임, 3개 꼬임, 2심 평형, 3심 평형 등이 있고, 각각 일괄해서 배선할 수 있으므로 종래의 면절연전선처럼 선간을 떼어서 가설할 필요가 없다.

전선의 색은 원칙적으로 검정을 원칙으로 하나, 선심(線心)의 식별을 필요로 할 경우는 2개 꼬임은 흑, 녹색, 3개 꼬임은 흑, 녹, 청색으로 식별하고, 평형은 적당한 방법으로 선심을 식별한다. 전선의 적용 규격은 KS C 3315이며, 그림 3-2-3은 DV의 외형 및 구조를 나타낸다.

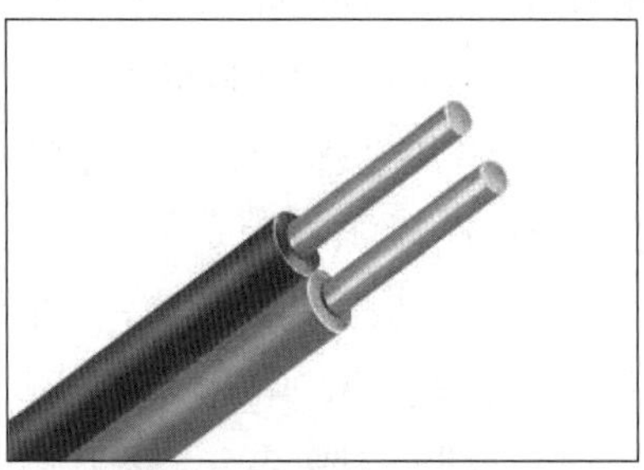

(a) 실체 사진

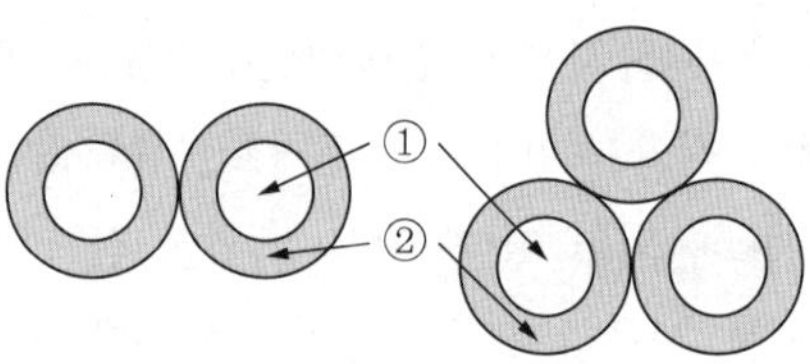

(b) 단면 구조

■ 그림 3-2-3 DV의 외형 및 구조

(3) 옥외용 비닐절연전선(OW)

OW(Out-door Weather Proof Polyvinyl Chloride Insulated Wires)는 주로 가공전선로(架空電線路)에 사용하는 염화비닐수지를 주체로 한 화합물로 절연된 단심(單心)의 절연전선으로, 피복재료로서 염화비닐의 두께는 600 [V] 비닐절연전선(IV)에 비해 약간 얇으며, 전기적으로는 오히려 나전선과 동일하다.

도체로서는 전기용 경동선(KS C 3102) 및 전기용 경동연선(KS C 4104)을 사용하였으나, 최근에는 경동연선에 화합물을 충전시켜 물의 침투를 방지하여 특성을 향상시킨 OW-W전선 등이 있다. 또한 절연체의 색은 흑색을 원칙으로 하고 있다. 제품의 호칭방법은 명칭, 도체의 지름이나 공칭단면적 또는 기호, 도체지름 혹은 공칭단면적으로 나타낸다. 전선의 적용 규격은 KS C 3313이며, 그림 3-2-4는 OW의 외형 및 구조를 나타낸다.

(a) 실체 사진

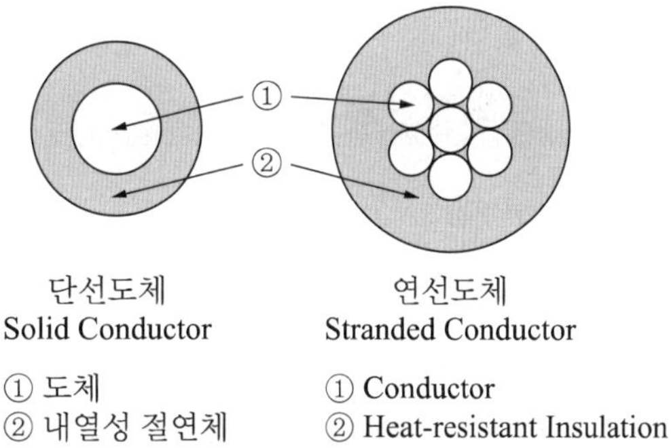

(b) 단면 구조

■ **그림 3-2-4** OW의 외형 및 구조

(4) 접지용 비닐절연전선(GV)

GV(PVC Insulated Wire for Grounding Use)는 전기설비에 접지시공을 할 때 보호접지 또는 변압기 중성점 접지 등으로 사용되며, 최고 사용온도는 60 [℃]이고, 전기용 연동선 또는 연동연선을 녹색의 PVC 절연체로 절연한 전선으로 시판되고 있다. 전선의 적용 규격은 KW S 202, 전5-1-1900, 전5-1-2952, 전5-1-2953 등이며, 그림 3-2-5는 GV의 외형 및 구조를 나타낸다.

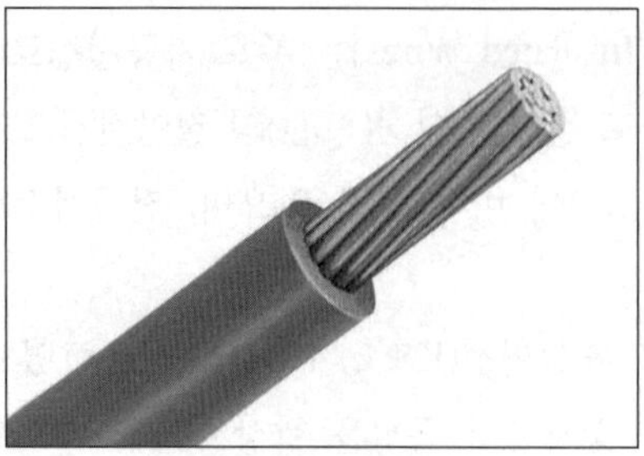

(a) 실체 사진

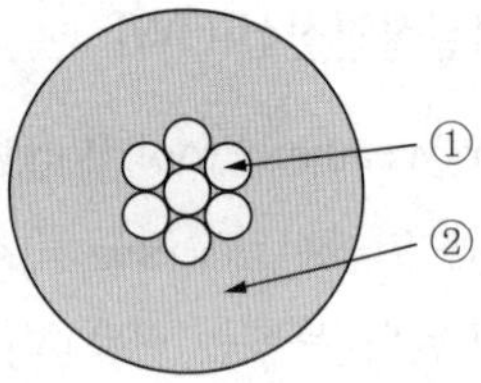

(b) 단면 구조

■ **그림 3-2-5** GV의 외형 및 구조

7. 고무절연전선

(1) 600 [V] 고무절연전선(RB)

RB(600 [V] Grade Rubber Insulated wires)는 600 [V] 이하의 일반전기공작물에 사용되는 전선으로 아래의 표와 같이 두 종류가 있다. 도체는 주석도금연동선(KS C 3120) 또는 주석도금경동선(KS C 3121)을 사용하며, 그 도체 위에 천연고무 또는 스타이렌 부타다이엔 고무(SBR)로 피복한다.

제품의 호칭방법은 종류, 공칭단면적 또는 도체의 지름, 연동 또는 경동의 구별에 따르며, 적용 규격은 KS C 3301에 따른다. 표 3-2-5는 600 [V] 고무절연전선의 종류와 기호이며, 그림 3-2-6은 고무절연전선의 외형 및 명칭을 나타낸다.

● **표 3-2-5** 600 [V] 고무절연전선의 종류와 기호

종 류	기 호	비 고
600 [V] 고무절연전선	600 [V] RB	천연고무로 절연한 것
600 [V] SBR절연전선	600 [V] SB	SBR로 절연한 것

주) R : 천연고무, S : SBR(Styrene Butadiene Rubber), B : 편조

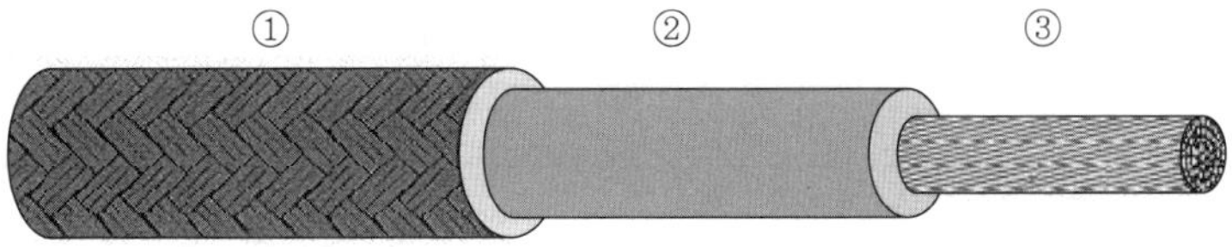

① 편조 및 방습제 : 섬유사 편조 및 방습처리 ② 절연체 : 천연고무 또는 SBR
③ 도체 : 주석도금연동선, 주석도금경동선, 주석도금연동연선, 주석도금경동연선

■ **그림 3-2-6** 고무절연전선의 외형 및 명칭

(2) 600 [V] 에틸렌프로필렌 고무절연케이블

EP 고무절연케이블(Ethylene Propylene Rubber Insulated Cable)은 에틸렌과 프로필렌의 3원 공중합체(共重合體, polymer)를 절연체로 사용된다. 전기적 파괴 강도, 내후성, 내열성 등은 CV 케이블과 거의 동등하고 내코로나, 내오존성 등이 우수하며, 반복 임펄스 특성이 우수하다. 또한 굴곡 특성이 우수하여 최근 무정전 작업용 케이블 등으로 많이 사용하고 있다.

전선의 종류로는 600 [V] EP 고무절연 클로로프렌 시스 케이블(600 [V] PN)과 600 [V] EP 고무절연 비닐시스 케이블(600 [V] PV) 등이 있다. 선심의 구별은 흑, 백, 적, 녹색으로 하고, 전선의 적용 규격은 KS C 3132이며, 그림 3-2-7은 EP 고무절연케이블의 외형 및 명칭을 나타낸다.

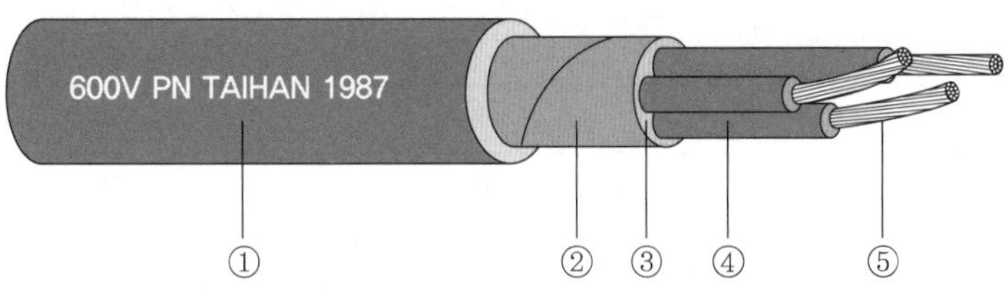

① 시스 : 클로로프렌 또는 비닐 ② 바인더테이프 ③ 개재물
④ 절연체 : EP 고무(에틸렌프로필렌 고무) ⑤ 도체 : 주석도금연동연선

■ **그림 3-2-7** EP 고무절연케이블의 외형 및 명칭

(3) 고무절연 클로로프렌 시스 케이블(RN)

RN(Rubber Insulated Chloroprene sheathed Cables)은 600 [V] 이하 및 3,300 [V]의 회로에 사용하는 고무절연 클로로프렌 시스 피복 케이블로 표 3-2-6은 그 종류와 기호를 나타낸다.

● **표 3-2-6** 고무절연 클로로프렌 시스 케이블의 종류와 기호

종 류	기 호
600 [V] 고무절연 클로로프렌 시스 케이블	600 [V] RN
3300 [V] 고무절연 클로로프렌 시스 케이블	3,300 [V] RN

전선의 구성은 도체, 절연체, 차폐, 시스 등으로 구성되어 있으며, 도체재료로는 주석도금연동선(KS C 3120)에 규정된 단선 또는 이것을 소선으로 하여 구성된 원형연선이다. 원형연선은 동심연선이다. 외층의 피치는 층심지름의 20배 이하이며, 이것의 꼰 방향은 각층 교대로 반대로 하고 최외층에서는 S자로 꼬아서 만든다.

절연체는 도체 위에 천연고무 절연체로 규정된 두께로 도체와 동심원상으로 피복한 다음, 고무로 입힌 천 테이프로 겹쳐서 감는다. 다만, 600 [V] 단심케이블에 있어서는 이 테이프를 생략할 수 있다.

다심케이블은 선심의 가닥수를 적당한 비금속 개재물(介在物, inclusion)과 함께 원형으로 비틀어 합하고, 그 위에 천 테이프 또는 적당한 테이프를 감는다. 다심케이블의 선심의 식별은 절연체 위에 감은 테이프의 색 또는 이외의 적당한 방법으로 실시하고 표 3-2-7과 같이 나타낸다.

● **표 3-2-7** 선심의 식별방법

선심수	색 상	
	600 [V] 케이블	3,300 [V] 케이블
2심	흑색, 백색	백색, 적색
3심	흑색, 백색, 적색	백색, 적색, 청색
4심	흑색, 백색, 적색, 녹색	

그림 3-2-8은 600 [V] RN의 구조이며 제품의 호칭방법은 종류, 선심수 × 도체지름(혹은 공칭단면적) 또는 기호, 선심수 × 도체지름(혹은 공칭단면적)으로 나타내며, 전선의 적용 규격은 KS C 3332이다.

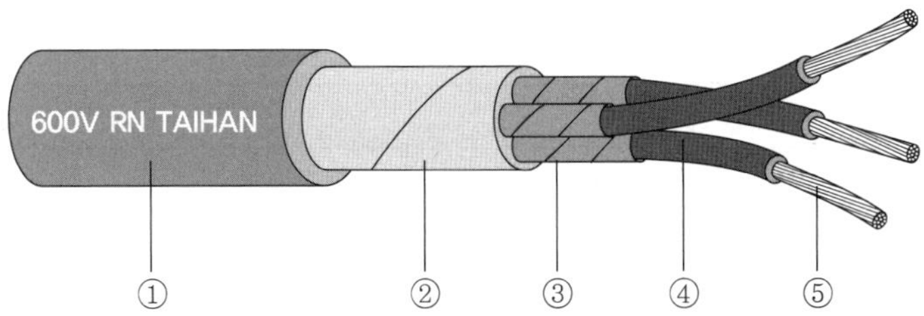

① 시스 : 클로로프렌고무 ② 바인더테이프 ③ 개재물 : 마사
④ 절연체 : 천연고무 ⑤ 도체 : 주석도금 연동(연)선

■ **그림 3-2-8** 600 [V] 고무절연 클로로프렌 시스 케이블(600 [V] RN)의 구조

8. 전력케이블

(1) 600 [V] 폴리에틸렌 절연 케이블

600 [V] 폴리에틸렌 절연 케이블(600 [V] Polyethylene Insulated Cables and 600 [V] Cross Linked Polyethylene Insulated Cables)은 600 [V] 이하의 전력용 및 제어용회로에 사용하는 케이블로 절연체는 폴리에틸렌을 사용하며, 외부피복으로 염화비닐 또는 폴리에틸렌을 사용한 구조의 케이블이다. 외부피복으로 염화비닐 대신 폴리에틸렌을 사용한 케이블을 EE 케이블이라고 한다.

폴리에틸렌은 에틸렌의 고중합물로 전기적 특성이 절연 재료 중에서 최고의 것이며, 더구나 기계적, 화학적 성질이 매우 우수하다. 그러나 열에 비교적 약하여 105~110 [℃] 정도의 온도에서 연화하므로 주위 온도가 높아지는 장소에는 부적당하다.

제조방법에 따라 고밀도, 저밀도 폴리에틸렌으로 구분되고 있고, 최근에는 가교폴리에틸렌을 절연체로 사용한 CV 케이블이 주로 사용되고 있다. 이 케이블은 일반용 외에 지중 케이블, 수갱용 케이블, 수저용 케이블 등이 있다. 사용전압은 600 [V]~6 [kV]가 규격으로 정해져 있다. 폴리에틸렌 케이블의 종류와 기호를 표 3-2-8과 같다.

● 표 3-2-8 600 [V] 폴리에틸렌의 종류와 기호

종 류	기 호
600 [V] 폴리에틸렌 절연 비닐시스 케이블	600 [V] EV
600 [V] 폴리에틸렌 절연 폴리에틸렌 시스 케이블	600 [V] EE
600 [V] 가교폴리에틸렌 절연 비닐시스 케이블	600 [V] CV
600 [V] 가교폴리에틸렌 절연 폴리에틸렌 시스 케이블	600 [V] CE

주) C : 가교폴리에틸렌(Cross Linked Polyethylene), V : 비닐(Vinyl), E : 폴리에틸렌(Polyethylene)

도체 재료로 KS C 3101에 규정된 전기용 연동선 등을 사용하여 원형연선, 원형압축연선 및 분할 압축연선으로 제작하며, 절연체재료로 가교폴리에틸렌이나 폴리에틸렌 등을 사용한다. 또, 시스(Sheath; 외장)재료로 비닐이나 폴리에틸렌을 사용한다. 선심의 식별은 절연체 또는 절연체 표면의 착색, 기타 적당한 방법으로 하며, 2심의 경우 흑, 백색, 3심의 경우 흑, 백, 적색, 4심의 경우 흑, 백, 적, 녹색 등이 적용된다.

제품의 호칭방법은 종류 및 선심수 × 공칭단면적 또는 기호 및 선심수 × 공칭단면적으로 나타낸다. 적용 규격은 KS C 3611이며, 그림 3-2-9는 600 [V] CV/EV 전선의 구조 및 명칭을 나타낸다.

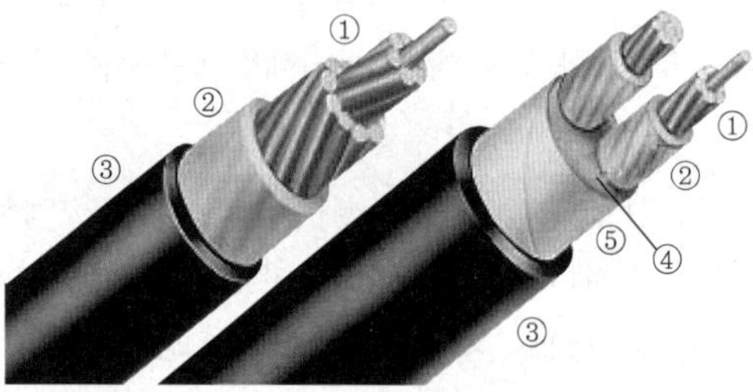

① 도체 ② XLPE/PE절연 ③ PE/PVC피복 ④ 개재물 ⑤ 바인더 테이프

■ 그림 3-2-9 600 [V] CV/EV 전선의 구조

(2) 600 [V] 가교폴리에틸렌 절연 폴리에틸렌 시스 케이블(CE)

600 [V] 가교폴리에틸렌 절연 폴리에틸렌 시스 케이블(CE; 600 [V] XLPE Insulated Cables)은 600 [V] 이하의 전력용 및 제어용 회로에 사용하는 전력케이블로 가교폴리에틸렌으로 절연하고, 폴리에틸렌으로 외장한 것으로, 도체의 최고허용온도는 90 [℃] 이하이며, 전기적, 물리

적, 화학적 특성이 우수하다. 절연체의 색상은 4심의 경우 흑, 백, 적, 녹색을 사용하고, 적용 규격은 KS C 3611이다.

(3) 가교폴리에틸렌 절연 비닐시스 케이블(CV)

CV 케이블(Cross-linked polyethylene insulated vinyl cable)은 가교폴리에틸렌 절연케이블이라고 하는데 절연체는 폴리에틸렌을 가교(架橋, cross-linked)처리하여 분자간의 결합을 입체 망상 구조로 만든 것이다.

폴리에틸렌 분자 간을 가교시킴으로서 열특성이 향상되어 250 [℃]에서도 변형되지 않고 연속 사용온도도 폴리에틸렌이 75 [℃]인데 비하여 90 [℃]까지 사용가능하다. 내수성과 내화학물질에 우수하며, 중량이 가벼워 포설이 간단하다. 건식형이기 때문에 접속이 간단하며, 폴리에틸렌에 비해 내열성, 내약품성, 내노화성, 기계적 특성 및 전기적 특성이 우수하다. 이러한 특성 때문에 전력케이블의 주력 절연재료로 저압에서 특별고압까지 넓은 범위에서 사용되고 있다.

반면에 OF 케이블과 같은 유통로가 없으며, 기름의 보수도 필요 없는 간단한 구조로 되어 있다. 이것은 가교폴리에틸렌 절연 전력케이블이라고도 부르며, 그 구조는 그림 3-2-10에 나타낸다.

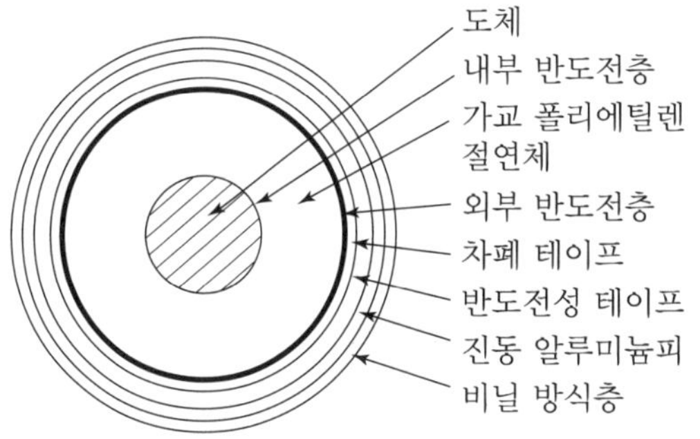

(a) 단심 CV 케이블

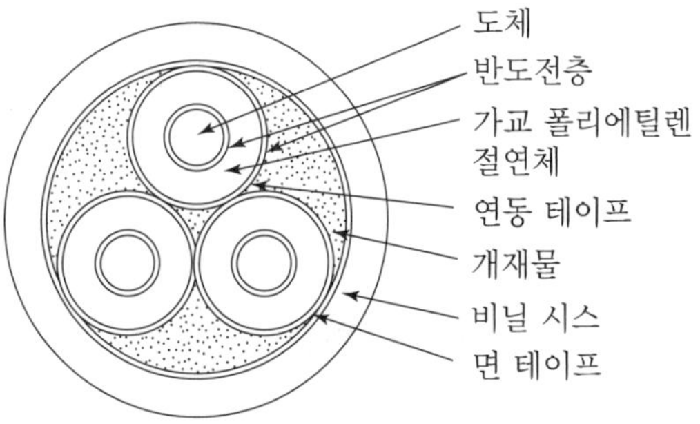

(b) 3심 CV 케이블

■ 그림 3-2-10 CV 케이블의 구조 및 명칭

(4) 600 [V] 가교폴리에틸렌 비닐절연 외장케이블

600 [V] 가교폴리에틸렌 비닐절연 외장케이블(600 [V] CV; 600 [V] XLPE Insulated and PVC Sheathed Power Cable)은 600 [V] 이하의 전력용 및 제어용 회로에 가장 많이 사용하는 전력케이블로 가교폴리에틸렌을 절연의 주체로 하고 염화비닐수지 또는 폴리에틸렌으로 외장한 전력케이블로 도체의 최고사용온도는 90 [℃] 이하이다.

전기적, 물리적, 화학적 특성이 우수하여 최근 전력케이블 중 가교폴리에틸렌 절연 비닐절연 외장케이블을 가장 많이 사용하고 있다. 절연체의 색상은 흑, 백, 적, 녹색 등을 사용한다. XLPE (Cross-linked Polyethylene)는 가교폴리에틸렌 절연 비닐시스 케이블이란 뜻이며, 관련 규격은 KS C 3611이 적용된다.

(5) MI 케이블

MI 케이블(mineral insulation cable)은 절연체로서는 산화마그네슘과 같은 무기질의 물질을 사용하고 있으므로 아래 그림 3-2-11과 같은 구조로 되어 있으며, 연속 250 [℃]의 고온까지 사용할 수 있고 특히 내열성, 내연성이 요구되는 곳에 사용된다.

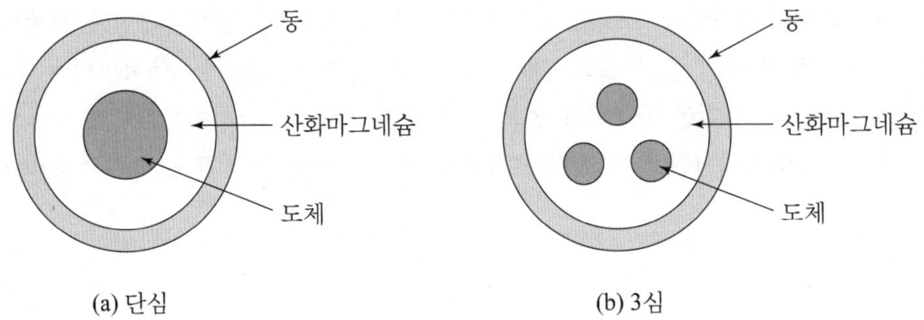

■ **그림 3-2-11** MI 케이블의 구조 및 명칭

9. 소방용 전선

(1) 내열전선(FR-3)

FR-3(화재경보용 가교폴리에틸렌 내열절연 비닐외장케이블; XLPE Insulated and PVC Sheathed Heat Resistant Control and Single Cable)는 화재 경보 및 비상경보장치의 회로에 사용되는 제어 및 신호용 전선으로 절연체의 최고사용온도는 90 [℃]의 XLPE(Cross-Linked Polyethylene)를 사용하고, 코어를 원형으로 연합한 후 유리섬유 등의 내열 보호층을 둔 전선으로 내열 특성은 380 [℃]에서 15분 동안 견딜 수 있는 성능이 있어야 한다.

주요 용도는 소방용 또는 약전계통의 제어 및 신호용으로 사용된다. 내열전선(FR-3)의 구조는 도체를 절연체로 덮고 그 위에 비금속 개재물(介在物, inclusion)로 감싼 후 내열 보호층(保

護層, heat resistant layer)을 두른 후 피복체(sheath)로 외장한 전선을 FR-3전선이라 하며, 그림 3-2-12는 구조 및 명칭을 나타낸다.

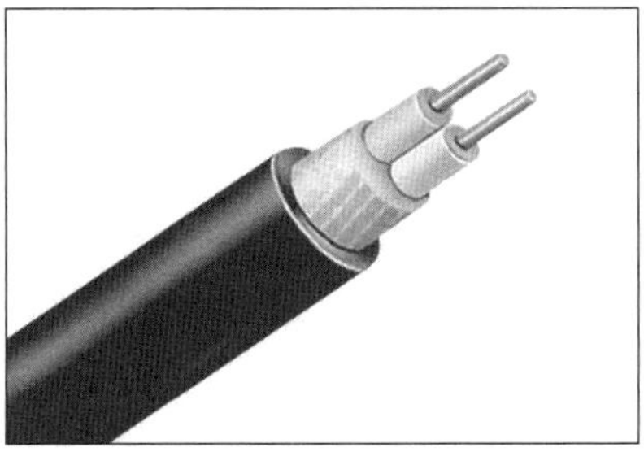

(a) 실체 사진

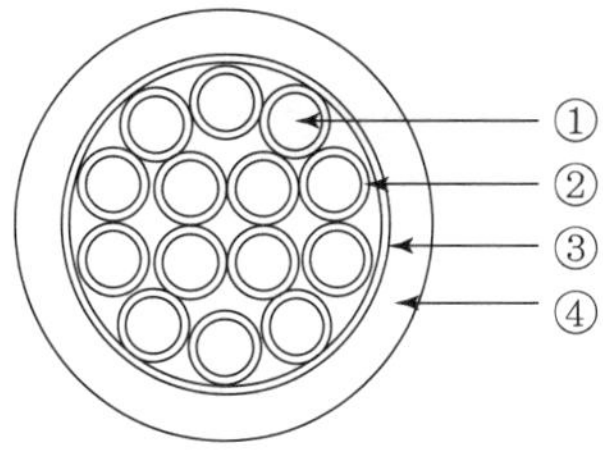

① 도체 ② 절연체 ③ 내화층 ④ 시스

(b) 단면 구조

■ **그림 3-2-12** FR-3(내열전선)의 구조 및 명칭

그리고 전력설비에 사용되는 내열전선의 내열성능 규정은 2017년 07월 26일 개정되었으며 다음과 같다.

① 내열전선의 내열성능은 온도가 816±10 [℃]인 불꽃을 20분간 가한 후 불꽃을 제거하였을 때 10초 이내에 자연 소화가 되고, 전선의 연소된 길이가 180 [mm] 이하이거나 가열온도의 값을 한국산업규격(KS F 2257-1)에서 정한 건축 구조 부분의 내화시험방법으로 15분 동안 380 [℃]까지 가열한 후 전선의 연소된 길이가 가열로의 벽으로부터 150 [mm] 이하일 것

② 또는 소방청장이 정하여 고시한 「소방용전선의 성능인증 및 제품검사의 기술기준」에 적합할 것

(2) 내화전선(FR-8)

FR-8은 600 [V] PE 절연비닐외장내화전선(Insulated Fire Proof Layer and PVC Sheathed Fire Resistant Power Cable)을 의미한다. 화재경보장치, 비상등, 스프링클러 등의 내화특성이 요구되는 소방용의 동력, 전열, 전등 등의 회로에 사용된다. 내화특성은 840 [℃]에서 30분 동안 견딜 수 있는 성능이 있어야 하므로 불연재료인 마이카테이프(tape) 등을 내화층으로 도체 위에다 덮고, 절연체는 도체 최대사용온도 75 [℃]인 폴리에틸렌(PE; Polyethylene)을 사용하며, 코어를 연합한 후 유리섬유 등의 내화층을 감싸고, 피복체는 난연PVC를 사용한다.

내화전선(FR-8)의 구조는 도체 → 내화층 → 절연 → 개재물 → 내화보호층 → 피복체로 되어 있고, 절연체의 색상은 흑, 백, 적, 녹색의 순으로 사용하고, 그림 3-2-13은 FR-8(내화전선)의 구조 및 명칭을 나타낸다.

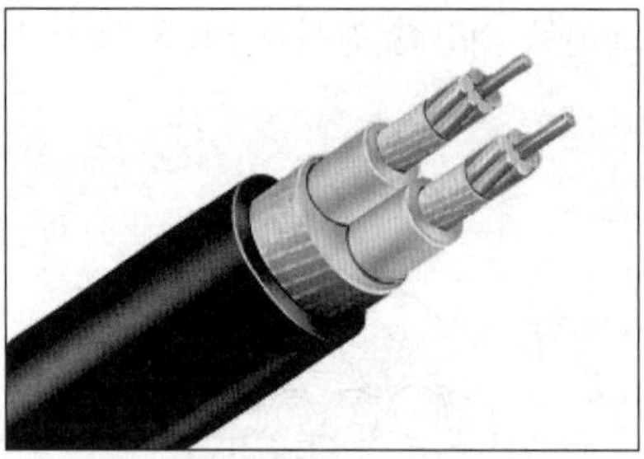

(a) 실체 사진

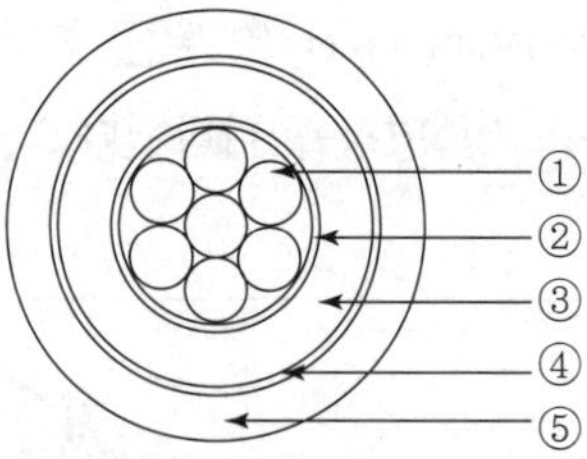

① 도체 ② 내화층 ③ 절연체
④ 내화보강층 ⑤ 시스

(b) 단면 구조

■ **그림 3-2-13** FR-8(내화전선)의 구조 및 명칭

(3) 600 [V] 난연 XLPE 절연전선(600 [V] XHHW)

600 [V] XHHW은 600 [V] 난연 XLPE 절연전선(Rubber Insulated Wire)이며, 600 [V] 이하의 상업용이나 주거용으로 사용하는 배전용 전선에 주로 사용된다. 도체 최고사용온도는 건조한 곳에서는 90 [℃]까지, 습기가 많은 곳에서는 75 [℃]까지 사용 가능하다. 도체는 연동선 또는 연동연선 등이며, 필요시에는 도체와 절연체 사이에 비금속 개재물을 두며, 난연 PVC(Flame Retardant Poly Vinyl Chloride)를 절연체로 사용하고 절연체의 색상은 흑색, 또는 원하는 색상을 자유롭게 선택할 수 있다.

(4) 저독성 난연 케이블(NFR)

NFR(Non-Toxin Flame Retardant Free Olefin Cable)은 600 [V] 이하의 전력용 또는 제어용의 회로에 사용하는 전선으로 절연체는 저독성의 난연 폴리올레핀 혼합물을 사용하고, 외장을 저독성 난연 폴리올레핀으로 차폐한 케이블로 시판되고 있다.

(5) 난연 무독성 내화전선(NFR-8)

NFR-8(Non-Flaming Mode XLPE)은 전선이 불 속에서 타면서도 전기의 공급이 가능하기 때문에 옥내소화전설비, 스프링클러, 비상전원, 비상벨 등의 긴급 재난시를 대비하여 설치한 각종 설비를 장시간 작동할 수 있다. 그러므로 진화작업 및 긴급대피가 용이하며, 피해를 극소화할 수 있는 전선으로 노출배선이 가능하다.

내화배선은 알루미늄피복케이블, CD 케이블, CV 케이블, 실리콘고무절연전선, 4불화에틸렌 절연전선, 연피케이블 등이 있으며, 1,000 [℃] 화염 속에서 3시간, 불 꺼진 후 12시간 통전이 가능하다.

(6) 600 [V] FR-CVVS

600 [V] FR-CVVS은 난연·동차폐부제어용 비닐절연 비닐 시스 케이블(600 [V] PVC Insulated and Flame Retardant PVC Sheathed Control Cable With Copper tape Shield)이다. 600 [V] 이하의 제어회로에 사용하는 염화비닐수지를 주체로 한 화합물 절연체이며 난연재료를 첨가하여 제작한 외장케이블이다. 무게가 가볍고 가요성, 난연성, 내마모성 등이 우수하며, 심선의 색이 선명하고 잡음방지용 연동테이프로 차폐한 후 접지를 시킴으로써 발전소, 변전소 등의 원격제어용으로 많이 사용된다. 착색에 의한 식별은 7심 이하에서는 흑, 백, 적, 녹, 황, 갈, 청색으로 되어 있고, 적용 규격은 KS C 3330, IEEE383 SEC2.5 등이다. 그림 3-2-14는 FR-CVV 전선의 구조 및 명칭을 나타낸다.

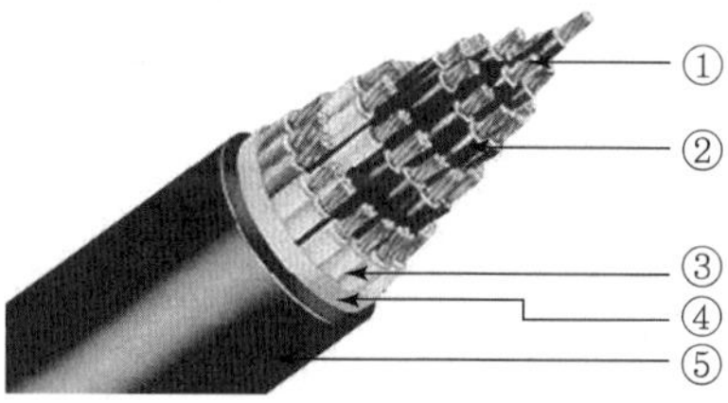

① 도체 ② 난연PVC절연 ③ 개재물 ④ 바인더테이프 ⑤ 난연PVC피복

■ **그림 3-2-14** FR-CVV전선의 구조 및 명칭

10. 용접용 케이블

용접용 전선(welding cables)은 주로 아크용접기의 2차쪽에 사용하는 용접용 케이블에 사용된다. 이 전선의 종류는 표 3-2-9와 같으며, 도체재료로 리드용 도체는 주석도금연동선(KS C 3120)에 규정된 소선을 연합하여 사용하며, 홀더용 도체로는 전기용 연동선(KS C 3101)에 규정된 연동선을 연합하여 사용한다.

그리고 종이테이프를 도체 위에 감으며 종이테이프 대신에 면사 또는 견사를 감을 수도 있다. 또한 홀더용 케이블은 고무절연체로 고무혼합물을 종이테이프 위에 균일한 두께로 피복한다. 1종 케이블은 리드용 케이블의 경우 테이프 위에 홀더용 케이블의 경우 고무절연체 위에 천연 고무 캡타이어를 피복한다. 2종 케이블은 리드용 케이블의 경우 테이프 위에 홀더용 케이블의 경우에는 고무절연체 위에 클로로프렌 캡타이어를 피복한다.

● 표 3-2-9 용접용 케이블의 종류와 기호

종 류	기 호	비 고
리드용 1종 케이블	WCT	리드용으로 천연고무 캡타이어를 피복한 것
리드용 2종 케이블	WNCT	리드용 1종 케이블과 같은 구조로서, 천연고무 캡타이어를 클로로프렌 캡타이어로 바꾼 것
홀더용 1종 케이블	WRCT	홀더용으로 천연고무 캡타이어로 피복한 것
홀더용 2종 케이블	WRNCT	홀더용 1종 케이블과 같은 구조로 천연고무 캡타이어를 클로로프렌 캡타이어로 바꾼 것

제품의 호칭방법은 명칭, 종류, 공칭단면적 또는 기호 및 공칭단면적으로 나타낸다. 적용 규격은 KS C 3321이다. 그림 3-2-15는 리드용 1종 케이블(WCT)의 구조 및 명칭이며, 그림 3-2-16은 홀더용 1종 케이블(WRCT)의 구조 및 명칭을 나타낸다.

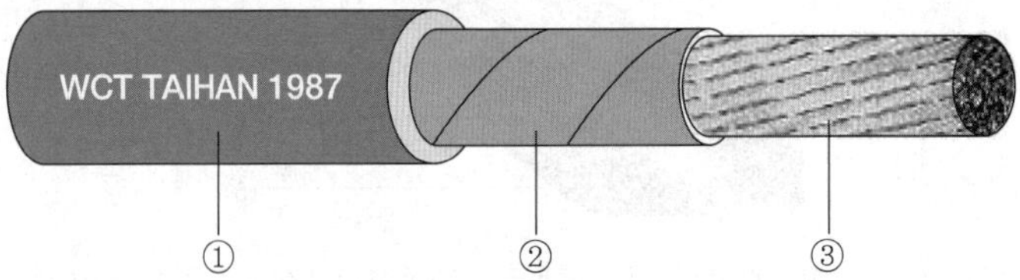

① 시스 ② 종이테이프 ③ 도체

■ 그림 3-2-15 리드용 1종 케이블(WCT)의 구조 및 명칭

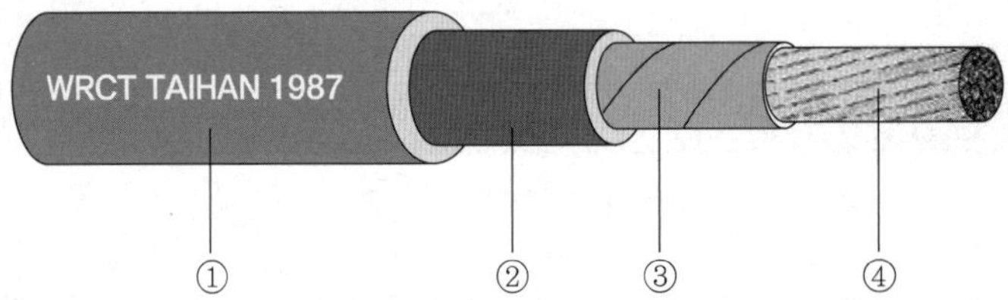

① 시스 ② 절연체 ③ 종이테이프 ④ 도체

■ 그림 3-2-16 홀더용 1종 케이블(WRCT)의 구조 및 명칭

연습문제

문제 01 600 [V] 2종 비닐절연전선(HIV)의 단면 구조에 대해 설명하시오.

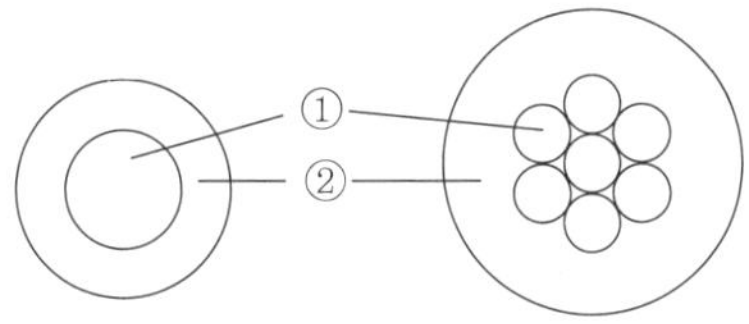

풀이 ① 도체, ② 내열성 절연체

문제 02 600 [V] 이하에서 주로 가공인입선으로 사용되는 염화비닐수지를 주체로 한 화합물(compound)로 절연된 다심의 절연전선으로 도체 최고사용온도는 60 [℃]이며, 도체에는 전기용 경동선이나 1종 경동연선 등을 사용하고, 전선은 선명하게 착색되어 있어 배선할 때 편리하고 피복의 내후성이 우수한 전선은 어느 것인가?

풀이 인입용 비닐절연전선(DV; Polyvinyl Chloride Insulated Drop Service Wires)

문제 03 주로 가공전선로에 사용하는 염화비닐수지(PVC)를 주체로 한 화합물로 절연된 단심의 절연전선으로, 피복 재료로서 염화비닐의 두께는 600 [V] 비닐절연전선(IV)에 비해 약간 얇으며, 전기적으로는 오히려 나전선과 동일한 전선은 어느 것인가?

풀이 옥외용 비닐절연전선(OW; Out-door Weather Proof Polyvinyl Chloride Insulated Wires)

문제 04 전기설비에 접지시공을 할 때 보호접지 또는 변압기 중성점 접지 등으로 사용되며, 최고도체 사용온도는 60 [℃]이고, 전기용 연동선 또는 연동연선을 녹색의 PVC 절연체로 절연한 전선 어느 것인가?

풀이 접지용 비닐절연전선(GV; PVC Insulated Wire for Grounding Use)

문제 **05** 600 [V] 고무절연 클로로프렌 시스 케이블(600 [V] RN)의 명칭을 제시하시오.

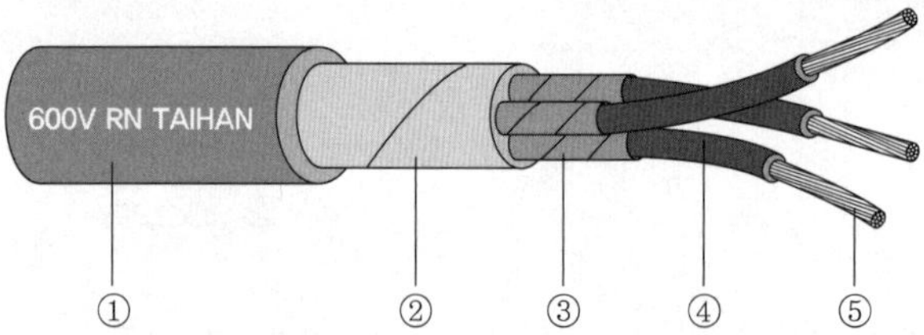

풀이 ① 시스 : 클로로프렌고무, ② 바인더테이프, ③ 개재물 : 마사,
④ 절연체 : 천연고무, ⑤ 도체 : 주석도금 연동(연)선

문제 **06** 전력케이블 중에서 600 [V] 가교폴리에틸렌 절연 비닐시스 케이블(600 [V] CV) 및 600 [V] 가교폴리에틸렌 절연 폴리에틸렌 시스 케이블(600 [V] CE)의 구조에 대해 설명하시오.

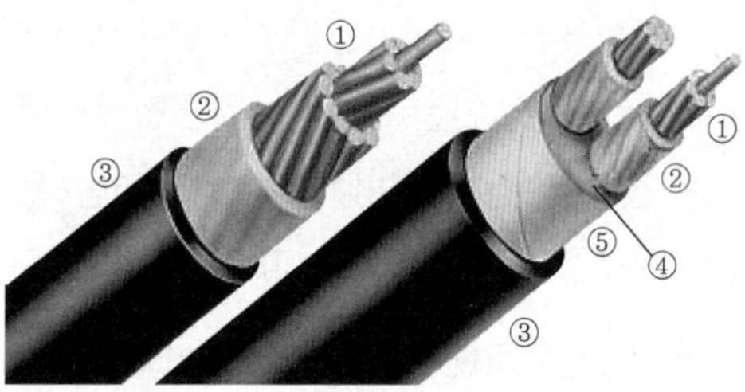

풀이 ① 도체, ② XLPE/PE절연, ③ PE/PVC피복, ④ 개재물, ⑤ 바인더 테이프

문제 **07** FR-3(화재경보용 가교폴리에틸렌 내열절연 비닐외장케이블)는 화재 경보 및 비상경보장치의 회로에 사용되는 제어 및 신호용 전선으로 절연체의 최고 도체 사용온도는 (　　) [℃]의 XLPE를 사용하고 코어를 원형으로 연합한 후 유리섬유 등의 내열 보호층을 둔 전선으로 내열 특성은 (　　) [℃]에서 (　　)분 동안 견딜 수 있는 성능이 있어야 한다.

풀이 90, 380, 15

문제 **08** 소방용 내열전선 FR-3의 구조에 대해서 설명하시오.

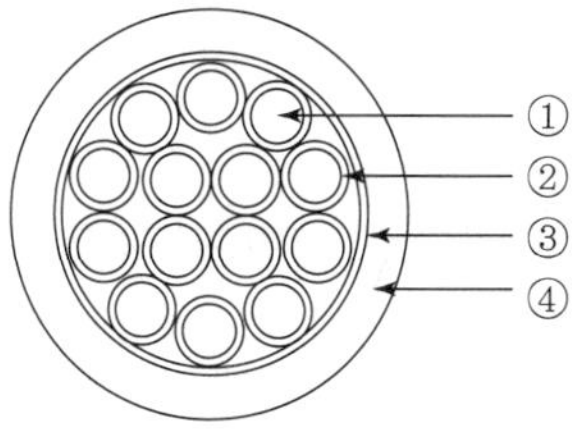

풀이 ① 도체, ② 절연체, ③ 내화층, ④ 시스

문제 09 FR-8(600 [V] PE 절연비닐 외장내화전선은 화재경보장치, 비상등, 스프링클러 등의 내화특성이 요구되는 소방용(동력, 전열, 전등) 회로에 사용하며, 내화특성은 (　　) [℃]에서 (　　)분 동안 견딜 수 있는 성능이 있어야 하므로 불연재료인 마이카테이프(tape) 등을 내화층으로 도체 위에다 덮고, 절연체는 도체 최대사용온도 (　　) [℃]인 폴리에틸렌(PE)을 사용하며, 코어를 연합한 후 유리섬유 등의 내화층을 감싸고, 피복체는 난연 PVC를 사용한다.

풀이 840, 30, 75

문제 10 소방용 내화전선 FR-8의 구조에 대해서 설명하시오.

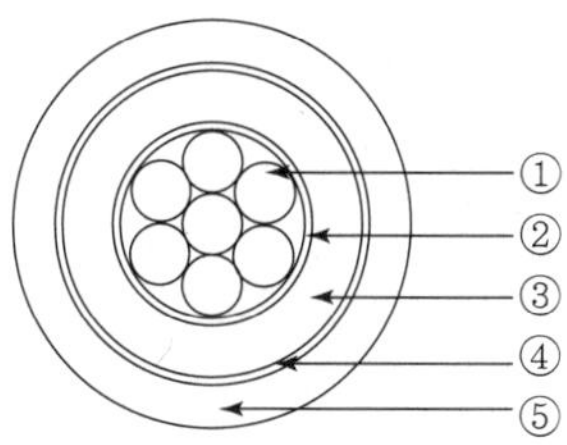

풀이 ① 도체, ② 내화층, ③ 절연체, ④ 내화보강층, ⑤ 시스

문제 11 600 [V] 난연 XLPE 절연전선(600 [V] XHHW)는 600 [V] 이하의 상업용이나 주거용으로 사용하는 배전용 전선에 주로 사용되며 도체 최고사용온도는 건조한 곳에서는 (　　) [℃]까지, 습기가 많은 곳에서는 (　　) [℃]까지 사용 가능하다. 사용도체는 연동선 또는 연동연선 등이며, 필요시에는 도체와 절연체 사이에 비금속 개재물을 두며, 난연 PVC를 절연체로 사용하고 절연체의 색상은 흑색, 또는 원하는 색상을 자유롭게 선택할 수 있다.

풀이 90, 75

문제 **12** 저독성 난연 케이블 NFR은 600 [V] 이하의 전력용 또는 제어용의 회로에 사용하는 전선으로 절연체는 저독성의 (　　)을 사용하고, 외장을 저독성 난연 폴리올레핀으로 차폐한 케이블로 시판되고 있다.

풀이 난연 폴리올레핀 혼합물

문제 **13** 난연 무독성 내화전선 NFR-8은 전선이 불 속에서 타면서도 전기의 (　　)이 가능하기 때문에 옥내소화전설비, 스프링클러, 비상전원, 비상벨 등의 긴급 재난 시를 대비하여 설치한 각종 설비를 장시간 작동할 수 있으므로 진화작업 및 (　　)를 용이하게 하여 피해를 극소화할 수 있는 전선으로 노출배선이 가능하다.

풀이 공급, 긴급대피

문제 **14** 600 [V] FR-CVVS(난연·동차폐부제어용 비닐절연 비닐 시스 케이블)는 600 [V] 이하의 제어회로에 사용하는 염화비닐수지를 주체로 한 화합물을 절연체로 (　　)를 첨가하여 제작한 외장케이블로 가볍고, 가요성, 난연성, 내마모성 등이 우수하며, 심선의 색이 선명하고 잡음방지용 (　　)로 차폐한 후 접지를 시킴으로써 발전소, 변전소 등의 원격제어용으로 많이 사용된다. 착색에 의한 식별은 7심 이하에서는 흑, 백, 적, 녹, 황, 갈, 청색으로 되어 있다.

풀이 난연제, 연동테이프

Chapter 03

배선설비의 용량 계산

1. 배전선로의 전압강하

전기설비는 저항(抵抗, resistance), 인덕터(inductor), 콘덴서(condenser) 등의 소자가 직 · 병렬로 연결되어 있는 복합 설비이다. 이와 같이 구성된 전기설비에 전류가 흐르면 회로의 특성에 따라 전압강하가 발생하여 전원측보다 부하측의 전압이 낮아지기 때문에 전기설비가 가지고 있는 기능을 적절하게 발휘하지 못한다.

그러므로 부하의 특성을 고려한 회로의 구성이 시스템의 안정도 향상에 영향을 미친다. 그림 3-3-1은 배전선로에 존재하는 전선의 임피던스(Z)를 나타낸 등가회로이다. 그림 3-3-2는 배전선로의 전압강하(e)를 해석하기 위한 개략도를 나타낸 것이다. 즉, 배전선로의 송전단 전압(V_s)은 수전단 전압(V_r)과 전압강하(e)의 벡터합(vector sum)으로 나타나며, 식 (1)과 같이 표현된다.

$$\dot{V}_s = \dot{V}_r + (IR\cos\theta + IX\sin\theta) + j(IX\cos\theta - IR\sin\theta)\ [\mathrm{V}] \qquad (1)$$

그리고 배전선로에서 발생되는 전압강하(e)는 송전단 전압(V_s)과 수전단 전압(V_r)의 차를 의미한다. 그런데 건축물의 배전선로에서 발생되는 j 항의 전압강하는 무시 가능할 정도로 매우 적으므로 선로의 전압강하(e)는 식 (2)와 같이 표현할 수 있다.

$$e = V_s - V_r = I(R + jX) = I(R\cos\theta + X\sin\theta)\ [\mathrm{V}] \qquad (2)$$

여기서, V_s는 송전단 전압, V_r은 수전단 전압, R은 전선의 저항, X는 전선의 리액턴스, I는 선전류, θ는 위상차이다.

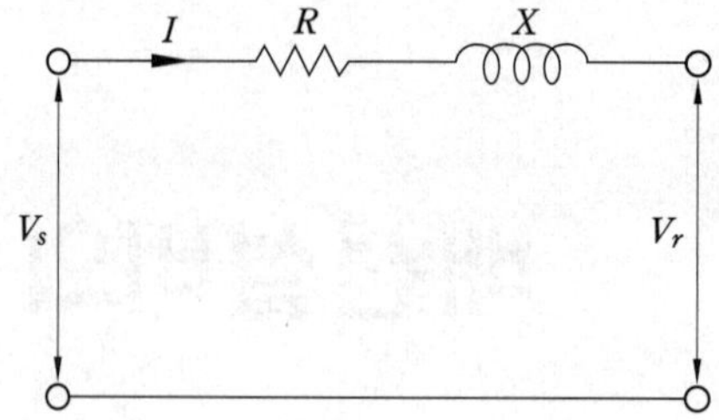

■ 그림 3-3-1 배전선로 전선의 임피던스

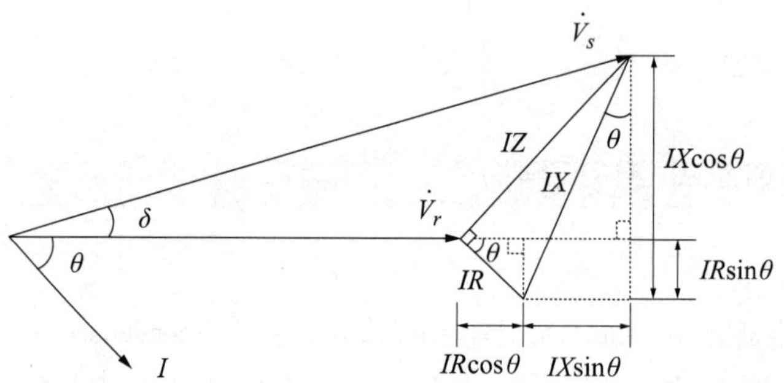

■ 그림 3-3-2 배전선로의 전압강하를 해석하기 위한 개략도

(1) 단상 2선식의 전압강하

그림 3-3-3에 단상 2선식의 선로를 나타낸 것이며, 전압강하는 다음과 같은 식으로 나타낸다.

$$e = V_s - V_r$$
$$= (R \cdot I) \times 2 = \frac{1}{58} \times \frac{100}{97} \times \frac{L}{A} \times I \times 2$$
$$\cong \frac{35.6LI}{1{,}000A} \quad [\mathrm{V}] \tag{3}$$

여기서, A [mm^2]는 도체의 단면적이며, L [m]은 선로의 길이를 나타낸다.

회로의 리액턴스를 무시하고 역률을 1로 가정하고, 표준 연동의 고유 저항을 $\frac{1}{58} \times 10^{-6}$ [Ω·m], 전선의 도전율을 97 [%]로 가정한다.

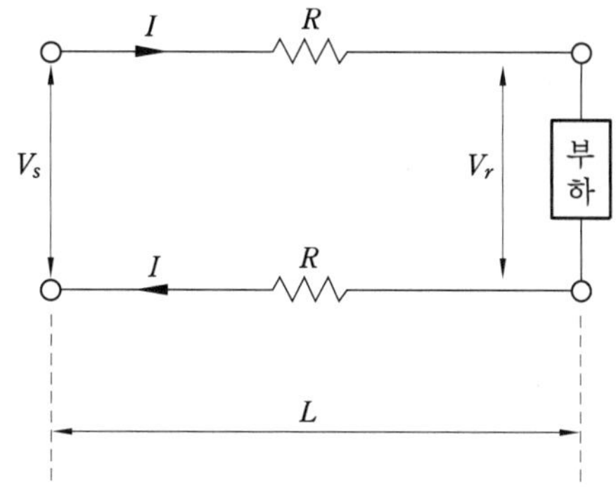

■ **그림 3-3-3** 단상 2선식 회로의 전압강하

(2) 3상 3선식의 전압강하

그림 3-3-4에 3상 3선식의 선로를 나타낸 것이며, 전압강하는 다음과 같은 식으로 나타낸다.

$$
\begin{aligned}
e &= V_s - V_r \\
&= (R \cdot I) \times \sqrt{3} = \frac{1}{58} \times \frac{100}{97} \times \frac{L}{A} \times I \times \sqrt{3} \\
&\cong \frac{30.8LI}{1{,}000A} \quad [\mathrm{V}] \qquad (4)
\end{aligned}
$$

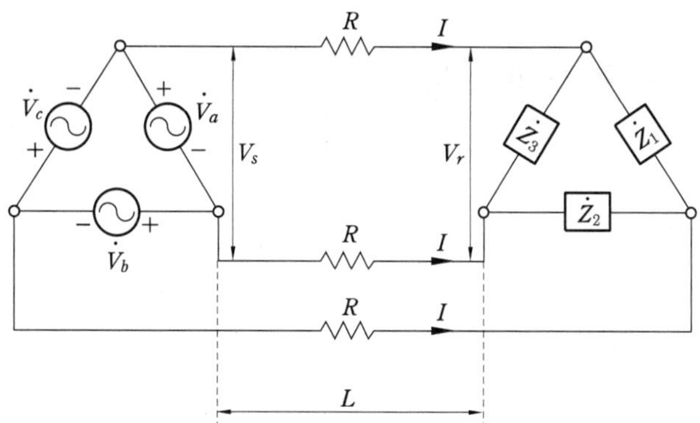

■ **그림 3-3-4** 3상 3선식 회로의 전압강하

(3) 3상 4선식 또는 단상 3선식의 전압강하

3상 4선식의 선로방식에서는 부하가 평형되어 있는 경우를 가정한 것이다. 즉, 중성선에 전류가 흐르지 않는다고 설정하였으며, 전압강하는 다음과 같은 식으로 나타낸다.

$$
\begin{aligned}
e &= V_s - V_r \\
&= (R \cdot I) = \frac{1}{58} \times \frac{100}{97} \times \frac{L}{A} \times I \\
&\cong \frac{17.8LI}{1{,}000A} \quad [\mathrm{V}]
\end{aligned} \tag{5}
$$

배선선로의 설치 유형, 조명 및 기타 부하에 대한 전압강하 기준(KEC 232.3.9)은 표 3-3-1과 같다. 배선선로의 전압강하 기준의 적용에서 조명부하와 기타 부하 공용 시에는 부하의 용량이 큰 것의 기준을 따른다. 그리고 각 공식은 각 상이 평형하는 경우에 전선의 도전율은 97 [%], 저항률은 1/58을 적용한 것이다.

● **표 3-3-1** 배선선로의 설치 유형, 조명 및 기타 부하에 대한 전압강하 기준

설치 유형	조명 [%]	기타 부하 [%]
A : 저압으로 수전하는 경우	3	5
B : 고압 이상으로 수전하는 경우[a]	6	8

a : - 가능한 한 최종회로 내의 전압강하가 A유형의 값을 넘지 않도록 하는 것이 바람직하다.
- 사용자의 배선설비가 100 [m]를 넘는 부분의 전압강하는 미터당 0.005 [%] 증가할 수 있으나 이러한 증가분은 0.5 [%]를 넘지 않아야 한다.

2. 전동기의 종류 및 용량 산정

2.1 전동기의 종류

전동기(電動機, motor)는 전기적 에너지를 기계적 에너지로 변환시켜 회전동력을 얻는 기계로 시동 및 운전이 용이하다. 또한, 부하에 적합한 기종을 선택하기 쉽고, 소음 및 진동이 작고, 배기공해도 없는 원동기이다. 그리고 전동기는 기동하는 여자방식에 따라 다음과 같이 분류된다.

(1) 타여자전동기

외부의 직류전원으로 전자석을 여자하는 방식이다.

(2) 자여자전동기

전동기 내부에 있는 전자석을 이용하여 여자하는 방식으로 다음과 같은 것들이 있다.

① 분권전동기

전기자의 양단에 병렬로 분권계자권선을 설치한 것이다.

② 직권전동기

전기자 권선에 직렬로 직렬계자권선을 설치한 것이다.

③ 복권전동기

분권과 직권의 2개의 계자권선을 설치한 것

가. 가동복권전동기는 양권선의 자속이 서로 합해지도록 설치한 것

나. 차동복권전동기는 양권선의 자속이 서로 차이가 발생하도록 설치한 것

(3) 전동기의 선정 조건

전동기는 다른 동력에 비해 효율이 좋고, 경제성이 뛰어나다는 장점이 있다. 즉, 전동력을 합리적으로 이용하기 위해서는 용도에 적합한 전동기의 선택이 중요하며 일반적인 선정에서 고려사항은 다음과 같다.

① 부하 토크 및 속도 특성에 적합한 것
② 용도에 알맞은 기계적 형식의 것
③ 운전 형식에 적당한 정격 및 냉각방식의 것
④ 사용 장소의 상황에 알맞은 보호방식의 것
⑤ 신뢰성이 높고, 운전비가 저렴한 것
⑥ 표준 출력을 생산할 수 있는 것

2.2 전동기의 용량 산정

전동력 응용은 운반을 목적으로 하는 기중기, 권상기, 컨베이어, 엘리베이터 등의 하역기계가 있으며, 공기를 취급하는 송풍기 및 압축기 등이 있다. 또한, 물 또는 다른 액체를 운반하는 펌프, 냉동기 등이 있다.

(1) 펌프용 전동기의 용량 산정

펌프가 소비하는 동력 중에서 순전히 물을 올리는데 필요한 이론 동력을 수동력(W·H·P; Water Horse Power)이라 하며 다음과 같이 표현된다.

$$\mathrm{W \cdot H \cdot P} = \frac{Q \times W \times H}{75 \times 60} = \frac{Q \times W \times H}{4,500} = \frac{Q \times H}{4.5} \quad [\mathrm{HP}]$$
$$= \frac{9.8 \times Q \times W \times H}{60} \times 10^{-3} = \frac{Q \times W \times H}{6.12} \times 10^{-3}$$
$$= \frac{Q \times H}{6.12} \quad [\mathrm{kW}] \tag{6}$$

여기서, Q : 양수량 [m^3/min], H : 총양정 [m], W : 단위체적당 중량(물 4 [℃]에서 1,000 [kg/m^3])

그리고 펌프의 효율을 η_p(0.3～0.8)라 하면 펌프의 소요 동력 S·H·P [kW]는 다음과 같이 표현된다.

$$\mathrm{S \cdot H \cdot P} = \frac{Q \times W \times H}{\eta_p} \quad [\mathrm{kW}] \tag{7}$$

따라서 펌프의 설계 오차 등을 고려한 비례상수 K(1.1～1.2)를 반영한 펌프용 전동기의 용량 P_p [kW]는 다음과 같이 나타낸다.

$$P_p = K \times \mathrm{S \cdot H \cdot P} = \frac{Q \times H \times K}{6.12 \times \eta_p} \quad [\mathrm{kW}] \tag{8}$$

(2) 송풍기용 전동기의 용량 산정

유동하는 기체는 액체와 같이 위치에너지, 속도에너지, 압력에너지를 가지고 있으나 기체가 유동할 때는 그 질량이 작으므로 위치에너지는 일반적으로 무시되므로 송풍기용 전동기의 용량 P_w [kW]은 다음과 같이 나타낸다.

$$P_w = \frac{9.8 \times Q_w \times H_w \times K}{60 \times \eta_w} \times 10^{-3} = \frac{Q_w \times H_w \times K}{6,120 \times \eta_w} \quad [\mathrm{kW}] \tag{9}$$

여기서, Q_w : 풍량 [m^3/min], H_w : 풍압 [mmHg], K : 비례상수(1.1～1.2), η_w : 송풍기 효율 (0.3～0.7)

(3) 엘리베이터용 전동기의 용량 산정

엘리베이터용 전동기의 용량 P_e [kW]은 정격속도와 부하로 운전되는 설비이므로 다음과 같이 나타낸다.

$$P_e = \frac{9.8 \times L_e \times V_e \times \beta}{6.12 \times \eta_e} \times 10^{-3} = \frac{9.8 \times L_e \times V_e \times \beta}{6,120 \times \eta_e} \quad [\text{kW}] \tag{10}$$

여기서, L_e : 적재 하중 [kg], V_e : 엘리베이터의 정격 속도 [m/min], β : 추의 계수(0.4～0.6),

η_e : 권상기의 효율(0.3～0.6)

(4) 권상기용 전동기의 용량 산정

권상기(捲上機, winding machine)는 무거운 와이어 루프를 사용해서 물건을 끌어 올리는 장치이며 탄갱, 광산, 토목, 건축, 교통 등 넓은 용도로 사용된다. 권상기용 전동기의 용량 P_l [kW]은 정격속도와 부하하중에 의해서 동력이 결정되므로 다음과 같이 나타낸다.

$$P_l = \frac{9.8 \times W_l \times V_l}{\eta_l} \quad [\text{kW}] \tag{11}$$

여기서, W_l : 권상 하중 [T], V_l : 권상 속도 [m/min], η_l : 권상기의 효율(0.3～0.6)

(5) 전동기의 절연 종별

전기를 전달하기 위해서 사용되는 전기 기기용 재료를 도전 재료라 하며 금속, 비금속에 관계없이 많은 종류가 있다. 은, 구리, 알루미늄 등의 도체(導體, conductor)는 저항이 없이 전기를 손실 없이 잘 흘려보내야 하지만 절연체(絕緣體, insulator)는 전기의 흐름을 적절하게 방어할 수 있는 성능이 요구되며, 표 3-3-2는 전동기를 안전하게 사용하고 운용하기 위한 절연물의 종류별 최고허용온도를 나타낸다.

● **표 3-3-2** 절연의 종류 및 최고허용온도

절연의 종류	최고허용온도 [℃]	절연 재료
Y	90	면, 종이 등의 재료로 구성되고, 니스류에 함침되지 않으며, 유중에 함침되지 않은 것
A	105	면, 종이 등의 목재로 구성되고, 니스류에 함침되거나 기름에 함침된 것
E	120	대부분의 플라스틱
B	130	운모, 석면, 유리 섬유 등의 재료를 아스팔트 접착 재료와 같이 구성한 것
F	155	운모, 석면, 유리 섬유 등의 재료를 알키드 수지, 에폭시 수지 등의 내열성이 우수한 접착 재료와 구성한 것
H	180	운모, 석면, 유리 섬유 등의 재료를 규소 수지 등 특수 내열성이 우수한 접착 재료와 같이 구성한 것
200	200	운모, 석면, 유리 등을 단독으로 사용한 것
220	220	시멘트 등의 무기 접착제와 조합시킨 재료
250	250	250 [℃] 이상은 25 [℃] 간격으로 규정

3. 전력용 콘덴서 회로 및 주변기기

그림 3-3-5는 전기설비에 적용되는 전력용 콘덴서 및 주변기기의 복선도이며 전원을 공급하는 고압모선에 단로기(DS), 유입차단기(OCB), 변류기(CT), 방전코일(DC), 직렬리액터(SR), 전력용 콘덴서(SC) 등의 순서로 설치한다.

(1) 단로기

단로기(斷路器, DS; disconnecting switch)는 고압 또는 특별고압회로에서 단지 충전된 전선로를 개방(OFF)하기 위해 사용되는 기기이며, 원칙적으로 부하전류의 개폐 기능이 없다. 회로의 전환, 구분, 무부하의 기기를 회로로부터 분리할 목적으로 수배전설비에 설치한다. 소용량용은 단순한 나이프형 접촉기가 사용될 때도 있으며, 산업 현장에서는 '디스콘스위치'라고도 부른다. 고압 또는 특별고압의 전로 개폐 조작을 할 때 조작순서나 조작계통을 실수해서 부하가 연결된 상태에서 단로기를 개방하면 차단 아크의 비산에 의한 감전 사고의 위험성이 있으므로 반드시 관련 규격에 적합한 후크봉(switch hook)을 사용하여 회로를 조작해야 한다.

후크봉은 단로기의 개폐에 사용되는 도구이며, 절연관과 절연처리된 목재 또는 합성수지와 조합해서 봉의 끝에 후크(hook)를 부착한 것이다. 사용 환경에 따라 옥내용과 옥외용으로 구분되며, 작업 안전을 확보하기 위해 접지선과 갓이 부착된 제품도 있다. 후크봉은 300 [mm] 당 75 [kV]의 전기적인 내압에 견딜 수 있어야 하며, 2,000 [Ω] 이상의 절연저항이 요구된다.

(2) 유입차단기

유입차단기(油入遮斷器, OCB; oil circuit breaker)는 전기회로를 개폐(ON/OFF)하는 차단기의 일종이며, 차단 부분이 절연유 속에 들어 있는 기기이다. 전기회로를 차단할 때 발생하는 아크에 의해 절연유가 분해되면서 다량의 수소가스가 발생하는데 이 수소가스의 강력한 냉각 작용으로 아크가 급속히 발산되어 소호작용(消弧作用, arc extinguishing action)이 촉진된다. 따라서 공기 중에 설치된 차단기에 비해 차단 효과가 우수하며, 상대적으로 가격이 저렴하다는 특징이 있다.

(3) 변류기

변류기(變流器, CT; current transformer)는 회로에 흐르는 대전류를 필요한 값의 낮은 전류로 낮추어 측정할 수 있는 기기이다. 변류기의 배율은 권수비의 역수와 같으며, 변류기를 사용할 때 2차측을 개방하지 않도록 주의해야 한다. 변류기의 2차측을 개방하면 이상 고전압이 발생하여 기기의 파손 및 설비사고의 위험성이 있다. 1차 전류의 정격값은 수십 암페어에서 수천

암페어까지 여러 가지가 있으나 2차 전류의 정격값은 대부분이 5 [A]이다. 변류기를 회로에 연결할 때 2차 코일은 접지하고, 1차 코일은 전압에 부합하는 절연을 하였기 때문에 1차 회로가 높은 전압일지라도 2차 회로에 손을 접촉하여도 위험성이 낮다. 변류기에는 주요부를 탱크 속에 넣고 이것에 기름을 가득 채운 유입형과 기름을 사용치 않는 건식이 있는데 건식은 회로의 전압이 약 2만 볼트 이하의 것에 주로 사용한다.

(4) 방전 코일

방전 코일(DC; discharge coil)은 콘덴서를 회로에서 개방하였을 때 전하가 잔류함으로써 발생될 수 있는 위험의 방지와 재투입할 때 콘덴서에 걸리는 과전압의 방지를 위한 방전 장치이다. 방전장치에는 방전코일과 방전저항의 2종류가 있으며, 보통 대용량에는 방전 코일이 사용되며, 소용량에는 방전저항이 사용된다.

방전 장치는 콘덴서 용량 [kVA]에 대해서 고압의 경우 개폐 후 5 [s] 이내에 50 [V] 이하를 유지해야 하며, 저압의 경우는 3 [min] 이내에 75 [V] 이하로 방전 시킬 수 있는 성능이 요구된다. 따라서 콘덴서가 부하와 직결되어 동시에 개폐할 때는 부하의 회로를 통해서 방전될 수 있으므로 방전장치가 불필요하다.

(5) 직렬리액터

직렬리액터(SR; series reactor)는 선로 전류의 제한 및 수전설비 계통에 있어 단락전류를 경감시키기 위해 사용된다. 또한 전력용 콘덴서의 고조파 제거 및 과도 돌입전류 등을 제한하기 위한 것이며 구체적인 예는 다음과 같다.

① 계통의 고조파 전압 확대 억제
② 콘덴서 투입시 과도 돌입전류억제
③ 전압 파형의 찌그러짐 방지
④ 수전설비의 단락 용량을 경감
⑤ 제3고조파와 제5고조파의 제한 등

(6) 전력용 콘덴서

전력용 콘덴서(SC; static condenser)는 교류의 배전선로나 송전선로에 주로 병렬로 연결하여 선로의 역률(力率, p.f; power factor)을 개선하기 위한 것이다. 전력용 콘덴서의 구조는 알루미늄 박막과 얇은 절연지를 적층하여 원형으로 감고 절연유 속에 넣은 것이 대부분이다. 고압 또는 특별고압의 회로에도 일반적으로 사용되며, 콘덴서 1개의 사용 전압은 3,000～4,000 [V] 정도이며, 이보다 높은 전압에 사용할 때는 콘덴서를 직렬로 연결한다.

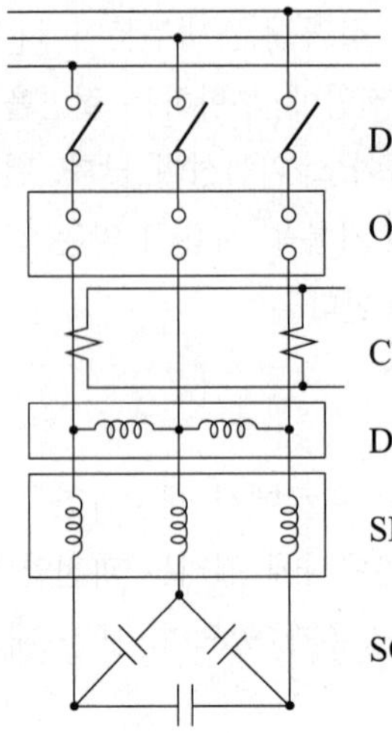

■ **그림 3-3-5** 전력용 콘덴서 및 주변기기의 복선도

▌ 콘덴서를 설치할 때 주의사항 ▌

① 습기, 먼지 또는 부식성 가스가 많은 장소를 피할 것
② 진동이 없는 곳에 설치할 것
③ 콘덴서를 바로 세워서 설치할 것
④ 나사를 정확히 조이고 안전 덮개를 씌울 것
⑤ 염분이 있는 장소에는 염해 방지 시설을 할 것

(7) 역률 개선용 전력용 콘덴서의 용량

전력설비의 역률 개선을 위해 적용되는 전력용 콘덴서의 용량 산출은 다음과 같이 나타낸다.

$$\begin{aligned} Q_c &= P(\tan\theta_1 - \tan\theta_2) \\ &= P\left(\frac{\sin\theta_1}{\cos\theta_1} - \frac{\sin\theta_2}{\cos\theta_2}\right) \\ &= P(\tan\cos^{-1}\text{개선전 역률} - \tan\cos^{-1}\text{개선후 역률})\ [\text{kVA}] \quad (12) \end{aligned}$$

여기서, Q_c : 콘덴서의 용량[kVA], P : 유효 전력[kW], $\cos\theta_1$: 개선 전 역률, $\cos\theta_2$: 개선 후 역률

$\sin\theta_1$: 개선 전 무효율($\sin\theta_1 = \sqrt{1-\cos^2\theta_1}$)

$\sin\theta_2$: 개선 후 무효율($\sin\theta_2 = \sqrt{1-\cos^2\theta_2}$)

그리고 단상 전력설비의 콘덴서 용량을 Q_c [kVA]라하고, 3상 전력설비의 콘덴서 용량을 $Q_c{}'$ [kVA]라 하면 다음과 같이 각각 나타낼 수 있다.

$$Q_c = 2\pi f C V^2 \times 10^{-9} \quad [\text{kVA}] \tag{13}$$

$$Q_c{}' = 6\pi f C V^2 \times 10^{-9} \quad [\text{kVA}] \tag{14}$$

4. 조명설비의 용량 계산

조명설비(照明設備, lighting installation)를 적용하기 위해서는 조명 공간의 크기, 용도 등에 따라 적정한 조도가 결정되면 조명기구를 선택하는데 있어서 고려할 주요 사항은 다음과 같다.

① 직사 현휘(눈부심)가 없을 것
② 반사 현휘를 적게 할 것
③ 필요한 조명률을 고려할 것
④ 수직면이나 경사면의 조도가 적당할 것
⑤ 진한 그늘이 없을 것
⑥ 보수가 용이할 것
⑦ 유지가 용이할 것

(1) 광속

복사속 중에서 사람의 눈으로 빛의 느낌을 주는 것은 어느 파장범위 내에 있다. 가시광선 범위의 복사속을 눈의 감도의 기준으로 측정한 것을 광속(光速, luminous flux)이라고 한다. 광속의 표기는 F [lm]이며, 단위는 루멘(lumen: lm)으로 단위 시간당 통과하는 광량을 의미한다.

(2) 광량

광량(光量, quantity of light)은 광속의 시간적 적분이며, 단위는 루멘·시(lumen-hour: lm·hr)가 사용된다.

시간 t [hr] 동안의 통과 광량이 Q [lm·hr]이고, 그 사이의 평균 광속이 F [lm]라면 다음과 같은 관계가 성립한다.

$$F = \frac{Q}{t} \text{ [lm] 또는 } Q = F \cdot t \text{ [lm·hr]} \tag{15}$$

(3) 광도

모든 방향의 광도(光度, luminous intensity)가 균일한 점광원을 균등점광원(均等點光源, uniform point source of light)이라 하며, 이 광으로부터 발산되는 전광속 F [lm]는 1점의 둘레의 전입체각이 4π이므로 다음과 같이 나타낸다. 여기서, 광도(I)의 단위는 칸델라(candela: cd)이다.

$$F = 4\pi I \text{ [lm] 또는 } I = \frac{F}{4\pi} \text{ [cd]} \tag{16}$$

(4) 조도

어느 물체에 광속이 입사되면 그 면은 밝게 비치는데 그 정도를 표시하는데 조도(照度, intensity of illumination)를 사용한다. 조도 E [lx]는 어느 점에 입사되는 광속 밀도를 의미하며 다음과 같이 나타낸다.

$$E = \frac{F}{A} \text{ [lx]} \tag{17}$$

여기서, E [lx] : 조도, F [lm] : 광속, A [m^2] : 단면적

조도의 단위는 럭스(lux: lx)이며, 1럭스는 1 [m^2]에 1 [lm]의 광속이 투사되고 있을 때의 조도이다. 또한 1 [lm/cm^2]로 나타내는 단위는 포트(phot: ph)를 의미한다.

또한 광도 I [cd]의 균등점광원을 반지름 R [m]의 구의 중심에 놓았을 때 구면상의 모든 점의 조도는 다음과 같다.

$$E = \frac{F}{A} = \frac{4\pi I}{4\pi R^2} = \frac{I}{R^2} \text{ [lx]} \tag{18}$$

즉, 구면상의 조도는 광원의 광도에 비례하고, 거리의 제곱에 반비례하는 것을 알 수 있다. 또한 점광원의 어느 방향의 광도가 I [cd]일 때, R [m]의 거리에 빛의 방향에 수직한 면상의 조도를 법선조도 E_n(法線照度, normal illumination)이라 하며 다음과 같이 나타낸다.

$$E_n = \frac{I}{R^2} \text{ [lx]} \tag{19}$$

따라서 이것을 조도의 역제곱의 법칙(逆二乘法則, inverse square law)이라 한다. 또한 광원이 면과 수평인 조도를 수평면조도(水平面照度, horizontal illumination), 광원이 면에 수직인

조도를 수직면조도(垂直面照度, vertical illumination)라 하며 다음과 같이 나타낸다.

$$E_h = E_n \cos\theta = \frac{I}{R^2}\cos\theta \ [\text{lx}]$$

$$E_v = E_n \sin\theta = \frac{I}{R^2}\sin\theta \ [\text{lx}] \tag{20}$$

(5) 휘도

광원을 바라볼 때 똑같은 광도를 가진 광원이라도 그것이 글로브(globe)를 씌웠을 때와 투명 전구를 볼 때와는 눈부심이 다르다. 이와 같이 광원의 빛나는 정도를 휘도(輝度, brightness)라 한다. 단위는 [cd/m^2]를 나타내는 니트(nit: nt) 및 [cd/cm^2]를 나타내는 스틸브(stilb: sb)가 사용되며, 단위면적 A [m^2]에 광도 I [cd]가 유입되면, 휘도 B [cd/m^2]는 다음과 같이 나타낸다.

$$B = \frac{I}{A} \ [\text{cd/m}^2] \tag{21}$$

(6) 조명 설계의 주요 인자

조명 설계의 주요 인자는 적당한 조도의 결정, 조명기구의 선택 및 배치의 결정, 조명률의 결정, 실지수의 결정, 감광보상률 또는 유지율의 결정, 광속의 결정, 광원의 크기 결정 등이며, 다음은 광속 보존의 법칙에 의하여 전등의 초기 광속을 나타낸다.

$$F = \frac{A \cdot E \cdot D}{N \cdot U} = \frac{A \cdot E}{N \cdot U \cdot M} \ [\text{lm}] \tag{22}$$

여기서, F : 매 광원의 초기 광속 [lm]

E : 작업면 상의 평균 조도 [lx]

A : 면적 [m^2]

U : 조명률

N : 광원의 수

$D\left(=\frac{1}{M}\right)$: 감광보상률

M : 유지율

(7) 좋은 조명의 조건

어떤 공간 또는 설비를 적절하게 조명하기 위해서는 다양한 요소를 고려해야 한다. 인체의 피로를 적게 하고 시각적 효과가 좋기 위해서는 다음과 같은 요소가 고려된다.

① 조도

우수한 조명기구를 선택하여 설치하더라도 충분한 조도가 확보되지 못하면 물체를 식별하기 어렵다. 일반적으로 조도의 크기는 고정된 값이 아니지만 대상물의 종류, 조명량 및 경제성 등을 고려하여 적용한다.

② 광속발산도 분포

인체의 시야 내에 광속발산도(光束發散度, luminous radiance)의 분포가 고르지 않으면 대상물을 보기가 힘들다. 이것은 광원을 직접 보는 경우에만 한정하지 않고, 보는 대상물과 그 주위와의 휘도 대비가 커도 이와 같은 일이 발생한다.

③ 현휘

현휘(glare)는 인체의 시야 내부로 광원이 들어와 어느 정도 피로감을 유발시키느냐를 나타내는 척도이며, 눈부심이라고도 한다. 물체를 정확하게 식별하기 위해서는 현휘가 없는 것이 좋다. 작업 대상물에 윤기가 있거나 윤기가 없어도 빛이 비스듬히 입사하면 정반사가 일어나 광원의 허상이 형성되어 물체를 식별하기 어렵게 된다.

④ 그늘

물체의 최명부와 최암부와의 광속발산도의 비가 2 : 1～6 : 1의 범위 사이에 있는 것이 좋다. 이것보다 적으면 평면적인 감각을 주고 크면 너무 뚜렷하게 보인다. 가장 입체적으로 보일 때는 3 : 1 정도이며, 손이나 머리에 의해서 진한 그늘이 생기게 된다. 그늘(sun shadow)이 없는 부드러운 조명은 자극이 없으므로 초기에는 좋지만 장시간 노출되면 권태감을 주어 작업 능률을 저하시키는 경향이 있다.

⑤ 광색

물체를 식별하기 위해서는 적절한 조도가 필요하다. 사무실에는 주로 형광등을 이용한 조명이 사용되며, 주택은 따뜻한 느낌을 주는 백열광원이 주로 사용된다. 광색(光色, light color)은 인간 활동의 심리적인 요소와 밀접한 것은 물론 업무의 효율 향상 및 제품 식별에도 중요한 요소이다.

⑥ 심리적 효과

물체를 조명할 때 직접조명을 하느냐 간접조명을 하느냐에 따라 심리적인 변화가 크게 발생한다. 직접조명은 물체의 식별이 편리하고 안정감을 준다. 그런데 시간이 지남에 따라 피로감이 증가되는 현상을 경험하게 된다. 간접조명은 물체를 조명할 때 천장 및 벽 등을 이용하여 물체를 간접적으로 밝혀주기 때문에 초기에는 안락함 및 차분함 등의 느낌이 있지만 장시간 노출되면 기분이 침체되고 우울감 등이 증가된다.

⑦ 미적 효과

조명기구의 미적 효과(미장, design)는 건축 양식과 조화를 이루어야 한다. 조명기구의 모양은 간결하고 미적 효과에 불필요한 장치가 없는 것이 좋다. 또한 그 배치도 기하학적으로 간결한 것이 일반적으로 우수한 제품이다. 실내의 색은 전체 설비 및 장치 등과 조화를 이루어야 하는데 가장 간단한 방법은 색의 종류를 일관성 있게 적용하고 반사율을 바꾸어 분위기를 다양하게 연출하는 것이다.

⑧ 경제성

조명기구는 효율이 좋고, 보수 및 관리가 쉬운 것이 좋다. 조명설계에서 비용은 가장 중요한 요소이므로 전체 계획에서 우위를 차지하고 있다. 조명 효율이 낮은 조명등기구의 선택은 관리 및 운용 등에 부담이 되므로 적절한 판단이 요구된다.

연습문제

문제 01 전선의 굵기를 결정하기 위한 요소를 제시하시오.

풀이 허용전류, 전압강하, 기계적 강도, 전력 손실, 경제성

문제 02 단상 2선식 선로에 20 [A]가 흐르고 있을 때 도체의 단면적이 10 [mm^2]이고, 선로의 길이가 100 [m]라면 전압강하는 얼마인가?

풀이 $e = V_s - V_r \cong \frac{35.6LI}{1,000A}$ [V]이므로 $e = \frac{35.6LI}{1,000A} = \frac{35.6 \times 100 \times 20}{1,000 \times 10} = 7.12$ [V]

문제 03 3상 3선식 선로에 120 [A]의 전류가 흐르고 있을 때 도체의 단면적이 100 [mm^2]이고, 선로의 길이가 1,000 [m]라면 전압강하는 얼마인가?

풀이 $e = V_s - V_r \cong \frac{30.8LI}{1,000A}$ [V]이므로 $e = \frac{30.8LI}{1,000A} = \frac{30.8 \times 1,000 \times 120}{1,000 \times 100} = 36.96$ [V]

문제 04 3상 4선식 선로에 60 [A]의 전류가 흐르고 있을 때 도체의 단면적이 100 [mm^2]이고, 선로의 길이가 2,000 [m]라면 전압강하는 얼마인가?

풀이 $e = V_s - V_r \cong \frac{17.8LI}{1,000A}$ [V]이므로 $e = \frac{17.8LI}{1,000A} = \frac{17.8 \times 2,000 \times 60}{1,000 \times 100} = 21.36$ [V]

문제 05 전동기의 용량 산정에 고려할 사항을 제시하시오.

풀이 ① 부하 토크 및 속도 특성에 적합한 것
② 용도에 알맞은 기계적 형식의 것
③ 운전 형식에 적당한 정격 및 냉각방식의 것
④ 사용 장소의 상황에 알맞은 보호방식의 것
⑤ 신뢰성이 높고, 운전비가 저렴한 것
⑥ 표준 출력을 생산할 수 있는 것

문제 **06** 어떤 건물에서 1분에 2 [m³]의 물을 높이 5 [m]의 물탱크로 양수하려면 펌프용 전동기의 용량 [kW]은 얼마인가? 단, 펌프의 설계 오차 등을 고려한 비례상수(K)는 1.2, 펌프의 효율(η_p)는 0.7이다.

풀이 펌프의 효율(η_p), 펌프의 설계 오차 등을 고려한 비례상수(K)를 반영한 펌프용 전동기의 용량 P_p [kW]는 다음과 같이 나타낸다.

$$P_p = \frac{Q \times H \times K}{6.12 \times \eta_p} = \frac{2 \times 5 \times 1.2}{6.12 \times 0.7} \fallingdotseq 2.8\ [\mathrm{kW}]$$

여기서, Q : 양수량 [m³/min], H : 총양정 [m], η_p : 펌프의 효율, K : 펌프의 설계 오차 등을 고려한 비례상수

문제 **07** 어떤 설비에 풍량 20 [m³/min]으로 불어 넣기 위해서 풍압을 2 [atm]으로 유지할 때 송풍기용 전동기의 용량 [kW]는 얼마인가? 단, 비례상수(K)는 1.2이며, 송풍기 효율(η_w)은 0.6이다.

풀이 기체가 유동할 때는 그 질량이 작으므로 위치에너지는 일반적으로 무시되므로 송풍기용 전동기의 용량 P_w [kW]은 다음과 같이 나타낸다.

$$P_w = \frac{Q_w \times H_w \times K}{6{,}120 \times \eta_w} = \frac{20 \times (760 \times 2) \times 1.2}{6{,}120 \times 0.6} \fallingdotseq 10\ [\mathrm{kW}]$$

여기서, Q_w : 풍량 [m³/min], H_w : 풍압 [mmHg], K : 비례상수, η_w : 송풍기 효율

문제 **08** 5층 건물에 설치된 적재중량 1,000 [kg]의 엘리베이터의 승강속도를 60 [m/min]으로 유지하려면 엘리베이터용 전동기의 용량 P_e [kW]은 얼마인가? 단, 추의 계수(β)는 0.5, 권상기의 효율(η_e)는 0.6이다.

풀이 엘리베이터용 전동기의 용량 P_e [kW]는 정격속도와 부하로 운전되는 설비이므로 다음과 같이 나타낸다.

$$P_e = \frac{9.8 \times L_e \times V_e \times \beta}{6.12 \times \eta_e} \times 10^{-3} = \frac{9.8 \times L_e \times V_e \times \beta}{6{,}120 \times \eta_e} = \frac{9.8 \times 1{,}000 \times 60 \times 0.5}{6{,}120 \times 0.6} \fallingdotseq 80\ [\mathrm{kW}]$$

여기서, L_e : 적재 하중 [kg], V_e : 엘리베이터의 정격 속도 [m/min], β : 추의 계수, η_e : 권상기의 효율

문제 **09** 권상 하중 10 [T], 15 [m/min]의 속도로 물체를 끌어 올리는 권상기용 전동기의 용량 [kW]을 구하시오. 단, 전동기를 포함한 기중기의 효율은 60 [%]이다.

풀이 권상기용 전동기의 용량 P_l [kW]은 정격속도와 부하하중에 의해서 동력이 결정되므로 다음과 같이 나타낸다.

$$P_l = \frac{9.8 \times W_l \times V_l}{\eta_l} = \frac{W_l \times V_l}{6.12 \times \eta_l} = \frac{10 \times 15}{6.12 \times 0.6} \fallingdotseq 41 \text{ [kW]}$$

여기서, W_l : 권상 하중 [T], V_l : 권상 속도 [m/min], η_l : 권상기의 효율

문제 **10** 그림 1과 같은 전기설비에 적용되는 전력용 콘덴서 및 주변기기의 기기명을 제시하시오.

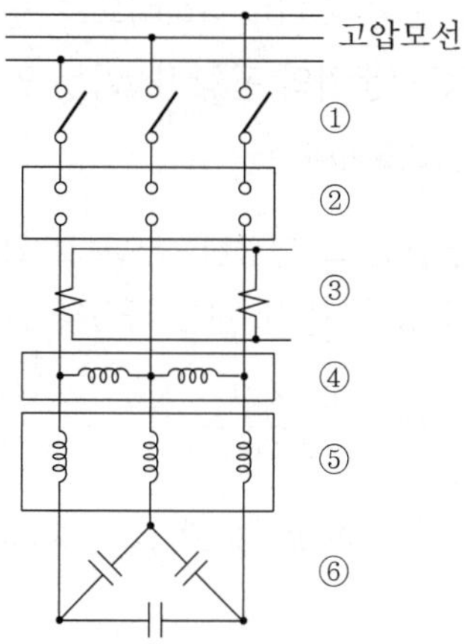

■ **그림 1** 전력용 콘덴서 및 주변기기

풀이 ① 단로기(DS), ② 유입차단기(OCB), ③ 변류기(CT), ④ 방전코일(DC), ⑤ 직렬리액터(SR), ⑥ 전력용 콘덴서(SC)

문제 **11** 어떤 전력설비에서 유효전력이 1,000 [kW]이고, 역률이 0.6이다. 이 설비의 성능 개선을 통해서 역률을 0.8로 향상시켰을 때 콘덴서의 용량 [kVA]은 얼마를 적용한 것인가?

풀이 전력설비의 역률 개선을 위해 적용되는 전력용 콘덴서의 용량 산출은 다음과 같이 나타낸다.

$$Q_c = P\left(\frac{\sin\theta_1}{\cos\theta_1} - \frac{\sin\theta_2}{\cos\theta_2}\right) = 1{,}000 \times \left(\frac{\sqrt{1-(0.6)^2}}{0.6} - \frac{\sqrt{1-(0.8)^2}}{0.8}\right) \fallingdotseq 583 \text{ [kVA]}$$

여기서, Q_c : 콘덴서의 용량 [kVA]

P : 유효 전력 [kW]

$\cos\theta_1$: 개선 전 역률

$\cos\theta_2$: 개선 후 역률

$\sin\theta_1$: 개선 전 무효율($\sin\theta_1 = \sqrt{1-\cos^2\theta_1}$)

$\sin\theta_2$: 개선 후 무효율($\sin\theta_2 = \sqrt{1-\cos^2\theta_2}$)

문제 **12** 절연 종별에 따른 최고허용온도를 제시하시오.

풀이

절연의 종류	Y	A	E	B	F	H	200	220	250
최고허용온도 [℃]	90	105	120	130	155	180	200	220	25 [℃] 간격으로 규정

문제 **13** 조명설비를 적용하기 위해서는 조명 공간의 크기, 용도 등에 따라 적정한 조도가 결정되면 조명기구를 선택하는데 있어서 고려할 주요 사항은 무엇인가?

풀이 ① 직사 현휘(눈부심)가 없을 것

② 반사 현휘를 적게 할 것

③ 필요한 조명률을 고려할 것

④ 수직면이나 경사면의 조도가 적당할 것

⑤ 진한 그늘이 없을 것

⑥ 보수가 용이할 것

⑦ 유지가 용이할 것

문제 **14** 공급 전압 110 [V]의 백열전구가 있다. 평균 수평 광도가 200 [cd]일 때 전구의 전광속 [lm]은 얼마인가?

풀이 $F = 4\pi I = 4 \times 3.14 \times 200 = 2{,}512$ [lm]

문제 **15** 어떤 조명설비의 광원이 150 [lm]으로 발산하고 있다. 이 광원을 이용하여 2시간 동안 조명을 하였다면 이 때 발산된 광량 [lm·hr]은 얼마인가?

풀이 $F = \dfrac{Q}{t}$ [lm] 또는 $Q = F \cdot t$ [lm·hr]이므로

$Q = F \cdot t = 150 \times 2 = 300$ [lm·hr]

문제 16 어떤 점광원의 광도가 150 [cd]일 때 하방향 1 [m] 되는 곳에서의 조도 [lx]는?

풀이 $E = \frac{F}{A} = \frac{4\pi I}{4\pi r^2} = \frac{I}{r^2} = \frac{150}{1^2} = 150$ [lx]

여기서, E [lx] : 조도, F [lm] : 광속, A [m^2] : 단면적

문제 17 면적이 70×70 [cm^2]인 완전 확산성 유리판의 바로 아래에서 측정된 광도가 490 [cd]이었다면 이때의 휘도 [sb]는 얼마인가?

풀이 $B = \frac{I}{A} = \frac{490}{70 \times 70} = 0.1$ [cd/cm^2]

문제 18 가로 10 [m], 세로 20 [m]인 연구실에서 평균 조도 300 [lx]를 얻고자 한다. 형광등 1개의 전력은 40 [W]이며, 전광속은 2,500 [lm]이었다면 형광등은 몇 개가 필요한가? 단, 조명률은 0.5, 감광보상률 1.25이다.

풀이 $F = \frac{A \cdot E \cdot D}{N \cdot U} = \frac{A \cdot E}{N \cdot U \cdot M}$에서

$N = \frac{A \cdot E \cdot D}{F \cdot U} = \frac{(10 \times 20) \times 300 \times 1.25}{2{,}500 \times 0.5} = 60$개

여기서, F [lm] : 매 광원의 초기 광속, E [lx] : 작업면 상의 평균 조도,

A [m^2] : 면적, U : 조명률, N : 광원의 수, $D\left(= \frac{1}{M}\right)$: 감광보상률,

M : 유지율

Chapter 04

배선공사 및 전로의 절연

1. 합성수지관 공사

합성수지관(合成樹脂管, rigid poly-vinyl conduit wiring)은 폴리염화비닐로 만든 것으로 금속관에 비해 내부식성, 절연성 등이 우수하며, 재료가 가볍기 때문에 가격이 저렴하다. 그러나 열에 약하고 충격 및 압력에 대한 강도가 떨어진다.

(1) 합성수지관의 특성

① 중량이 가볍고 시공이 편리하다.

② 화학공장과 같이 부식성 가스 또는 용액이 발생하는 곳에 유리하다.

③ 방수 및 전기 절연 성능이 우수하다.

④ 비자성체이므로 교류의 왕복선을 반드시 같이 넣을 필요가 없다.

⑤ 대량 생산이 가능하여 가격이 저렴하다.

⑥ 용융점이 500 [℃]이므로 열 및 화염의 공격에 취약하다.

⑦ 기계적 충격 및 중량물에 의한 압력에 취약하다.

(2) 합성수지관의 옥내배선

① 전선은 절연전선(옥외용 비닐절연전선을 제외한다)일 것

② 전선은 연선일 것. 다만, 다음의 것은 적용하지 않는다.

가. 짧고 가는 합성수지관에 넣은 것

나. 단면적 10 [mm^2](알루미늄 전선은 단면적 16 [mm^2]) 이하의 것

③ 전선은 합성수지관 안에서 접속점이 없도록 할 것

④ 중량물의 압력 또는 현저한 기계적 충격을 받을 우려가 없도록 시설할 것

⑤ 이중천장(반자 속 포함) 내에는 시설할 수 없다.

(3) 합성수지관 공사에 사용하는 합성수지관 및 박스 기타 부속품

① 합성수지제의 전선관 및 박스 기타의 부속품은 기준에 적합한 것일 것. 다만, 부속품 중 금속제의 박스 및 분진방폭형(粉塵防爆型) 플렉시블 피팅은 그렇지 않다.

② 관의 끝부분 및 안쪽 면은 전선의 피복을 손상하지 않도록 매끈한 것일 것

③ 관(합성수지제가요관 및 콤바인 덕트관은 제외한다)의 두께는 2 [mm] 이상일 것. 다만, 전개된 장소 또는 점검할 수 있는 은폐된 장소로서 건조한 장소에 사람이 접촉할 우려가 없도록 시설한 경우(옥내배선의 사용전압이 400 [V] 미만인 경우에 한한다)에는 그렇지 않다.

(4) 합성수지관 및 부속품의 시설

① 관 상호 간 및 박스와는 관을 삽입하는 깊이를 관의 바깥지름의 1.2배(접착제를 사용하는 경우에는 0.8배) 이상으로 하고 또한 꽂음 접속에 의하여 견고하게 접속할 것

② 관의 지지점 간의 거리는 1.5 [m] 이하로 하고, 또한 그 지지점은 관의 끝·관과 박스의 접속점 및 관 상호 간의 접속점 등에 가까운 곳에 시설할 것

③ 습기가 많은 장소 또는 물기가 있는 장소에 시설하는 경우에는 방습 장치를 할 것

④ 합성수지관을 금속제의 박스에 접속하여 사용하는 경우 또는 232.11.2의 1의 단서에 규정하는 분진방폭형 가요성 부속을 사용하는 경우에는 박스 또는 분진방폭형 가요성 부속에 211과 140에 준하여 접지공사를 할 것. 다만, 사용전압이 400 [V] 이하로서 다음 중 어느 하나에 해당할 경우에는 그렇지 않다.

가. 건조한 장소에 시설하는 경우

나. 옥내배선의 사용전압이 직류 300 [V] 또는 교류 대지 전압이 150 [V] 이하로서 사람이 쉽게 접촉할 우려가 없도록 시설하는 경우

⑤ 합성수지관을 풀박스에 접속하여 사용하는 경우에는 '①'의 규정에 준하여 시설할 것. 다만, 기술상 부득이한 경우에 관 및 풀박스를 건조한 장소에서 불연성의 조영재에 견고하게 시설할 때에는 그렇지 않다.

⑥ 콤바인 덕트관은 직접 콘크리트에 매입(埋入)하여 시설하거나 옥내 전개된 장소에 시설하는 경우 이외에는 불연성 마감재 내부, 전용의 불연성 관 또는 덕트에 넣어 시설할 것

⑦ 합성수지제 휨(가요) 전선관 상호 간은 직접 접속하지 말 것

(5) 관의 호칭 및 종류

합성수지관의 굵기는 관 안지름의 크기에 가까운 짝수를 [mm]로 나타내며, 1본의 표준길이는 4 [m]이다. 표 3-4-1은 경질 비닐 전선관의 호칭 규격을 나타낸 것이다.

● 표 3-4-1 경질 비닐 전선관의 호칭 규격

관의 호칭 [mm]	바깥지름 [mm]	두께 [mm]	안지름 [mm]	무게 [kg/m]
8	11	1.2	8.6	-
12	14	2.0	11.6	-
14	18	2.0	14	0.141
16	22	2.0	18	0.176
22	26	2.0	22	0.211
28	34	3.0	28	0.409
36	42	3.5	35	0.592
42	48	3.5	41	0.685
54	60	4.0	52	0.985
70	76	4.5	67	1.415
82	89	5.5	78	2.020
100	114	7.0	100	-

(6) 경질 비닐관의 부속품 및 지지

경질 비닐관의 부속품은 전기용품에 관한 법률을 적용 받는 경질 비닐관용을 사용해야 한다. 부속품의 종류는 그림 3-4-1과 같다.

그림 3-4-2는 합성수지 배관의 지지거리 및 설치 형태를 나타낸 것이다. 배관의 지지점 사이의 거리는 1,500 [mm] 이하로 하고, 관과 관, 관과 박스의 접속점 및 관 끝은 각각 300 [mm] 이내에 지지한다. 가는 전선관의 지지점 사이의 거리는 800～1,200 [mm]가 적당하다. 옥외에 설치하는 경우 온도차가 큰 장소에 노출 배관을 할 때에는 12～20 [m]마다 신축 커플링(3C)을 사용한다. 신축되는 부분은 접착제를 사용하지 않는다.

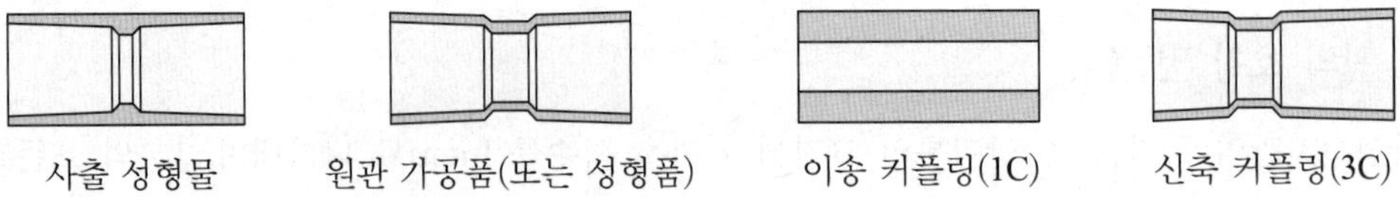

(a) 커플링

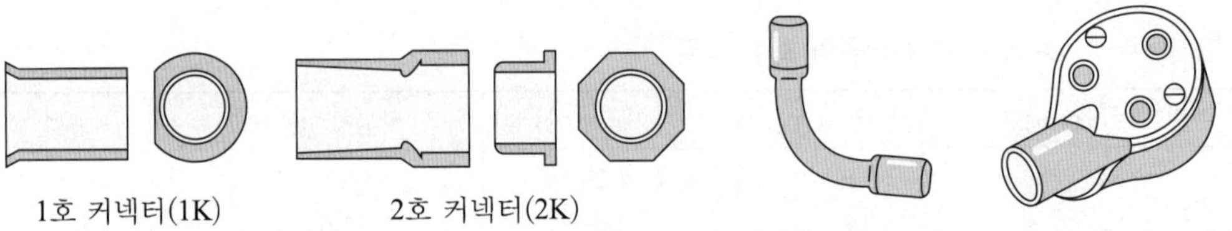

(b) 커넥터 (c) 노멀 밴드 (d) 엔트랜스 캡

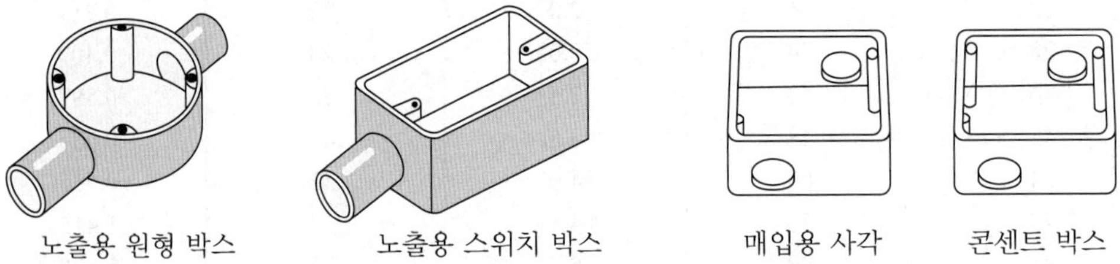

(e) 박스류

■ **그림 3-4-1 합성수지관의 부속품**

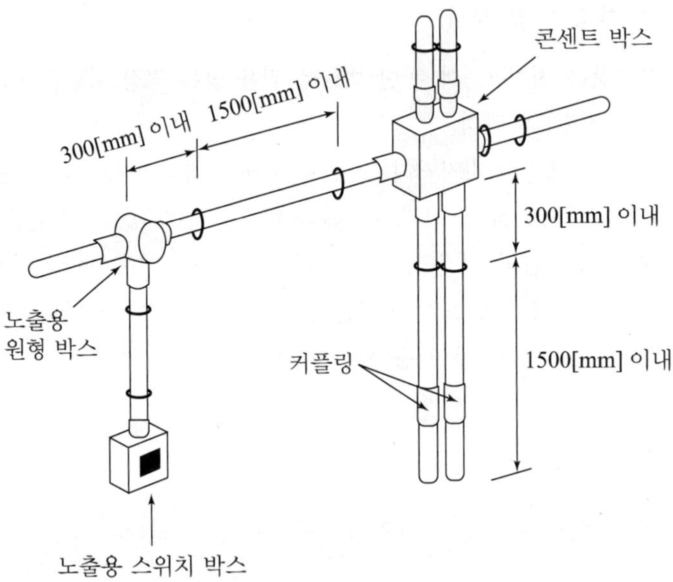

(a) 합성수지 배관의 지지거리

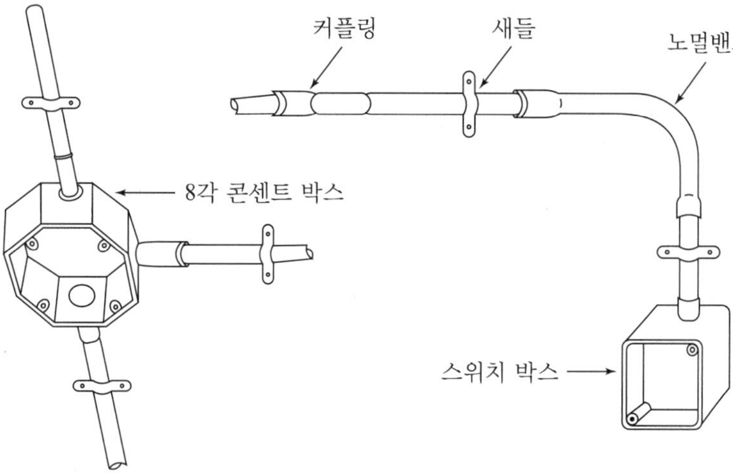

(b) 합성수지관의 설치 형태

■ **그림 3-4-2** 합성수지 배관의 지지거리 및 설치 형태

2. 금속관 공사

금속관 공사(金屬管 工事, rigid metal conduit wiring)에는 금속관을 조영재 표면에 따라 노출하여 부설하는 노출공사, 콘크리트 속에 매입하는 은폐공사, 2중 천장 속에 배관하는 은폐공사 등이 있다. 어떤 경우이든 관속에 전선을 넣어 보호하는 것이며 시설장소의 제한 없이 널리 사용된다.

(1) 금속관의 특징

① 전선이 기계적으로 잘 보호된다.
② 단락 및 접지 사고 등이 발생했을 때 화재 발생가능성이 낮다.
③ 금속관이 도체이므로 접지사고가 발생했을 때 감전사고의 위험이 있다.
④ 방습장치가 된 금속관의 경우 물기가 있는 곳에서 사용이 가능하다.
⑤ 배관과 배선을 별도로 시설하므로 전선의 절연 피복 손상이 적다.
⑥ 전선의 교체 및 수리가 용이하다.

(2) 금속관의 옥내배선

① 전선은 절연전선(옥외용 비닐절연전선은 제외한다)일 것

② 전선은 연선일 것. 다만, 다음의 것은 적용하지 않는다.

가. 짧고 가는 금속관에 넣은 것

나. 단면적 10 [mm^2](알루미늄 전선은 단면적 16 [mm^2]) 이하의 것

③ 전선은 금속관 안에서 접속점이 없도록 할 것

(3) 금속관 공사에 사용하는 금속관과 박스 기타의 부속품

① 기준에 적합한 금속제의 전선관(가요전선관은 제외한다) 및 금속제박스 기타의 부속품 또는 황동이나 동으로 견고하게 제작한 것일 것

② 관의 두께는 다음에 의할 것

가. 콘크리트에 매설하는 것은 1.2 [mm] 이상

나. '가.' 이외의 것은 1 [mm] 이상. 다만, 이음매가 없는 길이 4 [m] 이하인 것을 건조하고 전개된 곳에 시설하는 경우에는 0.5 [mm]까지로 감할 수 있다.

③ 관의 끝부분 및 안쪽 면은 전선의 피복을 손상하지 않도록 매끈한 것일 것

(4) 금속관과 기타의 부속품

① 관 상호 간 및 관과 박스 기타의 부속품과는 나사접속 기타 이와 동등 이상의 효력이 있는 방법에 의하여 견고하고 또한 전기적으로 완전하게 접속할 것

② 관의 끝 부분에는 전선의 피복을 손상하지 않도록 적당한 구조의 부싱을 사용할 것. 다만, 금속관공사로부터 애자사용공사로 옮기는 경우에는 그 부분의 관의 끝부분에는 절연부싱 또는 이와 유사한 것을 사용해야 한다.

③ 습기가 많은 장소 또는 물기가 있는 장소에 시설하는 경우에는 방습 장치를 할 것

④ 관에는 211과 140에 준하여 접지공사를 할 것. 다만, 사용전압이 400 [V] 이하로서 다음 중 하나에 해당하는 경우에는 그렇지 않다.

가. 관의 길이(2개 이상의 관을 접속하여 사용하는 경우에는 그 전체의 길이를 말한다. 이하 같다)가 4 [m] 이하인 것을 건조한 장소에 시설하는 경우

나. 옥내배선의 사용전압이 직류 300 [V] 또는 교류 대지 전압 150 [V] 이하로서 그 전선을 넣는 관의 길이가 8 [m] 이하인 것을 사람이 쉽게 접촉할 우려가 없도록 시설하는 경우 또는 건조한 장소에 시설하는 경우

⑤ 금속관을 금속제의 풀박스에 접속하여 사용하는 경우에는 '①'의 규정에 준하여 시설해야 한다. 다만, 기술상 부득이한 경우에는 관 및 풀박스를 건조한 곳에서 불연성의 조영재에 견고하게 시설하고 또한 관과 풀박스 상호 간을 전기적으로 접속하는 때에는 그렇지 않다.

(5) 관의 호칭 및 종류

금속관의 종류에는 박강 금속관(薄鋼 金屬管), 후강 금속관(厚鋼 金屬管), 알루미늄 금속관 등이 있으며, 일반적으로 안전율이 높게 요구되는 곳에는 후강 금속관을 주로 사용한다. 후강 전선관은 안지름에 가까운 짝수를 [mm]로 호칭하며, 박강 전선관은 바깥지름에 가까운 홀수를 [mm]로 호칭한다. 표 3-4-2는 금속전선관의 호칭 규격을 나타낸다.

● 표 3-4-2 금속전선관의 호칭 규격

종 류	관의 호칭 [mm]	바깥지름 [mm]	두께 [mm]	비 고
후강 전선관	16	21.0	2.3	호칭은 안지름으로 표시
	22	26.5	2.3	
	28	33.3	2.5	
	36	41.9	2.5	
	42	47.8	2.5	
	54	59.6	2.8	
	70	75.2	2.8	
	82	87.9	2.8	
	92	100.7	3.5	
	104	113.4	3.5	
박강 전선관	15	15.9	1.2	호칭은 바깥지름으로 표시
	19	19.1	1.6	
	25	25.4	1.6	
	31	31.8	1.6	
	39	38.1	1.6	
	51	50.8	1.6	
	63	63.5	2.0	
	75	76.2	2.0	

(6) 금속전선관의 부속품 및 지지

금속전선관을 접속함에 접속하기 위해서는 로크너트(lock nut) 1개를 먼저 끼우되 로크너트의 움푹한 면이 접속함 쪽으로 한다. 금속관을 접속함의 녹아웃 구멍에 끼운 다음 로크너트를 끼우고 부싱을 로크너트에 밀착되도록 고정한다. 그리고 녹아웃 구멍이 금속관보다 클 때에는 링리듀서(ring reducer)를 양쪽에 끼워서 견고하게 고정한다.

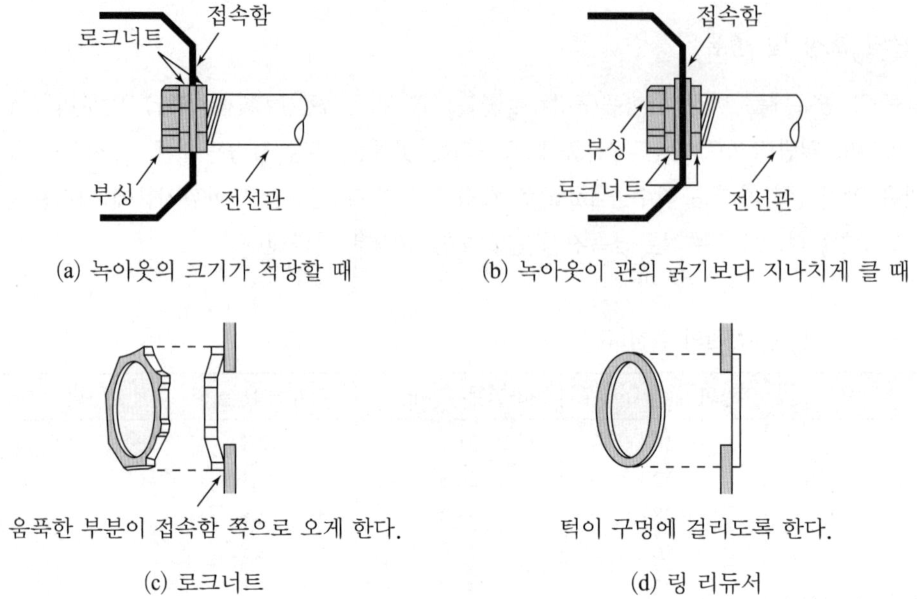

(a) 녹아웃의 크기가 적당할 때

(b) 녹아웃이 관의 굵기보다 지나치게 클 때

(c) 로크너트

(d) 링 리듀서

■ **그림 3-4-3** 금속전선관과 접속함의 접속 형태

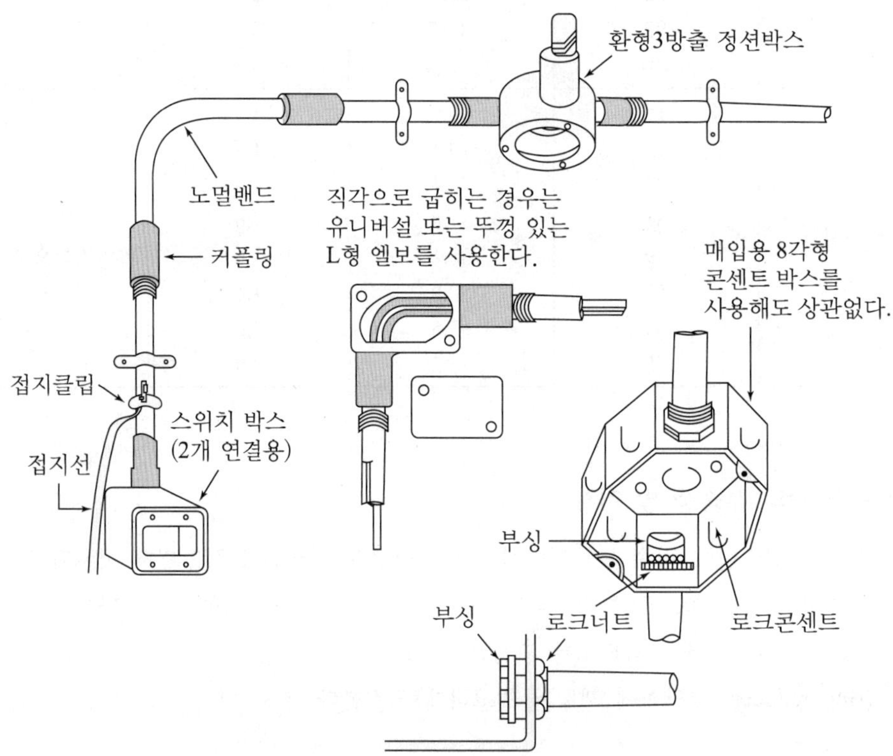

■ **그림 3-4-4** 금속전선관의 노출 공사 예

● **표 3-4-3** 금속관 공사에 사용되는 부품의 외형 및 설명

명 칭	외 형	설 명
부싱 (bushing)		전선의 절연피복을 보호하기 위하여 금속관 끝에 취부하여 사용되는 부품
유니언 커플링 (union coupling)		금속전선관 상호간을 접속하는데 사용되는 부품(관이 고정되어 있을 때)
로크너트 (locknut)		금속관과 박스를 접속할 때 사용하는 재료로 최소 2개를 사용한다.
리머 (reamer)		금속관 말단의 모를 다듬기 위한 기구
파이프 커터 (pipe cutter)		금속관을 절단하는 기구
노멀 벤드 (normal bend)		매입배관공사를 할 때 직각으로 굽히는 곳에 사용하는 부품
유니버셜 엘보 (universal elbow)	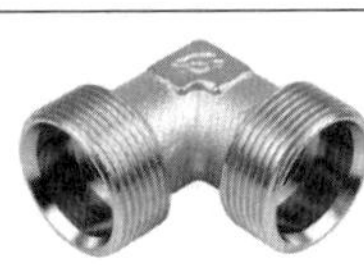	노출배관공사를 할 때 관을 직각으로 굽히는 곳에 사용하는 부품
링 리듀서 (ring reducer)	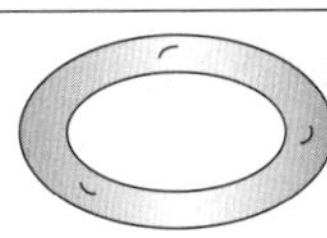	금속관을 콘센트 박스에 로크너트만으로 고정하기 어려울 때 보조적으로 사용되는 부품
커플링 (coupling)		금속전선관 상호간을 접속하는데 사용되는 부품(관이 고정되어 있지 않을 때)
새들 (saddle)		관을 지지하는데 사용하는 재료

그림 3-4-3은 금속전선관과 접속함의 접속 형태를 나타낸다. 그리고 공장, 건물, 창고, 기계실 등에 금속전선관을 노출 배관 공사를 할 때 전선의 접속이나 배관의 분기 장소에는 박스를 사용한다. 또한 노출 배관은 미관과 안전성을 고려하여 수직이나 수평 등으로 시공하고 대각선 형태로 시공하지 않는다. 그림 3-4-4는 금속관을 이용하여 노출 배관 공사를 한 예를 나타낸 것이며, 표 3-4-3은 금속관 공사에 사용되는 부품의 명칭 및 외형을 나타낸다.

3. 가요전선관 공사

가요전선관(可撓電線管, flexible conduit wiring)은 자유롭게 굽힐 수 있어 금속관 배선 대신에 시설할 수 있다. 배관의 굴곡이 자유롭고 길이가 길어서 부속품의 종류가 적게 드는 관계로 작업의 능률이 우수하다.

(1) 가요전선관의 종류

① 1종 가요전선관

1종 가요전선관(first-class flexible conduit wiring)은 아연 도금한 연강대를 세로 방향으로 파상으로 형성하고 나선형으로 감을 때 반폭씩 겹쳐서 나선 모양으로 만들어 자유로이 구부리게 된 전선관이다.

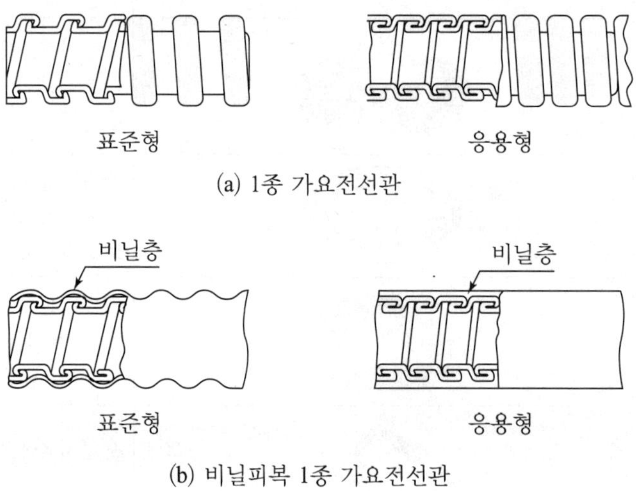

■ 그림 3-4-5 1종 가요전선관의 형태 및 명칭

건조하고 전개된 장소 또는 건조하고 점검할 수 있는 은폐장소에 한하여 시설할 수 있다. 또한 400 [V] 이상인 경우에는 전동기에 접속하는 부분에 한하여 사용할 수 있으며, 그림 3-4-5는 1종 가요전선관의 형태 및 명칭을 나타낸다.

② 2종 가요전선관

2종 가요전선관(second-class flexible conduit wiring)은 아연 도금한 강대 - 강대 - 파이버를 3중으로 겹친 가요관으로 1종보다 기계적 강도 및 내수성 등이 우수하므로 시설장소 및 사용 전압에 제한을 받지 않고 콘크리트 내부의 매입 배선으로도 사용한다. 그림 3-4-6은 2종 가요전선관의 형태 및 명칭을 나타낸다.

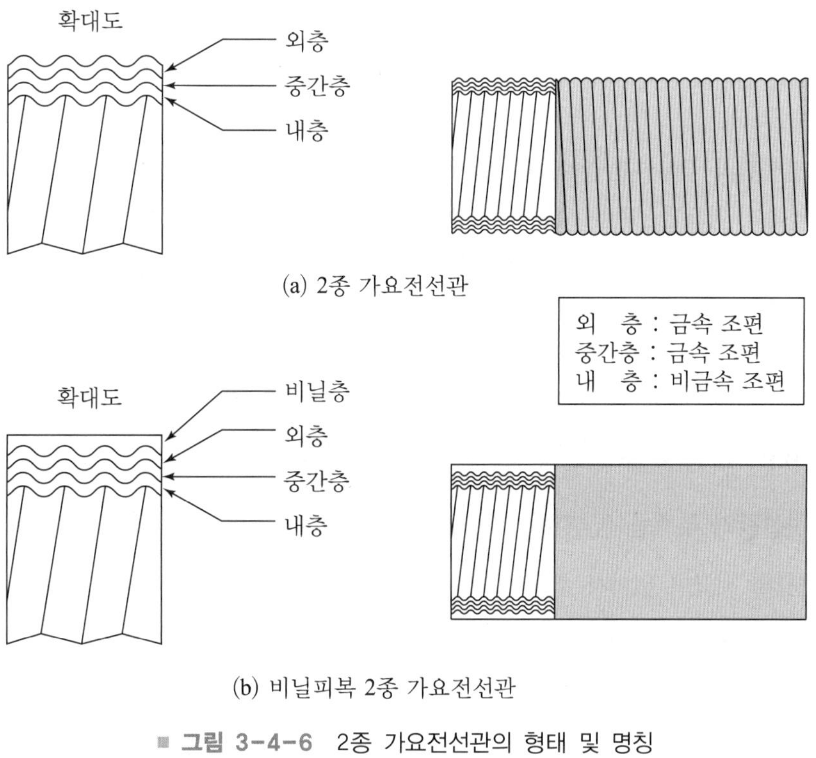

■ 그림 3-4-6 2종 가요전선관의 형태 및 명칭

(2) 가요전선관의 옥내배선

① 전선은 절연전선(옥외용 비닐절연전선은 제외한다)일 것

② 전선은 연선일 것. 다만, 단면적 10 [mm^2](알루미늄 전선은 단면적 16 [mm^2]) 이하인 것은 그렇지 않다.

③ 가요전선관 안에는 전선에 접속점이 없도록 할 것

④ 가요전선관은 2종 금속제 가요전선관일 것. 다만, 전개된 장소 또는 점검할 수 있는 은폐된 장소로서 건조한 장소에서 사용하는 것(옥내배선의 사용전압이 400 [V] 이상인 경우에는 전동기에 접속하는 부분으로서 가요성을 필요로 하는 부분에 사용하는 것에 한한다)은 그렇지 않다.

(3) 가요전선관 공사에 사용하는 가요전선관 및 박스 기타의 부속품

① 기준에 적합한 금속제 가요전선관 및 박스 기타의 부속품일 것
② 1종 금속제 가요전선관은 두께 0.8 [mm] 이상인 것일 것
③ 안쪽 면은 전선의 피복을 손상하지 않도록 매끈한 것일 것

(4) 가요전선관 및 박스 기타의 부속품

① 관 상호 간 및 관과 박스 기타의 부속품과는 견고하고 또한 전기적으로 완전하게 접속할 것
② 가요전선관의 끝부분은 피복을 손상하지 않는 구조로 되어 있을 것
③ 2종 금속제 가요전선관을 사용하는 경우에 습기 많은 장소 또는 물기가 있는 장소에 시설하는 때에는 비닐 피복 2종 가요전선관일 것
④ 1종 금속제 가요전선관에는 단면적 2.5 [mm^2] 이상의 나연동선을 전체 길이에 걸쳐 삽입 또는 첨가하여 그 나연동선과 1종 금속제 가요전선관을 양쪽 끝에서 전기적으로 완전하게 접속할 것. 다만, 관의 길이가 4 [m] 이하인 것을 시설하는 경우에는 그렇지 않다.
⑤ 가요전선관 공사는 211과 140에 준하여 접지공사를 할 것

(5) 가요전선관의 부속품 및 지지

가요전선관의 시공에 있어서 필요한 재료는 노출박스, 콤비네이션 커플링, 새들, 콘센트 박스, 로크너트, 부싱, 접지선 등이 있다. 그림 3-4-7은 1종 가요전선관의 배선 및 주요 명칭을 나타낸다.

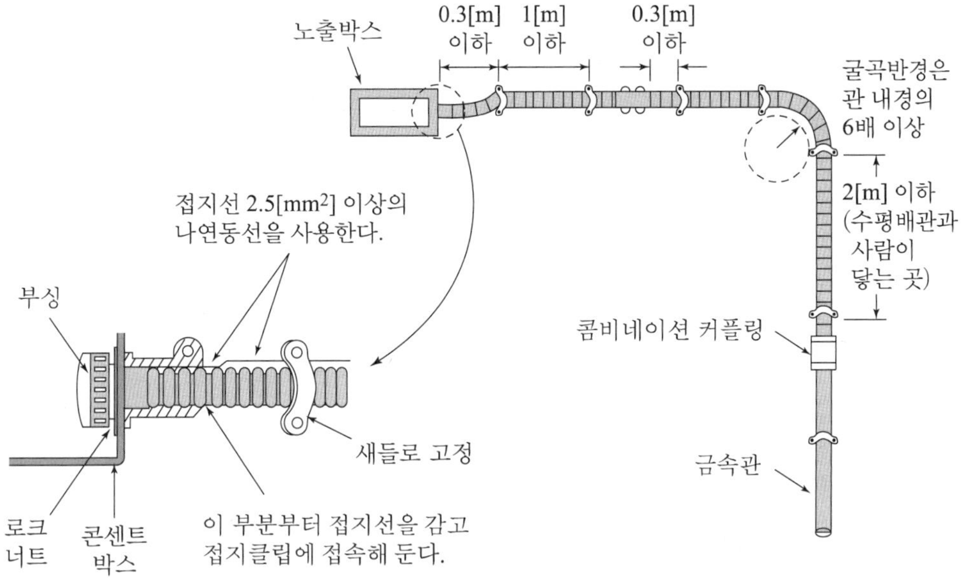

■ **그림 3-4-7** 1종 가요전선관의 배선 및 주요 명칭

4. 배선설비의 공사방법

4.1 전선 및 케이블의 구분에 따른 배선설비의 공사방법

전선 및 케이블의 종류에 따른 배선설비의 설치방법(KEC 232.2)은 표 3-4-4를 따른다. 배선은 나전선, 절연전선, 케이블 등으로 분류되고 설치방법에 따라 사용 여부를 분류하였다.

● 표 3-4-4 전선 및 케이블의 구분에 따른 배선설비의 공사방법

전선 및 케이블		설치방법							
		비고정	직접 고정	지지선	전선관	케이블트렁킹 (몰드형, 바닥 매입형 포함)	케이블 덕트	케이블트레이 (래더, 브래킷 등 포함)	애자 사용
나전선		−	−	−	−	−	−	−	+
절연전선[b]		−	−	−	+	+[a]	+	−	+
케이블 (외장 및 무기질 절연물을 포함)	다심	+	+	+	+	+	+	+	0
	단심	0	+	+	+	+	+	+	0

\+ : 사용할 수 있다.
− : 사용할 수 없다.
0 : 적용할 수 없거나 실용상 일반적으로 사용할 수 없다.

a : 케이블트렁킹시스템이 IP4X 또는 IPXXD급의 이상의 보호 조건을 제공하고, 도구 등을 사용하여 강제적으로 덮개를 제거할 수 있는 경우에 한하여 절연전선을 사용할 수 있다.
b : 보호 도체 또는 보호 본딩 도체로 사용되는 절연전선은 적절하다면 어떠한 절연방법이든 사용할 수 있고 전선관시스템, 트렁킹시스템 또는 덕팅시스템에 배치하지 않아도 된다.

4.2 설치방법에 해당하는 배선방법의 종류

설치방법에 해당하는 배선방법의 종류(KEC 232.2 표 232.2-3)는 표 3-4-5를 따른다. 설치방법은 전선관시스템, 케이블트렁킹시스템, 케이블덕팅시스템, 애자공사, 케이블트레이시스템(래더, 브래킷 포함), 케이블공사 등으로 구분한다.

● 표 3-4-5 설치방법에 해당하는 배선방법의 종류

설치방법	배선방법
전선관시스템	합성수지관공사, 금속관공사, 가요전선관공사
케이블트렁킹시스템	합성수지몰드공사, 금속몰드공사, 금속덕트공사[a]
케이블덕팅시스템	플로어덕트공사, 셀룰러덕트공사, 금속덕트공사[b]
애자공사	애자공사
케이블트레이시스템 (래더, 브래킷 포함)	케이블트레이공사
케이블공사	고정하지 않는 방법, 직접 고정하는 방법, 지지선 방법

a : 금속 본체와 커버가 별도로 구성되어 커버를 개폐할 수 있는 금속덕트를 사용한 배선방법을 말한다.
b : 본체와 커버 구분 없이 하나로 구성된 금속덕트를 사용한 배선방법을 말한다.

4.3 시설 상태를 고려한 배선설비의 공사방법

시설 상태에 따른 배선설비의 설치방법은 KEC 232의 표 232.2-2를 따르며 이 표에 포함되어 있지 않는 케이블이나 전선의 다른 설치방법은 이 규정에서 제시된 요구사항을 충족할 경우에만 허용한다. 또한 표 232.2-2의 33, 40 등 번호는 KS C IEC 60364-5-52(전기기기의 선정 및 시공 - 배선설비) “부속서 A(설치방법)”에 따른 설치방법을 말한다. 표 3-4-6은 시설 상태를 고려한 배선설비의 공사방법을 나타낸 것이다.

● **표 3-4-6** 시설 상태를 고려한 배선설비의 공사방법

시설 상황		공사방법							
		케이블공사			전선관 시스템	케이블트렁킹 시스템 (몰드형, 바닥 매입형 포함)	케이블 덕팅 시스템	케이블트레이 시스템 (래더, 브래킷 등 포함)	애자 사용
		비고정	직접 고정	지지선					
건물의 빈 공간	접근 가능	40	33	0	41, 42	6, 7, 8, 9, 12	43, 44	30, 31, 32, 33, 34	−
	접근 불가	40	0	0	41, 42	0	43	0	0
케이블 채널		56	56	−	54, 55	0		30, 31, 32, 34	−
지중 매설		72, 73	0	−	70, 71	−	70, 71	0	−
구조체 매입		57, 58	3	−	1, 2, 59, 60	50, 51, 52, 53	46, 45	0	−
노출 표면에 부착		−	20, 21, 22, 23, 33	−	4, 5	6, 7, 8, 9, 12	6, 7, 8, 9	30, 31, 32, 34	36
가공/기중		−	33	35	0	10, 11	10, 11	30, 31, 32, 34	36
창틀 내부		16	0	−	16	0	0	0	−
문틀 내부		15	0	−	15	0	0	0	−
수중 1		+	+	−	+	−	+	0	−

+ : 제조자 지침에 따른다.
− : 사용할 수 없다.
0 : 적용할 수 없거나 실용상 일반적으로 사용할 수 없다.

4.4 배선설비 적용 시 고려사항

배선설비 적용 시 고려사항(KEC 232.3)은 표 3-4-7을 따른다. 회로 구성, 병렬접속, 전기적 접속, 교류회로의 전자기적 영향(맴돌이전류 방지), 하나의 다심케이블 속의 복수 회로, 화재의 확산 방지, 배선설비와 다른 공급 설비와의 접근 등으로 구분한다.

● 표 3-4-7 배선설비 적용 시 고려사항

구 분	배선방법
회로 구성	- 한 개의 회로 도체는 다른 다심케이블, 전선관, 케이블덕팅시스템 또는 케이블트렁킹시스템을 통해 배선 불가하다. - 여러 주회로에 공통 중성선을 사용할 수 없다.
병렬접속	- 병렬도체가 다심케이블, 트위스트 단심케이블 또는 절연전선인 경우 - 병렬도체가 비트위스트 단심케이블 또는 삼각형태 또는 직사각형 형태의 절연전선이고 단면적이 동선은 50 [mm^2], 알루미늄선은 70 [mm^2] 이하인 것 - 병렬도체가 비트위스트 단심케이블 또는 삼각형태 또는 직사각형 형태의 절연전선이고 단면적이 구리 50 [mm^2], 알루미늄선은 70 [mm^2]를 초과하는 것으로 이 형상에 필요한 특수 배치를 적용한 것. 특수한 배치법은 다른 상 또는 극의 적절한 조합과 이격으로 구성한다.
전기적 접속	- 도체 상호간 도체와 다른 기기와의 접속은 내구성이 있는 전기적 연속성이 있어야 하며, 적절한 기계적 강도와 보호를 갖추어야 한다.
교류회로의 전자기적 영향 (맴돌이전류 방지)	- 강자성체 안에 설치하는 교류회로의 도체는 보호도체를 포함하여 각 회로의 모든 도체를 동일한 외함에 수납하도록 시설해야 한다.
하나의 다심케이블 속의 복수 회로	- 모든 도체가 최대공칭전압에 대해 절연되어 있는 경우 동일한 케이블에 복수의 회로 구성이 가능하다.
화재의 확산방지	- 배선설비가 바닥, 벽, 지붕, 천장, 칸막이, 중공벽등 건축 구조부를 관통하는 경우, 배선설비가 통과한 후에 남는 개구부를 관통 전의 건축 구조 각 부재에 규정된 내화등급에 따라 밀폐한다. - 내화성능이 규정된 건축 구조부를 관통하는 배선설비는 외부를 밀폐할 뿐 아니라 관통 전의 각 부분의 내화등급 수준까지 내부도 밀폐해야 한다. 자소성으로 내부단면적이 710 [mm^2] 이하인 경우 적용 제외한다. 배선설비는 그 용도가 하중을 받는 건축 구조 부재를 관통해서는 안 된다. 다만 관통 후에도 그 부재가 하중에 견딘다는 것을 보증할 수 있는 경우는 제외한다.
배선설비와 다른 공급 설비와의 접근	- KS C IEC 60449에 따른 밴드 I과 밴드 II 전압 회로는 다음 중 어느 한 방법을 채택하지 않는 한 같은 배선설비 내에 수납하지 않는다.

4.5 화재의 확산방지대책

배선설비가 바닥, 벽, 지붕의 천장 등 건축 구조물을 관통하는 경우 배선설비가 통과한 후에 남는 개구부는 관통 전의 건축 구조 각 부재에 구정된 내화등급에 따라 밀폐해야 한다. 그림 3-4-8은 화재의 확산방지를 위한 시공 예를 나타낸 것이다. 관련 제품 표준에서 자소성으로 분류되고 최대 내부단면적이 710 [mm^2] 이하인 전선관, 케이블트렁킹, 및 케이블덕팅시스템은 내부 밀폐 대상에서 제외한다.

① 보호 등급 IP33에 관한 KS C IEC 60529(외곽의 방진 보호 및 방수 보호 등급)의 시험에 적합한 경우

② 관통하는 건축 구조체에 의해 분리된 구획의 하나 안에 있는 배선설비의 단말이 보호등급 IP33에 관한 KS C IEC 60529(외함의 밀폐 보호 등급 구분)의 시험에 합격한 경우

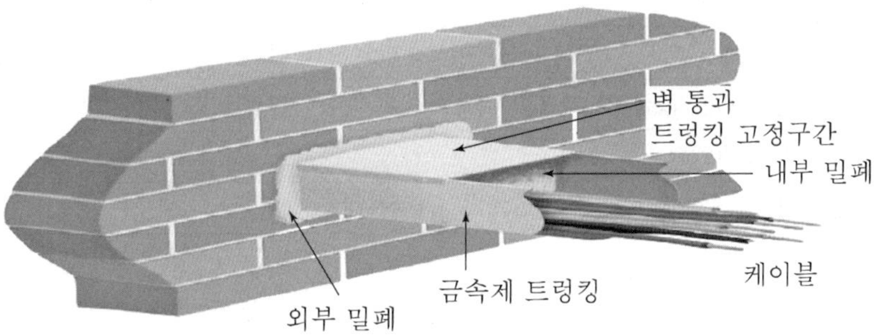

■ 그림 3-4-8 화재의 확산방지를 위한 시공 예

4.6 배선설비의 선정과 설치(시공)시 고려해야 할 외부영향

배선설비는 예상되는 모든 외부영향에 대한 보호(KEC 232.17)가 이루어져야 하며, 표 3-4-8을 따른다. 주위온도(AA), 외부 열원에 대한 대책, 물의 존재(AD) 또는 높은 습도(AB), 침입고형물의 존재(AE), 부식 또는 오염물질의 존재(AF), 충격(AG), 진동(AH), 식물, 곰팡이와 동물의 존재(AK), 동물의 존재(AL), 태양 방사(AN) 및 자외선 방사, 지진의 영향(AP), 바람(AR), 가공 또는 보관된 자재의 특성(BE), 건축물의 설계(CB), 그 밖의 기계적 응력(AJ) 등으로 구분한다.

● **표 3-4-8** 배선설비의 선정과 설치(시공)시 고려해야 할 외부영향

구 분	정 의
주위온도(AA)	최고허용온도 이하로 시공
외부 열원에 대한 대책	차폐, 이격, 국부적 강화 등
물의 존재(AD) 또는 높은 습도(AB)	결로, 물의 침입에 의한 대비
침입 고형물의 존재(AE)	고형물과 먼지의 침입 방지, 제거
부식 또는 오염물질의 존재(AF)	부식 또는 오염물질로 인한 부식이나 열화의 방지대책
충격(AG)	충격, 관통, 압축 등에 의한 손상 최소화 대책
진동(AH)	진동에 의한 배선설비의 지지와 고정 대책
식물, 곰팡이와 동물의 존재(AK)	폐쇄형 설비의 식물에 대한 이격거리, 정기적 청소
동물의 존재(AL)	장소의 선정, 기계적 보호장치 등
태양 방사(AN) 및 자외선 방사	자외선 회피 배선방법, 차폐 등
지진의 영향(AP)	내진 및 방진 설비, 가요성 고려
바람(AR)	진동 및 그 밖의 응력에 준하는 보호장치
가공 또는 보관된 자재의 특성(BE)	화재의 확산에 대한 최소화
건축물의 설계(CB)	
그 밖의 기계적 응력(AJ)	기계적 응력에 대한 대책

5. 전로의 절연 및 접지

5.1 전로의 절연

(1) 전로의 절연 대상

전기에너지를 공급하여 사용하는 전로가 대지로부터 충분히 절연되지 않으면 누설전류에 의한 감전사고, 전기화재 및 전기설비사고 등을 예방하는데 한계가 있다. 즉, 안전하게 전기를 부하에 공급하려면 사용 전압에 따른 전로는 대지로부터 충분히 절연해야 하며 대상은 다음과 같이 나타낸다.

① 저압전로에 접지공사를 하는 경우의 접지점

② 전로의 중성점에 접지공사를 하는 경우의 접지점

③ 계기용변성기의 2차측 전로에 접지공사를 하는 경우의 접지점
④ 저압 가공 전선이 특고압 가공 전선과 동일 지지물에 시설되는 부분에 접지공사를 하는 경우의 접지점
⑤ 중성점이 접지된 특고압 가공선로의 중성선에 다중 접지를 하는 경우의 접지점
⑥ 소구경관(小口經管, 박스를 포함한다)에 접지공사를 하는 경우의 접지점
⑦ 저압전로와 사용전압이 300 [V] 이하의 저압전로를 결합하는 변압기의 2차측 전로에 접지공사를 하는 경우의 접지점
⑧ 다음과 같이 절연할 수 없는 부분
가. 시험용 변압기, 전력선 반송용 결합 리액터, 전기울타리용 전원장치, 엑스선발생장치, 전기부식방지용 양극, 단선식 전기철도의 귀선 등 전로의 일부를 대지로부터 절연하지 않고 전기를 사용하는 것이 부득이한 것
나. 전기욕기(電氣浴器), 전기로, 전기보일러, 전해조 등 대지로부터 절연하는 것이 기술상 곤란한 것

(2) 전로의 절연저항과 절연내력

① 전기사용설비의 시설

전기사용 장소의 사용 전압이 저압인 전로의 전선 상호간 및 전로와 대지 사이의 절연저항은 개폐기 또는 과전류차단기로 구분할 수 있는 전로마다 표 3-4-9에서 제시한 값 이상이어야 한다. 다만, 전동기 등 기계기구를 쉽게 분리하기 곤란한 분기회로의 경우 전로의 전선 상호간의 절연저항에 대해서는 기기 접속 전에 측정한다. 또한, 사용 전압이 저압인 전로에서 정전이 어려운 경우 등 절연저항 측정이 곤란한 경우에는 누설전류를 1 [mA] 이하로 유지해야 한다.

● 표 3-4-9 저압 전로의 사용 전압 구분 및 절연저항 값

전로의 사용 전압의 구분		절연저항 값 [MΩ]
400 [V] 미만	대지 전압이 150 [V] 이하인 경우 - 접지식 전로 : 전선과 대지 사이의 전압 - 비접지식 전로 : 전선과 전선 사이의 전압	0.1
	대지 전압이 150 [V]를 넘고 300 [V] 이하인 경우	0.2
	대지 전압이 300 [V]를 넘고 400 [V] 미만인 경우	0.3
400 [V] 이상	-	0.4

② 저압 전로의 절연저항

전압이 저압인 전로에서 정전이 어려운 경우 등 절연저항 측정이 곤란한 경우에는 저압 전로에서 정전이 어려운 경우 저항성분의 누설전류는 1 [mA] 이하로 유지해야 한다. 또한, 측정시 시스템의 영향을 주거나 손상을 받을 수 있는 서지보호장치(SPD; Surge Protection Device), 기타 기기 등이 분리가 어려운 경우 250 [V]로 시험(1 [MΩ] 이상)이 가능하다. 표 3-4-10은 저압 전로의 사용 전압, DC 시험 전압 및 절연저항 값을 나타낸다.

표 3-4-10 저압 전로의 사용 전압, DC 시험 전압 및 절연저항 값

전로의 사용 전압 [V]	DC 시험 전압 [V]	절연저항 [MΩ]
SELV 및 PELV	250	0.5
FELV, 500 [V] 이하	500	1.0
500 [V] 초과	1,000	1.0

[주] 특별저압(extra low voltage)은 2차 전압이 AC 50 [V] 이하, DC 120 [V] 이하로 SELV(비접지회로 구성) 및 PELV(접지회로 구성)은 1차와 2차가 전기적으로 절연된 회로, FELV는 1차와 2차가 전기적으로 절연되지 않은 회로이다.

그림 3-4-9는 특별저압 회로의 구성을 나타낸 것이다. SELV(Safety Extra-Low Voltage)는 1차 및 2차 모두 전기적으로 절연된 비접지회로에 적용하는 방식이다. 그리고 PELV(Protected Extra-Low Voltage)는 1차 및 2차 모두 전기적으로 절연된 접지회로에 적용하는 방식이다. 또한, FELV(Functional Extra-Low Voltage)는 1차 및 2차 모두 전기적으로 비절연된 비접지회로에 적용하는 방식이다.

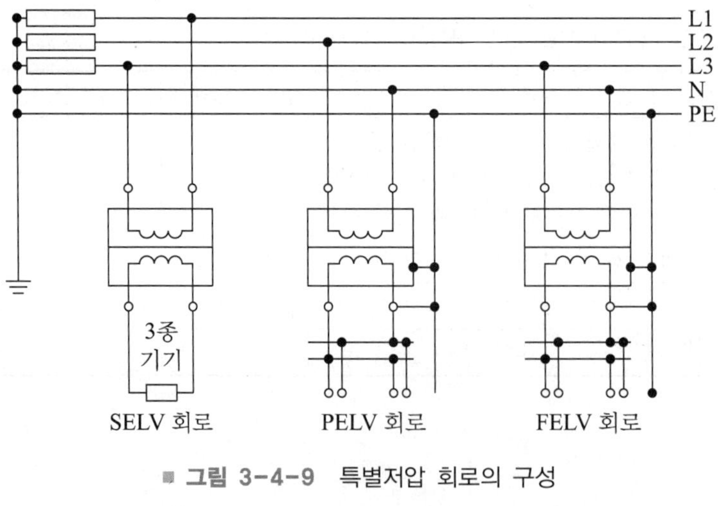

■ **그림 3-4-9** 특별저압 회로의 구성

③ 고압 및 특별고압 전로의 절연내력

고압 및 특별고압의 전로는 표 3-4-11에서 정한 시험 전압을 전로와 대지 사이(다심케이블은 심선 상호 간 및 심선과 대지 사이)에 연속하여 10분간 가하여 절연내력을 시험하였을 때에 이에 견디어야 한다. 다만, 전선에 케이블을 사용하는 교류 전로로서 표 3-4-11에서 정한 시험전압의 2배의 직류전압을 전로와 대지 사이(다심케이블은 심선 상호 간 및 심선과 대지 사이)에 연속하여 10분간 가하여 절연내력을 시험하였을 때에 이에 견디는 것에 대하여는 그렇지 않다.

● **표 3-4-11** 고압 및 특별고압 전로, 기기 등의 절연내력 시험 전압

전로의 종류	시험 전압
1. 최대사용전압 7 [kV] 이하인 전로	최대사용전압의 1.5배의 전압
2. 최대사용전압 7 [kV] 초과 25 [kV] 이하인 중성점 접지식 전로(중성선을 가지는 것으로서 그 중성선을 다중접지 하는 것에 한한다)	최대사용전압의 0.92배의 전압
3. 최대사용전압 7 [kV] 초과 60 [kV] 이하인 전로(2란의 것을 제외한다)	최대사용전압의 1.25배의 전압(10,500 [V] 미만으로 되는 경우는 10,500 [V])
4. 최대사용전압 60 [kV] 초과 중성점 비접지식전로(전위 변성기를 사용하여 접지하는 것을 포함한다)	최대사용전압의 1.25배의 전압
5. 최대사용전압 60 [kV] 초과 중성점 접지식 전로(전위 변성기를 사용하여 접지하는 것 및 6란과 7란의 것을 제외한다)	최대사용전압의 1.1배의 전압 (75 [kV] 미만으로 되는 경우에는 75 [kV])
6. 최대사용전압이 60 [kV] 초과 중성점 직접 접지식 전로(7란의 것을 제외한다)	최대사용전압의 0.72배의 전압
7. 최대사용전압이 170 [kV] 초과 중성점 직접 접지식 전로로서 그 중성점이 직접 접지되어 있는 발전소 또는 변전소 혹은 이에 준하는 장소에 시설하는 것.	최대사용전압의 0.64배의 전압
8. 최대사용전압이 60 [kV]를 초과하는 정류기에 접속되고 있는 전로	교류측 및 직류 고전압측에 접속되고 있는 전로는 교류측의 최대사용전압의 1.1배의 직류전압
	직류측 중성선 또는 귀선이 되는 전로(이하 이장에서 "직류 저압측 전로"라 한다)는 아래에 규정하는 계산식에 의하여 구한 값

비고) 표 13의 제8호에 따른 직류 저압측 전로의 절연내력 시험 전압의 계산방법은 다음과 같이 한다.

$$E = V \times \frac{1}{\sqrt{2}} \times 0.5 \times 1.2$$

여기서, E [V] : 교류 시험 전압

V [V] : 역변환기의 전류(電流) 실패시 중성선 또는 귀선이 되는 전로에 나타나는 교류성 이상전압의 파고 값. 다만, 전선에 케이블을 사용하는 경우 시험전압은 E의 2배의 직류전압으로 한다.

(3) 회전기 및 정류기의 절연내력

회전기 및 정류기는 표 3-4-12에서 정한 시험방법으로 절연내력을 시험하였을 때에 이에 견디어야 한다. 다만, 회전변류기 이외의 교류의 회전기로 표 3-4-12에서 정한 시험 전압의 1.6배의 직류 전압으로 절연내력을 시험하였을 때 이에 견디는 것을 시설하는 경우에는 그렇지 않다.

● **표 3-4-12** 회전기 및 정류기 등의 절연내력 시험 전압

<table>
<tr><th colspan="3">종 류</th><th>시험 전압</th><th>시험방법</th></tr>
<tr><td rowspan="3">회전기</td><td rowspan="2">발전기 · 전동기 · 조상기 · 기타회전기(회전변류기를 제외한다)</td><td>최대사용전압 7 [kV] 이하</td><td>최대사용전압의 1.5배의 전압(500 [V] 미만으로 되는 경우에는 500 [V])</td><td rowspan="3">권선과 대지 사이에 연속하여 10분간 가한다.</td></tr>
<tr><td>최대사용전압 7 [kV] 초과</td><td>최대사용전압의 1.25배의 전압(10,500 [V] 미만으로 되는 경우에는 10,500 [V])</td></tr>
<tr><td colspan="2">회전변류기</td><td>직류측의 최대사용전압의 1배의 교류전압(500 [V] 미만으로 되는 경우에는 500 [V])</td></tr>
<tr><td rowspan="2">정류기</td><td colspan="2">최대사용전압이 60 [kV] 이하</td><td>직류측의 최대사용전압의 1배의 교류전압(500 [V] 미만으로 되는 경우에는 500 [V])</td><td>충전부분과 외함 간에 연속하여 10분간 가한다.</td></tr>
<tr><td colspan="2">최대사용전압 60 [kV] 초과</td><td>교류측의 최대사용전압의 1.1배의 교류전압 또는 직류측의 최대사용전압의 1.1배의 직류전압</td><td>교류측 및 직류고전압측 단자와 대지 사이에 연속하여 10분간 가한다.</td></tr>
</table>

연습문제

문제 01 합성수지관은 폴리염화비닐로 만든 것으로 금속관에 비해 내부식성, 절연성 등이 우수하며, 재료가 가볍기 때문에 가격이 저렴하다. 합성수지관의 특성에 대해서 논하시오.

풀이 ① 중량이 가볍고 시공이 편리하다.
② 화학공장과 같이 부식성 가스 또는 용액이 발생하는 곳에 유리하다.
③ 방수 및 전기 절연 성능이 우수하다.
④ 비자성체이므로 교류의 왕복선을 반드시 같이 넣을 필요가 없다.
⑤ 대량 생산이 가능하여 가격이 저렴하다.
⑥ 용융점이 500 [℃]이므로 열 및 화염의 공격에 취약하다.
⑦ 기계적 충격 및 중량물에 의한 압력에 취약하다.

문제 02 합성수지관에 사용되는 옥내배선의 조건에 대해서 논하시오.

풀이 ① 전선은 절연전선일 것
② 전선은 연선일 것
③ 전선은 합성수지관 안에서 접속점이 없도록 할 것

문제 03 합성수지관 공사에서 관 상호 간 및 박스와는 관을 삽입하는 깊이를 관의 바깥지름의 (　　)배(접착제를 사용하는 경우에는 0.8배) 이상으로 하고 또한 꽂음 접속에 의하여 견고하게 접속하고, 관의 지지점 간의 거리는 (　　) [m] 이하로 하고, 또한 그 지지점은 관의 끝, 관과 박스의 접속점 및 관 상호 간의 접속점 등에 가까운 곳에 시설해야 한다.

풀이 1.2, 1.5

문제 04 합성수지관의 굵기는 관 안지름의 크기에 가까운 짝수를 [mm]로 나타내며,

1본의 표준길이는 (　　) [m]이다. 배관의 지지점 사이의 거리는 (　　) [mm] 이하로 하고, 관과 관, 관과 박스의 접속점 및 관 끝은 각각 (　　) [mm] 이내에 지지한다. 가는 전선관의 지지점 사이의 거리는 (　　) [mm]가 적당하다. 옥외에 설치하는 경우 온도차가 큰 장소에 노출 배관을 할 때에는 (　　) [m]마다 신축 커플링(3C)을 사용한다.

풀이 4, 1,500, 300, 800～1,200, 12～20

문제 05 금속관 공사에 사용되는 금속관의 특징에 대해 논하시오.

풀이 ① 전선이 기계적으로 잘 보호된다.
② 단락 및 접지 사고 등이 발생했을 때 화재 발생가능성이 낮다.
③ 금속관이 도체이므로 접지사고가 발생했을 때 감전사고의 위험이 있다.
④ 방습장치가 된 금속관의 경우 물기가 있는 곳에서 사용이 가능하다.
⑤ 배관과 배선을 별도로 시설하므로 전선의 절연 피복 손상이 적다.
⑥ 전선의 교체 및 수리가 용이하다.

문제 06 금속관의 종류에는 박강 금속관, 후강 금속관, 알루미늄 금속관 등이 있으며, 일반적으로 안전율이 높게 요구되는 곳에는 후강 금속관을 주로 사용한다. 후강 전선관은 안지름에 가까운 (　　)를 [mm]로 호칭하며, 박강 전선관은 바깥지름에 가까운 (　　)를 [mm]로 호칭한다.

풀이 짝수, 홀수

문제 07 가요전선관 공사에 사용되는 가요전선관은 자유롭게 굽힐 수 있어 (　　) 배선 대신에 시설할 수 있다. 배관의 (　　)이 자유롭고 길이가 길어서 부속품의 종류가 적게 드는 관계로 작업의 능률이 우수하다.

풀이 금속관, 굴곡

문제 08 1종 가요전선관은 아연 도금한 연강대를 세로 방향으로 파상으로 형성하고 나선형으로 감을 때 (　　) 겹쳐서 나선 모양으로 만들어 자유로이 구부리게 된 전선관이다. 건조하고 전개된 장소 또는 건조하고 점검할 수 있는 (　　)에 한하여 시설할 수 있다. 또한 400 [V] 이상인 경우에는 전동기에 접속하는 부분에 한하여 사용할 수 있다.

풀이 반폭씩, 은폐장소

문제 09 2종 가요전선관은 아연 도금한 강대-강대-파이버를 (　　)으로 겹친 가요관으로서 1종보다 기계적 강도 및 내수성 등이 우수하므로 시설장소 및 사용 전압에 제한을 받지 않고 콘크리트 내부의 (　　)으로도 사용한다.

풀이 3중, 매입 배선

문제 10 전기를 안전하게 부하에 공급하려면 사용 전압에 따른 전로는 대지로부터 충분히 절연해야 하며 대상에 대해서 논하시오.

풀이 ① 저압전로에 접지공사를 하는 경우의 접지점
② 전로의 중성점에 접지공사를 하는 경우의 접지점
③ 계기용변성기의 2차측 전로에 접지공사를 하는 경우의 접지점
④ 저압 가공 전선이 특고압 가공전선과 동일 지지물에 시설되는 부분에 접지공사를 하는 경우의 접지점
⑤ 중성점이 접지된 특고압 가공선로의 중성선에 다중 접지를 하는 경우의 접지점
⑥ 소구경관에 접지공사를 하는 경우의 접지점
⑦ 저압전로와 사용전압이 300 [V] 이하의 저압전로를 결합하는 변압기의 2차측 전로에 접지공사를 하는 경우의 접지점

문제 11 다음 표와 같은 조건에서 저압 전로의 절연저항은 얼마인가?

전로의 사용 전압의 구분		절연저항 값
400 [V] 미만	대지 전압이 150 [V] 이하인 경우 – 접지식 전로 : 전선과 대지 사이의 전압 – 비접지식 전로 : 전선과 전선 사이의 전압	①
	대지 전압이 150 [V]를 넘고 300 [V] 이하인 경우	②
	대지 전압이 300 [V]를 넘고 400 [V] 미만인 경우	③
400 [V] 이상	-	④

풀이 ① 0.1 [MΩ], ② 0.2 [MΩ], ③ 0.3 [MΩ], ④ 0.4 [MΩ]

Chapter 05

접지의 종류 및 방법

1. 접지공사의 목적

접지공사(接地工事, grounding)는 일반적인 전기설비뿐만 아니라 전화설비, 소방설비, 그 밖의 음향 설비 등에 이르기까지 안전 확보를 위한 중요한 시설이다. 전기설비의 접지 개소에 따라 차이가 있으나 접지공사의 목적은 다음과 같이 나타낸다.

(1) 감전 사고의 방지

① 고압과 저압의 혼촉 사고가 발생하였을 때 사람이나 가축(생명체)에 위험을 주는 고전압 대전류를 대지로 방류하여 감전(感電, electric shock) 사고를 방지한다.

② 기기의 절연물이 열화 또는 손상되었을 때 기기의 금속제 외함은 충전된 상태가 되어 대지 전압을 갖게 된다. 이 때 사람이 금속제 외함에 접촉하게 되면 인체에 접촉전압(接觸電壓, touch voltage)이 형성되므로 금속제를 접지하여 대지전위를 낮게 하여 감전 사고를 방지한다.

(2) 보호계전기의 확실한 동작 보호

송전선, 배전선, 간선 등의 전로에 중성점 또는 1선을 대지에 접지하여 놓으면 전로에 지락 사고가 발생했을 때 계기용변류기(計器用變流器, CT; current transformer), 계기용변압기(計器用變壓器, PT; potential transformer) 등의 접지선을 통하여 폐회로가 형성되므로 계전기를 신속하게 작동할 수 있다.

(3) 이상 전압의 억제

천둥, 번개 등과 같이 기상 이변으로 기기 및 배(분)전반에서 이상 고전압이 발생하였을 때 저저항의 접지를 통하여 과도 전압 및 전류를 방류함으로써 대지 전압은 억제되고 절연강도(絕緣強度, insulation level)를 경감하도록 한다.

(4) 대지 전압의 저하

3상 3선식 전로를 3상 4선식 회로로 변경하여 중성점(中性點, neutral point)을 접지하면 각 전선의 대지 전압(大地電壓, voltage to ground)은 선간 전압(線間電壓, line to line voltage)에 비해 $1/\sqrt{3}$ 배 저하되므로 대지 전압은 억제되고 절연 강도를 경감할 수 있다. 또한 전로의 중성점 접지는 대지 전압의 저하뿐만 아니라 보호계전기의 확실한 동작의 확보 및 이상 전압의 억제 등의 효과도 있다.

2. 접지의 방법

전기설비, 통신설비, 소방설비 등이 시설되는 곳에는 반드시 접지공사를 실시해야 시스템의 안전성을 높일 수 있다. 접지의 방법은 설비의 종류 및 목적에 따라 각각 다르게 적용되기 때문에 접지극의 설계, 접지저항 등의 계산이 필요하다. 시스템에 적합한 저항을 얻기 위해서는 어떤 전극을 사용할 것이며, 어떻게 시공하는 것이 좋은지 객관적인 근거로 검토가 필요하다.

(1) 접지의 종류 및 기계기구 등의 구분

접지의 종류는 전로에 시설하는 계통접지와 부하기기의 비충전 금속 외함 등에 시설하는 기기접지로 분류된다. 계통접지는 고압과 저압의 혼촉에 의해 발생되는 2차측 전로의 재해를 방지하기 위한 접지이며, 기기 접지는 전기기기의 비충전부를 대지에 접속하는 접지이다. 표 3-5-1은 목적에 따른 접지의 종류 및 기계기구 등의 구분을 나타낸다.

● 표 3-5-1 목적에 따른 접지의 종류 및 기계기구 등의 구분

접지 종류	목 적	기계기구 등의 구분
계통 보호용	저압전로의 이상전위 상승 방지	고저압 혼촉시 변압기 2차측 전로(변압기 중성점 접지)
기기 보호용	기기, 전로 등의 절연 파괴시 접촉전압 저감	계통접지, 보호접지
뇌해 방지용	뇌격에 의한 화재, 파손, 인축의 손상 및 특고와 고압 혼촉 등 위험방지	피뢰침, 가공지선, 고압·특고압용 피뢰기 및 방전장치(계통접지)
정전기장해 방지용	정전유도 및 유도장해 방지	탱크롤리, 자동차에 달려 있는 쇠사슬 등
지락 검출용	차단기의 확실한 동작	누전경보기, 누전차단기, 배선용 차단기
등전위화용	공통접지에 의해 대지 전위를 등전위로 하여 감전재해방지	의료용 전기·전자기기(심전계, 심전도 모니터, X선, 수술침대 등)
노이즈 방지용	약전류 회로와의 혼촉에 의한 절연파괴, 감전재해, 오동작방지	차폐실, 각종 차폐 케이블, 변압기의 정전차폐, 정밀측정 장치의 가드(guard) 전극, 변압기의 철심 등
기능용	설비의 기능상 반드시 접지가 필요한 경우	전기방식 설비, 컴퓨터의 안정된 전위의 기준점, 전파송신용 안테나 등

(2) 접지저항의 저항구역

접지전극(接地電極, earth electrode)과 전류전극(電流電極, current electrode)을 이격시키면 왜 전위 분포 곡선에 수평 부분이 발생하고 양쪽 전극은 관계가 없다고 판단할 수 있는지를 설명하기 위해서는 저항구역을 도입할 필요성이 있다.

접지저항(接地抵抗, grounding resistance)은 접지 전극 주위의 대지 속에 들어 있으며, 그 정도는 접지 전극 근처가 가장 크고 접지 전극으로부터 멀어짐에 따라 작아지는데, 그 이유는 지중에서의 전류 경로의 단면적이 급속하게 커지기 때문이다. 이론적으로 엄밀하게 따지면 접지저항은 무한히 먼 대지까지 포함되나 실제로는 접지저항의 대부분은 접지전극을 중심으로 무한의 범위 내에 들어 있다고 가정 한다. 이와 같이 접지 전극을 중심으로 해서 대부분의 접지저항이 포함되어 있는 범위를 저항구역이라 하며, 그림 3-5-1은 저항구역의 전위 분포를 나타낸다.

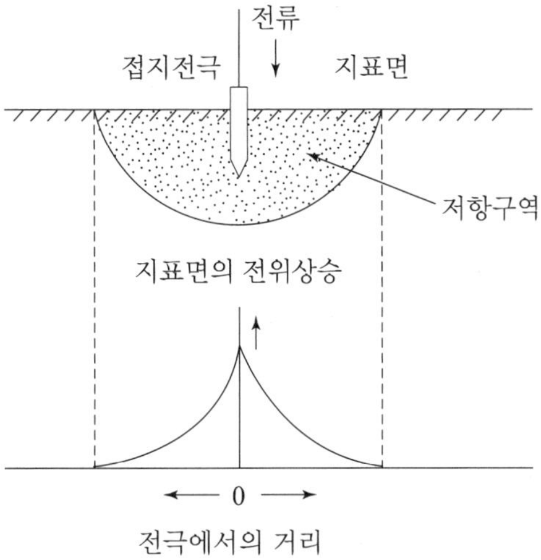

■ 그림 3-5-1 저항구역의 전위 분포

3. 접지의 형태

하나의 건축물이나 구내에서 여러 개의 접지를 필요로 하는 경우가 있는데 이들의 접지방식에 따라 그림 3-5-2와 같은 4종류로 분류할 수 있다.

① 개개를 독립해서 접지한 형태
② 독립적으로 접지한 접지선을 상호 연결한 형태
③ 접지전극을 공용으로 사용한 형태
④ 건축 구조체의 철골이나 철근 부분에 접지선을 연결한 형태 등

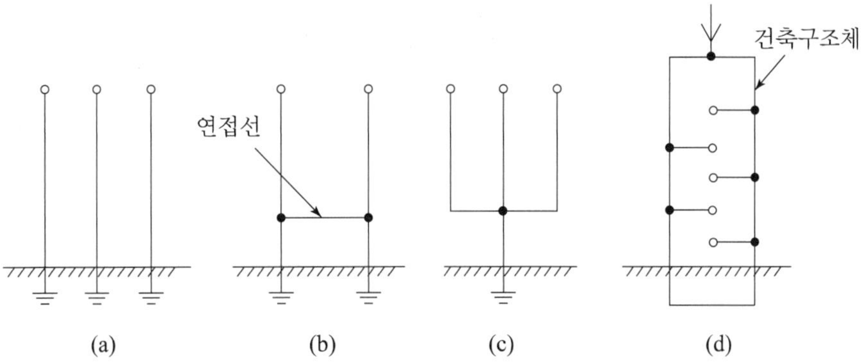

■ 그림 3-5-2 접지의 형태

(1) 단독접지

단독접지(單獨接地)는 개별적으로 접지공사를 하는 방식으로서 이상적인 단독접지는 그림 3-5-3과 같이 2개의 접지전극이 있는 경우에 한쪽의 접지전극으로 전류가 흘러 들어가도 다른 쪽 접지전극에 전혀 전위상승을 일으키지 않는 경우이다. 이러한 경우는 실제로 2개의 접지극을 무한대의 거리만큼 떨어지도록 하지 않으면 완전한 단독접지라 할 수 없다.

따라서 현실적으로 전위상승이 일정범위 안에 들어가면 단독접지로 간주하고 있으며, 전위상승을 억제하기 위한 이격거리는 다음 세 가지 요인에 의존한다.

① 발생하는 접지전류의 최대값

② 전위상승의 허용값

③ 그 지점의 대지저항률

여기서, 봉모양의 접지전극(지름 7 [mm], 길이 3 [m])에 I [A]의 접지전류를 흘렸을 때 접지전류(I)에 의한 전위상승(ΔV)과 이격거리(S)의 관계는 표 3-5-2와 같다.

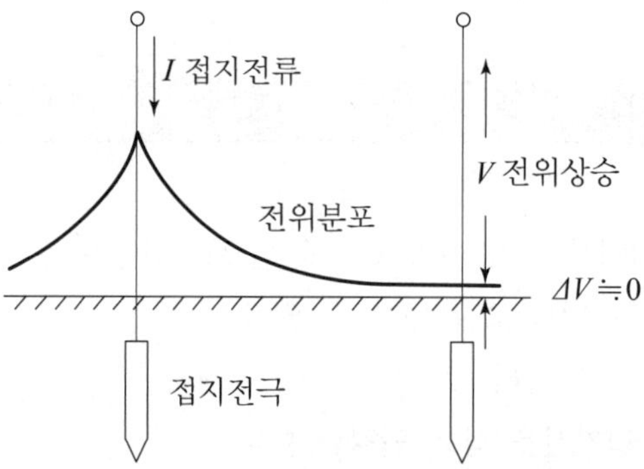

■ 그림 3-5-3 접지전극 간의 상호간섭

● 표 3-5-2 단독접지의 이격거리 [단위 : m]

접지전류 I [A]	전위상승 허용값 ΔV		
	2.5 [V]	25 [V]	50 [V]
10	63	6	3
50	318	32	16
100	637	64	32

※ 저항률 $\rho = 100$ [Ω·m]

고압 또는 특별고압 계통의 접지극과 저압 계통의 접지극이 독립적으로 설치된 접지시스템에는 단독접지를 적용해야 한다. 그림 3-5-4는 TT 계통의 단독접지이며, 그림 3-5-5는 IT 계통의 단독접지의 개략도이다.

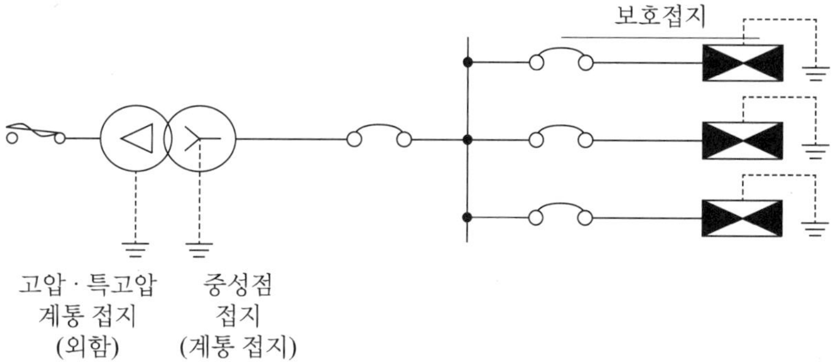

■ **그림 3-5-4** TT 계통의 단독접지

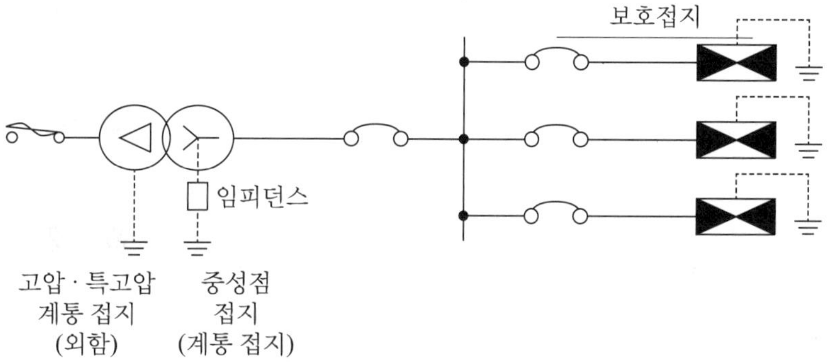

■ **그림 3-5-5** IT 계통의 단독접지

(2) 공통접지

공통접지(共通接地)는 1개소 혹은 여러 개소에 설치한 공통의 접지전극에 개개의 설비기기를 모아서 접속하여 접지를 공용하는 것이다. 공통접지방법은 독립된 접지를 상호 연결하는 것과 접지선을 한곳으로 모으는 것 그리고 건축 구조체에 접지선을 연결하는 방법 등이 있다.

① 공통접지의 장점

공통접지가 단독접지보다 유리한 점은 표 3-5-3과 같다.

● **표 3-5-3** 공통접지의 장점

항 목	장 점
접지저항	접지전극의 병렬연결로 합성저항이 낮고, 건축 구조체를 이용할 경우 접지저항을 더욱 낮게 유지가능
접지저항 신뢰도	접지전극 중 하나가 단선 되어도 타극으로 보완
경제성	접지전극의 수가 적어 설비시공비 절감
접지의 공용	접지 공용으로 접촉전압 경감
지락보호	지락전류의 귀로 형성으로 보호장치 동작 확실
개보수	접지선이 짧아 보수용이

고압 또는 특별고압 접지계통과 저압 접지계통이 등전위가 되도록 공통으로 접지하는 방식을 적용해야 한다. 그림 3-5-6은 IT 계통의 단독접지의 개략도이다.

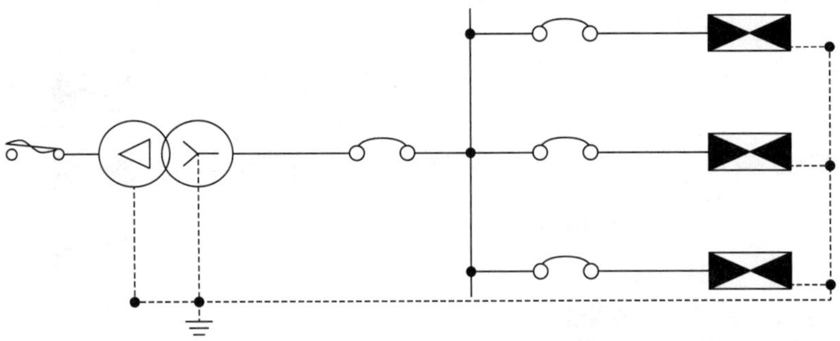

■ **그림 3-5-6** 접지계통의 공통접지

② 공통접지의 문제점

공통접지의 경우 접지를 공용하고 있는 설비 중 어떤 설비에 접지전류가 발생하면 그것은 대지로 유출하게 되는데 이때 각 접지전극에는 다소의 접지저항이 있기 때문에 접지점의 전위가 상승한다. 단독접지인 경우는 접지전류에 의한 전위상승이 단독접지 전극에만 한정되지만 공통접지에서는 접지전류에 의한 전위상승이 접지를 공용하고 있는 모든 설비에 파급되는 단점이 있다.

전위상승 파급의 위험에 대해서는 접지 시스템의 접지저항이 매우 작은 경우는 거의 문제가 되지 않는다. 이러한 기능을 할 수 있는 것이 건축 구조체를 접지전극으로 활용하는 방법이다. 따라서 접지를 공용하는 경우에는 공통접지에 의해 서로 연결되는 모든 설비에 대하여 발생하는 접지전류의 성질과 전위상승이 기기에 미치는 영향 등을 점검할 필요가 있다.

(3) 공통(통합)접지 적용 대상(KS C IEC 61939-1 10. 접지시스템)

① 저압 전기설비의 접지극이 고압 및 특별고압 접지극의 접지저항 형성구역에 완전히 포함되는 경우

② 고압 및 특별고압변전소에 인접하여 시설된 저압 전원의 경우 기기가 너무 가까이 위치하여 접지계통 분리가 불가능한 경우

③ 고압 또는 특별고압과 저압 접지시스템이 서로 근접한 경우

가. 고압 또는 특별고압변전소에서 인입 또는 인출되는 저압 전원이 있는 경우 고압 또는 특별고압접지시스템은 공통 및 통합

나. 접지의 일부분이거나 또는 다중 접지된 계통의 중성선에 접속될 것

다. 특별고압 지락에 따른 접촉전압과 스트레스 전압이 허용값을 만족하지 못하는 경우 각 접지극을 접속(공통접지)할 것

(4) 대지저항률 측정방법

접지계통의 전극이 위치하는 대지의 전기적 특성은 매우 다양하고 복잡하여 대지의 저항률을 결정하기 위한 측정이 필요하다. 그 측정방법은 크게 직접 측정방법과 간접 측정방법으로 분류할 수 있다.

① 직접 측정방법

직접 측정방법은 여러 깊이별로 토양의 시료를 추출하여 전문적인 실험실에서 조사하는 방법으로 시료를 추출하는 과정에서 토양이 뒤섞이지 않는다면 정확하고 직접적인 조사방법이 되겠지만 조사 대상 부지를 대표할 수 있는 충분한 수량의 값비싼 보링(boring) 작업을 필요로 한다. 이런 방법은 주로 간접적인 측정방법으로 예비조사를 완료한 후에 상세한 설계 단계에서 예비조사 결과를 확인하는 수단으로 활용된다.

② 간접 측정방법

전기토양학적으로 가장 많이 사용되는 방법으로서 지표면에 직선으로 4개의 전극을 배치하고, 한 쌍의 전극을 통해서 대지로 전류를 주입하고 다른 한 쌍의 전극사이에서 대지전위차를 측정한 저항값으로부터 대지의 구조를 해석하는 방법이다.

측정된 대지의 저항값은 대지저항률과 다른 대지 파라미터와의 함수관계로 나타나는 물리적 값으로서 이 대지고유저항과 대지 파라미터와의 알려진 관계를 이용하여 대지의 구조를 결정하는 것이다. 간접적인 측정방법에는 여러 가지의 방법이 있으나 가장 많이 적용하고 있는 방법

이 전극배치법으로 Wenner의 4전극법이다. 표 3-5-4는 간접적인 측정방법의 특징을 비교한 것이다.

● **표 3-5-4** 간접적인 측정방법의 특징 비교

측정방법	특 징	비 고
Wenner	• 정량적 해석 • 전기토질학적 측면도 해석 • 해석방법이 쉽다.	• 측정시간이 길다(4개 전극 사용). • 전압전극이 먼 경우 전위차가 적다.
Schlumberger	• 측정시간 적다. 　– 2개 전극 사용 • 정량적 해석 • 전기토질학적 측면도 해석	• 해석방법 복잡함 　– 실측 데이터 수정 필요
Azimutha 1 Dipole	• 복잡한 지형조건 해석 • 석유탐사이용	

가. 웨너(Wenner)의 4전극법

Wenner 4전극법의 전극배치는 그림 3-5-7과 같고 측정방법은 측정대상부지의 일직선상에 내부의 전위전극(P_1, P_2)과 외부에 전류전극(C_1, C_2)을 설치하고 C_1과 P_1, P_1과 P_2, P_2와 C_2의 거리가 각각 a인 등간격이 되도록 배열하고 외부의 전류전극에 전류를 흘려 내부의 전위전극 사이의 전위차를 측정하여 대지저항률을 구하는 방법이다. 즉, 대지저항 R, 전극간격이 a일 때 겉보기 대지저항률은 $\rho = 2\pi a R$ [Ω·m]이다.

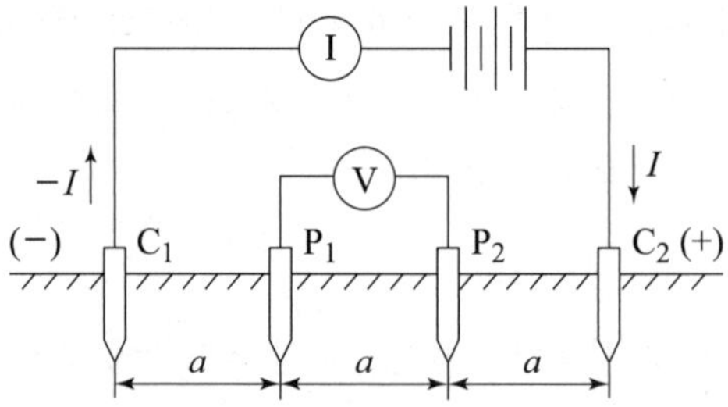

■ **그림 3-5-7** Wenner의 4전극법

나. Schlumberger 전극법

대지의 저항률 측정을 위한 Schlumberger 전극법의 전극배치는 그림 3-5-8과 같고 측정대상 부지에 선정된 측정선의 일직선상에서 내부의 전위전극(P_1과 P_2), 외부의 전류

전극(C_1과 C_2)의 간격이 중심점으로부터 각각 a가 되도록 배치하고, 전위전극은 중심점에 대하여 대칭이 되고 간격이 b가 되게 배치한다. 외부 전류전극에 전류(I)를 유입시키고, 내부의 전위전극 사이의 V를 측정하여 대지의 저항 $R=\frac{V}{I}$ [Ω]을 구하고 이 대지저항(R)과 겉보기 대지저항률(ρ)는 Wenner의 4전극법과 동일하다. 다만 전극배치에 대한 기하학적 계수(α) 및 대지저항률(ρ)는 다음과 같이 나타낸다.

$$\alpha = \pi\left(\frac{a^2}{b} - \frac{b}{4}\right) \quad \text{및} \quad \rho = \pi\left(\frac{a^2}{b} - \frac{b}{4}\right)R \tag{17}$$

측정하는 과정에서 측정오차가 커지면 전류전극에서 주입전류(I)를 증가시키고, 전류를 증가시켜도 측정오차 또는 잡음이 클 경우에 전위전극 간격을 증가시킨다.

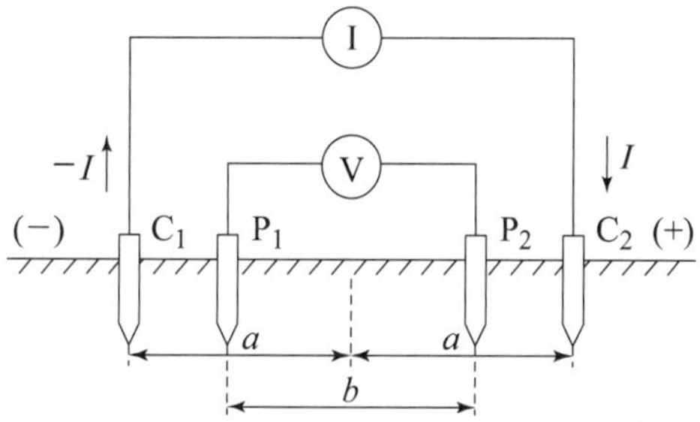

■ 그림 3-5-8 Schlumberger의 전극법

4. 접지저항의 측정기술

접지저항의 측정방법은 KS C 1310에 전위강하법(電位降下法, fall of potential method)과 전위차계법(電位差計法, electric potentiometer method) 등으로 분류한다. 전위강하법은 항시 일정한 전류를 대지에 흘려 측정하는 방식으로 현재 사용되고 있는 계측기 종류는 종합접지저항계, 다기능계측기, 전위차계법은 디지털 접지저항계, 대지저항률측정기 등으로 주로 소규모 접지설비 측정에 사용되고, 대규모 접지설비(메시, 구조체 접지)는 시험전류공급방식으로 접지저항을 측정한다.

(1) 전위강하법

접지저항의 정의는 어떠한 접지전극에 전류(I)를 유입하였을 때 접지전극의 전위가 주변대지에 비하여 V 만큼 높아지게 되는데 이때의 전위상승값과 유입전류의 비를 그 접지전극의 접지저항 R이라 한다. 이러한 원리를 이용하여 접지저항을 측정하는 방법을 전위강하법이라 하며 그 구성은 그림 3-5-9와 같다.

접지저항을 측정하고자 하는 접지전극(E; Earth), 전류보조극(C; Current), 전위보조극(P; Potential) 등을 설정한다. E와 C 사이에 공급하는 전원은 직류를 사용할 경우 전기화학작용이 발생하기 때문에 교류를 사용하며, 이때 교류의 주파수는 전력계통의 유도신호를 쉽게 분리하도록 상용 이외의 주파수를 사용하는데 너무 높은 주파수는 리드선의 인덕턴스나 용량성이 작아서 일반적으로 1 [kHz] 이하를 채택하고 있다.

접지저항 측정은 E와 C 사이에 흘려준 전류(I)에 의하여 보조전극(P)과 접지전극(E) 사이의 전위차를 V라 하였을 때 $R=\dfrac{V}{I}$를 이용하여 계산된다.

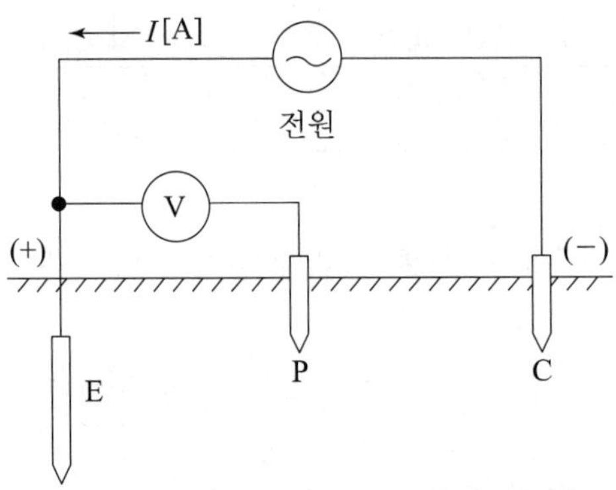

■ 그림 3-5-9 전위강하법의 회로 구성

전위분포곡선은 그림 3-5-10과 같이 나타내며, 전류분포와 등전위선을 함께 나타내고 있는데 전극 E 부근에서는 전위가 급격이 증가하고 중간지점에서는 완만하다가 전극 C 부근에서 다시 증가하며 전극 위에서는 인가전압과 같아진다. 이 현상을 전류분포로 설명하면 E와 C 부근에서는 전류밀도가 크기 때문에 전위의 변화가 크지만 중간에서는 전류밀도가 작기 때문에 전위의 변화도 적다.

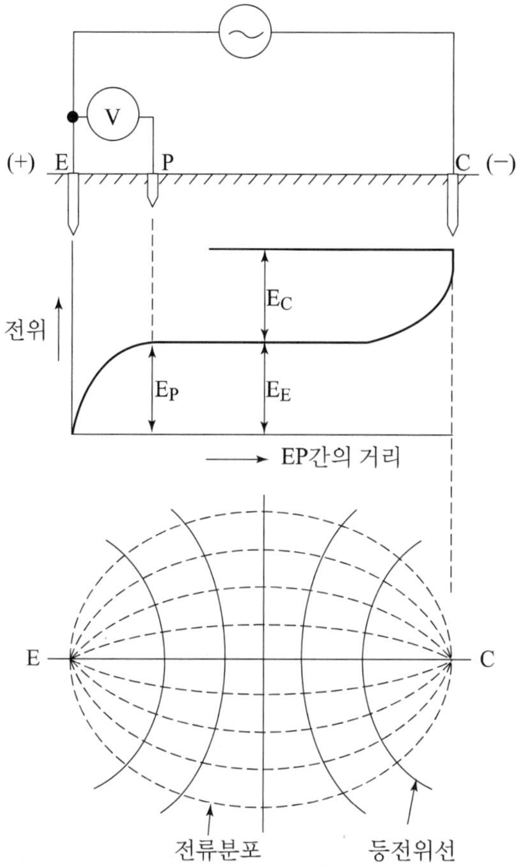

■ 그림 3-5-10 전위분포곡선

전위분포곡선은 전극 E에서 일정거리의 지점에 C극을 박고 E와 C의 직선구간에서 P극을 이동시켜가면서 E와 P 사이의 전위차를 측정하여 가로축을 E와 P 사이의 거리로 하고, 세로축을 전위차의 측정값으로 하여 전위분포곡선을 나타내면 그림 3-5-11과 같이 그려진다.

E와 C 사이의 거리를 C_1, C_2의 2종류로 하였을 경우의 전위분포곡선 P_1, P_2를 그린 것으로 전위분포곡선 P_1은 중앙에 수평부가 없고, P_2곡선은 수평부가 있다. 따라서 접지저항 측정시 E와 C는 적당한 거리로 이격하고 P극은 전위분포곡선상의 수평부에 박고 측정해야 오차를 줄일 수 있다.

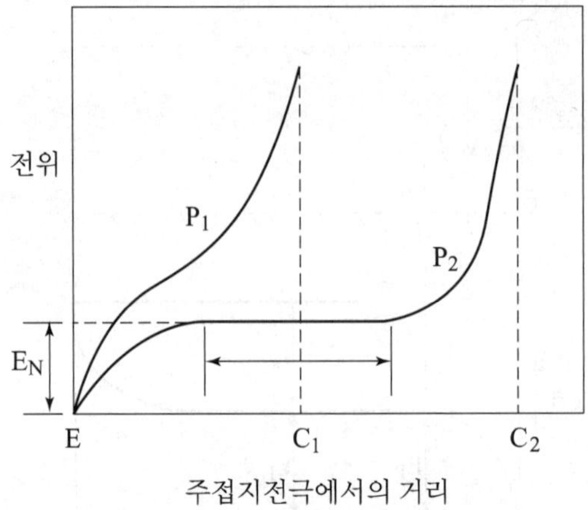

■ 그림 3-5-11 전위분포곡선

(2) 61.8%의 법칙

그림 3-5-12와 같이 반구상 전극 r의 접지저항 측정에서 주변의 대지저항률을 ρ라 하면 대지를 기준으로 전극 E에는 전류(I)가 흘러들고 전극 C로 전류가 흘러나간다고 할 때 반구상 접지전극의 접지저항은 $\rho/2\pi r$ [Ω]이므로 전극 E에 전류 I가 흘러 들어감으로써 전극 E의 전위는 무한원점을 기준으로 하여 $V_E = \dfrac{\rho I}{2\pi r}$ [V]만큼 상승한다.

여기서 전극 E에 유입하는 전류 I에 의한 P점의 전위상승을 계산하여 보면 E와 P 사이의 거리를 P라 할 때 P점의 전위는 $V_P = \dfrac{\rho I}{2\pi P}$가 되고 E와 P 사이의 전위차 V_1은 E전위에서 P전위를 빼면 된다.

$$V_1 = V_E - V_P = \frac{\rho I}{2\pi r} - \frac{\rho I}{2\pi P} = \frac{\rho I}{2\pi}\left(\frac{1}{r} - \frac{1}{P}\right) \text{ [V]} \tag{18}$$

다음은 C전극에서 유출하는 전류에 의한 E와 P 사이의 전위차를 구하면 먼저 전극 E의 전위상승 $V_C = -\dfrac{\rho I}{2\pi C}$(마이너스 기호는 전류방향이 반대이기 때문)이고, P극의 전위 $V_{CP} = -\dfrac{\rho I}{2\pi(C-P)}$가 된다.

따라서 C전극에서 유출하는 전류에 의한 E와 P 사이의 전위차 V_2는 E전위와 P전위의 차이다.

$$V_2 = V_C - V_{CP} = -\frac{\rho I}{2\pi C} - \left\{-\frac{\rho I}{2\pi(C-P)}\right\} = -\frac{\rho I}{2\pi}\left(\frac{1}{C} - \frac{1}{C-P}\right) \text{ [V]} \tag{19}$$

E와 P 사이의 전위차 V는 V_1과 V_2의 합으로 나타나며

$$V = V_1 + V_2 = \frac{\rho I}{2\pi}\left(\frac{1}{r} - \frac{1}{P} - \frac{1}{C} + \frac{1}{C-P}\right) \text{ [V]} \tag{20}$$

식 (20)을 전류 I로 나누어주면 측정하는 접지저항값 R이 구해진다.

$$R = \frac{\rho}{2\pi}\left(\frac{1}{r} - \frac{1}{P} - \frac{1}{C} + \frac{1}{C-P}\right) = \frac{\rho}{2\pi r}\left(1 - \frac{1}{p} - \frac{1}{c} + \frac{1}{c-p}\right) \text{ [}\Omega\text{]} \tag{21}$$

단, $p = \frac{P}{r}$, $c = \frac{C}{r}$이다.

여기서 $\frac{\rho}{2\pi r}$가 반구상 접지전극의 참 저항값이며, 이를 R_∞라 하면

$$\text{접지저항 측정값 } R = R_\infty\left\{1 - \left(\frac{1}{p} + \frac{1}{c} - \frac{1}{c-p}\right)\right\} \text{ [}\Omega\text{]} \tag{22}$$

식 (22)의 괄호 속 2항은 오차항이 되며, 이것이 0이 될 때 측정값이 실제값과 같아진다. 즉, $\frac{1}{p} + \frac{1}{c} - \frac{1}{c-p} = 0$로 놓고 통분을 하면 $p^2 + cp - c^2 = 0$가 된다.
여기서 p를 변수로 하여 2차 방정식을 풀면 $p = 0.618c$ 또는 $-1.618c$가 되는데 p, c 모두 양의 값으로 $\frac{p}{c} = 0.618$의 조건을 만족할 때 측정값은 실제값과 같아진다. 즉, 접지저항 측정시 E와 C 사이 거리의 61.8%인 곳에 전위전극을 박으면 이론적으로 정확한 접지저항값을 얻을 수 있다.

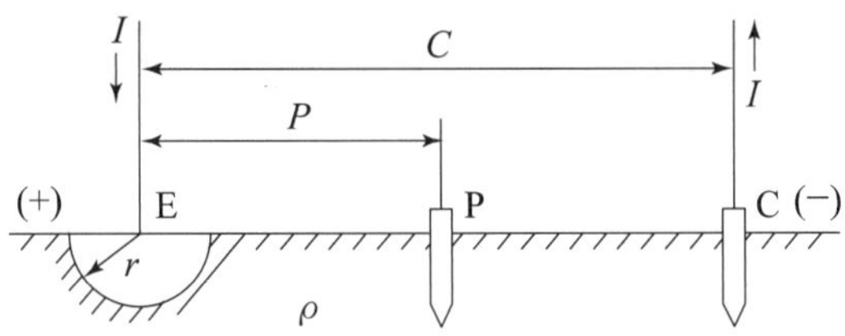

■ 그림 3-5-12 전위강하법에 의한 접지측정

(3) 콜라우슈 브리지에 의한 측정법

콜라우슈 브리지(Kohlrausch bridge)에 의한 측정법은 그림 3-5-13과 같이 측정하고자 하는 접지 도체 P_1 이외에 서로 10 [m] 떨어진 정삼각형의 위치에 두 개의 보조 접지 도체 P_2, P_3를 설치하고, 접지 도체 사이의 합성 접지저항 R_{12}, R_{23}, R_{31}을 측정한다.

접지 도체 P_1, P_2, P_3의 각 접지저항을 R_1, R_2, R_3라 하면 각 접지 도체 사이의 저항은

식 (23)과 같이 나타낸다.

$$R_{12} = R_1 + R_2, \quad R_{23} = R_2 + R_3, \quad R_{31} = R_3 + R_1 \tag{23}$$

따라서 식 (23)을 정리하면 식 (24)와 같이 나타낸다.

$$R_1 = \frac{1}{2}(R_{12} + R_{31} - R_{23}) \ [\Omega] \tag{24}$$

이와 같이 콜라우슈 브리지(Kohlrausch bridge)에 의한 측정법은 3회의 측정으로 접지저항을 구할 수 있어서 3전극법이라고 한다.

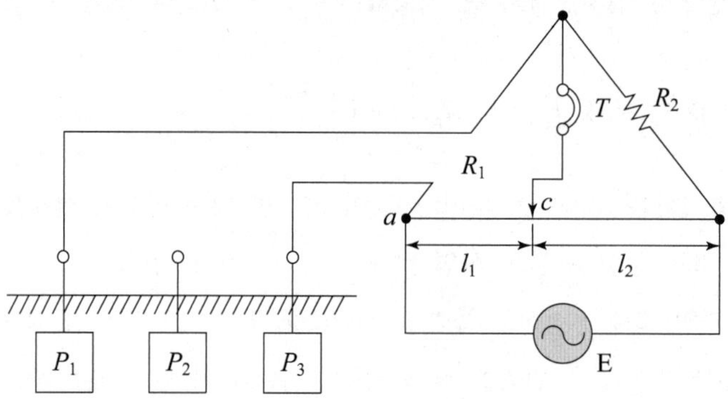

(a) 콜라우슈 브리지의 회로도

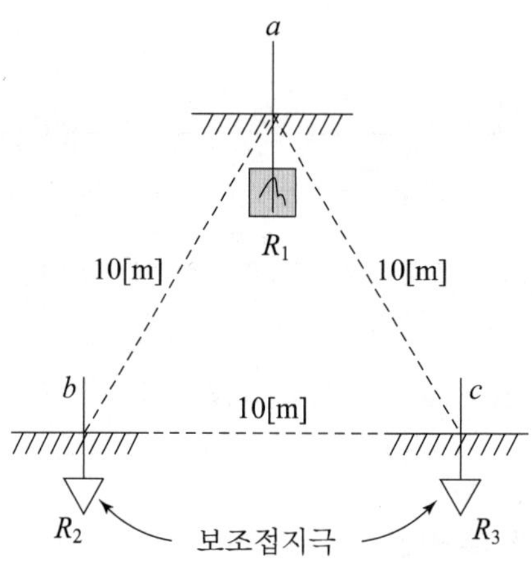

(b) 전극 배치도

■ **그림 3-5-13** 콜라우슈 브리지에 의한 접지저항의 측정

(4) 접지저항의 측정기준 및 방법

접지저항의 측정은 전위강하법이 기본이다. 이 방법은 접지저항의 정의에 기초를 둔 원리이고 가장 일반적으로 많이 사용하고 있는 직독식 접지저항계는 전위차계식과 전위강하식이 있다. 전위차계식은 시험전압 및 전류를 가변하는 방식이고, 전위강하식은 시험전압·전류가 일정한 방식이다. 즉, 국내에 가장 많이 공급되어 사용하고 있는 접지저항 계측기는 전위강하법이다.

접지방식의 형태에 따른 측정방법은 표 3-5-5와 같고, 현행 전기설비의 접지 측정방법, 계측기 및 측정기준 등을 요약하면 표 3-5-6과 같다. 또한 접지저항계별 이격거리 및 측정항목은 표 3-5-7과 같다.

표 3-5-5 접지방식에 따른 측정방법의 적용

<table>
<tr><th colspan="2">접지방식</th><th>측정방법</th><th>계측기 종류</th></tr>
<tr><td>단독접지</td><td>기기마다 접지하는 것</td><td rowspan="2">직독식
접지저항계</td><td rowspan="2">• 종합접지저항계
• 다기능 계측기
• 간이접지저항계
• 디지털 접지저항계</td></tr>
<tr><td>연접접지</td><td>여러 개의 접지개소를 연접해 접지하는 것</td></tr>
<tr><td>메시접지
(접지면적이 큰 곳)</td><td>특히 낮은 접지저항값이 요구되어 접지선을 망상으로 매설각 교점을 연접 하는 것</td><td>전위강하법</td><td>• 고성능 접지
• 다기능 저항계</td></tr>
<tr><td>철탑 등 지지물의 접지</td><td>매설지선이 방사형으로 설치되었거나, 철탑 선단에 가공지선이 설치하여 연접하는 것</td><td>전위강하법</td><td>• 고성능 접지
• 다기능 저항계
• 과도접지저항계</td></tr>
</table>

표 3-5-6 전기설비별에 따른 접지 측정방법, 계측기 및 측정기준

<table>
<tr><th rowspan="2">장소 및 설비</th><th rowspan="2">규정</th><th rowspan="2">측정방법</th><th rowspan="2">계측기</th><th rowspan="2">주파수
인가전류</th><th colspan="2">보조극</th></tr>
<tr><th>배열위치</th><th>이격거리</th></tr>
<tr><td rowspan="3">• 대규모 접지체
– 변전소 등의 메시접지
– 축구조체 접지를 접지극으로 이용한 경우</td><td rowspan="2">IEEE
81.2</td><td rowspan="3">시험전압
강하법</td><td></td><td>60 [Hz]
220 [V]
/20 [A]</td><td>전류극과
전압극은
90°, 180°</td><td>• 전압 및 전류극은 접지망 1변 길이의 6.5배</td></tr>
<tr><td>• 고성능접지
• 다기능 측정기</td><td>2～8 [kHz]
250/500 [V]</td><td>전류극과
전압극은
90°, 180°</td><td>• 전압극 : 접지망 울타리 에서 30 [m] 이상
• 전류극 : 메시 중심에서 접지망 대각선의 2배 이상</td></tr>
<tr><td>JEAC
5001</td><td>-</td><td>60 [Hz]
220 [V]
/20 [A]</td><td>전류극과
전압극은
90°, 180°</td><td>• 전압극 : 300～600 [m]
• 전류극 : 접지망 1변 최대 길이의 4～5배</td></tr>
</table>

장소 및 설비	규정	측정방법	계측기	주파수 인가전류	보조극	
					배열위치	이격거리
• 소규모 접지체	KSC 1310 JIS 1304	전위 차계식 전위 강하식	• 종합접지 • 다기능 계측기 • 디지털접지	수백 [Hz] 수십 [mA] – 종합 : 5 [mA] – 다기능 : 1.5 [mA]	일직선	• 5～10 [m] 단 피접지극이 긴 경우 또는 접지봉이 병렬로 복수 시설하고 있는 경우 거리를 충분히 이격
• 심매설 접지 • 저항률인 모래층, 화산 용암지대	IEEE 81.2 NEC 250-84	전위 차계식	• 대지저항률 측정기	10～40 [Hz] 150/600 [V]	일직선	• 피 접지봉 길이의 5～10배
• 철탑접지	한전 설계 기준 (1101)	전위 차계식 전위 강하식	• 종합접지	수백 [Hz] 수십 [mA]	일직선	• 가공지선 없는 경우 매설지선 끝에서 20 [m] 이상
		소전류 임펄스 방식	• 과도접지 저항계	1500 [V] 0.4 [A] 정전류	철탑선로와 90°	• 가공지선 있는 경우 철탑에서 65 [m] 이상
	IEEE 81 (12.6)	시험전압 강하법	• 고성능접지 다기능 측정기	2～8 [kHz] 250/500 [V]	철탑선로와 90°, 180°	• 전압극 : 접지면적 대각선의 1.2배 • 전류극 : 접지면적 대각선의 2배

● **표 3-5-7** 접지저항계별 이격거리 및 측정항목

계측기명	보조극 이격거리	측정항목
종합접지저항계	5～10 [m]	접지저항, 절연저항, 전압 및 전류
다기능 계측기	5～10 [m]	접지저항, 절연저항, 전압
간이접지저항계	5～10 [m]	접지저항, 절연저항, 전압 및 전류
디지털 접지저항계	20～25 [m]	접지저항, 대지저항률
대지저항률 측정기	접지극 길이의 5～10배	대지저항률, 접지저항
고성능 접지 다기능 측정기	– 전압극 : 접지망 울타리에서 30 [m] 이상 – 전류극 : 메시 중심에서 접지망 대각선의 2배 이상	접지저항, 대지저항률, 철탑접지, 보폭 및 접촉전압

5. 접지시스템

접지시스템의 구분은 계통접지, 보호접지, 피뢰시스템 접지 등으로 구분한다. 또한, 접지시스템의 시설 종류에는 단독접지, 공통접지, 통합접지 등이 있다.

(1) 접지시스템의 구성요소 및 요구사항

① 접지시스템 구성요소

가. 접지시스템은 접지극, 접지도체, 보호도체 및 기타 설비로 구성하고, 140에 의하는 것 이외에는 KS C IEC 60364-5-54 저압전기설비 - 제5-54부: 전기기기의 선정 및 설치 - 접지설비 및 보호도체에 의한다.

나. 접지극은 접지도체를 사용하여 주접지 단자에 연결해야 한다.

② 접지시스템 요구사항

가. 접지시스템은 다음에 적합해야 한다.

a. 전기설비의 보호 요구사항을 충족해야 한다.

b. 지락전류와 보호도체 전류를 대지에 전달할 것. 다만, 열적, 열·기계적, 전기·기계적 응력 및 이러한 전류로 인한 감전 위험이 없어야 한다.

c. 전기설비의 기능적 요구사항을 충족해야 한다.

나. 접지저항 값은 다음에 의한다.

a. 부식, 건조 및 동결 등 대지환경 변화에 충족해야 한다.

b. 인체 감전 보호를 위한 값과 전기설비의 기계적 요구에 의한 값을 만족해야 한다.

(2) 접지극의 시설 및 접지저항

① 접지극은 다음에 따라 시설해야 한다.

가. 토양 또는 콘크리트에 매입되는 접지극의 재료 및 최소 굵기 등은 KS C IEC 60364-5-54 저압전기설비 - 제5-54부: 전기기기의 선정 및 설치 - 접지설비 및 보호도체의 토양 또는 콘크리트에 매설되는 접지극으로 부식방지 및 기계적 강도를 대비하여 일반적으로 사용되는 재질의 최소 굵기에 따라야 한다.

나. 피뢰시스템의 접지는 접지극시스템을 우선 적용해야 한다.

② 접지극은 다음의 방법 중 하나 또는 복합하여 시설해야 한다.

가. 콘크리트에 매입된 기초 접지극

나. 토양에 매설된 기초 접지극

다. 토양에 수직 또는 수평으로 직접 매설된 금속전극(봉, 전선, 테이프, 배관, 판 등)

라. 케이블의 금속외장 및 그 밖에 금속피복

마. 지중 금속구조물(배관 등)

바. 대지에 매설된 철근콘크리트의 용접된 금속 보강재. 다만, 강화콘크리트는 제외한다.

③ 접지극의 매설은 다음에 의한다.

가. 접지극은 매설하는 토양을 오염시키지 않아야 하며, 가능한 다습한 부분에 설치한다.

나. 접지극은 동결 깊이를 감안하여 시설하되 고압 이상의 전기설비와 142.5(한국전기설비규정)에 의하여 시설하는 접지극의 매설깊이는 지표면으로부터 지하 0.75 [m] 이상으로 한다. 다만, 발전소, 변전소, 개폐소 또는 이에 준하는 곳에 접지극을 322.5의 1의 "가"에 준하여 시설하는 경우에는 그렇지 않다. 즉, 접지극은 고장 시 그 근처의 대지 사이에 생기는 전위차에 의하여 사람이나 가축 또는 다른 시설물에 위험을 줄 우려가 없도록 시설할 것

다. 접지도체를 철주 기타의 금속체를 따라서 시설하는 경우에는 접지극을 철주의 밑면으로부터 0.3 [m] 이상의 깊이에 매설하는 경우 이외에는 접지극을 지중에서 그 금속체로부터 1 [m] 이상 떼어 매설해야 한다.

④ 접지시스템 부식에 대한 고려는 다음에 의한다.

가. 접지극에 부식을 일으킬 수 있는 폐기물 집하장 및 번화한 장소에 접지극 설치는 피해야 한다.

나. 서로 다른 재질의 접지극을 연결할 경우 전식을 고려해야 한다.

다. 콘크리트 기초접지극에 접속하는 접지도체가 용융 아연도금강제인 경우 접속부를 토양에 직접 매설해서는 안 된다.

⑤ 접지극을 접속하는 경우에는 발열성 용접, 압착접속, 클램프 또는 그 밖의 적절한 기계적 접속장치로 접속해야 한다.

⑥ 가연성 액체나 가스를 운반하는 금속제 배관은 접지설비의 접지극으로 사용할 수 없다. 다만, 보호등전위본딩은 예외로 한다.

⑦ 수도관 등을 접지극으로 사용하는 경우는 다음에 의한다.

가. 지중에 매설되어 있고 대지와의 전기저항값이 3 [Ω] 이하의 값을 유지하고 있는 금속제 수도관로가 다음에 따르는 경우 접지극으로 사용이 가능하다.

a. 접지도체와 금속제 수도관로의 접속은 안지름 75 [mm] 이상인 부분 또는 여기에서 분기한 안지름 75 [mm] 미만인 분기점으로부터 5 [m] 이내의 부분에서 해야 한다. 다만, 금속제 수도관로와 대지 사이의 전기저항값이 2 [Ω] 이하인 경우에는 분

기점으로부터의 거리는 5 [m]을 넘을 수 있다.

b. 접지도체와 금속제 수도관로의 접속부를 수도계량기로부터 수도 수용가 측에 설치하는 경우에는 수도계량기를 사이에 두고 양측 수도관로를 등전위본딩 해야 한다.

c. 접지도체와 금속제 수도관로의 접속부를 사람이 접촉할 우려가 있는 곳에 설치하는 경우에는 손상을 방지하도록 방호장치를 설치해야 한다.

d. 접지도체와 금속제 수도관로의 접속에 사용하는 금속제는 접속부에 전기적 부식이 생기지 않아야 한다.

나. 건축물, 구조물의 철골 기타의 금속제는 이를 비접지식 고압전로에 시설하는 기계기구의 철대 또는 금속제 외함의 접지공사 또는 비접지식 고압전로와 저압전로를 결합하는 변압기의 저압전로의 접지공사의 접지극으로 사용할 수 있다. 다만, 대지와의 사이에 전기저항값이 2 [Ω] 이하인 값을 유지하는 경우에 한한다.

(3) 접지도체 및 보호도체

① 접지도체

가. 접지도체의 선정

a. 접지도체의 단면적은 KEC 142.3.2의 1에 의하며 큰 고장전류가 접지도체를 통하여 흐르지 않을 경우 접지도체의 최소 단면적은 다음과 같다.

㈀ 구리는 6 [mm^2] 이상

㈁ 철제는 50 [mm^2] 이상

b. 접지도체에 피뢰시스템이 접속되는 경우, 접지도체의 단면적은 구리 16 [mm^2] 또는 철 50 [mm^2] 이상으로 해야 한다.

나. 접지도체와 접지극의 접속은 다음에 의한다.

a. 접속은 견고하고 전기적인 연속성이 보장되도록, 접속부는 발열성 용접, 압착접속, 클램프 또는 그 밖에 적절한 기계적 접속장치에 의해야 한다. 다만, 기계적인 접속장치는 제작자의 지침에 따라 설치해야 한다.

b. 클램프를 사용하는 경우, 접지극 또는 접지도체를 손상시키지 않아야 한다. 납땜에만 의존하는 접속은 사용해서는 안 된다.

다. 접지도체를 접지극이나 접지의 다른 수단과 연결하는 것은 견고하게 접속하고, 전기적, 기계적으로 적합해야 하며, 부식에 대해 적절하게 보호되어야 한다. 또한, 다음과 같이 매입되는 지점에는 "안전 전기 연결"라벨이 영구적으로 고정되도록 시설해야 한다.

a. 접지극의 모든 접지도체 연결지점

b. 외부도전성 부분의 모든 본딩도체 연결지점

c. 주 개폐기에서 분리된 주접지단자

라. 접지도체는 지하 0.75 [m] 부터 지표 상 2 [m] 까지 부분은 합성수지관(두께 2 [mm] 미만의 합성수지제 전선관 및 가연성 콤바인덕트관은 제외한다) 또는 이와 동등 이상의 절연효과와 강도를 가지는 몰드로 덮어야 한다.

마. 특별고압·고압 전기설비 및 변압기 중성점 접지시스템의 경우 접지도체가 사람이 접촉할 우려가 있는 곳에 시설되는 고정설비인 경우에는 다음에 따라야 한다. 다만, 발전소, 변전소, 개폐소 또는 이에 준하는 곳에서는 개별 요구사항에 의한다.

a. 접지도체는 절연전선(옥외용 비닐절연전선은 제외) 또는 케이블(통신용 케이블은 제외)을 사용해야 한다. 다만, 접지도체를 철주 기타의 금속체를 따라서 시설하는 경우 이외의 경우에는 접지도체의 지표상 0.6 [m]를 초과하는 부분에 대하여는 절연전선을 사용하지 않을 수 있다.

b. 접지극 매설은 142.2의 3에 따른다.

바. 접지도체의 굵기는 "가."의 "a."에서 정한 것 이외에 고장 시 흐르는 전류를 안전하게 통할 수 있는 것으로서 다음에 의한다.

a. 특별고압, 고압 전기설비용 접지도체는 단면적 6 [mm^2] 이상의 연동선 또는 동등 이상의 단면적 및 강도를 가져야 한다.

b. 중성점 접지용 접지도체는 공칭단면적 16 [mm^2] 이상의 연동선 또는 동등 이상의 단면적 및 세기를 가져야 한다. 다만, 다음의 경우에는 공칭단면적 6 [mm^2] 이상의 연동선 또는 동등 이상의 단면적 및 강도를 가져야 한다.

㈀ 7 [kV] 이하의 전로

㈁ 사용 전압이 25 [kV] 이하인 특별고압 가공전선로. 다만, 중성선 다중접지방식의 것으로서 전로에 지락이 생겼을 때 2초 이내에 자동적으로 이를 전로로부터 차단하는 장치가 되어 있는 것.

c. 이동하여 사용하는 전기기계기구의 금속제 외함 등의 접지시스템의 경우는 다음의 것을 사용해야 한다.

㈀ 특별고압, 고압 전기설비용 접지도체 및 중성점 접지용 접지도체는 클로로프렌캡타이어케이블(3종 및 4종) 또는 클로로설포네이트폴리에틸렌캡타이어케이블(3종 및 4종)의 1개 도체 또는 다심 캡타이어케이블의 차폐 또는 기타의 금속체로 단면적이 10 [mm^2] 이상인 것을 사용한다.

㈁ 저압 전기설비용 접지도체는 다심 코드 또는 다심 캡타이어케이블의 1개 도체의 단면적이 0.75 [mm^2] 이상인 것을 사용한다. 다만, 기타 유연성이 있는 연동

연선은 1개 도체의 단면적이 1.5 [mm^2] 이상인 것을 사용한다.

② **보호도체**

가. 보호도체의 최소 단면적은 다음에 의한다.

a. 보호도체의 최소 단면적은 "b."에 따라 계산하거나 KEC 표 142.3-1에 따라 선정할 수 있다. 다만, "c."의 요건을 고려하여 선정한다. 표 3-5-8은 KEC 표 142.3-1에서 제시하고 있는 보호도체의 최소 단면적을 나타낸 것이다.

● **표 3-5-8** KEC의 표 142.3-1에서 제시한 보호도체의 최소 단면적 조건

선도체의 단면적 S[mm^2], 구리	보호도체의 최소 단면적[mm^2], 구리	
	보호도체의 재질	
	선도체와 같은 경우	선도체와 다른 경우
$S \le 16$	S	$(k_1/k_2) \times S$
$16 < S \le 35$	16[a]	$(k_1/k_2) \times 16$
$S > 35$	S[a]/2	$(k_1/k_2) \times (S/2)$

k_1 : 도체 및 절연의 재질에 따라 KS C IEC 60364-5-54(저압전기설비 - 제5-54부: 전기기기의 선정 및 설치 - 접지설비 및 보호도체)의 "표 A54.1(여러 가지 재료의 변수 값)" 또는 KS C IEC 60364-4-43(저압전기설비 - 제4-43부: 안전을 위한 보호 - 과전류에 대한 보호)의 "표 43A(도체에 대한 k값)"에서 선정된 선도체에 대한 k값

k_2 : KS C IEC 60364-5-54(저압전기설비 - 제5-54부: 전기기기의 선정 및 설치 - 접지설비 및 보호도체)의 "표 A.54.2(케이블에 병합되지 않고 다른 케이블과 묶여 있지 않은 절연 보호도체의 k값) ~ 표 A.54.6(제시된 온도에서 모든 인접 물질에 손상 위험성이 없는 경우 나도체의 k값)"에서 선정된 보호도체에 대한 k값

a : PEN 도체의 최소 단면적은 중성선과 동일하게 적용한다. KS C IEC 60364-5-52: 저압전기설비 - 제5-52부: 전기기기의 선정 및 설치 - 배선설비 참조

b. 차단시간이 5초 이하인 경우에만 다음 계산식을 적용한다.

$$S = \frac{\sqrt{I^2 t}}{k}$$

S : 단면적 [mm^2]

I : 보호장치를 통해 흐를 수 있는 예상 고장전류 실효값 [A]

t : 자동차단을 위한 보호장치의 동작시간 [s]

k : 보호도체, 절연, 기타 부위의 재질 및 초기온도와 최종온도에 따라 정해지는 계수로 KS C IEC 60364-5-54(저압전기설비 - 제5-54부: 전기기기의 선정 및 설치 - 접지설비 및 보호도체)의 "부속서 A(기본 보호에 관한 규정)"에 의한다.

c. 보호도체가 케이블의 일부가 아니거나 선도체와 동일 외함에 설치되지 않으면 단

면적은 다음의 굵기 이상으로 해야 한다.

(ㄱ) 기계적 손상에 대해 보호가 되는 경우는 구리 2.5 [mm^2], 알루미늄 16 [mm^2] 이상

(ㄴ) 기계적 손상에 대해 보호가 되지 않는 경우는 구리 4 [mm^2], 알루미늄 16 [mm^2] 이상

(ㄷ) 케이블의 일부가 아니라도 전선관 및 트렁킹 내부에 설치되거나 이와 유사한 방법으로 보호되는 경우 기계적으로 보호되는 것으로 간주한다.

d. 보호도체가 두 개 이상의 회로에 공통으로 사용되면 단면적은 다음과 같이 선정해야 한다.

(ㄱ) 회로 중 가장 부담이 큰 것으로 예상되는 고장전류 및 동작시간을 고려하여 "a." 또는 "b."에 따라 선정한다.

(ㄴ) 회로 중 가장 큰 선도체의 단면적을 기준으로 "a."에 따라 선정한다.

나. 보호도체의 종류는 다음에 의한다.

a. 보호도체는 다음 중 하나 또는 복수로 구성해야 한다.

(ㄱ) 다심케이블의 도체

(ㄴ) 충전도체와 같은 트렁킹에 수납된 절연도체 또는 나도체

(ㄷ) 고정된 절연도체 또는 나도체

(ㄹ) "b." (ㄱ), (ㄴ) 조건을 만족하는 금속케이블 외장, 케이블 차폐, 케이블 외장, 전선묶음(편조전선), 동심도체, 금속관

b. 전기설비에 저압개폐기, 제어반 또는 버스덕트와 같은 금속제 외함을 가진 기기가 포함된 경우, 금속함이나 프레임이 다음과 같은 조건을 모두 충족하면 보호도체로 사용이 가능하다.

(ㄱ) 구조·접속이 기계적, 화학적 또는 전기화학적 열화에 대해 보호할 수 있으며 전기적 연속성을 유지하는 경우

(ㄴ) 도전성이 "가."의 "a." 또는 "b."의 조건을 충족하는 경우

(ㄷ) 연결하고자 하는 모든 분기 접속점에서 다른 보호도체의 연결을 허용하는 경우

c. 다음과 같은 금속 부분은 보호도체 또는 보호본딩 도체로 사용해서는 안 된다.

(ㄱ) 금속 수도관

(ㄴ) 가스, 액체, 분말과 같은 잠재적인 인화성 물질을 포함하는 금속관

(ㄷ) 상시 기계적 응력을 받는 지지 구조물 일부

(ㄹ) 가요성 금속배관. 다만, 보호도체의 목적으로 설계된 경우는 예외로 한다.

(ㅁ) 가요성 금속전선관

(ㅂ) 지지선, 케이블트레이 및 이와 비슷한 것

다. 보호도체의 전기적 연속성은 다음에 의한다.

a. 보호도체의 보호는 다음에 의한다.

(ㄱ) 기계적인 손상, 화학적·전기화학적 열화, 전기역학적·열역학적 힘에 대해 보호되어야 한다.

(ㄴ) 나사접속, 클램프접속 등 보호도체 사이 또는 보호도체와 타 기기 사이의 접속은 전기적 연속성 보장 및 충분한 기계적 강도와 보호를 구비해야 한다.

(ㄷ) 보호도체를 접속하는 나사는 다른 목적으로 겸용해서는 안 된다.

(ㄹ) 접속부는 납땜(soldering)으로 접속해서는 안 된다.

b. 보호도체의 접속부는 검사와 시험이 가능해야 한다. 다만 다음의 경우는 예외로 한다.

(ㄱ) 화합물로 충전된 접속부

(ㄴ) 캡슐로 보호되는 접속부

(ㄷ) 금속관, 덕트 및 버스덕트에서의 접속부

(ㄹ) 기기의 한 부분으로서 규정에 부합하는 접속부

(ㅁ) 용접(welding)이나 경납땜(brazing)에 의한 접속부

(ㅂ) 압착 공구에 의한 접속부

라. 보호도체에는 어떠한 개폐장치를 연결해서는 안 된다. 다만, 시험목적으로 공구를 이용하여 보호도체를 분리할 수 있는 접속점을 만들 수 있다.

마. 접지에 대한 전기적 감시를 위한 전용장치(동작센서, 코일, 변류기 등)를 설치하는 경우, 보호도체 경로에 직렬로 접속하면 안 된다.

바. 기기, 장비의 노출도전부는 다른 기기를 위한 보호도체의 부분을 구성하는 데 사용할 수 없다. 다만, “나.”의 “b.”에서 허용하는 것은 제외한다.

③ 보호도체의 단면적 보강

가. 보호도체는 정상 운전상태에서 전류의 전도성 경로(전기자기 간섭 보호용 필터의 접속 등으로 인한)로 사용되지 않아야 한다.

나. 전기설비의 정상 운전상태에서 보호도체에 10 [mA]를 초과하는 전류가 흐르는 경우 다음에 의해 보호도체를 증강하여 사용해야 한다.

a. 보호도체가 하나인 경우 보호도체의 단면적은 전 구간에 구리 10 [mm^2] 이상 또는 알루미늄 16 [mm^2] 이상으로 해야 한다.

b. 추가로 보호도체를 위한 별도의 단자가 구비된 경우, 최소한 고장보호에 요구되는 보호도체의 단면적은 구리 10 [mm^2], 알루미늄 16 [mm^2] 이상으로 한다.

④ **보호도체와 계통도체 겸용**

가. 보호도체와 계통도체를 겸용하는 겸용도체(중성선과 겸용, 선도체와 겸용, 중간도체와 겸용 등)는 해당하는 계통의 기능에 대한 조건을 만족해야 한다.

나. 겸용도체는 고정된 전기설비에서만 사용할 수 있으며 다음에 의한다.

a. 단면적은 구리 10 [mm^2] 또는 알루미늄 16 [mm^2] 이상이어야 한다.

b. 중성선과 보호도체의 겸용도체는 전기설비의 부하 측으로 시설하여서는 안 된다.

c. 폭발성 분위기 장소는 보호도체를 전용으로 해야 한다.

다. 겸용도체의 성능은 다음에 의한다.

a. 공칭전압과 같거나 높은 절연성능을 가져야 한다.

b. 배선설비의 금속 외함은 겸용도체로 사용해서는 안 된다. 다만, KS C IEC 60439-2(저전압 개폐장치 및 제어장치 부속품 - 제2부: 버스바 트렁킹 시스템의 개별 요구사항)에 의한 것 또는 KS C IEC 61534-1(전원 트랙 - 제1부: 일반요구사항)에 의한 것은 제외한다.

라. 겸용도체는 다음 사항을 준수해야 한다.

a. 전기설비의 일부에서 중성선, 중간도체, 선도체 및 보호도체가 별도로 배선되는 경우, 중성선, 중간도체, 선도체를 전기설비의 다른 접지된 부분에 접속해서는 안 된다. 다만, 겸용도체에서 각각의 중성선, 중간도체, 선도체와 보호도체를 구성하는 것은 허용한다.

b. 겸용도체는 보호도체용 단자 또는 바에 접속되어야 한다.

c. 계통외도전부는 겸용도체로 사용해서는 안 된다.

⑤ **보호접지 및 기능접지의 겸용도체**

가. 보호접지와 기능접지 도체를 겸용하여 사용할 경우 KEC 142.3.2에 대한 조건과 KEC 143 및 KEC 153.2(피뢰시스템 등전위본딩)의 조건에도 적합해야 한다.

나. 전자통신기기에 전원 공급을 위한 직류귀환 도체는 겸용도체(PEL 또는 PEM)로 사용 가능하고, 기능접지도체와 보호도체를 겸용할 수 있다.

⑥ **감전보호에 따른 보호도체**

과전류보호장치를 감전에 대한 보호용으로 사용하는 경우, 보호도체는 충전도체와 같은 배선설비에 병합시키거나 근접한 경로로 설치해야 한다.

⑦ **주접지단자**

가. 접지시스템은 주접지단자를 설치하고, 다음의 도체들을 접속해야 한다.

a. 등전위본딩도체

b. 접지도체

c. 보호도체

d. 관련이 있는 경우, 기능성 접지도체

나. 여러 개의 접지단자가 있는 장소는 접지단자를 상호 접속해야 한다.

다. 주접지단자에 접속하는 각 접지도체는 개별적으로 분리할 수 있어야 하며, 접지저항을 편리하게 측정할 수 있어야 한다. 다만, 접속은 견고해야 하며 공구에 의해서만 분리되는 방법으로 해야 한다.

(4) 전기수용가 접지

① 저압 수용가 인입구 접지

가. 수용장소 인입구 부근에서 다음의 것을 접지극으로 사용하여 변압기 중성점 접지를 한 저압 전선로의 중성선 또는 접지측 전선에 추가로 접지공사를 할 수 있다.

a. 지중에 매설되어 있고 대지와의 전기저항값이 3 [Ω] 이하의 값을 유지하고 있는 금속제 수도관로

b. 대지 사이의 전기저항 값이 3 [Ω] 이하인 값을 유지하는 건물의 철골

나. "가."에 따른 접지도체는 공칭단면적 6 [mm^2] 이상의 연동선 또는 이와 동등 이상의 세기 및 굵기의 쉽게 부식하지 않는 금속선으로서 고장 시 흐르는 전류를 안전하게 통할 수 있는 것이어야 한다. 다만, 접지도체를 사람이 접촉할 우려가 있는 곳에 시설할 때는 접지도체는 142.3.1의 6에 따른다.

② 주택 등 저압 수용장소 접지

가. 저압 수용장소에서 계통접지가 TN-C-S 방식인 경우에 보호도체는 다음에 따라 시설해야 한다.

a. 보호도체의 최소 단면적은 KEC 142.3.2의 1에 의한 값 이상으로 한다.

b. 중성선 겸용 보호도체(PEN)는 고정 전기설비에만 사용할 수 있고, 그 도체의 단면적이 구리는 10 [mm^2] 이상, 알루미늄은 16 [mm^2] 이상이어야 하며, 그 계통의 최고전압에 대하여 절연되어야 한다.

나. "가."에 따른 접지의 경우에는 감전보호용 등전위본딩을 해야 한다. 다만, 이 조건을 충족시키지 못하는 경우에 중성선 겸용 보호도체를 수용장소의 인입구 부근에 추가로 접지해야 하며, 그 접지저항 값은 접촉전압을 허용접촉전압 범위 내로 제한하는 값 이하로 해야 한다.

(5) 변압기 중성점 접지

① 변압기의 중성점 접지 저항값은 다음에 의한다.

가. 일반적으로 변압기의 고압, 특별고압측 전로 1선 지락전류로 150을 나눈 값과 같은 저항값 이하

나. 변압기의 고압, 특별고압측 전로 또는 사용 전압이 35 [kV] 이하의 특별고압 전로가 저압측 전로와 혼촉하고, 저압전로의 대지전압이 150 [V]를 초과하는 경우는 저항값은 다음에 의한다.

a. 1초 초과 2초 이내에 고압·특별고압 전로를 자동으로 차단하는 장치를 설치할 때는 300을 나눈 값 이하

b. 1초 이내에 고압·특별고압 전로를 자동으로 차단하는 장치를 설치할 때는 600을 나눈 값 이하

② 전로의 1선 지락전류는 실측값에 의한다. 다만, 실측이 곤란한 경우에는 선로정수 등으로 계산한 값에 의한다.

(6) 공통접지 및 통합접지

표 3-5-9는 KEC 표 142.6-1에서 제시하고 있는 저압설비 허용 상용주파 과전압을 나타낸 것이다.

① 고압 및 특별고압과 저압 전기설비의 접지극이 서로 근접하여 시설되어 있는 변전소 또는 이와 유사한 곳에서는 다음과 같이 공통접지시스템으로 할 수 있다.

가. 저압 전기설비의 접지극이 고압 및 특별고압 접지극의 접지저항 형성영역에 완전히 포함되어 있다면 위험전압이 발생하지 않도록 이들 접지극을 상호 접속해야 한다.

나. 접지시스템에서 고압 및 특별고압 계통의 지락사고 시 저압계통에 가해지는 상용주파 과전압은 KEC 표 142.6-1에서 정한 값을 초과해서는 안 된다.

● 표 3-5-9 KEC의 표 146.3-1에서 제시한 저압설비 허용 상용주파 과전압 기준

고압계통에서 지락고장시간 [초]	저압설비 허용 상용주파 과전압 [V]	비 고
>5	U_0+250	중성선 도체가 없는 계통에서 U_0는 선간전압을 말한다.
≤ 5	$U_0+1,200$	

1. 순시 상용주파 과전압에 대한 저압기기의 절연 설계기준과 관련된다.
2. 중성선이 변전소 변압기의 접지계통에 접속된 계통에서, 건축물 외부에 설치한 외함이 접지되지 않은 기기의 절연에는 일시적 상용주파 과전압이 나타날 수 있다.

다. 고압 및 특별고압을 수전 받는 수용가의 접지계통을 수전 전원의 다중접지된 중성선

과 접속하면 "나."의 요건은 충족하는 것으로 간주할 수 있다.

라. 기타 공통접지와 관련한 사항은 KS C IEC 61936-1(교류 1 [kV] 초과 전력설비 - 제1부: 공통규정)의 "10 접지시스템"에 의한다.

② 전기설비의 접지설비, 건축물의 피뢰설비·전자통신설비 등의 접지극을 공용하는 통합접지시스템으로 하는 경우 다음과 같이 해야 한다.

가. 통합접지시스템은 "①"에 의한다.

나. 낙뢰에 의한 과전압 등으로부터 전기전자기기 등을 보호하기 위해 153.1의 규정에 따라 서지보호장치를 설치해야 한다.

(7) 기계기구의 철대 및 외함의 접지

① 전로에 시설하는 기계기구의 철대 및 금속제 외함(외함이 없는 변압기 또는 계기용변성기는 철심)에는 140에 의한 접지공사를 해야 한다.

② 다음의 어느 하나에 해당하는 경우에는 "①"의 규정에 따르지 않을 수 있다.

가. 사용전압이 직류 300 [V] 또는 교류 대지전압이 150 [V] 이하인 기계기구를 건조한 곳에 시설하는 경우

나. 저압용의 기계기구를 건조한 목재의 마루 기타 이와 유사한 절연성 물건 위에서 취급하도록 시설하는 경우

다. 저압용이나 고압용의 기계기구, KEC 341.2에서 규정하는 특별고압 전선로에 접속하는 배전용 변압기나 이에 접속하는 전선에 시설하는 기계기구 또는 KEC 333.32의 1과 4에서 규정하는 특별고압 가공전선로의 전로에 시설하는 기계기구를 사람이 쉽게 접촉할 우려가 없도록 목주 기타 이와 유사한 것의 위에 시설하는 경우

라. 철대 또는 외함의 주위에 적당한 절연대를 설치하는 경우

마. 외함이 없는 계기용변성기가 고무, 합성수지 기타의 절연물로 피복한 것일 경우

바. 「전기용품 및 생활용품 안전관리법」의 적용을 받는 이중절연구조로 되어 있는 기계기구를 시설하는 경우

사. 저압용 기계기구에 전기를 공급하는 전로의 전원측에 절연변압기(2차 전압이 300 [V] 이하이며, 정격용량이 3 [kVA] 이하인 것에 한한다)를 시설하고 또한 그 절연변압기의 부하측 전로를 접지하지 않은 경우

아. 물기 있는 장소 이외의 장소에 시설하는 저압용의 개별 기계기구에 전기를 공급하는 전로에 「전기용품 및 생활용품 안전관리법」의 적용을 받는 인체 감전보호용 누전차단기(정격감도전류가 30 [mA] 이하, 동작시간이 0.03초 이하의 전류동작형에 한한다)를 시설하는 경우

자. 외함을 충전하여 사용하는 기계기구에 사람이 접촉할 우려가 없도록 시설하거나 절연대를 시설하는 경우

(8) 등전위본딩의 적용

그림 3-5-14는 등전위본딩의 종류 및 내용을 나타낸 것이다. 등전위본딩은 감전보호용등전위본딩과 피뢰시스템전위본딩 등으로 구분된다.

① 건축물·구조물에서 접지도체, 주접지단자와 다음의 도전성 부분은 등전위본딩해야 한다. 다만, 이들 부분이 다른 보호도체로 주접지단자에 연결된 경우는 그렇지 않다.
   가. 수도관, 가스관 등 외부에서 내부로 인입되는 금속 배관
   나. 건축물, 구조물의 철근, 철골 등 금속 보강재
   다. 일상생활에서 접촉이 가능한 금속제 난방 배관 및 공조설비 등 계통외 도전부

② 주접지단자에 보호등전위본딩 도체, 접지도체, 보호도체, 기능성 접지도체를 접속해야 한다.

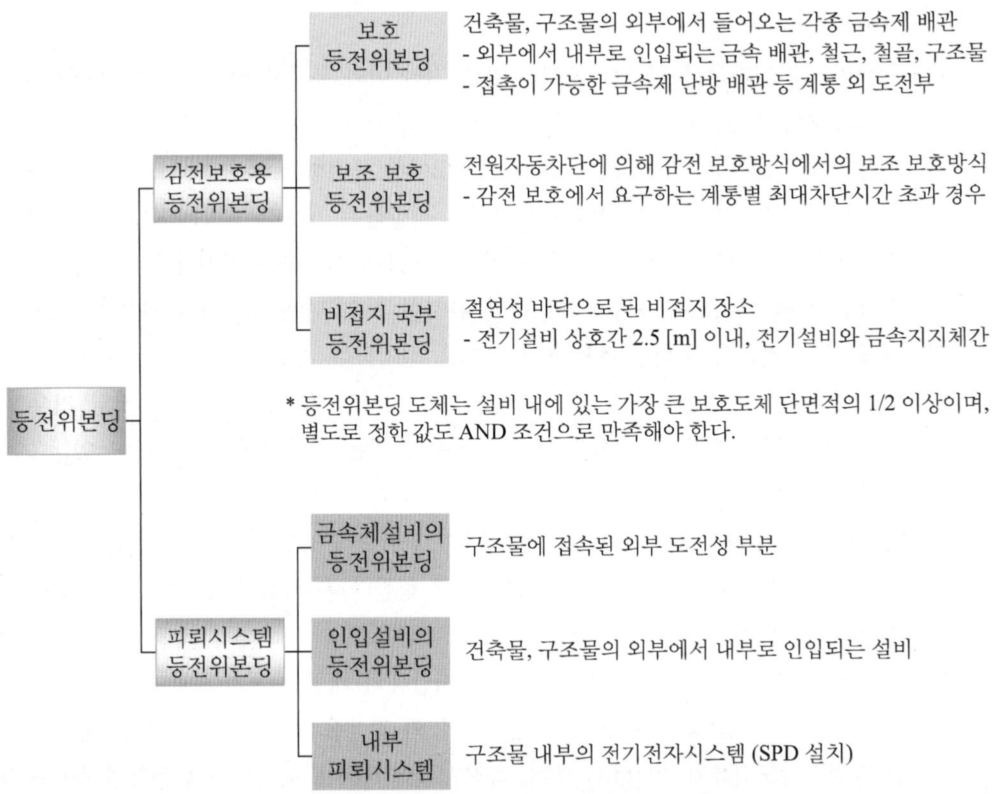

■ 그림 3-5-14 등전위본딩의 종류 및 내용

(9) 등전위본딩 시설

① 보호등전위본딩

가. 건축물·구조물의 외부에서 내부로 들어오는 각종 금속제 배관은 다음과 같이 해야 한다.

a. 1개소에 집중하여 인입하고, 인입구 부근에서 서로 접속하여 등전위본딩 바에 접속해야 한다.

b. 대형건축물 등으로 1개소에 집중하여 인입하기 어려운 경우에는 본딩도체를 1개의 본딩 바에 연결한다.

나. 수도관, 가스관의 경우 내부로 인입된 최초의 밸브 후단에서 등전위본딩을 해야 한다.

다. 건축물, 구조물의 철근, 철골 등 금속 보강재는 등전위본딩을 해야 한다.

② 보조 보호등전위본딩

가. 보조 보호등전위본딩의 대상은 전원자동차단에 의한 감전보호방식에서 고장 시 자동차단 시간이 KEC 211.2.3의 3에서 요구하는 계통별 최대차단시간을 초과하는 경우이다.

나. "가."의 차단시간을 초과하고 2.5 [m] 이내에 설치된 고정기기의 노출도전부와 계통외도전부는 보조 보호등전위본딩을 해야 한다. 다만, 보조 보호등전위본딩의 유효성에 관해 의문이 생길 경우 동시에 접근 가능한 노출도전부와 계통외도전부 사이의 저항값(R)이 다음의 조건을 충족하는지 확인해야 한다.

a. 교류 계통 : $R \leq \dfrac{50\ V}{I_a}$ [Ω]

b. 직류 계통 : $R \leq \dfrac{120\ V}{I_a}$ [Ω]

여기서, I_a : 보호장치의 동작전류 [A], 누전차단기의 경우 $I_{\Delta n}$(정격감도전류)이며, 과전류보호장치의 경우 5초 이내 동작전류이다.

③ 비접지 국부등전위본딩

가. 절연성 바닥으로 된 비접지 장소에서 다음의 경우 국부등전위본딩을 해야 한다.

a. 전기설비 상호 간이 2.5 [m] 이내인 경우

b. 전기설비와 이를 지지하는 금속체 사이

나. 전기설비 또는 계통외도전부를 통해 대지에 접촉하지 않아야 한다.

(10) 등전위본딩 도체

① **보호등전위본딩 도체**

가. 주접지단자에 접속하기 위한 등전위본딩 도체는 설비 내에 있는 가장 큰 보호접지도체 단면적의 1/2 이상의 단면적을 가져야 하고 다음의 단면적 이상이어야 한다.

a. 구리도체 6 [mm^2]

b. 알루미늄 도체 16 [mm^2]

c. 강철 도체 50 [mm^2]

나. 주접지단자에 접속하기 위한 보호본딩도체의 단면적은 구리도체 25 [mm^2] 또는 다른 재질의 동등한 단면적을 초과할 필요는 없다.

다. 등전위본딩 도체의 상호접속은 KEC 153.2.1의 2를 따른다.

② **보조 보호등전위본딩 도체**

가. 두 개의 노출도전부를 접속하는 경우 도전성은 노출도전부에 접속된 더 작은 보호도체의 도전성보다 커야 한다.

나. 노출도전부를 계통외 도전부에 접속하는 경우 도전성은 같은 단면적을 갖는 보호도체의 1/2 이상이어야 한다.

다. 케이블의 일부가 아닌 경우 또는 선로도체와 함께 수납되지 않은 본딩도체는 다음 값 이상 이어야 한다.

a. 기계적 보호가 된 것은 구리도체 2.5 [mm^2], 알루미늄 도체 16 [mm^2]

b. 기계적 보호가 없는 것은 구리도체 4 [mm^2], 알루미늄 도체 16 [mm^2]

6. 계통접지의 방식

(1) 계통접지의 구성

① 저압 전로의 보호도체 및 중성선의 접속방식에 따라 접지계통은 다음과 같이 분류한다.

가. TT 계통 : 전원의 한 점을 직접접지하고 설비의 노출도전부는 전원의 접지극과 전기적으로 독립적인 접지극에 접속한다.

나. TN 계통 : 전원의 한 점을 직접접지하고 설비의 노출도전부는 전원계통의 접지점과

직접 접속한다.

다. IT 계통 : 충전부 전체를 대지로부터 절연시키거나 한 점을 임피던스를 통해 대지에 접속시킨다. 설비의 노출도전부를 단독 또는 일괄적으로 계통의 PE 도체에 접속한다.

라. 스트레스 전압 : 지락 고장 중에 접지부분 또는 기기나 장치의 외함과 기기나 장치의 다른 부분 사이에 나타나는 전압이다.

② 계통접지에서 사용되는 문자의 정의는 다음과 같다.

가. 제1문자 – 전원계통과 대지의 관계

T (Terra) : 한 점을 대지에 직접 접속

I (Insulation) : 모든 충전부를 대지와 절연시키거나 높은 임피던스를 통하여 한 점을 대지에 직접 접속

나. 제2문자 – 전기설비의 노출도전부와 대지의 관계

T : 노출도전부를 대지로 직접 접속. 전원계통의 접지와는 무관

N (Neutral) : 노출도전부를 전원계통의 접지점에 직접 접속

: 교류 계통에서는 통상적으로 중성점, 중성점이 없을 경우는 선도체

다. 제3문자 문자(문자가 있는 경우) – 중성선과 보호도체의 배치

S : 중성선 또는 접지된 선도체 외에 별도의 도체에 의해 제공되는 보호 기능

C : 중성선과 보호 기능을 한 개의 도체로 겸용(PEN 도체)

③ 각 계통에서 나타내는 그림의 기호 및 설명은 표 3-5-10과 같다.

● **표 3-5-10** 계통의 기호 및 설명

기 호	설 명
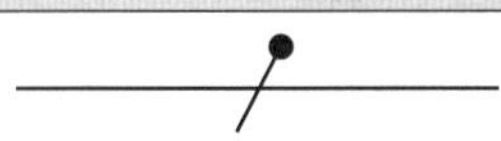	중성선(N), 중간도체, M
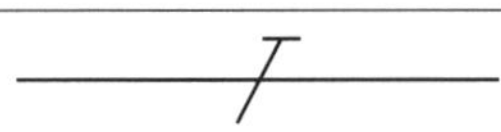	보호도체, PE
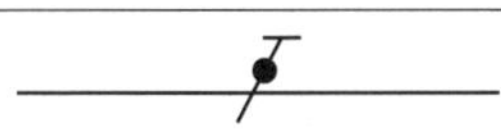	중성선과 보호도체 겸용, PEN

④ 접지시스템의 구성요소

접지시스템은 접지극, 접지도체, 보호도체 및 기타 설비로 구성된다. 그림 3-5-15는 접지시스템의 구성요소를 개략적으로 나타낸 것이며, 표 3-5-11은 계통의 기호 및 명칭이다.

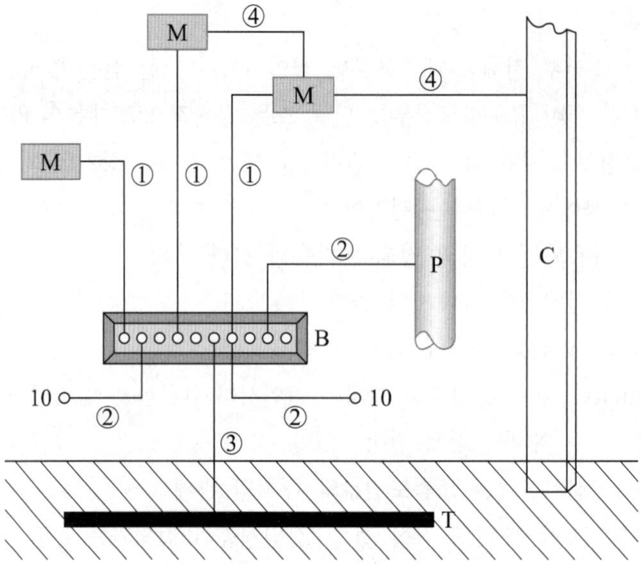

■ 그림 3-5-15 접지시스템의 구성요소

● 표 3-5-11 계통의 기호 및 명칭

기호	명칭
①	보호도체(PE)
②	보호 등전위본딩 도체
③	접지도체
④	보조보호 등전위본딩 도체
M	전기기기의 노출 도전성 부분
C	철골, 금속덕트 등의 계통외 도전성 부분
B	주 접지단자
P	수도관, 가스관 등 금속 배관
T	접지극
10	기타 기기(예: 정보통신시스템, 뇌보호시스템)

(2) TN 계통

전원측의 한 점을 직접접지하고 설비의 노출도전부를 보호도체로 접속시키는 방식으로 중성선 및 보호도체(PE 도체)의 배치 및 접속방식에 따라 다음과 같이 분류한다.

① TN-S 계통

계통 전체에 대해 별도의 중성선 또는 PE 도체를 사용한다. 배전계통에서 PE 도체를 추가로 접지할 수 있다.

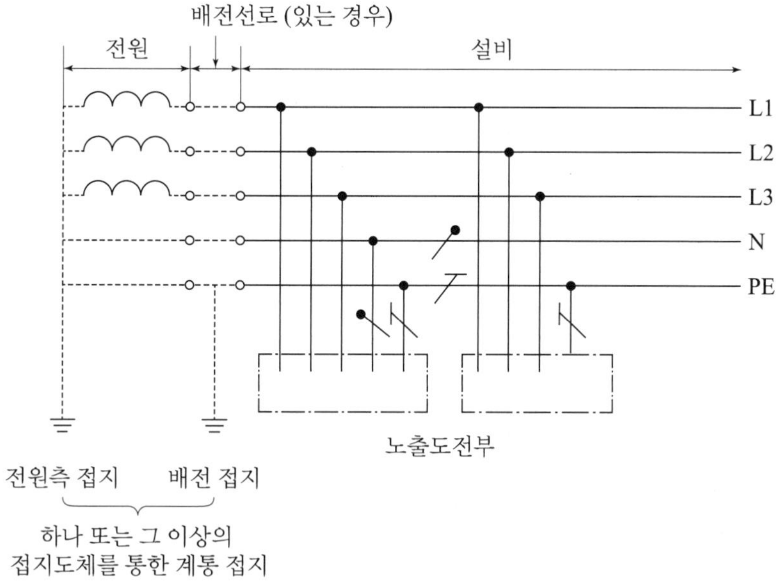

■ 그림 3-5-16 계통 내에서 별도의 중성선과 보호도체가 있는 TN-S 계통

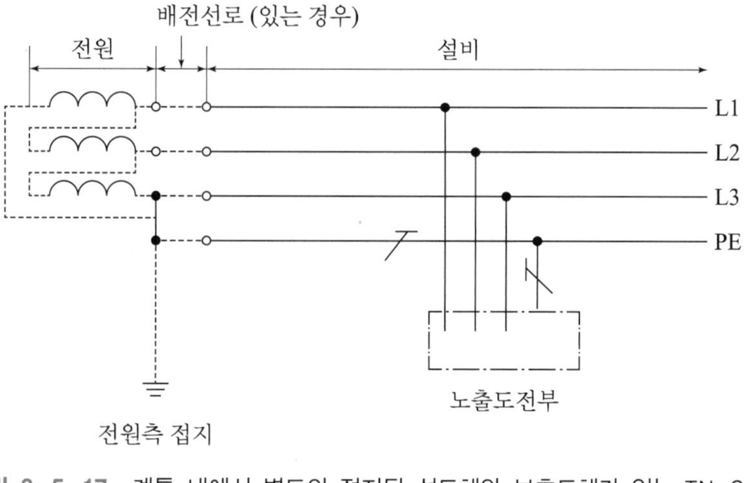

■ 그림 3-5-17 계통 내에서 별도의 접지된 선도체와 보호도체가 있는 TN-S 계통

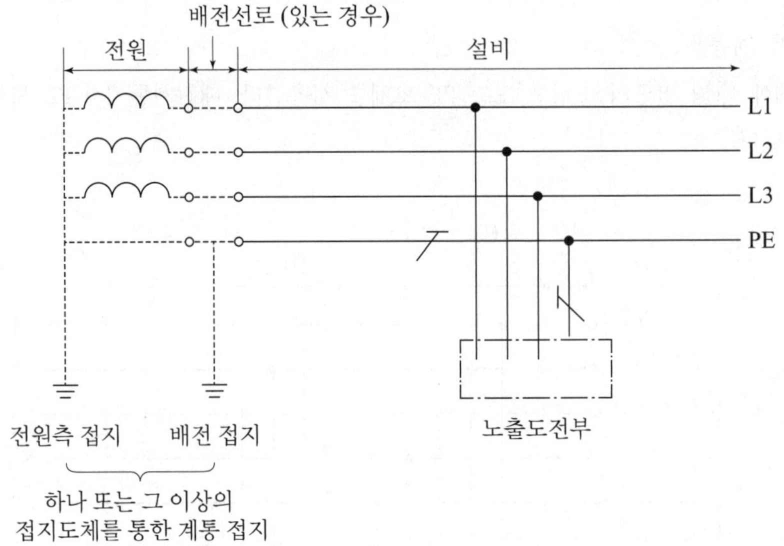

■ **그림 3-5-18** 계통 내에서 접지된 보호도체는 있으나 중성선의 배선이 없는 TN-S 계통

② TN-C **계통**

그 계통 전체에 대해 중성선과 보호도체의 기능을 동일도체로 겸용한 PEN 도체를 사용한다. 배전계통에서 PEN 도체를 추가로 접지할 수 있다.

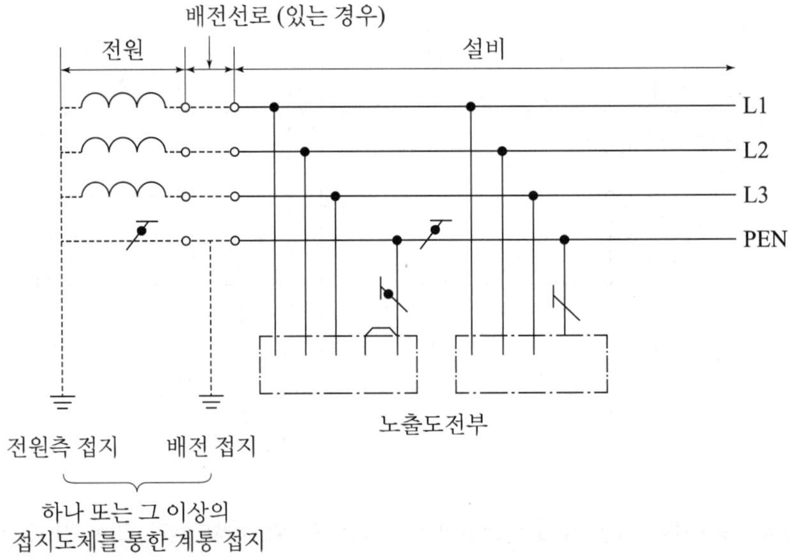

■ **그림 3-5-19** TN-C 계통

③ TN-C-S 계통

계통의 일부분에서 PEN 도체를 사용하거나 중성선과 별도의 PE 도체를 사용하는 방식이 있다. 배전계통에서 PEN 도체와 PE 도체를 추가로 접지할 수 있다.

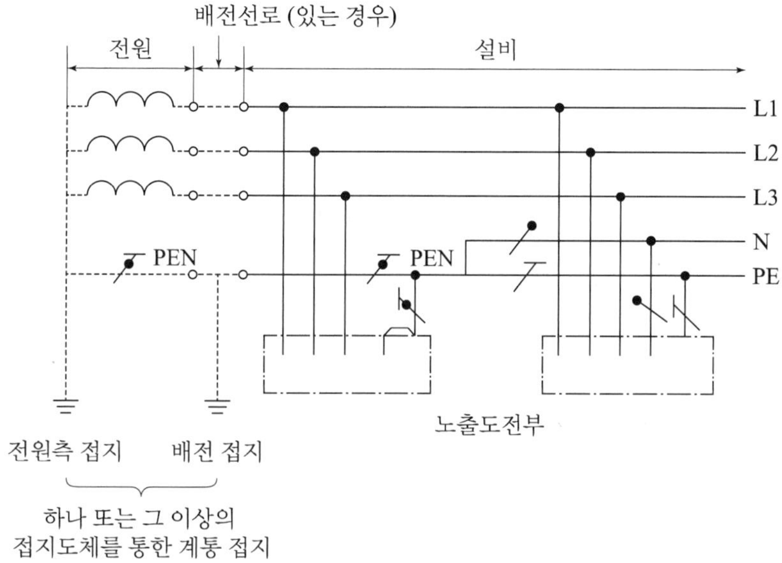

■ **그림 3-5-20** 설비의 어느 곳에서 PEN이 PE와 N으로 분리된 3상 4선식 TN-C-S 계통

(3) TT 계통

전원의 한 점을 직접 접지하고 설비의 노출도전부는 전원의 접지전극과 전기적으로 독립적인 접지극에 접속시킨다. 배전계통에서 PE 도체를 추가로 접지할 수 있다.

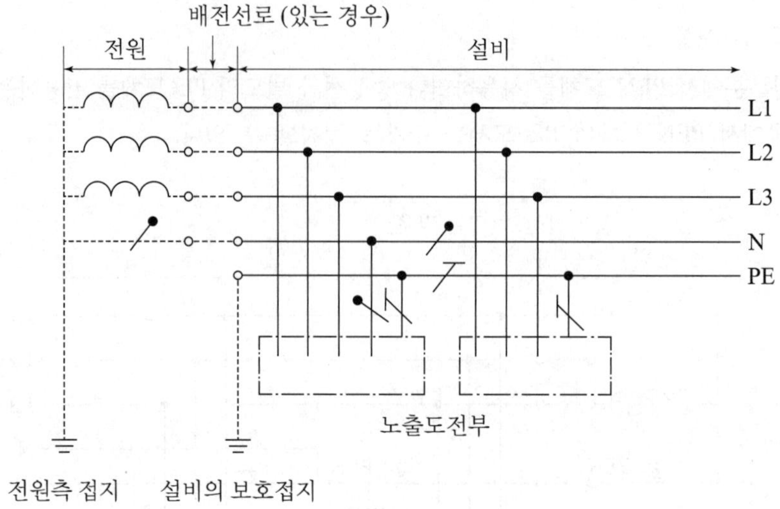

■ **그림 3-5-21** 설비 전체에서 별도의 중성선과 보호도체가 있는 TT 계통

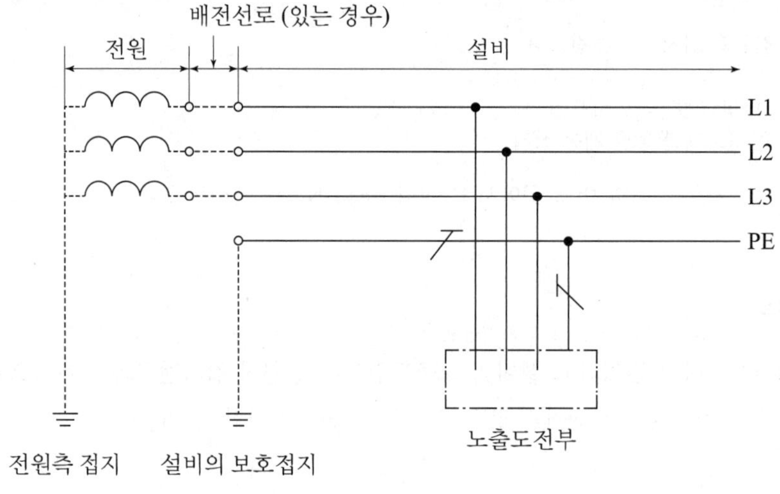

■ **그림 3-5-22** 설비 전체에서 접지된 보호도체가 있으나 배전용 중성선이 없는 TT 계통

(4) IT 계통

① 충전부 전체를 대지로부터 절연시키거나 한 점을 임피던스를 통해 대지에 접속시킨다. 전기설비의 노출도전부를 단독 또는 일괄적으로 계통의 PE 도체에 접속시킨다. 배전계통에서 추가 접지가 가능하다.

② 계통은 충분히 높은 임피던스를 통하여 접지할 수 있다. 이 접속은 중성점, 인위적 중성점, 선도체 등에서 할 수 있다. 중성선은 배선할 수도 있고, 배선하지 않을 수도 있다.

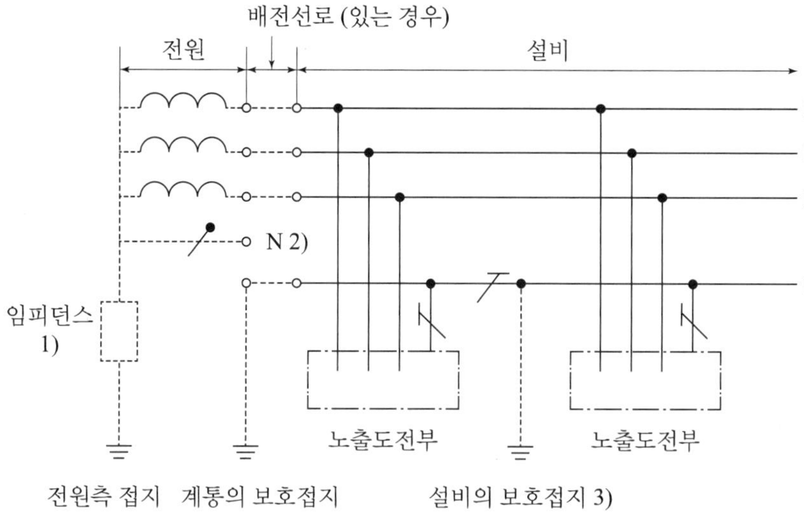

■ 그림 3-5-23 계통 내의 모든 노출도전부가 보호도체에 의해 접속되어 일괄 접지된 IT 계통

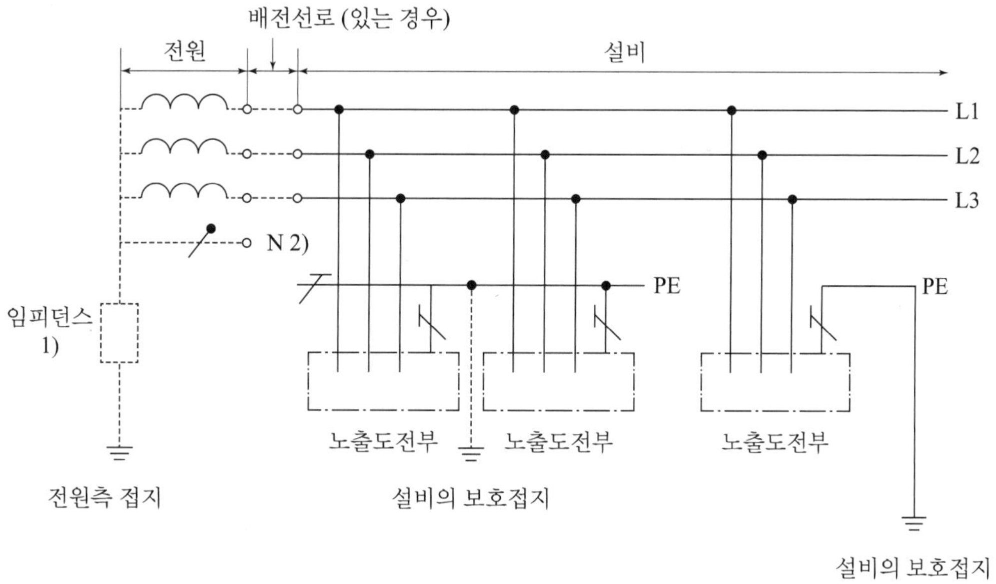

■ 그림 3-5-24 노출도전부가 조합으로 또는 개별로 접지된 IT 계통

(5) TN, TT, IT 계통 조합

그림 3-5-25는 TN, TT 및 IT 계통이 조합된 시스템의 개략도를 나타낸 것이다.

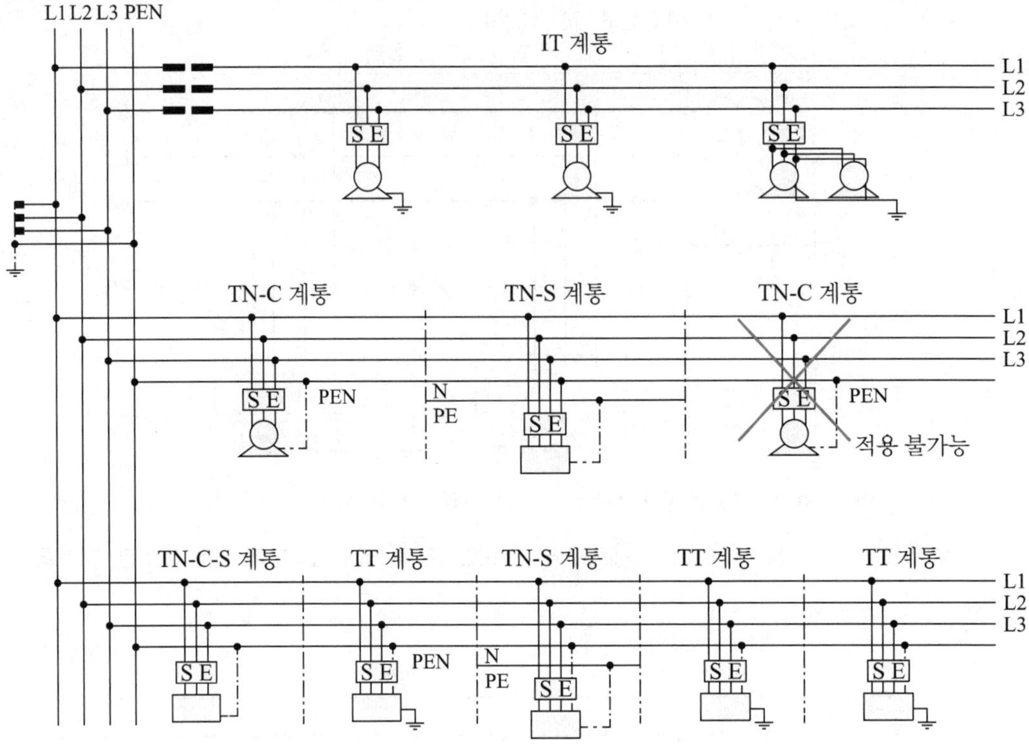

■ 그림 3-5-25 TN, TT, IT 계통이 조합된 시스템의 개략도

연습문제

문제 01 전기설비에 적용되는 접지공사의 목적에 대해서 논하시오.

풀이 ① 감전사고의 방지 ② 보호계전기의 확실한 동작 보호
③ 이상 전압의 억제 ④ 대지 전압의 저하

문제 02 접지의 종류는 전로에 시설하는 계통접지와 부하기기의 비충전 금속 외함 등에 시설하는 기기접지로 분류된다. 계통접지는 고압과 저압의 (　　)에 의해 발생되는 2차측 전로의 재해를 방지하기 위한 접지이며, 기기 접지는 전기기기의 비충전부를 (　　)에 접속하는 접지이다.

풀이 혼촉, 대지

문제 03 하나의 건축물이나 구내에서 여러 개의 접지를 필요로 하는 경우가 있는데 이들의 접지방식에 따라 4종류로 분류하여 제시하시오.

풀이 ① 개개를 독립해서 접지한 형태
② 독립적으로 접지한 접지선을 상호 연결한 형태
③ 접지전극을 공용으로 한 형태
④ 건축 구조체의 철골이나 철근 부분에 접지선을 연결한 형태

문제 04 어떤 설비에 단독접지를 시설할 때 현장 상황을 고려하여 전위상승이 일정범위 안에 들어가면 단독접지로 간주하고 있으며, 전위상승을 억제하기 위한 이격거리에 대한 요인을 제시하시오.

풀이 ① 발생하는 접지전류의 최대값
② 전위상승의 허용값
③ 그 지점의 대지저항률

문제 05 공통접지는 1개소 혹은 여러 개소에 설치한 공통의 접지전극에 개개의 설비 기기를 모아서 접속하여 접지를 공용하는 것으로 장점 및 단점에 대해 논하시오.

풀이 ① 공통접지의 장점

접지전극의 병렬연결로 합성저항이 낮고, 건축 구조체를 이용할 경우 접지저항을 더욱 낮게 유지가능하고, 접지전극 중 하나가 단선 되어도 타극으로 보완된다. 접지전극의 수가 적어 설비시공비가 절감되며, 접지 공용으로 접촉전압을 경감할 수 있다. 또한 지락전류의 귀로 형성으로 보호장치의 동작이 확실하며, 접지선이 짧아 보수 등이 편리하다.

② 공통접지의 단점

공통접지의 경우 접지를 공용하고 있는 설비 중 어떤 설비에 접지전류가 발생하면 그것은 대지로 유출하게 되는데 이때 각 접지전극에는 다소의 접지저항이 있기 때문에 접지점의 전위가 상승한다. 단독접지인 경우는 접지전류에 의한 전위상승이 단독접지 전극에만 한정되지만 공통접지에서는 접지전류에 의한 전위상승이 접지를 공용하고 있는 모든 설비에 파급되는 단점이 있다.

문제 06 전위강하법에 의한 접지저항의 측정방법에 대해 논하시오.

풀이 그림 1과 같은 회로를 구성하고 접지저항을 측정하고자 하는 접지전극(E), 전류보조극(C), 전위보조극(P) 등을 나타낸다. 여기서, E와 C 사이에 공급하는 전원은 직류를 사용할 경우 전기화학작용이 발생하기 때문에 교류를 사용하며, 이때 교류의 주파수는 전력계통의 유도신호를 쉽게 분리하도록 상용 이외의 주파수를 사용하는데 너무 높은 주파수는 리드선의 인덕턴스나 용량성이 작용하여 일반적으로 1 [kHz] 이하를 채택하고 있다.

접지저항 측정은 E극과 C극 사이에 흘려준 전류(I)에 의하여 보조전극(P)과 접지전극(E) 사이의 전위차(V)를 측정하고 계산에 의해 구할 수 있다.

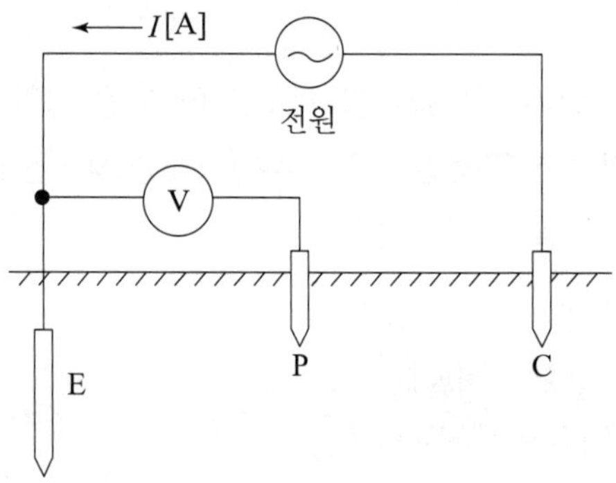

■ **그림 1** 전위강하법의 회로 구성

문제 07 저압 전로의 보호도체 및 중성선의 접속방식에 따라 접지계통을 구성하게 된다. 다음 용어의 ① TT 계통, ② TN 계통, ③ IT 계통, ④ 스트레스 전압 등에 대해서 설명하시오.

풀이 ① TT 계통 : 전원의 한 점을 직접접지하고 설비의 노출도전부는 전원의 접지극과 전기적으로 독립적인 접지극에 접속한다.

② TN 계통 : 전원의 한 점을 직접접지하고 설비의 노출도전부는 전원계통의 접지점과 직접 접속한다.

③ IT 계통 : 충전부 전체를 대지로부터 절연시키거나 한 점을 임피던스를 통해 대지에 접속시킨다. 설비의 노출도전부를 단독 또는 일괄적으로 계통의 PE 도체에 접속한다.

④ 스트레스 전압 : 지락 고장 중에 접지부분 또는 기기나 장치의 외함과 기기나 장치의 다른 부분 사이에 나타나는 전압이다.

문제 08 저압 접지시스템의 구성요소에서 접지시스템은 접지극, 접지도체, 보호도체 및 기타 설비 등으로 구성된다. 다음 계통의 기호 및 명칭을 제시하시오.

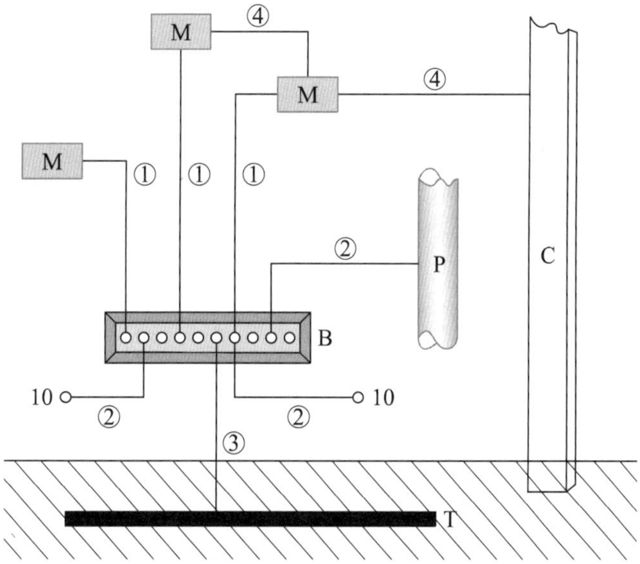

풀이

기호	명칭
①	보호도체(PE)
②	보호 등전위본딩 도체
③	접지도체
④	보조보호 등전위본딩 도체
M	전기기기의 노출 도전성 부분
C	철골, 금속덕트 등의 계통외 도전성 부분
B	주 접지단자
P	수도관, 가스관 등 금속 배관
T	접지극
10	기타 기기(예: 정보통신시스템, 뇌보호시스템)

Chapter 06

소방전원의 공급

1. 전력의 송전 및 배전

우리들의 일상생활에 필수적인 전기는 편리한 에너지로서 활용되고 광원(光源, light source) 또는 열원(熱源, heat source) 그밖에 동력원으로서 널리 이용되고 있다. 전기는 발전소에서 만들어지고 송전(送電, power transmission), 변전(變電, transformation of electric energy), 배전(配電, power distribution)의 과정을 거쳐 수용가에 공급된다. 그림 3-6-1은 발전된 전력을 수용가에 공급되기까지의 계통을 나타낸 것이다.

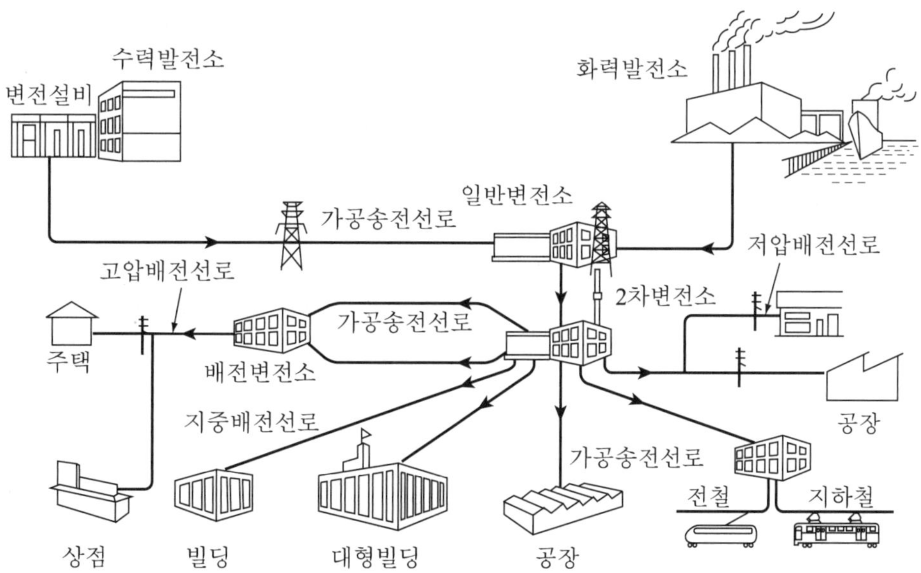

■ 그림 3-6-1 전력의 생산 및 공급 계통도 예

(1) 발전설비

발전용으로 이용하는 에너지는 자원의 종류에 따라 수력(水力, water power), 화력(火力, thermoelectric power), 원자력(原子力, nuclear power), 풍력(風力, wind power), 지열(地熱, geothermal power), 조력(潮力, tidal power), 태양열(太陽熱, solar heat), 연료전지(燃料電池, fuel cell) 등이다. 이와 같은 발전설비 중에서 수력, 화력 및 원자력발전 등이 대부분이고, 에너지 자원의 고갈과 저탄소 녹색성장의 정책에 맞추어 신재생에너지가 미래의 에너지로 기대되고 있다.

(2) 전력수송설비

발전한 전력을 수송하여 분배하기 위한 설비로 송전선, 변전소, 개폐소, 배전선 등을 전력수송설비(電力輸送設備)라고 한다. 전력을 보내기 위해서는 전선로를 사용한다. 전선로에는 지상에 시설되는 가공전선로와 지중케이블 등에 의해서 땅속에 시설되는 지중전선로가 있다.

(3) 송전설비 및 송전선로

전력을 어떤 지점에서 다른 지점으로 보내는 것을 송전이라고 부르지만 송전과 배전이라는 용어를 구별하기 위해서 통례로 발전소와 발전소, 발전소와 변전소 또는 변전소와 변전소 사이를 연결하여 전력 교환을 하는 것을 송전이라고 한다. 송전계통은 송전선로와 그것에 접속된 발전소의 변압기 및 변전소 때로는 충부하까지를 포함시킨 전력 수송설비의 총칭이다.

송전선로(送電線路, T/L; transmission line)의 송전거리가 길게 되어 송전전력이 커짐에 따라 고효율 설비의 적용 및 높은 전압을 이용할 필요가 있다. 송전선로는 일반적으로 특별고압(7,000 [V]를 넘는 것) 전선로가 좋으며, 고압 이하(7,000 [V] 이하)의 배전선로와 구별된다. 송전선로는 가공송전선로와 지중송전선로로 나눈다. 가공송전선로(架空送電線路, overhead transmission line)는 전선과 지지물(철탑) 및 그 사이의 절연을 유지하기 위해 애자(礙子, insulator)로 이루어진다. 지중송전선로는 지하에 전력케이블을 매설하여 송전한다.

지중송전선로(地中送電線路, underground transmission line)는 가공송전선로에 비해 눈에 띄지 않고 천둥, 풍설 등의 영향이 적기 때문에 고장이 적으며 공급 신뢰도가 높은 장점이 있지만, 건설비가 비싸고 일단 고장이 나면 발견 및 수리가 어렵다. 일반적으로 가공송전선로가 대부분이며 시가지 등에 특별고압의 가공송전선로를 시설하는 것은 건조물과의 관계 등 여러 가지 곤란한 사정이 있다. 그 때문에 대도시의 가까운 화력발전소에서 송전선, 2차 또는 배전용 변전소간의 연락 송전선로에서 시가지를 통과할 때는 지중송전선로로 되어 있다.

(4) 배전선

배전선(配電線, D/L; distribution line)은 발전소에서 송전 또는 변전된 전력을 정전 없이 무수히 많은 공장 또는 가정 등의 수용가에 분배 공급하는 것을 목적으로 하고 있다. 일반적으로 배전선은 발전소, 변전소 또는 송전선로에서 다른 발전소를 경과하지 않고 수용 장소에 이르는 전선로에서 옥내선 이외를 말한다.

공급전압의 종류에 따라 특별고압선로, 고압선로, 저압선로 등으로 나누어진다. 또한 배전선에는 가공배전선로와 지중배전선로가 있지만 주로 가공배전선로가 사용되고 지중배전선로는 시설비가 비싸기 때문에 밀집한 시가지 등의 특별한 장소에 사용된다.

(5) 수변전설비

고압 수전설비는 전력회사에서 고압으로 전기를 구입하는 수용가가 변압기를 설치하여 고압으로부터 동력용의 3상 440 [V], 380 [V] 및 단상 220 [V]로 변성하는 설비이다. 이 때문에 차단기, 보호계전기, 계기류, 진상콘덴서 등이 설치되어 있다. 수변전설비의 수전방식에는 1회선 수전방식, 2회선 수전방식, 루프수전방식, 네트워크수전방식 등이 있다.

① 1회선 수전방식

1회선 수전방식(*受電方式*, power receiving system)은 전력회사 변전소에서 1회선으로 급전되는 방식이며, 그림 3-6-2와 같다. 이 수전방식은 건설비가 비교적 염가이지만 배전선의 고장 시에는 정전이 된다. 또한 1회선 수전방식은 500 [kVA] 정도 이하의 수변전설비에 대부분 사용하고 있다.

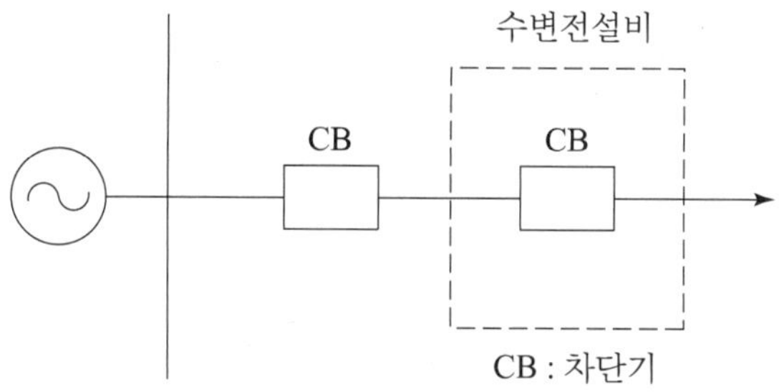

■ 그림 3-6-2 1회선 수전방식

② 2회선 수전방식

2회선 수전방식은 상용 인입선(통상 사용하고 있는 측) 외에 별도로 전용 또는 공용의 예비 옥내배선을 설치한 것으로 그림 3-6-3과 같다. 이 방식은 건설비가 비싸지만 상용옥내선이 정전되더라도 즉각 예비 옥내배선으로 바꾸어 수전할 수 있기 때문에 신뢰도가 높다.

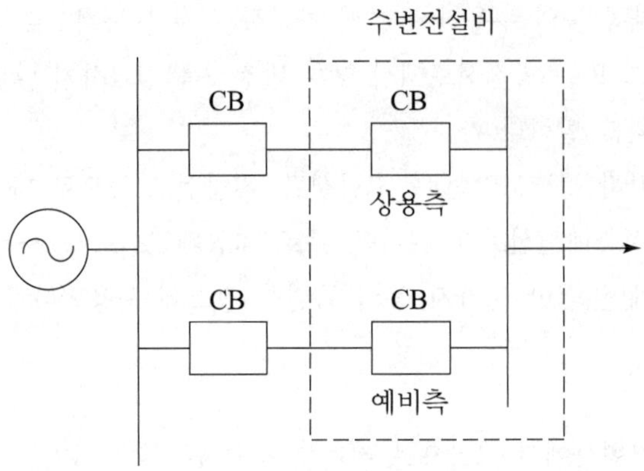

■ **그림 3-6-3** 2회선 수전방식

③ 루프 수전방식

그림 3-6-4와 같이 구성되는 루프 수전방식(looped power receiving system)은 전력회사와 복수의 수용가가 하나의 루프를 구성하고 있기 때문에 1회선이 정전시라도 다른 1회선으로 운전 가능하기 때문에 1회선 또는 2회선 수전방식보다 전력공급의 신뢰성은 높다.

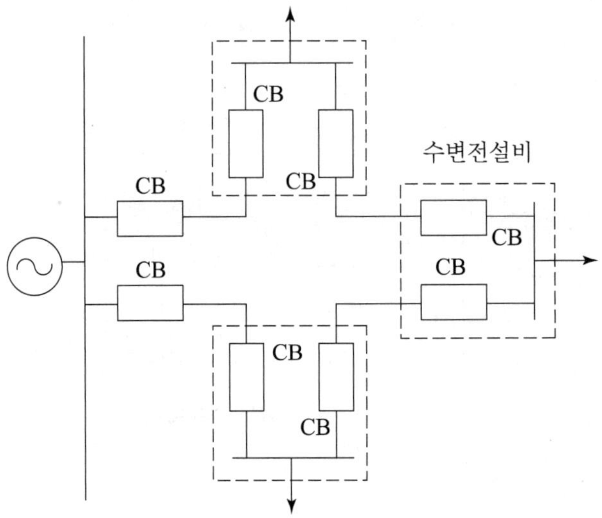

■ **그림 3-6-4** 루프 수전방식

④ 네트워크 수전방식

네트워크 수전방식(network power receiving system)은 동일계통의 2회선 이상을 배전선으로부터 따로 따로 끌어들이는 방법으로 동일계통을 다중 수전방식이라고도 하며 그림 3-6-5와 같다. 하나의 회선이 정전되더라도 다른 회선으로 이것을 보충할 수 있는 신뢰성이 높은 수전방식이다.

수변전설비는 전력회사에서 특별고압 또는 고압(600 [V]를 넘고 7,000 [V] 이하)으로 전력을 공급받아 이것을 변성하여 공장 및 건물 등에 설정된 부하설비(전등, 동력 등)에 전력을 공급하기 위해서 설치된다. 수전전압, 용량 및 방법은 건물의 규모, 설비에 따라 일정하지는 않지만 설비내용은 공통점이 많다. 또한, 고압의 수전설비, 변전설비 및 이들에 따르는 기기 하나를 접지한 금속상자 내에 수납하여 큐비클식 수전설비라고 한다.

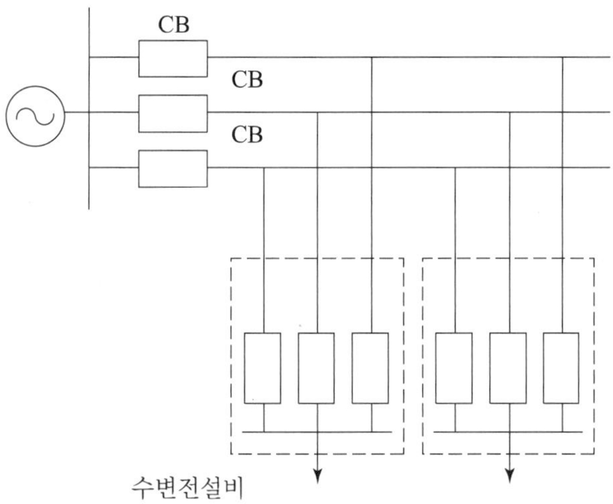

■ 그림 3-6-5 네트워크 수전방식

2. 배전선로의 전주 및 인입선의 설치

전기를 원활하게 배전하기 위해 사용되는 전주는 재료에 따라 철근콘크리트 전주(CP; Concrete Pole), 강관 전주(SP; Steel Pole), 목주(TP; Tree Pole) 등으로 분류된다. 철근콘크리트 전주는 내구성 및 안전성 등이 우수하여 배전선로의 전주로 가장 많이 시공되고 있다. 철근콘크리트 전주의 표준 근입은 전주 길이의 1/6 정도이며, 토질의 상황 및 설비의 특성을 고려하여 최대 2.5 [m] 이상을 근입하는 경우도 있다.

그리고 전주가 근입되었을 때 기울어지거나 변형되지 않도록 근가를 이용하여 고정시켜 주고 한쪽방향으로 장력이 작용할 때는 반대쪽에 지선을 설치하여 장력의 균형을 유지시킨다. 그림

3-6-6은 배전선로에 시공되는 전주의 주요 명칭 및 인입선의 설치 조건을 나타낸 것이며, 그림 3-6-7은 옥측 가공인입선의 설치(예)이다.

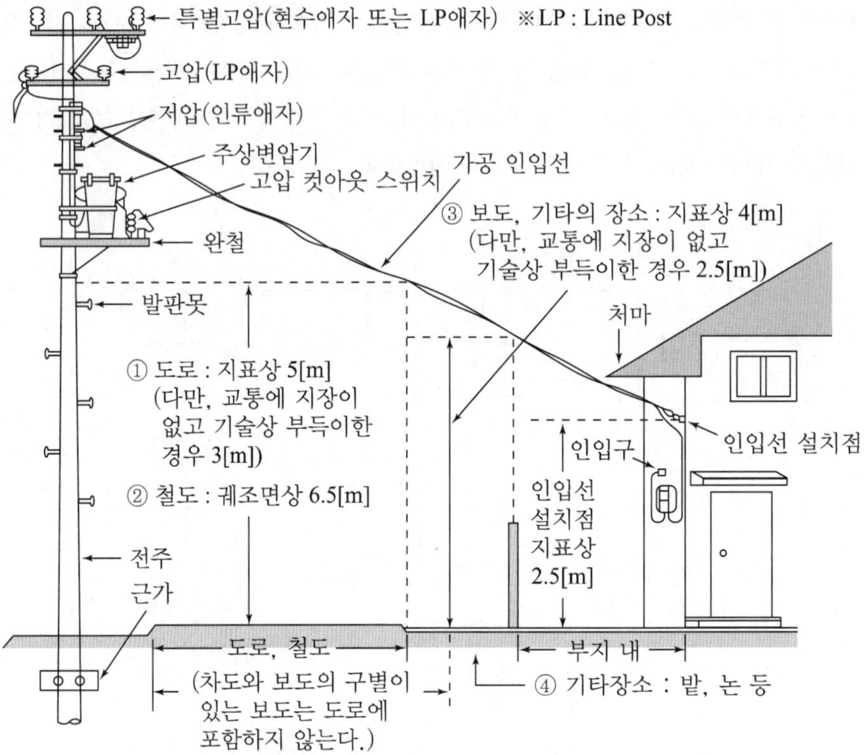

■ 그림 3-6-6 배전선로에 시공되는 전주의 주요 명칭 및 인입선의 설치 조건 예

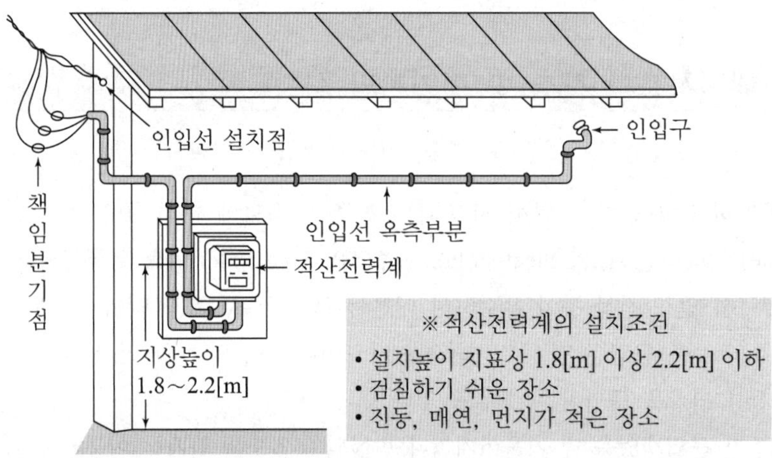

■ 그림 3-6-7 옥측 가공인입선의 설치 예

3. 자가용 수전설비

(1) 자가용 수전설비의 계통도

자가용 수전설비는 그 수전용량에 의해 특별고압 또는 고압으로 수전하는 것이지만 전력용 수전설비는 그 설치장소에 따라 옥외, 옥내 또는 큐비클 등의 형식이 있다. 이 수전설비의 기기 배치는 특별고압이나 고압은 기본적으로 동일하지만 특별고압에서는 수전전압이 크므로 설비상의 대응이 요구된다.

그림 3-6-8은 수변전설비의 개략도 및 호칭 예를 나타낸 것이며, 그림 3-6-9는 22.9 [kV] 자가용 수전설비의 단선결선도이며, 그림 3-6-10은 복선도를 나타낸다. 그리고 표 3-6-1은 수변전설비에 사용되는 기기의 문자기호 및 호칭이며, 이것들의 일부는 수전설비의 규모, 형태, 보호방식 등에 따라 다르게 적용될 수 있다. 그리고 그림 3-6-11은 실체사진을 이용한 특별고압 수전설비의 계통도를 나타낸 것이다.

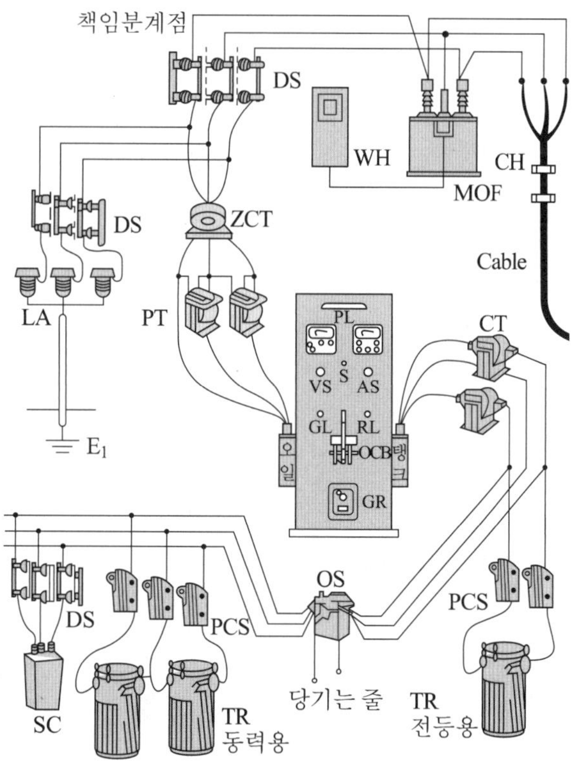

■ 그림 3-6-8 수변전설비의 개략도 및 호칭 예

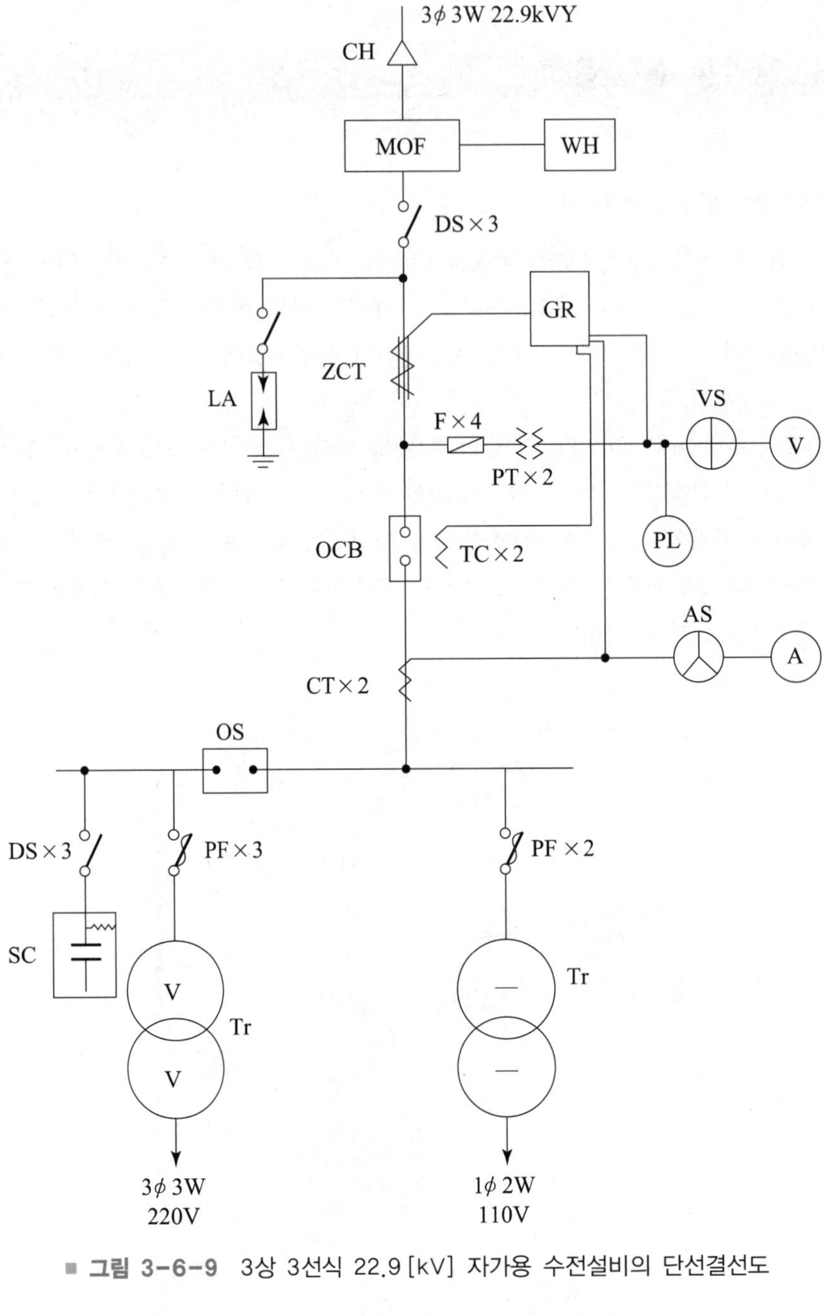

■ 그림 3-6-9 3상 3선식 22.9 [kV] 자가용 수전설비의 단선결선도

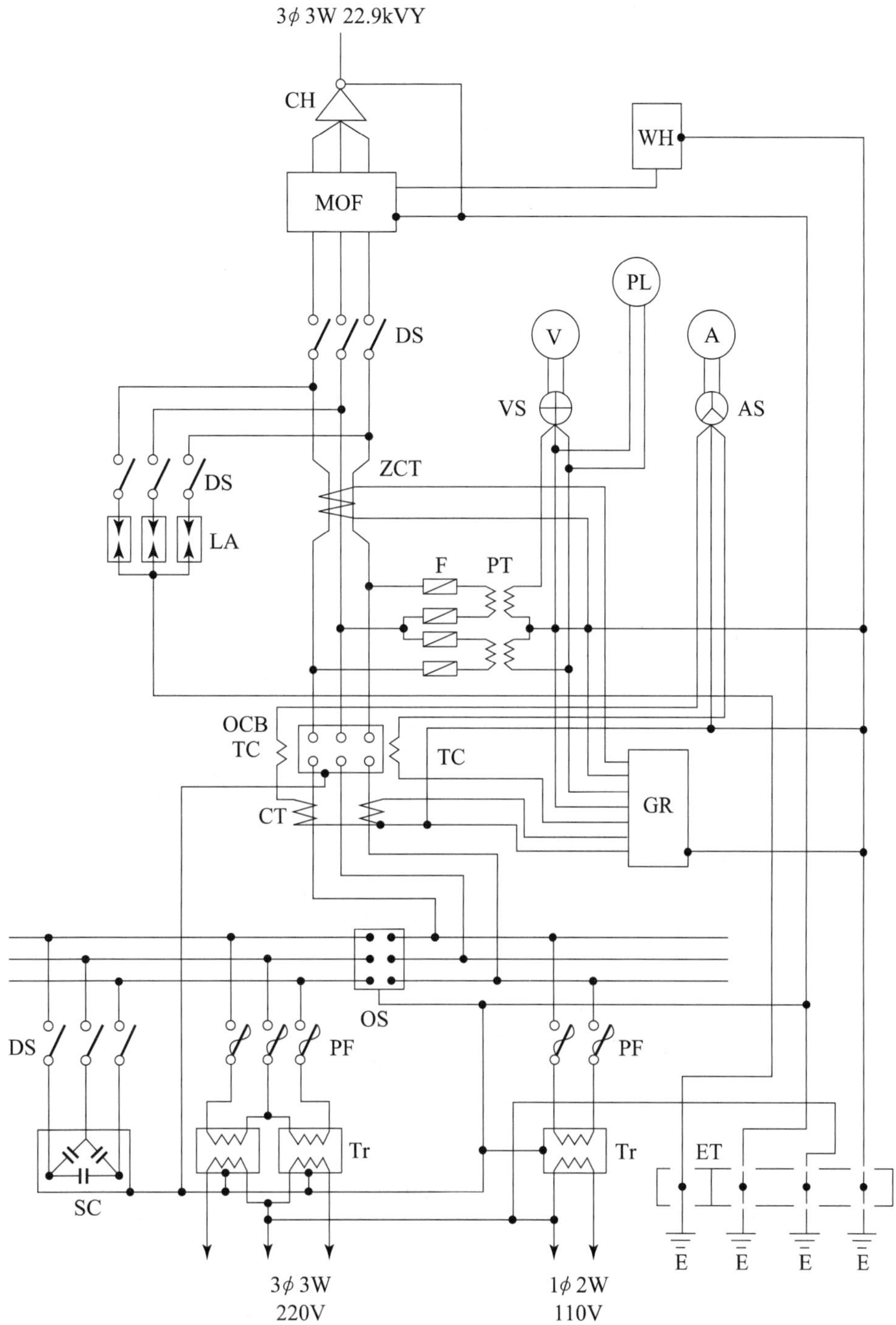

■ 그림 3-6-10 그림 3-6-9의 복선결선도 및 명칭

● 표 3-6-1 수변전설비 전기심벌의 문자기호 및 호칭

문자기호	호 칭	영 어
CH	케이블 헤드	Cable Head
WH	적산전력계	Wattmeter
MOF	계기용 변성기	Metering Out Fit or instrument transformer
PCT	계기용 변압변류기	Potential Current Transformer
DS	단로기	Disconnecting Switch
ZCT	영상변류기	Zero-phase-sequence Current Transformer
OCB	유입차단기	Oil Circuit Breaker
OS	기름스위치	Oil Switch
LA	피뢰기	Lightning Arrester
GR	지락계전기	Ground Relay
F	퓨즈	Fuse
PT	계기용 변압기	Potential Transformer
CT	변류기	Current Transformer
TC	트립 코일	Trip Coil
OCR	과전류계전기	Over Current Relay
VS	전압계용 절환개폐기	Voltmeter change over Switch
AS	전류계용 절환개폐기	Ammeter change over Switch
V	전압계	Voltmeter
A	전류계	Ammeter
COS	컷아웃스위치	Cut Out Switch
SC	전력용 콘덴서	Static Condenser
Tr	변압기	Transformer
PL	표시등	Pilot Lamp
PF	전력용 퓨즈	Power Fuse
ET	접지단자대	Earth Terminal

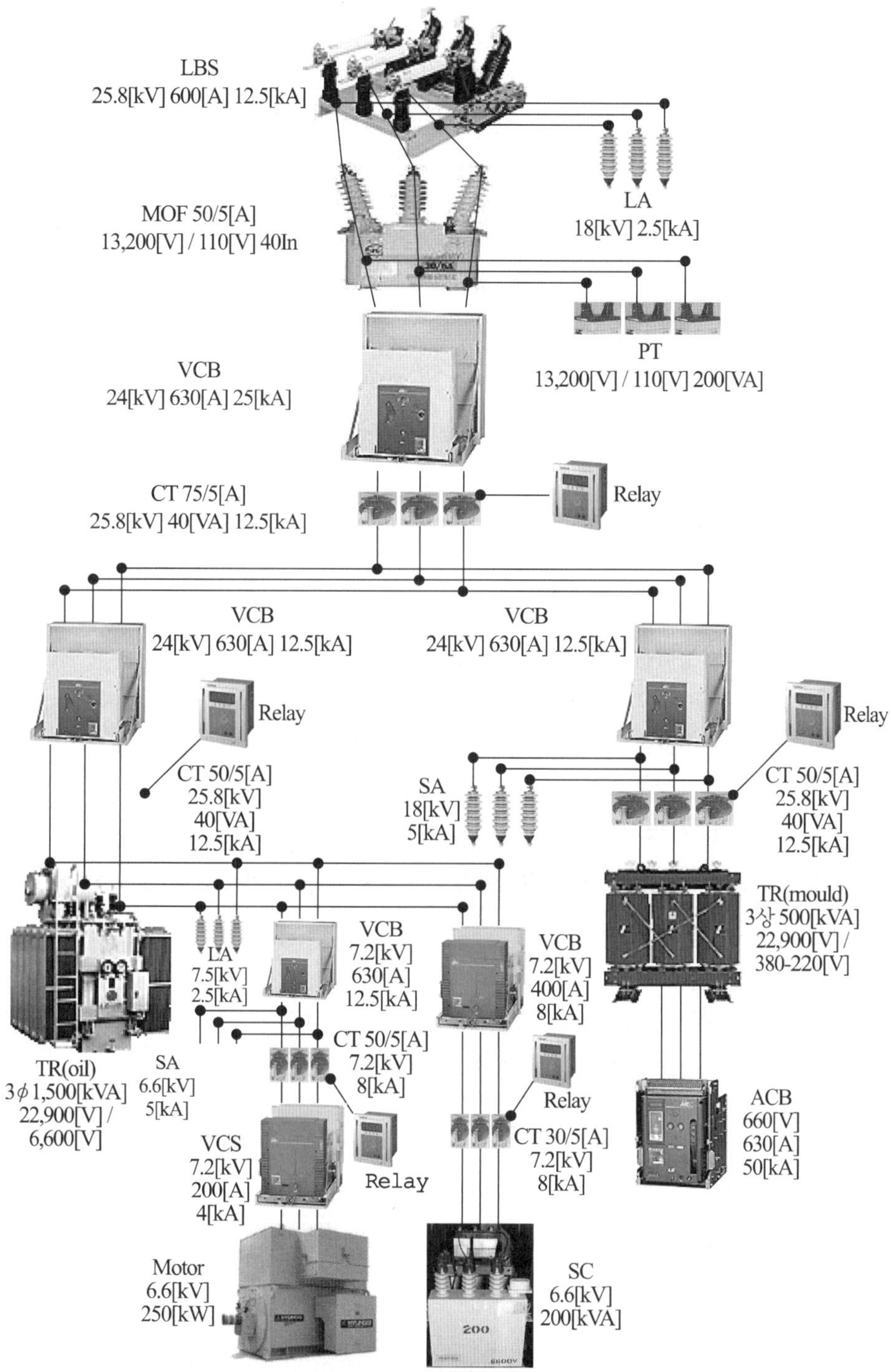

■ 그림 3-6-11 실체사진을 이용한 특별고압 수전설비의 계통도

(2) 자가용 수전설비의 조건

일반적으로 수전설비라 하면 수전점에서 변압기 1차측까지의 설비를 말한다. 자가용 수전설비는 건축물의 용도, 업종, 규모, 입지 조건, 중요도 등의 형식과 수전방식에 따라 다르며 특별한 경우를 제외하고 전력의 공급 지역은 구내로 한정한다. 즉, 전기에너지를 소모하는 전력 부하설비에 대해 충분한 공급 능력이 있어야 하며 최대전력을 예측하여 수전할 수 있는 기기 및 배선의 용량이 확보되어야 한다.

자가용 수전설비의 시설 규정은 발전, 송전, 전기 철도 및 배전 사업 등을 목적으로 하지 않는 전기설비를 시설하는 자에게 적용함을 목적으로 하고 있다. 그러나 전압 30 [V] 이하의 것, 외부로부터 전력을 공급받지 않는 차량, 선박 등의 설비는 전기설비에서 제외되므로 자가용 수전설비에서 제외하며 기본적인 구비조건은 다음과 같다.

① 건축물의 사용목적에 잘 부합하는 전기설비가 되도록 할 것
② 건축물의 신뢰도를 저하시키지 않고 운전, 보수, 점검, 검사 등이 가능한 설비가 되도록 할 것
③ 전기설비로 인해 감전사고, 전기화재 사고, 전기설비 사고 등이 발생하지 않도록 할 것
④ 부득이 재해가 발생했을 때는 조기에 안전조치가 가능하도록 할 것
⑤ 전기기기들의 성능이 우수하여 신뢰도가 높고 상호 보완적 요소가 되도록 할 것
⑥ 수전설비 공간의 확보와 경제성을 고려하여 소형, 경량의 기기를 사용할 것
⑦ 운전, 점검, 검사, 보수 등이 용이한 설비가 되도록 할 것
⑧ 기기 작동을 명확히 구분함으로써 오동작 사고가 발생하지 않도록 할 것
⑨ 기기 배치를 과학적이고 인체 공학적으로 함으로써 평상시 기술자가 기기 운전 상태를 쉽게 인지하도록 할 것
⑩ 충분한 조도, 쾌적한 환경, 적절한 온도 및 습도 등이 유지되도록 할 것
⑪ 환경 친화적 배치를 함으로써 건축물의 특성과 조화시킬 것
⑫ 건설비가 저렴하고 운전 및 유지비용을 절감시킬 수 있는 설비일 것

4. 옥내 배전설비

발전소에서 생산된 전기가 송전선 및 배전선 등을 거쳐 일반 수용가의 인입선 설치점을 통과하면 옥내전기설비(자가용전기)로 분류된다. 즉, 수용가의 책임분계점에서 콘센트까지 전기가

어떻게 공급되고 배분되는지의 상태를 개략적으로 나타낸 것이 그림 3-6-12이다.

옥내 설비의 인입선은 가공인입선 및 수용 장소의 조영물(토지에 정착한 시설물중 지붕 및 기둥 또는 벽이 있는 시설물을 말한다)의 옆면 등에 시설하는 전선으로서 그 수용장소의 인입구에 이르는 전선을 말한다. 일반적으로 전력회사 저압 배전선의 전주로부터 가정에 인입되기 시작해 장착 금구까지의 배선을 말한다. 지선의 장착 금구 이하의 배선은 전기공사업자가 담당한다. 인입선에는 2본의 전선으로 끌어들이는 단상2선식과 3본의 전선으로 인입하는 단상3선식 및 3상3선식 등이 있다.

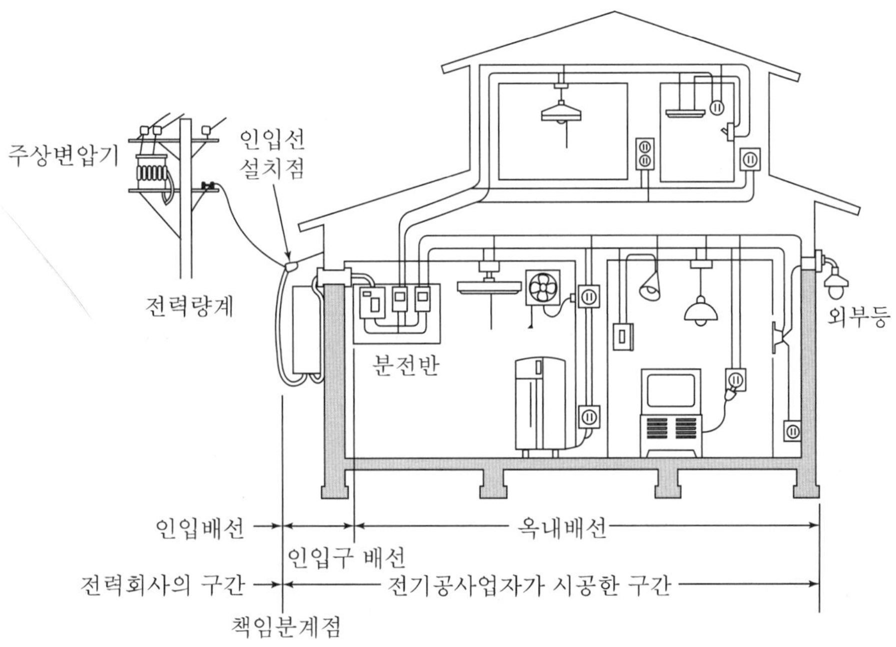

■ 그림 3-6-12 옥내 배선의 구조 및 주요 호칭

4.1 분전반

분전반(分電盤, cabinet panel or distribution board)은 인입선에서 들어온 전기를 용도 및 목적에 적합하도록 나누는 곳으로 전등부하, 콘센트부하, 전열부하, 동력부하 및 기타 등으로 회로를 구성한다. 적산전력계는 전기 사용량을 검침하고 관리하기 위한 것이며, 배선차단기(MCCB)는 전기설비 및 선로에서 발생될 수 있는 과전류를 차단하기 위해 설치한다. 또한 누전차단기(RCD or ELB)는 전기기기 또는 전선로에서 발생되는 감전사고의 예방을 위해 설치하는 것으로 시험버튼이 녹색이면 누전전용 누전차단기이며, 시험버튼이 적색이면 과부하 및 누전겸용 누전차단기이다.

배선차단기 및 누전차단기가 설치되어 있다고 하더라도 설계용량보다 초과하여 전기를 사용하거나 부적절한 전기의 사용 등에 의해 전기화재 및 전기설비 사고 등이 발생할 수 있다. 그림 3-6-13은 산업용 분전반에 시설되어 있는 배선차단기 및 누전차단기의 연결 상태를 나타낸다. 그리고 일반 주택에 사용되는 세대분전반은 주택용 누전차단기를 전단에 설치하고 부하의 용도와 목적에 따라 조명용, 전열용, 동력용, 예비용 등의 차단기 또는 스위치를 병렬로 설치한다.

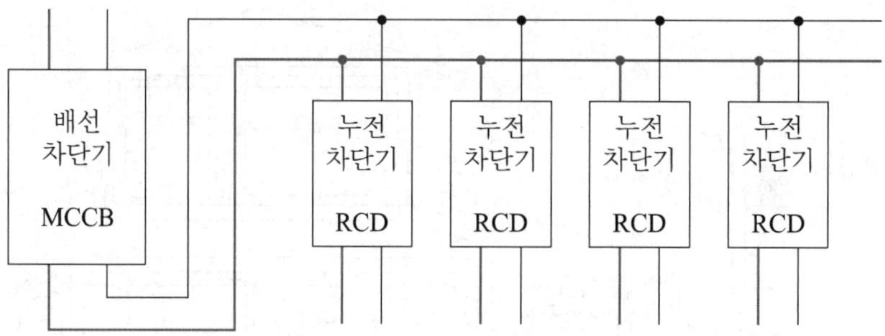

■ 그림 3-6-13 산업용 분전반에 연결된 MCCB 및 RCD 회로

4.2 배선차단기

차단기에는 일정한 전류치 이상의 과전류 및 단락에 대하여 자동적으로 전로를 차단하는 전류제한기(電流制限器, current limiter), 배선차단기(MCCB; Molded Case Circuit Breaker 또는 circuit breaker), 퓨즈(fuse) 등이 있다.

그림 3-6-14는 배선차단기의 실체 사진 및 명칭을 나타낸다. 그림 3-6-14(a)는 전면 사진을 나타낸 것으로 작동손잡이가 상부로 올라가 있으면 켜짐(ON) 상태이며, 아래로 향하고 있으면 꺼짐(OFF) 상태를 의미한다. 그런데 배선차단기는 누전차단기와 다르게 전기설비 및 시스템 등에서 과전류, 단락 등의 전기적인 이상 현상이 발생하면 작동손잡이가 트립(TRIP) 상태로 이동하고 회로를 통해서 전기의 공급이 멈추게 된다.

차단기가 정상적으로 기능을 회복하기 위해서는 회로의 이상 요인을 제거한 후에 안전이 확인된 상태에서 작동손잡이를 아래로 내리면 꺼짐(OFF) 상태로 이동하게 된다. 그 다음의 절차는 정상 상태의 배선차단기의 작동원리와 동일하게 운용할 수 있다. 배선차단기의 주요 명칭은 ① 시험 버튼 스위치, ② 작동손잡이, ③ 접점, ④ 소호 장치, ⑤ 과전류 트립 장치, ⑥ 전원측,

⑦ 부하측, ⑧ 전원측 단자대, ⑨ 부하측 단자대 등을 의미한다.

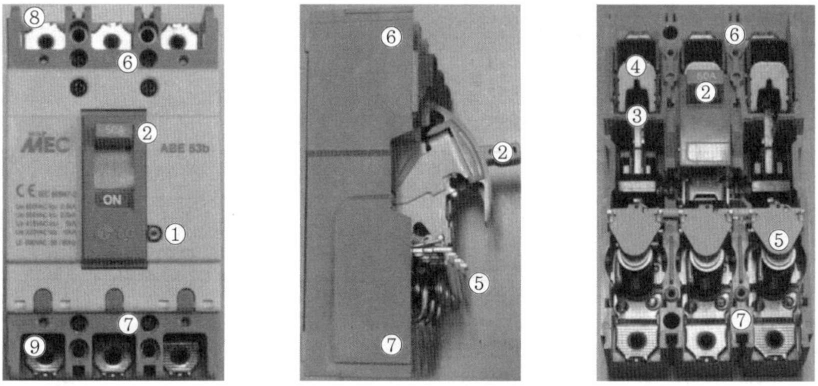

(a) 전면 사진 (b) 측면 사진 (c) 내부 사진

■ **그림 3-6-14** 배선차단기의 실체 사진 및 명칭

배선차단기(MCCB)는 분기 회로의 과전류차단기로서 사용하는 것으로 정격전류에서는 자동적으로 작동하지 않도록 설계된 것이며, 표 3-6-2에 언급한 정격전류의 구분에 따라 정격전류의 1.25배의 전류가 통전되는 경우에 동표의 시간 내에서 자동적으로 동작하게 되어 있다.

● **표 3-6-2** 배선차단기의 용량 구분 및 작동 시간

정격전류의 구분	자동적으로 작동한 시간 [min] (이내)	
	정격전류의 1.25배의 전류를 통한 경우	정격전류의 2배의 전류를 통한 경우
30 [A] 이하	60	2
30 [A]를 넘고 50 [A] 이하	60	4
50 [A]를 넘고 100 [A] 이하	120	6
100 [A]를 넘고 225 [A] 이하	120	8

정격전류 1배의 전류에는 자동적으로 작동하지 않는다.

배선차단기와 같은 작동을 하는 것으로 흰 자기로 뚜껑에 퓨즈(고리 퓨즈)가 설치되어 있기 때문에 규정 이상의 전류가 흐르면 그 열에 의해서 용단되어 분기회로의 안전을 지킨다. 그러나 한번 용단되면 퓨즈를 바꾸지 않고는 사용할 수 없기 때문에 배선차단기에 비교하면 불편하다.

저압 전기설비의 과전류를 차단하기 위해 수평으로 설치되는 퓨즈는 정격전류의 1.1배의 전류에 견디고, 동시에 정격전류의 구분에 따라서 정격전류의 1.6배 및 2배의 전류를 통전한 경우

동표의 시간 내에서 용단될 필요가 있고 표 3-6-3에 특성을 나타냈다. 이 경우 비포장퓨즈는 고리퓨즈를 사용하는 것으로 되어 있다. 단지, 로우젯 또는 이것과 닮은 것에 수납된 정격전류 5 [A] 이하의 것은 이것에 의하지 아니한다.

● **표 3-6-3** 과전류차단기(퓨즈)의 특성

정격전류의 구분	자동적으로 작동한 시간 [min] (이내)	
	정격전류의 1.6배의 전류를 통한 경우	정격전류의 2배의 전류를 통한 경우
30 [A] 이하	60	2
30 [A]를 넘고 50 [A] 이하	60	4
50 [A]를 넘고 100 [A] 이하	120	6
100 [A]를 넘고 200 [A] 이하	120	8
200 [A]를 넘고 400 [A] 이하	120	10
400 [A]를 넘고 600 [A] 이하	120	12
600 [A]를 넘는 것	180	20

정격전류 1.1배의 전류에는 용단되지 않는다.

전기설비기술기준의 판단기준 부칙 제2015-44호의 제1조 규정이 2017년 1월 1일 변경되었다. 자가용전기설비는 공사계획신고(변경) 시점을 기준으로 적용하며, 일반용전기설비는 사용전 점검 신청일자를 기준으로 적용한다. 다만, 건축법 제11조, 제14조, 주택법 제15조에 의거 2017년 1월 1일 이전에 건축법에 따른 건축허가 또는 신고, 주택법에 따른 사업 승인을 확인할 수 있는 서류를 제출한 것에 대하여는 종전의 기준에 따를 수 있다. 표 3-6-4는 주택용 및 산업용 배선차단기의 KS 표준을 비교한 것이다.

● **표 3-6-4** 주택용 및 산업용 배선차단기의 KS 표준을 비교

항 목	주택용 배선차단기 (KS C 8332)	산업용 배선차단기 (KS C 8321)
시 험	▪ KS C IEC 60898-1(주택용 및 이와 유사한 용도의 과전류보호용 차단기 - 제1부 : 교류용 차단기)	▪ KS C IEC 60947-2(저전압 개폐장치 및 제어장치 - 제2부 : 차단기)의 8.(시험) 적용
적용범위	▪ 정격전압 AC 380 [V] 이하 ▪ 정격전류 125 [A] 이하 ▪ 정격 단락차단용량 25 [kA] 이하	▪ 정격전압 AC 1,000 [V] 이하 ▪ 정격전류 2,000 [A] 이하 ▪ 정격 단락차단용량 200 [kA] 이하
오손등급	▪ 오손등급 2 적용 - 결로에 의한 일시적 전도성 오손	▪ 오손등급 3 적용 - 건조한 비전도성 오손

<table>
<tr><th>항 목</th><th>주택용 배선차단기 (KS C 8332)</th><th>산업용 배선차단기 (KS C 8321)</th></tr>
<tr><td>동작시간
및
동작특성</td><td>▪ 과전류 트립
- 정격전류의 1.13배에서 부동작
- 정격전류의 1.45배에서 동작
▪ 순시트립 : $I_{\Delta t}$ 0.1초
<table><tr><th>형</th><th>범 위</th></tr><tr><td>B</td><td>3 In 초과 5 In 이하</td></tr><tr><td>C</td><td>5 In 초과 10 In 이하</td></tr><tr><td>D</td><td>10 In 초과 20 In 이하</td></tr></table></td><td>▪ 과전류 트립
- 정격전류의 1.05배에서 부동작
- 정격전류의 1.3배에서 동작
▪ 순시트립
- 트립전류 설정값의 80 [%]에서 0.2초 이내 비트립
- 트립전류 설정값의 120 [%] 0.2초 이내 트립</td></tr>
<tr><td>절연특성</td><td>▪ 절연저항 측정 : 직류 500 [V] 5초 인가 후 절연저항 연속측정
- 조건에 따라 2 [MΩ], 5 [MΩ] 이상
▪ 절연내력 측정
- 규정된 시험전압을 1분간 인가</td><td>▪ 절연저항 측정 : 없음
▪ 절연내력 측정
- 규정된 시험전압을 5초간 인가</td></tr>
<tr><td>기계적
및
전기적
내구성</td><td>▪ 부하개폐 : 4,000회
▪ 무부하개폐시험 : 없음</td><td>▪ 부하개폐
- 전류프레임별 400～6,000회
▪ 무부하개폐
- 전류 프레임별 1,100～4,000회</td></tr>
</table>

In : 정격전류

(1) 구성요소

① 주접점

차단기 주회로에 붙여진 접점

② 아크접점

차단 또는 투입에 따라 아크를 유인하고 주접점이 발화하는 것을 경감하기 위해 부가적으로 설치하는 접점

③ 도전부

전류를 흘리기 위한 차단기의 전로 부분

④ 충전부

차단기에 전압을 인가한 경우 직접 대전하는 부분

⑤ 단자

외부배선을 차단기에 전기적으로 접속하기 위해 설치된 부분

⑥ 트립 장치

개폐기구를 석방하여 차단기를 개방하는 장치

⑦ 과전류 트립 장치

과부하전류 또는 단락전류에 대하여 트립 동작을 하게하는 트립 장치

⑧ 소자(과전류 트립)

과전류 트립 장치에서 각 극마다 과전류 검출기능을 가진 요소의 단위

⑨ 전자식(반도체식) 과전류 트립 장치

트립 장치에서 과전류 검출, 연산, 제어, 트립 지령 등의 주된 기능이 전자회로에 따라 행해지는 과전류 트립 장치

⑩ 호환형 과전류 트립 장치

동일 크램프 크기의 차단기에서 과전류 트립 장치가 유닛화 되어 있고 정격전류의 변경을 할 경우에 과전류 트립 장치만을 변경함에 따라 정격전류가 다른 차단기가 얻어질 수 있도록 구성된 과전류 트립 장치

⑪ 가조정식

과전류 트립 동작 시간 또는 동적전류가 소정의 범위 내에서 사용자에 따라 사용 조건에 맞게 조절할 수 있는 것

⑫ 보조 스위치

보조 스위치는 그 차단기의 주회로 개폐기구에 연동하여 작동하는 스위치를 말한다.

⑬ 경보 스위치

경보 스위치는 그 차단기의 트립 장치가 동작하여 차단하였을 때만 작동하는 스위치를 말한다.

(2) 조작 및 동작

① 투입 조작

차단기의 주접점을 개방위치에서 투입위치로 옮기는 조작방식

② 개방 조작

차단기의 주접점을 투입위치에서 개방위치로 옮기는 조작방식

③ 리셋 조작

트립 상태에서 재투입할 수 있는 직전의 상태로 하는 조작방식

④ 수동 조작

투입, 개방 또는 리셋 조작이 수동만으로 행해지는 조작방식

⑤ 전기 조작

투입, 개방, 트립 또는 리셋 조작에 필요한 조작력이 전동기, 자기 솔레노이드 등의 전기 에너지에 의해 받게 되는 조작방식

⑥ 트립 자유

투입 조작 중이나 투입 지령이 유지되고 있을 때에도 트립 동작에 의해 그 차단기를 개방

시키는 것이 가능한 것

⑦ 과전류 트립

차단기에 과전류가 흘렀을 때 개폐기구를 석방하여 차단기를 개방하는 자동 트립 동작

⑧ 장한시 트립(시연 트립)

과전류 값의 증가에 대해서 동작시간이 짧게 되는 과전류 트립 동작

⑨ 순시 트립

단락전류 등의 비교적 과대한 과전류가 흘렀을 경우에 고의로 지연시키는 것이 없이 차단기를 개방시키는 과전류 트립 동작

⑩ 단한시 트립

하위 차단기와의 동작시간 협조를 꾀하기 위해 단시간의 한시 동작기능을 가진 과전류 트립 동작

⑪ 전압 트립

전압 트립 장치에 조작전압을 인가하여 차단기를 개방시키는 동작

⑫ 부족 전압 트립

부족전압 트립 장치의 조작 전압이 규정치 이하로 저하됐을 때에 차단기를 개방시키는 동작

(3) 조작 성능

① 수동 조작 성능

수동으로 조작하였을 때 조작이 원활하고 확실하게 개폐동작을 해야 한다.

② 전기 조작 성능

전기 조작 성능은 다음 각 항에 적합해야 한다.

가. 투입 조작 성능

전기 투입 조작 장치가 있는 것에 대하여 정격 조작 전압의 85 [%], 100 [%], 110 [%]의 범위에서 지장 없이 투입할 수 있어야 한다.

나. 개방 조작 성능

전기 개방 및 리셋 조작 장치가 있는 것에 대하여 정격 조작 전압의 85 [%], 100 [%], 110 [%]의 범위에서 지장 없이 개방 및 리셋할 수 있어야 한다.

다. 전압 트립 성능

전압 트립 장치가 있는 차단기는 표 3-6-5의 조건을 만족해야 한다.

● **표 3-6-5** 차단기의 조작방식 및 트립 전압

조작방식	트립 전압
교류 조작방식의 것	정격 조작 전압의 85 [%] 이상 110 [%] 이하
직류 조작방식의 것	정격 조작 전압의 85 [%] 이상 110 [%] 이하

라. 부족 전압 트립 성능

차단기의 부족 전압 트립 장치는 다음의 조건을 만족해야 한다.

a. 조작 회로의 정격 사용 전압의 85 [%] 이상의 전압으로 차단기의 투입 조작을 할 수 있을 것

b. 투입 상태의 차단기는 조작 회로의 정격 사용 전압의 70 [%]가 넘는 전압에서는 트립하지 않을 것.

c. 조작 회로의 정격 사용 전압의 20～70 [%]의 범위 내의 전압에서 트립할 수 있을 것.

d. 조작 회로의 정격 사용 전압의 20 [%] 미만의 전압에서 차단기의 투입 조작을 하여도 투입 상태가 유지되지 않을 것

e. 조작 회로의 정격 사용 전압의 110 [%]에서 차단기를 투입한 후 무전압으로 한 경우, 지장 없이 트립할 수 있을 것

마. 트립 자유 성능

a. 전압 트립 장치 또는 부족 전압 트립 장치가 붙은 차단기는 다음의 조건에서 트립할 수 있어야 한다.

(ㄱ) 전압 트립 장치를 조작 회로의 정격 사용 전압으로 동작하고 또는 부족 전압 트립 장치를 무전압으로 해서 투입 지령을 부여한다.

(ㄴ) 투입 지령을 주어 즉시 전압 트립 장치를 동작하고 또는 부족전압 트립 장치를 무전압으로 한다.

b. a. 이외의 차단기는 투입 지령을 주어 즉시 과전류 트립 장치를 동작하게 한다.

(4) 과전류 트립 성능

차단기의 과전류 트립 장치는 표 3-6-6과 같은 특성을 갖추어야 한다.

● 표 3-6-6 차단기의 정격전류 및 동작 시간

차단기의 정격전류 [A]	동작 시간 [min]	
	정격전류 200 [%] 전류	정격전류의 125 [%] 전류
30 이하	2 이내	60 이내
30 초과 50 이하	4 이내	60 이내
50 초과 100 이하	6 이내	120 이내
100 초과 225 이하	8 이내	120 이내
225 초과 400 이하	10 이내	120 이내
400 초과 600 이하	12 이내	120 이내
600 초과 800 이하	14 이내	120 이내
800 초과 1000 이하	16 이내	120 이내
1000 초과 1200 이하	18 이내	120 이내
1200 초과 1600 이하	20 이내	120 이내
1600 초과 2000 이하	22 이내	120 이내
2000 초과	24 이내	120 이내

4.3 누전차단기

누전차단기를 설치하는 목적은 전기설비에서 발생될 수 있는 인체의 감전사고 예방 및 보호를 위한 것이다. 즉, 전기설비 사용 중에 누설전류가 흐르게 되면 절연물은 시간경과와 함께 온도, 습도, 절연물 표면의 오염, 오손 등에 의해 저항값이 변화된다. 이때 절연물의 저항값이 심하게 저하되면 절연열화가 되고 이 상태가 진행되면 누설전류 증가에 의해 사고를 발생시킨다.

사고의 형태는 감전, 누전화재, 아크 지락에 의한 기기의 손상 등으로 분류할 수 있다. 감전보호 및 누전화재 보호를 목적으로 한 저압전로에서의 지락보호방식은 보호접지방식, 과전류차단방식, 누전차단방식, 누설전류를 검출하여 차단하는 방식, 누전경보방식, 절연변압기방식 등이 있다.

누전차단기(RCD; Residual Current Protective Device or ELB; Earth Leakage Breaker)는 누전 검출방법에 따라 전압동작형(電壓動作形)과 전류동작형(電流動作形)으로 구분된다.

그림 3-6-15는 누전차단기의 실체 사진 및 명칭을 나타낸다. 그림 3-6-15(a)는 전면 사진을 나타낸 것으로 작동손잡이가 상부로 올라가 있으면 켜짐(ON) 상태이며, 아래로 향하고 있으면

꺼짐(OFF) 상태를 의미한다. 누전차단기의 주요 명칭은 ① 시험 버튼 스위치, ② 작동손잡이, ③ 내부 배선, ④ 내부 접점, ⑤ ㄷ자형 고리, ⑥ 영상변류기(ZCT), ⑦ 기구부, ⑧ 전원측, ⑨ 부하측, ⑩ 전원측 단자대, ⑪ 부하측 단자대 등을 의미한다.

(a) 전면 사진 (b) 측면 사진 (c) 내부 사진

■ 그림 3-6-15 누전차단기의 실체 사진 및 명칭

누전차단기는 전기설비에서 누전이 발생한 경우에 누설전류를 감지하여 전원을 차단하는 것으로 지락차단장치의 하나이다. 동작원리는 그림 3-6-16에 나타낸 바와 같이 영상변류기(ZCT; Zero-phase-sequence Current Transformer)를 이용하여 누설에 의해 지락전류가 생긴 때 그 전류를 순간 감지하여 차단기구에 의해 자동적으로 그 회로를 개방한다.

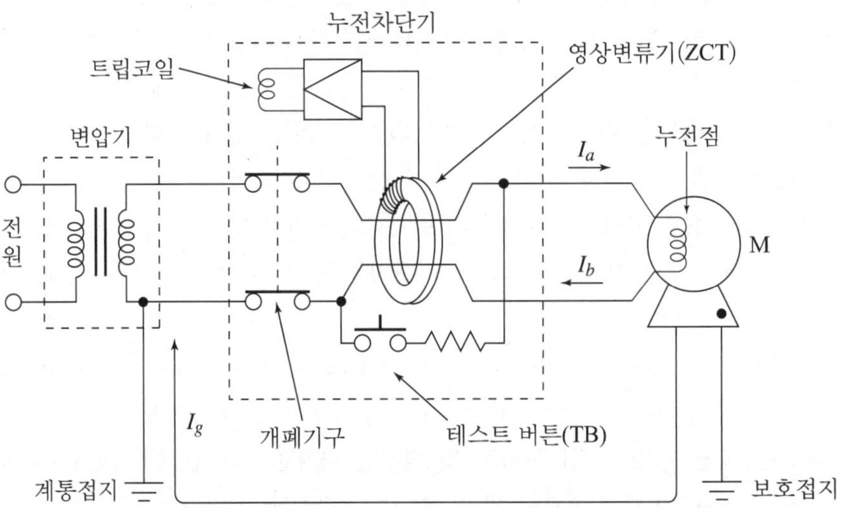

■ 그림 3-6-16 누전차단기의 동작원리(전류동작형)

전기설비기술기준의 판단기준 부칙 제2015-44호의 제1조 규정이 2017년 1월 1일 변경되었다. 자가용전기설비는 공사계획신고(변경) 시점을 기준으로 적용하며, 일반용전기설비는 사용 전 점검 신청일자를 기준으로 적용하다. 다만, 건축법 제11조, 제14조, 주택법 제15조에 의거 2017년 1월 1일 이전에 건축법에 따른 건축허가 또는 신고, 주택법에 따른 사업 승인을 확인할 수 있는 서류를 제출한 것에 대하여는 종전의 기준에 따를 수 있다. 표 3-6-7은 주택용 및 산업용 누전차단기의 KS 표준을 비교한 것이다.

● **표 3-6-7** 주택용 및 산업용 누전차단기의 KS 표준을 비교

<table>
<tr><th>항 목</th><th>주택용 누전차단기 (KS C 4621)</th><th>산업용 누전차단기 (KS C 4613)</th></tr>
<tr><td>인용표준</td><td>▪ KS C IEC 61009-1, 2-1, 2-2</td><td>▪ KS C IEC 60947-1, 60947-2</td></tr>
<tr><td>시 험</td><td>▪ KS C IEC 61009-1의 9.0(시험)</td><td>▪ KS C IEC 60947-2의 8.0(시험)</td></tr>
<tr><td>적용범위</td><td>▪ 정격전압 AC 380 [V] 이하
▪ 정격전류 125 [A] 이하
▪ 정격 단락차단용량 25 [kA] 이하</td><td>▪ 정격전압 AC 1,000 [V] 이하
▪ 정격전류 2,000 [A] 이하
▪ 정격 단락차단용량 200 [kA] 이하</td></tr>
<tr><td>정 격</td><td>▪ 정격전압 [V]
- AC 110, 220, 380
▪ 정격감도전류 [mA]
- 6, 10, 15, 30, 50, 100, 200, 300, 500</td><td>▪ 정격전압 [V]
- AC 110, 220, 380, 440, 460, 480, 600, 690
▪ 정격감도전류 [mA]
- 6, 10, 15, 30, 50, 100, 200, 300, 500
- 1, 3, 10, 30 [A]</td></tr>
<tr><td>오손등급</td><td>▪ 오손등급 2 적용
- 결로에 의한 일시적 전도성 오손</td><td>▪ 오손등급 3 적용
- 건조한 비전도성 오손</td></tr>
<tr><td>동작시간
및
동작특성</td><td>▪ 과전류 트립
- 정격전류의 1.13배에서 부동작
- 정격전류의 1.45배에서 동작
▪ 순시트립 : $I_{\Delta t}$ 0.1초
<table><tr><th>형</th><th>범 위</th></tr><tr><td>B</td><td>3 In 초과 5 In 이하</td></tr><tr><td>C</td><td>5 In 초과 10 In 이하</td></tr><tr><td>D</td><td>10 In 초과 20 In 이하</td></tr></table></td><td>▪ 과전류 트립
- 정격전류의 1.05배에서 부동작
- 정격전류의 1.3배에서 동작
▪ 순시트립
- 트립전류 설정값의 80 [%]에서 0.2초 이내 비트립
- 트립전류 설정값의 120 [%] 0.2초 이내 트립</td></tr>
<tr><td>절연특성</td><td>▪ 절연저항 측정 : 직류 500 [V] 5초 인가 후 절연저항 연속측정
- 조건에 따라 2 [MΩ], 5 [MΩ] 이상
▪ 절연내력 측정
- 규정된 시험전압을 1분간 인가</td><td>▪ 절연저항 측정 : 없음
▪ 절연내력 측정
- 규정된 시험전압을 5초간 인가</td></tr>
<tr><td>기 타</td><td>▪ 누전동작특성 검증 누전전류값 6회
▪ 전자부품 경년 변화시험
▪ 기계적 충격 및 타격시험
▪ 난연성, 내열성·내부식성 시험</td><td></td></tr>
</table>

In : 정격전류

5. 소방시설용 비상전원수전설비

전기, 가스, 수도 등의 공급 설비나 통신 시설, 하수도 시설 등은 미광의 개선, 도로 구조의 보전 및 교통의 원활한 소통을 위해 지하 공작물(공동구)에 공동 수용한다. 이러한 설비에 화재가 발생할 경우 통신망의 두절이나 전력의 공급 차질로 사회적 물의와 혼란을 초래하는바 소방관서와 공동구의 통제실 간에 화재 등 소방 활동과 관련된 정보를 상시 교환할 수 있는 정보통신망을 구축하여 유사시 신속하고 유효한 대처로 피해를 최소화하는 경보설비이다.

① "과전류차단기"란 「전기설비기술기준의 판단기준」 제38조와 제39조에 따른 것을 말한다.

② "방화구획형"이란 수전설비를 다른 부분과 건축법상 방화구획을 하여 화재 시 이를 보호하도록 조치하는 방식을 말한다.

③ "변전설비"란 전력용변압기 및 그 부속장치를 말한다.

④ "배전반"이란 전력생산시설 등으로부터 직접 전력을 공급받아 분전반에 전력을 공급해주는 것으로서 다음 각 목의 배전반을 말한다.

가. "공용배전반"이란 소방회로 및 일반회로 겸용의 것으로서 개폐기, 과전류차단기, 계기와 그 밖의 배선용기기 및 배선을 금속제 외함에 수납한 것을 말한다.

나. "전용배전반"이란 소방회로 전용의 것으로서 개폐기, 과전류차단기, 계기와 그 밖의 배선용기기 및 배선을 금속제 외함에 수납한 것을 말한다.

⑤ "분전반"이란 배전반으로부터 전력을 공급받아 부하에 전력을 공급해주는 것으로서 다음 각 목의 분전반을 말한다.

가. "공용분전반"이란 소방회로 및 일반회로 겸용의 것으로서 분기개폐기, 분기과전류차단기와 그 밖의 배선용기기 및 배선을 금속제 외함에 수납한 것을 말한다.

나. "전용분전반"이란 소방회로 전용의 것으로서 분기 개폐기, 분기과전류차단기와 그 밖의 배선용기기 및 배선을 금속제 외함에 수납한 것을 말한다.

⑥ "비상전원수전설비"란 화재 시 상용전원이 공급되는 시점까지만 비상전원으로 적용이 가능한 설비로서 상용전원의 안전성과 내화성능을 향상시킨 설비를 말한다.

⑦ "소방회로"란 소방부하에 전원을 공급하는 전기회로를 말한다.

⑧ "수전설비"란 전력수급용 계기용변성기, 주차단장치 및 그 부속기기를 말한다.

⑨ "옥외개방형"이란 건물의 옥외 또는 건물의 옥상에 울타리를 설치하고 그 내부에 수전설비를 설치하는 방식을 말한다.

⑩ "인입개폐기"란 「전기설비기술기준의 판단기준」 제169조에 따른 것을 말한다.

⑪ “인입구배선”이란 인입선의 연결점으로부터 특정소방대상물 내에 시설하는 인입개폐기에 이르는 배선을 말한다.

⑫ “인입선”이란 「전기설비기술기준」 제3조제1항 제9호에 따른 것을 말한다.

⑬ “일반회로”란 소방회로 이외의 전기회로를 말한다.

⑭ “전기사업자”란 「전기사업법」 제2조제2호에 따른 자를 말한다.

⑮ “큐비클형”이란 수전설비를 큐비클 내에 수납하여 설치하는 방식으로서 다음 각 목의 형식을 말한다.

가. “공용큐비클식”이란 소방회로 및 일반회로 겸용의 것으로서 수전설비, 변전설비와 그 밖의 기기 및 배선을 금속제 외함에 수납한 것을 말한다.

나. “전용큐비클식”이란 소방회로용의 것으로 수전설비, 변전설비와 그 밖의 기기 및 배선을 금속제 외함에 수납한 것을 말한다.

5.1 특별고압 또는 고압으로 수전하는 경우

(1) 일반전기사업자로부터 특별고압 또는 고압으로 수전하는 비상전원 수전설비는 방화구획형, 옥외개방형 또는 큐비클형(cubicle type)으로서 다음의 기준에 적합하게 설치해야 한다.

① 전용의 방화구획 내에 설치할 것

② 소방회로배선은 일반회로배선과 불연성의 격벽으로 구획할 것. 다만, 소방회로배선과 일반회로배선을 15 [cm] 이상 떨어져 설치한 경우는 그렇지 않다.

③ 일반회로에서 과부하, 지락사고 또는 단락사고가 발생한 경우에도 이에 영향을 받지 않고 계속하여 소방회로에 전원을 공급시켜 줄 수 있어야 할 것

④ 소방회로용 개폐기 및 과전류차단기에는 “소방시설용”이라 표시할 것

⑤ 전기회로는 별표 1과 같이 결선할 것

[별표 1] 고압 또는 특별고압 수전의 경우

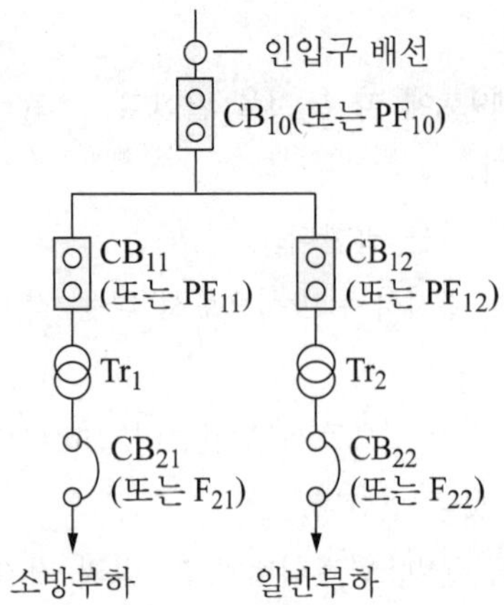

(가) 전용의 전력용변압기에서 소방부하에 전원을 공급하는 경우

주 1. 일반회로의 과부하 또는 단락 사고 시에 CB_{10}(또는 PF_{10})이 CB_{12}(또는 PF_{12}) 및 CB_{22}(또는 F_{22})보다 먼저 차단되어서는 안 된다.

2. CB_{11}(또는 PF_{11})은 CB_{12}(또는 PF_{12})와 동등 이상의 차단용량일 것.

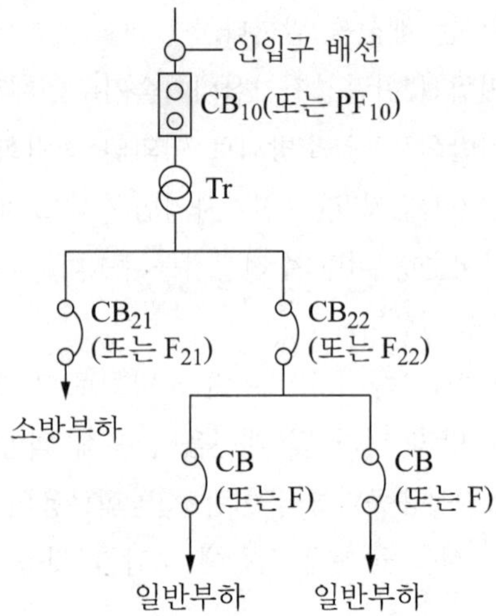

(나) 공용의 전력용변압기에서 소방부하에 전원을 공급하는 경우

주 1. 일반회로의 과부하 또는 단락 사고 시에 CB_{10}(또는 PF_{10})이 CB_{22}(또는 F_{22}) 및 CB(또는 F)보다 먼저 차단되어서는 안 된다.

2. CB_{21}(또는 F_{21})은 CB_{22}(또는 F_{22})와 동등이상의 차단용량일 것.

약 호	명 칭	약 호	명 칭
CB	전력차단기	F	퓨즈(저압용)
PF	전력퓨즈(고압 또는 특별고압용)	Tr	전력용변압기

(2) 옥외개방형은 다음의 기준에 적합하게 설치해야 한다.

① 건축물의 옥상에 설치하는 경우에는 그 건축물에 화재가 발생할 경우에도 화재로 인한 손상을 받지 않도록 할 것

② 공지에 설치하는 경우에는 인접 건축물에 화재가 발생한 경우에도 화재로 인한 손상을 받지 않도록 할 것

③ 그 밖의 옥외개방형의 설치에 관하여는 (1)의 ②부터 ⑤까지의 규정에 적합하게 설치할 것

(3) 큐비클형은 다음의 기준에 적합하게 설치해야 한다.

① 전용큐비클 또는 공용큐비클식으로 설치할 것

② 외함은 두께 2.3 [mm] 이상의 강판과 이와 동등 이상의 강도와 내화성능이 있는 것으로 제작해야 하며, 개구부('③'에 게기하는 것은 제외한다)에는 「건축법 시행령」 제64조에 따른 방화문으로서 60분+ 방화문, 60분 방화문 또는 30분 방화문으로 설치할 것

③ 다음 각 목(옥외에 설치하는 것에 있어서는 가목부터 다목까지)에 해당하는 것은 외함에 노출하여 설치할 수 있다.

가. 표시등(불연성 또는 난연성재료로 덮개를 설치한 것에 한한다)

나. 전선의 인입구 및 인출구

다. 환기장치

라. 전압계(퓨즈 등으로 보호한 것에 한한다)

마. 전류계(변류기의 2차측에 접속된 것에 한한다)

바. 계기용 전환스위치(불연성 또는 난연성재료로 제작된 것에 한한다)

④ 외함은 건축물의 바닥 등에 견고하게 고정할 것

⑤ 외함에 수납하는 수전설비, 변전설비 그 밖의 기기 및 배선은 다음 각 목에 적합하게 설치할 것

가. 외함 또는 프레임(frame) 등에 견고하게 고정할 것

나. 외함의 바닥에서 10 [cm](시험단자, 단자대 등의 충전부는 15 [cm]) 이상의 높이에 설치할 것

⑥ 전선 인입구 및 인출구에는 금속관 또는 금속제 가요전선관을 쉽게 접속할 수 있도록 할 것

⑦ 환기장치는 다음 각 목에 적합하게 설치할 것

가. 내부의 온도가 상승하지 않도록 환기장치를 할 것

나. 자연환기구의 개구부 면적의 합계는 외함의 한 면에 대하여 해당 면적의 3분의 1 이하로 할 것. 이 경우 하나의 통기구의 크기는 직경 10 [mm] 이상의 둥근 막대가 들어가서는 안 된다.

다. 자연환기구에 따라 충분히 환기할 수 없는 경우에는 환기설비를 설치할 것

라. 환기구에는 금속망, 방화댐퍼 등으로 방화조치를 하고, 옥외에 설치하는 것은 빗물 등이 들어가지 않도록 할 것

⑧ 공용큐비클식의 소방회로와 일반회로에 사용되는 배선 및 배선용기기는 불연재료로 구획할 것

⑨ 그 밖의 큐비클형의 설치에 관하여는 (1)의 ②부터 ⑤까지의 규정 및 한국산업표준에 적합할 것

5.2 저압으로 수전하는 경우

전기사업자로부터 저압으로 수전하는 비상전원수전설비는 전용배전반(1 · 2종), 전용분전반(1 · 2종) 또는 공용분전반(1 · 2종)으로 해야 한다.

(1) 제1종 배전반 및 제1종 분전반은 다음에 적합하게 설치해야 한다.

① 외함은 두께 1.6 [mm](전면판 및 문은 2.3 [mm]) 이상의 강판과 이와 동등 이상의 강도와 내화성능이 있는 것으로 제작할 것

② 외함의 내부는 외부의 열에 의해 영향을 받지 않도록 내열성 및 단열성이 있는 재료를 사용하여 단열할 것. 이 경우 단열부분은 열 또는 진동에 따라 쉽게 변형되지 않아야 한다.

③ 다음 각 목에 해당하는 것은 외함에 노출하여 설치할 수 있다.

가. 표시등(불연성 또는 난연성재료로 덮개를 설치한 것에 한한다)

나. 전선의 인입구 및 인출구

④ 외함은 금속관 또는 금속제 가요전선관을 쉽게 접속할 수 있도록 하고, 해당 접속부분에는 단열조치를 할 것

⑤ 공용배전반 및 공용분전반의 경우 소방회로와 일반회로에 사용하는 배선 및 배선용 기기는 불연재료로 구획되어야 할 것

(2) 제2종 배전반 및 제2종 분전반은 다음에 적합하게 설치해야 한다.

① 외함은 두께 1 [mm](함 전면의 면적이 1,000 [cm^2]를 초과하고 2,000 [cm^2] 이하인 경우에는 1.2 [mm], 2,000 [cm^2]를 초과하는 경우에는 1.6 [mm]) 이상의 강판과 이와 동등 이상의 강도와 내화성능이 있는 것으로 제작할 것

② (1)의 ③ 각 목에 정한 것과 120 [℃]의 온도를 가했을 때 이상이 없는 전압계 및 전류계는 외함에 노출하여 설치할 것

③ 단열을 위해 배선용 불연전용실내에 설치할 것

④ 그 밖의 제2종 배전반 및 제2종 분전반의 설치에 관하여는 (1)의 ④ 및 ⑤의 규정에 적합할 것

(3) 그 밖의 배전반 및 분전반의 설치에 관하여는 다음에 적합해야 한다.

① 일반회로에서 과부하·지락사고 또는 단락사고가 발생한 경우에도 이에 영향을 받지 않고 계속하여 소방회로에 전원을 공급시켜 줄 수 있어야 할 것

② 소방회로용 개폐기 및 과전류차단기에는 "소방시설용"이라는 표시를 할 것

③ 전기회로는 별표 2와 같이 결선할 것

[별표 2] 저압수전의 경우

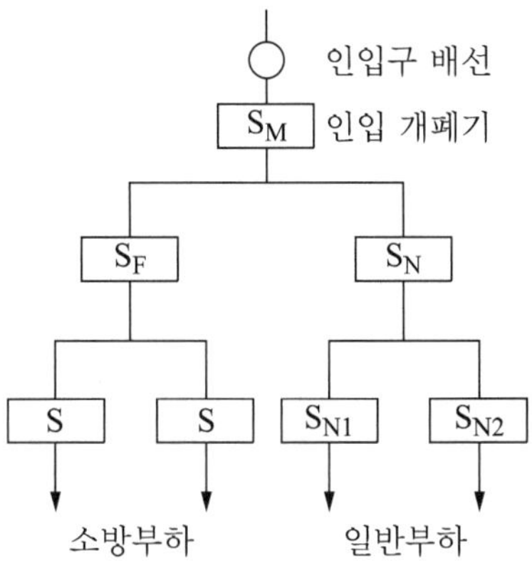

주 1. 일반회로의 과부하 또는 단락사고 시 S_M이 S_N, S_{N1} 및 S_{N2}보다 먼저 차단되어서는 안 된다.
2. S_F는 S_N과 동등 이상의 차단용량일 것.

약 호	명 칭
S	저압용개폐기 및 과전류차단기

5.3 비상전원 설비가 필요한 시설

비상전원 설비는 상용전원 설비를 사용할 수 없는 상황이 되었을 때 운용하기 위한 설비이다. 일반적으로 자가용 발전설비, 축전지설비, 무정전 전원 장치 등이 사용되고 있으며, 인간 활동의 편의성, 안전성, 신뢰성 등이 강조되는 건축물에서는 대단히 중요한 전원 설비이다. 비상전원 설비는 필요 환경에 따라 보안상 또는 자위상 설치하게 된다. 건축법 및 소방법에 설비의 종류, 설치대상 등을 구분하여 규정하고 있으며 그 내용은 표 3-6-8과 같다.

● **표 3-6-8** 비상전원이 필요한 설비의 종류 및 대상

법령	설비의 종류	대상	비 고
건축법	방화셔터	전부	주1) 참조
	비상용승강기	전부	주2) 참조
	배연설비	전부	
	비상용조명등	전부	
	비상급수설비	전부	
소방법	옥내 소화전설비	전부	화재시 펌프가 자동 기동되도록 비상전원에 대신하여 내연기관을 설치한 경우는 제외
	스프링클러설비	전부	
	물분무 등 소화설비	전부	
	포 소화설비	전부	
	이산화탄소 소화설비	전부	
	할로겐화합물 및 불활성기체 소화설비	전부	
	분말 소화설비	전부	
	옥외 소화전설비	-	
	자동화재탐지설비	전부	비상전원용 수전설비 또는 축전지설비
	비상경보설비	전부	비상전원용 수전설비 또는 축전지설비
	유도등	전부	축전지설비
	비상조명등	전부	예비전원을 내장한 것은 제외
	제연설비	전부	
	연결송수관설비	높이 70 [m] 이상	
	연결살수설비	-	
	비상콘센트설비	전부	
	무선통신보조설비	전부	설비 자체에 부착

주1) 자동방화셔터의 예비전원은 자동충전장치, 시험충전장치를 가진 축전지로서 충전을 하지 않고 30 [min] 동안 계속하여 셔터를 개폐시킬 수 있어야 한다.

주2) 비상용승강기의 예비전원은 상용전원이 차단되는 경우 60 [s] 이내에 정격전력용량을 발생하는 자동전환 방식으로 하되 수동 시동이 가능하도록 하고 120 [min] 이상 작동이 가능해야 한다.

그리고 비상전원 설비는 설계를 할 때 비상전원의 종류와 사용할 시간의 기준으로 정해져 있다. 표 3-6-9는 건축법 규제에 의한 설비를 비상전원에 따른 자가발전설비, 축전지설비, 용량 등으로 나타낸다. 또한 표 3-6-10은 소방법 규제에 의한 설비를 비상전원이 필요한 소방용 설비에 따른 자가발전설비, 축전지설비, 용량 등으로 나타낸다.

● **표 3-6-9** 건축법 규제에 의한 방화용 전기설비의 조건

<table>
<tr><th colspan="2">예비전원 / 방화설비</th><th>자가발전 설비</th><th>축전지 설비</th><th>자가발전설비와 축전지설비와의 병용</th><th>용량 [min]</th></tr>
<tr><td rowspan="3">배연 설비</td><td>특별피난계단</td><td rowspan="3">○</td><td rowspan="3">○</td><td rowspan="3">-</td><td>20</td></tr>
<tr><td>특수건축물 등</td><td>20</td></tr>
<tr><td>비상용승강기의 승강로비</td><td>20</td></tr>
<tr><td rowspan="3">비상용 조명등</td><td>피난계단 및 특수피난계단</td><td rowspan="3">○</td><td rowspan="3">○</td><td rowspan="3">○</td><td>20</td></tr>
<tr><td>특수건축물</td><td>20</td></tr>
<tr><td>비상용승강기의 승강장</td><td>20</td></tr>
<tr><td colspan="2">비상용진입구(적색등)</td><td>○</td><td>○</td><td>-</td><td>20</td></tr>
<tr><td colspan="2">비상용급수설비</td><td>○</td><td>○</td><td>-</td><td>20</td></tr>
<tr><td colspan="2">비상용승강기</td><td>○</td><td>-</td><td>-</td><td>120</td></tr>
<tr><td colspan="2">방화문</td><td>○</td><td>○</td><td>-</td><td>30</td></tr>
</table>

● **표 3-6-10** 소방법 규제에 의한 소방용 전기설비의 조건

비상전원이 필요한 소방용 설비	비상전원 전용 수전설비	자가발전 설비	축전지 설비	용량 [min]
옥내(외) 소화전설비	-	○[2)]	○	20
스프링클러설비	○[1)]	○	○	20
물분무 소화설비	-	○	○	20
포 소화설비	○[1)]	○	○	20
CO_2 소화설비	-	○	○	20
할로겐화합물 및 불활성기체 소화설비	-	○	○	20
분말 소화설비	-	○	○	20
자동화재탐지설비	-	-	○	상태 감시(60), 경보(10)
비상방송설비	-	-	○	상태 감시(60), 경보(10)
유도등	-	-	○	20, 60[3)]
비상조명등	-	○	○	20, 60[3)]
제연설비	-	○	○	20
연결송수관설비	-	○	○	20
비상콘센트설비	-	○	○	20
무선통신보조설비	-	-	○	30

주1) 특정소방대상물(여관, 호텔, 백화점, 병원, 영화관 등)에서 연면적이 1,000 [m^2] 이상은 사용할 수 없다.
주2) 지하층을 제외한 층수가 7층 이상으로서 연면적이 2,000 [m^2] 이상의 것
주3) 지하층을 제외한 층수가 11층 이상인 층 및 지하층 또는 무창층으로서 용도가 도매시장, 소매시장, 여객 자동차 터미널, 지하역사, 지하상가인 것

5.4 소방설비의 배선

그림 3-6-16～3-6-21은 소화전에 전력을 공급하기 위한 도면으로서 표기된 배선의 기호는 다음과 같이 나타낸다. 여기서, ▬▬ ; 내화전선, ▨▨ ; 내열배선, —— ; 일반배선, ········ ; 옥외 소화전함 배관 등을 나타낸다.

(1) 옥내소화전설비의 배선[그림 3-6-17]

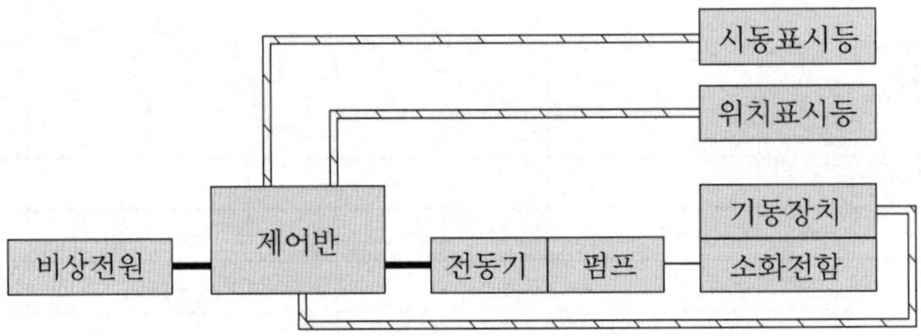

■ 그림 3-6-17 옥내소화전설비의 배선

(2) 옥외소화전설비의 배선[그림 3-6-18]

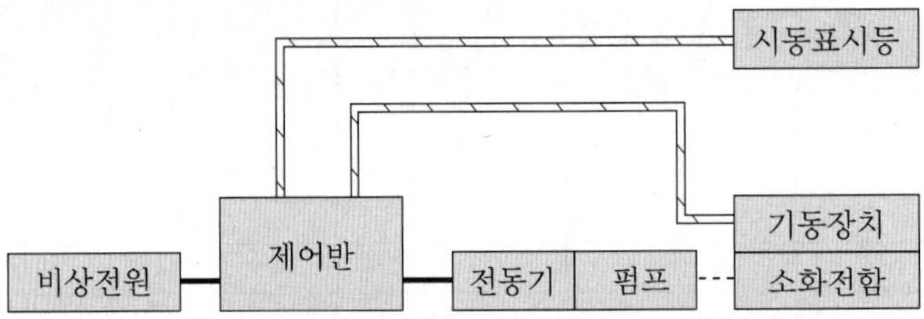

■ 그림 3-6-18 옥외소화전설비의 배선

(3) 자동화재탐지설비의 배선[그림 3-6-19]

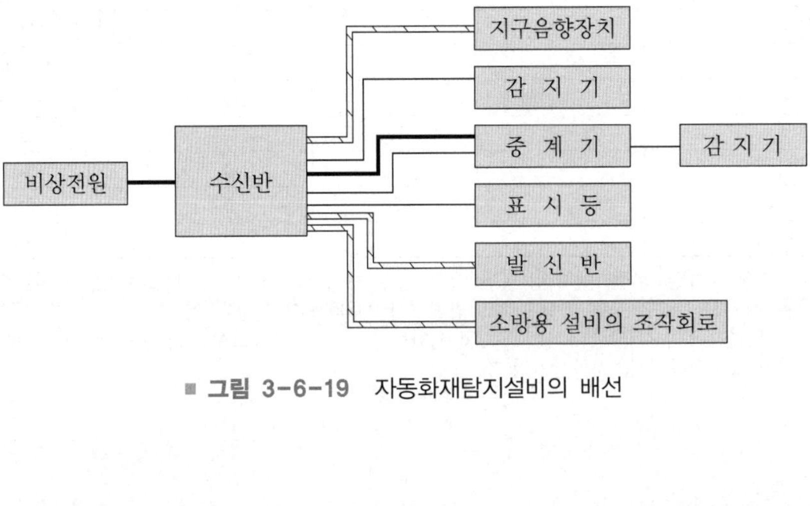

■ 그림 3-6-19 자동화재탐지설비의 배선

(4) 비상벨 및 자동식 사이렌설비의 배선[그림 3-6-20]

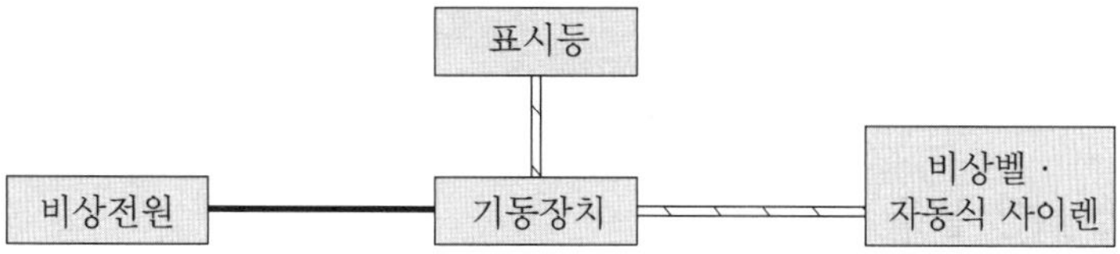

■ **그림 3-6-20** 비상벨 및 자동식 사이렌설비의 배선

(5) 스프링클러설비, 물분무 소화설비 및 포 소화설비의 배선[그림 3-6-21]

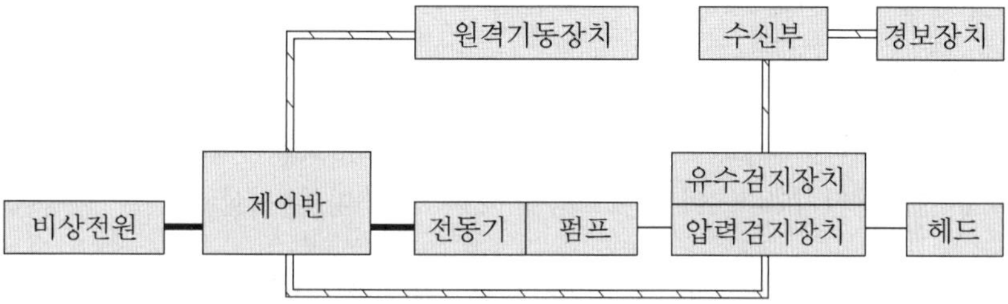

■ **그림 3-6-21** 스프링클러설비, 물분무 소화설비 및 포 소화설비의 배선

(6) 이산화탄소 소화설비, 할로겐화합물 설비 및 분말 소화설비의 배선[그림 3-6-22]

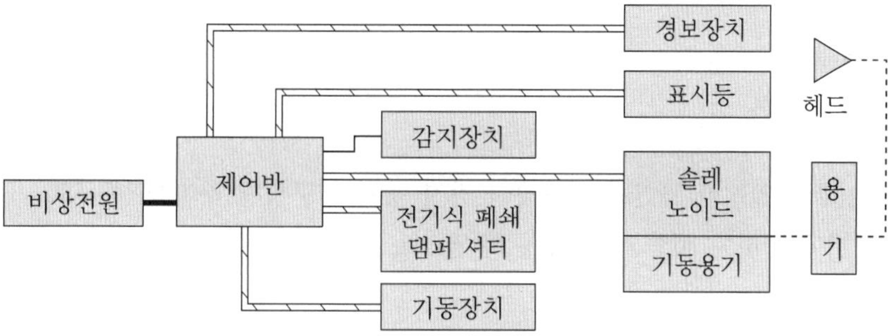

■ **그림 3-6-22** 이산화탄소 소화설비, 할로겐화합물 설비 및 분말 소화설비의 배선

6. 자가용 발전설비

상용전원의 신뢰도는 설비의 개발과 더불어 과학화되고 있는 것이 사실이지만 사고는 때와 장소를 가리지 않고 발생하는 것이다. 전기설비의 재해 발생을 최소화하기 위한 시스템 중의 하나가 자가용 발전설비이다.

6.1 자가용 발전설비의 분류

자가용 발전설비는 사용목적, 설치방법, 시동방식, 내연기관 등에 따라 다음과 같이 구분한다.

(1) 사용목적에 의한 분류

① 상용 발전기(power generator)

전력 회사에서 전력을 공급받을 수 없는 도서, 산간벽지, 낙도 등의 설비, 계절적으로 피크 부하가 일시적으로 발생하는 설비, 부하 변동이 매우 심한 설비 등에 채용된다.

② 비상용 발전기(emergency generator)

건축물에 상용전원의 공급이 일시적으로 중단되었을 때 시설물의 긴급 운전, 보안, 안전 등을 목적으로 설치하는 발전기이다. 이것은 소방법, 건축법에 따른 시설 요건을 충족해야 한다.

③ 열 병합 발전기(steam supply and power generator)

대단위 아파트가 밀집한 지역에서 주로 채용하는 방식이다. 일명 total energy system으로서 열 병합 발전을 의미하며 폐열 회수가 가능한 발전 장치를 갖추고 있다. 발전기를 가동시켜 전력은 이용하고 여기서 발생되는 열원을 폐열에서 회수하여 에너지 생산성을 높인 시스템이다.

(2) 설치방법에 의한 분류

① 고정식

건축물의 일부에 일정한 공간을 확보하여 발전 장치를 구성한 것이다. 중규모 이상의 빌딩, 공장 등이 여기에 속하며 비상 및 보완용 전원으로 많이 사용된다.

② 이동식

건축공사, 토목공사, 도로공사, 방송 중계차 등 임시 전력이 필요한 경우에 차량용 또는 차량 탑재형 산업기계용 등으로 공랭식 냉각방식을 채용한 발전기이다.

(3) 시동방식에 의한 분류

① 공기식

공기식 시동형 발전기는 중고속의 직접 분사식에 많이 채용되고 있다. 방폭 시설이 필요한 지역에 효과적이며 공기 압축기, 공기 압축 제어반, 공기도 등으로 구성되어 있다.

② 전기식

전기식 시동형 발전기는 엔진 구동 전동기에 의한 방식이다. 직류 24 [V]의 축전지에 구동 전동기와 피니언 기어를 연결시켜서 엔진의 플라이 휠(fly wheel)이 회전되어 시동하는 방식이다. 시동형 축전지, 충전기, 셀 전동기 등으로 구성되어 있다. 사용이 간단하고 운용이 쉽고 가격이 저렴하다는 장점이 있다.

③ 유압식

유압식 시동형 발전기는 엔진 구동 전동기에 유압을 이용한 방식이다. 이 방식은 제어 및 운용이 어려워 일반적으로 잘 채용하지 않고 있다.

(4) 내연기관에 의한 분류

① 디젤기관(diesel engine)

디젤기관을 이용한 발전방식이다. 연료의 수급이 수월하며 가격이 저렴하다는 장점을 갖고 있다. 그러나 소음 및 대기 오염에 대한 대책 수립이 요구된다. 용량은 크게 할 수 있어서 중규모 이상의 설비에서 많이 채용되고 있다.

② 가스기관(gas engine)

가스기관을 이용한 발전방식이다. 상용전원에 이상이 발생했을 때 신속한 대응이 뛰어나며 중용설비의 예비전원으로 많이 사용되고 있다. 또한 가스기관의 용량을 크게 하기 위해서는 제한 조건이 있어서 소형 설비에서 많이 채용되고 있다.

③ 가스터빈기관(gas-turbine engine)

가스기관의 장점과 디젤기관의 장점이 부합된 발전설비이다. 즉, 인텔리젠트빌딩(IBS; Intelligent Building System), 데이터센터(IDC; Internet Data Center), 호텔, 병원, 쇼핑몰, 오피스빌딩 등의 설비는 정전이나 사고 시에도 지속적이고 안정적인 양질의 전원 공급이 요구되고 있다. 그리고 가스터빈기관이 채용되는 주요 특징을 나열하면 다음과 같다.

첫째, 신뢰성이 높은 발전설비이다.

둘째, 유지 보수가 용이한 발전설비이다.

셋째, 운반, 설치가 용이한 발전설비이다.

넷째, 환경 친화적인 발전설비이다.

6.2 발전기실의 고려사항

(1) 건축적 측면

① 발전설비는 매우 무겁고 부피가 크므로 장비 반입 및 반출을 할 수 있는 통로가 확보되어야 한다.

② 장비 배치가 용이하고 유지보수, 점검 등이 용이한 면적이 확보되어야 한다.

③ 장비가 안전하게 설치될 강도는 물론 벽, 천장 등과 충분히 이격되어야 한다.

④ 운전할 때 발생하는 소음, 진동을 고려하여 설치되어야 한다.

⑤ 발전기실의 벽, 바닥, 기둥 등은 내화구조로 되어야 한다.

⑥ 재해를 대비하여 출입문은 60분+ 방화문으로 시설해야 한다.

⑦ 운전 중에 발생하는 가스를 적절히 배출할 수 있도록 시설해야 한다.

⑧ 운전 중에 발생하는 물의 급수 및 배수가 용이하도록 시설해야 한다.

⑨ 연료의 보급이 간편하도록 시설해야 한다.

(2) 전기적 측면

① 전력 공급이 원활하도록 수변전실 옆에 설치한다.

② 점검, 유지관리 등을 위해 변전실과 평면적, 입체적 관계를 고려하여 시설한다.

③ 부하의 중심이 되면 전기실에 가까울수록 효율적이다.

④ 온도, 습도 등이 높으면 절연이 저하되어 기기의 열화가 가속되므로 일정한 조건을 유지하는 것이 좋다.

⑤ 변전설비는 무겁고 크므로 장비 반입 및 반출을 할 수 있는 통로가 확보되어야 한다.

⑥ 전기기기는 열적 스트레스에 취약하므로 실내 환기가 잘 되도록 시설해야 한다.

⑦ 운전할 때 발생하는 소음, 진동을 고려하여 설치되어야 한다.

⑧ 운전 중에 발생하는 물의 급수 및 배수가 용이하도록 시설해야 한다.

⑨ 연료의 보급이 간편하도록 시설해야 한다.

⑩ 건축물의 옥상에 시설하는 것은 위험하므로 피하는 것이 좋다.

⑪ 기술자가 변전설비를 점검할 때 감전의 위험성이 없도록 시설한다.

⑫ 외부인의 출입을 엄격히 통제할 수 있도록 해야 한다.

⑬ 기타 법규에 규합하도록 시설해야 한다.

(3) 환경적 측면

① 굴뚝의 드래프트 효과가 저해되지 않도록 시설해야 한다.
② 발전기실은 지속적인 진동과 소음이 발생하므로 구조적으로 견고해야 한다.
③ 외부 공기(급기)의 유입 및 배기가 용이하도록 덕트는 굴곡이 적고 최대한 짧게 시설하는 것이 좋다.
④ 발전기에 급유가 편리한 장소이어야 하며, 통기관의 인출이 잘 되어 있어야 한다.
⑤ 수냉식 엔진을 사용하는 경우 냉각수의 급수 및 배수가 용이한 장소이어야 한다.
⑥ 발전기실에는 발전기용도 이외의 가스, 물, 연료 등의 배관 시설을 금한다.
⑦ 화재, 폭발, 염해 등의 우려가 있거나 부식성 또는 유독성 가스가 체류되는 장소는 재해를 유발시킬 수 있으므로 피해야 한다.
⑧ 발전기실에서 발생한 소음 및 진동이 다른 설비에 영향을 주지 않도록 해야 한다.

7. 설치·유지기준의 특례

소방본부장 또는 소방서장은 기존건축물이 증축, 개축, 대수선되거나 용도변경 되는 경우에 있어서 이 기준이 정하는 기준에 따라 해당 건축물에 설치해야 할 비상전원수전설비의 배관, 배선 등의 공사가 현저하게 곤란하다고 인정되는 경우에는 해당 설비의 기능 및 사용에 지장이 없는 범위 안에서 이 기준 일부를 적용하지 않을 수 있다.

8. 재검토 기한

소방청장은 「훈령·예규 등의 발령 및 관리에 관한 규정」에 따라 이 고시에 대하여 2023년 1월 1일을 기준으로 매 3년이 되는 시점(매 3년째의 12월 31일까지를 말한다)마다 그 타당성을 검토하여 개선 등의 조치를 해야 한다.

연습문제

문제 01 전기의 생산과 공급 과정에 필요한 주요설비에는 어떤 것들이 있는가?

풀이 발전설비, 전력수송설비, 송전설비 및 송전선로, 배전선, 수변전설비

문제 02 전기를 원활하게 배전하기 위해 사용되는 전주는 재료에 따라 철근콘크리트 전주(CP), 강관 전주(SP), 목주(TP) 등으로 분류된다. 철근콘크리트 전주는 내구성 및 안전성 등이 우수하여 배전선로의 전주로 가장 많이 시공되고 있다. 철근콘크리트 전주의 표준 근입은 전주 길이의 (　　) 정도이며, 토질의 상황 및 설비의 특성을 고려하여 최대 (　　) [m] 이상을 근입하는 경우도 있다.

풀이 1/6, 2.5

문제 03 표 1은 수변전설비에 사용되는 전기심벌의 문자기호 및 호칭을 나타낸 것이다. 빈칸에 적절한 내용을 기입하시오.

● **표 1** 수변전설비에 사용되는 전기심벌의 문자기호 및 호칭

문자기호	호 칭	문자기호	호 칭
CH	①	TC	트립 코일
WH	적산전력계	OCR	⑤
MOF PCT	계기용 변성기 계기용 변압변류기	VS	전압계용 절환개폐기
DS	단로기	AS	전류계용 절환개폐기
ZCT	②	V	전압계
OCB	유입차단기	A	전류계
OS	기름스위치	COS	컷아웃스위치
LA	③	SC	⑥
GR	지락계전기	Tr	변압기
F	퓨즈	PL	표시등
PT	④	PF	⑦
CT	변류기	ET	접지단자대

풀이 ① 케이블 헤드, ② 영상변류기, ③ 피뢰기, ④ 계기용 변압기, ⑤ 과전류계전기, ⑥ 전력용 콘덴서, ⑦ 전력용 퓨즈

문제 04 분전반은 인입선에서 들어온 전기를 용도 및 목적에 적합하도록 나누는 곳으로 전등부하, 콘센트부하, 전열부하, 동력부하 및 기타 등으로 회로를 구성한다. 적산전력계는 전기 사용량을 검침하고 관리하기 위한 것이며, 배선차단기(MCCB)는 전기설비 및 선로에서 발생될 수 있는 (　　)를 차단하기 위해 설치한다. 또한 누전차단기(RCD)는 전기기기 또는 전선로에서 발생되는 (　　)의 예방 및 감소를 위해 설치하는 것으로 시험버튼이 (　　)이면 누전전용 누전차단기이며, 시험버튼이 적색이면 과부하 및 누전겸용 누전차단기이다.

풀이 과전류, 감전사고, 녹색

문제 05 그림 1은 배선차단기의 실체 사진으로 각 번호의 명칭은 무엇인가?

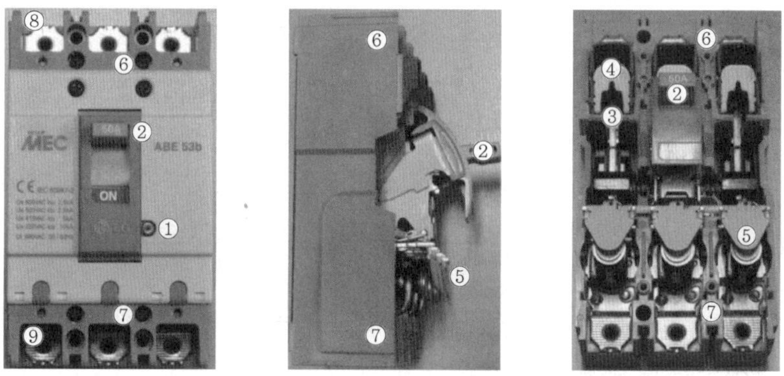

(a) 전면 사진　　(b) 측면 사진　　(c) 내부 사진

■ 그림 1 배선차단기의 실체 사진

풀이 ① 시험 버튼 스위치, ② 작동손잡이, ③ 접점, ④ 소호 장치, ⑤ 과전류 트립 장치, ⑥ 전원측, ⑦ 부하측, ⑧ 전원측 단자대, ⑨ 부하측 단자대

문제 06 전기설비에 과전류가 흘렀을 때 설비를 보호하기 위해 설치하는 배선차단기(MCCB)의 특징에 대해서 설명하시오.

풀이 ① 과부하 차단 능력이 우수하다.

② 반복 사용이 가능하고, 신뢰성이 높다.

③ 소형 경량으로 사용이 편리하다.

④ 충전부가 수납되어 있어서 안전하게 사용할 수 있다.

⑤ 트립(trip) 상태가 있어서 전원의 신속한 재투입이 가능하다.

⑥ 회로의 차단 여부를 쉽게 식별할 수 있다.

문제 07 그림 2는 누전차단기의 실체 사진으로 각 번호의 명칭은 무엇인가?

(a) 전면 사진 (b) 측면 사진 (c) 내부 사진

■ 그림 2 누전차단기의 실체 사진

풀이 ① 시험 버튼 스위치, ② 작동손잡이, ③ 내부 배선, ④ 내부 접점, ⑤ ㄷ자형 고리, ⑥ 영상변류기(ZCT), ⑦ 기구부, ⑧ 전원측, ⑨ 부하측, ⑩ 전원측 단자대, ⑪ 부하측 단자대

문제 08 (　　)은 인입선 연결점으로부터 특정소방대상물 내에 시설하는 인입개폐기에 이르는 배선을 말한다.

풀이 인입구배선

문제 09 (　　)는 소방부하에 전원을 공급하는 전기회로를 말한다.

풀이 소방회로

문제 10 (　　)는 전력수급용 계기용변성기, 주차단 장치 및 그 부속기기를 말한다.

풀이 수전설비

문제 **11** 일반전기사업자로부터 특별고압 또는 고압으로 수전하는 비상전원 수전설비는 방화구획형, 옥외개방형 또는 큐비클(cubicle)형으로 해야 하며, 구비 조건은 다음과 같다.

① 전용의 (   ) 내에 설치할 것
② 소방회로배선은 일반회로배선과 (   ) 벽으로 구획할 것. 다만, 소방회로 배선과 일반회로 배선을 15 [cm] 이상 떨어져 설치한 경우는 그렇지 않다.
③ 일반회로에서 과부하, 지락사고 또는 단락사고가 발생한 경우에도 이에 영향을 받지 않고 계속하여 (   )에 전원을 공급시켜 줄 수 있어야 할 것
④ 소방회로용 개폐기 및 과전류차단기에는 "(   )"이라 표시할 것.

풀이 방화구획, 불연성, 소방회로, 소방시설용

문제 **12** 발전기실의 고려사항 중에서 전기적인 측면에 대해서 논하시오.

풀이 ① 전력 공급이 원활하도록 수변전실 옆에 설치한다.
② 점검, 유지관리 등을 위해 변전실과 평면적, 입체적 관계를 고려하여 시설한다.
③ 부하의 중심이 되면 전기실에 가까울수록 효율적이다.
④ 온도, 습도 등이 높으면 절연이 저하되어 기기의 열화가 가속되므로 일정한 조건을 유지하는 것이 좋다.
⑤ 변전설비는 무겁고 크므로 장비 반입 및 반출을 할 수 있는 통로가 확보되어야 한다.
⑥ 전기기기는 열적 스트레스에 취약하므로 실내 환기가 잘 되도록 시설해야 한다.
⑦ 운전할 때 발생하는 소음, 진동을 고려하여 설치되어야 한다.
⑧ 운전 중에 발생하는 물의 급수 및 배수가 용이하도록 시설해야 한다.
⑨ 연료의 보급이 간편하도록 시설해야 한다.
⑩ 건축물의 옥상에 시설하는 것은 위험하므로 피하는 것이 좋다.
⑪ 기술자가 변전설비를 점검할 때 감전의 위험성이 없도록 시설한다.
⑫ 외부인의 출입을 엄격히 통제할 수 있도록 해야 한다.
⑬ 기타 법규에 규합하도록 시설해야 한다.

Chapter 07

예비전원설비

1. 축전지설비

축전지(蓄電池, storage battery)설비는 상용전원이 공급되지 못하는 재해가 발생했을 때 예비전원으로 사용하기 위해서 시설하는 것이다. 따라서 축전지설비는 비상용 조명 전원, 유도등용 전원, 무정전 전원 장치 등의 예비전원이나 비상전원 등에 사용될 뿐만 아니라 수변전 설비 감시 제어용 및 각종 제어 설비의 전원으로 사용된다. 주요 구성은 축전지, 충전 장치, 보안 장치, 제어 장치 등이 있으며 특징은 다음과 같다.

① 독립된 하나의 전원 설비이다.

② 순수한 직류전원 설비이다.

③ 경제적이고 보수가 용이하다.

④ 설비의 상황에 따라 탄력 운용이 가능하다.

1.1 축전지의 종류

축전지는 충전(充電, charge)이 불가능한 1차 전지(건전지)와 충전이 가능한 2차 전지로 나누어진다. 일반적으로 축전지라하면 납 축전지, 알칼리 축전지 등과 같은 2차 전지를 말한다. 이와 같은 2차 전지는 극판의 형식, 설치방식, 구조 등에 따라 다음과 같이 분류된다.

(1) 극판 형식에 따른 분류

① 알칼리 축전지

대표적인 물질로 옥시수산화니켈과 금속 카드뮴을 사용한다. 옥시수산화니켈[NiOOH]은 양극으로 사용되고 금속 카드뮴[Cd]은 음극으로 사용된다. 즉, 니켈-카드뮴식 알칼리 축전지는 가성칼리(KOH) 수용액 속에 옥시수산화니켈[NiOOH]과 카드뮴을 서로 격리시켜 반응시키면 양극판 사이에 1.3 [V]의 전압이 발생하며, 이들의 충·방전 반응 과정은 식 (1)과 같다.

$$\underset{\text{옥시수산화니켈}}{\overset{\text{(양극)}}{2NiOOH}} + \underset{\text{카드뮴}}{\overset{\text{(음극)}}{Cd}} + \underset{\text{물}}{2H_2O} \underset{\text{충전}}{\overset{\text{방전}}{\rightleftharpoons}} \underset{\text{수산화니켈}}{\overset{\text{(양극)}}{2Ni(OH)_2}} + \underset{\text{수산화카드뮴}}{\overset{\text{(음극)}}{Cd(OH)_2}} \qquad (1)$$

전해액인 가성칼리(KOH)는 직접 충·방전에 관여하지 않고 전기에너지를 전달하는 역할만을 하므로 전해액량은 축전지의 용량에 관계없다. 즉, 충·방전에 의한 전해액의 비중 변화가 거의 없다는 특징을 갖고 있다.

니켈-카드뮴식 알칼리 축전지는 양극판과 음극판을 천공한 강판의 포켓 속에 활성화 물질을 충전하여 틀 속에 배열한 포켓식의 구조는 그림 3-7-1과 같다. 그리고 양극판과 음극판은 니켈을 주체로 하는 금속 분말을 소결하여 만든 다공성 기판의 가는 구멍 속에 활성화 물질을 충전한 소결식의 구조는 그림 3-7-2와 같다.

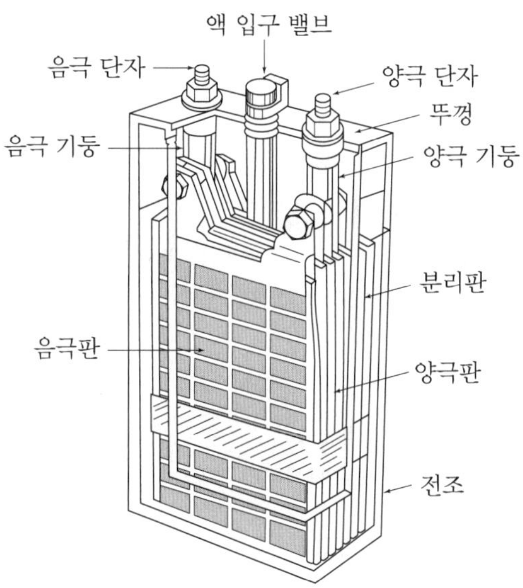

■ **그림 3-7-1** 포켓식 알칼리 축전지의 구조

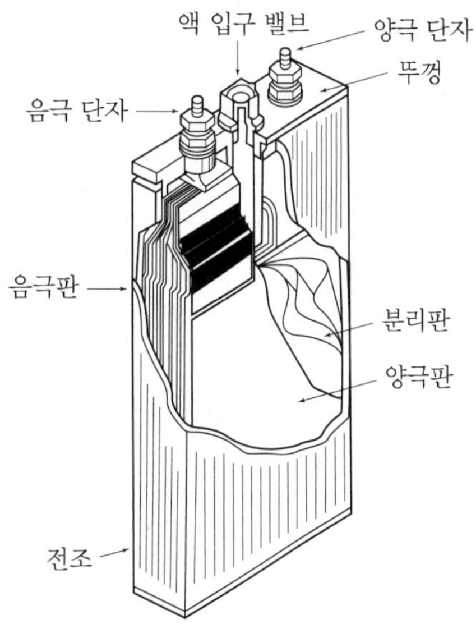

■ **그림 3-7-2** 소결식 알칼리 축전지의 구조

② 납 축전지

일반적으로 자동차에 쓰이는 축전지가 납 축전지이며 구성하는 축전지의 수에 따라 다양한 전압을 얻을 수 있다. 납 축전지는 방전할 때 화학에너지를 전기에너지로 바꿔 설비에 공급하

고, 충전할 때는 외부에서 전기에너지를 받아 이것을 화학에너지로 바꿔 저장하는 형식이다.

출력을 증가시키기 위해 각각의 구성 전지들은 서로 연결된 이산화납(PbO_2)을 양극, 납(Pb)을 음극으로 만든 것이다. 이 전극들은 묽은 황산으로 이루어진 전해질 속에 담겨져 있다. 하나의 납 축전지는 약 2 [V]의 전압을 발생하므로 6개의 전지를 직렬로 연결하면 12 [V]의 전압을 얻을 수 있다. 외부 회로를 구성하여 납 축전지가 작동하면 다음과 같은 충·방전 반응을 나타낸다.

$$(+)\text{극} : PbO_2 + 4H^+ + SO_4^{2-} + 2e^- \rightarrow PbSO_4 + 2H_2O$$

$$(-)\text{극} : Pb + SO_4^{2-} \rightarrow PbSO_4 + 2e^-$$

$$\underset{\text{이산화납}}{\overset{(\text{양극})}{PbO_2}} + \underset{\text{황산}}{\overset{(\text{전해액})}{2H_2SO_4}} + \underset{\text{납}}{\overset{(\text{음극})}{Pb}} \underset{\text{충전}}{\overset{\text{방전}}{\rightleftarrows}} \underset{\text{황산납}}{\overset{(\text{양극})}{PbSO_4}} + \underset{\text{물}}{\overset{(\text{전해액})}{2H_2O}} + \underset{\text{황산납}}{\overset{(\text{음극})}{PbSO_4}} \quad (2)$$

방전에 의해 양극의 활성 물질인 이산화납은 전해액 속의 황산과 반응하여 황산납으로 되고, 음극의 활성 물질인 납도 황산과 반응하기 때문에 전해액의 비중이 저하된다. 충전하면 양극의 황산납은 이산화납으로 되고, 음극의 황산납은 납으로 복귀되어 전해액의 비중도 원래대로 돌아간다. 즉, 충전과 방전이 이루어지면서 비중이 변화하는 것이 납 축전지의 특징이다. 납 축전지의 구조는 그림 3-7-3과 같으며, 사용되는 양극판의 종류에 따라 클래드식 극판과 페이스트식 극판으로 분류되며 모양은 그림 3-7-4와 같다.

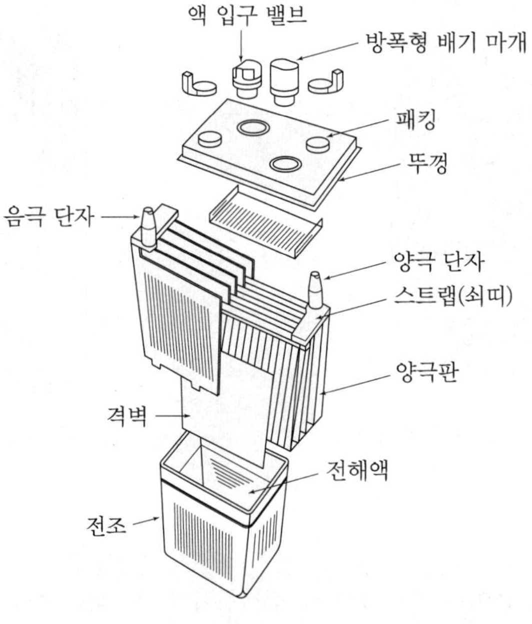

■ 그림 3-7-3 납 축전지의 구조 및 명칭(예)

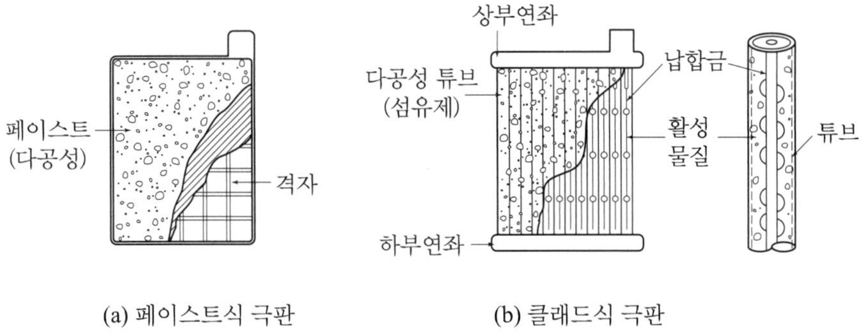

■ **그림 3-7-4** 납 축전지의 극판 및 명칭

(2) 설치방식에 따른 분류

① 거치용

- 일정한 장소에 고정하여 사용한다.
- 기기제어용, 통신 설비 전원용 등에 사용된다.

② 이동용

- 상시 이동하면서 사용하는 방식이다.
- 대표적인 것이 차량용이다.

(3) 구조에 따른 분류

① 밀폐형

- 축전지로부터 산 또는 알칼리가 나오지 못하도록 되어 있다.
- 액의 보충이 필요 없는 완벽한 밀폐형 구조이다.

② 통풍형

- 알칼리 축전지에서는 적당히 거품을 방출할 수 있는 배기변을 설치함으로써 많은 가스가 나오지 않도록 만든 구조이다.
- 납 축전지에서는 배기변에 필터를 설치하여 산 가스가 나오지 못하도록 한 구조이다.

③ 개방형

- 통풍형과 같이 산 또는 알칼리 가스의 제거 장치가 없는 구조이다.

1.2 축전지의 용량 산출

(1) 시간의 변화에 따라 방전 전류가 일정한 경우

축전지가 시간의 변화에 따라 방전 전류가 일정하다는 것은 직류 성분과 같은 특성을 나타내므로 축전지의 용량 C [Ah]는 다음과 같이 나타낸다.

$$C = \frac{1}{L} KI \text{ [Ah]} \tag{3}$$

여기서, C : 축전지의 정격 충전 용량 [Ah]

I : 방전 전류 [A]

L : 용량 저하율(보수율)(＝0.8)

K : 방전시간, 전지의 최저온도 및 허용할 수 있는 최저 전압에 의해서 결정되는 용량 환산 시간 [h]

(2) 시간의 변화에 따라 방전 전류가 변화하는 경우

축전지가 시간의 변화에 따라 방전 전류가 변화한다는 것은 교류 성분과 같은 특성을 나타내므로 각각의 단계를 계산하여 총합을 구하면 축전지의 용량 C [Ah]를 구할 수 있고 다음과 같이 나타낸다.

$$C = \frac{1}{L} \left[K_1 I_1 + K_2 (I_2 - I_1) + K_3 (I_3 - I_2) + \cdots \; K_n (I_n - I_{n-1}) \right] \text{ [Ah]} \tag{4}$$

여기서, 첨자(suffix) 1, 2, ⋯, n : 방전 전류의 변화되는 순서로 번호를 붙인 K, I를 표시한 것이다.

축전지의 방전 패턴이 그림 3-7-5(a)와 같이 시간의 변화에 따라 방전 전류가 감소할 때는 각각의 단계마다 그림 3-7-5(b)와 같이 구분하여 축전지의 충전 용량 C_a, C_b, C_c를 구하여 가장 큰 값의 용량이 전체 부하에 필요한 정격 방전율 환산 용량이 된다. 그러나 시간의 변화에 따라 전류가 증가할 때는 각각의 단계를 구분하여 계산하지 않고 전체를 일괄하여 계산한다.

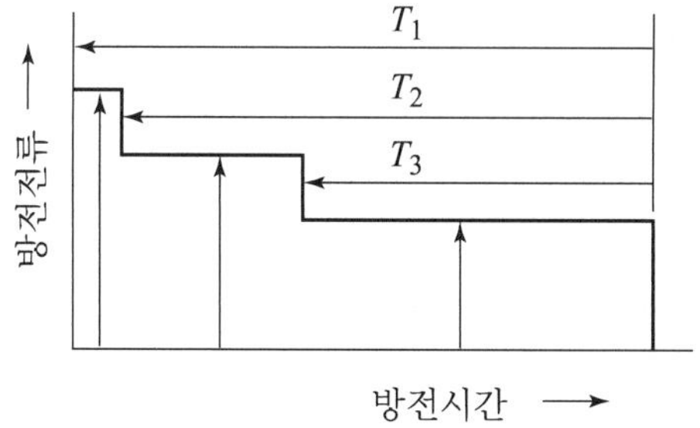

(a) 축전지의 방전 패턴

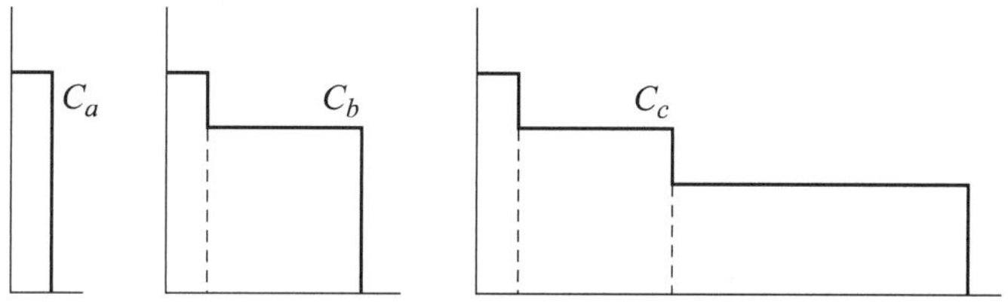

(b) 축전지의 용량 계산의 단계

■ **그림 3-7-5** 축전지의 방전 패턴 및 용량 계산의 단계

(3) 축전지 1개의 허용 최저 전압

축전지의 허용 최저 전압은 부하측 기기에서 요구되는 최저 전압 중에서 가장 높은 전압에 축전지와 부하 사이의 접속선의 전압강하를 합한 값이다. 즉, 축전지 1개에 대한 허용 최저 전압 V [V/cell]는 다음과 같이 나타낸다.

$$V = \frac{V_n + V_c}{n} \ [\text{V/cell}] \tag{5}$$

여기서, V : 축전지 1개의 허용 최저 전압 [V/cell]

V_n : 부하의 허용 최저 전압 [V]

V_c : 축전지와 부하 사이의 접속선의 전압강하 [V]

n : 직렬로 접속한 단전지의 개수

1.3 축전지의 충전방식

(1) 초기 충전

축전지의 초기 충전은 전해액을 넣지 않은 미충전 상태의 축전지에 전해액을 주입하여 최초로 충전하는 것을 말한다. 최근에는 대부분 출하 단계에 이미 충전된 상태로 출하되는 경우가 많으므로 현장에서는 보충 충전을 하여 사용하면 된다.

(2) 보통 충전

보통 충전은 축전지를 사용할 때 마다 사용목적에 적합하도록 표준 시간율로 충전하는 방식을 말한다.

(3) 급속 충전

급속 충전은 비교적 단시간에 축전지를 충전하는 방식으로 보통 충전방식의 2～3배 정도의 전류로 충전한다. 따라서 충전이 진행되는 동안 발열이 많이 발생하고 효율이 저하되는 단점이 있다.

(4) 부동 충전

부동 충전은 전지의 자기 방전을 보충함과 동시에 상용 부하에 대한 전력 공급은 충전기(정류기)가 부담하도록 하고, 급격한 부하 변동에 따른 대전류 부하는 축전지가 부담하는 방식이다. 따라서 축전지와 부하를 충전기(정류기)에 병렬로 접속하여 충전과 방전을 동시에 수행하는 방식으로 거치용 축전지설비에 주로 채용되며, 그림 3-7-6은 부동 충전방식의 회로도를 나타낸다.

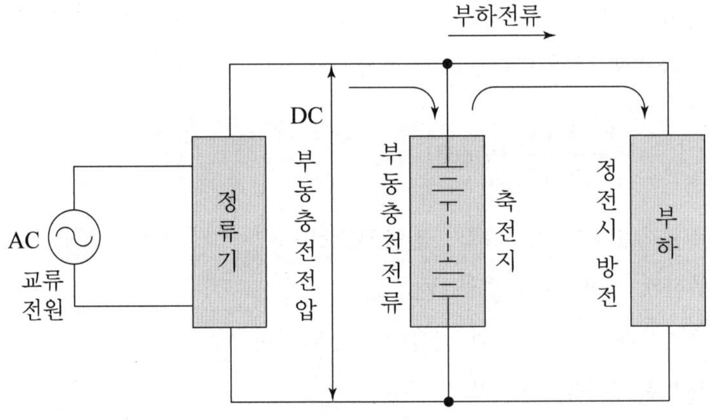

■ 그림 3-7-6 부동 충전방식의 회로도

▌부동 충전방식의 장점 ▌

① 축전지 수명이 연장된다.
② 축전지의 용량이 적어도 된다.

③ 축전지의 보수가 용이하다.
④ 부하 변동에 대한 방전 전압을 일정하게 유지할 수 있다.

(5) 균등 충전

균등 충전은 부동 충전방식으로 시스템을 사용할 때 각각의 전해조에서 발생되는 전위차를 보정하기 위해 1～3개월마다 1회를 정전압으로 10～12시간 정도를 충전하여 각 전해조의 용량을 균일하게 하는 방식이다. 균등 충전 전압은 납축전지 2.4～2.5 [V/cell], 알칼리 축전지 1.45～1.5 [V/cell]을 유지한다.

(6) 세류 충전

세류 충전은 축전지의 자기 방전량만을 항상 충전하는 부동 충전방식의 일종이다.

(7) 회복 충전

축전지의 과방전, 방전상태 및 설페이션[7] 현상(sulphation phenomenon) 등이 발생했을 때 축전지의 기능 회복을 위해 실시하는 충전방식이다.

1.4 축전지 충전 오류의 유형

축전지는 전기에너지를 저장하는 기기로 전해질, 주위온도 및 사용조건 등에 따라 수명 및 특성 저하에 영향을 미친다. 따라서 제품의 특성을 고려한 적절한 관리 및 운용이 필요하며 축전지의 충전 오류의 유형은 다음과 같이 나타낸다.

(1) 축전지의 과충전 원인

① 충전 전압이 높을 때
② 전해액의 비중이 높을 때
③ 전해액의 온도가 높을 때

(2) 축전지의 충전 불량 원인

① 극판에 설페이션 현상이 발생했을 때

7) 설페이션(sulphation)
축전지의 충전이 부족할 때 극판에 백색 또는 황색의 납이 발생되는 현상

② 축전지를 장기간 방치했을 때
③ 충전회로가 접지되었을 때
④ 단자대(+, −) 또는 연결 압착단자의 체결이 부적절할 때

(3) 축전지의 설페이션 원인

① 과방전되었을 때
② 극판이 노출되어 산화되었을 때
③ 극판이 단락되어 있을 때
④ 불충분한 충전과 방전을 자주하였을 때
⑤ 전해액의 비중이 너무 높거나 낮은 상태일 때

1.5 축전지실의 고려사항

(1) 건축적인 측면

① 대용량 축전지설비인 경우 건물의 집중 하중 및 평균 하중을 견디는 바닥 구조로 시설해야 한다.
② 축전지는 충전과 방전 과정에 유독성 가스가 발생하기 쉬우므로 내산성 또는 내알칼리성 도장을 실시해야 한다.
③ 축전지는 전도의 위험성이 발생하지 않도록 견고한 바닥 및 벽에 지지되어야 한다.
④ 축전지의 점검, 보수 유지가 용이한 실의 크기를 확보해야 한다.
⑤ 축전지실과 축전지 지지대의 간격을 충분히 확보해야 한다.
　가. 축전지와 벽면과의 거리 : 1 [m] 이상
　나. 축전지와 비보수측 벽면과의 거리 : 0.1 [m] 이상
　다. 축전지와 보수 기기 사이의 거리 : 1 [m] 이상
　라. 축전지와 입구 사이의 거리 : 1 [m] 이상
　마. 축전지실 바닥과 천장의 높이 : 2.6 [m] 이상
⑥ 운전 중에 발생하는 가스를 적절히 배출할 수 있도록 시설해야 한다.

(2) 전기적인 측면

① 별도의 실로 시설하는 경우 수변전실과 인접하여 시설해야 한다.
② 진동이 발생하지 않는 곳에 시설해야 한다.

③ 충전, 방전 중에 가스 및 열이 발생하므로 배기 시설을 해야 한다.
④ 개방형 축전지를 사용하는 경우 조명등, 스위치 등은 내산형으로 한다.
⑤ 충전기는 가급적 부하에 근접하여 시설한다.
⑥ 축전지실의 전선은 내열비닐절연전선을 사용한다.
⑦ 기술자가 축전지를 점검할 때 감전의 위험성이 없도록 시설한다.
⑧ 외부인의 출입을 엄격히 통제할 수 있도록 해야 한다.
⑨ 기타 관계법령에 적합하도록 시설한다.

(3) 환경적인 측면

① 축전지가 충전과 방전이 있을 때 부식성·폭발성·유독성 가스 등이 발생할 수 있으므로 적절한 환기 시설이 설치되어야 한다.
② 축전지실에 물의 침입 및 침투가 없도록 시설해야 한다.
③ 축전지는 습도, 온도에 민감하므로 건조하고 상온을 유지하도록 해야 한다.
④ 기타 관계법령에 적합하도록 시설한다.

2. 무정전전원설비(UPS)

무정전전원설비(無停電電源設備, UPS; Uninterruptible Power System)는 상용전원에서 발생할 수 있는 전압변동, 주파수 변동, 전압 파형의 왜형, 순간 정전 등으로부터 기기를 보호하고 양질의 전원을 안정적으로 주요 기기에 공급하기 위해서 설치하는 장치이다.

2.1 UPS의 기본 구성

UPS는 정류 및 충전부, 인버터부, 동기절체 스위치부, 축전지부 등으로 그림 3-7-7과 같이 구성되어 있으며, 각각의 기능은 다음과 같다.

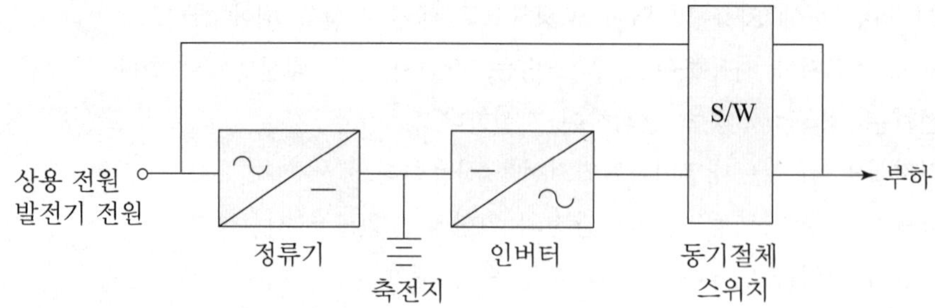

■ 그림 3-7-7 UPS의 기본 구성도

(1) 정류 및 충전부

① 전력회사로부터 교류전원 또는 발전기 전원을 공급받아 직류전원으로 바꾸어 준다.

② 동시에 축전지에 양질의 전원을 충전시키는 장치이다.

(2) 인버터부

① 직류전원을 양질의 교류전원으로 변환시키는 장치이다.

(3) 동기절체 스위치부

① 인버터부의 과부하가 발생했을 때 전원을 절체시켜 준다.

② 상용전원에 이상이 발생했을 때 예비전원으로 신속하게 절체시켜 준다.

(4) 축전지부

① 상용전원에 정전이 발생했을 때 인버터부에 직류전원을 공급하여 부하에 일정 시간 동안 무정전으로 전원이 안정적으로 공급하기 위한 설비이다.

2.2 UPS의 동작방식

UPS는 상용전원을 공급할 때 충전기와 인버터에 직류(DC)를 공급하여 항시 인버터로 동작하는 온라인방식(On-Line Type), 상용전원을 공급할 때 직접 상용전원을 부하에 공급하고 있다가 정전이 발생했을 때만 인버터가 동작하여 부하에 공급하는 오프라인방식(Off-Line type), Line Interactive방식 등으로 나누어진다.

(1) ON-LINE TYPE

입력 전원과 관계없이 인버터를 구동하여 부하에 무정전 전원을 공급하는 방식으로 부하 전류를 지속적으로 인버터에 공급하기 때문에 신뢰도가 높은 방식이다. 따라서 중용량 이상의 설비에 많이 사용되며 기본 구성도는 그림 3-7-8과 같다.

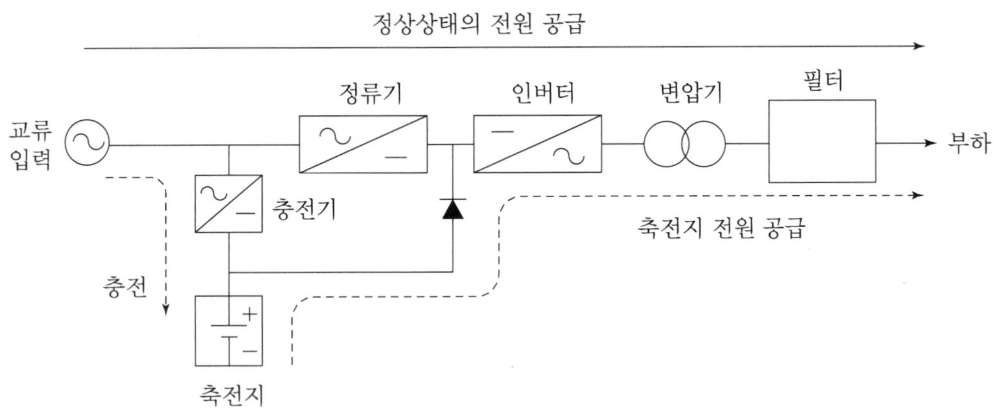

■ **그림 3-7-8** ON-LINE방식의 기본 구성도

① 장점

- 상용전원이 정전되었을 때 상용전원과 관계없이 안정적으로 전원을 공급할 수 있다.
- 상용전원의 품질과 관계없이 일정한 출력 전압을 얻을 수 있다.
- 상용전원에 포함되어 있는 서지, 노이즈 등을 차단하여 안정적으로 전압을 공급할 수 있다.
- 출력 단락, 과부하, 누전 등에 대한 보호회로가 내장되어 있어서 시스템을 안정적으로 운용할 수 있다.
- 출력 전압을 일정 범위 내에서 조정할 수 있다.

② 단점

- 회로 구성이 복잡하여 전문적인 기술이 요구된다.
- 회로 구성이 Off-Line방식보다 복잡하고 효율이 낮다.
- 외형이 크고 중량이 무거워 시설조건이 까다롭다.
- 가격이 비싸 비경제적이다.

(2) OFF-LINE TYPE

상용전원을 공급할 때 직접 상용전원을 부하에 공급하고 있다가 정전이 발생했을 때만 인버터가 동작하여 부하에 공급하는 방식으로 통신기기의 서버전용 등으로 사용되며, 기본 구성도는 그림 3-7-9와 같다.

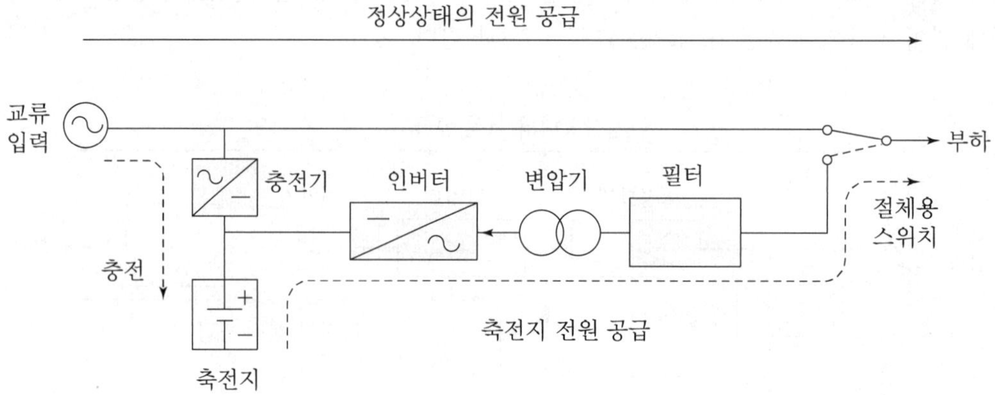

■ 그림 3-7-9 OFF-LINE방식의 기본 구성도

① 장점

- 전력 소모가 적고 효율이 높다.
- 회로 구성이 간단하고 내부 고장이 적다.
- 소형화가 가능하고 경제적이다.

② 단점

- 순간 정전이 발생했을 때 전원의 끊어짐이 발생한다.
- 입력 전원의 변화에 출력의 변화가 있다.
- 입력 전원과 동기가 되지 않아 정밀부하에는 적합하지 않다.

(3) LINE INTERACTIVE TYPE

상용전원을 공급할 때 인버터 모듈(Inverter Module) 내부의 IGBT(Insulated Gate Bipolar Transistor) Free Wheeling Diode를 통한 풀 브리지(Full Bridge) 정류방식으로 충전기 기능을 하도록 되어 있다. 정전이 발생했을 때는 인버터로 동작하여 출력 전원을 공급하는 방식인 Off-Line방식이지만 일정 전압이 자동적으로 조정되는 기능이 있으며, 기본 구성도는 그림 3-7-10과 같다.

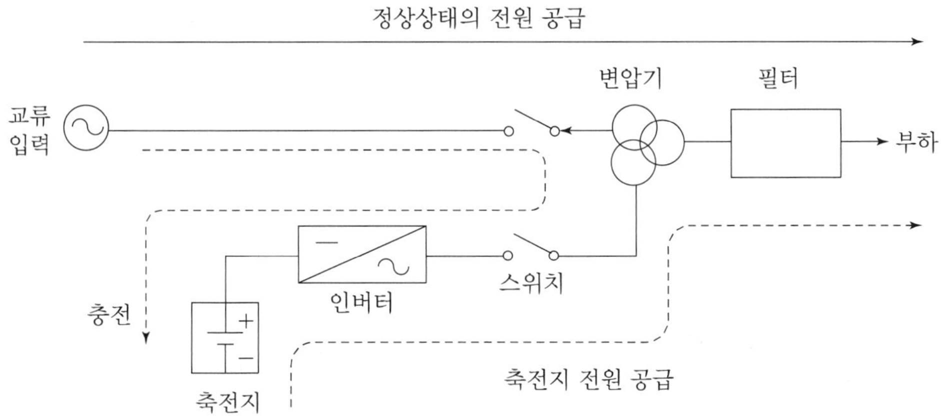

■ 그림 3-7-10 LINE INTERACTIVE방식의 기본 구성도

2.3 UPS 선정할 때 고려사항

① 대용량의 1대 보다는 중용량의 2대를 설치하는 것이 좋다.

② UPS는 용량의 크기에 관계없이 입력은 3상 전원을 사용하는 것이 역률, 효율 등 전력 운용의 탄력성이 좋다.

③ 낙뢰 발생이 빈번한 지역은 그에 대한 방호 시설을 해야 한다.

④ UPS 입력에 자동절환스위치(ATS; Automatic Transfer Switch)를 사용하는 경우 절체 시험을 검증하는 것이 서지에 대한 신뢰도를 높일 수 있다.

⑤ 주위가 한적한 공장, 해안지역, 기류 변화가 심한 곳인 경우에는 낙뢰 등의 서지에 대한 보호 시설을 해야 한다.

⑥ 배선은 가능하면 유연성이 좋은 전기기기용 비닐절연전선(KIV)을 이용하는 것이 좋으며, 비닐절연전선(IV)은 유연성이 좋지 못하여 반단선, 단락 등이 발생하기 쉽다.

⑦ 주파수변환기(frequency converter)로 사용하는 UPS는 다음과 같은 부분을 충분히 고려해야 한다.

가. 과부하 내량은 1.5～3배 이상 확보해야 한다.

나. 발진주파수의 정확도를 확보해야 한다.

⑧ 생산현장의 주전원(main power)으로 사용하는 경우에 다음과 같은 부분을 충분히 고려해야 한다.

가. 반도체 소자(main module)의 용량은 1.3배 이상을 유지할 수 있도록 하고, 과부하 내량은 150 [%] 이상 확보하는 것이 설비 운용의 신뢰성을 높일 수 있다.

나. UPS의 설치는 생산현장 내에 설치함으로서 전력손실을 최소화할 수 있다.
다. 출력 전압은 상(相)에 관계없이 높을수록 시스템 운용이 유리하다.
라. 출력 배선은 한곳에서 분기하지 말고 분전함을 설치하여 분배하는 것이 좋다.
마. 근로자 또는 엔지니어 등의 접촉에 의한 안전사고에 각별한 주의가 요망된다.

3. 자가발전설비의 부하 구분과 비상전원

자가발전설비(自家發電設備, private power station system)는 상용전원의 공급이 중단되었을 때 자동으로 대체 공급되는 비상전원설비로서 비상전원의 부하는 소방부하와 예비부하로 구분되고, 각각의 비상전원이 안정적으로 확보되어야 한다.

3.1 자가발전설비의 용량 산정

자가발전설비에 적용되는 발전기의 용량은 전부하 운전입력을 충분히 공급할 수 있는 출력 및 유도전동기를 기동할 때 일어나는 돌입 부하에 견딜 수 있는 출력을 동시에 만족해야 한다.

전부하 운전입력을 충분히 공급할 수 있는 출력을 만족하는 발전기 용량(P_n)은 다음과 같이 나타낸다.

$$\text{발전기 용량 [kVA]} \geq \frac{\text{전부하 운전입력}}{0.8} \quad (6)$$

여기서, 0.8은 발전기의 역률이다.

그리고 유도전동기를 기동할 때 일어나는 돌입 부하에 견딜 수 있는 출력을 만족하는 발전기의 용량은 허용전압강하(e), 발전기의 과도 리액턴스($X_d{}'$) 및 기동용량(P)를 반영하여 식 (7)과 같이 나타낸다.

$$P_n[\text{kVA}] \geq \left(\frac{1}{e} - 1\right) \times X_d{}' \times P\,[\text{kVA}] \quad (7)$$

여기서, 허용전압강하는 20～30 [%] 이내로 억제해야 한다. 즉, 필요한 발전기의 용량은 식 (6)

과 식 (7)에서 구한 값 중에서 큰 쪽을 적용한다.

그리고 자가발전설비에 설치되는 발전기용 차단기의 용량(P_s)은 다음 식 (8)과 같이 나타낸다.

$$P_s \geq \frac{P_n}{X_d{}'} \times 1.25 \, [\text{kVA}] \tag{8}$$

여기서, 일반적으로 차단기의 여유율은 1.25를 적용한다.

3.2 비상전원과 상용전원의 관계

(1) 소방부하와 비상전원

소방부하는 옥내소화전설비, 스프링클러설비, 물분무소화설비, 포소화설비, 유도등, 비상조명등, 제연설비, 연결송수관설비, 비상콘센트설비, 자동화재탐지설비 등 소방법령에 의한 소방시설 부하가 있다. 그 외에 건축법령에 의해 화재가 발생했을 때 사용되도록 설치된 시설로서 비상용승강기, 피난구 비상조명설비, 배연설비, 방화셔터, 제연커튼, 방화댐퍼, 자동방화문 등의 전력부하 및 기타 피난용승강기, 방재시설(보안등, 비상통신설비 기타 방범·방화감시시설 및 항공법에 의한 항공장애등) 등이 포함된다.

(2) 예비부하와 비상용 예비전원

예비부하는 소방시설 이외의 비상전력부하이며, 상용전원 정전 시 전원 공급이 요구되는 생명유지 장치(병원의 경우), 항온항습설비, 무정전전원설비, 냉동냉장설비, 배수설비 및 기타 건축물의 최소한의 기능 유지를 위한 전력부하로서 승용승강기, 조명등, 급·배수, 전열, 환기, 위생, 냉난방 설비 등에 요구되는 비상전력부하이다.

실무에서는 간혹 예비부하를 일반적인 상용전원의 정전이 발생하였을 때 사용되는 부하라는 뜻에서 "정전 시 부하"라고 표현하기도 한다. 이 예비부하는 건축물 사용에 대한 영업상 편의 제공과 신뢰성 제고를 위한 부하이다.

(3) 비상전원의 종류와 법적인 지위

현재 소방시설의 가동에 요구되는 소방부하용 비상전원은 건축물의 기능 유지를 위해 소요되는 예비부하의 예비전원과 별도의 전용으로 설치되거나 겸용으로 설치되고 있는바, 그 법적 위치는 각국별로 다소 다르며 국내의 경우에는 소방시설 설치 및 관리에 관한 법률(이하 소방시설법이라 한다)의 「비상전원」 및 건축법의 「예비전원」과 전기사업법의 「비상용 예비전원」으로 규정되어 있다.

상용전원의 공급이 중단되었을 때 사용된다는 점에서 이들 사이의 기본적인 차이점이 없으며 이들 세 가지 부하를 겸용으로 사용하는 경우가 많으므로 상용전원 이외의 별도로 설치되는 모든 비상전원설비를 포괄적으로 방재전원설비로 호칭할 수도 있다. 그 용도를 화재가 발생했을 때와 비화재인 경우로 구분하면, 그림 3-7-11과 같이 화재가 발생했을 때의 소방시설용(건축법에 의한 건축방재시설을 포함한다) 비상전원과 상용전원의 정전이 발생했을 때 사용되는 비상용 예비전원으로 구분된다.

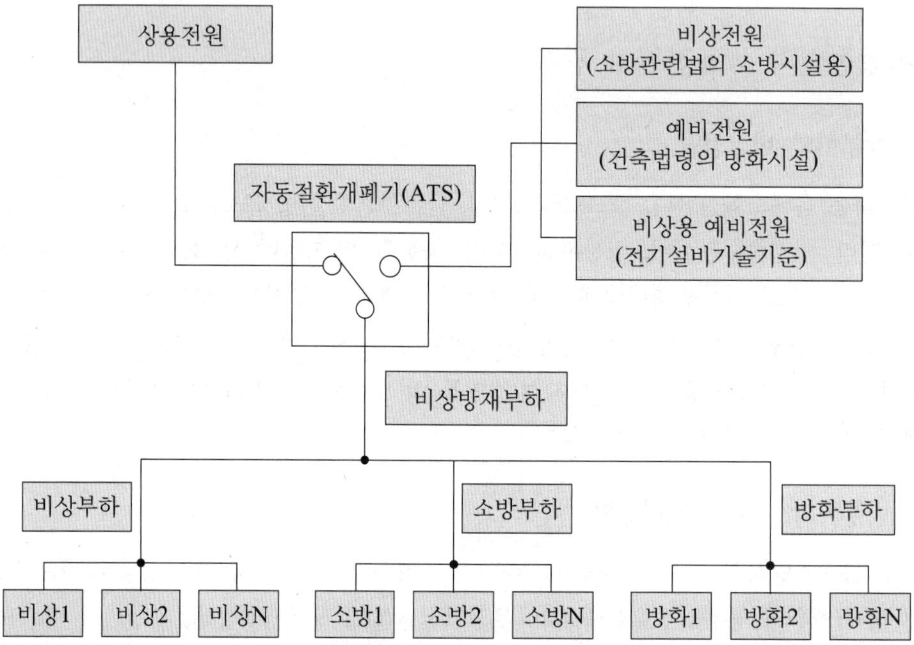

■ **그림 3-7-11** 화재 발생 시의 소방시설용 비상전원과 상용전원 정전시의 비상용 예비전원의 관계

3.3 자가발전설비의 정격출력용량 확보의 중요성

(1) 소화설비 미작동에 의한 피해 발생

화재 시에 상용전원은 정전이 발생되거나 말단 전기 선로 등의 소손으로 단락에 의해 전력차단기가 차단되거나 또는 소방대에서 방수 진압하고자 할 경우에 전기 선로의 누전에 의한 화재 확대 방지를 위해 차단시킴에 따라 전원 공급이 중단된다. 이 때 비상전원은 자동 공급되어야 하며, 과부하 등에 의해 비상전원 공급이 안 될 경우에 소방시설의 미작동으로 재난 상황이 초래된다.

(2) 소화설비 미작동의 원인

소화설비 미작동 원인의 첫째는 소방펌프 등 소화설비의 자체 결함이며, 둘째는 비상전원의 정격출력용량 부족에 의한 과부하 및 관리 소홀에 의한 시동용 축전지의 방전이나 연료의 고갈 등이다. 소방시설의 배후 설비인 비상전원설비는 소방시설 점검 대상에 포함되지만 실질적으로는 현장 여건 미비 및 점검자의 전문성 부족 등으로 점검이 완벽하지 못하다. 더구나 오래된 건축물의 경우 대상부하를 소방부하 또는 예비부하 중 한쪽 부하만 대상으로 하였을 뿐 아니라, 기동특성마저 고려하지 못하고 예비부하만으로도 기동 불능인 경우가 있다.

(3) 정격출력용량 확보의 중요성

정격출력용량 확보는 전기설비기술기준 제13조(과전류에 대한 보호), 제22조(발전기 등의 보호장치), 제97조(비상정지장치), NFPA 111, 2-1(정의, 비상전원공급설비, Emergency Power Supply System, EPSS), NFPA 20, 620-91(비상전원설비 및 예비전원설비), 620-51(선로 차단장치) 등에서 과부하인 경우 발전기 보호를 위해 부하회로를 차단하거나 운전이 중단되도록 되어 있다. 따라서 이 경우 화재 발생 및 상용전원 정전 시에 소방시설 미작동 원인을 제공하게 되며, 한편 발전기 자체는 화재 이후에도 이상이 없는 상태로 보존될 수 있다.

(4) 발전기의 정상 운전 모델과 과부하시 운전 모델

일반적으로 설비에 상용전원의 공급이 중단되었을 때 비상전원의 예비부하가 우선 공급되도록 시스템을 운용하고, 화재가 발생하여 확산 범위가 더욱 커져 전기설비의 비상전원 및 소방전원의 합계용량이 커져 시스템 전체가 정지되는 과정의 모델은 그림 3-7-12와 같다.

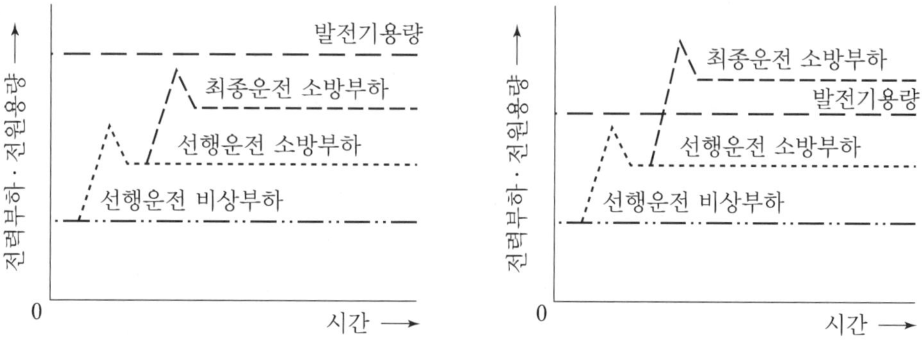

(a) 발전기가 정상 운전할 때의 모델　　(b) 발전기가 과부하 운전할 때의 모델

■ **그림 3-7-12** 발전기의 정상 운전 모델과 과부하시 운전 모델

3.4 자가발전설비의 정격출력용량을 산정할 때 고려사항

자가발전설비는 동시에 가동될 수 있는 모든 예비부하를 감당할 수 있는 충분한 출력용량을 가져야 하므로 모든 해당 부하의 정격운전 조건과 기동특성 조건의 두 측면을 고려하여 산정해야 한다. 발전설비의 정격출력용량이 해당 부하입력용량보다 약 1.5배 정도로 현격히 크게 되는 이유가 바로 이 기동특성에 기인된 것이다.

(1) 비상전원으로 동시 가동되는 모든 시설의 전력부하

비상전원은 동시에 가동될 수 있는 모든 시설의 부하용량을 기준으로 정상 운전이 가능하도록 출력용량을 확보해야 한다(NFPA 70 701-6 용량과 정격, 전단 참조). 따라서 소방부하용과 예비부하용 겸용으로 하나의 자가발전설비를 설치할 경우에 화재 시에는 먼저 예비부하가 인가되고 점차 소방부하가 인가되므로 비상전원은 양 쪽 부하 모두를 만족시키는 것이 원칙이다. 어떠한 경우라 하더라도 소방시설은 최후까지(국내 기준 20분 이상, 미국 및 일본 기준 60분 이상, 비상용승강기 120분 이상, 병원의 경우 10시간 이상) 운전될 수 있어야 한다. 그러므로 한 쪽 부하를 기준으로 정경출력용량을 산정한 경우에는 소방전원이 보존되는 조건으로서 소방전원보존형 발전기가 제공되어야 한다.

(2) 부하의 기동특성

비상전원은 동력부하에서 운전전류보다 훨씬 높은 기동전류를 감당할 수 있어야 하므로 이러한 부하의 기동특성으로 인해 부하정격입력용량보다 훨씬 큰 정격출력용량이 산정된다(NFPA 70 701-6 용량과 정격, 후단 참조). 부하의 기동특성을 고려한 자가발전설비의 정격출력 산정은 PG(발전기의 용량)방식 또는 주로 승강기 등의 인버터의 고조파 특성이 반영된 RG(발전기의 출력계수)방식(일본내연력발전협회 NEGA C 201)의 산정식을 적용하고 있으며, 향후 RG방식 적용의 점차 확대가 예상되지만 실무에서 적용 편의상 PG방식이 많이 적용되고 있다.

국토해양부의 "건축전기설비설계기준 2005"에는 이 두 가지 모두를 기준으로 제시하고 있으며, PG방식으로 산정한 값과 RG방식으로 산정한 값을 비교하면 PG방식으로 산정한 값이 동등 이상이 되므로 이들 중 어느 방식으로 산정하더라도 필요한 출력용량이 충족되므로 기동특성으로 인한 출력용량 부족의 문제는 발생되지 않는다. 현장에서 개략적으로 정격출력용량을 산정할 경우에는 부하용량의 1.5배로 적용하는 사례도 있는데 이는 기동특성을 고려한 것이다.

(3) 전력부하에 대한 수용률 적용

소방부하 및 예비부하로 구성된 전력부하 산정을 위한 수용률은 전기설비의 평균적인 동시

사용 비율을 고려한 것으로서 대한전기협회의 내선규정에도 있으나 주로 사용되는 국토해양부의 "건축전기설비설계기준 2005"를 적용한다. 국토해양부의 기준에서 소방부하는 100 [%], 예비부하는 일반적으로 60~75 [%] 정도로 적용한다. 다만, 현장 실무에서 소방부하와 예비부하를 대상으로 겸용의 비상용 발전기를 설치하면서 시공비 절감을 위해 비상발전기 용량을 임의로 축소하는 사례가 있다. 즉, 수용률 적용범위는 징벌적인 강제 규정이 아닌 점을 들어 30 [%] 이하의 낮은 수용률을 적용하거나 전력용량계산서에서 부하 항목을 누락시키는 사례도 있어서 용량부족의 위험이 초래된다.

따라서 평소의 전력설비 운영 측면에서는 일반적인 수용률 적용이 통용되겠으나, 소방전원의 용량 확보 차원에서 합산부하 용량으로 발전기 정격출력용량을 적용하는 것이 중요하다.

3.5 소방전원보존형 발전기(소방부하 우선용 발전기) 설치방법

(1) 기본 회로 조건

① 소방부하를 우선하는 소방 및 예비 겸용 발전기로 설치

② "소방전원보존형(또는 소방전원우선용) 발전기"라는 표시를 쉽게 보이도록 발전기에 설치

③ 주전원선로의 전류 값이 발전기 비상출력 이하에서 설정된 값에서 출력 전압을 제공하는 단자("소방전원 보존용 단자"라고 표시되어야 하고 복수개인 경우 순차별 번호표기 요함)를 가진 컨트롤러(제어기기)를 설치하고, 제작소에서 내부 결선 또는 현장에서 외부 연결로 비상용 차단기와 결선으로 완성

④ 병렬 운전의 경우도 동일한 조건으로 별도 설치

(2) 제어방식별 조건 구성 및 작동 조건

① 일괄제어방식 : 탑재형 발전기의 경우

그림 3-7-13과 같이 컨트롤러 측에서 제공된 제어용 출력 단자와 배전반의 예비용 차단기의 트립 단자를 현장에서 결선한다.

② 일괄제어방식 : 별치형 발전기의 경우

그림 3-7-14와 같이 컨트롤러 측에서 제공된 제어용 출력 단자와 제어반에 수납된 예비용 차단기와 내부 결선하여 완제품 상태로 출고하여 설치한다.

③ 순차제어방식 : 탑재형 또는 별치형

그림 3-7-15와 같이 컨트롤러 측에서 제공된 복수개의 제어용 출력 단자와 배전반의 복수개의 예비용 차단기들의 트립 단자를 현장에서 순차로 결선한다. 정전 및 화재 시에 예

비부하의 사용 시간 일부 연장을 위해 또는 설계상 선로 구성이 소방용과 예비용으로 일괄 구분이 어려운 경우 또는 구분되지 아니한 기존 설비를 개선할 경우에는 순차제어방식의 적용이 바람직하다.

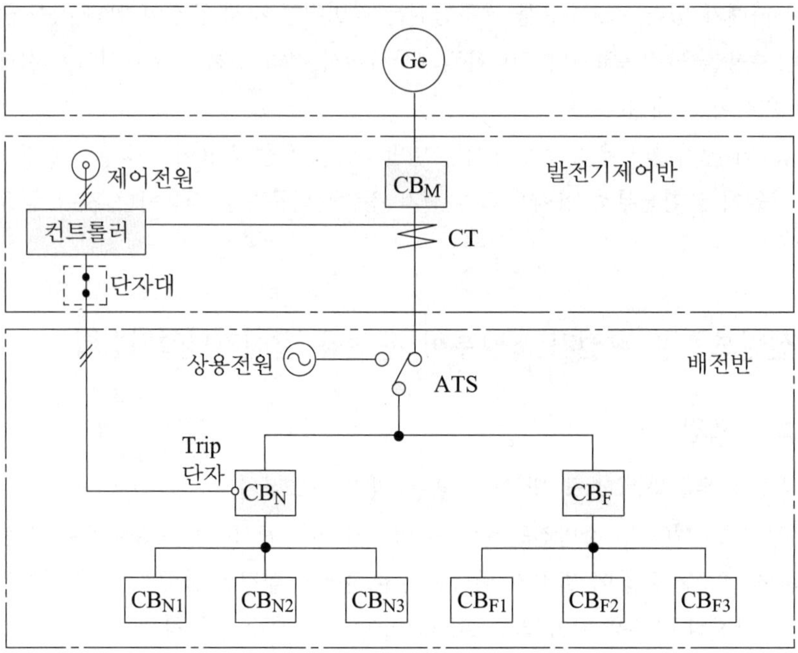

■ **그림 3-7-13** 소방전원보존형 발전기 – 탑재형, 일괄제어방식

- 용어의 설명

  Ge : 발전설비 본체, CB_M : 주차단기, ATS : 자동절환스위치
  CT : 변류기, CB_F : 소방용 주차단기, CB_N : 예비용 주차단기
  CB_{N1}, CB_{N2}, CB_{N3} : 예비용 분기차단기(복수의 개수)
  CB_{F1}, CB_{F2}, CB_{F3} : 소방용 분기차단기(복수의 개수)
  컨트롤러 : 발전기 운전용 제어기기(기존의 컨트롤러에 소방전원보존형 장치 부가)

- 참고사항
  - ATS는 인터록으로 구성된 두 대의 차단기로서 대체 설치할 수 있음.
  - ATS는 소방부하용과 예비부하용으로 별도 설치할 수 있음.
  - 병렬 운전의 경우에도 같은 원리로 구성함.

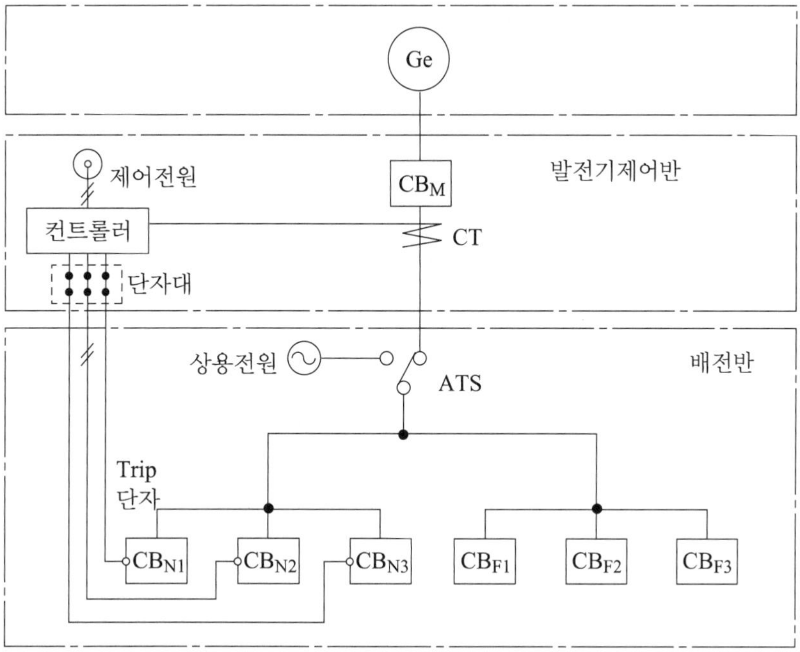

■ **그림 3-7-14** 소방전원보존형 발전기 – 순차제어방식 일례

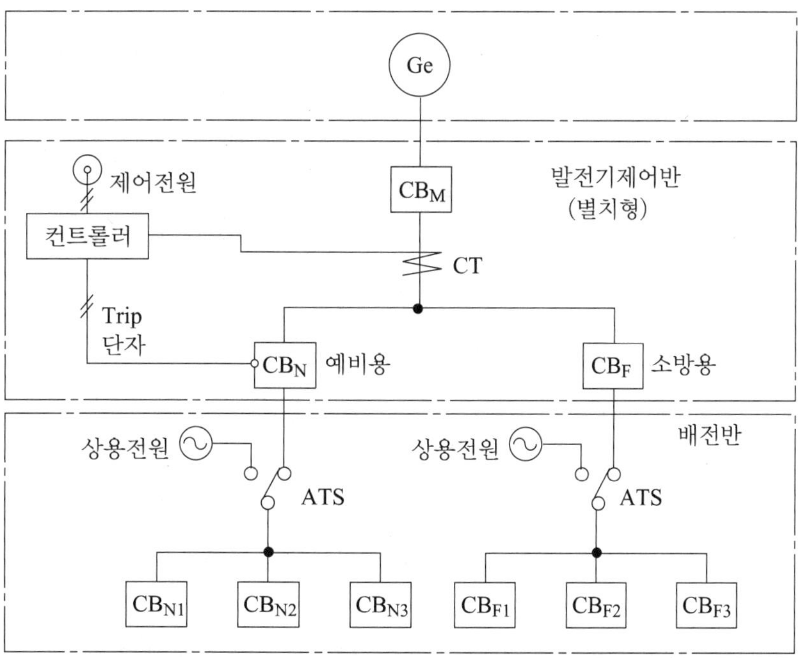

■ **그림 3-7-15** 소방전원보존형 발전기 – 별치형, 일괄제어방식 일례

그리고 소방전원보존형 발전기는 일반적인 정전 및 화재 발생으로 상용전원에 정전이 발생했을 때 비상전원으로 전환되어 전원을 공급하는 성능은 동일하며, 작동 조건은 다음과 같이 나타낸다.

① 발전기 운전 시의 비상전원은 소방부하 및 예비부하에 자동으로 동시 공급될 것
② 발전기의 출력이 과부하에 근접될 때 예비부하를 일괄 또는 순차 차단할 것
③ 소방부하 및 예비부하에 전원 공급 상태 및 예비부하 차단 상태를 구분하여 표시장치가 작동될 것

(3) 순차제어 우선순위 및 제어단계 설정

순차제어 우선순위는 복수개 컨트롤러의 제어전원 출력을 단자대 순서에 의해 번호가 부여된다. 최종으로는 가장 중요도가 높은 부하로 하고 순차적으로 예비용 분기차단기들의 Trip 단자에 현장 결선하며, 2~8단계 구성 가능하다. 우선순위는 소방부하 및 병원의 경우 생명유지 장치 부하(소방부하에 포함 가능)를 기본으로 보존하고, 예비부하 중 일례로서 ① 보안 및 통신설비, ② 비상조명등 및 항공장애등, ③ 냉동냉장 설비, ④ 배수설비, ⑤ 승용승강기, ⑥ 환기설비, ⑦ 비상급수설비 및 위생설비, ⑧ 전열설비 및 기타설비 순위로 제어되도록 구성할 수 있다. 단계의 수를 축소하여 수개의 제어단계를 하나씩 묶을 수 있다.

제어전원 출력 단계는 발전기 정격출력 100 [%]를 기준하여 그 전후에서 비상부하(정격부하의 110 [%])를 넘지 않는 범위에서 일정률의 차이를 두어 단계를 설정한다. 일례로서 8단계 제어일 경우, 발전기 정격출력의 ① 110 [%], ② 105 [%], ③ 100 [%], ④ 95 [%], ⑤ 90 [%], ⑥ 85 [%], ⑦ 80 [%], ⑧ 75 [%]로 하여 단계별 순차 작동하게 할 수 있다. 가령 3단계로 설정할 경우 80 [%], 90 [%], 100 [%] 등으로 적용할 수 있다. 예비부하 부근의 설정으로 단계 수를 더 작은 간격으로 세분할 경우 각 단계 간의 작동에는 수초 시차 설정의 타이머를 사용하여 과부하가 초래될 수 있는 동시 작동을 예방할 수 있다.

(4) 신규 건축물 및 기존 건축물의 자가발전설비 개선

신규 건축물 설계 단계에서 소방전원보존형 발전기를 적용하고자 할 경우에는 설계도서의 전원설비 단선도의 발전기에 그 명칭을 소방전원보존형 발전기로 표기해야 하고, 필요할 경우 상세도를 작성하여 첨부할 수 있다. 또한 시방서에는 소방전원보존형 발전기의 작동조건을 명기할 필요가 있다. 예비용 차단기 또는 예비용 분기차단기는 트립장치가 있는 것으로 설치하도록 명기해야 한다.

기존 건축물 또는 발전기 설치된 신축 건축물의 발전기 용량 부족에 대해서는 위험성 및 법기준 위반 해소를 위해 소방전용 발전기를 별도로 설치하는 방법과 소방전원보존형 발전기로 개선하는 것 중에 하나를 선택할 수 있다. 대체로 발전기 설치비의 약 10 [%] 정도의 추가 비용

으로 개선이 가능한 소방전원보존형 발전기 선택으로 해결하는 것이 경제적이다.

개선의 경우 상기의 특징을 지닌 컨트롤러 및 필요시 기존 차단기를 트립장치가 내장되고 시험 가능한 차단기로 교체하고 결선 조치를 취한 다음 과부하 시험기로 작동 여부를 확인할 수 있다. 대체적으로 순차제어방식을 적용해야 할 경우가 많다.

(5) 인터록 적용의 유효성과 적법성

전력설비에서 인터록(interlock)회로를 적용하는 이유는 동시에 전원이 공급되어 시스템의 운용 중에 발생될 수 있는 중대재해를 예방하기 위한 것이다. 그런데 소방부하를 운용하는 전력설비에 인터록 시스템을 도입할 때 설계용량의 부족에서 유발되는 소화설비의 미작동은 근원적인 해결책이 될 수 없으며, 그 이유와 근거는 다음과 같다.

① 인터록 시스템의 작동은 소방시설의 시험이나 오작동을 구분하지 못하므로 효율적인 전원 운용이 불가능하다.

② 화재 초기에 발전기 여유 용량이 충분한데도 불구하고 기타용설비의 차단으로 환경을 악화시킬 수 있다.

③ 인터록 시스템의 설치 및 관리는 소방기술자의 업무 영역 밖이므로 성능확인을 위한 적절한 점검 및 검사를 수행할 수 없다.

④ 인터록방식은 전력시스템의 용도 및 목적에 따라 다양한 방식이 적용되고 있는 것이 산업현장의 현실이므로 전문 기관의 성능 인증이 어렵다.

⑤ 인터록 시스템이 도입된 설비는 일반 설비에 비해 복잡하고 관리가 불편한 것이 현실이다. 따라서 설치 초기에는 비교적 잘 유지되고 있으나 시간의 경과에 따른 설비의 변경 및 보수 등을 수행하는 과정에 인터록 시스템을 해제하는 경우가 발생할 수 있다.

⑥ 전력설비에서 정전이 발생하였을 때 저전압계전기로 신호를 검출하여 시스템이 비상전원으로 절환되어 소방부하와 기타 비상부하가 동시에 공급되어 용량 부족에 의한 시스템 전체의 마비를 초래할 수 있다.

⑦ 인터록 시스템이 비상조명등에 적용되었을 때 기타부하에 연결되면 화재시 사용할 수 없고, 소방부하에 연결되면 비화재의 정전시 사용할 수 없는 오류가 발생된다.

연습문제

문제 01 축전지설비는 상용전원이 공급되지 못하는 재해가 발생했을 때 예비전원으로 사용하기 위해서 시설하는 것이다. 주요 구성은 축전지, 충전 장치, 보안 장치, 제어 장치 등이 있으며 특징은 무엇인가?

풀이 ① 독립된 하나의 전원 설비이다.
② 순수한 직류전원 설비이다.
③ 경제적이고 보수가 용이하다.
④ 설비의 상황에 따라 탄력 운용이 가능하다.

문제 02 알칼리 축전지는 대표적인 물질로 옥시수산화니켈과 금속 카드뮴을 사용한다. 옥시수산화니켈[NiOOH]은 (　　)으로 사용되고 금속 카드뮴[Cd]은 (　　)으로 사용된다. 즉, 니켈 - 카드뮴식 알칼리 축전지는 가성칼리(KOH) 수용액 속에 옥시수산화니켈[NiOOH]과 카드뮴을 서로 격리시켜 반응시키면 양극판 사이에 1.3 [V]의 전압이 발생한다.

풀이 양극, 음극

문제 03 납 축전지는 이산화납(PbO_2)을 (　　), 납(Pb)을 (　　)으로 만든 것이다. 이 전극들은 (　　)으로 이루어진 전해질 속에 담겨져 있다. 하나의 납 축전지는 약 2 [V]의 전압을 발생하므로 6개의 전지를 직렬로 연결하면 12 [V]의 전압을 얻을 수 있다.

풀이 양극, 음극, 묽은 황산

문제 04 비상용 축전지로 니켈-카드뮴 전지를 사용하는 시스템이 있다. 부하의 전압 24 [V]이며, 전류는 1.2 [A]일 때 축전지에 필요한 용량 C [Ah]는 얼마인가? 단, 사용온도는 상온, 보수율은 0.8, 1시간 정격에서의 용량 환산 시간은 0.7 [h]이다.

풀이 축전지의 정격 충전 용량 $C=\frac{1}{L}KI$ [Ah]이므로

$$C=\frac{1}{L}KI=\frac{1}{0.8}\times 0.7\times 1.2=1.05\ [\text{Ah}]$$

문제 05 그림 1과 같은 부하 특성을 갖는 알칼리 축전지를 선정하였을 때 축전지의 허용최저전압을 1.1 [V/cell], 최저 온도를 +5 [℃]인 경우의 축전지 용량을 산출하시오. 단, 보수율(L) 0.8, 용량 환산 시간 $K_1=1.40$, $K_2=0.70$, $K_3=0.30$이다.

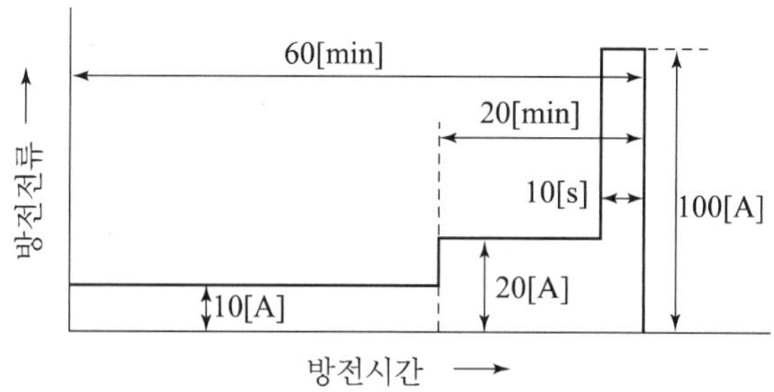

■ **그림 1** 축전지의 부하 특성 곡선

풀이 축전지가 시간의 변화에 따라 방전 전류가 변화하다는 것은 교류 성분과 같은 특성을 나타내므로 각각의 단계를 계산하여 총합을 구하면 축전지의 용량 C [Ah]를 구할 수 있고 다음과 같이 나타낸다.

$$C=\frac{1}{L}\left[K_1I_1+K_2(I_2-I_1)+K_3(I_3-I_2)\right]$$

$$=\frac{1}{0.8}[1.40\times 10+0.70\times(20-10)+0.30\times(100-20)]=56.25\,[\text{Ah}]$$

문제 06 어떤 축전지설비에 있어서 부하의 허용 최저 전압이 96 [V]이고, 축전지와 부하 사이의 전압강하가 4 [V]일 때 직렬로 접속한 축전지의 개수가 50개라면 축전지 1개에 대한 허용 최저 전압 몇 V [V/cell]인가?

풀이 $V=\frac{V_n+V_c}{n}=\frac{96+4}{50}=2\ [\text{V/cell}]$

여기서, V : 축전지 1개의 허용 최저 전압 [V/cell]

V_n : 부하의 허용 최저 전압 [V]

V_c : 축전지와 부하 사이의 접속선의 전압강하 [V]

n : 직렬로 접속한 단전지의 개수

문제 07 축전지의 충전방식에는 어떤 것들이 있는가?

풀이 초기 충전, 보통 충전, 급속 충전, 부동 충전, 균등 충전, 세류 충전, 회복 충전

문제 08 축전지의 부동 충전방식의 장점에 대해 논하시오.

풀이 ① 축전지 수명이 연장된다.

② 축전지의 용량이 적어도 된다.

③ 축전지의 보수가 용이하다.

④ 부하 변동에 대한 방전 전압을 일정하게 유지할 수 있다.

문제 09 무정전전원설비(UPS)는 상용전원에서 발생할 수 있는 전압변동, 주파수 변동, 전압 파형의 왜형, 순간 정전 등으로부터 기기를 보호하고 양질의 전원을 안정적으로 주요 기기에 공급하기 위해서 설치하는 장치이다. UPS 선정할 때 고려사항에 대해 논하시오.

풀이 ① 대용량의 1대 보다는 중용량의 2대를 설치하는 것이 좋다

② UPS는 용량의 크기에 관계없이 입력은 3상 전원을 사용하는 것이 역률, 효율 등 전력 운용의 탄력성이 좋다.

③ 낙뢰 발생이 빈번한 지역은 그에 대한 방호 시설을 해야 한다.

④ UPS 입력에 자동절환스위치(ATS)를 사용하는 경우 절체 시험을 검증하는 것이 서지에 대한 신뢰도를 높일 수 있다.

⑤ 주위가 한적한 공장, 해안지역, 기류 변화가 심한 곳인 경우에는 낙뢰 등의 서지에 대한 보호 시설을 해야 한다.

⑥ 배선은 가능하면 유연성이 좋은 전기기기용 비닐절연전선(KIV)을 이용하는 것이 좋으며, 비닐절연전선(IV)은 유연성이 좋지 못하여 반단선, 단락 등이 발생하기 쉽다.

⑦ 주파수변환기로 사용하는 UPS는 다음과 같은 부분을 충분히 고려해야 한다.

- 과부하 내량은 1.5~3배 이상 확보해야 한다.
- 발진주파수의 정확도를 확보해야 한다.

⑧ 생산현장의 주전원으로 사용하는 경우에 다음과 같은 부분을 충분히 고려해야 한다.

- 반도체 소자의 용량은 1.3배 이상을 유지할 수 있도록 하고, 과부하 내량은 150 [%] 이상 확보하는 것이 설비 운용의 신뢰성을 높일 수 있다.
- UPS의 설치는 생산현장 내에 설치함으로서 전력손실을 최소화할 수 있다.

- 출력 전압은 상(相)에 관계없이 높을수록 시스템 운용이 유리하다.
- 출력 배선은 한곳에서 분기하지 말고 분전함을 설치하여 분배하는 것이 좋다.
- 근로자 또는 엔지니어 등의 접촉에 의한 안전사고에 각별한 주의가 요망된다.

문제 **10** 어떤 건물에 비상전원 설비가 유도전동기 부하를 적용받고 있으며, 기동용량 60 [kVA], 기동할 때의 전압강하 25 [%], 발전기의 과도 리액턴스 20 [%]일 때의 비상용 자가발전기의 용량은 몇 [kVA]인가? 만일, 차단기의 여유율이 1.25라면 차단기의 용량 [kVA]은 얼마인가?

풀이 자가발전시스템에 적용하는 발전기 용량(P_n)은 다음과 같이 나타낸다.

$$P_n[\text{kVA}] \geq \left(\frac{1}{e}-1\right)\times X_d' \times P \geq \left(\frac{1}{0.25}-1\right)\times 0.2\times 60 \geq 36[\text{kVA}]$$

여기서, e : 허용전압강하, X_d' : 발전기의 과도 리액턴스, P : 기동용량

자가발전설비에 설치되는 발전기용 차단기의 용량(P_s)은 다음과 같이 나타낸다.

$$P_s \geq \frac{P_n}{X_d'}\times 1.25 = \frac{36}{0.2}\times 1.25 = 225[\text{kVA}]$$

Chapter 08

전기저장시설

1. 목적 및 적용범위

(1) 목적

전기저장시설의 기준은 「소방시설 설치 및 관리에 관한 법률」(이하 "법"이라 한다) 제2조제1항제6호가목에 따라 소방청장에게 위임한 사항 중 전기저장시설에 설치해야 하는 소방시설 등의 성능기준을 규정함을 목적으로 한다.

(2) 적용범위

전기저장시설의 적용범위는 「소방시설 설치 및 관리에 관한 법률 시행령」(이하 "영"이라 한다) 제11조제1항에 따라 전기저장시설에 설치해야 하는 소방시설 등의 설치 및 관리에 대해 적용한다.

2. 용어의 정의

전기저장시설의 정의는 다음과 같이 용어를 정의한다.

① "전기저장장치"란 생산된 전기를 전력 계통에 저장했다가 전기가 가장 필요한 시기에 공급해 에너지 효율을 높이는 것으로 배터리(이차전지에 한정한다. 이하 같다), 배터리 관리 시스템, 전력 변환 장치 및 에너지 관리 시스템 등으로 구성되어 발전, 송배전, 일반 건축

물에서 목적에 따라 단계별 저장이 가능한 장치를 말한다.

② "옥외형 전기저장장치 설비"란 컨테이너, 패널 등 전기저장장치 설비 전용 건축물의 형태로 옥외의 구획된 실에 설치된 전기저장장치를 말한다.

③ "옥내형 전기저장장치 설비"란 전기저장장치 설비 전용 건축물이 아닌 건축물의 내부에 설치되는 전기저장장치로 '옥외형 전기저장장치 설비'가 아닌 설비를 말한다.

④ "배터리실"이란 전기저장장치 중 배터리를 보관하기 위해 별도로 구획된 실을 말한다.

⑤ "더블인터락(Double-Interlock)방식"이란 준비작동식스프링클러설비의 작동방식 중 화재감지기와 스프링클러헤드가 모두 작동되는 경우 준비작동식유수검지장치가 개방되는 방식을 말한다.

3. 다른 화재안전성능기준과의 관계

전기저장시설의 다른 화재안전성능기준과의 관계는 전기저장시설에 설치하는 소방시설 등의 설치 및 관리기준 중 이 기준에서 규정하지 않은 것은 개별 화재안전성능기준에 따른다.

4. 소화기

전기저장시설의 소화기는 부속용도별로 소화기의 능력단위를 고려하여 구획된 실마다 추가하여 설치해야 한다.

5. 스프링클러설비

전기저장시설의 스프링클러설비는 다음의 기준에 따라 설치해야 한다.

① 스프링클러설비는 습식스프링클러설비 또는 준비작동식스프링클러설비(신속한 작동을 위

해 '더블인터락'방식은 제외한다)로 설치할 것

② 전기저장장치가 설치된 실의 바닥면적(바닥면적이 230 [m^2] 이상인 경우에는 230 [m^2]) 1 [m^2]에 분당 12.2 [L] 이상의 수량을 균일하게 30분 이상 방수할 수 있도록 할 것

③ 스프링클러헤드의 방수로 인해 인접 헤드에 미치는 영향을 최소화하기 위하여 스프링클러헤드 사이의 간격을 1.8 [m] 이상 유지할 것. 이 경우 헤드 사이의 최대 간격은 스프링클러설비의 소화성능에 영향을 미치지 않는 간격 이내로 해야 한다.

④ 준비작동식스프링클러설비를 설치할 경우 '7. 자동화재탐지설비의 ②항'에 따른 감지기를 설치할 것

⑤ 스프링클러설비를 유효하게 일정 시간 이상 작동할 수 있는 비상전원을 갖출 것

⑥ 준비작동식스프링클러설비의 경우 전기저장장치의 출입구 부근에 수동식기동장치를 설치할 것

⑦ 소방자동차로부터 전기저장장치 설비에 송수할 수 있는 송수구를 「스프링클러설비의 화재안전성능기준(NFPC 103)」 제11조에 따라 설치할 것

6. 배터리용 소화장치

전기저장시설의 배터리용 소화장치는 다음의 어느 하나에 해당하는 경우에는 '5. 스프링클러설비'에도 불구하고 중앙소방기술심의위원회의 심의를 거쳐 소방청장이 인정하는 시험방법으로 '11. 화재안전성능의 ②항'에 따른 시험기관에서 전기저장장치에 대한 소화성능을 인정받은 배터리용 소화장치를 설치할 수 있다.

① 옥외형 전기저장장치 설비가 컨테이너 내부에 설치된 경우

② 옥외형 전기저장장치 설비가 다른 건축물, 주차장, 공용도로, 적재된 가연물, 위험물 등으로부터 30 [m] 이상 떨어진 지역에 설치된 경우

7. 자동화재탐지설비

① 자동화재탐지설비는 「자동화재탐지설비 및 시각경보장치의 화재안전성능기준(NFPC 203)」

에 따라 설치해야 한다.

② 화재감지기는 공기흡입형 감지기, 아날로그식 연기감지기 또는 중앙소방기술심의위원회의 심의를 통해 전기저장장치의 화재에 적응성이 있다고 인정된 감지기를 설치해야 한다.

8. 자동화재속보설비

전기저장시설의 자동화재속보설비는 「자동화재속보설비의 화재안전성능기준(NFPC 204)」에 따라 설치해야 한다.

9. 배출설비

배출설비는 다음의 기준에 따라 설치해야 한다.

① 배풍기·배출덕트·후드 등을 이용하여 강제적으로 배출할 것

② 바닥면적 1 [m^2]에 시간당 18 [m^3] 이상의 용량을 배출할 것

③ 화재감지기의 감지에 따라 작동할 것

④ 옥외와 면하는 벽체에 설치할 것

10. 설치장소 및 방화구획

(1) 설치장소

전기저장장치는 소방대의 원활한 소방활동을 위해 지면으로부터 지상 22 [m] 이내, 지하 9 [m] 이내로 설치해야 한다.

(2) 방화구획

전기저장장치 설치장소의 벽체, 바닥 및 천장은 「건축물의 피난, 방화구조 등의 기준에 관한 규칙」에 따라 건축물의 다른 부분과 방화구획해야 한다.

11. 화재안전성능

① 소방본부장 또는 소방서장은 중앙소방기술심의위원회의 심의를 거쳐 소방청장이 인정하는 시험방법에 따라 ②항에 따른 시험기관에서 화재안전성능을 인정받은 경우에는 인정받은 성능범위 안에서 '5. 스프링클러설비 및 6. 배터리용 소화장치'를 적용하지 않을 수 있다.

② 전기저장시설의 화재안전성능과 관련된 시험은 다음 각 호의 시험기관에서 수행할 수 있다.

1. 한국소방산업기술원
2. 한국화재보험협회 부설 방재시험연구원
3. ①항에 따른 소방청장이 인정하는 시험방법으로 화재안전성능을 시험할 수 있는 비영리 국가 공인시험기관(「국가표준기본법」 제23조에 따라 한국인정기구로부터 시험기관으로 인정받은 기관을 말한다)

12. 재검토 기한

소방청장은 「훈령·예규 등의 발령 및 관리에 관한 규정」에 따라 이 고시에 대하여 2023년 1월 1일을 기준으로 매 3년이 되는 시점(매 3년째의 12월 31일까지를 말한다)마다 그 타당성을 검토하여 개선 등의 조치를 해야 한다.

연습문제

문제 01 생산된 전기를 전력 계통에 저장했다가 전기가 가장 필요한 시기에 공급해 에너지 효율을 높이는 것으로 배터리, 배터리 관리 시스템, 전력 변환 장치 및 에너지 관리 시스템 등으로 구성되어 발전, 송배전, 일반 건축물에서 목적에 따라 단계별 저장이 가능한 장치는 무엇인가?

풀이 전기저장장치

문제 02 전기저장시설 중 배터리를 보관하기 위해 별도로 구획된 실은 무엇인가?

풀이 배터리실

문제 03 준비작동식스프링클러설비의 작동방식 중 화재감지기와 스프링클러헤드가 모두 작동되는 경우 준비작동식유수검지장치가 개방되는 방식은 무엇인가?

풀이 더블인터락(Double-Interlock)방식

문제 04 전기저장시설의 소화기는 부속용도별로 소화기의 능력단위를 고려하여 어떻게 설치하는가?

풀이 전기저장시설의 소화기는 부속용도별로 소화기의 능력단위를 고려하여 구획된 실마다 추가하여 설치해야 한다.

문제 05 전기저장시설이 설치된 실의 바닥면적(바닥면적이 230 [m^2] 이상인 경우에는 230 [m^2]) 1 [m^2]에 분당 12.2 [L] 이상의 수량을 균일하게 몇 분간 방수할 수 있어야 하는가?

풀이 30분 이상 방수할 수 있도록 할 것

문제 06 준비작동식스프링클러설비의 경우 전기저장장치의 출입구 부근에 무엇을 설치해야 하는가?

풀이 수동식기동장치

문제 07 전기저장시설의 배터리용 소화장치는 중앙소방기술심의위원회의 심의를 거쳐 소방청장이 인정하는 시험방법으로 인정받은 배터리용 소화장치를 설치할 수 있는 경우는?

풀이 ① 옥외형 전기저장장치 설비가 컨테이너 내부에 설치된 경우
② 옥외형 전기저장장치 설비가 다른 건축물, 주차장, 공용도로, 적재된 가연물, 위험물 등으로부터 30 [m] 이상 떨어진 지역에 설치된 경우

문제 08 전기저장시설에 설치하는 화재감지기는?

풀이 공기흡입형 감지기, 아날로그식 연기감지기 또는 중앙소방기술심의위원회의 심의를 통해 전기저장장치의 화재에 적응성이 있다고 인정된 감지기

문제 09 전기저장시설에 설치하는 배출설비의 설치 기준은?

풀이 ① 배풍기·배출덕트·후드 등을 이용하여 강제적으로 배출할 것
② 바닥면적 1 [m^2]에 시간당 18 [m^3] 이상의 용량을 배출할 것
③ 화재감지기의 감지에 따라 작동할 것
④ 옥외와 면하는 벽체에 설치할 것

문제 10 전기저장장치는 소방대의 원활한 소방활동을 위해 지면으로부터 지상 (　　) [m] 이내, 지하 (　　) [m] 이내로 설치해야 한다.

풀이 22, 9

Chapter 09

기본 논리회로 및 제어기기

1. 기본 논리회로

1.1 정류 회로

교류전원(交流 電源, AC power supply)을 직류전원으로 변환하는 것을 정류(整流, rectification)라 하고, 그 회로를 정류 회로(整流 回路, rectifier circuit)라고 한다. 이러한 정류 회로에는 다이오드가 중요한 역할을 하게 된다.

그림 3-9-1은 교류전원을 직류전원으로 변환하기 위한 직류전원 회로의 구성을 나타낸 것이다. 정류방식에는 반파 정류 회로, 전파 정류 회로, 브리지 정류 회로, 배전압 정류 회로 등이 있다.

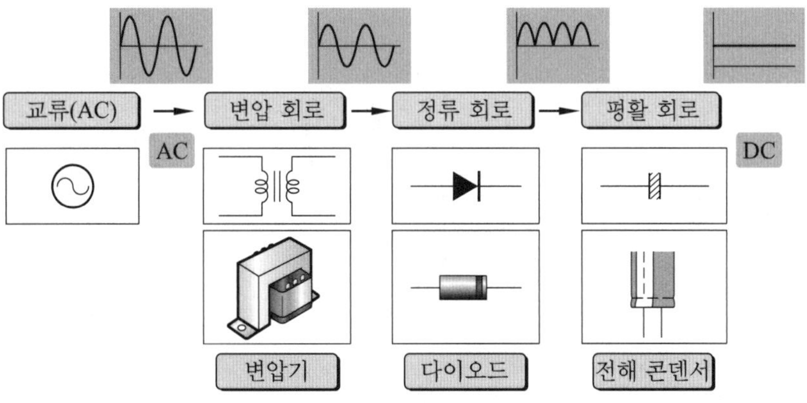

■ 그림 3-9-1 직류전원 회로의 구성

(1) 반파 정류 회로

그림 3-9-2와 같이 다이오드 1개로 교류의 양(+)과 음(−)의 반주기만을 정류하므로 반파 정류라 하고, 그 회로를 반파 정류 회로(半波 整流 回路, half-wave rectification)라고 한다. 반파 정류 회로는 다이오드에 (+)반주기가 가해질 때만 도통되어 출력된다. 또한 (−)반주기가 가해지면 출력되지 않는다. 따라서 반파 정류 회로로 정류된 전압 속에는 교류분이 많이 포함되어 있고, 정류 효율이 낮아 잘 사용되지 않는다.

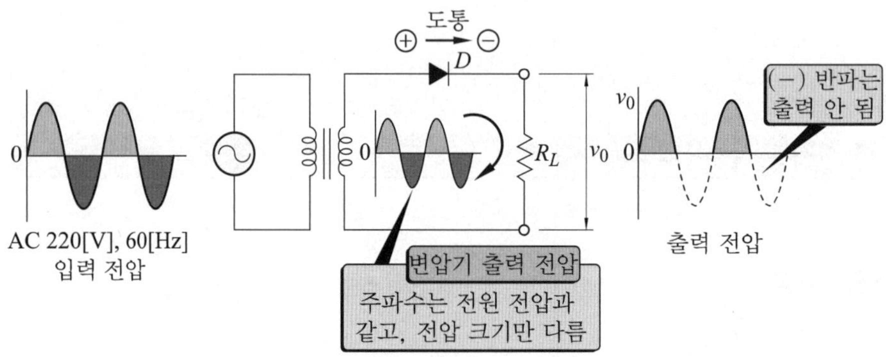

(a) 입력　　(b) 회로도　　(c) 출력

■ **그림 3-9-2** 반파 정류 회로

(2) 전파 정류 회로

그림 3-9-3은 2개의 다이오드를 사용하여 교류의 (+)와 (−)의 전주기를 정류하는 전파 정류 회로(全波 整流 回路, full-wave rectification)를 나타낸 것이다.

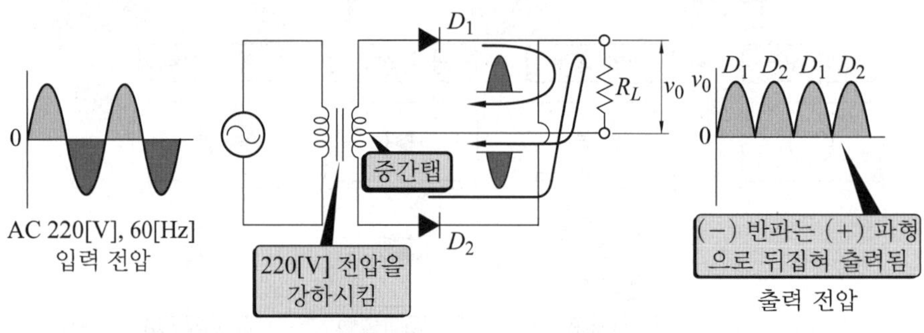

(a) 입력　　(b) 회로도　　(c) 출력

■ **그림 3-9-3** 전파 정류 회로

회로에서 변압기의 중간 탭을 중심으로 회로를 구성하여 교류의 (+)와 (−)의 반주기에 대한 동작을 각각 생각해 볼 수 있다. 양(+)의 반주기 동안은 다이오드 D_1이 도통되고, D_2는 도통되지 않는다. 또한 음(−)의 반주기 동안은 다이오드 D_2가 도통되고, D_1은 도통되지 않는다. 결국, 부하 저항 R_L에는 (+)와 (−)의 전주기에 대한 모든 파형이 출력된다. 전파 정류 회로로 정류한 전압은 반파 정류 회로에 비해 교류분이 훨씬 작게 포함되어 있고, 정류 효율도 반파 정류 회로보다 더 좋다.

(3) 브리지 정류 회로

그림 3-9-4는 교류의 (+), (−) 전주기를 정류하는 전파 정류방식으로 4개의 다이오드를 사용한 브리지 정류 회로이다. 브리지 정류 회로에서 (+)의 반주기 동안은 D_2, D_3가 도통되고, (−)의 반주기 동안은 D_1, D_4가 도통된다. 브리지 정류 회로는 변압기의 중간 탭을 사용하지 않아도 다이오드 2개를 사용한 전파 정류 회로의 결과를 얻을 수 있어서 많이 사용된다. 이와 같이 다이오드는 한 방향으로만 전류를 통전시켜 정류 작용을 할 수 있다.

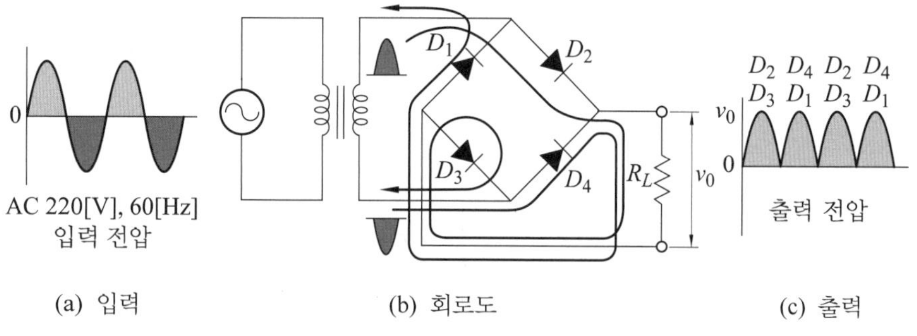

■ 그림 3-9-4 브리지 정류 회로

1.2 디지털 기본 논리회로

디지털신호는 0(없다)이나, 1(있다)의 2진법으로 나타낸다. 2진법은 0과 1외에도 H(high)와 L(low), ON(켜짐)과 OFF(꺼짐)로 표현되기도 한다. 0과 1을 가지고 연산을 수행하도록 꾸며진 전자 회로를 논리회로라고 한다. 논리회로는 각종 게이트와 플립 - 플롭(flip-flop) 등으로 구성된다.

(1) AND 게이트

AND 게이트의 출력신호는 1개, 입력신호는 2개 이상으로 모든 입력신호가 1일 때 출력신호는 1이 된다. 그림 3-9-5는 AND 게이트를 나타낸 것이다.

그림 3-9-6은 다이오드를 사용한 무접점 회로의 AND 회로 예를 나타낸 것이다. PB_1과 PB_2가 OFF 된 상태에서는 트랜지스터가 동작되지 않으므로 출력인 램프 PL은 켜지지 않는다. 그런데 만일 PB_1과 PB_2가 모두 ON 상태가 되면 PB_1과 PB_2의 접점 오른쪽 전압이 5 [V]이므로, 다이오드 D_1, D_2는 OFF 상태가 되어 결국 트랜지스터는 ON 상태가 되어 출력 램프 PL은 켜지게 된다.

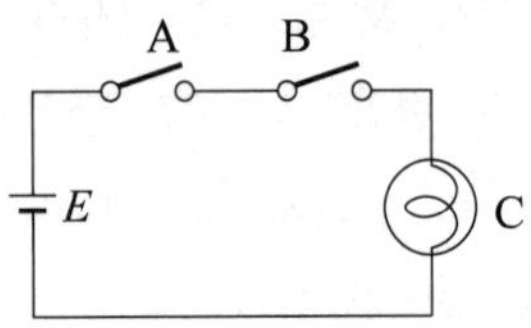

(a) 유접점 회로

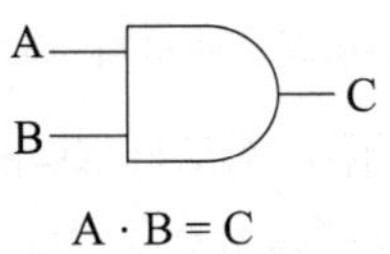

(b) AND 게이트

입력		출력
A	B	C
0	0	0
0	1	0
1	0	0
1	1	1

(c) 진리표

■ **그림 3-9-5** AND 게이트

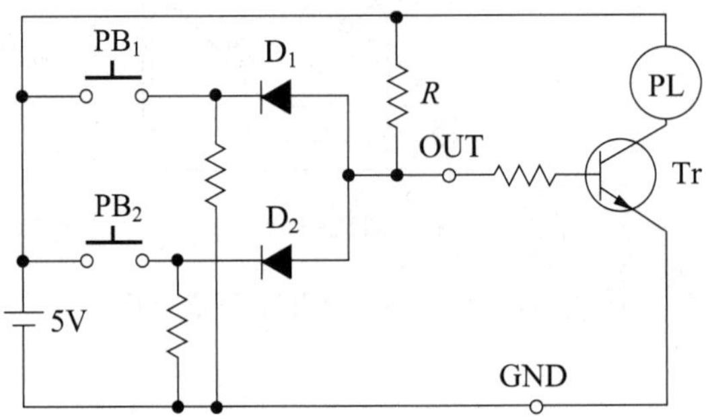

■ **그림 3-9-6** 무접점 AND 회로

(2) OR 게이트

OR 게이트의 출력신호는 1개, 입력신호는 2개 이상으로 여러 입력신호 중에서 한 개 이상 1이 입력되면 출력신호는 1이 된다. 그림 3-9-7은 OR 게이트를 나타낸 것이다.

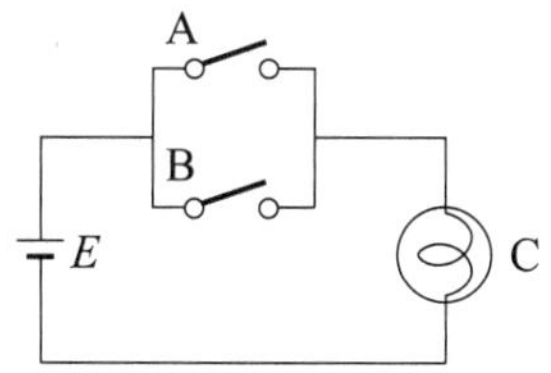

(a) 유접점 회로

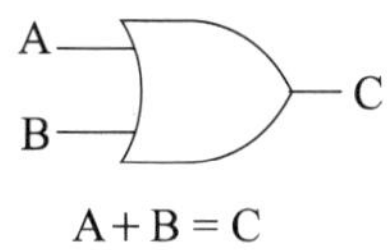

(b) OR 게이트

입력		출력
A	B	C
0	0	0
0	1	1
1	0	1
1	1	1

(c) 진리표

■ **그림 3-9-7** OR 게이트

그림 3-9-8은 다이오드를 사용한 무접점 회로의 OR 회로 예를 나타낸 것이다. PB_1과 PB_2가 OFF 된 상태에서는 D_1, D_2는 OFF 상태가 되고, PB_2가 ON 상태이거나 또는 그 반대인 상태에서는 트랜지스터가 동작되어 램프 PL은 켜지는데, 만일 PB_1과 PB_2가 모두 ON 되어도 트랜지스터는 ON 되어 출력인 램프 PL은 켜진다.

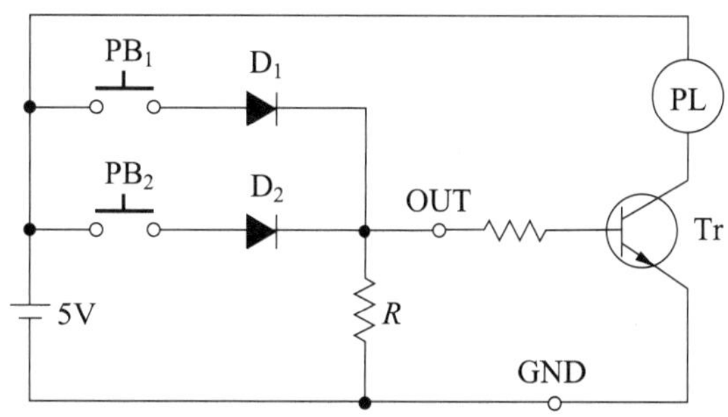

■ **그림 3-9-8** 무접점 OR 회로

(3) NOT 게이트

NOT 게이트는 인버터(inverter)라고도 하며, 출력신호와 입력신호가 각각 1개로서 출력신호는 항상 입력신호의 반대가 된다. 그림 3-9-9는 NOT 게이트를 나타낸 것이다.

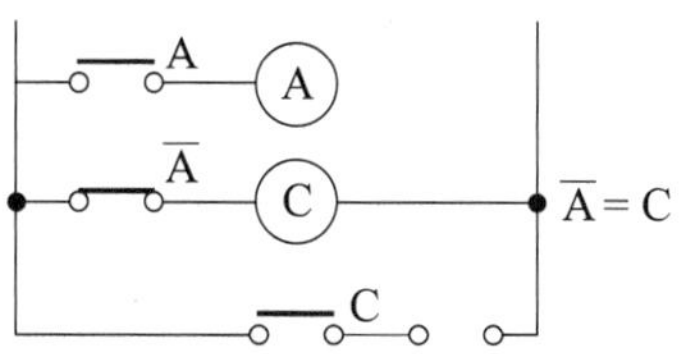

(a) 유접점 회로

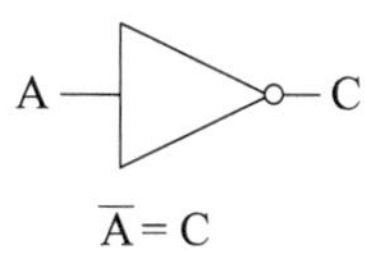

(b) NOT 게이트

입력	출력
A	C
0	1
1	0

(c) 진리표

■ **그림 3-9-9** NOT 게이트

그림 3-9-10은 트랜지스터를 사용한 NOT 회로의 보기인데, PB가 ON 되면 Tr_1은 ON 되고 Tr_2는 OFF 되어 출력인 램프 PL은 꺼지며, 만일 PB가 OFF 상태이면 Tr_1은 동작하지 않고 Tr_2는 동작되므로 출력인 램프 PL은 켜진다.

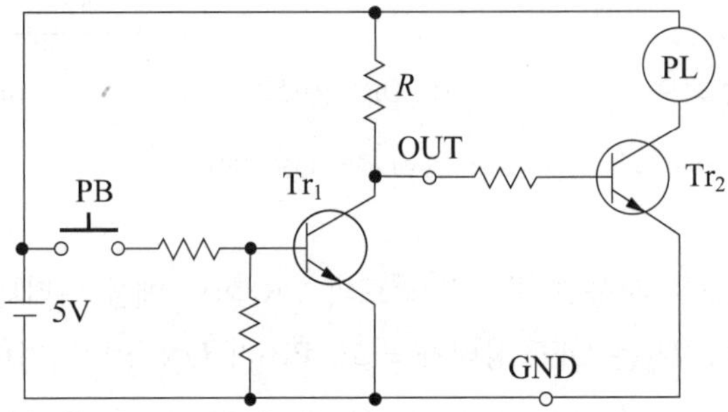

■ 그림 3-9-10 무접점 NOT 회로

(4) NOR 게이트

NOR 게이트의 출력신호는 1개, 입력신호는 2개 이상으로 모든 입력신호가 0일 때만 출력신호는 1이 된다. 그림 3-9-11은 NOR 게이트 회로를 나타낸 것이다. NOR 회로는 OR 회로와 NOT 회로를 조합한 것이다.

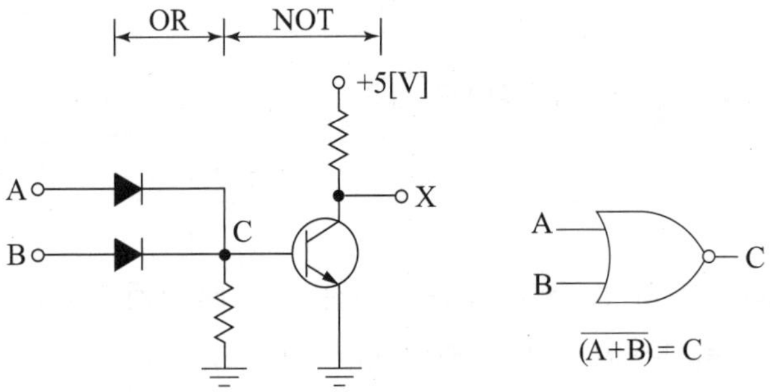

입력		출력
A	B	C
0	0	1
0	1	0
1	0	0
1	1	0

(a) 무접점 NOR 회로 (b) NOR 게이트 (c) 진리표

■ 그림 3-9-11 NOR 게이트 회로

(5) NAND 게이트

NAND 게이트의 출력신호는 1개, 입력신호는 2개 이상으로 여러 입력신호 중에서 0이 한 개

이상 입력되면 출력신호는 1이 된다. 그림 3-9-12는 NAND 게이트를 나타낸 것이다. NAND 게이트 회로는 AND 회로와 NOT 회로를 합한 것과 같은 기능을 나타낸다.

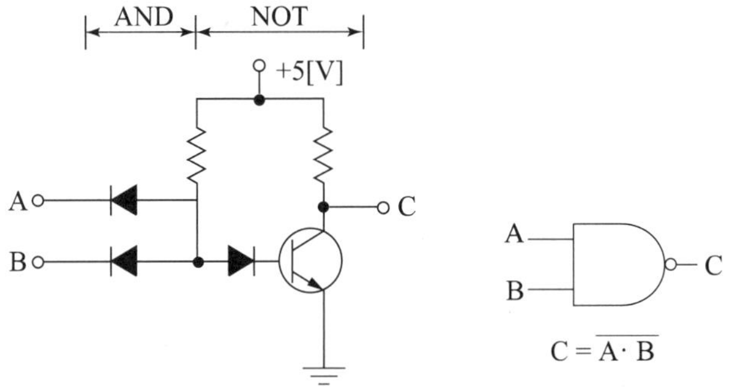

입력		출력
A	B	C
0	0	1
0	1	1
1	0	1
1	1	0

(a) 무접점 NAND 회로 (b) NAND 게이트 (c) 진리표

■ **그림 3-9-12** NAND 게이트

1.3 조합 논리회로

디지털 회로에서 논리식(論理式, logical expression)이 간소화되면 논리회로를 간단하고 경제적으로 구현할 수 있다. 영국의 불(Boole. G)은 논리 연산을 위하여 불 대수라는 논리 대수를 고안하였다. 불 대수(Boolean algebra)는 단순한 논리식을 간소화시키는 데 주로 이용한다. 그러나 상대적으로 복잡한 논리식은 카르노 도를 이용하여 간소화한다. 표 3-9-1은 여러 가지 기본적인 불 대수를 나타낸 것이다.

● **표 3-9-1** 불 대수의 정리

정리 [1]	(a) $A+0=A$	(b) $A \cdot 1=A$
정리 [2]	(a) $A+\overline{A}=1$	(b) $A \cdot \overline{A}=0$
정리 [3]	(a) $A+A=A$	(b) $A \cdot A=A$
정리 [4]	(a) $A+1=1$	(b) $A \cdot 0=0$
정리 [5]	(a) $\overline{\overline{A}}=A$	·
정리 [6]	(a) $\overline{A+B}=\overline{A} \cdot \overline{B}$	(b) $\overline{A} \cdot \overline{B}=\overline{A+B}$

※ 정리 [6]은 드 모르간의 정리(De Morgan's theorem)

(1) 반가산기 회로

반가산기(半加算機, half adder)는 한자리수 A와 B를 더하는 논리회로이다. 그림 3-9-13은 2진수를 더하는 반가산기 회로를 나타낸 것이며, 두 입력 A, B의 출력 논리식은 합(sum)과 자리올림(carry)으로 된다. 그리고 OR 논리 회로의 입력신호에 실선을 덧붙인 것으로 출력신호가 1개이고, 입력신호는 2개 이상인 것을 EOR(exclusive OR; EOR) 게이트라 한다. 즉, EOR 게이트는 2개의 입력신호가 서로 다르면 출력신호는 1이 된다.

$$S = A \cdot \overline{B} + \overline{A} \cdot B = A \oplus B$$
$$C = A \cdot B$$

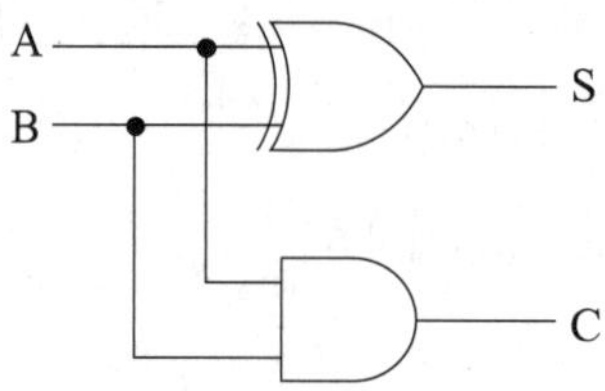

(a) 논리회로

A	B	S	C
0	0	0	0
0	1	1	0
1	0	1	0
1	1	0	1

(b) 진리표

■ 그림 3-9-13 반가산기 회로

(2) 전가산기 회로

전가산기(全加算機, full adder)는 3개의 비트(bit)를 더하는 회로이다. 그림 3-9-14는 전가산기 회로를 나타낸 것으로, 세 입력 A, B, C의 출력 논리식은 합(合, sum)과 자리 올림(carry)으로 된다. S는 입력의 1이 홀수개일 때 출력 1이 나오고, C는 입력의 1이 2개 이상일 때 출력 1이 나온다.

(a) 74LS283

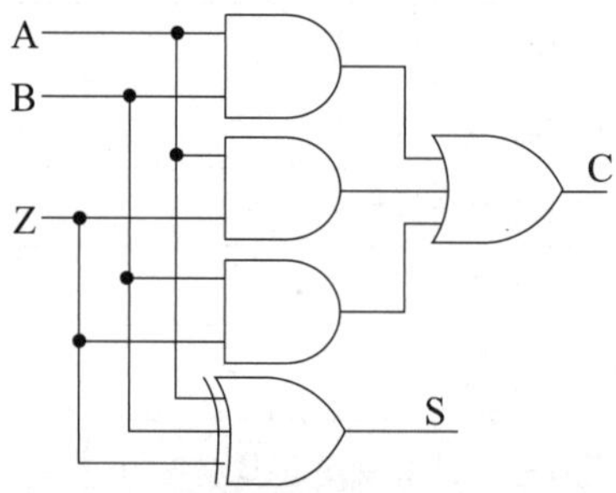

(b) 논리회로

A	B	Z	S	C
0	0	0	0	0
0	0	1	1	0
0	1	0	1	0
0	1	1	0	1
1	0	0	1	0
1	0	1	0	1
1	1	0	0	1
1	1	1	1	1

(c) 진리표

■ 그림 3-9-14 전가산기 회로

$$S = \overline{A} \cdot \overline{B} \cdot Z + \overline{A} \cdot B \cdot \overline{Z} + A \cdot \overline{B} \cdot \overline{Z} + A \cdot B \cdot Z = A \oplus B \oplus Z$$
$$C = A \cdot B + B \cdot Z + A \cdot Z$$

(3) 부호기와 해독기

① 부호기

컴퓨터의 신호 흐름은 0과 1의 2진수를 사용한다. 그러므로 10진수나 16진수의 숫자를 컴퓨터가 인식하기 위해서는 2진 부호로 바꿔 줘야 하는데, 이러한 회로를 부호기(符號器, encoder)라고 한다. 부호기는 키보드의 숫자나 문자를 컴퓨터가 인식할 수 있도록 부호화된 신호로 변환시키는 곳 등에 사용된다.

② 해독기

해독기(解讀器, decoder)는 부호기와 반대의 기능을 수행하는 회로이다. 2진수를 10진수로 변환시키는 회로를 말한다. 이러한 회로는 컴퓨터에서 전송된 프린터 내의 문자신호 해독기 등에 사용된다.

2. 부하의 점멸 회로

2.1 스위치를 이용한 전등의 점멸 회로

(1) 스위치의 구성

전기에너지를 효율적으로 사용하기 위해서는 적절한 연결 장치에 의해 안전하게 전원을 연결하고 차단할 수 있는 기기의 협조가 중요하다. 전기에너지를 안전하게 연결하고 차단하는 대표적인 기기가 스위치(switch)이다. 스위치는 전압의 종별 및 전기 용량의 차이에 따라 다양한 형태가 보급되어 있고 옥내에 사용되는 스위치를 총칭하여 옥내용 스위치라 한다.

옥내에 사용되는 저압용 스위치는 한국산업규격(KS C 3809) 및 국제전기위원회(IEC 60669-1)에 적용 범위, 인용 규격, 정의, 종류 및 정격 성능, 구조, 치수 및 재료, 시험방법, 검사, 제품의 호칭방법, 표시 등이 구체적으로 언급되어 있다. 저압용 스위치의 적용 범위는 주파수 60 [Hz] 교류 250 [V] 이하의 전로에서 주로 옥내등 및 옥외등에 부착하여 전등의 점멸 또는 소형 전기기기에 사용하는 것으로 정격전류 20 [A] 이하인 것에 대해서 규정하고 있다. 다만, 자동 차단 기구가 붙은 것과 방폭형, 그 밖에 특수한 것 및 특정한 소형 전기기기에만 사용하기 위해서 특별히 설계된 스위치는 포함하지 않는다. 일반적으로 스위치는 나사 조임 단자 또는 나사 없는 단자를 갖고 있어야 한다. 비록 단자를 소정의 위치에 보유하거나 또는 단자의 회전을 방지한다고 하더라도 단자 내에서 도체를 조이는 도구를 기타 구성 부품을 고정하는데 사용해서는 안 된다.

스위치는 동선의 정격전류와 공칭단면적을 가진 것을 적절하게 접속되는 단자를 갖고 있어야 한다. 옥내용 소형 스위치의 규격은 주파수 60 [Hz], 교류 250 [V] 이하의 전로에서 주로 옥내 등에 부착하여 전등의 점멸 또는 소형 전기 기구에 사용하는 것으로 정격전류 20 [A] 이하의 것에 대해서 정의되어 있다. 스위치의 종류는 텀블러스위치, 로터리스위치, 누름버튼스위치, 풀스위치, 코드스위치, 도어스위치, 전자스위치, 지연스위치, 타이머스위치, 적외선식 자동스위치, 파일럿 램프스위치 등으로 분류된다.

저압용 단극 스위치의 전면은 그림 3-9-15(a)와 같으며, 배선이 스위치에 연결된 상태는 그림 3-9-15(b)와 같다. 스위치에 연결되는 배선은 피복을 벗기고 스위치 클립의 구멍에 밀어 넣으면 내부에 설치된 탄성 강판에 의해 고정되도록 설계되어 있다. 즉, 볼트 또는 나사 등과 같은 연결 장치를 사용하지 않고 전선과 스위치 클립의 직접 접촉에 의해 고정되므로 공사(시공)가 쉽다.

(a) 전면 사진

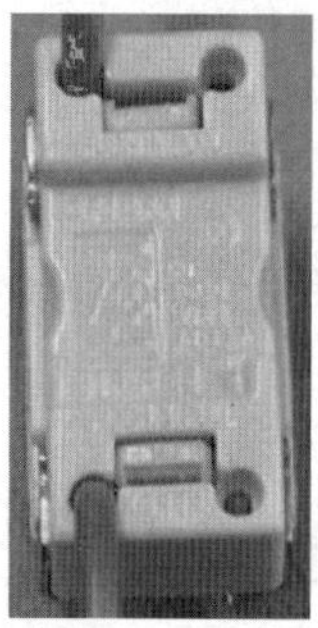

(b) 후면 사진

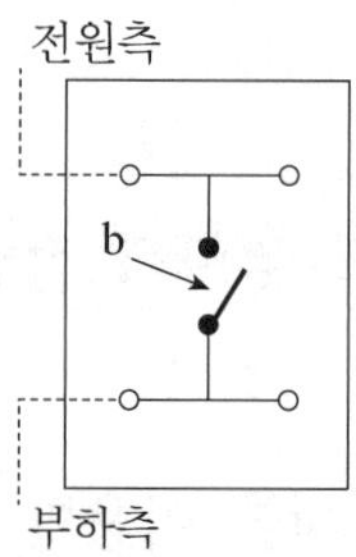

(c) 내부 회로

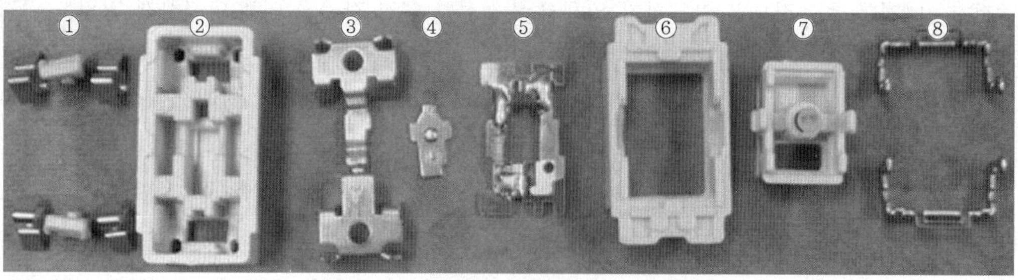

(d) 저압용 단극스위치를 분해한 실체 사진

■ **그림 3-9-15** 저압용 단극 스위치의 형태 및 회로

또한 스위치에서 배선을 분리(제거)할 때는 고정 클립을 누르면 쉽게 분리가 가능한 구조이다. 그림 3-9-15(c)는 단극 스위치의 내부 회로를 나타낸 것으로 전원을 공급하는 전압선(+)을 ON/OFF 함으로써 전기의 공급과 차단이 가능하다. 그림 3-9-15(d) 스위치의 주요 부분을 나타낸 것으로 저압용 단극으로 정격전류 15 [A], 정격전압 250 [V]이다. 스위치의 구성은 배선을 연결하는 ① 클립 및 누름 핀, ② 몸체 하부, ③ 가동 접점 지지대, ④ 가동 접점, ⑤ 작동 표시회로, ⑥ 몸체 상부, ⑦ 작동스위치, ⑧ 몸체 고정금구 등으로 되어 있음을 알 수 있다.

(2) 정격전류 및 공칭단면적

스위치는 나사 조임 단자 또는 나사 없는 단자를 갖고 있어야 한다. 비록 단자를 소정의 위치에 보유하거나 또는 단자의 회전을 방지한다고 하더라도 단자 내에서 도체를 조이는 도구를 기타 구성 부품을 고정하는데 사용해서는 안 된다. 스위치는 표 3-9-2와 같이 공칭단면적을 가진 동선이 적절하게 접속되는 단자를 갖고 있어야 한다.

● 표 3-9-2 스위치의 정격전류 및 전선의 공칭단면적과의 관계

정격전류의 범위	경동선(연선 또는 단선)[3]	
	공칭단면적 [mm^2]	도체의 최대 지름 [mm]
4 이하[1]	-	-
4 이상 6 이하	0.75 ~ 1.5	1.45
6 이상 10 이하[2]	1 ~ 2.5	2.13
10 이상 16 이하[3]	1.5 ~ 4	2.72
16 이상 25 이하	2.5 ~ 6	3.34
25 이상 32 이하	4 ~ 10	4.34
32 이상 40 이하	6 ~ 16	5.46
40 이상 63 이하	10 ~ 25	6.85

주1) 특별 저전압용이라는 특수 용도로 사용한다. 여기서는 유연성 도체(0.5 [mm^2] 이상 1 [mm^2] 이하)가 사용된다.
2) 패턴 번호 3, 0.3, 7 이외의 스위치 전원은 각각 2.5 [mm^2]의 도체 2개를 접속할 수 있을 것. 정격전압이 250 [V]를 넘지 않는 스위치는 원형 구멍이 2.5 [mm^2]인 도체 2개를 연결하기에 충분해야 한다.
3) 유연성 도체 사용은 허용된다.

(3) 스위치 점멸 회로

스위치를 이용하여 전등의 점멸 또는 회로의 작동(ON)과 정지(OFF)를 작동하기 위한 방법은 여러 가지가 있다. 그림 3-9-16(a)는 2개소 점등회로이고, 전등을 3개소에서 점멸하고자 할 때에는 그림 3-9-16(b)와 같이 전원과 부하측에 각각 3로 스위치를 설치하고, 3로 스위치 사이

에 4로 스위치 1개를 사용하면 회로를 구성할 수 있다. 그림 3-9-16(c)와 같이 2개의 3로 스위치 사이에 2개의 4로 스위치를 사용하면 4개소 점멸 회로, 3개의 4로 스위치를 사용하면 5개소 점멸 회로를 구성할 수 있다. 4로 스위치는 접촉자의 접속이 교대로 바뀌는 구조로 되어 있어서 점등과 소등의 위치를 표시하지 않는다.

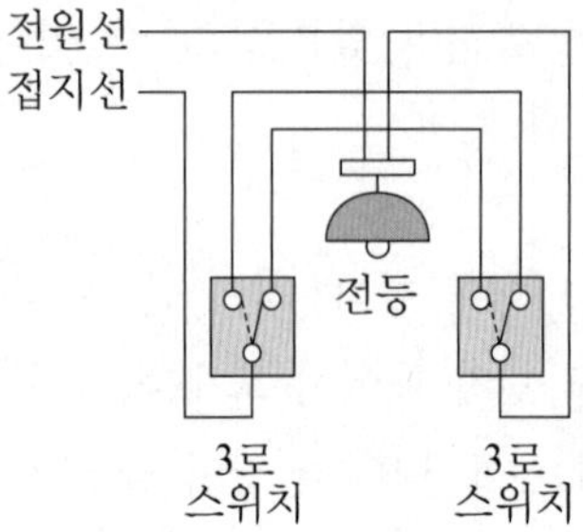

(a) 2개소 점멸 회로도

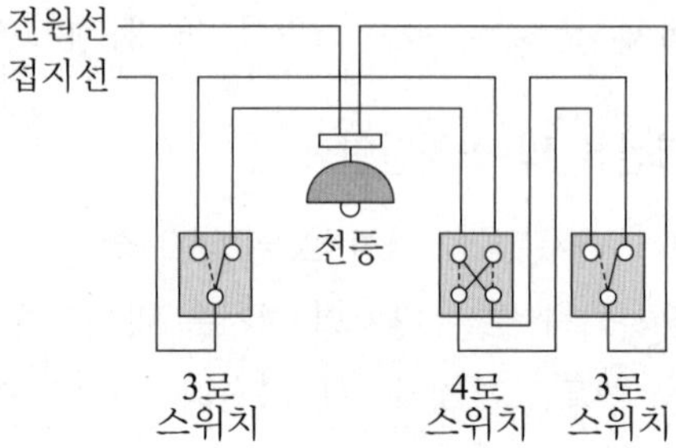

(b) 3개소 점멸 회로도

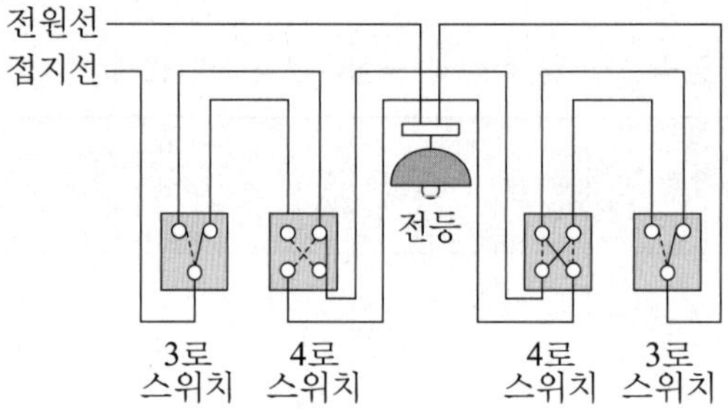

(c) 4개소 점멸 회로도

■ **그림 3-9-16** 스위치를 이용한 전등의 점멸 회로도

(4) 스위치의 작동

3로 스위치는 스위치의 접점이 항상 접속되는 공통 단자와 점멸에 따라 교대로 접속되는 2개의 접속단자로 구성되어 있다. 단극 스위치는 손잡이(노브)를 위로 했을 때 점등(ON)되지만 3로 스위치는 전환 스위치의 특성을 나타내므로 점등(ON), 소등(OFF)의 위치를 표시하지 않는다. 스위치의 부착 위치는 1.2 [m] 정도로 하지만 건물의 종류, 사용목적 등을 고려하여 위치를 선정한다. 3로 스위치의 결선방법은 전원선을 3로 스위치를 거쳐 리셉터클(receptacle)의 베이스 단자에 연결하고 접지선은 리셉터클의 소켓 단자에 연결한다.

그림 3-9-17은 간단한 옥내설비의 회로를 나타낸 것이다. PB_1을 ON할 때만 L_1이 점등됨과 동시에 B가 작동하며, PB_1에서 손을 제거하면 L_1 및 B는 동시에 OFF한다. 그리고 PB_2 역시

ON할 때만 L_2가 점등됨과 동시에 B가 작동하며, PB_2에서 손을 제거하면 L_2 및 B는 동시에 OFF한다. 그리고 L_3은 2개의 3로 스위치를 이용하여 2곳에서 작동하도록 설계되어 있다.

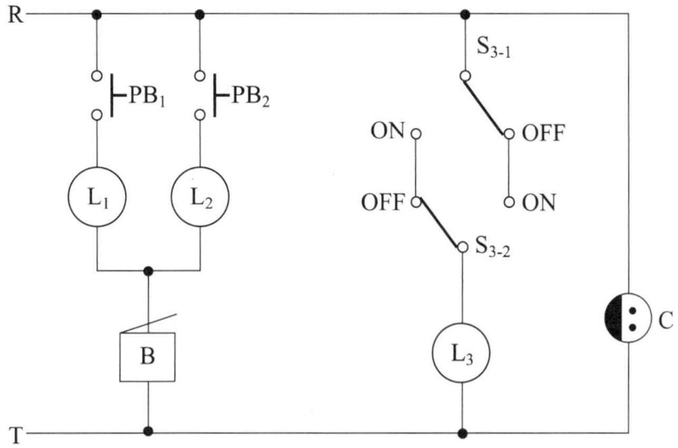

■ 그림 3-9-17 단극 및 3로 스위치를 이용한 전등의 점멸 회로도

2.2 계전기를 이용한 전등의 점멸 회로

(1) 접점의 종류

사람이 직접 조작하여 작업 명령을 내리거나 명령 처리의 방법을 변경하는데 사용되는 것이 수동 스위치이다. 수동 스위치의 종류에는 조작방법이나 조작단의 모양에 따라 여러 가지로 나눌 수 있으나, 보통은 동작 기능에 따라 복귀형 수동 스위치와 유지형 수동 스위치로 나눈다.

복귀형 수동 스위치는 사람이 조작할 동안에만 회로가 닫히거나 열려 있고, 손을 떼면 원래의 상태로 복귀하는 것으로 누름버튼스위치가 대표적인 것이다. 접점(接點, point of contact)은 a 접점, b 접점 및 c 접점 등이 회로의 특성에 따라 적용되면 각각의 작동원리는 다음과 같으며, 그림 3-9-18은 접점 동작 회로와 타임 차트(time chart)를 나타낸 것이다.

① a 접점(arbitral contact or make contact)

조작하고 있는 동안에만 닫히는 접점으로 조작 전에는 열려 있는 접점이다.

② b 접점(break contact)

조작하고 있는 동안에만 열리는 접점으로 조작 전에는 닫혀 있는 접점이다.

③ c **접점**(change-over contact)

절환 또는 전환 접점이라는 뜻으로 a 접점과 b 접점을 공유하고 있다. 조작 전에는 b 접점에 가동부가 접촉되어 있다가 조작하면 a 접점으로 이동한다.

재료명	a 접점	b 접점	c 접점
접점 기호	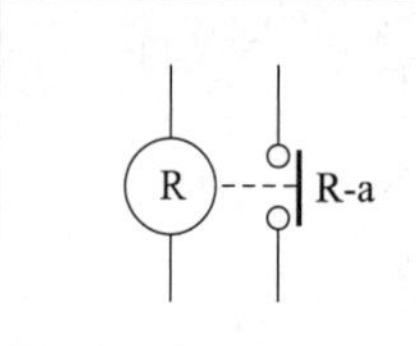	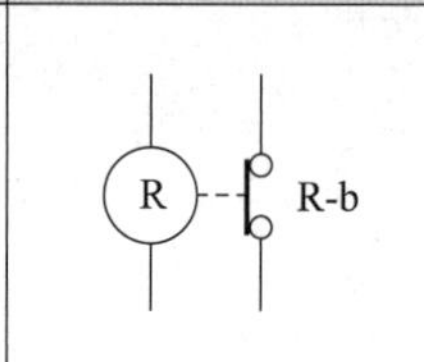	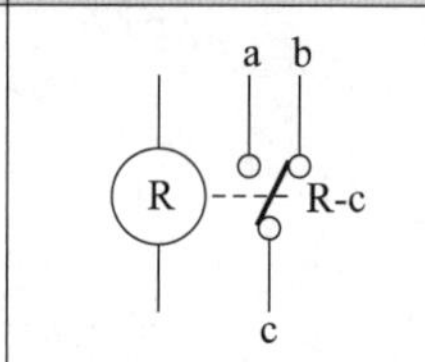
접점의 개폐	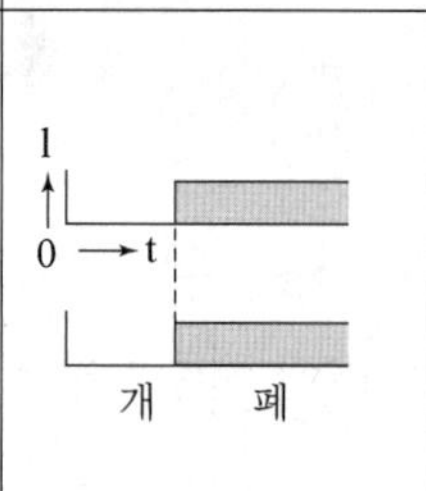	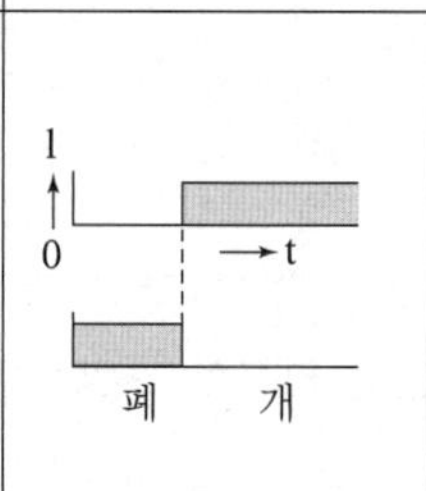	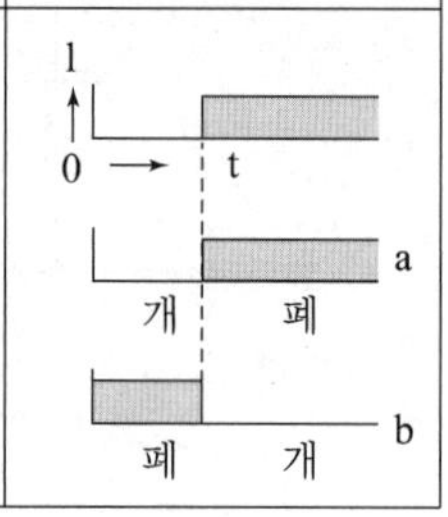

■ **그림 3-9-18** 접점 동작 회로와 타임 차드

(2) 전자계전기

전자계전기(電磁繼電器, electromagnetic relay)는 전자력에 의한 철편의 흡인력을 이용해서 접점을 개폐하는 기능을 가진 기기로서, 전류를 흘려 줄 때 여자되는 전자 코일과 a 접점 및 b 접점으로 구성되어 있다. 전자계전기의 a 접점은 전자 코일에 전류가 흐르지 않는 상태에서는 가동 접점과 고정 접점이 떨어져 있어서 개로(開路, open) 상태이지만, 전자 코일에 전류가 흐르면 접점이 고정 접점에 접촉해서 폐로(閉路, closed) 상태가 되는 접점을 말한다.

전자계전기의 b 접점은 전자 코일에 전류가 흐르지 않은 상태에서 폐로 상태(閉路 狀態, closed state)이고, 전자 코일에 전류가 흐르면 가동 접점으로부터 떨어져서 개로 상태(開路 狀態, open state)가 되는 접점을 말한다. 전자계전기는 검출기에서 보내온 신호에 따라 주회로를 제어하는 기능을 가진 기기이다. 전자계전기를 이용한 것은 릴레이, 플리커 릴레이(flicker relay), 타이머(timer), 온도계전기(temperature relay), 전자접촉기(electromagnetic contactor), OCR(overcurrent relay), 카운터(counter) 등이 있다. 그림 3-9-19는 8핀 전자계전기의 실체 사진을 나타낸다.

(a) 상부 사진 (b) 하부 사진 (c) 내부 사진 (d) 회로 구성

■ 그림 3-9-19 8핀 전자계전기의 실체 사진

전자계전기는 전자 코일에 전류를 흘려보냈을 때 발생된 전자력을 이용하여 접점을 개폐하는 기능을 가진 장치로 구조 및 명칭은 그림 3-9-20과 같다. 전자 코일에 전류가 흐르면 고정 철심이 전자석으로 유도되어 철심이 흡인되고, 그것에 연결된 가동 접점은 스프링의 힘으로 원래상태로 복귀된다. 구동 전압은 직류 6～100 [V]용과 교류 6～220 [V]용이 주로 사용된다. 여자전류는 5～150 [mA] 정도이고, 접점 용량은 1 [A] 정도이다.

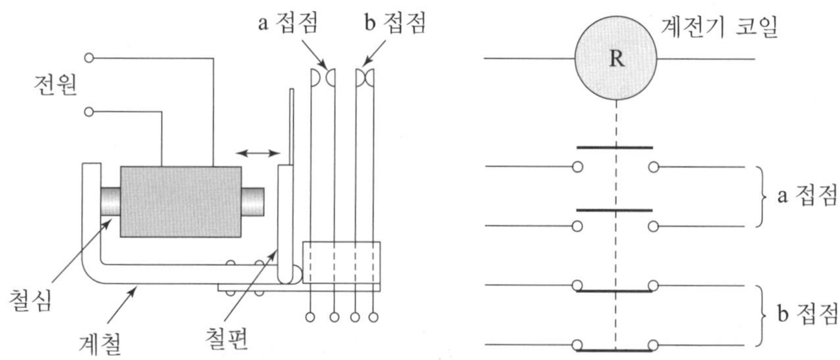

■ 그림 3-9-20 전자계전기의 구조 및 명칭

전자계전기는 전자흡인력으로 접점을 닫히거나 열리게 하는 계전기이다. 8핀 전자계전기(2a 2b), 11핀 전자계전기(3a 3b), 14핀 전자계전기(4a 4b) 등이 있다. 일반적으로 8핀과 11핀 전자계전기가 가장 많이 사용되며, 내부의 결선도 및 베이스의 구조는 그림 3-9-21과 같다.

8핀 전자계전기는 1번과 3번, 8번과 6번 등이 a 접점이다. 그리고 1번과 4번, 8번과 5번 등은 b 접점이며, 전원은 2번과 7번으로 공급되도록 되어 있다. 11핀 전자계전기는 1번과 4번, 3번과 6번, 11번과 9번 등은 a 접점이다. 또한 1번과 5번, 3번과 7번, 11번과 8번 등은 b 접점이고, 전원은 2번과 10번으로 공급된다.

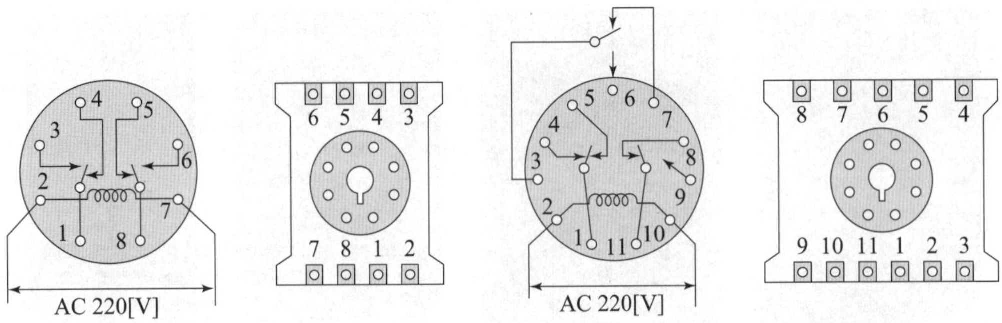

(a) 8핀 내부 회로도 (b) 8핀 베이스 (c) 11핀 내부 회로도 (d) 11핀 베이스

■ **그림 3-9-21** 전자계전기의 내부 회로도 및 베이스

2.3 타이머를 이용한 전등의 한시 점멸 회로

(1) 타이머의 내부 회로도

타이머(timer)는 입력신호를 받은 다음 일정 시간이 경과한 후에 회로를 개폐하는 시한 소자(time limit element)를 가진 계전기나 개폐기를 말한다. 회로의 제어는 타이머만으로 되는 것이 아니고 각종 스위치와 계전기의 조합으로 그 기능을 발휘한다. 그림 3-9-22는 타이머의 실체 사진을 나타낸 것이고, 그림 3-9-23은 타이머의 내부 회로도와 호칭을 나타낸 것이다.

전원은 7번과 2번 사이에는 220 [V]가 공급되고, 7번과 4번 사이에는 110 [V]가 공급되며, 1번과 3번은 순시 a 접점이다. 그리고 8번과 6번은 한시 a 접점이고, 8번과 5번은 한시 b 접점 등을 나타낸다.

(a) 상부 사진 (b) 하부 사진 (c) 측면 사진

■ **그림 3-9-22** 타이머의 실체 사진

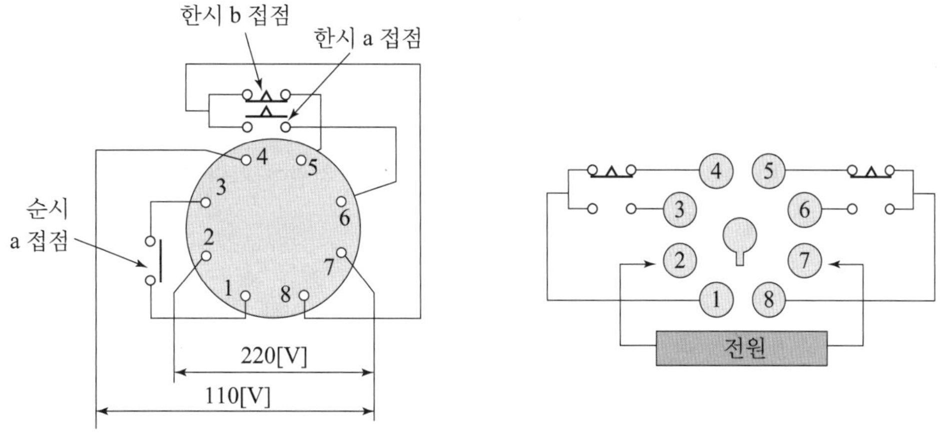

(a) 한시 순시 접점 타이머 (b) 2 한시 접점 타이머

■ **그림 3-9-23** 타이머의 내부 회로도

(2) 타이머의 기본 회로도

그림 3-9-24는 타이머의 기본 회로도를 나타낸 것으로 누름버튼스위치(PB)를 누르면 2번과 7번 접점 사이의 타이머 코일 T가 여자되고, 순시 a 접점 1번과 3번이 연결되어 PB에서 손을 제거하여도 자기유지되어 L_1은 점등한다. 설정된 시간 t초가 경과하면 한시 b 접점 T-b인 8번과 5번 접점이 T-a인 8번과 6번 접점으로 이동되므로 표시등 L_1이 소등됨과 동시에 L_2가 점등된다. 다시 PB를 누르면 전과 같은 과정이 반복된다.

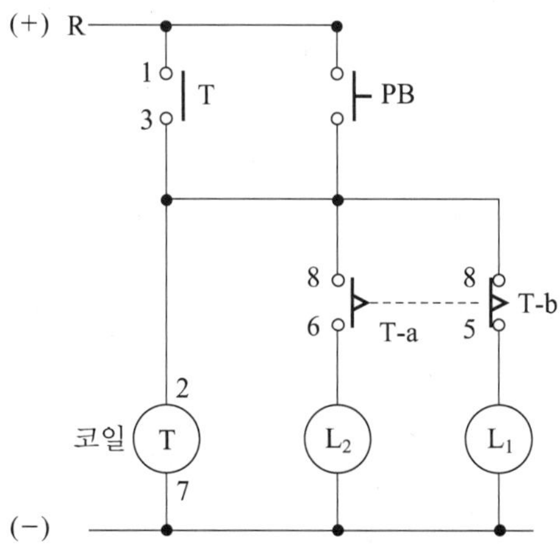

■ **그림 3-9-24** 타이머의 기본 회로도

(3) 타이머의 한시 동작 순시 복귀 접점 회로

그림 3-9-25(a)는 한시 동작 순시 복귀 접점 회로를 나타낸 것으로, a 접점은 타이머에 전원이 투입되면 설정된 시간이 지난 다음 닫히는(ON) 접점이며, b 접점은 타이머에 전원을 투입한 후 설정된 시간이 지나면 열리는(OFF) 접점이다. 타이머에 전원이 차단되면 a, b 접점은 처음 상태로 복귀하며, 타임 차트는 그림 3-9-25(b)와 같다.

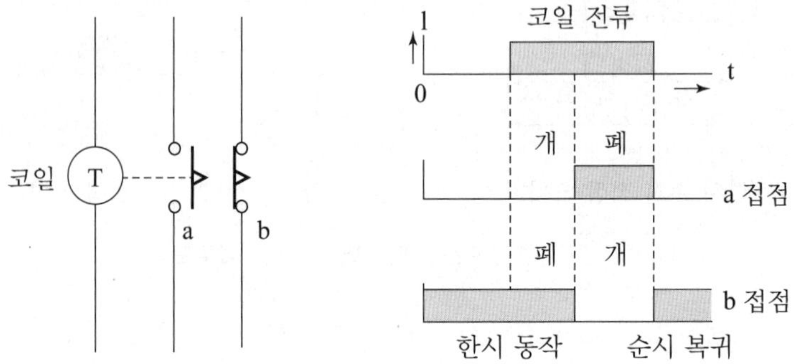

(a) a, b 접점 (b) 타임차트

■ **그림 3-9-25** 타이머의 한시 동작 순시 복귀 접점 회로

(4) 타이머의 순시 동작 한시 복귀 접점 회로

그림 3-9-26(a)는 순시 동작 한시 복귀 접점 회로를 나타낸 것으로, a 접점은 타이머에 전원이 투입되면 즉시 닫히는(ON) 접점이며, b 접점은 타이머에 전원을 투입되면 즉시 열리는(OFF) 접점이다. 타이머에 전원이 차단되면 a 접점은 일정 시간이 경과된 후에 열리고(OFF), b 접점은 일정 시간이 경과된 후에 닫히게(ON) 되며, 타임 차트는 그림 3-9-26(b)와 같다.

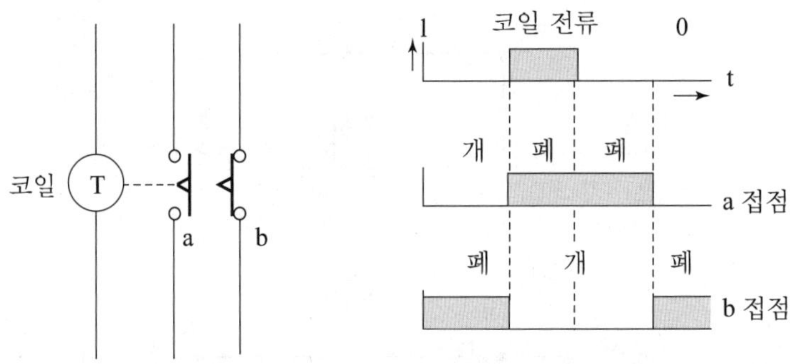

(a) a, b 접점 (b) 타임차트

■ **그림 3-9-26** 타이머의 순시 동작 한시 복귀 접점 회로

(5) 타이머의 한시 동작 한시 복귀 접점 회로

그림 3-9-27(a)는 한시 동작 한시 복귀 접점 회로를 나타낸 것으로, a 접점은 타이머에 전원이 투입된 다음 일정 시간이 경과된 후에 닫히고(ON), 전원이 차단되면 일정한 시간 후에 열리는(OFF) 접점이다. b 접점은 타이머에 전원이 투입된 다음 일정 시간이 경과된 후에 열리고(OFF), 전원이 차단되면 일정 시간 후에 닫히는(ON) 접점이며, 타임 차트는 그림 3-9-27(b)와 같다.

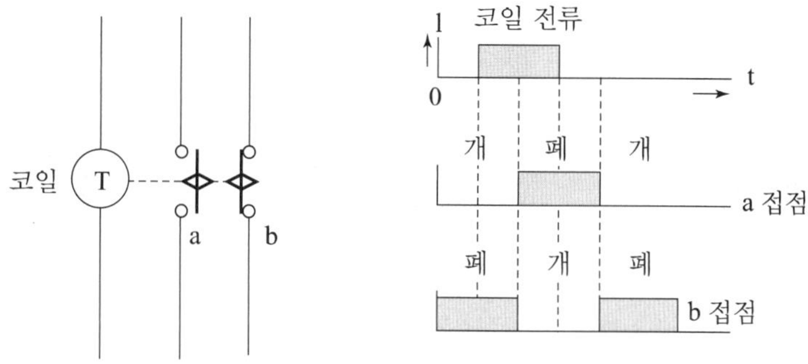

(a) a, b 접점 (b) 타임차트

■ 그림 3-9-27 타이머의 한시 동작 한시 복귀 접점 회로

3. 전자개폐기

(1) 구조 및 기호

전자개폐기(電磁開閉器, electromagnetic switch)는 전자접촉기(電磁接觸器, magnetic contactor)와 열동과전류계전기(熱動過電流繼電器, thermal over current relay)를 하나의 구조로 결합하여 사용한다. 그림 3-9-28은 전자접촉기와 열동과부하계전기의 실체 사진을 나타낸 것이며, 그림 3-9-29는 전자접촉기의 구조 및 명칭을 나타낸다. 전자접촉기의 주회로에 정상 전류값(열동과전류계전기의 설정값) 이상의 전류가 흐르면 열동과전류계전기가 동작하여 전자 코일을 끊어서 주접점 회로를 개로시킨다.

열동과부하계전기(熱動過負荷繼電器, THR; Thermal overload relay)는 사용 용도에 따라 전자접촉기와 연결하여 사용하거나 또는 단독으로 설치할 수 있도록 되어 있으며 전자접촉기와 직렬 연결하여 사용하도록 되어 있다.

그림 3-9-30은 전자접촉기와 열동계전기를 하나의 회로로 구성하여 전자개폐기로 사용할 때의 구조 및 회로를 나타낸 것이다.

(a) 전자접촉기, 3상 220 [V] (b) 전자접촉기, 단상 220 [V] (c) 열동계전기, 3상 220 [V]

■ **그림 3-9-28** 전자접촉기와 열동과부하계전기의 실체 사진

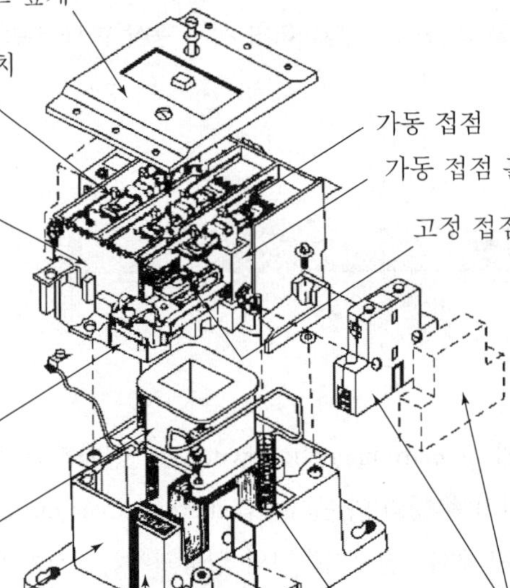

■ **그림 3-9-29** 전자접촉기의 구조 및 명칭

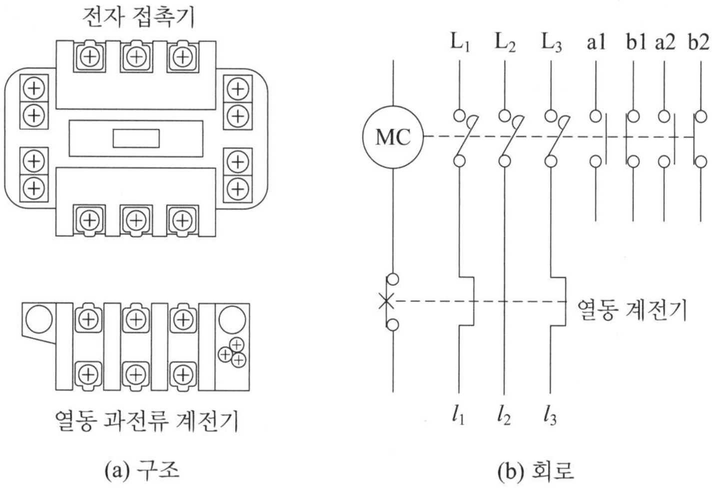

그림 3-9-30 전자개폐기의 구조 및 회로

(2) 전자접촉기의 주요 부품의 역할

① 접촉자(접점)

전자접촉기의의 접촉자(接觸子, contact maker)는 가동접점(可動接點, traveling contact)과 고정접점(固定接點, stationary contact)으로 구성되어 있다. 접점 표면은 평평하게 되어 있어 보기에는 면 접촉으로 되어 있으나 실제로는 점접촉을 하고 있다.

② 코어(core)

전자접촉기를 구동하기 위하여 사용되는 코어는 고정코어와 가동코어로 나누어져 있다. 코어는 적층코어를 사용하는데 이는 와전류(渦電流 , eddy current)를 최소화하기 위해서이다. 교류조작형 제품의 고정코어에는 셰이딩 코일(shading coil)이라는 장치가 있다. 셰이딩 코일의 역할은 교류의 경우 자속의 힘이 지속적으로 변화된다.

따라서 일정한 힘을 계속적으로 유지하기 위하여 셰이딩 코일을 설치하게 되는데, 설치 후에는 자속의 세기가 변화하게 된다. 간혹 전자접촉기가 심하게 울림 현상이 발생되는 경우가 있는데 셰이딩 코일이 파손된 경우에도 접촉기가 심하게 떨리는 현상이 발생된다.

③ 홀더

홀더(holder)는 가동코어와 연결되어 접촉기 가동접점을 지탱해주는 기구부로서 접촉기의 핵심 부품이다. 개폐수명을 유지하기 위하여 홀더의 구조 및 강도는 전자접촉기 성능을 좌우하는 매우 중요한 부품이다.

연습문제

문제 01 교류전원을 (   )으로 변환하는 것을 정류라 하고, 정류방식에는 반파 정류 회로, 전파 정류 회로, 브리지 정류 회로, 배전압 정류 회로 등이 있다.

풀이 직류전원

문제 02 교류를 직류로 정류하기 위해 사용되는 브리지 정류 회로는 교류의 (+), (-) 전주기를 정류하는 전파 정류방식으로 (   )개의 다이오드를 사용한다. 브리지 정류 회로에서 (+)의 반주기 동안은 D_2, D_3가 도통되고, (-)의 반주기 동안은 D_1, D_4가 도통된다.

풀이 4

문제 03 디지털 기본 논리회로에서 AND 게이트의 출력신호는 1개, 입력신호는 2개 이상으로 (   ) 입력신호가 1일 때 출력신호는 1이 된다. 그리고 OR 게이트의 출력신호는 1개, 입력신호는 2개 이상으로 여러 입력신호 중에서 (   ) 이상 1이 입력되면 출력신호는 1이 된다.

풀이 모든, 한 개

문제 04 어떤 전등 1개를 서로 다른 2개소에서 켜짐(ON)과 꺼짐(OFF)을 제어하기 위해서는 3로 스위치가 몇 개 필요한가?

풀이 2개

문제 05 저압용 전기설비에 적용된 단극 스위치는 손잡이(노브)를 위로 했을 때 점등(ON)되지만 3로 스위치는 전환 스위치의 특성을 나타내므로 점등(ON), 소등(OFF)의 위치를 표시하지 않는다. 스위치의 부착 위치는 (　　) [m] 정도로 하지만 건물의 종류, 사용목적 등을 고려하여 위치를 선정한다.

풀이 1.2

문제 06 계전기를 이용한 전등의 점멸 회로에서 a 접점, b 접점 및 c 접점 등의 작동 원리에 대해서 논하시오.

풀이 ① a 접점(arbitral contact or make contact)
조작하고 있는 동안에만 닫히는 접점으로 조작 전에는 열려 있는 접점이다.
② b 접점(break contact)
조작하고 있는 동안에만 열리는 접점으로 조작 전에는 닫혀 있는 접점이다.
③ c 접점(change-over contact)
절환 또는 전환 접점이라는 뜻으로 a 접점과 b 접점을 공유하고 있다. 조작 전에는 b 접점에 가동부가 접촉되어 있다가 조작하면 a 접점으로 이동한다.

문제 07 그림 1은 전자계전기의 구조를 나타낸 것으로 각각에 대한 명칭을 제시하시오.

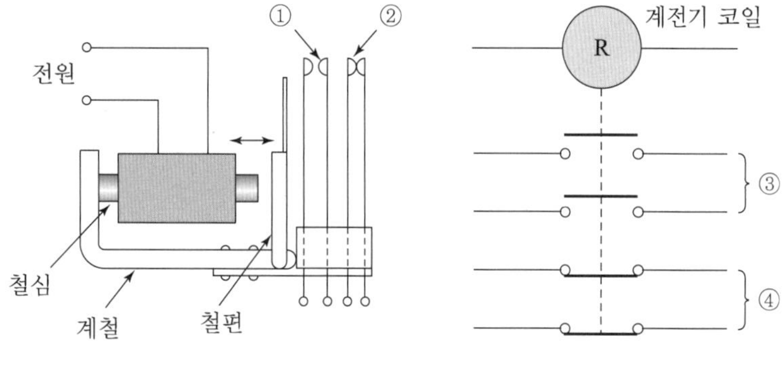

■ 그림 1 전자계전기의 구조

풀이 ① a 접점, ② b 접점, ③ a 접점, ④ b 접점

문제 **08** 타이머는 입력신호를 받은 다음 일정 시간이 경과한 후에 회로를 개폐하는 시한 소자(time limit element)를 가진 계전기나 개폐기를 말한다. 회로의 제어는 타이머만으로 되는 것이 아니고 각종 ( )와 ( )의 조합으로 그 기능을 발휘한다.

풀이 스위치, 계전기

문제 **09** 열동 과부하계전기는 사용 용도에 따라 전자접촉기와 연결하여 사용하거나 또는 단독으로 설치할 수 있도록 되어 있으며 ( )와 직렬로 연결하여 사용하도록 되어 있다.

풀이 전자접촉기

Chapter 10

시퀀스 제어의 응용

1. 시퀀스 제어의 종류

제어(制御, control)는 어떤 대상물의 현재 상태를 사람이 원하는 상태로 조절하는 것이라 할 수 있다. 단순한 작업이나 반복되는 작업, 위험이 수반되는 작업일 때 사람들은 능력이 저하되고, 작업을 기피한다. 이러한 경우에 사람을 대신하여 일해 주는 것이 있으면 하는 욕구가 생기게 되는데 이 욕구를 만족시키기 위해서 생겨난 것이 바로 제어이다.

따라서 사회의 발전과 더불어 사람이 사용하는 도구나 기계가 복잡해지고 정밀해짐에 따라 제어 설비는 계속 발전해 왔으며, 우리 생활 주변에서 거의 모든 분야에 걸쳐 이용하게 되었다. 특히 제어라는 것은 공장의 전유물은 아니고 우리 생활에 있어서 자동차의 속도를 올린다든지 전등을 켜는 행위 등이 모두 제어인 것이다.

1.1 자동 제어의 기초

제어 대상물을 어떻게 제어하는가에 따라 제어의 종류를 분류하면 수동 제어와 자동 제어로 나눈다. 수동 제어(手動 制御, manual control)는 인간의 판단을 손으로써 직접 기기나 설비를 제어하는 것으로 자동차 운전이나 전등의 점멸 등이 수동 제어에 속한다. 자동 제어(自動 制御, automatic control)는 사람 대신에 기계가 판단하여 기기나 설비를 자동적으로 제어하는 것을 말한다.

자동 제어는 미리 정해 놓은 순서에 따라 제어의 각 단계가 순차적으로 진행되는 시퀀스 제어(sequence control)와 기계가 스스로 제어의 필요성을 판단하여 동작하게 되는 되먹임 제어(feedback control)가 있다.

(1) 시퀀스 제어

시퀀스 제어(sequential control)는 미리 정해진 순서에 따라 제어의 각 단계를 순서대로 진행해 나가는 제어라고 한국산업규격(KS C 0103)에 정의되어 있다. 정의에서 미리 정해진 순서란 제어하는 기기나 장치의 동작 순서를 미리 결정하는 것을 의미한다. 즉, 기기나 장치의 동작 순서를 결정하는 것은 제어용 릴레이나 타이머, 또는 리밋 스위치 등 그 입력과 출력 신호의 순서에 의해 행해진다.

그림 3-10-1은 가열 장치에 의해 자동적으로 물을 끓이는 간단한 시퀀스 제어계의 예를 나타낸 것이다. 이 제어계의 외부에서 주어지는 명령은 “주전자의 물을 끓여라”라는 것이고, 이 명령은 배선차단기(MCCB)를 닫음으로써 수행된다. 이 명령을 실행함으로써 타이머에 부착된 스위치 S/W_1은 설정된 시간만큼 닫혀져 계전기에 의해 개폐되는 스위치 S/W_2를 닫게 하여 원하는 대로 주전자의 물을 끓게 한다. 이때, 물의 끓는 정도에 관계없이 타이머의 설정 시간이 끝나면 제어계의 동작은 멈추게 된다. 이러한 조작은 순차적이고 자동적으로 일어난다.

그림 3-10-2와 같이 신호는 한 방향으로만 전해지고 결과를 입력으로 다시 보내지지 않는데, 이러한 제어를 열린 루프 제어(open loop control)라고 한다. 배선차단기의 개폐를 작업 명령, 스위치 S/W_1의 개폐를 제어 명령이라 한다.

이와 같은 제어는 제어 명령의 스위치를 열거나 닫는 두 동작 중 한 동작으로 주어지므로 정성적 제어에 속한다. 즉, 미리 정해 놓은 순서에 따라 제어의 각 단계를 순차적으로 행하는 제어를 시퀀스 제어라 한다.

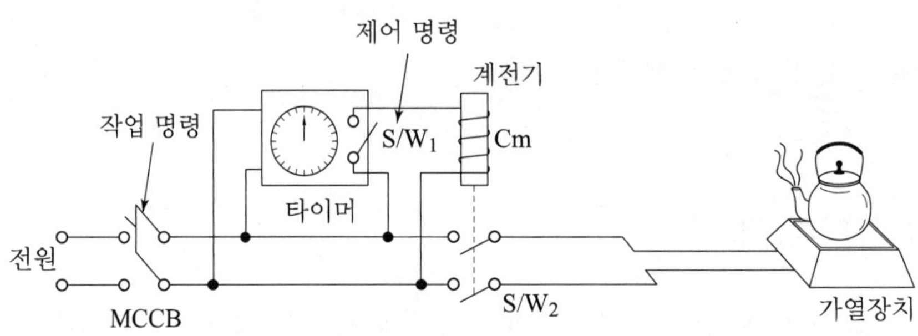

■ 그림 3-10-1 시퀀스 제어의 예

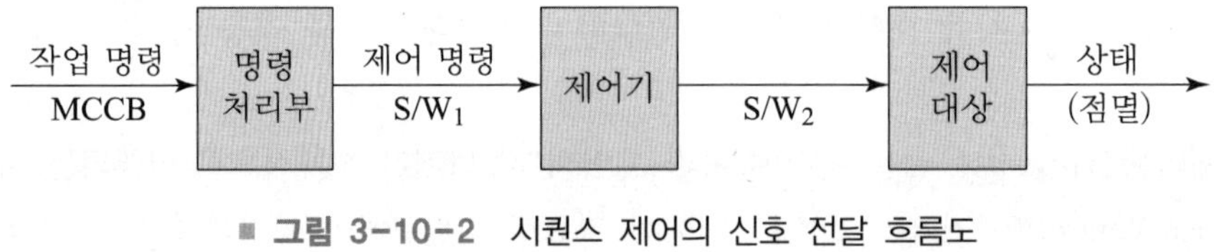

■ 그림 3-10-2 시퀀스 제어의 신호 전달 흐름도

(2) 피드백 제어

되먹임 제어(feedback control)는 제어량을 입력으로 되먹임 되어 목표값과 비교 조작할 수 있다. 외부의 조건 변화에 대응할 수 있는 특징을 갖기 때문에 대부분의 자동 제어는 이 방식을 많이 사용하는 것으로 닫힌 루프 제어(closed loop control)에 해당된다.

그림 3-10-3은 전기로 안의 재료를 시간의 경과에 따라 온도를 제어하기 위한 목적에 널리 사용되는 방식이다. 이 제어계의 제어 명령인 목표값에 도달했을 때, 온도의 자동 제어를 위하여 전압 조정기를 목표값에 대응하여 움직이기 위해서는 매시간 조작하지 않고, 자동 온도 조절기에 프로그램을 미리 입력시키면 된다. 이때 전기로 안의 온도는 목표값과 비교하여 정밀하게 자동 제어가 가능한데 이를 되먹임 제어(feedback control)라고 하며, 그림 3-10-4와 같이 이 제어계는 닫힌 루프 제어계(closed loop control system)로 구성된다.

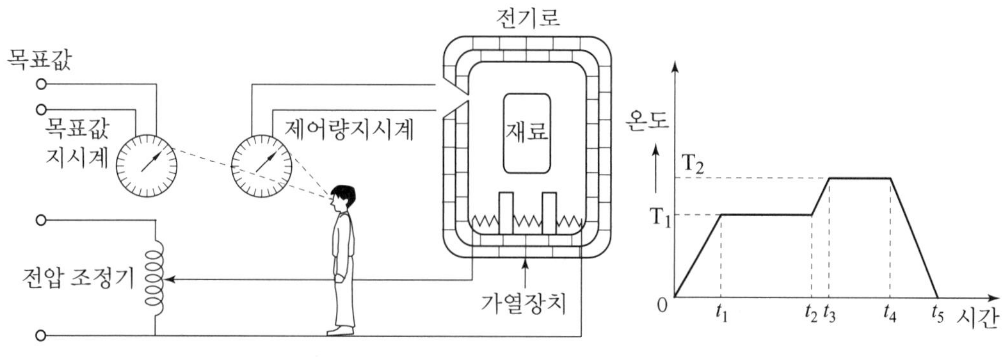

■ 그림 3-10-3 피드백 제어를 응용한 가열 장치의 작동 예

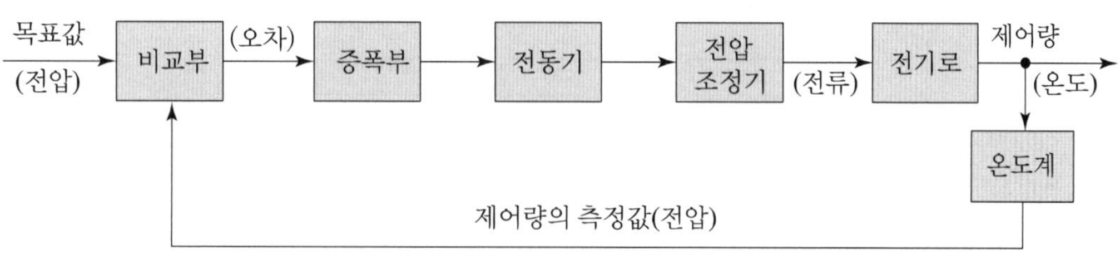

■ 그림 3-10-4 피드백 제어의 흐름도

1.2 시퀀스 제어계의 구성

그림 3-10-5는 물탱크에 일정한 수위가 유지되도록 하여 수도꼭지에서 항상 물을 쓸 수 있도록 하는 시퀀스 제어의 예를 나타낸 것이다. 우선 이 제어계에서는 물탱크 수위의 상한선과 하한선을 정하고, 수위가 하한선으로 내려갔을 때 하한 리밋 스위치의 작동으로 펌프가 작동하여 수위가 상한선에 이를 때까지 운전을 계속하게 되고, 수위가 상한선에 이르면 상한 리밋 스위치가 작동되어 펌프를 정지시켜 수위가 하한선이 될 때까지 그대로 정지 상태에 있게 된다.

이 그림에서 작동 스위치가 닫힌 상태에서 수위가 내려가 하한 스위치의 접점 L_l이 닫히게 되면, 코일 C_l이 여자되어 철편의 오른쪽을 흡착하게 되고, 영구 자석 M_l이 최초의 상태를 유지하게 된다. 따라서 접점 S_c가 닫히고, 코일 C_m이 여자되어, 접점 MC가 닫히게 되므로, 전동기와 펌프가 기동하게 된다.

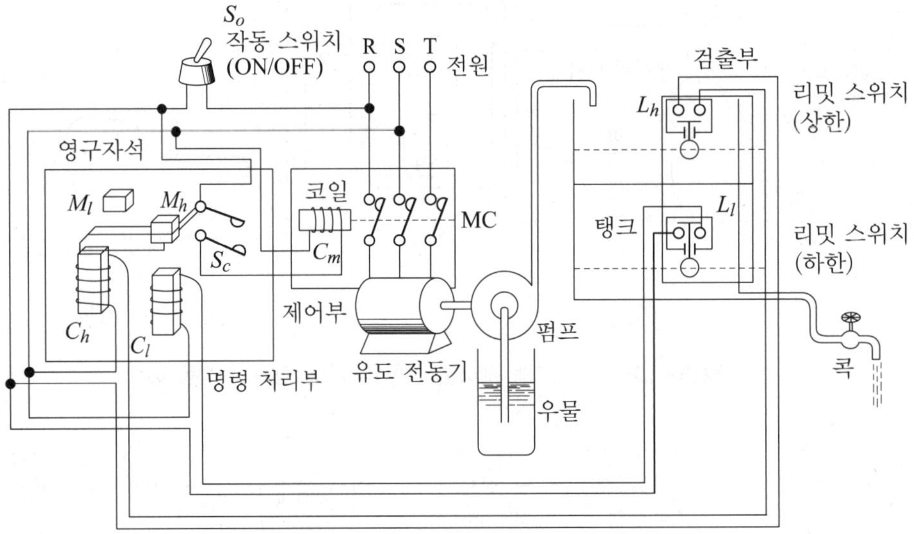

■ 그림 3-10-5 시퀀스 제어계의 구성

그리고 물탱크의 수위가 올라가면 하한 스위치의 접점 L_l이 열리게 된다. 그러나 영구 자석 M_l이 철편을 흡착된 상태로 유지하고 있으므로, 접점 S_c는 닫힌 상태로 유지되며, 전동기는 운전을 계속하게 된다. 이번에는 수위가 상한선에 이르면 상한 스위치의 접점 L_h가 닫히게 되며, 코일 C_h에 전류가 흘러서, 철편의 왼쪽을 흡인하게 되고, 영구 자석 M_h는 그것을 유지하게 된다. 이에 따라 접점 S_c가 열리게 되고, 코일 C_m은 자력을 잃게 되므로 접점 MC가 열리게 되어, 전동기는 정지하게 된다. 이와 같이 물탱크의 수위 레벨 범위에서 전동기가 자동적으로 기동 및 정지를 하게 되는데 이러한 일련의 동작을 그림 3-10-6에 나타낸다.

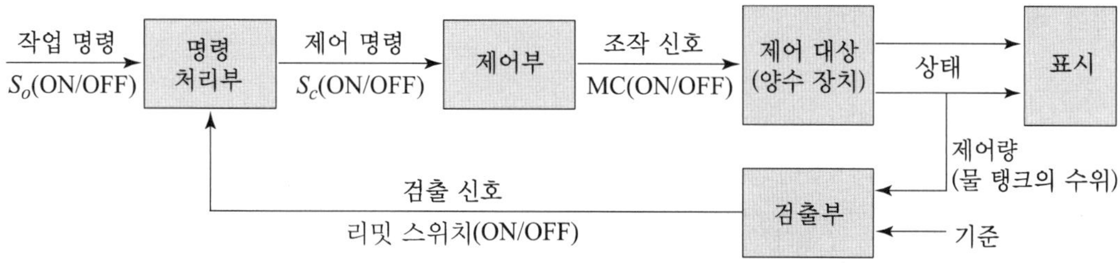

■ **그림 3-10-6** 물탱크 시퀀스 제어계의 흐름도

(1) 명령 처리부

작업 명령이나 검출신호를 미리 기억시켜 둔 신호 등에 의해서 제어 명령을 만드는 부분을 명령 처리부라 하는데 작업 명령과 검출신호가 제어 명령을 이루고 있다.

(2) 제어부

명령 처리부의 제어 명령 신호를 증폭하여 제어 대상을 직접 제어할 수 있도록 하는 부분이 제어부(制御部, controlling part)이며, 제어 대상을 직접 제어하는 것을 조작이라 한다. 제어계는 접점 S_c의 용량이 작으므로 직접 전동기의 전원 회로를 개폐할 수가 없다. 따라서 코일 C_m에 의하여 큰 용량의 접점 MC를 개폐하도록 되어 있는데 접점 S_c에서 접점 MC까지가 제어부이다. 이 제어계에서는 명령 처리를 위하여 제어 대상에서 신호가 되돌아가고 있지만 이것은 되먹임 제어계에서의 되먹임 신호와는 다르다.

(3) 제어 대상

제어하고자 하는 장치를 제어 대상(制御對象, controlled system)이라 하는데 제어계에서는 전동기, 펌프, 우물과 물탱크로 구성되는 양수 장치가 이것에 해당된다.

(4) 검출부

제어량(制御量, controlled variable)이 원하는 소정의 상태인지 아닌지를 표시하는 2진 신호를 발생하는 부분을 검출부(檢出部, detecting element)라 하는데 제어계에서는 상한 스위치 L_h와 하한 스위치 L_l이 이것에 해당한다. 이때, 검출부에서 검출된 신호를 검출신호라 하는데 제어계에서는 상한 리밋 스위치의 검출신호와 하한 리밋 스위치의 검출신호로 구성되어 있다.

검출 스위치는 물체의 유무나 위치, 온도, 압력 등의 상태 변화를 검출하여 자동적으로 접점이 개폐되는 스위치로서 인간의 눈이나 귀 등의 감각 기관에 해당하며, 리밋 스위치, 광전 스위치, 근접 스위치, 온도 스위치, 레벨 스위치 등이 있다. 표 3-10-1은 검출 스위치의 기호 및 동작의 개요에 대해서 나타낸다.

● **표 3-10-1** 검출 스위치의 표시 및 동작

검출 스위치	기 호		동작 개요
	a 접점	b 접점	
리밋 스위치	LS 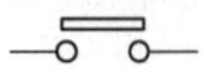	LS 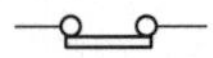	물체가 가하는 힘에 의해 작동
광전 스위치	PHS 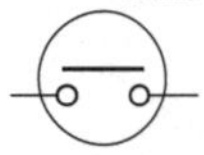	PHS 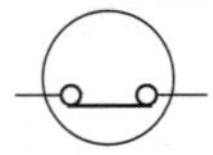	물체가 광로를 차단함으로써 작동
근접 스위치	PXS 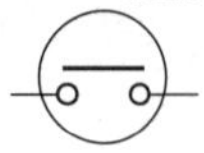	PXS 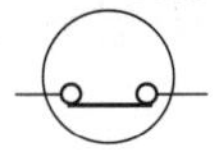	전계나 자계의 변화를 검지하여 작동

2. 시퀀스 제어의 기본 회로

시퀀스 제어에서 기본이 되는 회로는 논리회로, 자기유지회로, 인터록회로 등이 있다.

(1) 논리회로

논리회로(論理回路, logical circuit)에서 AND 회로는 그림 3-10-7(a)와 같이 입력 스위치나 접점이 모두 직렬로 연결 되어 있으며, 모두 닫힐 경우에만 출력이 닫힌 상태로 동작하는 회로이다.

OR 회로는 그림 3-10-7(b)와 같이 입력 스위치나 접점이 모두 병렬로 연결 되어 있으며, 둘 중에 한 개만 닫혀도 입력 스위치나 접점이 열리면 출력은 닫힌 상태가 되는 회로이다.

NOT 회로는 그림 3-10-7(c)와 같이 입력 스위치 PBS나 접점이 닫히면 출력은 열린 상태가 되고, 이와는 반대로 입력 스위치나 접점이 열리면 출력은 닫힌 상태가 되는 회로이다.

NAND 회로는 그림 3-10-7(d)와 같이 입력 스위치나 접점이 모두 닫힐 경우에만 출력이 열린 상태로 동작하는 회로이다.

NOR 회로는 그림 3-10-7(e)와 같이 입력 스위치나 접점이 둘 중에서 한 개만 닫혀도 출력이 열린 상태로 동작하는 회로이다.

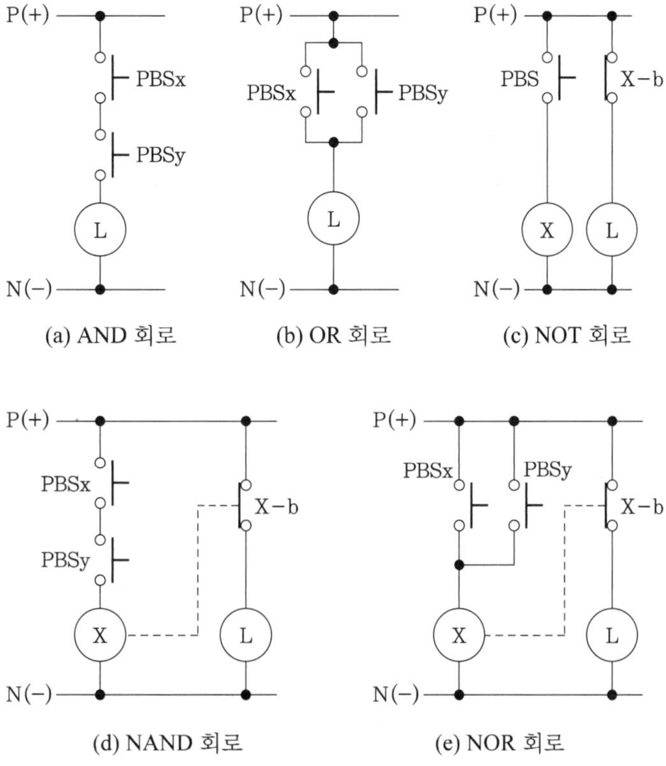

■ 그림 3-10-7 시퀀스 제어의 논리회로

(2) 자기유지회로

자기유지회로(自己維持回路, self-hold circuit)는 그림 3-10-8과 같이 간단히 구성된다. 우선 기동용 누름버튼스위치 PB_1을 누르면 전자 접촉기의 코일 MC가 여자된다. 이때 코일이 여자됨으로써 MC의 a 접점이 닫혀 자기유지회로가 형성된다. 이때 PB_1에서 손을 떼더라도 코일 MC는 계속 여자되어 회로가 구성된다. 반면에 정지용 누름버튼스위치 PB_2를 누르면 코일 MC를 여자시키던 전류가 끊어지고 자기유지가 해제된다. 이러한 자기유지회로는 전동기의 기동정지 운전 회로에 많이 사용된다.

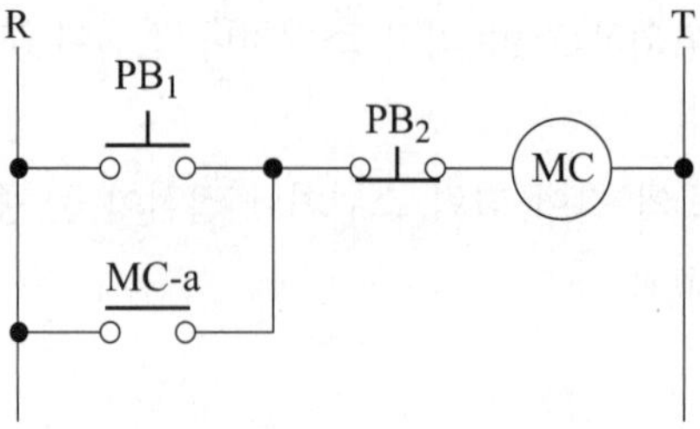

■ 그림 3-10-8 자기유지회로

(3) 인터록회로

인터록회로(interlock circuit)는 두 개의 계전기 중에서 먼저 여자된 쪽에 우선순위가 주어지고 다른 쪽의 동작을 금지하는 회로로서, 그림 3-10-9와 같이 코일 R_1을 여자시키면 코일 R_2를 여자시킬 수 없고, 반대로 코일 R_2를 여자시키면 코일 R_1을 여자시킬 수 없게 되어 있다. 다만, 정지용 누름버튼스위치 PB_3를 눌러서 우선적으로 여자된 코일을 해제한 다음에는 다른 코일을 여자시킬 수 있다. 이러한 인터록회로는 전동기의 정·역회전 운전 회로에 많이 사용된다.

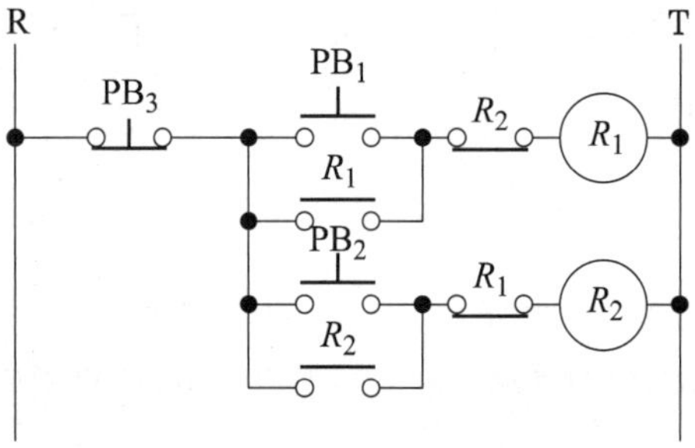

■ 그림 3-10-9 인터록회로

3. 시퀀스 도면의 작성

(1) 기호 표시방법

시퀀스 제어에 사용되는 각종 기기를 시퀀스도로 표시하기 위해서는 정해진 기호를 사용해야 한다. 우리나라에서는 전기 배선용 기호가 KS C 0301, 일반 전기용 기호가 KS C 0302, 전기

통신용 기호가 KS C 0303으로 정해져 있다. 그림 3-10-10과 같이 기호 옆에 시퀀스 제어의 기호를 표시함으로써 시퀀스 제어의 동작을 쉽게 이해할 수 있다.

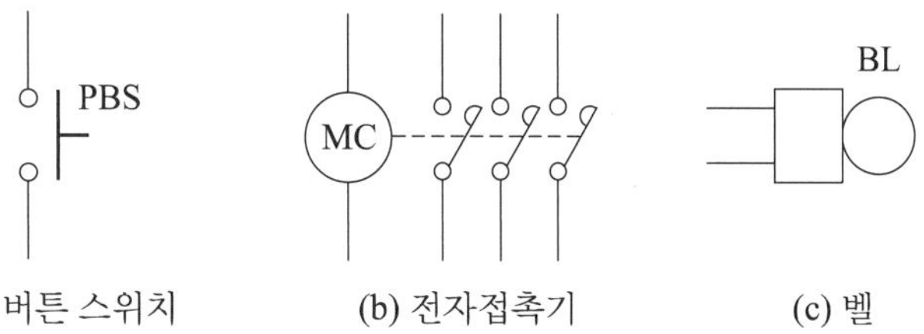

■ 그림 3-10-10 시퀀스 제어의 기호

(2) 전원의 도선 표시방법

시퀀스 회로도의 제어회로 내에서 각 기기의 상호 사이를 접속하는 도선을 그림 3-10-11과 같이 실선으로 나타낸다. 시퀀스도의 주회로는 보통 굵은 선을 사용하지만 제어회로는 비교적 가는 선을 사용하는 것이 좋다. 도선의 분기는 그림 3-10-11(b)와 같이 분기점에 검게 칠한 작은 원을 그려서 그 부분이 접속되어 있다는 것을 나타내고, 교차 접속의 경우에는 그림 3-10-11(c)와 같이 검게 칠하는 작은 원을 그린다. 그러나 그림 3-10-11(d)와 같이 교차점에 검게 칠한 작은 원이 없을 경우에는 2개의 도선이 실제로는 접속되어 있지 않다는 것을 나타낸다.

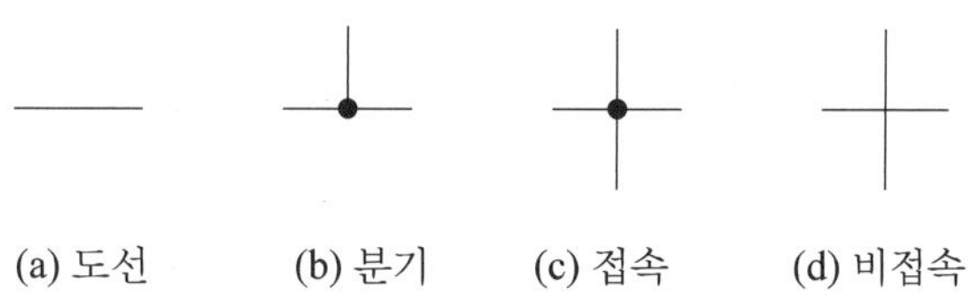

■ 그림 3-10-11 도선의 표시방법

시퀀스 회로도에서 제어 전원용 모선은 적당한 간격을 가진 상하의 가로선으로 나타낸다. 이 때 직류 제어 전원 모선은 그림 3-10-12(a)와 같이 위쪽에 양(+)극 모선을 그리고 기호 P(+)로 표시하며, 아래쪽에 음(−)극 모선을 그리고 기호는 N(−)으로 표시한다. 실제로는 그림 3-10-12(b)와 같이 직류전원이 생략된 것이다.

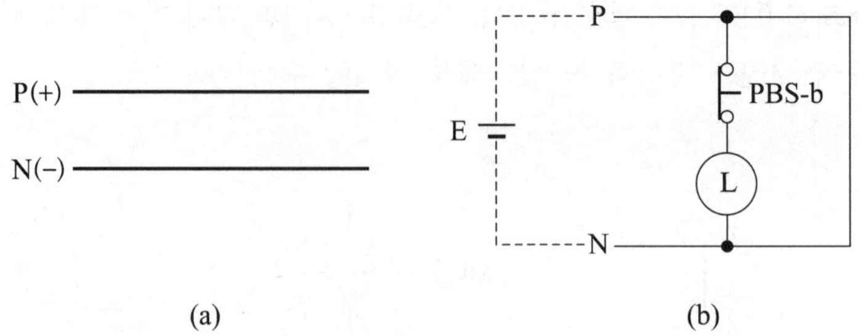

■ 그림 3-10-12 직류전원 모선

시퀀스 회로도에서 교류 제어 전원 모선은 그림 3-10-13(a)와 같이 교류전원의 상을 나타내는 R, S, T 중에서 2개를 선택하는 등의 방법을 사용하며, 그림 3-10-13(b)는 교류전원을 생략한 것이다.

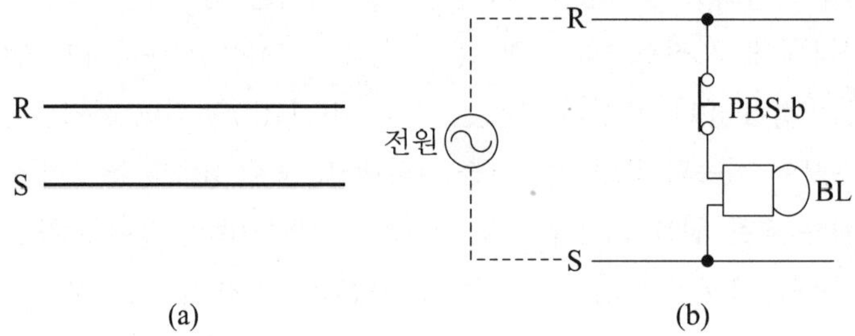

■ 그림 3-10-13 교류전원 모선

(3) 제어 기기의 접속방법

시퀀스 회로도에서 제어 기기를 연결하는 접속선은 제어 전원 모선 사이에 수직선으로 표시한다. 이때 제어 기기는 비작동 상태로 하고, 모든 전원이 차단된 상태로 표시한다.

접속선 내의 제어 기기의 배열은 그림 3-10-14와 같이 위쪽 제어 전원 모선부터 각종 스위치와 전자계전기 등의 접점을 접속하고, 전자계전기, 전자접촉기 등의 전자 코일은 아래쪽 제어 전원 모선에 연결되도록 한다. 이때 각각의 접속선으로 분기하여 배열된 전자계전기의 접점이나 전자 코일에는 그 기기 이름을 나타내는 문자 기호를 표시하여 그 관계를 나타내도록 한다.

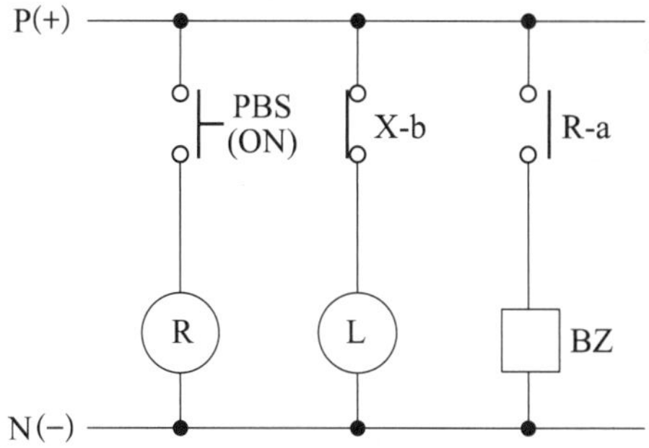

■ 그림 3-10-14 제어 기기의 접속방법

4. 시퀀스 제어의 실제

시퀀스 제어의 방법을 적용하여 단상 유도전동기 회로, 3상 유도전동기의 정·역회전 회로, 자동양수펌프 회로, 3상 유도전동기 기동정지회로, 자동화재탐지설비 제어회로, 예비전원 자동 전환 제어회로 등에 대한 회로를 소개하고자 한다.

(1) 단상 유도전동기의 회로

단상 유도전동기(單相誘導電動機, single-phase induction motor)는 가격이 저렴하고 시스템 운용이 편리하여 전기설비에 많이 사용되고 있다. 단상 유도전동기의 효율적인 운용을 위해서는 그림 3-10-15와 같이 자기유지회로가 필요하며, 그림 3-10-16은 타임 차트를 나타낸다.

공급되는 전원의 투입과 차단은 배선차단기(MCCB)를 이용하여 제어한다. 누름버튼스위치 PB-ON을 누르면 전자접촉기 MC에 전류가 흘러 전자접촉기가 동작하여 주접점 MC가 ON 되어 전동기가 회전하기 시작하며, 보조 접촉기 MC-a가 폐로되어 자기유지회로가 구성된다.

정상적으로 작동되어 운전 중인 전동기를 정지시키기 위하여 PB-OFF를 누르면 전자접촉기 MC에 전류가 흐르지 않게 되어 전자접촉기는 자기력을 잃게 되며, 전자접촉기 MC가 개로되어 전동기가 정지한다. 또한, 보조 접촉기 MC-a가 개로되어 자기유지회로가 취소된다.

그리고 전동기가 운전 중에 어떤 이유에 의해서 과열되면 열동과부하계전기(THR)가 전동기의 과열 상태를 감지함에 따라 THR-b 접점이 개방되므로 전원의 공급이 중단되어 전동기는 정지한다. 전동기가 정지하면 배선차단기(MCCB)를 꺼짐(OFF)으로 절환하고, 시스템을 점검하여 문제점을 해결하고 시스템을 가동해야 한다. 여기서, C는 단상 전동기의 회전자계를 얻기 위해 설치한 것으로 기동용 콘덴서이다.

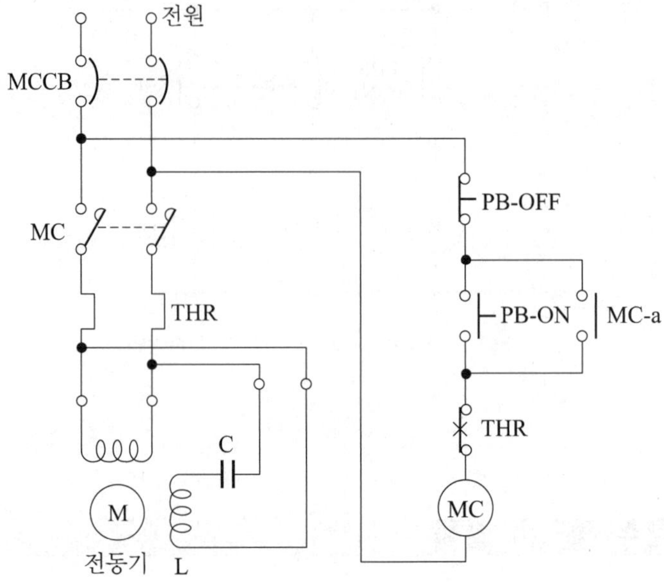

■ 그림 3-10-15 단상 유도전동기의 운전 회로

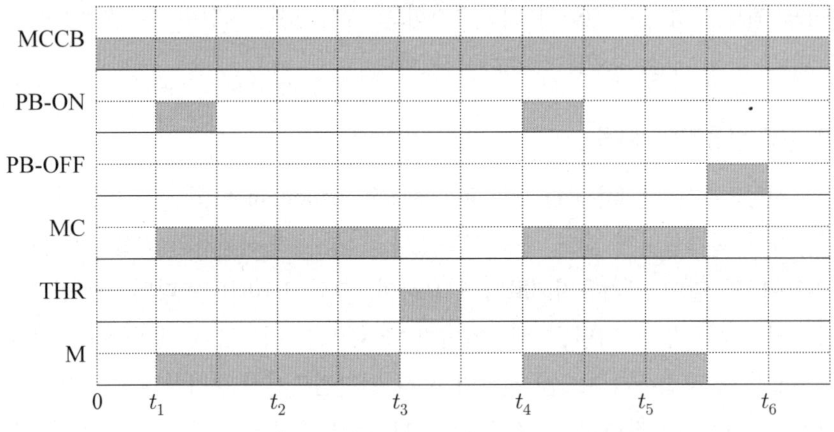

■ 그림 3-10-16 단상 유도전동기의 운전 회로의 타임 차트

(2) 3상 유도전동기의 정·역회전 회로

3상 전력은 회전 에너지를 쉽게 얻을 수 있어서 별도의 기동 회로 또는 보조 장치가 필요하지 않으므로 대용량 설비에 주로 사용된다. 또한, 3상 유도전동기(三相誘導電動機, three-phase induction motor)는 3선 중에 2선을 바꾸어 연결하면 회전을 반대로 바꿀 수 있는 장점을 가지고 있다. 그런데 정·역회전 운전을 안정적으로 작동시키기 위해서는 시스템의 내부에 인터록회로

를 적용할 필요가 있고, 그림 3-10-17은 작동 회로이며, 그림 3-10-18은 타임 차트를 나타낸다.

배선차단기(MCCB)를 ON한 후 정회전 기동용 누름버튼스위치 PBF를 누르면 전동기가 정회전함과 동시에 F-b가 ON 되어 인터록회로를 구성하므로, 역회전 기동용 누름버튼스위치 PBR을 눌러도 역회전 전자 코일에는 전류가 흐르지 않는다.

정상적인 정회전 운전 중에 전동기를 역회전시키려면 PB-OFF를 눌러 F-MC를 소자시킨 후 누름버튼스위치 PBR을 눌러 인터록회로에 내장된 R-MC를 여자시키면 된다. 이 때 누름버튼스위치 PBF를 눌러도 R-b가 열려 있으므로 정회전용 인터록회로에 내장된 F-MC는 여자되지 않는다. 3상 유도전동기의 회전 방향을 바꾸려면 3선의 입력 전원 중 2선을 바꾸어 주면 회전 방향이 바꾸어진다.

그리고 전동기가 운전 중에 어떤 이유에 의해서 과열되면 열동과부하계전기(THR)가 전동기의 과열 상태를 감지함에 따라 THR-b 접점이 개방되므로 전원의 공급이 중단되어 전동기는 정지한다. 전동기가 정하면 배선차단기(MCCB)를 꺼짐(OFF)으로 절환하고, 시스템을 점검하여 문제점을 해결하고 시스템을 가동해야 한다.

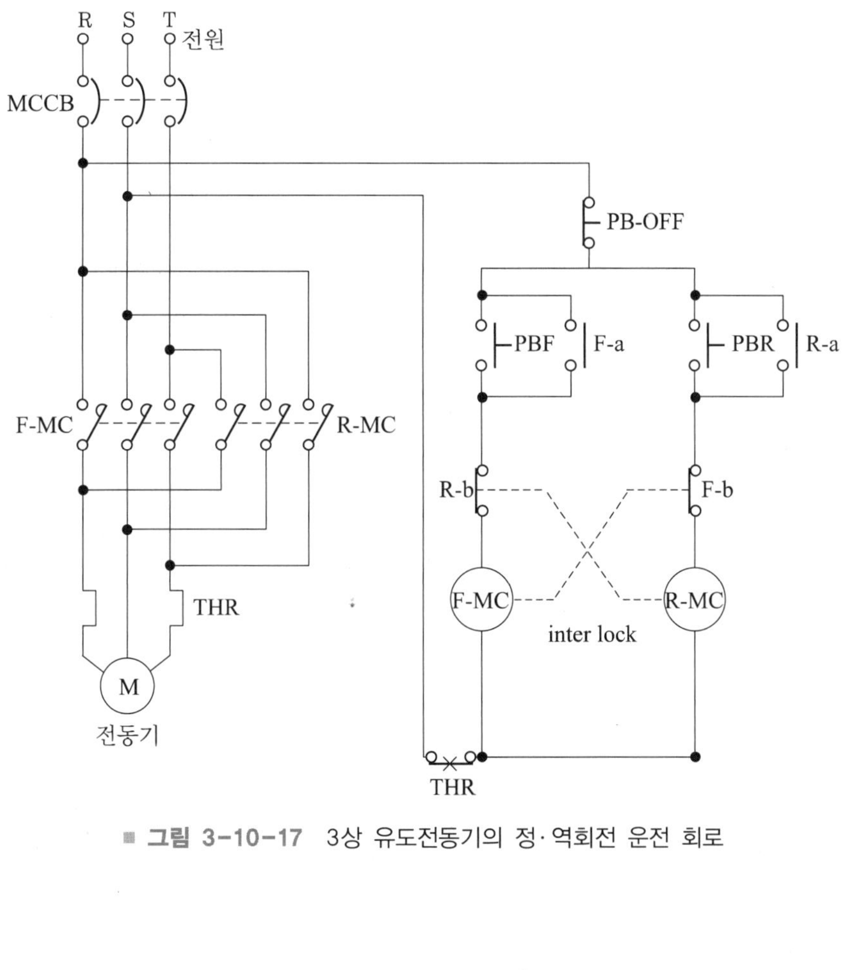

■ 그림 3-10-17 3상 유도전동기의 정·역회전 운전 회로

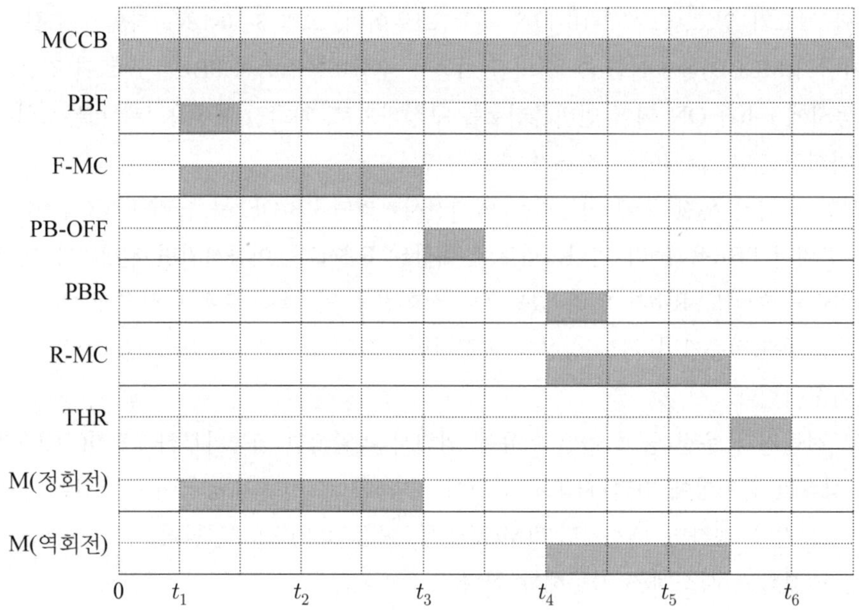

■ **그림 3-10-18** 3상 유도전동기 정·역회전 운전 회로의 타임 차트

(3) 자동양수펌프의 제어회로

심야의 잉여 전기를 이용하여 물을 양수하는 설비 또는 산업 현장에서 일정한 양의 물을 양수하기 위해 사용되는 시스템이 자동양수펌프 장치이다. 그림 3-10-19는 자동양수시스템의 제어회로이며, 그림 3-10-20은 타임 차트를 나타낸다. 자동양수 장치는 물 저장 탱크의 수위의 상한선과 하한선을 정하고 수위가 하한선까지 내려가면 양수펌프가 자동으로 동작하고, 수위가 상한선에 이르면 양수펌프를 정지시킨다.

그리고 수위가 하한선에 도달하여 양수펌프가 다시 동작하기 전까지는 정지되어 있다. 양수용, 배수용 펌프 전동기를 예로 들어 가동과 정지의 제어회로에 대해 설명하고자 한다. 양수용 액면 스위치는 저수위에서 항상 닫혀 있고 고수위가 되면 열리는 고수위 스위치 L_H와 저수위에서 닫히고 수위가 증가하면 열리는 저수위 스위치 L_L이 있다. 자동 및 수동 양수 장치 제어용 시퀀스 제어의 동작은 다음과 같다.

배선차단기(MCCB)를 ON하여 3상 전원을 공급한다. 수동의 경우는 누름버튼스위치 PB_1을 누르면 전자접촉기 MC에 전류가 흘러 주접점 전자접촉기 MC가 닫히고, 보조 접점 MCa가 ON 되어 자기유지회로를 구성한다. 또한, 자동의 경우는 수위가 저수위 선에 도달하면 저수위 액면 리밋 스위치 L_L이 닫히게 되어 누름버튼스위치 PB_1을 눌렀을 때와 같은 원리로 기동된다.

양수펌프를 정지시킬 때는 누름버튼스위치 PB_2를 눌러 수동 정지시키거나, 수위가 고수위 선에 도달하면 고수위 스위치 L_H가 열리게 되어 자동으로 정지한다. 리밋 스위치 L_S는 저수위 미만에서 수원의 물이 줄어 양수를 할 수 없는 경우 공회전 방지를 위하여 설치한 것이다.

그리고 전동기가 운전 중에 어떤 이유에 의해서 과열되면 열동과부하계전기(THR)가 전동기의 과열 상태를 감지함에 따라 THR-b 접점이 개방되므로 전원의 공급이 중단되어 전동기는 정지한다. 전동기가 정하면 배선차단기(MCCB)를 꺼짐(OFF)으로 절환하고, 시스템을 점검하여 문제점을 해결하고 시스템을 가동해야 한다.

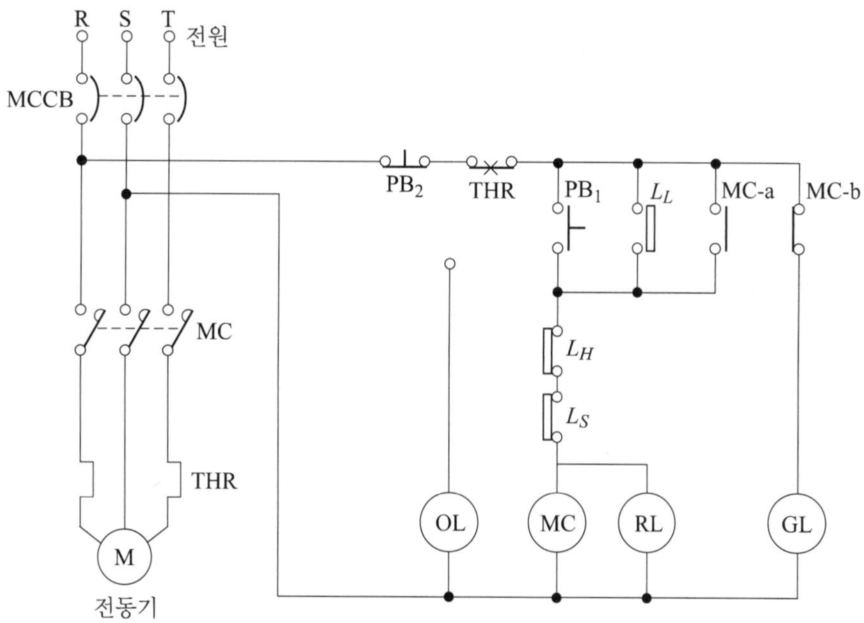

■ 그림 3-10-19 자동양수시스템의 제어회로

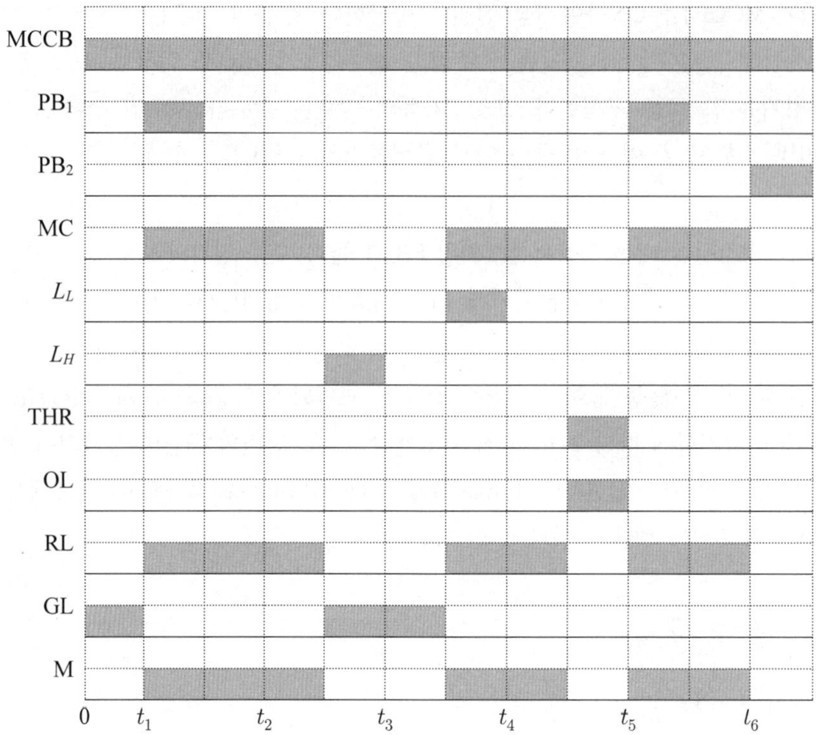

■ **그림 3-10-20** 자동양수 제어시스템의 타임 차트

(4) 3상 유도전동기의 기동정지회로

대용량 전기설비에 설치되어 있는 3상 유도전동기의 기동과 정지를 할 때 관성에 의해 시스템에 영향을 줄 수 있으므로 그림 3-10-21과 같은 3상 유도전동기 기동정지회로가 사용되며, 그림 3-10-22는 타임 차트를 나타낸다.

배선차단기(MCCB)를 투입하여 전원을 공급하면 정지 표시등 GL이 점등하게 된다. 그리고 누름버튼스위치 PB_2를 누르면 전자접촉기 MC가 여자되어 마그네트(전자접촉기) 주접점의 보조회로가 구성되며, 보조 접점 a, b에 의해 정지표시램프 GL은 소등되고 기동표시램프 RL은 점등된다.

그리고 전동기가 운전 중에 어떤 이유에 의해서 과열되면 열동과부하계전기(THR)가 전동기의 과열 상태를 감지함에 따라 THR-b 접점이 개방되므로 전원의 공급이 중단되어 전동기는 정지한다. 전동기가 정하면 배선차단기(MCCB)를 꺼짐(OFF)으로 절환하고, 시스템을 점검하여 문제점을 해결하고 시스템을 가동해야 한다.

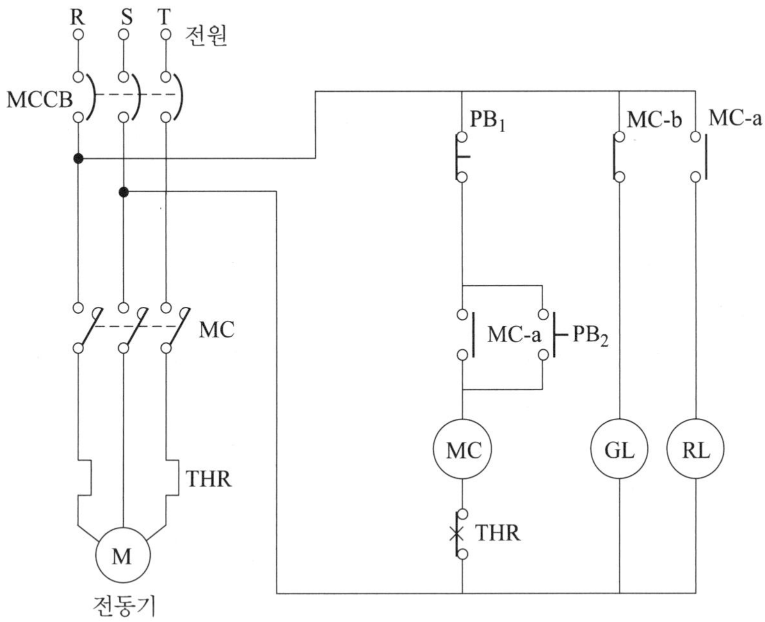

■ 그림 3-10-21 3상 유도전동기의 기동정지회로

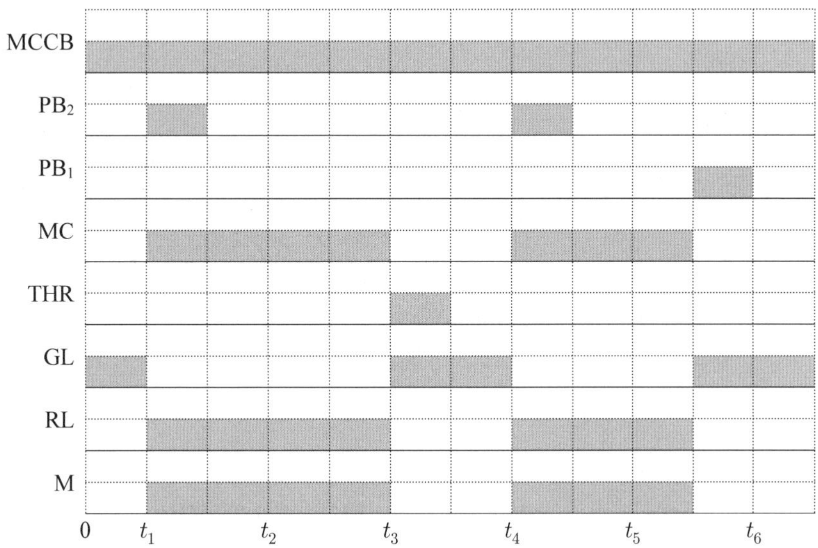

■ 그림 3-10-22 3상 유도전동기 기동정지회로의 타임 차트

(5) 자동화재탐지설비의 제어회로

전기설비를 사용 중에 이상 현상이 발생하여 화재가 발생했을 경우 조기에 경보함으로써 인명과 재산 피해를 최소화하기 위해 자동화재탐지설비(自動火災探知設備, automatic alarm system)가 사용되며, 그림 3-10-23은 자동화재탐지설비 제어회로이며, 그림 3-10-24는 타임 차트를 나타낸다.

전원 공급을 위한 전원은 배선차단기(MCCB)를 이용한다. 회로에 전원이 공급되고, 수신기의 스위치 S/W_1를 ON하면 전원표시램프 PL이 점등된다. 화재가 발생하여 주위 온도가 상승되거나 연기 농도가 많아지면 감지기(D_1 및 D_2)의 접점이 폐로되어 수신기의 주음향장치 BZ_1 및 화재 경계구역에 있는 음향장치 BZ_2가 동시에 화재 경보를 울린다.

화재 발생 지점에 있는 사람이 화재를 발견했을 경우에는 발신기 내의 누름스위치를 눌러 신호를 수신기로 보내고 이것에 의해 BZ_1 및 BZ_2가 화재 경보를 발신한다. 이와 같은 조기 조치를 통해서 사고 발생에 대한 상황을 관리자는 물론 사용자가 공유함으로써 피난 동선의 확보 및 위기 대응 인식의 향상에 기여한다.

여기서, BZ_1은 방제센터에 설치된 주경종이며, BZ_2은 각각의 지구에 설치된 지구경종이다. 또한, S/W_1은 BZ_1과 BZ_2의 작동상태를 점검할 때 사용되는 스위치이다.

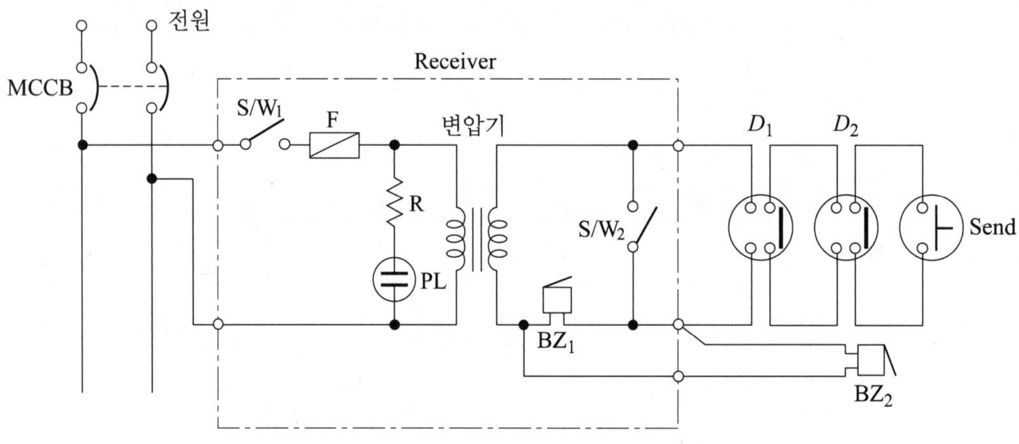

■ 그림 3-10-23 자동화재탐지설비의 제어회로

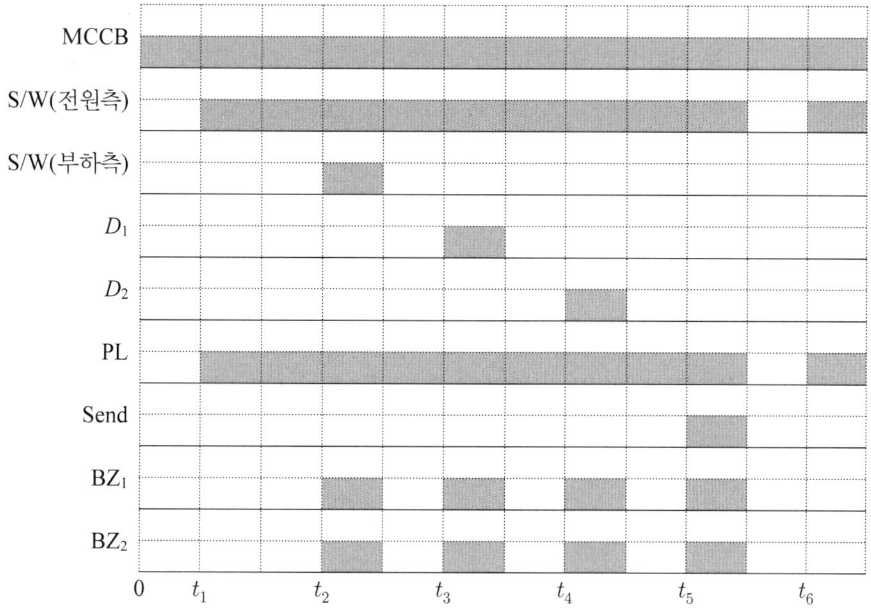

■ **그림 3-10-24** 자동화재탐지설비 제어회로의 타임 차트

(6) 예비전원의 자동전환 제어회로

전력의 안정적 공급을 위해 사용되는 것이 예비전원 설비이다. 그림 3-10-25는 상용전원 및 비상전원의 자동절환 회로이며, 그림 3-10-26은 타임 차트를 나타낸다. 이 회로는 상용전원을 공급 받아 사용하던 도중 불의의 사고로 정전이 발생하였을 때 주요 설비에 전기를 공급하기 위하여 예비전원으로 절환되고, 상용전원의 복구 시 자동으로 예비전원에서 상용전원으로 전환되도록 하는 시퀀스 제어회로이다.

배선차단기(MCCB)를 투입하면 회로에 정상 전원이 공급되도록 되어 있고, 이 때 누름버튼스위치 PB_1을 누르면 전자개폐기 MC_1이 여자되고 주접점 MC가 닫히고 상용전원에 의해 전동기 M이 회전하고 운전 표시등 RL이 점등된다. 또한, 보조 접점 MC_1-a가 폐로되어 자기유지회로가 구성되고, 보조 접점 MC_1-b가 개로되어 전자개폐기 MC_2가 동작되지 못하도록 한다. 상용전원으로 운전 중에 누름버튼스위치 PB_3를 누르면 전자개폐기 MC_1에 소자되어 3상 유도전동기는 정지하고, 상용전원 운전 표시등 RL 소등한다.

상용전원의 정전 시 PB_2를 누르면 MC_2가 여자되어 예비전원에서 전기가 공급되어 전동기 M이 회전하고, 표시등 GL이 점등되며, 보조 접점 MC_2-a가 ON 되어 자기유지회로를 구성하고, 보조 접점 MC_2-b가 개로되어 전자개폐기 MC_1에 전기가 공급되지 못하게 한다.

예비전원으로 운전 중에 누름버튼스위치 PB_4를 누르면 전자개폐기 MC_2가 소자되어 유도전동기는 정지하고, 예비전원 운전 표시등 GL은 소등한다. 그리고 상용전원으로 운전을 재개하려면 앞에서 수행한 절차를 반복하면 가능하다.

그리고 전동기가 운전 중에 어떤 이유에 의해서 과열되면 열동과부하계전기(THR)가 전동기의 과열 상태를 감지함에 따라 THR-b 접점이 개방되므로 전원의 공급이 중단되어 전동기는 정지한다. 전동기가 정하면 배선차단기(MCCB)를 꺼짐(OFF)으로 절환하고, 시스템을 점검하여 문제점을 해결하고 시스템을 가동해야 한다.

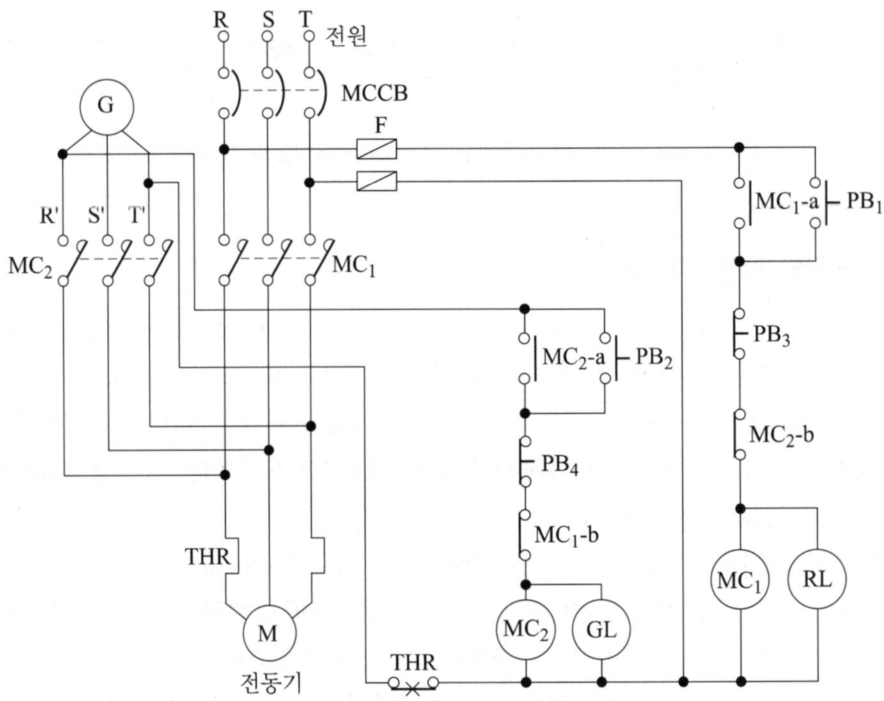

■ 그림 3-10-25 상용전원 및 비상전원의 자동절환회로

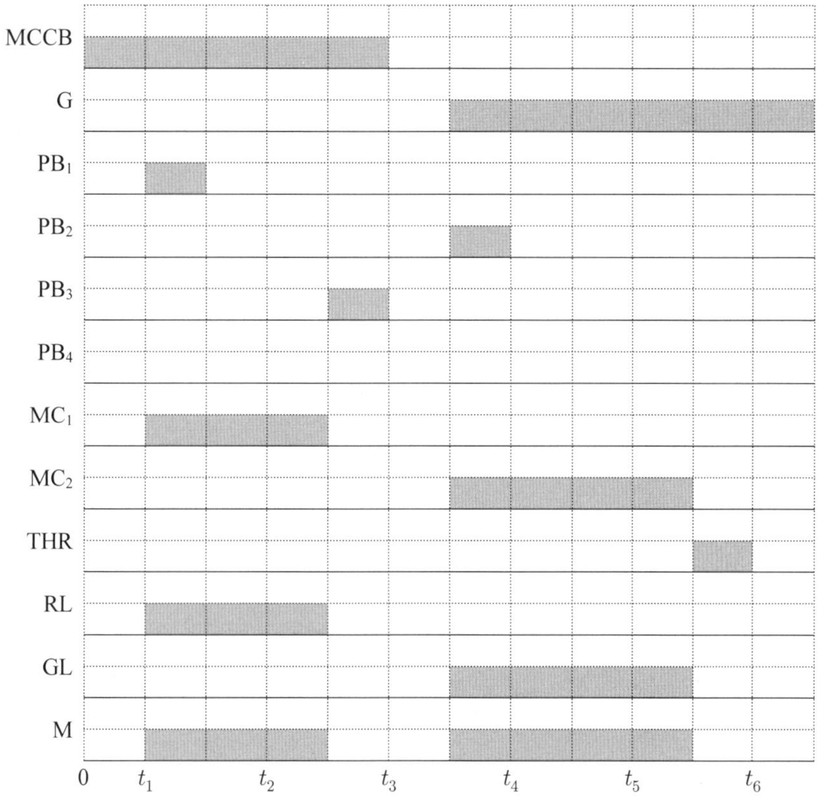

■ **그림 3-10-26** 3상 유도전동기 기동정지회로의 타임 차트

(7) 3상 유도전동기의 Y-Δ 기동제어회로

3상의 경우 회로의 연결방식에 따라 3상 3선식, 3상 4선식 등으로 다양한 형태의 전원의 공급이 가능하다는 장점을 가지고 있다. 3상 4선식의 경우 선간 전압이 상전압보다 $\sqrt{3}$ 배의 크기를 가지고 있어서 기동할 때 회로에 부담을 줄여 준다는 특징을 가지고 있다. 즉, 회로를 기동할 때는 Y결선을 하여 기동 전류를 작게 해주고, 운전 중에는 힘을 세게 하기 위해 Δ결선으로 회로를 전환하면 효율을 높일 수 있다.

그림 3-10-27은 3상 유도전동기의 Y-Δ 기동제어회로이며, 그림 3-10-28은 타임 차트를 나타낸 것이다. 배선차단기(MCCB)를 투입하고, 누름버튼스위치 PB_1을 누르면 여자 코일 MCY 및 타이머 T가 여자된다. 보조 접점 MCYa가 ON 되어 코일 MC가 여자되고, MCa가 ON 되어 자기유지회로를 구성하게 된다. 그러나 MCYb가 OFF 되어 코일 MCD에는 전기가 공급되지 않는다.

주접점 MCY 및 전자접촉기 MC가 ON 되어 3상 유도전동기는 Y결선으로 기동한다. 타이머 코일 T에 전기가 공급되고 있으므로 타이머 T의 설정 시간이 지나면 한시 동작 순시 복귀 Tb

가 개로되면 코일 MCY가 자기력을 잃어 주접점 MCY가 열리고, 코일 MCD가 여자되어 주접점 MCD가 ON 되어 전동기는 △ 결선으로 운전하게 된다.

정상적으로 운전 중에 누름버튼스위치 PB_2를 누르거나 전동기에 과부하가 걸려 열동계전기 THR이 작동하면 동작 중에 있는 코일 MC, MCD 및 T 등이 자기력을 잃어 전동기는 정지한다. 즉, 이와 같은 반복적인 과정을 통해서 3상 유도전동기의 기동과 정지가 이루어지는 것이다.

그리고 전동기가 운전 중에 어떤 이유에 의해서 과열되면 열동과부하계전기(THR)가 전동기의 과열 상태를 감지함에 따라 THR-b 접점이 개방되므로 전원의 공급이 중단되어 전동기는 정지한다. 전동기가 정하면 배선차단기(MCCB)를 꺼짐(OFF)으로 절환하고, 시스템을 점검하여 문제점을 해결하고 시스템을 가동해야 한다.

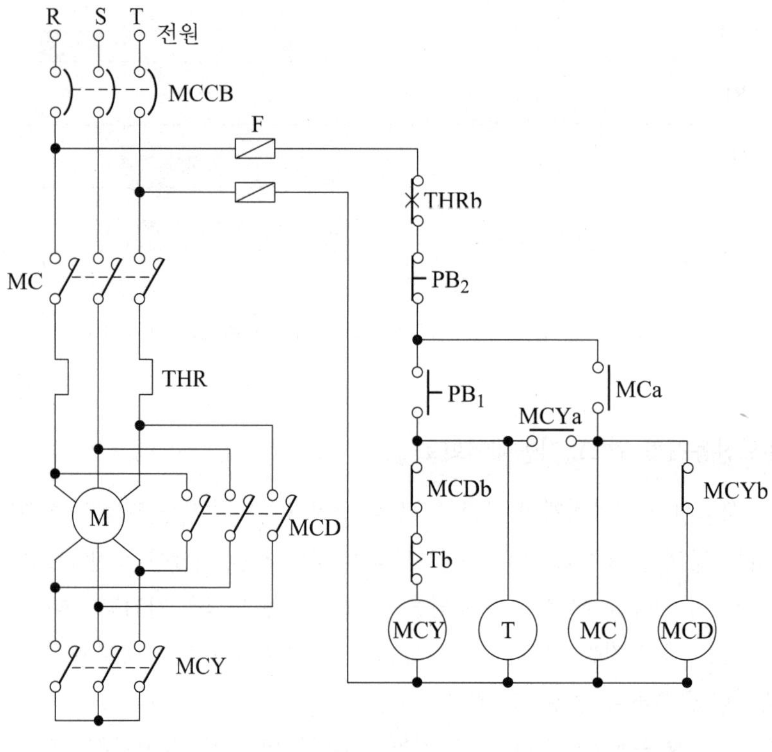

■ 그림 3-10-27 3상 유도전동기의 Y－△ 기동제어회로

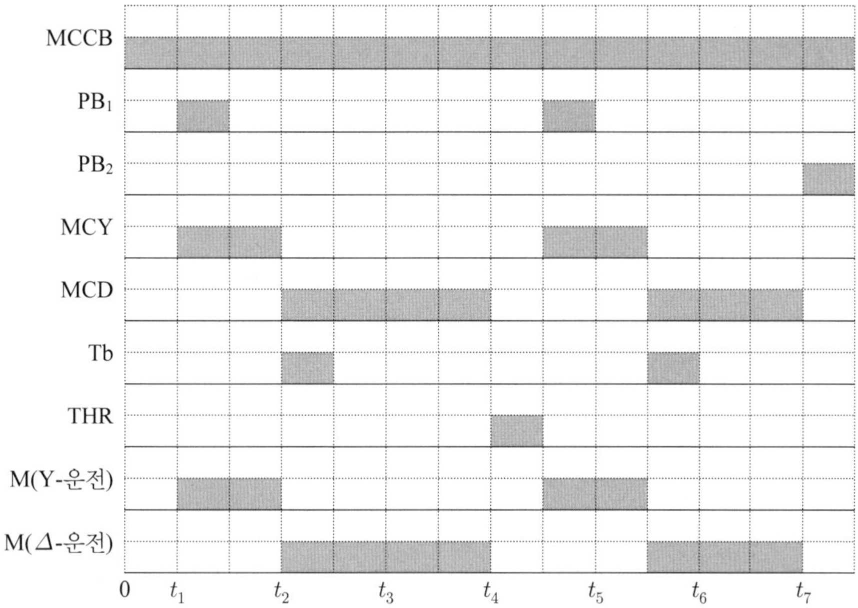

■ **그림 3-10-28** 3상 유도전동기 Y－△ 기동정지회로의 타임 차트

연습문제

문제 **01** 어떤 설비의 제어 중에서 미리 정해진 순서에 따라 제어의 각 단계를 순서대로 진행해 나가는 제어를 무엇이라 하는가?

풀이 시퀀스 제어

문제 **02** (　　)는 제어량을 입력으로 되먹임 되어 목표 값과 비교 조작할 수 있다. 외부의 조건 변화에 대응할 수 있는 특징을 갖기 때문에 대부분의 자동 제어는 이 방식을 많이 사용하는 것으로 닫힌 루프 제어(closed loop control)에 해당된다.

풀이 되먹임 제어(feedback control)

문제 **03** (　　)는 우선 기동용 누름버튼스위치 PB_1을 누르면, 접자 접촉기의 코일 MC가 여자된다. 이때 코일이 여자됨으로써 MC의 a 접점이 닫혀 자기유지회로가 형성된다. 이때 PB_1에서 손을 떼더라도 코일 MC는 계속 여자되어 회로가 구성된다. 반면에 정지용 누름버튼스위치 PB_2를 누르면 코일 MC를 여자시키던 전류가 끊어지고 자기유지가 해제된다.

풀이 자기유지회로

문제 **04** (　　)는 두 개의 계전기 중에서 먼저 여자된 쪽에 우선순위가 주어지고 다른 쪽의 동작을 금지하는 회로로서 코일 R_1을 여자시키면 코일 R_2를 여자시킬 수 없고, 반대로 코일 R_2를 여자시키면 코일 R_1을 여자시킬 수 없게 되어 있다.

풀이 인터록회로

문제 05 그림 1과 같은 단상 유도전동기의 작동원리에 대해서 설명하시오.

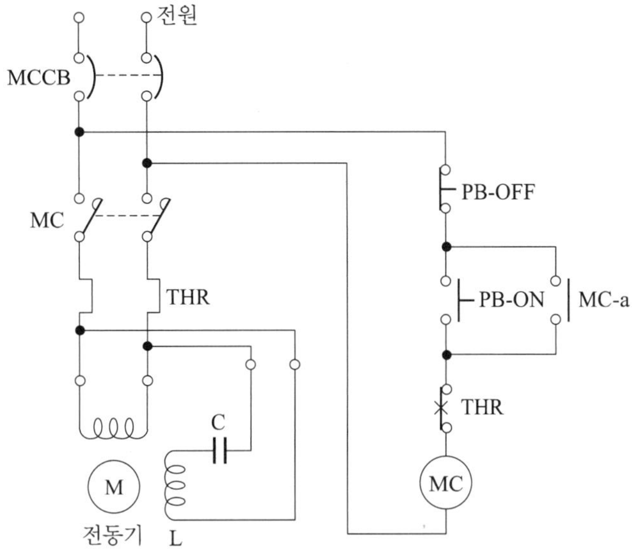

■ 그림 1 단상 유도전동기의 운전 회로

풀이 공급되는 전원의 투입과 차단은 배선차단기를 이용하여 제어한다. 누름버튼스위치 PB-ON을 누르면 전자접촉기 MC에 전류가 흘러 전자접촉기가 동작하여 주접점 MC가 ON 되어 전동기가 회전하기 시작하며, 보조 접촉기 MC-a가 폐로되어 자기유지회로가 구성된다. 정상적으로 작동되어 운전 중인 전동기를 정지시키기 위하여 PB-OFF를 누르면 전자접촉기 MC에 전류가 흐르지 않게 되어 전자접촉기는 자기력을 잃게 되며, 전자접촉기 MC가 개로되어 전동기가 정지한다. 또한, 보조 접촉기 MC-a가 개로되어 자기유지회로가 취소된다.

문제 06 그림 2와 같은 자동화재탐지설비의 제어회로에 대한 타임차트를 제시하시오.

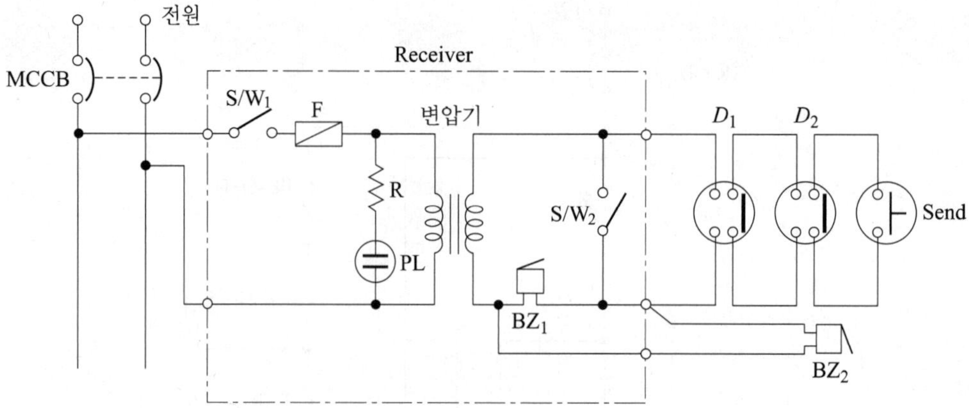

■ **그림 2** 자동화재탐지설비의 제어회로

풀이

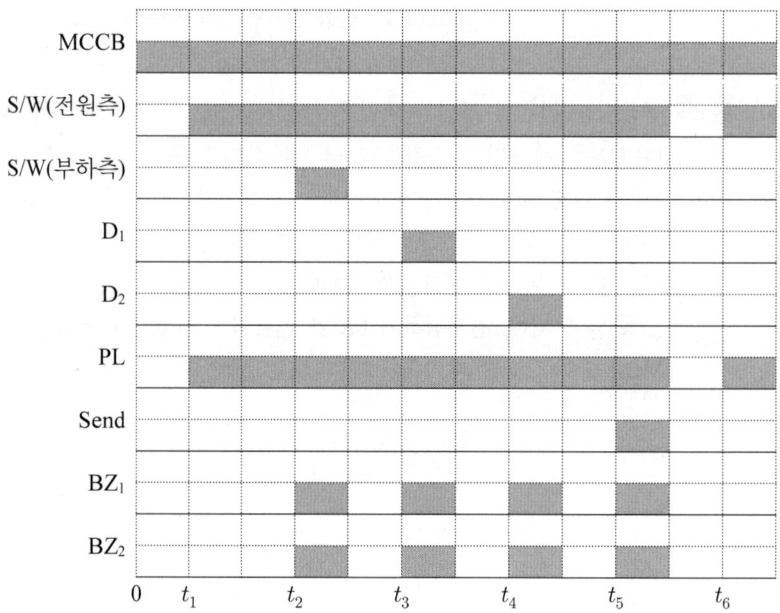

문제 07 그림 3은 상용전원 및 비상전원의 자동 절환 회로를 나타낸 것이다. 시스템이 작될 대의 타임차트를 제시하시오.

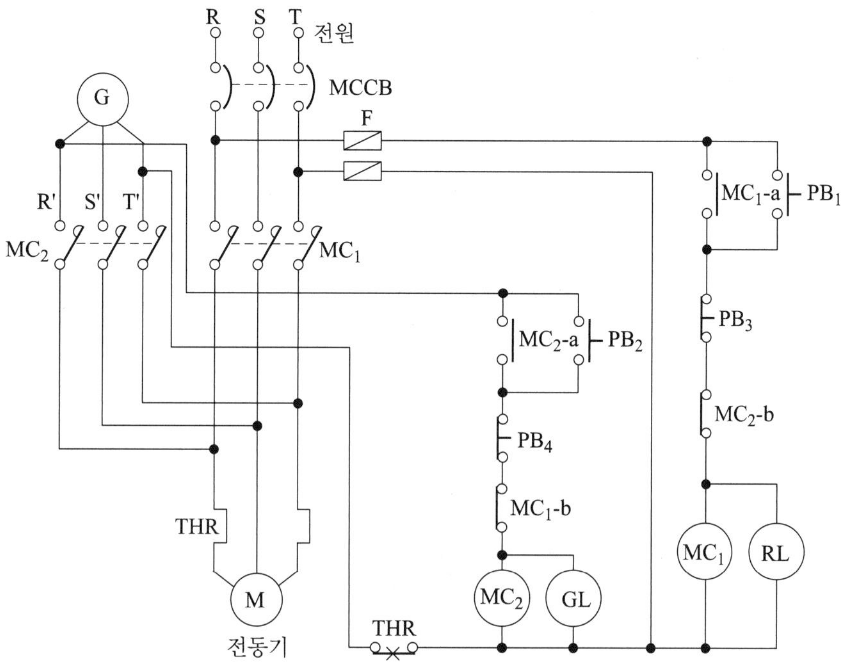

■ 그림 3 상용전원 및 비상전원의 자동 절환 회로

풀이

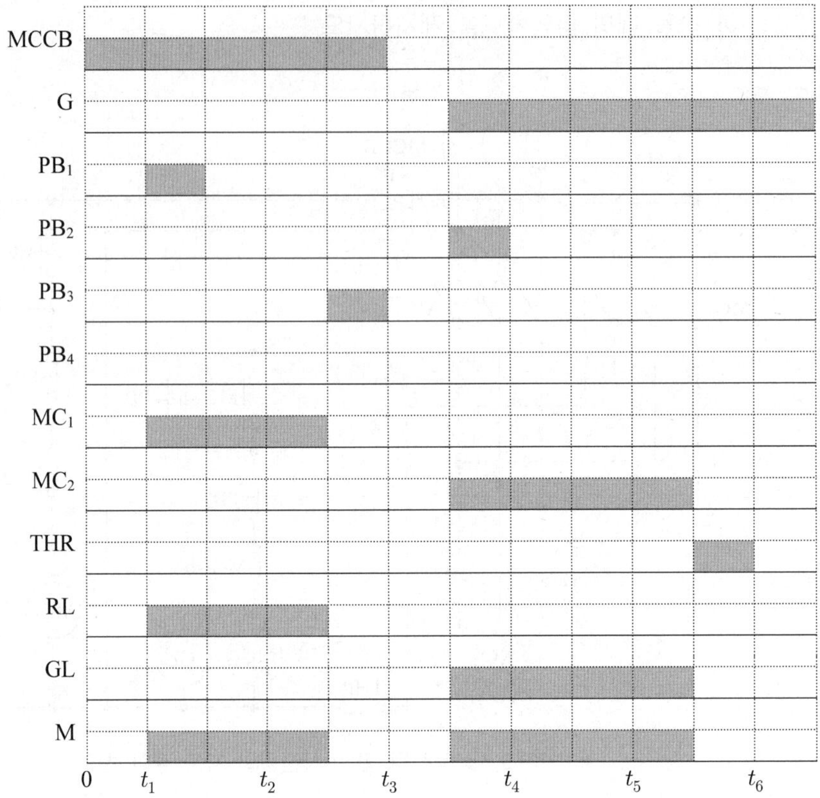

Part 04

부 록

부록 A 화재안전기술기준(NFTC)에서 제시하고 있는 장소별 감지기의 종류

부록 B 소방시설등[작동점검, 종합점검] 점검표

부록 C 단위 표기 및 물리량

부록 D 도면 해석을 위한 기기의 명칭 및 그림 기호

부록 A 화재안전기술기준(NFTC)에서 제시하고 있는 장소별 감지기의 종류

● **표 1** 장소별 설치 감지기 종류

<table>
<tr><th>장 소</th><th>감지기</th></tr>
<tr><td>1. 지하층·무창층 등으로서 환기가 잘되지 않거나, 실내면적이 40 [m^2] 미만인 장소, 감지기의 부착면과 실내바닥과의 사이가 2.3 [m] 이하인 곳으로서 일시적으로 발생한 열기, 연기 또는 먼지 등으로 인하여 화재신호를 발신할 우려가 있는 장소</td><td>불꽃감지기, 정온식 감지선형 감지기, 분포형 감지기, 복합형 감지기, 광전식 분리형 감지기, 아날로그방식의 감지기, 다신호방식의 감지기, 축적방식의 감지기</td></tr>
<tr><td>2. 부착높이에 따라</td><td>[표 2.4.1]</td></tr>
<tr><td>• 계단, 경사로 및 에스컬레이터 경사로
• 복도(30 [m] 미만의 것을 제외한다.)
• 엘리베이터 승강로(권상기실이 있는 경우에는 권상기실), 리넨 슈트, 파이프 피트 및 덕트 기타 이와 유사한 장소
• 천장 또는 반자의 높이가 15 [m] 이상 20 [m] 미만의 장소</td><td>연기감지기
(교차회로방식에 따른 감지기가 설치된 장소 또는 1.에 따른 감지기가 설치된 장소는 제외)</td></tr>
<tr><td>3. 주방, 보일러실 등으로서 다량의 화기를 취급하는 장소</td><td>정온식 감지기</td></tr>
<tr><td>• 지하구</td><td>NFPC 605 & NFTC 605</td></tr>
<tr><td>• 터널</td><td>NFPC 603 & NFTC 603</td></tr>
<tr><td colspan="2">일시적으로 발생한 열기·연기 또는 먼지 등으로 인하여 화재신호를 발신할 우려가 있는 장소에는 표 2.4.6(1) 및 표 2.4.6(2)에 따라 그 장소에 적응성 있는 감지기를 설치할 수 있으며, 연기감지기를 설치할 수 없는 장소에는 표 2.4.6(1)을 적용하여 설치할 수 있다.</td></tr>
<tr><td>4. 화학공장, 격납고, 제련소 등</td><td>광전식 분리형 감지기
불꽃감지기</td></tr>
<tr><td>5. 전산실, 반도체 공장 등</td><td>광전식 공기흡입형 감지기</td></tr>
</table>

● 표 2.4.6(1) 설치장소별 감지기의 적응성(연기감지기를 설치할 수 없는 경우 적용)

설치장소		적응 열감지기									불꽃감지기	비 고
환경상태	적응장소	차동식 스포트형		차동식 분포형		보상식 스포트형		정온식		열아날로그식		
		1종	2종	1종	2종	1종	2종	특종	1종			
1. 먼지 또는 미분 등이 다량으로 체류하는 장소	쓰레기장, 하역장, 도장실, 섬유·목재·석재 등 가공 공장	○	○	○	○	○	○	○	×	○	○	1. 불꽃감지기에 따라 감시가 곤란한 장소는 적응성이 있는 열감지기를 설치할 것. 2. 차동식 분포형 감지기를 설치하는 경우에는 검출부에 먼지, 미분 등이 침입하지 않도록 조치할 것. 3. 차동식 스포트형 감지기 또는 보상식 스포트형 감지기를 설치하는 경우에는 검출부에 먼지, 미분 등이 침입하지 않도록 조치할 것. 4. 정온식 감지기를 설치하는 경우에는 특종으로 설치할 것. 5. 섬유, 목재가공 공장 등 화재 확대가 급속하게 진행될 우려가 있는 장소에 설치하는 경우 정온식 감지기는 특종으로 설치할 것, 공칭작동온도 75℃ 이하, 열 아날로그식 스포트형 감지기는 화재표시 설정은 80℃ 이하가 되도록 할 것.
2. 수증기가 다량으로 머무는 장소	증기세정실, 탕비실, 소독실 등	×	×	×	○	×	○	○	○	○	○	1. 차동식 분포형 감지기 또는 보상식 스포트형 감지기는 급격한 온도변화가 없는 장소에 한하여 사용할 것. 2. 차동식 분포형 감지기를 설치하는 경우에는 검출부에 수증기가 침입하지 않도록 조치할 것. 3. 보상식 스포트형 감지기, 정온식 감지기 또는 열 아날로그식 감지기를 설치하는 경우에는 방수형으로 설치할 것. 4. 불꽃감지기를 설치할 경우 방수형으로 할 것.
3. 부식성가스가 발생할 우려가 있는 장소	도금공장, 축전지실, 오수처리장 등	×	×	○	○	○	○	○	×	○	○	1. 차동식 분포형 감지기를 설치하는 경우에는 감지부가 피복되어 있고 검출부가 부식성가스에 영향을 받지 않는 것 또는 검출부에 부식성가스가 침입하지 않도록 조치할 것. 2. 보상식 스포트형 감지기, 정온식 감지기 또는 열 아날로그식 스포트형 감지기를 설치하는 경우에는 부식성가스의 성상에 반응하지 않는 내산형 또는 내알칼리형으로 설치할 것. 3. 정온식 감지기를 설치하는 경우에는 특종으로 설치할 것.

4. 주방, 기타 평상시에 연기가 체류하는 장소	주방, 조리실, 용접작업장 등	×	×	×	×	×	×	○	○	○	○	1. 주방, 조리실 등 습도가 많은 장소에는 방수형 감지기를 설치할 것. 2. 불꽃감지기는 UV/IR형을 설치할 것.
5. 현저하게 고온으로 되는 장소	건조실, 살균실, 보일러실, 주조실, 영사실, 스튜디오	×	×	×	×	×	×	○	○	○	×	-
6. 배기가스가 다량으로 체류하는 장소	주차장, 차고, 화물취급소 차로, 자가발전실, 트럭 터미널, 엔진 시험실	○	○	○	○	○	○	×	×	○	○	1. 불꽃감지기에 따라 감시가 곤란한 장소는 적응성이 있는 열감지기를 설치할 것. 2. 열 아날로그식 스포트형 감지기는 화재표시 설정이 60℃ 이하가 바람직하다.
7. 연기가 다량으로 유입할 우려가 있는 장소	음식물배급실, 주방전실, 주방 내 식품저장실, 음식물 운반용 엘리베이터, 주방 주변의 복도 및 통로, 식당 등	○	○	○	○	○	○	○	○	○	×	1. 고체연료 등 가연물이 수납되어 있는 음식물배급실, 주방전실에 설치하는 정온식 감지기는 특종으로 설치할 것. 2. 주방 주변의 복도 및 통로, 식당 등에는 정온식 감지기를 설치하지 않을 것. 3. 제1호 및 제2호의 장소에 열 아날로그식 스포트형 감지기를 설치하는 경우에는 화재표시 설정을 60℃ 이하로 할 것.
8. 물방울이 발생하는 장소	슬레이트 또는 철판으로 설치한 지붕 창고·공장, 패키지형 냉각기전용수납실, 밀폐된 지하창고, 냉동실 주변 등	×	×	○	○	○	○	○	○	○	○	1. 보상식 스포트형 감지기, 정온식 감지기 또는 열 아날로그식 스포트형 감지기를 설치하는 경우에는 방수형으로 설치할 것. 2. 보상식 스포트형 감지기는 급격한 온도변화가 없는 장소에 한하여 설치할 것. 3. 불꽃감지기를 설치하는 경우에는 방수형으로 설치할 것.
9. 불을 사용하는 설비로서 불꽃이 노출되는 장소	유리공장, 용선로가 있는 장소, 용접실, 주방, 작업장, 주조실 등	×	×	×	×	×	×	○	○	○	×	-

주) 1. "○"는 해당 설치장소에 적응하는 것을 표시, "×"는 해당 설치장소에 적응하지 않는 것을 표시.
2. 차동식 스포트형, 차동식 분포형 및 보상식 스포트형 1종은 감도가 예민하기 때문에 비화재보 발생은 2종에 비해 불리한 조건이라는 것을 유의할 것.
3. 차동식 분포형 3종 및 정온식 2종은 소화설비와 연동하는 경우에 한해서 사용할 것.
4. 다신호식 감지기는 그 감지기가 가지고 있는 종별, 공칭작동온도별로 따르지 말고 상기 표에 따른 적응성이 있는 감지기로 할 것.

● 표 2.4.6(2) 설치장소별 감지기의 적응성

설치장소		적응 열감지기					적응 연기감지기						불꽃감지기	비 고
환경상태	적응장소	차동식스포트형	차동식분포형	보상식스포트형	정온식	열아날로그식	이온화식스포트형	광전식스포트형	이온아날로그식스포트형	광전아날로그식스포트형	광전식분리형	광전아날로그식분리형		
1. 흡연에 의해 연기가 체류하며 환기가 되지 않는 장소	회의실, 응접실, 휴게실, 노래연습실, 오락실, 다방, 음식점, 대합실, 카바레 등의 객실, 집회장, 연회장 등	○	○	○	-	-	-	◎	-	◎	○	○	-	
2. 취침시설로 사용하는 장소	호텔 객실, 여관, 수면실 등	-	-	-	-	-	◎	◎	◎	◎	○	○	-	
3. 연기 이외의 미분이 떠다니는 장소	복도, 통로 등	-	-	-	-	-	◎	◎	◎	◎	○	○	○	
4. 바람에 영향을 받기 쉬운 장소	로비, 교회, 관람장, 옥탑에 있는 기계실	-	○	-	-	-	-	◎	-	◎	○	○	○	
5. 연기가 멀리 이동해서 감지기에 도달하는 장소	계단, 경사로	-	-	-	-	-	-	○	-	○	○	○	-	광전식 스포트형 감지기 또는 광전아날로그식 스포트형 감지기를 설치하는 경우에는 해당 감지기 회로에 축적기능을 갖지 않는 것으로 할 것.
6. 훈소화재의 우려가 있는 장소	전화기기실, 통신기기실, 전산실, 기계제어실	-	-	-	-	-	-	○	-	○	○	○	-	
7. 넓은 공간으로 천장이 높아 열 및 연기가 확산하는 장소	체육관, 항공기 격납고, 높은 천장의 창고·공장, 관람석 상부 등 감지기 부착높이가 8 [m] 이상의 장소	-	○	-	-	-	-	-	-	-	○	○	○	

주) 1. "○"는 해당 설치장소에 적응하는 것을 표시.
2. "◎" 해당 설치장소에 연기감지기를 설치하는 경우에는 해당 감지회로에 축적기능을 갖는 것을 표시.
3. 차동식 스포트형, 차동식 분포형, 보상식 스포트형 및 연기식(해당 감지기 회로에 축적기능을 갖지 않는 것) 1종은 감도가 예민하기 때문에 비화재보 발생은 2종에 비해 불리한 조건이라는 것을 유의할 것.
4. 차동식 분포형 3종 및 정온식 2종은 소화설비와 연동하는 경우에 한해서 사용할 것.
5. 광전식 분리형 감지기는 평상시 연기가 발생하는 장소 또는 공간이 협소한 경우에는 적응성이 없음.
6. 넓은 공간으로 천장이 높아 열 및 연기가 확산하는 장소로서 차동식 분포형 또는 광전식 분리형 2종을 설치하는 경우에는 제조사의 사양에 따를 것.
7. 다신호식 감지기는 그 감지기가 가지고 있는 종별, 공칭작동온도별로 따르고 표에 따른 적응성이 있는 감지기로 할 것.
8. 축적형 감지기 또는 축적형 중계기 혹은 축적형수신기를 설치하는 경우에는 '2.4 감지기'에 따를 것.

부록 B 소방시설등[작동점검, 종합점검(최초점검, 그 밖의 점검)] 점검표

※ 소방시설, 다중이용업란의 [ ]란에는 해당 시설에 √ 표를 한다. 점검결과란은 양호○, 불량×, 해당없는 항목은 /표시를 한다.

□ 특정소방대상물

건물명(상호)		대상물 구분	
소 재 지			

□ 소방시설등 점검결과

구분	해당설비	점검결과
소화설비	[ ]소화기구 및 자동소화장치 [ ]소화기구(소화기 · 자확 · 간이) [ ]주거용주방자동소화장치 [ ]상업용주방자동소화장치 [ ]캐비닛형자동소화장치 [ ]가스 · 분말 · 고체자동소화장치	
	[ ]옥내소화전설비	
	[ ]스프링클러설비	
	[ ]간이스프링클러설비	
	[ ]화재조기진압용스프링클러설비	
	[ ]물분무소화설비	
	[ ]미분무소화설비	
	[ ]포소화설비	
	[ ]이산화탄소소화설비	
	[ ]할론소화설비	
	[ ]할로겐화합물 및 불활성기체소화설비	
	[ ]분말소화설비	
	[ ]강화액소화전설비	
	[ ]고체에어로졸소화전설비	
	[ ]옥외소화전설비	
경보설비	[ ]단독경보형감지기	
	[ ]비상경보설비	
	[ ]자동화재탐지설비 및 시각경보기	
	[ ]비상방송설비	
	[ ]통합감시시설	
	[ ]자동화재속보설비	
	[ ]누전경보기	
	[ ]가스누설경보기	

구분	해당설비	점검결과
피난구조설비	[ ]피난기구 [ ]공기안전매트 · 피난사다리 (간이)완강기 · 미끄럼대 · 구조대 [ ]다수인피난장비 [ ]승강식피난기 하향식피난구용내림식사다리	
	[ ]인명구조기구	
	[ ]유도등	
	[ ]유도표지	
	[ ]피난유도선	
	[ ]비상조명등	
	[ ]휴대용비상조명등	
소화용수설비	[ ]상수도소화용수설비	
	[ ]소화수조 및 저수조	
소화활동설비	[ ]거실제연설비	
	[ ]부속실 등 제연설비	
	[ ]연결송수관설비	
	[ ]연결살수설비	
	[ ]비상콘센트설비	
	[ ]무선통신보조설비	
	[ ]연소방지설비	
기타	[ ]방화문, 자동방화셔터	
	[ ]비상구, 피난통로	
	[ ]방 염	
비고		

210mm×297mm [백상지(80g/m²)]

(7쪽 중 2쪽)

□ 다중이용업소 안전시설등 점검결과

구분	해당설비	점검결과	구분	해당설비	점검결과
소화설비	[ ]소화기 또는 자동확산소화기		비상구	[ ]방화문	
	[ ]간이스프링클러설비			[ ]비상구(비상탈출구)	
경보설비	[ ]비상경보설비 또는 자동화재탐지설비		기타	[ ]영업장 내부 피난통로	
				[ ]영상음향차단장치	
	[ ]가스누설경보기			[ ]누전차단기	
피난구조설비	[ ]피난기구			[ ]창 문	
	[ ]피난유도선			[ ]피난안내도·피난안내영상물	
	[ ]유도등, 유도표지 또는 비상조명등			[ ]방염대상물품	
	[ ]휴대용비상조명등		비고		

□ 점검업체(점검인력) 현황

구분	성명	자격구분	자격번호	점검참여일(기간)	서명
주인력					(서명)
보조인력					(서명)
보조인력					(서명)
보조인력					(서명)
보조인력					(서명)
보조인력					(서명)
보조인력					(서명)

점검기간(일자): 년 월 일부터 년 월 일 까지 (총 점검일수: 일)

소방시설관리업체(등록번호): (제0000-00호)

대 표 자: (인)

점검번호 구분	
대분류 (설비구분)	소화기구 및 자동소화장치를 '1'번으로 하여 설비별 순차적으로 번호를 부여하여 다중이용업소 '32'번까지로 함
중분류 (단위구분)	각 설비별 점검단위에 따라 'A'부터 알파벳 순서대로 부여함
소분류 (점검항목)	각 설비별 점검단위 내의 점검항목에 따라 '001'부터 순서대로 부여함

작성 및 유의사항

1. 소방시설등 (작동, 종합)점검결과보고서의 '각 설비별 점검결과'에는 본 서식의 점검번호를 기재한다.
2. 자체점검결과(보고서 및 점검표)를 2년간 보관하여야 한다.

210mm×297mm [백상지(80g/m^2)]

소방시설등의 세부현황

(7쪽 중 3쪽)

※ [ ]에는 해당 시설에 √ 표를 하고, 수량을 기입하며, 설비현황에 대하여 기입란이 부족한 경우 서식을 추가하여 작성할 수 있습니다.

1. 소화기구, 자동소화장치

구분	[ ] 소화기		[ ] 간이소화용구		[ ] 자동 확산소화기	[ ] 자동 소화장치	비 고
	[ ] 분말	[ ] 기타	[ ] 투척용	[ ] 기타			
합계 / 동명							

2. 수계소화설비(공통사항)

<table>
<tr><td rowspan="2">수원</td><td>주된 수원</td><td>○ 설비의 종류 : [ ]옥내소화전설비 [ ]옥외소화전설비 [ ]스프링클러설비
: [ ]간이스프링클러설비 [ ]화재조기진압용스프링클러설비
: [ ]물분무소화설비 [ ]미분무소화설비 [ ]포소화설비
○ 설치장소 : 동명( ) [ ]지상/[ ]지하 ( )층, 실명( )
○ 흡입방식 : [ ]정압 [ ]부압, ○ 유효수량 : ( ) m^3</td></tr>
<tr><td>보조수원</td><td>○ 설치장소 : 동명( ) 실명( ), ○ 유효수량 : ( ) m^3</td></tr>
<tr><td rowspan="3">가압 송수 장치</td><td>[ ]고가수조</td><td>○ 설비의 종류 : [ ]옥내소화전설비 [ ]옥외소화전설비 [ ]스프링클러설비
: [ ]간이스프링클러설비 [ ]화재조기진압용스프링클러설비
: [ ]물분무소화설비 [ ]미분무소화설비 [ ]포소화설비
○ 설치장소 : 동명( ) 실명( ), ○ 유효낙차 : ( ) m</td></tr>
<tr><td>[ ]압력수조</td><td>○ 설비의 종류 : [ ]옥내소화전설비 [ ]옥외소화전설비 [ ]스프링클러설비
: [ ]간이스프링클러설비 [ ]화재조기진압용스프링클러설비
: [ ]물분무소화설비 [ ]미분무소화설비 [ ]포소화설비
○ 설치장소 : 동명( ) [ ]지상/[ ]지하 ( )층, 실명( )
○ 수조용량 : ( ) ℓ, 수조가압압력 : ( ) MPa
○ 자동식공기압축기 용량 : ( ) m^3/min, 동력 : ( ) kW</td></tr>
<tr><td>[ ]가압수조</td><td>○ 설비의 종류 : [ ]옥내소화전설비 [ ]옥외소화전설비 [ ]스프링클러설비
: [ ]간이스프링클러설비 [ ]화재조기진압용스프링클러설비
: [ ]물분무소화설비 [ ]미분무소화설비 [ ]포소화설비
○ 설치장소 : 동명( ) [ ]지상/[ ]지하 ( )층, 실명( )
○ 수조용량 : ( ) ℓ, 수조가압압력 : ( ) MPa
○ 가압가스의 종류 : [ ]공기 [ ]불연성가스( )</td></tr>
</table>

210mm×297mm [백상지(80g/m^2)]

(7쪽 중 4쪽)

가압 송수 장치	[ ]펌프방식	○ 설비의 종류 : [ ]옥내소화전설비 [ ]옥외소화전설비 [ ]스프링클러설비 : [ ]간이스프링클러설비 [ ]화재조기진압용스프링클러설비 : [ ]물분무소화설비 [ ]미분무소화설비 [ ]포소화설비 ○ 설치장소 : 동명( ) [ ]지상/[ ]지하 ( )층, 실명( ) ○ 주펌프 전양정 : ( ) m, 토출량 : ( ) ℓ/min [ ]전동기 [ ]내연기관(연료 : [ ]경유 [ ]기타) ○ 예비펌프 전양정 : ( ) m, 토출량 : ( ) ℓ/min [ ]전동기 [ ]내연기관(연료 : [ ]경유 [ ]기타) ○ 충압펌프 전양정 : ( ) m, 토출량 : ( ) ℓ/min ○ [ ]물올림장치(유효수량 : ( ) ℓ, 급수배관 : ( ) mm) ○ 기동장치 : [ ]기동용수압개폐장치, [ ]ON/OFF 방식 [ ]압력챔버(용량 : ( ) ℓ, 사용압력 : ( ) MPa) [ ]기동용압력스위치([ ]부르동관식 [ ]전자식 [ ]그 밖의 것) ○ [ ]감압장치 [ ]지상/[ ]지하 ( )층, 설치장소 : ( )
송수구	[ ]옥내소화전설비 [ ]옥외소화전설비 [ ]스프링클러설비 [ ]간이스프링클러설비 [ ]화재조기진압용스프링클러설비 [ ]물분무소화설비 [ ]미분무소화설비 [ ]포소화설비 ○ 설치장소 : ( ), [ ]쌍구형 ( )개/[ ]단구형 ( )개	
비상전원	[ ]자가발전설비([ ]소방전용 [ ]소방부하겸용 [ ]소방전원보존형 [ ]기타( )) [ ]비상전원수전설비 [ ]축전지설비 [ ]전기저장장치 ○ 설치장소 : 동명( ) [ ]지상/[ ]지하 ( )층, 실명( )	

3. 수계소화설비(개별사항)

[ ]옥내소화전	○ 설치장소 : 동명( ) [ ]전체층/[ ]일부층 [ ]지상/[ ]지하( )층 ~ [ ]지상/[ ]지하( )층 : 동명( ) [ ]전체층/[ ]일부층 [ ]지상/[ ]지하( )층 ~ [ ]지상/[ ]지하( )층 ○ 설치개수가 가장 많은 층의 설치개수 : ( )개
[ ]옥외소화전	○ 설치개수 : ( )개
[ ]스프링클러설비	○ 종류 : [ ]습식 [ ]부압식 [ ]준비작동식 [ ]건식 [ ]일제살수식 ○ 설치장소 : 동명( ) [ ]전체층/[ ]일부층 [ ]지상/[ ]지하( )층 ~ [ ]지상/[ ]지하( )층
[ ]간이스프링클러설비	○ 종류 : [ ]펌프 [ ]캐비닛 [ ]상수도 ○ 설치장소 : 동명( ) [ ]전체층/[ ]일부층 [ ]지상/[ ]지하( )층 ~ [ ]지상/[ ]지하( )층
[ ]화재조기진압용	○ 설치장소 : 동명( ) [ ]전체층/[ ]일부층 [ ]지상/[ ]지하( )층 ~ [ ]지상/[ ]지하( )층 : 동명( ) [ ]전체층/[ ]일부층 [ ]지상/[ ]지하( )층 ~ [ ]지상/[ ]지하( )층
[ ]물분무소화설비	○ 설치장소 : 동명( ) [ ]전체층/[ ]일부층 [ ]지상/[ ]지하( )층 ~ [ ]지상/[ ]지하( )층 : 동명( ) [ ]전체층/[ ]일부층 [ ]지상/[ ]지하( )층 ~ [ ]지상/[ ]지하( )층
[ ]미분무소화설비	○ 설치장소 : 동명( ) [ ]전체층/[ ]일부층 [ ]지상/[ ]지하( )층 ~ [ ]지상/[ ]지하( )층 : 동명( ) [ ]전체층/[ ]일부층 [ ]지상/[ ]지하( )층 ~ [ ]지상/[ ]지하( )층
[ ]포소화설비	[ ]포워터스프링클러설비 [ ]포헤드설비 [ ]고정포방출설비 [ ]기타( ) ○ 소화약제 [ ]단백포 [ ]합성계면활성제포 [ ]수성막포 [ ]내알코올포 ○ 설치장소 : 동명( ) [ ]전체층/[ ]일부층 [ ]지상/[ ]지하( )층 ~ [ ]지상/[ ]지하( )층

210mm×297mm [백상지(80g/m^2)]

(7쪽 중 5쪽)

4. 가스계소화설비(개별사항)

[ ]이산화탄소 [ ]할론 [ ]할로겐화합물 및 불활성기체 [ ]분말 [ ]강화액 [ ]고체에어로졸	[ ]전역방출 [ ]국소방출 [ ]호스릴 / [ ]고압식 [ ]저압식 / [ ]축압식 [ ]가압식 ○ 설치장소 : 동명( ) [ ]전체층/[ ]일부층 [ ]지상/[ ]지하( )층 ~ [ ]지상/[ ]지하( )층 ○ 저장용기 설치장소 : [ ]지상/[ ]지하 ( )층, [ ]전용실 [ ]기타( ) 수량 : ( )[ ] kg, [ ] m^3 ( ) ℓ ( )개 ○ 소화약제 [ ]이산화탄소 [ ]할론1301 [ ]할론2402 [ ]할론1211 [ ] 할론104 [ ]FC-3-1-10 [ ]HCFC BLEND A [ ]HCFC-124 [ ]HFC-125 [ ]HFC-227ea [ ]HFC-23 [ ]IG-541 [ ]IG-100 [ ] 기타( ) [ ]제1종 분말 [ ]제2종 분말 [ ]제3종 분말 [ ]제4종 분말

5. 경보설비

[ ]단독경보형감지기	○ 설치장소 : 동명( ) [ ]전체층/[ ]일부층 [ ]지상/[ ]지하( )층 ~ [ ]지상/[ ]지하( )층 ○ 주전원 [ ]상용전원 [ ]건전지
[ ]비상경보설비	[ ]비상벨설비 [ ]자동식사이렌설비 ○ 설치장소 : 동명( ) [ ]전체층/[ ]일부층 [ ]지상/[ ]지하( )층 ~ [ ]지상/[ ]지하( )층 ○ 조작장치 설치장소 : 동명( ) [ ]지상/[ ]지하 ( )층 실명( )
[ ]자동화재탐지설비	○ 수신기 위치 : 동명( ) [ ]지상/[ ]지하 ( )층 실명( ) ○ 경보방식 [ ]전층경보 [ ]우선경보, 시각경보기 [ ]유 [ ]무 ○ 설치장소 : 동명( ) [ ]전체층/[ ]일부층 [ ]지상/[ ]지하( )층 ~ [ ]지상/[ ]지하( )층 : 동명( ) [ ]전체층/[ ]일부층 [ ]지상/[ ]지하( )층 ~ [ ]지상/[ ]지하( )층 ○ 감지기 종류 : [ ]열 [ ]연기 [ ]그 밖의 것([ ]불꽃 [ ]아날로그식 [ ]복합형)
[ ]비상방송설비	[ ]전용 [ ]겸용 / [ ]전층경보 [ ]우선경보 ○ 증폭기 설치장소 : 동명( ) [ ]지상/[ ]지하 ( )층, 실명( )
[ ]자동화재속보설비	○ 속보기 설치장소 : 동명( ) [ ]지상/[ ]지하 ( )층, 실명( )
[ ]통합감시시설	○ 주수신기 설치장소 : 동명( ) [ ]지상/[ ]지하 ( )층, 실명( ) ○ 부수신기 설치장소 : 동명( ) [ ]지상/[ ]지하 ( )층, 실명( ) ○ 정보통신망 [ ]광케이블 [ ]기타( ) / 예비선로 [ ]유 [ ]무
[ ]누전경보기	○ 수신기 설치장소 : 동명( ) [ ]지상/[ ]지하 ( )층, 실명( ) ○ 수신기 형식 [ ]1급 [ ]2급, 차단기구 [ ]무 [ ]유(설치장소 :)
[ ]가스누설경보기	○ [ ]단독형 [ ]분리형, 사용가스종류 [ ]LNG [ ]LPG, 경계구역 수 : ( )개 ○ 수신기 설치장소 : 동명( ) [ ]지상/[ ]지하 ( )층, 실명( ) ○ 차단기구 [ ]무 [ ]유(설치장소 :)

210mm×297mm [백상지(80g/m^2)]

(7쪽 중 6쪽)

6. 피난구조설비

[ ]피난기구	ㅇ 종류 : [ ]피난사다리 [ ]완강기 [ ]다수인피난장비 [ ]승강식피난기 [ ]미끄럼대 : [ ]피난교 [ ]피난용트랩 [ ]구조대 [ ]간이완강기 [ ]공기안전매트 ㅇ 설치장소 : 동명( ) [ ]전체층/[ ]일부층 [ ]지상/[ ]지하( )층 ~ [ ]지상/[ ]지하( )층 : 동명( ) [ ]전체층/[ ]일부층 [ ]지상/[ ]지하( )층 ~ [ ]지상/[ ]지하( )층
[ ]인명구조기구	ㅇ 종류 : [ ]방열복/방화복 [ ]공기호흡기 [ ]인공소생기 ㅇ 설치장소 : 동명( ) [ ]전체층/[ ]일부층 [ ]지상/[ ]지하( )층 ~ [ ]지상/[ ]지하( )층 : 동명( ) [ ]전체층/[ ]일부층 [ ]지상/[ ]지하( )층 ~ [ ]지상/[ ]지하( )층 ㅇ 대상물의 용도 : [ ] 5층 이상 병원 [ ] 7층 이상 관광호텔 [ ] 이산화탄소소화설비 설치 [ ] 지하역사·백화점·대형점포·쇼핑센터·지하상가·영화상영관
[ ]유도등	ㅇ 종류 : [ ]피난구 [ ]통로 [ ]객석유도등 [ ]유도표지 [ ]피난유도선 ㅇ 설치장소 : 동명( ) [ ]전체층/[ ]일부층 [ ]지상/[ ]지하( )층 ~ [ ]지상/[ ]지하( )층
[ ]비상조명등	ㅇ 설치장소 : 동명( ) [ ]전체층/[ ]일부층 [ ]지상/[ ]지하( )층 ~ [ ]지상/[ ]지하( )층 ㅇ 비상전원 [ ]자가발전설비 [ ]축전지설비 [ ]내장형
[ ]휴대용 비상조명등	ㅇ 설치장소 : 동명( ) [ ]전체층/[ ]일부층 [ ]지상/[ ]지하( )층 ~ [ ]지상/[ ]지하( )층 ㅇ 전원 [ ]건전지식 [ ]충전식 배터리식

7. 소화용수설비

[ ]상수도소화용수	ㅇ 설치장소 :( ), 소화전 호칭지름 : ( ) mm
[ ]소화수조	[ ]전용 [ ]겸용 / [ ]흡수식 [ ]가압식 / [ ]일반수조 [ ]그 밖의 것 / 유효수량 : ( ) m^3 ㅇ 가압송수장치 전양정 : ( ) m, 토출량 : ( ) ℓ/min, [ ]전동기/[ ]내연기관(연료 : [ ]경유 [ ]기타) ㅇ [ ]물올림장치 유효수량 : ( ) ℓ, 급수배관 : ( ) mm ㅇ 기동스위치 설치장소 : [ ]채수구 부근 [ ]방재실 [ ]기타( ) ㅇ 채수구 구경 : ( ) mm, 흡수관 투입구 : 가로 ( ) cm 세로 ( ) cm / 직경 ( ) cm

8. 소화활동설비

[ ]제연설비	[ ]거실	ㅇ 설치장소 : 동명( ) [ ]전체층/[ ]일부층 [ ]지상/[ ]지하( )층 ~ [ ]지상/[ ]지하( )층 ㅇ 방식 [ ]단독 [ ]공동 [ ]상호 [ ]기타( ) ㅇ 기동장치 [ ]자동(감지기 연동) [ ]수동 [ ]원격 ㅇ 제연구획면적 최대 : ( ) m^2 / 구조 [ ]내화 [ ]불연 [ ]그 밖의 것 : ( ) ㅇ 제연구역 출입문 [ ]상시폐쇄(자동폐쇄장치) [ ]상시개방(감지기에 의한 닫힘) ㅇ 급기용송풍기 설치장소 : 동명( ) [ ]지상/[ ]지하 ( )층, 실명( ) 전동기 ( ) kW, 풍량 ( ) m^3/min, 정압 ( ) mmAq ㅇ 배출용송풍기 설치장소 : 동명( ) [ ]지상/[ ]지하 ( )층, 실명( ) 전동기 ( ) kW, 풍량 ( ) m^3/min, 정압 ( ) mmAq ㅇ 배출구 [ ]천장면 [ ]천장직하 [ ]기타( ) / 옥외배출구 [ ]옥상 [ ]기타( ) 풍도구조 [ ]내화 [ ]불연 [ ]그 밖의 것( ) / 구획댐퍼 [ ]유 [ ]무 ㅇ 유입공기배출 [ ]자연배출 [ ]기계배출 [ ]배출구 [ ]제연설비 ㅇ 급기구 [ ]강제유입 [ ]자연유입 [ ]인접구역유입 풍도구조 [ ]내화 [ ]불연 [ ]그 밖의 것( ) / 구획댐퍼 [ ]유 [ ]무

210mm×297mm [백상지(80g/m^2)]

(7쪽 중 7쪽)

<table>
<tr><td>[ ]제연설비</td><td>[ ]전실</td><td>ㅇ 설치대상 : 동명(, , , ,)
특별피난계단 ( )개소, 비상용승강기 ( )대
ㅇ 방식 [ ]부속실 [ ]계단실 및 부속실 [ ] 계단실 [ ] 비상용승강기승강장
ㅇ 기동방식 [ ]전층 [ ]부분층(개층) / 댐퍼개방감지기 [ ]전용 [ ]겸용
ㅇ 급기용송풍기 설치장소: 동명( ) [ ]지상/[ ]지하 ( )층, 실명( )
전동기 ( ) kW, 풍량 ( ) m^3/min, 정압 ( ) mmAq
ㅇ 배출용송풍기 설치장소: 동명( ) [ ]지상/[ ]지하 ( )층, 실명( )
전동기 ( ) kW, 풍량 ( ) m^3/min, 정압 ( ) mmAq
ㅇ 제연구역 출입문 [ ]상시폐쇄(자동폐쇄장치) [ ]상시개방(연기감지기에 의한 닫힘)
ㅇ 유입공기배출 [ ]자연배출 [ ]기계배출 [ ]배출구 [ ]제연설비
ㅇ 과압방지장치 [ ]플랩댐퍼 [ ]자동차압급기댐퍼 [ ]그 밖의 것 [ ]해당 없음</td></tr>
<tr><td colspan="2">[ ]연결송수관</td><td>[ ]전용 [ ]겸용([ ]옥내소화전설비 [ ]스프링클러설비 [ ]기타 :)
ㅇ 설치장소 : 동명( ) [ ]전체층/[ ]일부층 [ ]지상/[ ]지하( )층 ~ [ ]지상/[ ]지하( )층
ㅇ 방수구 위치 [ ]복도·통로 [ ]계단실 [ ] 계단등의 부근
ㅇ 송수구 설치장소 : ( ), 중간수조용량 : ( ) m^3
ㅇ 가압송수장치 설치장소 : 동명( ) [ ]지상/[ ]지하 ( )층, 실명( )
전양정 : ( ) m, 토출량 : ( ) ℓ/min
[ ]전동기 [ ]내연기관(연료 : [ ]경유 [ ]기타)
ㅇ 기동스위치 설치장소 [ ]송수구 [ ]방재실 [ ]기타( )</td></tr>
<tr><td colspan="2">[ ]연결살수</td><td>ㅇ 설치대상 : 동명(, , , ,)
ㅇ 방식 [ ]습식 [ ]건식 / [ ]지하층 [ ]판매시설 [ ]가스시설 [ ]부속된 연결통로
ㅇ 송수구 설치장소 : ( ), 송수구역수 : ( )구역</td></tr>
<tr><td colspan="2">[ ]비상콘센트</td><td>ㅇ 설치장소 : 동명( ) [ ]지상/[ ]지하 ( )층 ~ [ ]지상/[ ]지하 ( )층
[ ]3상 380V [ ]단상 220V / [ ]접지형 2극 플러그접속기 [ ]접지형 3극 플러그접속기</td></tr>
<tr><td colspan="2">[ ]무선통신보조</td><td>ㅇ 설치장소 : 동명( ) [ ]지상/[ ]지하 ( )층 ~ [ ]지상/[ ]지하 ( )층
[ ]전용 [ ]공용 / 방식: [ ]누설동축케이블 [ ]누설동축케이블과 안테나 [ ]안테나
ㅇ 접속단자 설치장소( ), ( )</td></tr>
<tr><td colspan="2">[ ]연소방지</td><td>ㅇ 방호대상물 [ ]전력사업용 [ ]통신사업용 [ ]그 밖의 것( )
ㅇ 송수구역수 : ( )구역 / 구역간의 구획 [ ]있다 [ ]일부 있다 [ ]없다</td></tr>
<tr><td colspan="2">비고</td><td>※ 제연설비 설비개요 작성 시 최대 구역 1개소에 대하여 기입합니다.</td></tr>
</table>

210mm×297mm [백상지(80g/m^2)]

목 차

(작성요령) 목차에는 점검을 실시하고자 하는 소방시설명만을 순서대로 기재한다.

1. 소화기구 및 자동소화장치 점검표

번호	점검항목	점검결과
1-A. 소화기구(소화기, 자동확산소화기, 간이소화용구)		
1-A-001 1-A-002 1-A-003 1-A-004 1-A-005 1-A-006 1-A-007 1-A-008 1-A-009 1-A-010	○ 거주자 등이 손쉽게 사용할 수 있는 장소에 설치되어 있는지 여부 ○ 설치높이 적합 여부 ○ 배치거리(보행거리 소형 20 m 이내, 대형 30 m 이내) 적합 여부 ○ 구획된 거실(바닥면적 33 m^2 이상)마다 소화기 설치 여부 ○ 소화기 표지 설치상태 적정 여부 ○ 소화기의 변형·손상 또는 부식 등 외관의 이상 여부 ○ 지시압력계(녹색범위)의 적정 여부 ○ 수동식 분말소화기 내용연수(10년) 적정 여부 ● 설치수량 적정 여부 ● 적응성 있는 소화약제 사용 여부	
1-B. 자동소화장치		
 1-B-001 1-B-002 1-B-003 1-B-004 1-B-005 1-B-006	[주거용 주방 자동소화장치] ○ 수신부의 설치상태 적정 및 정상(예비전원, 음향장치 등) 작동 여부 ○ 소화약제의 지시압력 적정 및 외관의 이상 여부 ○ 소화약제 방출구의 설치상태 적정 및 외관의 이상 여부 ○ 감지부 설치상태 적정 여부 ○ 탐지부 설치상태 적정 여부 ○ 차단장치 설치상태 적정 및 정상 작동 여부	
 1-B-011 1-B-012 1-B-013	[상업용 주방 자동소화장치] ○ 소화약제의 지시압력 적정 및 외관의 이상 여부 ○ 후드 및 덕트에 감지부와 분사헤드의 설치상태 적정 여부 ○ 수동기동장치의 설치상태 적정 여부	
 1-B-021 1-B-022 1-B-023	[캐비닛형 자동소화장치] ○ 분사헤드의 설치상태 적합 여부 ○ 화재감지기 설치상태 적합 여부 및 정상 작동 여부 ○ 개구부 및 통기구 설치 시 자동폐쇄장치 설치 여부	
 1-B-031 1-B-032 1-B-033	[가스·분말·고체에어로졸 자동소화장치] ○ 수신부의 정상(예비전원, 음향장치 등) 작동 여부 ○ 소화약제의 지시압력 적정 및 외관의 이상 여부 ○ 감지부(또는 화재감지기) 설치상태 적정 및 정상 작동 여부	
비고		

※ 점검항목 중 "●"는 종합점검의 경우에만 해당한다.
※ 점검결과란은 양호 "○", 불량 "×", 해당 없는 항목은 "/"로 표시한다.
※ 점검항목 내용 중 "설치기준" 및 "설치상태"에 대한 점검은 정상적인 작동 가능 여부를 포함한다.
※ '비고'란에는 특정소방대상물의 위치·구조·용도 및 소방시설의 상황 등이 이 표의 항목대로 기재하기 곤란하거나 이 표에서 누락된 사항을 기재한다. (이하 같다)

210mm×297mm [백상지(80g/m^2)]

2. 옥내소화전설비 점검표

(2쪽 중 1쪽)

번호	점검항목	점검결과
2-A. 수원		
2-A-001	○ 주된 수원의 유효수량 적정 여부(겸용설비 포함)	
2-A-002	○ 보조수원(옥상)의 유효수량 적정 여부	
2-B. 수조		
2-B-001	● 동결방지조치 상태 적정 여부	
2-B-002	○ 수위계 설치상태 적정 또는 수위 확인 가능 여부	
2-B-003	● 수조 외측 고정사다리 설치상태 적정 여부(바닥보다 낮은 경우 제외)	
2-B-004	● 실내설치 시 조명설비 설치상태 적정 여부	
2-B-005	○ "옥내소화전설비용 수조" 표지 설치상태 적정 여부	
2-B-006	● 다른 소화설비와 겸용 시 겸용설비의 이름 표시한 표지 설치상태 적정 여부	
2-B-007	● 수조-수직배관 접속부분 "옥내소화전설비용 배관" 표지 설치상태 적정 여부	
2-C. 가압송수장치		
	[펌프방식]	
2-C-001	● 동결방지조치 상태 적정 여부	
2-C-002	○ 옥내소화전 방수량 및 방수압력 적정 여부	
2-C-003	● 감압장치 설치 여부(방수압력 0.7 MPa 초과 조건)	
2-C-004	○ 성능시험배관을 통한 펌프 성능시험 적정 여부	
2-C-005	● 다른 소화설비와 겸용인 경우 펌프 성능 확보 가능 여부	
2-C-006	○ 펌프 흡입측 연성계·진공계 및 토출측 압력계 등 부속장치의 변형·손상 유무	
2-C-007	● 기동장치 적정 설치 및 기동압력 설정 적정 여부	
2-C-008	○ 기동스위치 설치 적정 여부(ON/OFF 방식)	
2-C-009	● 주펌프와 동등이상 펌프 추가설치 여부	
2-C-010	● 물올림장치 설치 적정(전용 여부, 유효수량, 배관구경, 자동급수) 여부	
2-C-011	● 충압펌프 설치 적정(토출압력, 정격토출량) 여부	
2-C-012	○ 내연기관 방식의 펌프 설치 적정(정상기동(기동장치 및 제어반) 여부, 축전지 상태, 연료량) 여부	
2-C-013	○ 가압송수장치의 "옥내소화전펌프" 표지 설치 여부 또는 다른 소화설비와 겸용 시 겸용설비 이름 표시 부착 여부	
	[고가수조방식]	
2-C-021	○ 수위계·배수관·급수관·오버플로우관·맨홀 등 부속장치의 변형·손상 유무	
	[압력수조방식]	
2-C-031	● 압력수조의 압력 적정 여부	
2-C-032	○ 수위계·급수관·급기관·압력계·안전장치·공기압축기 등 부속장치의 변형·손상 유무	
	[가압수조방식]	
2-C-041	● 가압수조 및 가압원 설치장소의 방화구획 여부	
2-C-042	○ 수위계·급수관·배수관·급기관·압력계 등 부속장치의 변형·손상 유무	
2-D. 송수구		
2-D-001	○ 설치장소 적정 여부	
2-D-002	● 연결배관에 개폐밸브를 설치한 경우 개폐상태 확인 및 조작가능 여부	
2-D-003	● 송수구 설치 높이 및 구경 적정 여부	
2-D-004	● 자동배수밸브(또는 배수공)·체크밸브 설치 여부 및 설치 상태 적정 여부	
2-D-005	○ 송수구 마개 설치 여부	
2-E. 배관 등		
2-E-001	● 펌프의 흡입측 배관 여과장치의 상태 확인	
2-E-002	● 성능시험배관 설치(개폐밸브, 유량조절밸브, 유량측정장치) 적정 여부	
2-E-003	● 순환배관 설치(설치위치·배관구경, 릴리프밸브 개방압력) 적정 여부	
2-E-004	● 동결방지조치 상태 적정 여부	
2-E-005	○ 급수배관 개폐밸브 설치(개폐표시형, 흡입측 버터플라이 제외) 적정 여부	
2-E-006	● 다른 설비의 배관과의 구분 상태 적정 여부	

210mm×297mm [백상지(80g/m²)]

(2쪽 중 2쪽)

번호	점검항목	점검결과
2-F. 함 및 방수구 등		
2-F-001 2-F-002 2-F-003 2-F-004 2-F-005 2-F-006 2-F-007 2-F-008	○ 함 개방 용이성 및 장애물 설치 여부 등 사용 편의성 적정 여부 ○ 위치·기동 표시등 적정 설치 및 정상 점등 여부 ○ "소화전" 표시 및 사용요령(외국어 병기) 기재 표지판 설치상태 적정 여부 ● 대형공간(기둥 또는 벽이 없는 구조) 소화전 함 설치 적정 여부 ● 방수구 설치 적정 여부 ○ 함 내 소방호스 및 관창 비치 적정 여부 ○ 호스의 접결상태, 구경, 방수 압력 적정 여부 ● 호스릴방식 노즐 개폐장치 사용 용이 여부	
2-G. 전원		
2-G-001 2-G-002 2-G-003 2-G-004	● 대상물 수전방식에 따른 상용전원 적정 여부 ● 비상전원 설치장소 적정 및 관리 여부 ○ 자가발전설비인 경우 연료 적정량 보유 여부 ○ 자가발전설비인 경우 「전기사업법」에 따른 정기점검 결과 확인	
2-H. 제어반		
2-H-001	● 겸용 감시·동력 제어반 성능 적정 여부(겸용으로 설치된 경우)	
 2-H-011 2-H-012 2-H-013 2-H-014 2-H-015 2-H-016 2-H-017 2-H-018 2-H-019	[감시제어반] ○ 펌프 작동 여부 확인 표시등 및 음향경보장치 정상작동 여부 ○ 펌프별 자동·수동 전환스위치 정상작동 여부 ● 펌프별 수동기동 및 수동중단 기능 정상작동 여부 ● 상용전원 및 비상전원 공급 확인 가능 여부(비상전원 있는 경우) ● 수조·물올림탱크 저수위 표시등 및 음향경보장치 정상작동 여부 ○ 각 확인회로 별 도통시험 및 작동시험 정상작동 여부 ○ 예비전원 확보 유무 및 시험 적합 여부 ● 감시제어반 전용실 적정 설치 및 관리 여부 ● 기계·기구 또는 시설 등 제어 및 감시설비 외 설치 여부	
 2-H-021	[동력제어반] ○ 앞면은 적색으로 하고, "옥내소화전설비용 동력제어반" 표지 설치 여부	
 2-H-031	[발전기제어반] ● 소방전원보존형발전기는 이를 식별할 수 있는 표지 설치 여부	

※ 펌프성능시험(펌프 명판 및 설계치 참조)

구분		체절운전	정격운전 (100%)	정격유량의 150% 운전	적정 여부
토출량 (ℓ/min)	주				1. 체절운전 시 토출압은 정격토출압의 140% 이하일 것( ) 2. 정격운전 시 토출량과 토출압이 규정치 이상일 것( ) 3. 정격토출량의 150%에서 토출압이 정격토출압의 65% 이상일 것( )
	예비				
토출압 (MPa)	주				
	예비				

○ 설정압력:
○ 주펌프
기동: MPa
정지: MPa
○ 예비펌프
기동: MPa
정지: MPa
○ 충압펌프
기동: MPa
정지: MPa

※ 릴리프밸브 작동압력 : MPa

비고	

210mm×297mm [백상지(80g/m²)]

3. 스프링클러설비 점검표

(3쪽 중 1쪽)

번호	점검항목	점검결과
3-A. 수원		
3-A-001 3-A-002	○ 주된 수원의 유효수량 적정 여부(겸용설비 포함) ○ 보조수원(옥상)의 유효수량 적정 여부	
3-B. 수조		
3-B-001 3-B-002 3-B-003 3-B-004 3-B-005 3-B-006 3-B-007	● 동결방지조치 상태 적정 여부 ○ 수위계 설치 또는 수위 확인 가능 여부 ● 수조 외측 고정사다리 설치 여부(바닥보다 낮은 경우 제외) ● 실내설치 시 조명설비 설치 여부 ○ "스프링클러설비용 수조" 표지 설치 여부 및 설치 상태 ● 다른 소화설비와 겸용 시 겸용설비의 이름 표시한 표지 설치 여부 ● 수조-수직배관 접속부분 "스프링클러설비용 배관" 표지 설치 여부	
3-C. 가압송수장치		
 3-C-001 3-C-002 3-C-003 3-C-004 3-C-005 3-C-006 3-C-007 3-C-008 3-C-009	[펌프방식] ● 동결방지조치 상태 적정 여부 ○ 성능시험배관을 통한 펌프 성능시험 적정 여부 ● 다른 소화설비와 겸용인 경우 펌프 성능 확보 가능 여부 ○ 펌프 흡입측 연성계·진공계 및 토출측 압력계 등 부속장치의 변형·손상 유무 ● 기동장치 적정 설치 및 기동압력 설정 적정 여부 ● 물올림장치 설치 적정(전용 여부, 유효수량, 배관구경, 자동급수) 여부 ● 충압펌프 설치 적정(토출압력, 정격토출량) 여부 ○ 내연기관 방식의 펌프 설치 적정(정상기동(기동장치 및 제어반) 여부, 축전지 상태, 연료량) 여부 ○ 가압송수장치의 "스프링클러펌프" 표지 설치 여부 또는 다른 소화설비와 겸용 시 겸용설비 이름 표시 부착 여부	
 3-C-021	[고가수조방식] ○ 수위계·배수관·급수관·오버플로우관·맨홀 등 부속장치의 변형·손상 유무	
 3-C-031 3-C-032	[압력수조방식] ● 압력수조의 압력 적정 여부 ○ 수위계·급수관·급기관·압력계·안전장치·공기압축기 등 부속장치의 변형·손상 유무	
 3-C-041 3-C-042	[가압수조방식] ● 가압수조 및 가압원 설치장소의 방화구획 여부 ○ 수위계·급수관·배수관·급기관·압력계 등 부속장치의 변형·손상 유무	
3-D. 폐쇄형스프링클러설비 방호구역 및 유수검지장치		
3-D-001 3-D-002 3-D-003 3-D-004 3-D-005	● 방호구역 적정 여부 ● 유수검지장치 설치 적정(수량, 접근·점검 편의성, 높이) 여부 ○ 유수검지장치실 설치 적정(실내 또는 구획, 출입문 크기, 표지) 여부 ● 자연낙차에 의한 유수압력과 유수검지장치의 유수검지압력 적정여부 ● 조기반응형헤드 적합 유수검지장치 설치 여부	
3-E. 개방형스프링클러설비 방수구역 및 일제개방밸브		
3-E-001 3-E-002 3-E-003 3-E-004	● 방수구역 적정 여부 ● 방수구역 별 일제개방밸브 설치 여부 ● 하나의 방수구역을 담당하는 헤드 개수 적정 여부 ○ 일제개방밸브실 설치 적정(실내(구획), 높이, 출입문, 표지) 여부	

210mm×297mm [백상지(80g/m^2)]

(3쪽 중 2쪽)

번호	점검항목	점검결과
3-F. 배관		
3-F-001 3-F-002 3-F-003 3-F-004 3-F-005 3-F-006 3-F-007 3-F-008 3-F-009	● 펌프의 흡입측 배관 여과장치의 상태 확인 ● 성능시험배관 설치(개폐밸브, 유량조절밸브, 유량측정장치) 적정 여부 ● 순환배관 설치(설치위치·배관구경, 릴리프밸브 개방압력) 적정 여부 ● 동결방지조치 상태 적정 여부 ○ 급수배관 개폐밸브 설치(개폐표시형, 흡입측 버터플라이 제외) 및 작동표시스위치 적정(제어반 표시 및 경보, 스위치 동작 및 도통시험) 여부 ○ 준비작동식 유수검지장치 및 일제개방밸브 2차측 배관 부대설비 설치 적정(개폐표시형 밸브, 수직배수배관, 개폐밸브, 자동배수장치, 압력스위치 설치 및 감시제어반 개방 확인) 여부 ○ 유수검지장치 시험장치 설치 적정(설치위치, 배관구경, 개폐밸브 및 개방형 헤드, 물받이 통 및 배수관) 여부 ● 주차장에 설치된 스프링클러 방식 적정(습식 외의 방식) 여부 ● 다른 설비의 배관과의 구분 상태 적정 여부	
3-G. 음향장치 및 기동장치		
3-G-001 3-G-002 3-G-003 3-G-004 3-G-005 3-G-006	○ 유수검지에 따른 음향장치 작동 가능 여부(습식·건식의 경우) ○ 감지기 작동에 따라 음향장치 작동 여부(준비작동식 및 일제개방밸브의 경우) ● 음향장치 설치 담당구역 및 수평거리 적정 여부 ● 주 음향장치 수신기 내부 또는 직근 설치 여부 ● 우선경보방식에 따른 경보 적정 여부 ○ 음향장치(경종 등) 변형·손상 확인 및 정상 작동(음량 포함) 여부	
 3-G-011 3-G-012	[펌프 작동] ○ 유수검지장치의 발신이나 기동용 수압개폐장치의 작동에 따른 펌프 기동 확인(습식·건식의 경우) ○ 화재감지기의 감지나 기동용 수압개폐장치의 작동에 따른 펌프 기동 확인(준비작동식 및 일제개방밸브의 경우)	
 3-G-021 3-G-022	[준비작동식유수검지장치 또는 일제개발밸브 작동] ○ 담당구역 내 화재감지기 동작(수동 기동 포함)에 따라 개방 및 작동 여부 ○ 수동조작함 (설치높이, 표시등) 설치 적정 여부	
3-H. 헤드		
3-H-001 3-H-002 3-H-003 3-H-004 3-H-005 3-H-006 3-H-007 3-H-008 3-H-009 3-H-010	○ 헤드의 변형·손상 유무 ○ 헤드 설치 위치·장소·상태(고정) 적정 여부 ○ 헤드 살수장애 여부 ● 무대부 또는 연소우려 있는 개구부 개방형 헤드 설치 여부 ● 조기반응형 헤드 설치 여부(의무 설치 장소의 경우) ● 경사진 천장의 경우 스프링클러헤드의 배치상태 ● 연소할 우려가 있는 개구부 헤드 설치 적정 여부 ● 습식·부압식스프링클러 외의 설비 상향식 헤드 설치 여부 ● 측벽형 헤드 설치 적정 여부 ● 감열부에 영향을 받을 우려가 있는 헤드의 차폐판 설치 여부	
3-I. 송수구		
3-I-001 3-I-002 3-I-003 3-I-004 3-I-005 3-I-006 3-I-007	○ 설치장소 적정 여부 ● 연결배관에 개폐밸브를 설치한 경우 개폐상태 확인 및 조작가능 여부 ● 송수구 설치 높이 및 구경 적정 여부 ○ 송수압력범위 표시 표지 설치 여부 ● 송수구 설치 개수 적정 여부(폐쇄형 스프링클러설비의 경우) ● 자동배수밸브(또는 배수공)·체크밸브 설치 여부 및 설치 상태 적정 여부 ○ 송수구 마개 설치 여부	

210mm×297mm [백상지(80g/m^2)]

(3쪽 중 3쪽)

번호	점검항목	점검결과
3-J. 전원		
3-J-001 3-J-002 3-J-003 3-J-004	● 대상물 수전방식에 따른 상용전원 적정 여부 ● 비상전원 설치장소 적정 및 관리 여부 ○ 자가발전설비인 경우 연료 적정량 보유 여부 ○ 자가발전설비인 경우 「전기사업법」에 따른 정기점검 결과 확인	
3-K. 제어반		
3-K-001	● 겸용 감시·동력 제어반 성능 적정 여부(겸용으로 설치된 경우)	
 3-K-011 3-K-012 3-K-013 3-K-014 3-K-015 3-K-016 3-K-017 3-K-018 3-K-019 3-K-020 3-K-021 3-K-022 3-K-023	[감시제어반] ○ 펌프 작동 여부 확인 표시등 및 음향경보장치 정상작동 여부 ○ 펌프별 자동·수동 전환스위치 정상작동 여부 ● 펌프별 수동기동 및 수동중단 기능 정상작동 여부 ● 상용전원 및 비상전원 공급 확인 가능 여부(비상전원 있는 경우) ● 수조·물올림탱크 저수위 표시등 및 음향경보장치 정상작동 여부 ○ 각 확인회로별 도통시험 및 작동시험 정상작동 여부 ○ 예비전원 확보 유무 및 시험 적합 여부 ● 감시제어반 전용실 적정 설치 및 관리 여부 ● 기계·기구 또는 시설 등 제어 및 감시설비 외 설치 여부 ○ 유수검지장치·일제개방밸브 작동 시 표시 및 경보 정상작동 여부 ○ 일제개방밸브 수동조작스위치 설치 여부 ● 일제개방밸브 사용 설비 화재감지기 회로별 화재표시 적정 여부 ● 감시제어반과 수신기 간 상호 연동 여부(별도로 설치된 경우)	
 3-K-031	[동력제어반] ○ 앞면은 적색으로 하고, "스프링클러설비용 동력제어반" 표지 설치 여부	
 3-K-041	[발전기제어반] ● 소방전원보존형발전기는 이를 식별할 수 있는 표지 설치 여부	
3-L. 헤드 설치제외		
3-L-001 3-L-002	● 헤드 설치 제외 적정 여부(설치 제외된 경우) ● 드렌처설비 설치 적정 여부	

※ 펌프성능시험(펌프 명판 및 설계치 참조)

구분		체절운전	정격운전 (100%)	정격유량의 150% 운전	적정 여부
토출량 (ℓ/min)	주				1. 체절운전 시 토출압은 정격토출압의 140% 이하일 것( ) 2. 정격운전 시 토출량과 토출압이 규정치 이상일 것( ) 3. 정격토출량의 150%에서 토출압이 정격토출압의 65% 이상일 것( )
	예비				
토출압 (MPa)	주				
	예비				

○ 설정압력:
○ 주펌프
기동: MPa
정지: MPa
○ 예비펌프
기동: MPa
정지: MPa
○ 충압펌프
기동: MPa
정지: MPa

※ 릴리프밸브 작동압력 : MPa

비고	

210mm×297mm [백상지(80g/m²)]

4. 간이스프링클러설비 점검표

(3쪽 중 1쪽)

번호	점검항목	점검결과
4-A. 수원		
4-A-001	○ 수원의 유효수량 적정 여부(겸용설비 포함)	
4-B. 수조		
4-B-001 4-B-002 4-B-003 4-B-004 4-B-005 4-B-006 4-B-007 4-B-008	○ 자동급수장치 설치 여부 ● 동결방지조치 상태 적정 여부 ○ 수위계 설치 또는 수위 확인 가능 여부 ● 수조 외측 고정사다리 설치 여부(바닥보다 낮은 경우 제외) ● 실내설치 시 조명설비 설치 여부 ○ "간이스프링클러설비용 수조" 표지 설치상태 적정 여부 ● 다른 소화설비와 겸용 시 겸용설비의 이름 표시한 표지 설치 여부 ● 수조 - 수직배관 접속부분 "간이스프링클러설비용 배관" 표지 설치 여부	
4-C. 가압송수장치		
4-C-001	[상수도직결형] ○ 방수량 및 방수압력 적정 여부	
4-C-011 4-C-012 4-C-013 4-C-014 4-C-015 4-C-016 4-C-017 4-C-018 4-C-019	[펌프방식] ● 동결방지조치 상태 적정 여부 ○ 성능시험배관을 통한 펌프 성능시험 적정 여부 ● 다른 소화설비와 겸용인 경우 펌프 성능 확보 가능 여부 ○ 펌프 흡입측 연성계·진공계 및 토출측 압력계 등 부속장치의 변형·손상 유무 ● 기동장치 적정 설치 및 기동압력 설정 적정 여부 ● 물올림장치 설치 적정(전용 여부, 유효수량, 배관구경, 자동급수) 여부 ● 충압펌프 설치 적정(토출압력, 정격토출량) 여부 ○ 내연기관 방식의 펌프 설치 적정(정상기동(기동장치 및 제어반) 여부, 축전지 상태, 연료량) 여부 ○ 가압송수장치의 "간이스프링클러펌프" 표지 설치 여부 또는 다른 소화설비와 겸용 시 겸용설비 이름 표시 부착 여부	
4-C-031	[고가수조방식] ○ 수위계·배수관·급수관·오버플로우관·맨홀 등 부속장치의 변형·손상 유무	
4-C-041 4-C-042	[압력수조방식] ● 압력수조의 압력 적정 여부 ○ 수위계·급수관·급기관·압력계·안전장치·공기압축기 등 부속장치의 변형·손상 유무	
4-C-051 4-C-052	[가압수조방식] ● 가압수조 및 가압원 설치장소의 방화구획 여부 ○ 수위계·급수관·배수관·급기관·압력계 등 부속장치의 변형·손상 유무	
4-D. 방호구역 및 유수검지장치		
4-D-001 4-D-002 4-D-003 4-D-004 4-D-005	● 방호구역 적정 여부 ● 유수검지장치 설치 적정(수량, 접근·점검 편의성, 높이) 여부 ○ 유수검지장치실 설치 적정(실내 또는 구획, 출입문 크기, 표지) 여부 ● 자연낙차에 의한 유수압력과 유수검지장치의 유수검지압력 적정 여부 ● 주차장에 설치된 간이스프링클러 방식 적정(습식 외의 방식) 여부	
비고		

210mm×297mm [백상지(80g/m^2)]

(3쪽 중 2쪽)

번호	점검항목	점검결과
4-E. 배관 및 밸브		
4-E-001 4-E-002 4-E-003 4-E-004 4-E-005 4-E-006 4-E-007 4-E-008 4-E-009 4-E-010	○ 상수도직결형 수도배관 구경 및 유수검지에 따른 다른 배관 자동 송수 차단 여부 ○ 급수배관 개폐밸브 설치(개폐표시형, 흡입측 버터플라이 제외) 및 작동표시스위치 적정(제어반 표시 및 경보, 스위치 동작 및 도통시험) 여부 ● 펌프의 흡입측 배관 여과장치의 상태 확인 ● 성능시험배관 설치(개폐밸브, 유량조절밸브, 유량측정장치) 적정 여부 ● 순환배관 설치(설치위치·배관구경, 릴리프밸브 개방압력) 적정 여부 ● 동결방지조치 상태 적정 여부 ○ 준비작동식 유수검지장치 2차측 배관 부대설비 설치 적정(개폐표시형 밸브, 수직배수배관·개폐밸브, 자동배수장치, 압력스위치 설치 및 감시제어반 개방 확인) 여부 ○ 유수검지장치 시험장치 설치 적정(설치위치, 배관구경, 개폐밸브 및 개방형 헤드, 물받이 통 및 배수관) 여부 ● 간이스프링클러설비 배관 및 밸브 등의 순서의 적정 시공 여부 ● 다른 설비의 배관과의 구분 상태 적정 여부	
4-F. 음향장치 및 기동장치		
4-F-001 4-F-002 4-F-003 4-F-004 4-F-005	○ 유수검지에 따른 음향장치 작동 가능 여부(습식의 경우) ● 음향장치 설치 담당구역 및 수평거리 적정 여부 ● 주 음향장치 수신기 내부 또는 직근 설치 여부 ● 우선경보방식에 따른 경보 적정 여부 ○ 음향장치(경종 등) 변형·손상 확인 및 정상 작동(음량 포함) 여부	
 4-F-011 4-F-012	[펌프 작동] ○ 유수검지장치의 발신이나 기동용 수압개폐장치의 작동에 따른 펌프 기동 확인(습식의 경우) ○ 화재감지기의 감지나 기동용 수압개폐장치의 작동에 따른 펌프 기동 확인(준비작동식의 경우)	
 4-F-021 4-F-022	[준비작동식유수검지장치 작동] ○ 담당구역 내 화재감지기 동작(수동 기동 포함)에 따라 개방 및 작동 여부 ○ 수동조작함(설치높이, 표시등) 설치 적정 여부	
4-G. 간이헤드		
4-G-001 4-G-002 4-G-003 4-G-004 4-G-005	○ 헤드의 변형·손상 유무 ○ 헤드 설치 위치·장소·상태(고정) 적정 여부 ○ 헤드 살수장애 여부 ● 감열부에 영향을 받을 우려가 있는 헤드의 차폐판 설치 여부 ● 헤드 설치 제외 적정 여부(설치 제외된 경우)	
4-H. 송수구		
4-H-001 4-H-002 4-H-003 4-H-004 4-H-005	○ 설치장소 적정 여부 ● 연결배관에 개폐밸브를 설치한 경우 개폐상태 확인 및 조작가능 여부 ● 송수구 설치 높이 및 구경 적정 여부 ● 자동배수밸브(또는 배수공)·체크밸브 설치 여부 및 설치 상태 적정 여부 ○ 송수구 마개 설치 여부	
비고		

210mm×297mm [백상지(80g/m^2)]

(3쪽 중 3쪽)

번호	점검항목	점검결과
4-I. 제어반		
4-I-001	● 겸용 감시·동력 제어반 성능 적정 여부(겸용으로 설치된 경우)	
	[감시제어반]	
4-I-011	○ 펌프 작동 여부 확인 표시등 및 음향경보장치 정상작동 여부	
4-I-012	○ 펌프별 자동·수동 전환스위치 정상작동 여부	
4-I-013	● 펌프별 수동기동 및 수동중단 기능 정상작동 여부	
4-I-014	● 상용전원 및 비상전원 공급 확인 가능 여부(비상전원 있는 경우)	
4-I-015	● 수조·물올림탱크 저수위 표시등 및 음향경보장치 정상작동 여부	
4-I-016	○ 각 확인회로 별 도통시험 및 작동시험 정상작동 여부	
4-I-017	○ 예비전원 확보 유무 및 시험 적합 여부	
4-I-018	● 감시제어반 전용실 적정 설치 및 관리 여부	
4-I-019	● 기계·기구 또는 시설 등 제어 및 감시설비 외 설치 여부	
4-I-020	○ 유수검지장치 작동 시 표시 및 경보 정상작동 여부	
4-I-021	● 감시제어반과 수신기 간 상호 연동 여부(별도로 설치된 경우)	
	[동력제어반]	
4-I-031	○ 앞면은 적색으로 하고, "간이스프링클러설비용 동력제어반" 표지 설치 여부	
	[발전기제어반]	
4-I-041	● 소방전원보존형발전기는 이를 식별할 수 있는 표지 설치 여부	
4-J. 전원		
4-J-001	● 대상물 수전방식에 따른 상용전원 적정 여부	
4-J-002	● 비상전원 설치장소 적정 및 관리 여부	
4-J-003	○ 자가발전설비인 경우 연료 적정량 보유 여부	
4-J-004	○ 자가발전설비인 경우 「전기사업법」에 따른 정기점검 결과 확인	

※ 펌프성능시험(펌프 명판 및 설계치 참조)

구분		체절운전	정격운전 (100%)	정격유량의 150% 운전	적정 여부
토출량 (ℓ/min)	주				1. 체절운전 시 토출압은 정격토출압의 140% 이하일 것( ) 2. 정격운전 시 토출량과 토출압이 규정치 이상일 것( ) 3. 정격토출량의 150%에서 토출압이 정격토출압의 65% 이상일 것( )
	예비				
토출압 (MPa)	주				
	예비				

○ 설정압력:
○ 주펌프
기동: MPa
정지: MPa
○ 예비펌프
기동: MPa
정지: MPa
○ 충압펌프
기동: MPa
정지: MPa

※ 릴리프밸브 작동압력 : MPa

비고	

210mm×297mm [백상지(80g/m^2)]

5. 화재조기진압용 스프링클러설비 점검표

(3쪽 중 1쪽)

번호	점검항목	점검결과
5-A. 설치장소의 구조		
5-A-001	● 설비 설치장소의 구조(층고, 내화구조, 방화구획, 천장 기울기, 천장 자재 돌출부 길이, 보 간격, 선반 물 침투구조) 적합 여부	
5-B. 수원		
5-B-001 5-B-002	○ 주된 수원의 유효수량 적정 여부(겸용설비 포함) ○ 보조수원(옥상)의 유효수량 적정 여부	
5-C. 수조		
5-C-001 5-C-002 5-C-003 5-C-004 5-C-005 5-C-006 5-C-007	● 동결방지조치 상태 적정 여부 ○ 수위계 설치 또는 수위 확인 가능 여부 ● 수조 외측 고정사다리 설치 여부(바닥보다 낮은 경우 제외) ● 실내설치 시 조명설비 설치 여부 ○ "화재조기진압용 스프링클러설비용 수조" 표지 설치 여부 및 설치 상태 ● 다른 소화설비와 겸용 시 겸용설비의 이름 표시한 표지 설치 여부 ● 수조-수직배관 접속부분 "화재조기진압용 스프링클러설비용 배관" 표지 설치 여부	
5-D. 가압송수장치		
 5-D-001 5-D-002 5-D-003 5-D-004 5-D-005 5-D-006 5-D-007 5-D-008 5-D-009	[펌프방식] ● 동결방지조치 상태 적정 여부 ○ 성능시험배관을 통한 펌프 성능시험 적정 여부 ● 다른 소화설비와 겸용인 경우 펌프 성능 확보 가능 여부 ○ 펌프 흡입측 연성계·진공계 및 토출측 압력계 등 부속장치의 변형·손상 유무 ● 기동장치 적정 설치 및 기동압력 설정 적정 여부 ● 물올림장치 설치 적정(전용 여부, 유효수량, 배관구경, 자동급수) 여부 ● 충압펌프 설치 적정(토출압력, 정격토출량) 여부 ○ 내연기관 방식의 펌프 설치 적정(정상기동(기동장치 및 제어반) 여부, 축전지 상태, 연료량) 여부 ○ 가압송수장치의 "화재조기진압용 스프링클러펌프" 표지 설치 여부 또는 다른 소화설비와 겸용 시 겸용설비 이름 표시 부착 여부	
 5-D-021	[고가수조방식] ○ 수위계·배수관·급수관·오버플로우관·맨홀 등 부속장치의 변형·손상 유무	
 5-D-031 5-D-032	[압력수조방식] ● 압력수조의 압력 적정 여부 ○ 수위계·급수관·급기관·압력계·안전장치·공기압축기 등 부속장치의 변형·손상 유무	
 5-D-041 5-D-042	[가압수조방식] ● 가압수조 및 가압원 설치장소의 방화구획 여부 ○ 수위계·급수관·배수관·급기관·압력계 등 부속장치의 변형·손상 유무	
비고		

210mm×297mm [백상지(80g/m^2)]

(3쪽 중 2쪽)

번호	점검항목	점검결과
5-E. 방호구역 및 유수검지장치		
5-E-001 5-E-002 5-E-003 5-E-004	● 방호구역 적정 여부 ● 유수검지장치 설치 적정(수량, 접근·점검 편의성, 높이) 여부 ○ 유수검지장치실 설치 적정(실내 또는 구획, 출입문 크기, 표지) 여부 ● 자연낙차에 의한 유수압력과 유수검지장치의 유수검지압력 적정 여부	
5-F. 배관		
5-F-001 5-F-002 5-F-003 5-F-004 5-F-005 5-F-006 5-F-007	● 펌프의 흡입측 배관 여과장치의 상태 확인 ● 성능시험배관 설치(개폐밸브, 유량조절밸브, 유량측정장치) 적정 여부 ● 순환배관 설치(설치위치·배관구경, 릴리프밸브 개방압력) 적정 여부 ● 동결방지조치 상태 적정 여부 ○ 급수배관 개폐밸브 설치(개폐표시형, 흡입측 버터플라이 제외) 및 작동표시스위치 적정(제어반 표시 및 경보, 스위치 동작 및 도통시험) 여부 ○ 유수검지장치 시험장치 설치 적정(설치위치, 배관구경, 개폐밸브 및 개방형 헤드, 물받이 통 및 배수관) 여부 ● 다른 설비의 배관과의 구분 상태 적정 여부	
5-G. 음향장치 및 기동장치		
5-G-001 5-G-002 5-G-003 5-G-004 5-G-005	○ 유수검지에 따른 음향장치 작동 가능 여부 ● 음향장치 설치 담당구역 및 수평거리 적정 여부 ● 주 음향장치 수신기 내부 또는 직근 설치 여부 ● 우선경보방식에 따른 경보 적정 여부 ○ 음향장치(경종 등) 변형·손상 확인 및 정상 작동(음량 포함) 여부	
 5-G-011	[펌프 작동] ○ 유수검지장치의 발신이나 기동용 수압개폐장치의 작동에 따른 펌프 기동 확인	
5-H. 헤드		
5-H-001 5-H-002 5-H-003 5-H-004	○ 헤드의 변형·손상 유무 ○ 헤드 설치 위치·장소·상태(고정) 적정 여부 ○ 헤드 살수장애 여부 ● 감열부에 영향을 받을 우려가 있는 헤드의 차폐판 설치 여부	
5-I. 저장물의 간격 및 환기구		
5-I-001 5-I-002	● 저장물품 배치 간격 적정 여부 ● 환기구 설치 상태 적정 여부	
5-J. 송수구		
5-J-001 5-J-002 5-J-003 5-J-004 5-J-005 5-J-006 5-J-007	○ 설치장소 적정 여부 ● 연결배관에 개폐밸브를 설치한 경우 개폐상태 확인 및 조작가능 여부 ● 송수구 설치 높이 및 구경 적정 여부 ○ 송수압력범위 표시 표지 설치 여부 ● 송수구 설치 개수 적정 여부 ● 자동배수밸브(또는 배수공)·체크밸브 설치 여부 및 설치 상태 적정 여부 ○ 송수구 마개 설치 여부	

210mm×297mm [백상지(80g/m^2)]

(3쪽 중 3쪽)

번호	점검항목	점검결과
5-K. 전원		
5-K-001 5-K-002 5-K-003 5-K-004	● 대상물 수전방식에 따른 상용전원 적정 여부 ● 비상전원 설치장소 적정 및 관리 여부 ○ 자가발전설비인 경우 연료 적정량 보유 여부 ○ 자가발전설비인 경우 「전기사업법」에 따른 정기점검 결과 확인	
5-L. 제어반		
5-L-001	● 겸용 감시·동력 제어반 성능 적정 여부(겸용으로 설치된 경우)	
 5-L-001 5-L-002 5-L-003 5-L-004 5-L-005 5-L-006 5-L-007 5-L-008 5-L-009 5-L-010 5-L-011	[감시제어반] ○ 펌프 작동 여부 확인 표시등 및 음향경보장치 정상작동 여부 ○ 펌프별 자동·수동 전환스위치 정상작동 여부 ● 펌프별 수동기동 및 수동중단 기능 정상작동 여부 ● 상용전원 및 비상전원 공급 확인 가능 여부(비상전원 있는 경우) ● 수조·물올림탱크 저수위 표시등 및 음향경보장치 정상작동 여부 ○ 각 확인회로 별 도통시험 및 작동시험 정상작동 여부 ○ 예비전원 확보 유무 및 시험 적합 여부 ● 감시제어반 전용실 적정 설치 및 관리 여부 ● 기계·기구 또는 시설 등 제어 및 감시설비 외 설치 여부 ○ 유수검지장치 작동 시 표시 및 경보 정상작동 여부 ○ 감시제어반과 수신기 간 상호 연동 여부(별도로 설치된 경우)	
 5-L-021	[동력제어반] ○ 앞면은 적색으로 하고, “화재조기진압용 스프링클러설비용 동력제어반” 표지 설치 여부	
 5-L-031	[발전기제어반] ● 소방전원보존형발전기는 이를 식별할 수 있는 표지 설치 여부	
5-M. 설치금지 장소		
5-M-001	● 설치가 금지된 장소(제4류 위험물 등이 보관된 장소) 설치 여부	

※ 펌프성능시험(펌프 명판 및 설계치 참조)

구분		체절운전	정격운전 (100%)	정격유량의 150% 운전	적정 여부
토출량 (ℓ/min)	주				1. 체절운전 시 토출압은 정격토출압의 140% 이하일 것( ) 2. 정격운전 시 토출량과 토출압이 규정치 이상일 것( ) 3. 정격토출량의 150%에서 토출압이 정격토출압의 65% 이상일 것( )
	예비				
토출압 (MPa)	주				
	예비				

○ 설정압력:
○ 주펌프
기동: MPa
정지: MPa
○ 예비펌프
기동: MPa
정지: MPa
○ 충압펌프
기동: MPa
정지: MPa

※ 릴리프밸브 작동압력 : MPa

비고	

210mm×297mm [백상지(80g/m²)]

6. 물분무소화설비 점검표

(3쪽 중 1쪽)

번호	점검항목	점검결과
6-A. 수원		
6-A-001	○ 수원의 유효수량 적정 여부(겸용설비 포함)	
6-B. 수조		
6-B-001 6-B-002 6-B-003 6-B-004 6-B-005 6-B-006 6-B-007	● 동결방지조치 상태 적정 여부 ○ 수위계 설치 또는 수위 확인 가능 여부 ● 수조 외측 고정사다리 설치 여부(바닥보다 낮은 경우 제외) ● 실내설치 시 조명설비 설치 여부 ○ "물분무소화설비용 수조" 표지 설치상태 적정 여부 ● 다른 소화설비와 겸용 시 겸용설비의 이름 표시한 표지 설치 여부 ● 수조-수직배관 접속부분 "물분무소화설비용 배관" 표지 설치 여부	
6-C. 가압송수장치		
 6-C-001 6-C-002 6-C-003 6-C-004 6-C-005 6-C-006 6-C-007 6-C-008 6-C-009	[펌프방식] ● 동결방지조치 상태 적정 여부 ○ 성능시험배관을 통한 펌프 성능시험 적정 여부 ● 다른 소화설비와 겸용인 경우 펌프 성능 확보 가능 여부 ○ 펌프 흡입측 연성계·진공계 및 토출측 압력계 등 부속장치의 변형·손상 유무 ● 기동장치 적정 설치 및 기동압력 설정 적정 여부 ● 물올림장치 설치 적정(전용 여부, 유효수량, 배관구경, 자동급수) 여부 ● 충압펌프 설치 적정(토출압력, 정격토출량) 여부 ○ 내연기관 방식의 펌프 설치 적정(정상기동(기동장치 및 제어반) 여부, 축전지 상태, 연료량) 여부 ○ 가압송수장치의 "물분무소화설비펌프" 표지 설치 여부 또는 다른 소화설비와 겸용 시 겸용설비 이름 표시 부착 여부	
 6-C-021	[고가수조방식] ○ 수위계·배수관·급수관·오버플로우관·맨홀 등 부속장치의 변형·손상 유무	
 6-C-031 6-C-032	[압력수조방식] ● 압력수조의 압력 적정 여부 ○ 수위계·급수관·급기관·압력계·안전장치·공기압축기 등 부속장치의 변형·손상 유무	
 6-C-041 6-C-042	[가압수조방식] ● 가압수조 및 가압원 설치장소의 방화구획 여부 ○ 수위계·급수관·배수관·급기관·압력계 등 부속장치의 변형·손상 유무	
6-D. 기동장치		
6-D-001 6-D-002 6-D-003	○ 수동식 기동장치 조작에 따른 가압송수장치 및 개방밸브 정상 작동 여부 ○ 수동식 기동장치 인근 "기동장치" 표지 설치 여부 ○ 자동식 기동장치는 화재감지기의 작동 및 헤드 개방과 연동하여 경보를 발하고, 가압송수장치 및 개방밸브 정상 작동 여부	
6-E. 제어밸브 등		
6-E-001 6-E-002 6-E-003	○ 제어밸브 설치 위치(높이) 적정 및 "제어밸브" 표지 설치 여부 ● 자동개방밸브 및 수동식 개방밸브 설치위치(높이) 적정 여부 ● 자동개방밸브 및 수동식 개방밸브 시험장치 설치 여부	

210mm×297mm [백상지(80g/m^2)]

(3쪽 중 2쪽)

번호	점검항목	점검결과
6-F. 물분무헤드		
6-F-001 6-F-002 6-F-003	○ 헤드의 변형·손상 유무 ○ 헤드 설치 위치·장소·상태(고정) 적정 여부 ● 전기절연 확보 위한 전기기기와 헤드 간 거리 적정 여부	
6-G. 배관 등		
6-G-001 6-G-002 6-G-003 6-G-004 6-G-005 6-G-006	● 펌프의 흡입측 배관 여과장치의 상태 확인 ● 성능시험배관 설치(개폐밸브, 유량조절밸브, 유량측정장치) 적정 여부 ● 순환배관 설치(설치위치·배관구경, 릴리프밸브 개방압력) 적정 여부 ● 동결방지조치 상태 적정 여부 ○ 급수배관 개폐밸브 설치(개폐표시형, 흡입측 버터플라이 제외) 및 작동표시스위치 적정(제어반 표시 및 경보, 스위치 동작 및 도통시험) 여부 ● 다른 설비의 배관과의 구분 상태 적정 여부	
6-H. 송수구		
6-H-001 6-H-002 6-H-003 6-H-004 6-H-005 6-H-006 6-H-007	○ 설치장소 적정 여부 ● 연결배관에 개폐밸브를 설치한 경우 개폐상태 확인 및 조작가능 여부 ● 송수구 설치 높이 및 구경 적정 여부 ○ 송수압력범위 표시 표지 설치 여부 ● 송수구 설치 개수 적정 여부 ● 자동배수밸브(또는 배수공)·체크밸브 설치 여부 및 설치 상태 적정 여부 ○ 송수구 마개 설치 여부	
6-I. 배수설비(차고·주차장의 경우)		
6-I-001	● 배수설비(배수구, 기름분리장치 등) 설치 적정 여부	
6-J. 제어반		
6-J-001	● 겸용 감시·동력 제어반 성능 적정 여부(겸용으로 설치된 경우)	
 6-J-011 6-J-012 6-J-013 6-J-014 6-J-015 6-J-016 6-J-017 6-J-018 6-J-019	[감시제어반] ○ 펌프 작동 여부 확인 표시등 및 음향경보장치 정상작동 여부 ○ 펌프별 자동·수동 전환스위치 정상작동 여부 ● 펌프별 수동기동 및 수동중단 기능 정상작동 여부 ● 상용전원 및 비상전원 공급 확인 가능 여부(비상전원 있는 경우) ● 수조·물올림탱크 저수위 표시등 및 음향경보장치 정상작동 여부 ○ 각 확인회로 별 도통시험 및 작동시험 정상작동 여부 ○ 예비전원 확보 유무 및 시험 적합 여부 ● 감시제어반 전용실 적정 설치 및 관리 여부 ● 기계·기구 또는 시설 등 제어 및 감시설비 외 설치 여부	
 6-J-031	[동력제어반] ○ 앞면은 적색으로 하고, "물분무소화설비용 동력제어반" 표지 설치 여부	
 6-J-041	[발전기제어반] ● 소방전원보존형발전기는 이를 식별할 수 있는 표지 설치 여부	

210mm×297mm [백상지(80g/m²)]

(3쪽 중 3쪽)

번호	점검항목	점검결과
6-K. 전원		
6-K-001 6-K-002 6-K-003 6-K-004	● 대상물 수전방식에 따른 상용전원 적정 여부 ● 비상전원 설치장소 적정 및 관리 여부 ○ 자가발전설비인 경우 연료 적정량 보유 여부 ○ 자가발전설비인 경우 「전기사업법」에 따른 정기점검 결과 확인	
6-L. 물분무헤드의 제외		
6-L-001	● 헤드 설치 제외 적정 여부(설치 제외된 경우)	

※ 펌프성능시험(펌프 명판 및 설계치 참조)

구분		체절운전	정격운전 (100%)	정격유량의 150% 운전	적정 여부
토출량 (ℓ/min)	주				1. 체절운전 시 토출압은 정격토출압의 140% 이하일 것(　) 2. 정격운전 시 토출량과 토출압이 규정치 이상일 것(　) 3. 정격토출량의 150%에서 토출압이 정격토출압의 65% 이상일 것(　)
	예비				
토출압 (MPa)	주				
	예비				

○ 설정압력:
○ 주펌프
기동: MPa
정지: MPa
○ 예비펌프
기동: MPa
정지: MPa
○ 충압펌프
기동: MPa
정지: MPa

※ 릴리프밸브 작동압력 : MPa

비고	

210mm×297mm [백상지(80g/m^2)]

7. 미분무소화설비 점검표

(3쪽 중 1쪽)

번호	점검항목	점검결과
7-A. 수원		
7-A-001	○ 수원의 수질 및 필터(또는 스트레이너) 설치 여부	
7-A-002	● 주배관 유입측 필터(또는 스트레이너) 설치 여부	
7-A-003	○ 수원의 유효수량 적정 여부	
7-A-004	● 첨가제의 양 산정 적정 여부(첨가제를 사용한 경우)	
7-B. 수조		
7-B-001	○ 전용 수조 사용 여부	
7-B-002	● 동결방지조치 상태 적정 여부	
7-B-003	○ 수위계 설치 또는 수위 확인 가능 여부	
7-B-004	● 수조 외측 고정사다리 설치 여부(바닥보다 낮은 경우 제외)	
7-B-005	● 실내설치 시 조명설비 설치 여부	
7-B-006	○ "미분무설비용 수조" 표지 설치상태 적정 여부	
7-B-007	● 수조-수직배관 접속부분 "미분무설비용 배관" 표지 설치 여부	
7-C. 가압송수장치		
	[펌프방식]	
7-C-001	● 동결방지조치 상태 적정 여부	
7-C-002	● 전용 펌프 사용 여부	
7-C-003	○ 펌프 토출측 압력계 등 부속장치의 변형·손상 유무	
7-C-004	○ 성능시험배관을 통한 펌프 성능시험 적정 여부	
7-C-005	○ 내연기관 방식의 펌프 설치 적정(정상기동(기동장치 및 제어반) 여부, 축전지 상태, 연료량) 여부	
7-C-006	○ 가압송수장치의 "미분무펌프" 등 표지 설치 여부	
	[압력수조방식]	
7-C-011	○ 동결방지조치 상태 적정 여부	
7-C-012	● 전용 압력수조 사용 여부	
7-C-013	○ 압력수조의 압력 적정 여부	
7-C-014	○ 수위계·급수관·급기관·압력계·안전장치·공기압축기 등 부속장치의 변형·손상 유무	
7-C-015	○ 압력수조 토출측 압력계 설치 및 적정 범위 여부	
7-C-016	○ 작동장치 구조 및 기능 적정 여부	
	[가압수조방식]	
7-C-021	● 전용 가압수조 사용 여부	
7-C-022	● 가압수조 및 가압원 설치장소의 방화구획 여부	
7-C-023	○ 수위계·급수관·배수관·급기관·압력계 등 구성품의 변형·손상 유무	
7-D. 폐쇄형 미분무소화설비의 방호구역 및 개방형 미분무소화설비의 방수구역		
7-D-001	○ 방호(방수)구역의 설정기준(바닥면적, 층 등) 적정 여부	

210mm×297mm [백상지(80g/m^2)]

(3쪽 중 2쪽)

번호	점검항목	점검결과
7-E. 배관 등		
7-E-001	○ 급수배관 개폐밸브 설치(개폐표시형, 흡입측 버터플라이 제외) 및 작동표시스위치 적정(제어반 표시 및 경보, 스위치 동작 및 도통시험) 여부	
7-E-002	● 성능시험배관 설치(개폐밸브, 유량조절밸브, 유량측정장치) 적정 여부	
7-E-003	● 동결방지조치 상태 적정 여부	
7-E-004	○ 유수검지장치 시험장치 설치 적정(설치위치, 배관구경, 개폐밸브 및 개방형 헤드, 물받이 통 및 배수관) 여부	
7-E-005	● 주차장에 설치된 미분무소화설비 방식 적정(습식 외의 방식) 여부	
7-E-006	● 다른 설비의 배관과의 구분 상태 적정 여부	
	[호스릴 방식]	
7-E-011	● 방호대상물 각 부분으로부터 호스접결구까지 수평거리 적정 여부	
7-E-012	○ 소화약제저장용기의 위치표시등 정상 점등 및 표지 설치 여부	
7-F. 음향장치		
7-F-001	○ 유수검지에 따른 음향장치 작동 가능 여부	
7-F-002	○ 개방형 미분무설비는 감지기 작동에 따라 음향장치 작동 여부	
7-F-003	● 음향장치 설치 담당구역 및 수평거리 적정 여부	
7-F-004	● 주 음향장치 수신기 내부 또는 직근 설치 여부	
7-F-005	● 우선경보방식에 따른 경보 적정 여부	
7-F-006	○ 음향장치(경종 등) 변형·손상 확인 및 정상 작동(음량 포함) 여부	
7-F-007	○ 발신기(설치높이, 설치거리, 표시등) 설치 적정 여부	
7-G. 헤드		
7-G-001	○ 헤드 설치 위치·장소·상태(고정) 적정 여부	
7-G-002	○ 헤드의 변형·손상 유무	
7-G-003	○ 헤드 살수장애 여부	
7-H. 전원		
7-H-001	● 대상물 수전방식에 따른 상용전원 적정 여부	
7-H-002	● 비상전원 설치장소 적정 및 관리 여부	
7-H-003	○ 자가발전설비인 경우 연료 적정량 보유 여부	
7-H-004	○ 자가발전설비인 경우 「전기사업법」에 따른 정기점검 결과 확인	
7-I. 제어반		
	[감시제어반]	
7-I-001	○ 펌프 작동 여부 확인 표시등 및 음향경보장치 정상작동 여부	
7-I-002	○ 펌프별 자동·수동 전환스위치 정상작동 여부	
7-I-003	● 펌프별 수동기동 및 수동중단 기능 정상작동 여부	
7-I-004	● 상용전원 및 비상전원 공급 확인 가능 여부(비상전원 있는 경우)	
7-I-005	● 수조·물올림탱크 저수위 표시등 및 음향경보장치 정상작동 여부	
7-I-006	○ 각 확인회로 별 도통시험 및 작동시험 정상작동 여부	
7-I-007	○ 예비전원 확보 유무 및 시험 적합 여부	
7-I-008	● 감시제어반 전용실 적정 설치 및 관리 여부	
7-I-009	● 기계·기구 또는 시설 등 제어 및 감시설비 외 설치 여부	
7-I-010	○ 감시제어반과 수신기 간 상호 연동 여부(별도로 설치된 경우)	

210mm×297mm [백상지(80g/m^2)]

(3쪽 중 3쪽)

번호	점검항목	점검결과
7-I-021	[동력제어반] ○ 앞면은 적색으로 하고, "미분무소화설비용 동력제어반" 표지 설치 여부	
7-I-031	[발전기제어반] ● 소방전원보존형발전기는 이를 식별할 수 있는 표지 설치 여부	

※ 펌프성능시험(펌프 명판 및 설계치 참조)

구분		체절운전	정격운전 (100%)	정격유량의 150% 운전	적정 여부
토출량 (ℓ/min)	주				1. 체절운전 시 토출압은 정격토출압의 140% 이하일 것( ) 2. 정격운전 시 토출량과 토출압이 규정치 이상일 것( ) 3. 정격토출량의 150%에서 토출압이 정격토출압의 65% 이상일 것( )
	예비				
토출압 (MPa)	주				
	예비				

○ 설정압력:
○ 주펌프
기동: MPa
정지: MPa
○ 예비펌프
기동: MPa
정지: MPa
○ 충압펌프
기동: MPa
정지: MPa

※ 릴리프밸브 작동압력 : MPa

비고	

210mm×297mm [백상지(80g/m^2)]

8. 포소화설비 점검표

(3쪽 중 1쪽)

번호	점검항목	점검결과
8-A. 종류 및 적응성		
8-A-001	● 특정소방대상물 별 포소화설비 종류 및 적응성 적정 여부	
8-B. 수원		
8-B-001	○ 수원의 유효수량 적정 여부(겸용설비 포함)	
8-C. 수조		
8-C-001 8-C-002 8-C-003 8-C-004 8-C-005 8-C-006 8-C-007	● 동결방지조치 상태 적정 여부 ○ 수위계 설치 또는 수위 확인 가능 여부 ● 수조 외측 고정사다리 설치 여부(바닥보다 낮은 경우 제외) ● 실내설치 시 조명설비 설치 여부 ○ "포소화설비용 수조" 표지 설치 여부 및 설치 상태 ● 다른 소화설비와 겸용 시 겸용설비의 이름 표시한 표지 설치 여부 ● 수조-수직배관 접속부분 "포소화설비용 배관" 표지 설치 여부	
8-D. 가압송수장치		
 8-D-001 8-D-002 8-D-003 8-D-004 8-D-005 8-D-006 8-D-007 8-D-008 8-D-009	[펌프방식] ● 동결방지조치 상태 적정 여부 ○ 성능시험배관을 통한 펌프 성능시험 적정 여부 ● 다른 소화설비와 겸용인 경우 펌프 성능 확보 가능 여부 ○ 펌프 흡입측 연성계·진공계 및 토출측 압력계 등 부속장치의 변형·손상 유무 ● 기동장치 적정 설치 및 기동압력 설정 적정 여부 ● 물올림장치 설치 적정(전용 여부, 유효수량, 배관구경, 자동급수) 여부 ● 충압펌프 설치 적정(토출압력, 정격토출량) 여부 ○ 내연기관 방식의 펌프 설치 적정(정상기동(기동장치 및 제어반) 여부, 축전지 상태, 연료량) 여부 ○ 가압송수장치의 "포소화설비펌프" 표지 설치 여부 또는 다른 소화설비와 겸용 시 겸용설비 이름 표시 부착 여부	
 8-D-021	[고가수조방식] ○ 수위계·배수관·급수관·오버플로우관·맨홀 등 부속장치의 변형·손상 유무	
 8-D-031 8-D-032	[압력수조방식] ● 압력수조의 압력 적정 여부 ○ 수위계·급수관·급기관·압력계·안전장치·공기압축기 등 부속장치의 변형·손상 유무	
 8-D-041 8-D-042	[가압수조방식] ● 가압수조 및 가압원 설치장소의 방화구획 여부 ○ 수위계·급수관·배수관·급기관·압력계 등 부속장치의 변형·손상 유무	
8-E. 배관 등		
8-E-001 8-E-002 8-E-003 8-E-004 8-E-005 8-E-006 8-E-007 8-E-008	● 송액관 기울기 및 배액밸브 설치 적정 여부 ● 펌프의 흡입측 배관 여과장치의 상태 확인 ● 성능시험배관 설치(개폐밸브, 유량조절밸브, 유량측정장치) 적정 여부 ● 순환배관 설치(설치위치·배관구경, 릴리프밸브 개방압력) 적정 여부 ● 동결방지조치 상태 적정 여부 ○ 급수배관 개폐밸브 설치(개폐표시형, 흡입측 버터플라이 제외) 적정 여부 ○ 급수배관 개폐밸브 작동표시스위치 설치 적정(제어반 표시 및 경보, 스위치 동작 및 도통시험, 전기배선 종류) 여부 ● 다른 설비의 배관과의 구분 상태 적정 여부	
비고		

210mm×297mm [백상지(80g/m^2)]

(3쪽 중 2쪽)

번호	점검항목	점검결과
8-F. 송수구		
8-F-001 8-F-002 8-F-003 8-F-004 8-F-005 8-F-006 8-F-007	○ 설치장소 적정 여부 ● 연결배관에 개폐밸브를 설치한 경우 개폐상태 확인 및 조작가능 여부 ● 송수구 설치 높이 및 구경 적정 여부 ○ 송수압력범위 표시 표지 설치 여부 ● 송수구 설치 개수 적정 여부 ● 자동배수밸브(또는 배수공)·체크밸브 설치 여부 및 설치 상태 적정 여부 ○ 송수구 마개 설치 여부	
8-G. 저장탱크		
8-G-001 8-G-002 8-G-003 8-G-004	● 포약제 변질 여부 ● 액면계 또는 계량봉 설치상태 및 저장량 적정 여부 ● 그라스게이지 설치 여부(가압식이 아닌 경우) ○ 포소화약제 저장량의 적정 여부	
8-H. 개방밸브		
8-H-001 8-H-002	○ 자동 개방밸브 설치 및 화재감지장치의 작동에 따라 자동으로 개방되는지 여부 ○ 수동식 개방밸브 적정 설치 및 작동 여부	
8-I. 기동장치		
 8-I-001 8-I-002 8-I-003 8-I-004	[수동식 기동장치] ○ 직접·원격조작 가압송수장치·수동식개방밸브·소화약제혼합장치 기동 여부 ● 기동장치 조작부의 접근성 확보, 설치 높이, 보호장치 설치 적정 여부 ○ 기동장치 조작부 및 호스접결구 인근 "기동장치의 조작부" 및 "접결구" 표지 설치 여부 ● 수동식 기동장치 설치개수 적정 여부	
 8-I-011 8-I-012 8-I-013 8-I-014	[자동식 기동장치] ○ 화재감지기 또는 폐쇄형 스프링클러헤드의 개방과 연동하여 가압송수장치·일제개방밸브 및 포 소화약제 혼합장치 기동 여부 ● 폐쇄형 스프링클러헤드 설치 적정 여부 ● 화재감지기 및 발신기 설치 적정 여부 ● 동결우려 장소 자동식기동장치 자동화재탐지설비 연동 여부	
 8-I-021 8-I-022 8-I-023	[자동경보장치] ○ 방사구역 마다 발신부(또는 층별 유수검지장치) 설치 여부 ○ 수신기는 설치 장소 및 헤드개방·감지기 작동 표시장치 설치 여부 ● 2 이상 수신기 설치 시 수신기간 상호 동시 통화 가능 여부	
8-J. 포헤드 및 고정포방출구		
 8-J-001 8-J-002 8-J-003	[포헤드] ○ 헤드의 변형·손상 유무 ○ 헤드 수량 및 위치 적정 여부 ○ 헤드 살수장애 여부	
 8-J-011 8-J-012 8-J-013	[호스릴포소화설비 및 포소화전설비] ○ 방수구와 호스릴함 또는 호스함 사이의 거리 적정 여부 ○ 호스릴함 또는 호스함 설치 높이, 표지 및 위치표시등 설치 여부 ● 방수구 설치 및 호스릴·호스 길이 적정 여부	

210mm×297mm [백상지(80g/m^2)]

(3쪽 중 3쪽)

번호	점검항목	점검결과
	[전역방출방식의 고발포용 고정포 방출구]	
8-J-021	○ 개구부 자동폐쇄장치 설치 여부	
8-J-022	● 방호구역의 관포체적에 대한 포수용액 방출량 적정 여부	
8-J-023	● 고정포방출구 설치 개수 적정 여부	
8-J-024	○ 고정포방출구 설치 위치(높이) 적정 여부	
	[국소방출방식의 고발포용 고정포 방출구]	
8-J-031	● 방호대상물 범위 설정 적정 여부	
8-J-032	● 방호대상물별 방호면적에 대한 포수용액 방출량 적정 여부	

8-K. 전원

번호	점검항목	점검결과
8-K-001	● 대상물 수전방식에 따른 상용전원 적정 여부	
8-K-002	● 비상전원 설치장소 적정 및 관리 여부	
8-K-003	○ 자가발전설비인 경우 연료 적정량 보유 여부	
8-K-004	○ 자가발전설비인 경우 「전기사업법」에 따른 정기점검 결과 확인	

8-L. 제어반

번호	점검항목	점검결과
8-L-001	● 겸용 감시·동력 제어반 성능 적정 여부(겸용으로 설치된 경우)	
	[감시제어반]	
8-L-011	○ 펌프 작동 여부 확인 표시등 및 음향경보장치 정상작동 여부	
8-L-012	○ 펌프별 자동·수동 전환스위치 정상작동 여부	
8-L-013	● 펌프별 수동기동 및 수동중단 기능 정상작동 여부	
8-L-014	● 상용전원 및 비상전원 공급 확인 가능 여부(비상전원 있는 경우)	
8-L-015	● 수조·물올림탱크 저수위 표시등 및 음향경보장치 정상작동 여부	
8-L-016	○ 각 확인회로 별 도통시험 및 작동시험 정상작동 여부	
8-L-017	○ 예비전원 확보 유무 및 시험 적합 여부	
8-L-018	● 감시제어반 전용실 적정 설치 및 관리 여부	
8-L-019	● 기계·기구 또는 시설 등 제어 및 감시설비 외 설치 여부	
	[동력제어반]	
8-L-031	○ 앞면은 적색으로 하고, "포소화설비용 동력제어반" 표지 설치 여부	
	[발전기제어반]	
8-L-041	● 소방전원보존형발전기는 이를 식별할 수 있는 표지 설치 여부	

※ 펌프성능시험(펌프 명판 및 설계치 참조)

구분		체절운전	정격운전 (100%)	정격유량의 150% 운전	적정 여부
토출량 (ℓ/min)	주				1. 체절운전 시 토출압은 정격토출압의 140% 이하일 것(　) 2. 정격운전 시 토출량과 토출압이 규정치 이상일 것(　) 3. 정격토출량의 150%에서 토출압이 정격토출압의 65% 이상일 것(　)
	예비				
토출압 (MPa)	주				
	예비				

○ 설정압력:
○ 주펌프
기동: MPa
정지: MPa
○ 예비펌프
기동: MPa
정지: MPa
○ 충압펌프
기동: MPa
정지: MPa

※ 릴리프밸브 작동압력 : MPa

비고	

210mm×297mm [백상지(80g/m²)]

9. 이산화탄소소화설비 점검표

(3쪽 중 1쪽)

번호	점검항목	점검결과
9-A. 저장용기		
9-A-001 9-A-002 9-A-003 9-A-004 9-A-005 9-A-006	● 설치장소 적정 및 관리 여부 ○ 저장용기 설치장소 표지 설치 여부 ● 저장용기 설치 간격 적정 여부 ○ 저장용기 개방밸브 자동·수동 개방 및 안전장치 부착 여부 ● 저장용기와 집합관 연결배관 상 체크밸브 설치 여부 ● 저장용기와 선택밸브(또는 개폐밸브) 사이 안전장치 설치 여부	
 9-A-011 9-A-012 9-A-013	[저압식] ● 안전밸브 및 봉판 설치 적정(작동 압력) 여부 ● 액면계·압력계 설치 여부 및 압력강하경보장치 작동 압력 적정 여부 ○ 자동냉동장치의 기능	
9-B. 소화약제		
9-B-001	○ 소화약제 저장량 적정 여부	
9-C. 기동장치		
9-C-001	○ 방호구역별 출입구 부근 소화약제 방출표시등 설치 및 정상 작동 여부	
 9-C-011 9-C-012 9-C-013 9-C-014	[수동식 기동장치] ○ 기동장치 부근에 비상스위치 설치 여부 ● 방호구역별 또는 방호대상별 기동장치 설치 여부 ○ 기동장치 설치 적정(출입구 부근 등, 높이, 보호장치, 표지, 전원표시등) 여부 ○ 방출용 스위치 음향경보장치 연동 여부	
 9-C-021 9-C-022 9-C-023 9-C-024 9-C-025	[자동식 기동장치] ○ 감지기 작동과의 연동 및 수동기동 가능 여부 ● 저장용기 수량에 따른 전자 개방밸브 수량 적정 여부(전기식 기동장치의 경우) ○ 기동용 가스용기의 용적, 충전압력 적정 여부(가스압력식 기동장치의 경우) ● 기동용 가스용기의 안전장치, 압력게이지 설치 여부(가스압력식 기동장치의 경우) ● 저장용기 개방구조 적정 여부(기계식 기동장치의 경우)	
9-D. 제어반 및 화재표시반		
9-D-001 9-D-002 9-D-003	○ 설치장소 적정 및 관리 여부 ○ 회로도 및 취급설명서 비치 여부 ● 수동잠금밸브 개폐여부 확인 표시등 설치 여부	
 9-D-011 9-D-012 9-D-013	[제어반] ○ 수동기동장치 또는 감지기 신호 수신 시 음향경보장치 작동 기능 정상 여부 ○ 소화약제 방출·지연 및 기타 제어 기능 적정 여부 ○ 전원표시등 설치 및 정상 점등 여부	
 9-D-021 9-D-022 9-D-023 9-D-024	[화재표시반] ○ 방호구역별 표시등(음향경보장치 조작, 감지기 작동), 경보기 설치 및 작동 여부 ○ 수동식 기동장치 작동표시 표시등 설치 및 정상 작동 여부 ○ 소화약제 방출표시등 설치 및 정상 작동 여부 ● 자동식기동장치 자동·수동 절환 및 절환표시등 설치 및 정상 작동 여부	
9-E. 배관 등		
9-E-001 9-E-002	○ 배관의 변형·손상 유무 ● 수동잠금밸브 설치 위치 적정 여부	
9-F. 선택밸브		
9-F-001	● 선택밸브 설치 기준 적합 여부	
비고		

210mm×297mm [백상지(80g/m²)]

(3쪽 중 2쪽)

번호	점검항목	점검결과
9-G. 분사헤드		
 9-G-001 9-G-002	[전역방출방식] ○ 분사헤드의 변형·손상 유무 ● 분사헤드의 설치위치 적정 여부	
 9-G-011 9-G-012	[국소방출방식] ○ 분사헤드의 변형·손상 유무 ● 분사헤드의 설치장소 적정 여부	
 9-G-021 9-G-022 9-G-023	[호스릴방식] ● 방호대상물 각 부분으로부터 호스접결구까지 수평거리 적정 여부 ○ 소화약제저장용기의 위치표시등 정상 점등 및 표지 설치 여부 ● 호스릴소화설비 설치장소 적정 여부	
9-H. 화재감지기		
9-H-001 9-H-002 9-H-003	○ 방호구역별 화재감지기 감지에 의한 기동장치 작동 여부 ● 교차회로(또는 NFSC 203 제7조제1항 단서 감지기) 설치 여부 ● 화재감지기별 유효 바닥면적 적정 여부	
9-I. 음향경보장치		
9-I-001 9-I-002 9-I-003	○ 기동장치 조작 시(수동식 - 방출용스위치, 자동식 - 화재감지기) 경보 여부 ○ 약제 방사 개시(또는 방출 압력스위치 작동) 후 경보 적정 여부 ● 방호구역 또는 방호대상물 구획 안에서 유효한 경보 가능 여부	
 9-I-011 9-I-012 9-I-013	[방송에 따른 경보장치] ● 증폭기 재생장치의 설치장소 적정 여부 ● 방호구역·방호대상물에서 확성기 간 수평거리 적정 여부 ● 제어반 복구스위치 조작 시 경보 지속 여부	
9-J. 자동폐쇄장치		
9-J-001 9-J-002 9-J-003	○ 환기장치 자동정지 기능 적정 여부 ○ 개구부 및 통기구 자동폐쇄장치 설치 장소 및 기능 적합 여부 ● 자동폐쇄장치 복구장치 설치기준 적합 및 위치표지 적합 여부	
9-K. 비상전원		
9-K-001 9-K-002 9-K-003	● 설치장소 적정 및 관리 여부 ○ 자가발전설비인 경우 연료 적정량 보유 여부 ○ 자가발전설비인 경우 「전기사업법」에 따른 정기점검 결과 확인	
9-L. 배출설비		
9-L-001	● 배출설비 설치상태 및 관리 여부	
9-M. 과압배출구		
9-M-001	● 과압배출구 설치상태 및 관리 여부	
9-N. 안전시설 등		
9-N-001 9-N-002 9-N-003	○ 소화약제 방출알림 시각경보장치 설치기준 적합 및 정상 작동 여부 ○ 방호구역 출입구 부근 잘 보이는 장소에 소화약제 방출 위험경고표지 부착 여부 ○ 방호구역 출입구 외부 인근에 공기호흡기 설치 여부	
비고		

210mm×297mm [백상지(80g/m^2)]

※ 약제저장량 점검리스트 (3쪽 중 3쪽)

설치위치	용기 No.	실내온도 (℃)	약제높이 (cm)	충전량 (kg)	손실량 (kg)	점검결과	비고
							※ 약제량 손실 5% 초과 시 불량으로 판정합니다.

210mm×297mm [백상지(80g/m²)]

10. 할론소화설비 점검표

(3쪽 중 1쪽)

번호	점검항목	점검결과
10-A. 저장용기		
10-A-001 10-A-002 10-A-003 10-A-004 10-A-005 10-A-006 10-A-007 10-A-008 10-A-009	● 설치장소 적정 및 관리 여부 ○ 저장용기 설치장소 표지 설치상태 적정 여부 ● 저장용기 설치 간격 적정 여부 ○ 저장용기 개방밸브 자동·수동 개방 및 안전장치 부착 여부 ● 저장용기와 집합관 연결배관 상 체크밸브 설치 여부 ● 저장용기와 선택밸브(또는 개폐밸브) 사이 안전장치 설치 여부 ○ 축압식 저장용기의 압력 적정 여부 ● 가압용 가스용기 내 질소가스 사용 및 압력 적정 여부 ● 가압식 저장용기 압력조정장치 설치 여부	
10-B. 소화약제		
10-B-001	○ 소화약제 저장량 적정 여부	
10-C. 기동장치		
10-C-001	○ 방호구역별 출입구 부근 소화약제 방출표시등 설치 및 정상 작동 여부	
 10-C-011 10-C-012 10-C-013 10-C-014	[수동식 기동장치] ○ 기동장치 부근에 비상스위치 설치 여부 ● 방호구역별 또는 방호대상별 기동장치 설치 여부 ○ 기동장치 설치상태 적정(출입구 부근 등, 높이, 보호장치, 표지, 전원표시등) 여부 ○ 방출용 스위치 음향경보장치 연동 여부	
 10-C-021 10-C-022 10-C-023 10-C-024 10-C-025	[자동식 기동장치] ○ 감지기 작동과의 연동 및 수동기동 가능 여부 ● 저장용기 수량에 따른 전자 개방밸브 수량 적정 여부(전기식 기동장치의 경우) ○ 기동용 가스용기의 용적, 충전압력 적정 여부(가스압력식 기동장치의 경우) ● 기동용 가스용기의 안전장치, 압력게이지 설치 여부(가스압력식 기동장치의 경우) ● 저장용기 개방구조 적정 여부(기계식 기동장치의 경우)	
10-D. 제어반 및 화재표시반		
10-D-001 10-D-002	○ 설치장소 적정 및 관리 여부 ○ 회로도 및 취급설명서 비치 여부	
 10-D-011 10-D-012 10-D-013	[제어반] ○ 수동기동장치 또는 감지기 신호 수신 시 음향경보장치 작동 기능 정상 여부 ○ 소화약제 방출·지연 및 기타 제어 기능 적정 여부 ○ 전원표시등 설치 및 정상 점등 여부	
 10-D-021 10-D-022 10-D-023 10-D-024	[화재표시반] ○ 방호구역별 표시등(음향경보장치 조작, 감지기 작동), 경보기 설치 및 작동 여부 ○ 수동식 기동장치 작동표시 표시등 설치 및 정상 작동 여부 ○ 소화약제 방출표시등 설치 및 정상 작동 여부 ● 자동식기동장치 자동·수동 절환 및 절환표시등 설치 및 정상 작동 여부	

210mm×297mm [백상지(80g/m^2)]

(3쪽 중 2쪽)

번호	점검항목	점검결과
10-E. 배관 등		
10-E-001	○ 배관의 변형·손상 유무	
10-F. 선택밸브		
10-F-001	● 선택밸브 설치 기준 적합 여부	
10-G. 분사헤드		
 10-G-001 10-G-002	[전역방출방식] ○ 분사헤드의 변형·손상 유무 ● 분사헤드의 설치위치 적정 여부	
 10-G-011 10-G-012	[국소방출방식] ○ 분사헤드의 변형·손상 유무 ● 분사헤드의 설치장소 적정 여부	
 10-G-021 10-G-022 10-G-023	[호스릴방식] ● 방호대상물 각 부분으로부터 호스접결구까지 수평거리 적정 여부 ○ 소화약제저장용기의 위치표시등 정상 점등 및 표지 설치상태 적정 여부 ● 호스릴소화설비 설치장소 적정 여부	
10-H. 화재감지기		
10-H-001 10-H-002 10-H-003	○ 방호구역별 화재감지기 감지에 의한 기동장치 작동 여부 ● 교차회로(또는 NFSC 203 제7조제1항 단서 감지기) 설치 여부 ● 화재감지기별 유효 바닥면적 적정 여부	
10-I. 음향경보장치		
10-I-001 10-I-002 10-I-003	○ 기동장치 조작 시(수동식 - 방출용스위치, 자동식 - 화재감지기) 경보 여부 ○ 약제 방사 개시(또는 방출 압력스위치 작동) 후 경보 적정 여부 ● 방호구역 또는 방호대상물 구획 안에서 유효한 경보 가능 여부	
 10-I-011 10-I-012 10-I-013	[방송에 따른 경보장치] ● 증폭기 재생장치의 설치장소 적정 여부 ● 방호구역·방호대상물에서 확성기 간 수평거리 적정 여부 ● 제어반 복구스위치 조작 시 경보 지속 여부	
10-J. 자동폐쇄장치		
10-J-001 10-J-002 10-J-003	○ 환기장치 자동정지 기능 적정 여부 ○ 개구부 및 통기구 자동폐쇄장치 설치 장소 및 기능 적합 여부 ● 자동폐쇄장치 복구장치 및 위치표지 설치상태 적정 여부	
10-K. 비상전원		
10-K-001 10-K-002 10-K-003	● 설치장소 적정 및 관리 여부 ○ 자가발전설비인 경우 연료 적정량 보유 여부 ○ 자가발전설비인 경우 「전기사업법」에 따른 정기점검 결과 확인	

210mm×297mm [백상지(80g/m^2)]

※ 약제저장량 점검리스트

(3쪽 중 3쪽)

설치위치	용기 No.	실내온도 (℃)	약제높이 (cm)	충전량 (kg)	손실량 (kg)	점검결과	비고
							※ 약제량 손실 5% 초과 시 불량으로 판정합니다.

210mm×297mm [백상지(80g/m²)]

11. 할로겐화합물 및 불활성기체소화설비 점검표

(3쪽 중 1쪽)

번호	점검항목	점검결과
11-A. 저장용기		
11-A-001 11-A-002 11-A-003 11-A-004 11-A-005	● 설치장소 적정 및 관리 여부 ○ 저장용기 설치장소 표지 설치 여부 ● 저장용기 설치 간격 적정 여부 ○ 저장용기 개방밸브 자동·수동 개방 및 안전장치 부착 여부 ● 저장용기와 집합관 연결배관 상 체크밸브 설치 여부	
11-B. 소화약제		
11-B-001	○ 소화약제 저장량 적정 여부	
11-C. 기동장치		
11-C-001	○ 방호구역별 출입구 부근 소화약제 방출표시등 설치 및 정상 작동 여부	
 11-C-011 11-C-012 11-C-013 11-C-014	[수동식 기동장치] ○ 기동장치 부근에 비상스위치 설치 여부 ● 방호구역별 또는 방호대상별 기동장치 설치 여부 ○ 기동장치 설치 적정(출입구 부근 등, 높이, 보호장치, 표지, 전원표시등) 여부 ○ 방출용 스위치 음향경보장치 연동 여부	
 11-C-021 11-C-022 11-C-023 11-C-024 11-C-025	[자동식 기동장치] ○ 감지기 작동과의 연동 및 수동기동 가능 여부 ● 저장용기 수량에 따른 전자 개방밸브 수량 적정 여부(전기식 기동장치의 경우) ○ 기동용 가스용기의 용적, 충전압력 적정 여부(가스압력식 기동장치의 경우) ● 기동용 가스용기의 안전장치, 압력게이지 설치 여부(가스압력식 기동장치의 경우) ● 저장용기 개방구조 적정 여부(기계식 기동장치의 경우)	
11-D. 제어반 및 화재표시반		
11-D-001 11-D-002	○ 설치장소 적정 및 관리 여부 ○ 회로도 및 취급설명서 비치 여부	
 11-D-011 11-D-012 11-D-013	[제어반] ○ 수동기동장치 또는 감지기 신호 수신 시 음향경보장치 작동 기능 정상 여부 ○ 소화약제 방출·지연 및 기타 제어 기능 적정 여부 ○ 전원표시등 설치 및 정상 점등 여부	
 11-D-021 11-D-022 11-D-023 11-D-024	[화재표시반] ○ 방호구역별 표시등(음향경보장치 조작, 감지기 작동), 경보기 설치 및 작동 여부 ○ 수동식 기동장치 작동표시 표시등 설치 및 정상 작동 여부 ○ 소화약제 방출표시등 설치 및 정상 작동 여부 ● 자동식기동장치 자동·수동 절환 및 절환표시등 설치 및 정상 작동 여부	
11-E. 배관 등		
11-E-001	○ 배관의 변형·손상 유무	

210mm×297mm [백상지(80g/m^2)]

(3쪽 중 2쪽)

번호	점검항목	점검결과
11-F. 선택밸브		
11-F-001	○ 선택밸브 설치 기준 적합 여부	
11-G. 분사헤드		
11-G-001 11-G-002	○ 분사헤드의 변형·손상 유무 ● 분사헤드의 설치높이 적정 여부	
11-H. 화재감지기		
11-H-001 11-H-002 11-H-003	○ 방호구역별 화재감지기 감지에 의한 기동장치 작동 여부 ● 교차회로(또는 NFSC 203 제7조제1항 단서 감지기) 설치 여부 ● 화재감지기별 유효 바닥면적 적정 여부	
11-I. 음향경보장치		
11-I-001 11-I-002 11-I-003	○ 기동장치 조작 시(수동식-방출용스위치, 자동식-화재감지기) 경보 여부 ○ 약제 방사 개시(또는 방출 압력스위치 작동) 후 경보 적정 여부 ● 방호구역 또는 방호대상물 구획 안에서 유효한 경보 가능 여부	
 11-I-011 11-I-012 11-I-013	[방송에 따른 경보장치] ● 증폭기 재생장치의 설치장소 적정 여부 ● 방호구역·방호대상물에서 확성기 간 수평거리 적정 여부 ● 제어반 복구스위치 조작 시 경보 지속 여부	
11-J. 자동폐쇄장치		
 11-J-001 11-J-002 11-J-003	[화재표시반] ○ 환기장치 자동정지 기능 적정 여부 ○ 개구부 및 통기구 자동폐쇄장치 설치 장소 및 기능 적합 여부 ● 자동폐쇄장치 복구장치 설치기준 적합 및 위치표지 적합 여부	
11-K. 비상전원		
11-K-001 11-K-002 11-K-003	● 설치장소 적정 및 관리 여부 ○ 자가발전설비인 경우 연료 적정량 보유 여부 ○ 자가발전설비인 경우 「전기사업법」에 따른 정기점검 결과 확인	
11-L. 과압배출구		
11-L-001	● 과압배출구 설치상태 및 관리 여부	
비고		

210mm×297mm [백상지(80g/m^2)]

※ 약제저장량 점검리스트

(3쪽 중 3쪽)

설치위치	용기 No.	실내온도 (℃)	약제높이 (cm)	충전량(압) (kg)(kg/cm^2)	손실량 (kg)	점검결과	비고 (손실 5% 초과)
							※ 약제량 손실(불활성기체는 압력손실) 5% 초과 시 불량으로 판정합니다. ※ 불활성기체는 손실량에 압력게이지 값을 기록합니다.

210mm×297mm [백상지(80g/m^2)]

12. 분말소화설비 점검표

(2쪽 중 1쪽)

번호	점검항목	점검결과
12-A. 저장용기		
12-A-001 12-A-002 12-A-003 12-A-004 12-A-005 12-A-006 12-A-007 12-A-008 12-A-009	● 설치장소 적정 및 관리 여부 ○ 저장용기 설치장소 표지 설치 여부 ● 저장용기 설치 간격 적정 여부 ○ 저장용기 개방밸브 자동·수동 개방 및 안전장치 부착 여부 ● 저장용기와 집합관 연결배관 상 체크밸브 설치 여부 ● 저장용기 안전밸브 설치 적정 여부 ● 저장용기 정압작동장치 설치 적정 여부 ● 저장용기 청소장치 설치 적정 여부 ○ 저장용기 지시압력계 설치 및 충전압력 적정 여부(축압식의 경우)	
12-B. 가압용 가스용기		
12-B-001 12-B-002 12-B-003 12-B-004 12-B-005	○ 가압용 가스용기 저장용기 접속 여부 ○ 가압용 가스용기 전자개방밸브 부착 적정 여부 ○ 가압용 가스용기 압력조정기 설치 적정 여부 ○ 가압용 또는 축압용 가스 종류 및 가스량 적정 여부 ● 배관 청소용 가스 별도 용기 저장 여부	
12-C. 소화약제		
12-C-001	○ 소화약제 저장량 적정 여부	
12-D. 기동장치		
12-D-001	○ 방호구역별 출입구 부근 소화약제 방출표시등 설치 및 정상 작동 여부	
 12-D-011 12-D-012 12-D-013 12-D-014	[수동식 기동장치] ○ 기동장치 부근에 비상스위치 설치 여부 ● 방호구역별 또는 방호대상별 기동장치 설치 여부 ○ 기동장치 설치 적정(출입구 부근 등, 높이, 보호장치, 표지, 전원표시등) 여부 ○ 방출용 스위치 음향경보장치 연동 여부	
 12-D-021 12-D-022 12-D-023 12-D-024 12-D-025	[자동식 기동장치] ○ 감지기 작동과의 연동 및 수동기동 가능 여부 ● 저장용기 수량에 따른 전자 개방밸브 수량 적정 여부(전기식 기동장치의 경우) ○ 기동용 가스용기의 용적, 충전압력 적정 여부(가스압력식 기동장치의 경우) ● 기동용 가스용기의 안전장치, 압력게이지 설치 여부(가스압력식 기동장치의 경우) ● 저장용기 개방구조 적정 여부(기계식 기동장치의 경우)	
12-E. 제어반 및 화재표시반		
12-E-001 12-E-002	○ 설치장소 적정 및 관리 여부 ○ 회로도 및 취급설명서 비치 여부	
 12-E-011 12-E-012 12-E-013	[제어반] ○ 수동기동장치 또는 감지기 신호 수신 시 음향경보장치 작동 기능 정상 여부 ○ 소화약제 방출·지연 및 기타 제어 기능 적정 여부 ○ 전원표시등 설치 및 정상 점등 여부	
 12-E-021 12-E-022 12-E-023 12-E-024	[화재표시반] ○ 방호구역별 표시등(음향경보장치 조작, 감지기 작동), 경보기 설치 및 작동 여부 ○ 수동식 기동장치 작동표시 표시등 설치 및 정상 작동 여부 ○ 소화약제 방출표시등 설치 및 정상 작동 여부 ● 자동식기동장치 자동·수동 절환 및 절환표시등 설치 및 정상 작동 여부	
비고		

210mm×297mm [백상지(80g/m^2)]

(2쪽 중 2쪽)

번호	점검항목	점검결과
12-F. 배관 등		
12-F-001	○ 배관의 변형·손상 유무	
12-G. 선택밸브		
12-G-001	○ 선택밸브 설치 기준 적합 여부	
12-H. 분사헤드		
 12-H-001 12-H-002	[전역방출방식] ○ 분사헤드의 변형·손상 유무 ● 분사헤드의 설치위치 적정 여부	
 12-H-011 12-H-012	[국소방출방식] ○ 분사헤드의 변형·손상 유무 ● 분사헤드의 설치장소 적정 여부	
 12-H-021 12-H-022 12-H-023	[호스릴방식] ● 방호대상물 각 부분으로부터 호스접결구까지 수평거리 적정 여부 ○ 소화약제저장용기의 위치표시등 정상 점등 및 표지 설치 여부 ● 호스릴소화설비 설치장소 적정 여부	
12-I. 화재감지기		
12-I-001 12-I-002 12-I-003	○ 방호구역별 화재감지기 감지에 의한 기동장치 작동 여부 ● 교차회로(또는 NFSC 203 제7조제1항 단서 감지기) 설치 여부 ● 화재감지기별 유효 바닥면적 적정 여부	
12-J. 음향경보장치		
12-J-001 12-J-002 12-J-003	○ 기동장치 조작 시(수동식 - 방출용스위치, 자동식 - 화재감지기) 경보 여부 ○ 약제 방사 개시(또는 방출 압력스위치 작동) 후 1분 이상 경보 여부 ● 방호구역 또는 방호대상물 구획 안에서 유효한 경보 가능 여부	
 12-J-011 12-J-012 12-J-013	[방송에 따른 경보장치] ● 증폭기 재생장치의 설치장소 적정 여부 ● 방호구역·방호대상물에서 확성기 간 수평거리 적정 여부 ● 제어반 복구스위치 조작 시 경보 지속 여부	
12-K. 비상전원		
12-K-001 12-K-002 12-K-003	● 설치장소 적정 및 관리 여부 ○ 자가발전설비인 경우 연료 적정량 보유 여부 ○ 자가발전설비인 경우 「전기사업법」에 따른 정기점검 결과 확인	
비고		

210mm×297mm [백상지(80g/m^2)]

13. 옥외소화전설비 점검표

(2쪽 중 1쪽)

번호	점검항목	점검결과
13-A. 수원		
13-A-001	○ 수원의 유효수량 적정 여부(겸용설비 포함)	
13-B. 수조		
13-B-001 13-B-002 13-B-003 13-B-004 13-B-005 13-B-006 13-B-007	● 동결방지조치 상태 적정 여부 ○ 수위계 설치 또는 수위 확인 가능 여부 ● 수조 외측 고정사다리 설치 여부(바닥보다 낮은 경우 제외) ● 실내설치 시 조명설비 설치 여부 ○ "옥외소화전설비용 수조" 표지 설치 여부 및 설치 상태 ● 다른 소화설비와 겸용 시 겸용설비의 이름 표시한 표지 설치 여부 ● 수조 - 수직배관 접속부분 "옥외소화전설비용 배관" 표지 설치 여부	
13-C. 가압송수장치		
 13-C-001 13-C-002 13-C-003 13-C-004 13-C-005 13-C-006 13-C-007 13-C-008 13-C-009 13-C-010 13-C-011 13-C-012	[펌프방식] ● 동결방지조치 상태 적정 여부 ○ 옥외소화전 방수량 및 방수압력 적정 여부 ● 감압장치 설치 여부(방수압력 0.7 MPa 초과 조건) ○ 성능시험배관을 통한 펌프 성능시험 적정 여부 ● 다른 소화설비와 겸용인 경우 펌프 성능 확보 가능 여부 ○ 펌프 흡입측 연성계·진공계 및 토출측 압력계 등 부속장치의 변형·손상 유무 ● 기동장치 적정 설치 및 기동압력 설정 적정 여부 ○ 기동스위치 설치 적정 여부(ON/OFF 방식) ● 물올림장치 설치 적정(전용 여부, 유효수량, 배관구경, 자동급수) 여부 ● 충압펌프 설치 적정(토출압력, 정격토출량) 여부 ○ 내연기관 방식의 펌프 설치 적정(정상기동(기동장치 및 제어반) 여부, 축전지 상태, 연료량) 여부 ○ 가압송수장치의 "옥외소화전펌프" 표지 설치 여부 또는 다른 소화설비와 겸용 시 겸용설비 이름 표시 부착 여부	
 13-C-021	[고가수조방식] ○ 수위계·배수관·급수관·오버플로우관·맨홀 등 부속장치의 변형·손상 유무	
 13-C-031 13-C-032	[압력수조방식] ● 압력수조의 압력 적정 여부 ○ 수위계·급수관·급기관·압력계·안전장치·공기압축기 등 부속장치의 변형·손상 유무	
 13-C-041 13-C-042	[가압수조방식] ● 가압수조 및 가압원 설치장소의 방화구획 여부 ○ 수위계·급수관·배수관·급기관·압력계 등 부속장치의 변형·손상 유무	
13-D. 배관 등		
13-D-001 13-D-002 13-D-003 13-D-004 13-D-005 13-D-006 13-D-007 13-D-008	● 호스접결구 높이 및 각 부분으로부터 호스접결구까지의 수평거리 적정 여부 ○ 호스 구경 적정 여부 ● 펌프의 흡입측 배관 여과장치의 상태 확인 ● 성능시험배관 설치(개폐밸브, 유량조절밸브, 유량측정장치) 적정 여부 ● 순환배관 설치(설치위치·배관구경, 릴리프밸브 개방압력) 적정 여부 ● 동결방지조치 상태 적정 여부 ○ 급수배관 개폐밸브 설치(개폐표시형, 흡입측 버터플라이 제외) 적정 여부 ● 다른 설비의 배관과의 구분 상태 적정 여부	

210mm×297mm [백상지(80g/m^2)]

(2쪽 중 2쪽)

번호	점검항목	점검결과
13-E. 소화전함 등		
13-E-001 13-E-002 13-E-003 13-E-004 13-E-005 13-E-006	○ 함 개방 용이성 및 장애물 설치 여부 등 사용 편의성 적정 여부 ○ 위치·기동 표시등 적정 설치 및 정상 점등 여부 ○ "옥외소화전" 표시 설치 여부 ● 소화전함 설치 수량 적정 여부 ○ 옥외소화전함 내 소방호스, 관창, 옥외소화전개방 장치 비치 여부 ○ 호스의 접결상태, 구경, 방수 거리 적정 여부	
13-F. 전원		
13-F-001 13-F-002 13-F-003 13-F-004	● 대상물 수전방식에 따른 상용전원 적정 여부 ● 비상전원 설치장소 적정 및 관리 여부 ○ 자가발전설비인 경우 연료 적정량 보유 여부 ○ 자가발전설비인 경우 「전기사업법」에 따른 정기점검 결과 확인	
13-G. 제어반		
13-G-001	● 겸용 감시·동력 제어반 성능 적정 여부(겸용으로 설치된 경우)	
 13-G-011 13-G-012 13-G-013 13-G-014 13-G-015 13-G-016 13-G-017 13-G-018 13-G-019	[감시제어반] ○ 펌프 작동 여부 확인 표시등 및 음향경보장치 정상작동 여부 ○ 펌프별 자동·수동 전환스위치 정상작동 여부 ● 펌프별 수동기동 및 수동중단 기능 정상작동 여부 ● 상용전원 및 비상전원 공급 확인 가능 여부(비상전원 있는 경우) ● 수조·물올림탱크 저수위 표시등 및 음향경보장치 정상작동 여부 ○ 각 확인회로 별 도통시험 및 작동시험 정상작동 여부 ○ 예비전원 확보 유무 및 시험 적합 여부 ● 감시제어반 전용실 적정 설치 및 관리 여부 ● 기계·기구 또는 시설 등 제어 및 감시설비 외 설치 여부	
 13-G-031	[동력제어반] ○ 앞면은 적색으로 하고, "옥외소화전설비용 동력제어반" 표지 설치 여부	
 13-G-041	[발전기제어반] ● 소방전원보존형발전기는 이를 식별할 수 있는 표지 설치 여부	

※ 펌프성능시험(펌프 명판 및 설계치 참조)

구분		체절운전	정격운전 (100%)	정격유량의 150% 운전	적정 여부
토출량 (ℓ/min)	주				1. 체절운전 시 토출압은 정격토출압의 140% 이하일 것( ) 2. 정격운전 시 토출량과 토출압이 규정치 이상일 것( ) 3. 정격토출량의 150%에서 토출압이 정격토출압의 65% 이상일 것( )
	예비				
토출압 (MPa)	주				
	예비				

○ 설정압력:
○ 주펌프
기동: MPa
정지: MPa
○ 예비펌프
기동: MPa
정지: MPa
○ 충압펌프
기동: MPa
정지: MPa

※ 릴리프밸브 작동압력 : MPa

비고	

210mm×297mm [백상지(80g/m²)]

14. 비상경보설비 및 단독경보형감지기 점검표

번호	점검항목	점검결과
14-A. 비상경보설비		
14-A-001 14-A-002 14-A-003 14-A-004 14-A-005 14-A-006 14-A-007 14-A-008	ㅇ 수신기 설치장소 적정(관리용이) 및 스위치 정상 위치 여부 ㅇ 수신기 상용전원 공급 및 전원표시등 정상점등 여부 ㅇ 예비전원(축전지) 상태 적정 여부(상시 충전, 상용전원 차단 시 자동절환) ㅇ 지구음향장치 설치기준 적합 여부 ㅇ 음향장치(경종 등) 변형·손상 확인 및 정상 작동(음량 포함) 여부 ㅇ 발신기 설치 장소, 위치(수평거리) 및 높이 적정 여부 ㅇ 발신기 변형·손상 확인 및 정상 작동 여부 ㅇ 위치표시등 변형·손상 확인 및 정상 점등 여부	
14-B. 단독경보형감지기		
14-B-001 14-B-002 14-B-003	ㅇ 설치 위치(각 실, 바닥면적 기준 추가설치, 최상층 계단실) 적정 여부 ㅇ 감지기의 변형 또는 손상이 있는지 여부 ㅇ 정상적인 감시상태를 유지하고 있는지 여부(시험작동 포함)	
비고		

210mm×297mm [백상지(80g/m²)]

15. 자동화재탐지설비 및 시각경보장치 점검표

(2쪽 중 1쪽)

번호	점검항목	점검결과
15-A. 경계구역		
15-A-001 15-A-002	● 경계구역 구분 적정 여부 ● 감지기를 공유하는 경우 스프링클러·물분무소화·제연설비 경계구역 일치 여부	
15-B. 수신기		
15-B-001 15-B-002 15-B-003 15-B-004 15-B-005 15-B-006 15-B-007 15-B-008 15-B-009 15-B-010	ㅇ 수신기 설치장소 적정(관리용이) 여부 ㅇ 조작스위치의 높이는 적정하며 정상 위치에 있는지 여부 ● 개별 경계구역 표시 가능 회선수 확보 여부 ● 축적기능 보유 여부(환기·면적·높이 조건 해당할 경우) ㅇ 경계구역 일람도 비치 여부 ㅇ 수신기 음향기구의 음량·음색 구별 가능 여부 ● 감지기·중계기·발신기 작동 경계구역 표시 여부(종합방재반 연동 포함) ● 1개 경계구역 1개 표시등 또는 문자 표시 여부 ● 하나의 대상물에 수신기가 2 이상 설치된 경우 상호 연동되는지 여부 ㅇ 수신기 기록장치 데이터 발생 표시시간과 표준시간 일치 여부	
15-C. 중계기		
15-C-001 15-C-002 15-C-003 15-C-004 15-C-005	● 중계기 설치위치 적정 여부(수신기에서 감지기회로 도통시험하지 않는 경우) ● 설치 장소(조작·점검 편의성, 화재·침수 피해 우려) 적정 여부 ● 전원입력 측 배선 상 과전류차단기 설치 여부 ● 중계기 전원 정전 시 수신기 표시 여부 ● 상용전원 및 예비전원 시험 적정 여부	

210mm×297mm [백상지(80g/m²)]

(2쪽 중 2쪽)

번호	점검항목	점검결과
15-D. 감지기		
15-D-001 15-D-002 15-D-003 15-D-004 15-D-005 15-D-006 15-D-007 15-D-008 15-D-009	● 부착 높이 및 장소별 감지기 종류 적정 여부 ● 특정 장소(환기불량, 면적협소, 저층고)에 적응성이 있는 감지기 설치 여부 ○ 연기감지기 설치장소 적정 설치 여부 ● 감지기와 실내로의 공기유입구 간 이격거리 적정 여부 ● 감지기 부착면 적정 여부 ○ 감지기 설치(감지면적 및 배치거리) 적정 여부 ● 감지기별 세부 설치기준 적합 여부 ● 감지기 설치제외 장소 적합 여부 ○ 감지기 변형·손상 확인 및 작동시험 적합 여부	
15-E. 음향장치		
15-E-001 15-E-002 15-E-003	○ 주음향장치 및 지구음향장치 설치 적정 여부 ○ 음향장치(경종 등) 변형·손상 확인 및 정상 작동(음량 포함) 여부 ● 우선경보 기능 정상작동 여부	
15-F. 시각경보장치		
15-F-001 15-F-002	○ 시각경보장치 설치 장소 및 높이 적정 여부 ○ 시각경보장치 변형·손상 확인 및 정상 작동 여부	
15-G. 발신기		
15-G-001 15-G-002 15-G-003	○ 발신기 설치 장소, 위치(수평거리) 및 높이 적정 여부 ○ 발신기 변형·손상 확인 및 정상 작동 여부 ○ 위치표시등 변형·손상 확인 및 정상 점등 여부	
15-H. 전원		
15-H-001 15-H-002	○ 상용전원 적정 여부 ○ 예비전원 성능 적정 및 상용전원 차단 시 예비전원 자동전환 여부	
15-I. 배선		
15-I-001 15-I-002 15-I-003 15-I-004 15-I-005	● 종단저항 설치 장소, 위치 및 높이 적정 여부 ● 종단저항 표지 부착 여부(종단감지기에 설치할 경우) ○ 수신기 도통시험 회로 정상 여부 ● 감지기회로 송배전식 적용 여부 ● 1개 공통선 접속 경계구역 수량 적정 여부(P형 또는 GP형의 경우)	
비고		

210mm×297mm [백상지(80g/m^2)]

16. 비상방송설비 점검표

번호	점검항목	점검결과
16-A. 음향장치		
16-A-001 16-A-002 16-A-003 16-A-004 16-A-005 16-A-006 16-A-007 16-A-008 16-A-009 16-A-010 16-A-011	● 확성기 음성입력 적정 여부 ● 확성기 설치 적정(층마다 설치, 수평거리, 유효하게 경보) 여부 ● 조작부 조작스위치 높이 적정 여부 ● 조작부 상 설비 작동층 또는 작동구역 표시 여부 ● 증폭기 및 조작부 설치 장소 적정 여부 ● 우선경보방식 적용 적정 여부 ● 겸용설비 성능 적정(화재 시 다른 설비 차단) 여부 ● 다른 전기회로에 의한 유도장애 발생 여부 ● 2 이상 조작부 설치 시 상호 동시통화 및 전 구역 방송 가능 여부 ● 화재신호 수신 후 방송개시 소요시간 적정 여부 ○ 자동화재탐지설비 작동과 연동하여 정상 작동 가능 여부	
16-B. 배선 등		
16-B-001 16-B-002	● 음량조절기를 설치한 경우 3선식 배선 여부 ● 하나의 층에 단락, 단선 시 다른 층의 화재통보 적부	
16-C. 전원		
16-C-001 16-C-002	○ 상용전원 적정 여부 ● 예비전원 성능 적정 및 상용전원 차단 시 예비전원 자동전환 여부	
비고		

210mm×297mm [백상지(80g/m^2)]

17. 자동화재속보설비 및 통합감시시설 점검표

번호	점검항목	점검결과
17-A. 자동화재속보설비		
17-A-001 17-A-002 17-A-003	○ 상용전원 공급 및 전원표시등 정상 점등 여부 ○ 조작스위치 높이 적정 여부 ○ 자동화재탐지설비 연동 및 화재신호 소방관서 전달 여부	
17-B. 통합감시시설		
17-B-001 17-B-002 17-B-003	● 주·보조 수신기 설치 적정 여부 ○ 수신기 간 원격제어 및 정보공유 정상 작동 여부 ● 예비선로 구축 여부	
비고		

210mm×297mm [백상지(80g/m^2)]

18. 누전경보기 점검표

번호	점검항목	점검결과
18-A. 설치방법		
18-A-001 18-A-002	● 정격전류에 따른 설치 형태 적정 여부 ● 변류기 설치위치 및 형태 적정 여부	
18-B. 수신부		
18-B-001 18-B-002 18-B-003 18-B-004	○ 상용전원 공급 및 전원표시등 정상 점등 여부 ● 가연성 증기, 먼지 등 체류 우려 장소의 경우 차단기구 설치 여부 ○ 수신부의 성능 및 누전경보 시험 적정 여부 ○ 음향장치 설치장소(상시 사람이 근무) 및 음량·음색 적정 여부	
18-C. 전원		
18-C-001 18-C-002 18-C-003	● 분전반으로부터 전용회로 구성 여부 ● 개폐기 및 과전류차단기 설치 여부 ● 다른 차단기에 의한 전원차단 여부(전원을 분기할 경우)	
비고		

210mm×297mm [백상지(80g/m²)]

19. 가스누설경보기 점검표

번호	점검항목	점검결과
19-A. 수신부		
19-A-001 19-A-002 19-A-003	○ 수신부 설치 장소 적정 여부 ○ 상용전원 공급 및 전원표시등 정상 점등 여부 ○ 음향장치의 음량·음색·음압 적정 여부	
19-B. 탐지부		
19-B-001 19-B-002	○ 탐지부의 설치방법 및 설치상태 적정 여부 ○ 탐지부의 정상 작동 여부	
19-C. 차단기구		
19-C-001 19-C-002	○ 차단기구는 가스 주배관에 견고히 부착되어 있는지 여부 ○ 시험장치에 의한 가스차단밸브의 정상 개·폐 여부	
비고		

210mm×297mm [백상지(80g/m²)]

20. 피난기구 및 인명구조기구 점검표

번호	점검항목	점검결과
20-A. 피난기구 공통사항		
20-A-001 20-A-002 20-A-003 20-A-004 20-A-005 20-A-006 20-A-007	● 대상물 용도별·층별·바닥면적별 피난기구 종류 및 설치개수 적정 여부 ○ 피난에 유효한 개구부 확보(크기, 높이에 따른 발판, 창문 파괴장치) 및 관리상태 ● 개구부 위치 적정(동일직선상이 아닌 위치) 여부 ○ 피난기구의 부착 위치 및 부착 방법 적정 여부 ○ 피난기구(지지대 포함)의 변형·손상 또는 부식이 있는지 여부 ○ 피난기구의 위치표시 표지 및 사용방법 표지 부착 적정 여부 ● 피난기구의 설치제외 및 설치감소 적합 여부	
20-B. 공기안전매트·피난사다리·(간이)완강기·미끄럼대·구조대		
20-B-001 20-B-002 20-B-003 20-B-004 20-B-005 20-B-006 20-B-007	● 공기안전매트 설치 여부 ● 공기안전매트 설치 공간 확보 여부 ● 피난사다리(4층 이상의 층)의 구조(금속성 고정사다리) 및 노대 설치 여부 ● (간이)완강기의 구조(로프 손상방지) 및 길이 적정 여부 ● 숙박시설의 객실마다 완강기(1개) 또는 간이완강기(2개 이상) 추가 설치 여부 ● 미끄럼대의 구조 적정 여부 ● 구조대의 길이 적정 여부	
20-C. 다수인 피난장비		
20-C-001 20-C-002 20-C-003 20-C-004	● 설치장소 적정(피난용이, 안전하게 하강, 피난층의 충분한 착지 공간) 여부 ● 보관실 설치 적정(건물외측 돌출, 빗물·먼지 등으로부터 장비 보호) 여부 ● 보관실 외측문 개방 및 탑승기 자동 전개 여부 ● 보관실 문 오작동 방지조치 및 문 개방 시 경보설비 연동(경보) 여부	
20-D. 승강식 피난기·하향식 피난구용 내림식 사다리		
20-D-001 20-D-002 20-D-003 20-D-004 20-D-005 20-D-006	● 대피실 출입문 갑종방화문 설치 및 표지 부착 여부 ● 대피실 표지(층별 위치표시, 피난기구 사용설명서 및 주의사항) 부착 여부 ● 대피실 출입문 개방 및 피난기구 작동 시 표시등·경보장치 작동 적정 여부 및 감시제어반 피난기구 작동 확인 가능 여부 ● 대피실 면적 및 하강구 규격 적정 여부 ● 하강구 내측 연결금속구 존재 및 피난기구 전개 시 장애발생 여부 ● 대피실 내부 비상조명등 설치 여부	
20-E. 인명구조기구		
20-E-001 20-E-002 20-E-003 20-E-004	○ 설치 장소 적정(화재시 반출 용이성) 여부 ○ "인명구조기구" 표시 및 사용방법 표지 설치 적정 여부 ○ 인명구조기구의 변형 또는 손상이 있는지 여부 ● 대상물 용도별·장소별 설치 인명구조기구 종류 및 설치개수 적정 여부	
비고		

210mm×297mm [백상지(80g/m^2)]

21. 유도등 및 유도표지 점검표

번호	점검항목	점검결과
21-A. 유도등		
21-A-001 21-A-002 21-A-003 21-A-004 21-A-005 21-A-006 21-A-007	○ 유도등의 변형 및 손상 여부 ○ 상시(3선식의 경우 점검스위치 작동시) 점등 여부 ○ 시각장애(규정된 높이, 적정위치, 장애물 등으로 인한 시각장애 유무) 여부 ○ 비상전원 성능 적정 및 상용전원 차단 시 예비전원 자동전환 여부 ● 설치 장소(위치) 적정 여부 ● 설치 높이 적정 여부 ● 객석유도등의 설치 개수 적정 여부	
21-B. 유도표지		
21-B-001 21-B-002 21-B-003 21-B-004	○ 유도표지의 변형 및 손상 여부 ○ 설치 상태(유사 등화광고물·게시물 존재, 쉽게 떨어지지 않는 방식) 적정 여부 ○ 외광·조명장치로 상시 조명 제공 또는 비상조명등 설치 여부 ○ 설치 방법(위치 및 높이) 적정 여부	
21-C. 피난유도선		
21-C-001 21-C-002	○ 피난유도선의 변형 및 손상 여부 ○ 설치 방법(위치·높이 및 간격) 적정 여부	
 21-C-011 21-C-012	[축광방식의 경우] ● 부착대에 견고하게 설치 여부 ○ 상시조명 제공 여부	
 21-C-021 21-C-022 21-C-023 21-C-024	[광원점등방식의 경우] ○ 수신기 화재신호 및 수동조작에 의한 광원점등 여부 ○ 비상전원 상시 충전상태 유지 여부 ● 바닥에 설치되는 경우 매립방식 설치 여부 ● 제어부 설치위치 적정 여부	
비고		

210mm×297mm [백상지(80g/m^2)]

22. 비상조명등 및 휴대용비상조명등 점검표

번호	점검항목	점검결과
22-A. 비상조명등		
22-A-001 22-A-002 22-A-003 22-A-004 22-A-005 22-A-006	○ 설치 위치(거실, 지상에 이르는 복도·계단, 그 밖의 통로) 적정 여부 ○ 비상조명등 변형·손상 확인 및 정상 점등 여부 ● 조도 적정 여부 ○ 예비전원 내장형의 경우 점검스위치 설치 및 정상 작동 여부 ● 비상전원 종류 및 설치장소 기준 적합 여부 ○ 비상전원 성능 적정 및 상용전원 차단 시 예비전원 자동전환 여부	
22-B. 휴대용비상조명등		
22-B-001 22-B-002 22-B-003 22-B-004 22-B-005 22-B-006 22-B-007	○ 설치 대상 및 설치 수량 적정 여부 ○ 설치 높이 적정 여부 ○ 휴대용비상조명등의 변형 및 손상 여부 ○ 어둠 속에서 위치를 확인할 수 있는 구조인지 여부 ○ 사용 시 자동으로 점등되는지 여부 ○ 건전지를 사용하는 경우 유효한 방전 방지조치가 되어 있는지 여부 ○ 충전식 배터리의 경우에는 상시 충전되도록 되어 있는지의 여부	
비고		

210mm×297mm [백상지(80g/m^2)]

23. 소화용수설비 점검표

번호	점검항목	점검결과
23-A. 소화수조 및 저수조		
	[수원]	
23-A-001	○ 수원의 유효수량 적정 여부	
	[흡수관투입구]	
23-A-011	○ 소방차 접근 용이성 적정 여부	
23-A-012	● 크기 및 수량 적정 여부	
23-A-013	○ "흡수관투입구" 표지 설치 여부	
	[채수구]	
23-A-021	○ 소방차 접근 용이성 적정 여부	
23-A-022	● 결합금속구 구경 적정 여부	
23-A-023	● 채수구 수량 적정 여부	
23-A-024	○ 개폐밸브의 조작 용이성 여부	
	[가압송수장치]	
23-A-031	○ 기동스위치 채수구 직근 설치 여부 및 정상 작동 여부	
23-A-032	○ "소화용수설비펌프" 표지 설치상태 적정 여부	
23-A-033	● 동결방지조치 상태 적정 여부	
23-A-034	● 토출측 압력계, 흡입측 연성계 또는 진공계 설치 여부	
23-A-035	○ 성능시험배관 적정 설치 및 정상작동 여부	
23-A-036	○ 순환배관 설치 적정 여부	
23-A-037	● 물올림장치 설치 적정(전용 여부, 유효수량, 배관구경, 자동급수) 여부	
23-A-038	○ 내연기관 방식의 펌프 설치 적정(제어반 기동, 채수구 원격조작, 기동표시등 설치, 축전지 설비) 여부	
23-B. 상수도소화용수설비		
23-B-001	○ 소화전 위치 적정 여부	
23-B-002	○ 소화전 관리상태(변형·손상 등) 및 방수 원활 여부	
비고		

210mm×297mm [백상지(80g/m^2)]

24. 제연설비 점검표

번호	점검항목	점검결과
24-A. 제연구역의 구획		
24-A-001	● 제연구역의 구획 방식 적정 여부 - 제연경계의 폭, 수직거리 적정 설치 여부 - 제연경계벽은 가동 시 급속하게 하강되지 아니하는 구조	
24-B. 배출구		
24-B-001 24-B-002	● 배출구 설치 위치(수평거리) 적정 여부 ○ 배출구 변형·훼손 여부	
24-C. 유입구		
24-C-001 24-C-002 24-C-003	○ 공기유입구 설치 위치 적정 여부 ○ 공기유입구 변형·훼손 여부 ● 옥외에 면하는 배출구 및 공기유입구 설치 적정 여부	
24-D. 배출기		
24-D-001 24-D-002 24-D-003 24-D-004 24-D-005	● 배출기와 배출풍도 사이 캔버스 내열성 확보 여부 ○ 배출기 회전이 원활하며 회전방향 정상 여부 ○ 변형·훼손 등이 없고 V-벨트 기능 정상 여부 ○ 본체의 방청, 보존상태 및 캔버스 부식 여부 ● 배풍기 내열성 단열재 단열처리 여부	
24-E. 비상전원		
24-E-001 24-E-002 24-E-003	● 비상전원 설치장소 적정 및 관리 여부 ○ 자가발전설비인 경우 연료 적정량 보유 여부 ○ 자가발전설비인 경우 「전기사업법」에 따른 정기점검 결과 확인	
24-F. 기 동		
24-F-001 24-F-002 24-F-003	○ 가동식의 벽·제연경계벽·댐퍼 및 배출기 정상 작동(화재감지기 연동) 여부 ○ 예상제연구역 및 제어반에서 가동식의 벽·제연경계벽·댐퍼 및 배출기 수동 기동 가능 여부 ○ 제어반 각종 스위치류 및 표시장치(작동표시등 등) 기능의 이상 여부	
비고		

210mm×297mm [백상지(80g/m^2)]

25. 특별피난계단의 계단실 및 부속실 제연설비 점검표

번호	점검항목	점검결과
25-A. 과압방지조치		
25-A-001	● 자동차압·과압조절형 댐퍼(또는 플랩댐퍼)를 사용한 경우 성능 적정 여부	
25-B. 수직풍도에 따른 배출		
25-B-001 25-B-002	○ 배출댐퍼 설치(개폐여부 확인 기능, 화재감지기 동작에 따른 개방) 적정 여부 ○ 배출용송풍기가 설치된 경우 화재감지기 연동 기능 적정 여부	
25-C. 급기구		
25-C-001	○ 급기댐퍼 설치 상태(화재감지기 동작에 따른 개방) 적정 여부	
25-D. 송풍기		
25-D-001 25-D-002 25-D-003	○ 설치장소 적정(화재영향, 접근·점검 용이성) 여부 ○ 화재감지기 동작 및 수동조작에 따라 작동하는지 여부 ● 송풍기와 연결되는 캔버스 내열성 확보 여부	
25-E. 외기취입구		
25-E-001 25-E-002	○ 설치위치(오염공기 유입방지, 배기구 등으로부터 이격거리) 적정 여부 ● 설치구조(빗물·이물질 유입방지, 옥외의 풍속과 풍향에 영향) 적정 여부	
25-F. 제연구역의 출입문		
25-F-001 25-F-002	○ 폐쇄상태 유지 또는 화재 시 자동폐쇄 구조 여부 ● 자동폐쇄장치 폐쇄력 적정 여부	
25-G. 수동기동장치		
25-G-001 25-G-002	○ 기동장치 설치(위치, 전원표시등 등) 적정 여부 ○ 수동기동장치(옥내 수동발신기 포함) 조작 시 관련 장치 정상 작동 여부	
25-H. 제어반		
25-H-001 25-H-002	○ 비상용축전지의 정상 여부 ○ 제어반 감시 및 원격조작 기능 적정 여부	
25-I. 비상전원		
25-I-001 25-I-002 25-I-003	● 비상전원 설치장소 적정 및 관리 여부 ○ 자가발전설비인 경우 연료 적정량 보유 여부 ○ 자가발전설비인 경우 「전기사업법」에 따른 정기점검 결과 확인	
비고		

210mm×297mm [백상지(80g/m^2)]

26. 연결송수관설비 점검표

번호	점검항목	점검결과
26-A. 송수구		
26-A-001 26-A-002 26-A-003 26-A-004 26-A-005 26-A-006	○ 설치장소 적정 여부 ○ 지면으로부터 설치 높이 적정 여부 ○ 급수개폐밸브가 설치된 경우 설치 상태 적정 및 정상 기능 여부 ○ 수직배관별 1개 이상 송수구 설치 여부 ○ "연결송수관설비송수구" 표지 및 송수압력범위 표지 적정 설치 여부 ○ 송수구 마개 설치 여부	
26-B. 배관 등		
26-B-001 26-B-002	● 겸용 급수배관 적정 여부 ● 다른 설비의 배관과의 구분 상태 적정 여부	
26-C. 방수구		
26-C-001 26-C-002 26-C-003 26-C-004	● 설치기준(층, 개수, 위치, 높이) 적정 여부 ○ 방수구 형태 및 구경 적정 여부 ○ 위치표시(표시등, 축광식표지) 적정 여부 ○ 개폐기능 설치 여부 및 상태 적정(닫힌 상태) 여부	
26-D. 방수기구함		
26-D-001 26-D-002 26-D-003	● 설치기준(층, 위치) 적정 여부 ○ 호스 및 관창 비치 적정 여부 ○ "방수기구함" 표지 설치상태 적정 여부	
26-E. 가압송수장치		
26-E-001 26-E-002 26-E-003 26-E-004 26-E-005 26-E-006 26-E-007 26-E-008 26-E-009 26-E-010	● 가압송수장치 설치장소 기준 적합 여부 ● 펌프 흡입측 연성계·진공계 및 토출측 압력계 설치 여부 ● 성능시험배관 및 순환배관 설치 적정 여부 ○ 펌프 토출량 및 양정 적정 여부 ○ 방수구 개방시 자동기동 여부 ○ 수동기동스위치 설치 상태 적정 및 수동스위치 조작에 따른 기동 여부 ○ 가압송수장치 "연결송수관펌프" 표지 설치 여부 ● 비상전원 설치장소 적정 및 관리 여부 ○ 자가발전설비인 경우 연료 적정량 보유 여부 ○ 자가발전설비인 경우 「전기사업법」에 따른 정기점검 결과 확인	
비고		

210mm×297mm [백상지(80g/m^2)]

27. 연결살수설비 점검표

번호	점검항목	점검결과
27-A. 송수구		
27-A-001 27-A-002 27-A-003 27-A-004 27-A-005 27-A-006 27-A-007 27-A-008 27-A-009 27-A-010 27-A-011	○ 설치장소 적정 여부 ○ 송수구 구경(65 mm) 및 형태(쌍구형) 적정 여부 ○ 송수구역별 호스접결구 설치 여부(개방형 헤드의 경우) ○ 설치 높이 적정 여부 ● 송수구에서 주배관 상 연결배관 개폐밸브 설치 여부 ○ "연결살수설비 송수구" 표지 및 송수구역 일람표 설치 여부 ○ 송수구 마개 설치 여부 ○ 송수구의 변형 또는 손상 여부 ● 자동배수밸브 및 체크밸브 설치 순서 적정 여부 ○ 자동배수밸브 설치 상태 적정 여부 ● 1개 송수구역 설치 살수헤드 수량 적정 여부(개방형 헤드의 경우)	
27-B. 선택밸브		
27-B-001 27-B-002	○ 선택밸브 적정 설치 및 정상 작동 여부 ○ 선택밸브 부근 송수구역 일람표 설치 여부	
27-C. 배관 등		
27-C-001 27-C-002 27-C-003 27-C-004 27-C-005	○ 급수배관 개폐밸브 설치 적정(개폐표시형, 흡입측 버터플라이 제외) 여부 ● 동결방지조치 상태 적정 여부(습식의 경우) ● 주배관과 타 설비 배관 및 수조 접속 적정 여부(폐쇄형 헤드의 경우) ○ 시험장치 설치 적정 여부(폐쇄형 헤드의 경우) ● 다른 설비의 배관과의 구분 상태 적정 여부	
27-D. 헤드		
27-D-001 27-D-002 27-D-003	○ 헤드의 변형·손상 유무 ○ 헤드 설치 위치·장소·상태(고정) 적정 여부 ○ 헤드 살수장애 여부	
비고		

210mm×297mm [백상지(80g/m^2)]

28. 비상콘센트설비 점검표

번호	점검항목	점검결과
28-A. 전원		
28-A-001 28-A-002 28-A-003 28-A-004	● 상용전원 적정 여부 ● 비상전원 설치장소 적정 및 관리 여부 ○ 자가발전설비인 경우 연료 적정량 보유 여부 ○ 자가발전설비인 경우 「전기사업법」에 따른 정기점검 결과 확인	
28-B. 전원회로		
28-B-001 28-B-002 28-B-003 28-B-004 28-B-005	● 전원회로 방식(단상교류 220 V) 및 공급용량(1.5 kVA 이상) 적정 여부 ● 전원회로 설치개수(각 층에 2 이상) 적정 여부 ● 전용 전원회로 사용 여부 ● 1개 전용회로에 설치되는 비상콘센트 수량 적정(10개 이하) 여부 ● 보호함 내부에 분기배선용 차단기 설치 여부	
28-C. 콘센트		
28-C-001 28-C-002 28-C-003	○ 변형·손상·현저한 부식이 없고 전원의 정상 공급여부 ● 콘센트별 배선용 차단기 설치 및 충전부 노출 방지 여부 ○ 비상콘센트 설치 높이, 설치 위치 및 설치 수량 적정 여부	
28-D. 보호함 및 배선		
28-D-001 28-D-002 28-D-003 28-D-004	○ 보호함 개폐 용이한 문 설치 여부 ○ "비상콘센트" 표지 설치상태 적정 여부 ○ 위치표시등 설치 및 정상 점등 여부 ○ 점검 또는 사용상 장애물 유무	
비고		

210mm×297mm [백상지(80g/m^2)]

29. 무선통신보조설비 점검표

번호	점검항목	점검결과
29-A. 누설동축케이블등		
29-A-001 29-A-002 29-A-003 29-A-004 29-A-005	○ 피난 및 통행 지장 여부(노출하여 설치한 경우) ● 케이블 구성 적정(누설동축케이블 + 안테나 또는 동축케이블 + 안테나) 여부 ● 지지금구 변형·손상 여부 ● 누설동축케이블 및 안테나 설치 적정 및 변형·손상 여부 ● 누설동축케이블 말단 '무반사 종단저항' 설치 여부	
29-B. 무선기기접속단자, 옥외안테나		
29-B-001 29-B-002 29-B-003 29-B-004 29-B-005 29-B-006 29-B-007 29-B-008 29-B-009 29-B-0010	○ 설치장소(소방활동 용이성, 상시 근무장소) 적정 여부 ● 단자 설치높이 적정 여부 ● 지상 접속단자 설치거리 적정 여부 ● 접속단자 보호함 구조 적정 여부 ○ 접속단자 보호함 "무선기기접속단자" 표지 설치 여부 ○ 옥외안테나 통신장애 발생 여부 ○ 안테나 설치 적정(견고함, 파손우려) 여부 ○ 옥외안테나에 "무선통신보조설비 안테나" 표지 설치 여부 ○ 옥외안테나 통신 가능거리 표지 설치 여부 ○ 수신기 설치장소 등에 옥외안테나 위치표시도 비치 여부	
29-C. 분배기, 분파기, 혼합기		
29-C-001 29-C-002	● 먼지, 습기, 부식 등에 의한 기능 이상 여부 ● 설치장소 적정 및 관리 여부	
29-D. 증폭기 및 무선중계기		
29-D-001 29-D-002 29-D-003 29-D-004	● 상용전원 적정 여부 ○ 전원표시등 및 전압계 설치상태 적정 여부 ● 증폭기 비상전원 부착 상태 및 용량 적정 여부 ○ 적합성 평가 결과 임의 변경 여부	
29-E. 기능점검		
29-E-001	● 무선통신 가능 여부	
비고		

210mm×297mm [백상지(80g/m^2)]

30. 연소방지설비 점검표

번호	점검항목	점검결과
30-A. 배관		
30-A-001 30-A-002	○ 급수배관 개폐밸브 적정(개폐표시형) 설치 및 관리상태 적합 여부 ● 다른 설비의 배관과의 구분 상태 적정 여부	
30-B. 방수헤드		
30-B-001 30-B-002 30-B-003 30-B-004	○ 헤드의 변형·손상 유무 ○ 헤드 살수장애 여부 ○ 헤드상호 간 거리 적정 여부 ● 살수구역 설정 적정 여부	
30-C. 송수구		
30-C-001 30-C-002 30-C-003 30-C-004 30-C-005 30-C-006 30-C-007	○ 설치장소 적정 여부 ● 송수구 구경(65 mm) 및 형태(쌍구형) 적정 여부 ○ 송수구 1 m 이내 살수구역 안내표지 설치상태 적정 여부 ○ 설치 높이 적정 여부 ● 자동배수밸브 설치상태 적정 여부 ● 연결배관에 개폐밸브를 설치한 경우 개폐상태 확인 및 조작 가능 여부 ○ 송수구 마개 설치상태 적정 여부	
30-D. 방화벽		
30-D-001 30-D-002	● 방화문 관리상태 및 정상기능 적정 여부 ● 관통부위 내화성 화재차단제 마감 여부	
비고		

210mm×297mm [백상지(80g/m²)]

31. 기타사항 점검표

번호	점검항목	점검결과
31-A. 피난·방화시설		
31-A-001 31-A-002	○ 방화문 및 방화셔터의 관리 상태(폐쇄·훼손·변경) 및 정상 기능 적정 여부 ● 비상구 및 피난통로 확보 적정 여부(피난·방화시설 주변 장애물 적치 포함)	
31-B. 방염		
31-B-001 31-B-002	● 선처리 방염대상물품의 적합 여부(방염성능시험성적서 및 합격표시 확인) ● 후처리 방염대상물품의 적합 여부(방염성능검사결과 확인)	
비고	※ 방염성능시험성적서, 합격표시 및 방염성능검사결과의 확인이 불가한 경우 비고에 기재한다.	

210mm×297mm [백상지(80g/m²)]

32. 다중이용업소 점검표

(2쪽 중 1쪽)

번호	점검항목	점검결과
32-A. 소화설비		
	[소화기구(소화기, 자동확산소화기)]	
32-A-001	○ 설치수량(구획된 실 등) 및 설치거리(보행거리) 적정 여부	
32-A-002	○ 설치장소(손쉬운 사용) 및 설치 높이 적정 여부	
32-A-003	○ 소화기 표지 설치상태 적정 여부	
32-A-004	○ 외형의 이상 또는 사용상 장애 여부	
32-A-005	○ 수동식 분말소화기 내용연수 적정여부	
	[간이스프링클러설비]	
32-A-011	○ 수원의 양 적정 여부	
32-A-012	○ 가압송수장치의 정상 작동 여부	
32-A-013	○ 배관 및 밸브의 파손, 변형 및 잠김 여부	
32-A-014	○ 상용전원 및 비상전원의 이상 여부	
32-A-015	● 유수검지장치의 정상 작동 여부	
32-A-016	● 헤드의 적정 설치 여부(미설치, 살수장애, 도색 등)	
32-A-017	● 송수구 결합부의 이상 여부	
32-A-018	● 시험밸브 개방시 펌프기동 및 음향 경보 여부	

※ 펌프성능시험(펌프 명판 및 설계치 참조)

구분		체절운전	정격운전 (100%)	정격유량의 150% 운전	적정 여부
토출량 (ℓ/min)	주				1. 체절운전 시 토출압은 정격토출압의 140% 이하일 것( ) 2. 정격운전 시 토출량과 토출압이 규정치 이상일 것( ) 3. 정격토출량의 150%에서 토출압이 정격토출압의 65% 이상일 것( )
	예비				
토출압 (MPa)	주				
	예비				

○ 설정압력:
○ 주펌프
기동: MPa
정지: MPa
○ 예비펌프
기동: MPa
정지: MPa
○ 충압펌프
기동: MPa
정지: MPa

※ 릴리프밸브 작동압력 : MPa

번호	점검항목	점검결과
32-B. 경보설비		
	[비상벨·자동화재탐지설비]	
32-B-001	○ 구획된 실마다 감지기(발신기), 음향장치 설치 및 정상 작동 여부	
32-B-002	○ 전용 수신기가 설치된 경우 주수신기와 상호 연동되는지 여부	
32-B-003	○ 수신기 예비전원(축전지) 상태 적정 여부(상시 충전, 상용전원 차단 시 자동절환)	
	[가스누설경보기]	
32-B-011	● 주방 또는 난방시설이 설치된 장소에 설치 및 정상 작동 여부	
32-C. 피난구조설비		
	[피난기구]	
32-C-001	● 피난기구 종류 및 설치개수 적정 여부	
32-C-002	○ 피난기구의 부착 위치 및 부착 방법 적정 여부	
32-C-003	○ 피난기구(지지대 포함)의 변형·손상 또는 부식이 있는지 여부	
32-C-004	○ 피난기구의 위치표시 표지 및 사용방법 표지 부착 적정 여부	
32-C-005	● 피난에 유효한 개구부 확보(크기, 높이에 따른 발판, 창문 파괴장치) 및 관리상태	

210mm×297mm [백상지(80g/m^2)]

(2쪽 중 2쪽)

번호	점검항목	점검결과
 32-C-011 32-C-012	[피난유도선] ○ 피난유도선의 변형 및 손상 여부 ● 정상 점등(화재 신호와 연동 포함) 여부	
 32-C-021 32-C-022 32-C-023	[유도등] ○ 상시(3선식의 경우 점검스위치 작동시) 점등 여부 ○ 시각장애(규정된 높이, 적정위치, 장애물 등으로 인한 시각장애 유무) 여부 ○ 비상전원 성능 적정 및 상용전원 차단 시 예비전원 자동전환 여부	
 32-C-031 32-C-032	[유도표지] ○ 설치 상태(유사 등화광고물·게시물 존재, 쉽게 떨어지지 않는 방식) 적정 여부 ○ 외광·조명장치로 상시 조명 제공 또는 비상조명등 설치 여부	
 32-C-041 32-C-042	[비상조명등] ○ 설치위치의 적정 여부 ● 예비전원 내장형의 경우 점검스위치 설치 및 정상 작동 여부	
 32-C-051 32-C-052 32-C-053	[휴대용비상조명등] ○ 영업장안의 구획된 실마다 잘 보이는 곳에 1개 이상 설치 여부 ● 설치높이 및 표지의 적합 여부 ● 사용 시 자동으로 점등되는지 여부	
32-D. 비상구		
32-D-001 32-D-002 32-D-003	○ 피난동선에 물건을 쌓아두거나 장애물 설치 여부 ○ 피난구, 발코니 또는 부속실의 훼손 여부 ○ 방화문·방화셔터의 관리 및 작동상태	
32-E. 영업장 내부 피난통로·영상음향차단장치·누전차단기·창문		
32-E-001 32-E-002 32-E-003 32-E-004	○ 영업장 내부 피난통로 관리상태 적합 여부 ● 영상음향차단장치 설치 및 정상작동 여부 ● 누전차단기 설치 및 정상작동 여부 ○ 영업장 창문 관리상태 적합 여부	
32-F. 피난안내도·피난안내영상물		
32-F-001	○ 피난안내도의 정상 부착 및 피난안내영상물 상영 여부	
32-G. 방염		
32-G-001 32-G-002	● 선처리 방염대상물품의 적합 여부(방염성능시험성적서 및 합격표시 확인) ● 후처리 방염대상물품의 적합 여부(방염성능검사결과 확인)	
비고	※ 방염성능시험성적서, 합격표시 및 방염성능검사결과의 확인이 불가한 경우 비고에 기재한다.	

210mm×297mm [백상지(80g/m^2)]

부록 C 단위 표기 및 물리량

C.1 단위의 표기, 읽는 법 및 물리량

표기	단 위	단위 읽는 법	물리량	물리량(영문)
Q, q	[C]	Coulomb	전하	electric charge
			전기량	quantity of electricity
I, i	[A]	Ampere	전류	electric current
R, r	[Ω]	Ohm	저항	electric resistance
V, v	[V]	Volt	전압	voltage
C	[F]	Farad	정전용량 커패시턴스	1. electrostatic capacity 2. capacitance
C	[Ah]	Ampere hour	축전지 용량	capacity of battery
ϵ	[F/m]	Farad per meter	유전율	permittivity
L	[H]	Henry	인덕턴스	inductance
f	[Hz]	Hertz	주파수	frequency
D	[C/m^2]	Coulomb per meter square	전속밀도	electric flux density
	[J/m^3]	Joule per meter cubic	에너지 밀도	energy flux density
E	[N/C]	Newton per Coulomb	전계의 세기	intensity of electric field
	[V/m]	Volt per meter		
σ	[W/s]	Watt per second	전도율	conductivity
ω	[rad/s]	radian per second	각주파수	angular frequency
			각속도	angular velocity
θ	[rad]	radian	각도	angular measure
N_s	[rpm]	revolution per minute	동기속도	synchronous speed
			회전속도	rotating speed
G	[S]	Siemens	컨덕턴스	conductance
	[℧]	mho		
V	[V/cell]	Volt per cell	축전기 1개의 최저허용전압	a minimum allowable voltage of a battery
P	[W]	Watt	전력	electric power
			유효전력	effective power
P_r	[Var]	var	무효전력	reactive power
P_a	[VA]	Volt Ampere	피상전력	apparent power
Φ	[Wb]	Weber	자속	magnetic flux
μ	[H/m]	Henry per meter	투자율	1. permeability 2. magnetic permeability
F	[AT]	Ampere Turn	기자력	magnetomotive force
M	[Mx/m^2]	Maxwell per meter square	자화력	magnetizing force
m	[Wb · m]	Weber meter	자기모멘트	magnetic moment
J	[G]	Gauss	자화의 세기	intensity of magnetization
	[Wb/m^2]	Weber per meter square		

표기	단 위	단위 읽는 법	물리량	물리량(영문)
G_b	[Gb]	Gilbert	기자력의 단위	unit of magnetomotive force
P_e	[W/m^3]	Watt per meter cubic	와전류손	eddy current loss
T, τ	[N·m]	Newton meter	회전력	torque
P	[HP]	Horse Power	마력	horse power
	[PS]	PferdeStärke		
P	[atm]	atmosphere	기압	atmosphere
			압력	pressure
t	[h]	hour	시간	time
	[s]	second		
v	[m/min]	meter per minute	속도	velocity
	[m/s]	meter per second		
A	[m^2]	meter square	면적	area
l	[m]	meter	길이	length
P	[lb]	pound	중량	weight
m	[g]	gram	질량	mass
F	[N]	Newton	힘	force
	[dyne]	dyne		
w	[erg]	erg	에너지	energy
			일	work
mol	[mol]	mole	물질의 양	amount of substance
vol%	[vol%]	volume percent	퍼센트 농도	percent concentration
H	[J]	Joule	열량	quantity of heat
	[cal]	calorie		
	[BTU]	British Thermal Unit		
Q	[W/m^2]	Watt per meter square	대류열	convective heat
h	[W/m^2·℃]	Watt per meter square degree Celsius	열전달계수	heat transfer coefficient
k	[W/m·K]	Watt per meter Kelvin	열전도율	thermal conductivity
Q	[cal/g]	calorie per gram	융해열	heat of fusion
			증발열	heat of vaporization
W	[kg/m^2]	kilogram per meter square	화재하중	fire load
σ	[W/m^2·K^4]	Watt per meter square raise Kelvin to 4th power	스테판-볼츠만 상수	Stefan-Boltzmann constant
ϕ	[rad/m]	radian per meter	위상정수	phase constant
γ	[m^{-1}]	inverse meter	감광계수	photosensitive coefficient
α	[dB/m]	deciBel per meter	감쇠정수	damping integer
			감쇠상수	damping constant
K	[K]	Kelvin	켈빈온도	kelvin temperature
°F	[°F]	degree Fahrenheit	화씨온도	fahrenheit temperature
°R	[°R]	degree Rankine	랭킨온도	rankine temperature
℃	[℃]	degree Celsius	섭씨온도	celsius degree(temperature)

C.2 그리스 문자의 알파벳

호칭(영어)	한국어	대문자	소문자	호칭(영어)	한국어	대문자	소문자
Alpha	알파	A	α	Nu	누	N	ν
Beta	베타	B	β	Xi	크사이	Ξ	ξ
Gamma	감마	Γ	γ	Omicron	오미크론	O	o
Delta	델타	Δ	δ	Pi	파이	Π	π
Epsilon	엡실론	E	ϵ	Rho	로우	P	ρ
Zeta	제타	Z	ζ	Sigma	시그마	Σ	σ, ς
Eta	에타	H	η	Tau	타우	T	τ
Theta	세타	Θ	θ	Upsilon	입실론	Y	υ
Iota	이오타	I	ι	Phi	파이	Φ	ϕ
Kappa	카파	K	κ	Chi	카이	X	χ
Lamda	람다	Λ	λ	Psi	프사이	Ψ	ψ
Mu	뮤	M	μ	Omega	오메가	Ω	ω

C.3 단위 환산표

(1) 호칭, 기호 및 크기

호칭	기호	크기	호칭	기호	크기
deka	D	10^{1}	yocto	y	10^{-24}
hecto	h	10^{2}	zepto	z	10^{-21}
kilo	k	10^{3}	atto	a	10^{-18}
mega	M	10^{6}	femto	f	10^{-15}
giga	G	10^{9}	pico	p	10^{-12}
tera	T	10^{12}	nano	n	10^{-9}
peta	P	10^{15}	micro	μ	10^{-6}
exa	E	10^{18}	milli	m	10^{-3}
zetta	Z	10^{21}	centi	c	10^{-2}
yotta	Y	10^{24}	deci	d	10^{-1}

(2) 길이 [L]

환산 전의 단위	환산 후의 단위	환산 계수	환산 전의 단위	환산 후의 단위	환산 계수
cm	in	0.3937	m	in	39.3701
cm	ft	0.0328	yd(yard)	ft	3
ft	m	0.3048	yd	m	0.9144
in	cm	2.54	자	cm	30.3030
m	ft	3.2808			

(3) 질량 [M]

환산 전의 단위	환산 후의 단위	환산 계수
kg	lb	2.2046
lb	kg	0.4536
t(metric ton)	kg	1000
t(metric ton)	lb	2204.6
돈	g	3.75
관	kg	3.75
t(long ton)	lb	2240
t(short ton)	lb	2000

(4) 넓이 [L^2]

환산 전의 단위	환산 후의 단위	환산 계수
acre	ft^2	4356
acre	m^2	4046
m^2	ft^2	10.7639
평	m^2	3.3058

(5) 부피 [L^3]

환산 전의 단위	환산 후의 단위	환산 계수
cm^3	ft^3	3.5314×10^{-5}
cm^3	Gal(U.S.)	2.6417×10^{-4}
ft^3	cm^3	2.8316×10^{4}
ft^3	Gal(U.S.)	7.4805
ft^3	L	28.3168
Gal	in^3	231
barrel	Gal(U.S.)	42
in^3	cm^3	16.3871
m^3	ft^3	35.3147
m^3	Gal(U.S.)	264.17

(6) 시간 [T]

환산 전의 단위	환산 후의 단위	환산 계수
hr	min	60
hr	sec	3600

(7) 속도 [L/T]

환산 전의 단위	환산 후의 단위	환산 계수
빛의 속도	m/s	2.9979×10^{8}

(8) 가속도 [L/T^2]

환산 전의 단위	환산 후의 단위	환산 계수
표준 중력 가속도	m/s^2	9.8066
표준 중력 가속도	ft/s^2	32.1740

(9) 힘, 무게 [ML/T^2 = F]

환산 전의 단위	환산 후의 단위	환산 계수
N(newton)	d(dyne)	1×10^{5}
N	lb_f	0.2248
kg_f	N	9.8066
kg_f	lb_f	2.2046
lb_f	kg_f	0.4536
lb_f	lb_l(poundal)	32.1740
lb_f	N	4.4482

(10) 압력 [F/L^2 = P]

환산 전의 단위	환산 후의 단위	환산 계수
atm	N/m^2 = Pa	1.0132×10^{5}
atm	kg_f/cm^2	1.0133
atm	lb_f/in^2(psi)	14.696
atm	mmHg(0℃) = torr	760
bar	N/m^2 = Pa	1×10^{5}
bar	lb/in^2	14.504
lb/in^2	N/m^2 = Pa	6.8947×10^{5}
N/m^2 = Pa	lb/in^2	1.4498×10^{-4}

(11) 에너지, 일, 열 [F/L=E]

환산 전의 단위	환산 후의 단위	환산 계수
BTU	J	1054.35
BTU	cal	251.99
BTU	$lb_f \cdot ft$	777.65
$lb_f \cdot ft$	N·m=J	1.35
$lb_f \cdot ft$	$kg_f \cdot m$	2.14
$lb_f \cdot ft$	kW·h	3.76×10^{-7}
J=N·m	BTU	9.48×10^{-4}
J	W·s	1
J	$kg_f \cdot m$	0.10
$kg_f \cdot m$	BTU	9.28×10^{-3}
$kg_f \cdot m$	N·m=J	9.80
$kg_f \cdot m$	W·h	2.74×10^{-3}
cal	N·m=J	4.18
cal_{IT}	J	4.18

(12) 일률, 동력 [E/T, W]

환산 전의 단위	환산 후의 단위	환산 계수
HP(Horse Power)	$lb_f \cdot t/s$	550
HP	W=J/s=J	745.7
HP	$kg_f \cdot m/s$	76.040
PS(Pferde Stärke)	$kg_f \cdot m/s$	75
$kg_f \cdot m/s$	W	9.8066
$lb_f \cdot ft/s$	W	1.3558

부록 D 도면 해석을 위한 기기의 명칭 및 그림 기호

(1) 일반 배선

명 칭	그림기호	적 요
천장은폐배선	————————	(1) 천장은폐배선 중 천장 속의 배선을 구별하는 경우는 천장 속의 배선에 —·—·—를 사용하여도 좋다.
바닥은폐배선	— — — —	(2) 노출배선 중 바닥면 노출배선을 구별하는 경우는 바닥면 노출배선에 —··—··—를 사용하여도 좋다.
노출배선	- - - - - - - - -	(3) 전선의 종류를 표시할 필요가 있는 경우는 기호를 기입한다. 보기 : 600 [V] 비닐절연전선 IV 600 [V] 2종 비닐절연전선 HIV 가교 폴리에틸렌 절연비닐 시스 케이블 CV 600 [V] 비닐 절연비닐 시스 케이블(평형) VVF 내화 케이블 FP 내열전선 HP 통신용 PVC 옥내선 TIV (4) 절연전선의 굵기 및 전선수는 다음과 같이 기입한다. 단위가 명백한 경우는 단위를 생략하여도 좋다. 보기 : —///— 1.6, —//— 2, —//— $2mm^2$, —///— 8 숫자 방기의 보기 : $\overline{1.6 \times 5}$ 5.5×1 다만, 시방서 등에 전선의 굵기 및 전선수가 명백한 경우는 기입하지 않아도 좋다. (5) 케이블의 굵기 및 선심수(또는 쌍수)는 다음과 같이 기입하고 필요에 따라 전압을 기입한다. 보기 : 1.6 [mm] 3심인 경우 $\overline{1.6-3C}$ 0.5 [mm] 100쌍인 경우 $\overline{0.5-100P}$ 다만, 시방서 등에 케이블의 굵기 및 선심수가 명백한 경우는 기입하지 않아도 좋다. (6) 전선의 접속점은 다음에 따른다. 

(7) 배관은 다음과 같이 표시한다.

1.6(19)	강제 전선관인 경우
1.6(VE 16)	경질비닐 전선관인 경우
1.6(F_2 16)	2종 금속제가요전선관인 경우
1.6(PF 16)	합성수지제 가요관인 경우
(19)	전선이 들어 있지 않은 경우

다만, 시방서 등에 명백한 경우는 기입하지 않아도 좋다.

(8) 플로어덕트의 표시는 다음과 같다.

보기 : (F7)　(FC6)

정크션 박스를 표시하는 경우는 다음과 같다.

----◎----

(9) 금속덕트의 표시는 다음과 같다.

MD

(10) 금속선 홈통의 표시는 다음과 같다.

1종 ---------- MM_1　2종 ---------- MM_2

(11) 라이팅덕트의 표시는 다음과 같다.

□---------- LD　---□------ LD

□는 피드인 박스를 표시한다.

필요에 따라 전압, 극수, 용량을 기입한다.

보기 : □---------- LD125V 2P 15A

(12) 접지선의 표시는 다음과 같다.

보기 : E 2.0

(13) 접지선과 배관을 동일관 내에 넣는 경우는 다음과 같다.

보기 : 2.0(25)　E 2.0

다만, 접지선의 표시 E가 명백한 경우는 기입하지 않아도 좋다.

(14) 케이블의 방화구획 관통부는 다음과 같이 표시한다.

(15) 정원등 등에 사용하는 지중매설배선은 다음과 같다.

(16) 옥외배선은 옥내배선의 그림기호를 준용한다.

		⒄ 구별을 필요로 하지 않는 경우는 실선만으로 표시하여도 좋다. ⒅ 건축도의 선과 명확히 구별한다.
상승 인하 소통	  	(1) 동일층의 상승, 인하는 특별히 표시하지 않는다. (2) 관, 선 등의 굵기를 명기한다. 다만, 명백한 경우는 기입하지 않아도 좋다. (3) 필요에 따라 공사종별을 방기한다. (4) 케이블의 방화구획 관통부는 다음과 같이 표시한다. 상승  인하  소통 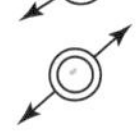
풀박스 및 접속상자		(1) 재료의 종류, 치수를 표시한다. (2) 박스의 대소 및 모양에 따라 표시한다.
VVF용 조인트 박스		단자붙이임을 표시하는 경우에는 t를 방기한다. 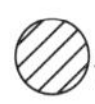t
접지단자		의료용인 것은 H를 방기한다.
접지센터	EC	의료용인 것은 H를 방기한다.
접지극		필요에 따라 재료의 종류, 크기, 필요한 접지저항값 등을 방기한다.
수전점		인입구에 이것을 적용하여도 좋다.
점검구	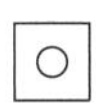	

(2) 버스덕트

명 칭	그림기호	적 요
버스덕트	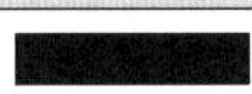	(1) 필요에 따라 다음 사항을 표시한다. ① 피드 버스덕트 FBD 플러그 인 버스덕트 PBD 트롤리 버스덕트 TBD ② 방수형인 경우는 WP

		③ 전기방식, 정격전압, 정격전류 보기 :  FBD3ϕ3W 300V 600A (2) 익스팬션을 표시하는 경우는 다음과 같다. 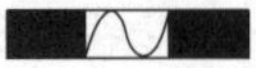 (3) 오프셋을 표시하는 경우는 다음과 같다.  (4) 탭붙이를 표시하는 경우는 다음과 같다.  (5) 상승, 인하를 표시하는 경우는 다음과 같다. 상승  인하  (6) 필요에 따라 정격전류에 의해 너비를 바꾸어 표시하여도 좋다.

(3) 합성수지선 홈통

명 칭	그림기호	적 요
합성수지선 홈통		(1) 필요에 따라 전선의 종류, 굵기, 가닥수, 선홈통의 크기 등을 기입한다. 보기 :  IV 16×4(PR35×18)  전선이 들어있지 않은 경우 (PR35×18) (2) 회선수를 다음과 같이 표시하여도 좋다. 보기 :  2회선인 경우 (3) 그림기호 는 — — PR — — 로 표시하여도 좋다. (4) 조인트 박스를 표시하는 경우는 다음과 같다. 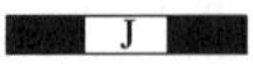 (5) 콘센트를 표시하는 경우는 다음과 같다.  (6) 점멸기를 표시하는 경우는 다음과 같다.  (7) 걸림 로제트를 표시하는 경우는 다음과 같다. 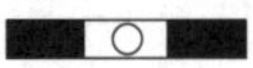

(4) 기기

명 칭	그림기호	적 요
전동기	Ⓜ	필요에 따라 전기방식, 전압, 용량을 방기한다. 보기 : Ⓜ 3ϕ 200V 3.7kW 1.5
콘덴서	[÷]	전동기의 적요를 준용한다.
전열기	Ⓗ	전동기의 적요를 준용한다.
환기팬 (선풍기를 포함한다.)	∞	필요에 따라 종류 및 크기를 방기한다.
룸 에어컨	[RC]	(1) 옥외 유닛에는 O을, 옥내 유닛에는 I를 방기한다. [RC]$_O$ [RC]$_I$ (2) 필요에 따라 전동기, 전열기의 전기방식, 전압, 용량 등을 방기한다.
소형 변압기	Ⓣ	(1) 필요에 따라 용량, 2차 전압을 방기한다. (2) 필요에 따라 벨 변압기는 B, 리모컨 변압기는 R, 네온 변압기는 N, 형광등용 안정기는 F, HID등(고효율 방전등)용 안정기는 H를 방기한다. Ⓣ$_B$ Ⓣ$_R$ Ⓣ$_N$ Ⓣ$_F$ Ⓣ$_H$ (3) 형광등용 안정기 및 HID등용 안정기로서 기구에 넣는 것은 표시하지 않는다.
정류장치	[▶|]	필요에 따라 종류, 용량, 전압 등을 방기한다.
축전지	[⊣⊢]	필요에 따라 종류, 용량, 전압 등을 방기한다.
발전기	Ⓖ	전동기의 적요를 준용한다.

(5) 조명기구

명 칭	그림기호	적 요
일반용 조명 백열등 HID등	○	(1) 벽붙이는 벽 옆을 칠한다. ◐ (2) 기구종류를 표시하는 경우는 ○ 안이나 또는 방기로 글자명, 숫자 등의 문자기호를 기입하고 도면의 비고 등에 표시한다. 보기 : ㉯ ○$_{나}$ ① ○$_1$ Ⓐ ○$_A$ 등 같은 방에 같은 기구를 여러 개 시설하는 경우는 통합하여

		문자기호와 기구수를 기입하여도 좋다. (3) (2)에 따르기 어려운 경우는 다음 보기에 따른다. 걸림 로제트  펜던트  실링. 직접부착 CL 샹들리에 CH 매입기구 DL (◎로 하여도 좋다.) (4) 용량을 표시하는 경우는 와트수(W) × 램프로 표시한다. 보기 : 100 200 × 3 (5) 옥외등은 로 하여도 좋다. (6) HID등의 종류를 표시하는 경우는 용량 앞에 다음 기호를 붙인다. 수은등 H 메탈 할라이드등 M 나트륨등 N 보기 : H400
형광등	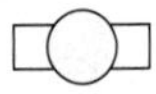	(1) 그림기호 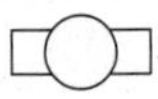는 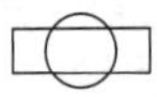로 표시하여도 좋다. (2) 벽붙이는 벽 옆을 칠한다. 가로로 붙이는 경우 : 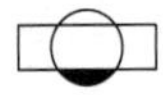 세로로 붙이는 경우 :  (3) 기구종류를 표시하는 경우는  안이나 또는 방기로 글자명, 숫자 등의 문자기호를 기입하고 도면의 비고 등에 표시한다. 보기 : ㉯ ○나 ① ○1 Ⓐ ○A 등 같은 방에 같은 기구를 여러 개 시설하는 경우는 통합하여 문자기호와 기구수를 기입하여도 좋다. 또한, 여기에 따르기 어려운 경우는 일반용 조명 백열등, HID등의 적용 (3)을 준용한다. (4) 용량을 표시하는 경우는 램프의 크기(형) × 램프수로 표시한다. 또, 용량 앞에 F를 붙인다. 보기 : F 40 F 40 × 2 (5) 용량 외에 기구수를 표시하는 경우는 램프의 크기(형) × 램프수 − 기구수로 표시한다. 보기 : F 40 − 2 F 40 × 2 − 3

		(6) 기구 내 배선의 연결방법을 표시하는 경우는 다음과 같다. 보기 : 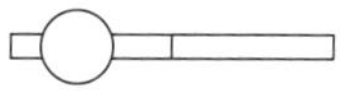 F 40-2 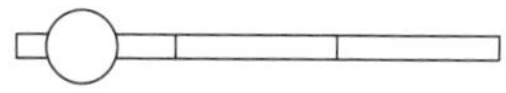 F 40-3 (7) 기구의 대소 및 모양에 따라 표시하여도 좋다. 보기 : 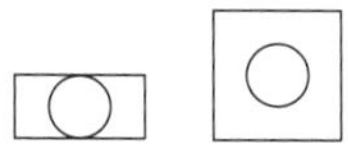
비상용 조명(건축 기준법에 따르는 것) 백열등		(1) 일반용 조명 백열등의 응용에 준용한다. 다만, 구의 종류를 표시하는 경우는 방기한다. (2) 일반용 조명 형광등에 조립하는 경우는 다음과 같다. 
형광등		(1) 일반용 조명 백열등의 적요를 준용한다. 다만, 기구의 종류를 표시하는 경우는 방기한다. (2) 계단에 설치하는 통로 유도등과 겸용인 것은 로 한다.
유도등(소방법에 따르는 것) 백열등		(1) 일반용 조명 백열등의 적요를 준용한다. (2) 객석 유도등인 경우는 필요에 따라 S를 방기한다. S
형광등		(1) 일반용 조명 백열등의 적요를 준용한다. (2) 기구의 종류를 표시하는 경우는 방기한다. 보기 : 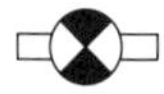 중 (3) 통로 유도등인 경우는 필요에 따라 화살표를 기입한다. 보기 : 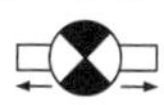 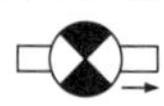 (4) 계단에 설치하는 비상용 조명등과 겸용인 것은 로 한다.
불멸 또는 비상용등 (건축기준법, 소방법에 따르지 않는 것) 백열등		(1) 벽붙이는 벽 옆을 칠한다.  (2) 일반용 조명 백열등의 적요를 준용한다. 다만, 기구의 종류를 표시하는 경우는 방기한다.
형광등	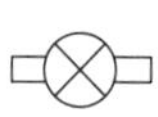	(1) 벽붙이는 벽 옆을 칠한다.  (2) 일반용 조명 백열등의 적요를 준용한다. 다만, 기구의 종류를 표시하는 경우는 방기한다.

(6) 콘센트

명 칭	그림기호	적 요
콘센트		(1) 그림기호는 벽붙이를 표시하고 옆벽을 칠한다. (2) 그림기호 는 로 표시하여도 좋다. (3) 천장에 부착하는 경우는 다음과 같다.  (4) 바닥에 부착하는 경우는 다음과 같다.  (5) 용량의 표시방법은 다음과 같다. ① 15 [A]는 방기하지 않는다. ② 20 [A] 이상은 암페어수를 방기한다. 보기 : 20A (6) 2구 이상인 경우는 구수를 방기한다. 보기 : 2 (7) 3극 이상인 것은 극수를 방기한다. 보기 : 3P (8) 종류를 표시하는 경우는 다음과 같다. 빠짐 방지형 LK 접지단자붙이 ET 걸림형 T 누전차단기붙이 EL 접지극붙이 E (9) 방수형은 WP를 방기한다. WP (10) 방폭형은 EX를 방기한다. EX (11) 타이머붙이, 덮개붙이 등 특수한 것은 방기한다. (12) 의료용은 H를 방기한다. H (13) 전원종별을 명확히 하고 싶은 경우는 그 뜻을 방기한다.
비상콘센트(소방법에 따르는 것)		

(7) 점멸기

명 칭	그림기호	적 요
점멸기	●	(1) 용량의 표시방법은 다음과 같다. ① 10 [A]는 방기하지 않는다. ② 50 [A] 이상은 전류값을 방기한다. 보기 : ●15A (2) 극수의 표시방법은 다음과 같다. ① 단극은 방기하지 않는다. ② 2극 또는 3로, 4로는 각각 2P 또는 3, 4의 숫자를 방기한다. 보기 : ●2P, ●3 (3) 플라스틱은 P를 방기한다. ●P (4) 파일럿 램프를 내장하는 것은 L을 방기한다. ●L (5) 따로 놓여진 파일럿 램프는 ○로 표시한다. 보기 : ○● (6) 방수형은 WP를 방기한다. ●WP (7) 방폭형은 EX를 방기한다. ●EX (8) 타이머붙이는 T를 방기한다. ●T (9) 지동형, 덮개붙이 등 특수한 것은 방기한다. (10) 옥외등 등에 사용하는 자동점멸기는 A 및 용량을 방기한다. 보기 : ●A(3A)
조광기		용량을 표시하는 경우에는 방기한다. 보기 : 15A
리모컨 스위치	●R	(1) 파일럿 램프붙이는 ○을 방기한다. 보기 : ○●R (2) 리모컨 스위치임이 명백한 경우는 R을 생략하여도 좋다.
셀렉터 스위치		(1) 점멸 회로수를 방기한다. 보기 : 9 (2) 파일럿 램프붙이는 L을 방기한다. 보기 : 9L
리모컨 릴레이	▲	리모컨 릴레이를 집합하여 부착하는 경우는 ▲▲▲ (사각형 안)를 사용하고 릴레이 수를 방기한다. 보기 : ▲▲▲ (사각형 안) 10

(8) 개폐기 및 계기

명 칭	그림기호	적 요
개폐기	[S]	(1) 상자들이인 경우는 상자의 재질 등을 방기한다. (2) 극수, 정격전류, 퓨즈 정격전류 등을 방기한다. 보기 : [S] 2P 30A f 15A (3) 전류계붙이는 (S)를 사용하고 전류계의 정격전류를 방기한다. 보기 : (S) 2P 30A f 15A A5
배선차단기	[B]	(1) 상자들이인 경우에는 상자의 재질 등을 방기한다. (2) 극수, 프레임의 크기, 정격전류 등을 방기한다. 보기 : [B] P 225AF 150A (3) 모터 브레이커를 표시하는 경우는 [B]를 사용한다. (4) [B]를 [S]$_{MCB}$로서 표시하여도 좋다.
누전차단기	[E]	(1) 상자들이인 경우에는 상자의 재질 등을 방기한다. (2) 과전류 소자붙이는 극수, 프레임의 크기, 정격전류, 정격감도전류 등 과전류 소자 없음은 극수, 정격전류, 정격감도전류 등을 방기한다. 과전류 소자붙이의 보기 : [E] 2P 30AF 15A 30mA 과전류 소자없음의 보기 : [E] 2P 15A 30mA (3) 과전류 소자붙이는 [BE]를 사용하여도 좋다. (4) [E]를 [S]$_{ELB}$로 표시하여도 좋다.
전자개폐기용 누름버튼	$\odot_{B}$	텀블러형 등인 경우도 이것을 사용한다. 파일럿 램프붙이인 경우는 L을 방기한다.
압력스위치	$\odot_{P}$	
플로트스위치	$\odot_{F}$	
플로트리스스위치 전극	$\odot_{LF}$	전극수를 방기한다. 보기 : $\odot_{LF3}$
타임스위치	[TS]	
전력량계	(Wh)	(1) 필요에 따라 전기방식, 전압, 전류 등을 방기한다. (2) 그림기호 (Wh)는 (WH)로 표시하여도 좋다.
전력량계(상자들이	[Wh]	(1) 전력량계의 적요를 준용한다.

또는 후드붙이)		(2) 집합 계기 상자에 넣는 경우는 전력량계의 수를 방기한다. 보기 : [Wh]$_{12}$
변류기(상자들이)	[CT]	필요에 따라 전류를 방기한다.
전류 제한기	(L)	(1) 필요에 따라 전류를 방기한다. (2) 상자들이인 경우는 그 뜻을 방기한다.
누전경보기		필요에 따라 종류를 방기한다.
누전경보기(소방법에 따르는 것)		필요에 따라 급별을 방기한다.
지진 감지기	(EQ)	필요에 따라 작동특성을 방기한다. 보기 : (EQ)100~170cm/m^2 (EQ)100~170Cal

(9) 분전반, 배전반, 제어반

명 칭	그림기호	적 요
배전반, 분전반 및 제어반	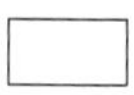	(1) 종류를 구별하는 경우는 다음과 같다. 배전반  분전반  제어반  (2) 직류용은 그 뜻을 방기한다. (3) 재해방지 전원회로용 배전반 등인 경우는 2중 틀로 하고 필요에 따라 종별을 방기한다. 보기 : 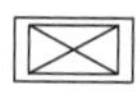1종 2종

(10) 전화

명 칭	그림기호	적 요
내선 전화기	(T)	버튼 전화기를 구별하는 경우는 BT를 방기한다. (T)BT
가입 전화기	((T))	
공중 전화기	(PT)	
팩시밀리	[MF]	
전환기	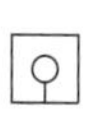	양족을 끊는 전환기인 경우는 다음과 같다. 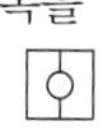

보안기		집합 보안기인 경우는 다음과 같이 표시하고 개수(실장/용량)를 방기한다. 보기 :  $\frac{3}{5}$
단자반	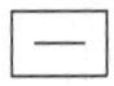	(1) 대수(실장/용량)를 방기한다. 보기 : 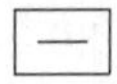 $\frac{30P}{40P}$ (2) 전환 이외의 단자반에도 이것을 적용한다. (3) 중간 단자반, 주 단자반, 국선용 단자반을 구별하는 경우는 다음과 같다. 중간 단자반 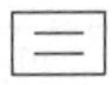 주 단자반 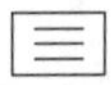 국선용 단자반 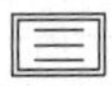
본 배선반	MDF	
교환기	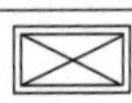	
버튼 전화 주장치	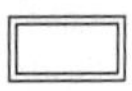	형식을 기입한다. 보기 : 206
전화용 아웃렛 (콘센트)	◉	(1) 벽붙이는 벽 옆을 칠한다.  (2) 바닥에 설치하는 경우는 다음에 따라도 좋다. 

(11) 경보, 호출, 표시장치

명 칭	그림기호	적 요
누름버튼		(1) 벽붙이는 벽 옆을 칠한다.  (2) 2개 이상인 경우는 버튼수를 방기한다. 보기 :  3 (3) 간호사 호출용은  N 또는 [N]로 한다. (4) 복귀용은 다음에 따른다. ●
손잡이 누름버튼	◉	간호사 호출용은 ◉N 또는 (N)로 한다.
벨	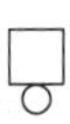	경보용, 시보용을 구별하는 경우는 다음과 같다. 경보용  시보용 

버저		경보용, 시보용을 구별하는 경우는 다음과 같다. 경보용  시보용 
차임		
경보수신반		
간호사 호출용 수신반	NC	창수를 방기한다. 보기 : NC 10
표시기(반)	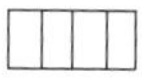	창수를 방기한다. 보기 : 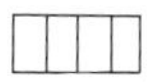10
표시스위치(발신기)		표시스위치반은 다음에 따라 표시하고 스위치수를 방기한다. 보기 : 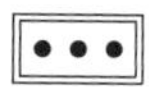10
표시등		벽붙이는 벽 옆을 칠한다. 

(12) 확성장치 및 인터폰

명 칭	그림기호	적 요
스피커		(1) 벽붙이는 벽 옆을 칠한다.  (2) 모양, 종류를 표시하는 경우는 그 뜻을 방기한다. (3) 소방용 설비 등에 사용하는 것은 필요에 따라 F를 방기한다. (4) 아웃렛만인 경우는 다음과 같다.  (5) 방향을 표시하는 경우는 다음과 같다. 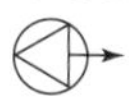 (6) 폰형 스피커를 구별하는 경우는 다음과 같다. 
잭	(J)	종별을 표시할 때는 방기한다. 마이크로폰 잭 (J)$_M$ 스피커용폰 잭 (J)$_S$
감쇠기		

라디오 안테나		
전화기형 인터폰(부)		
전화기형 인터폰(자)		
스피커형 인터폰(부)		
스피커형 인터폰(자)		간호사 호출용으로 사용하는 경우는 N을 방기한다. 
증폭기	AMP	소방용 설비 등에 사용하는 것은 필요에 따라 F를 방기한다.
원격조작기	RM	소방용 설비 등에 사용하는 것은 필요에 따라 F를 방기한다.

(13) 텔레비전

명 칭	그림기호	적 요
텔레비전 안테나	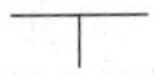	필요에 따라 VHF, UHF, 소자수 등을 방기한다.
혼합·분파기		
증폭기		
4분기기	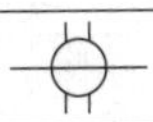	
2분기기	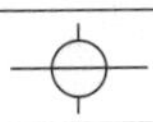	
4분배기	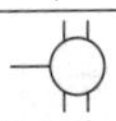	
2분배기	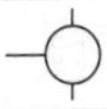	
직렬 유닛 1단자형 (75 [Ω])		(1) 분기단자 300 [Ω]형인 경우는 로 한다. (2) 종단 저항붙이인 경우는 R을 방기한다. 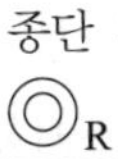
직렬 유닛 2단자형 (75 [Ω], 399 [Ω])		(1) 분기단자 75 [Ω] 2단자인 경우는 로 한다. (2) 종단 저항붙이인 경우는 R을 방기한다. 
벽면단자	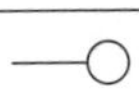	
기기수용상자	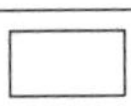	

(14) 자동화재탐지설비

명 칭	그림기호	적 요
차동식 스포트형 감지기		필요에 따라 종별을 방기한다.
보상식 스포트형 감지기		필요에 따라 종별을 방기한다.
정온식 스포트형 감지기		(1) 필요에 따라 종별을 방기한다. (2) 방수인 것은 로 한다. (3) 내산인 것은 로 한다. (4) 내알칼리인 것은 로 한다. (5) 방폭인 것은 EX를 방기한다.
연기감지기		(1) 필요에 따라 종별을 방기한다. (2) 점검 박스붙이인 경우는 로 한다. (3) 매입인 것은 로 한다.
감지선		(1) 필요에 따라 종별을 방기한다. (2) 감지선과 전선의 접속점은 로 한다. (3) 가건물 및 천장 안에 시설할 경우는 로 한다. (4) 관통 위치는 로 한다.
공기관		(1) 배선용 그림기호보다 굵게 한다. (2) 가건물 및 천장 안에 시설할 경우는  로 한다. (3) 관통 위치는 로 한다.
열전대		가건물 및 천장 안에 시설할 경우는 로 한다.
열반도체		
차동식 분포형 감지기의 검출부		필요에 따라 종별을 방기한다.
P형 발신기		(1) 옥외용인 것은 로 한다. (2) 방폭인 것은 EX를 방기한다.
회로시험기		
경보벨		(1) 방수용인 것은 로 한다. (2) 방폭인 것은 EX를 방기한다.
수신기	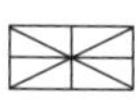	다른 설비의 기능을 갖는 경우는 필요에 따라 해당 설비의 그림기호를 방기한다. 보기 : 가스누설경보설비와 일체인 것 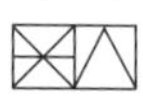 가스누설경보설비 및 방배연 연동과 일체인 것 

부수신기(표시기)	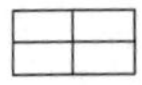	
중계기		
표시등	◐	
표지판	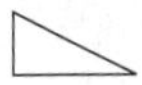	
보조전원	TR	
이보기	R	필요에 따라 해당 설비의 기호를 방기한다. 경비회사 등 기기 G 비상방송 E 소화장치 X 소화전 H 방화문·배연 등 D 기타 F
자동스포트시험기	T	필요에 따라 개수를 방기한다.
종단저항기	Ω	보기 : 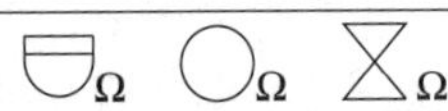
기기수용상자	□	
경계구역 경계선		배선의 그림기호보다 굵게 한다.
경계구역 번호	○	(1) ○ 안에 경계구역 굵게 한다. (2) 필요에 따라 ⊖로 하고 상부에 필요사항, 하부에 경계구역 번호를 넣는다. 보기 : 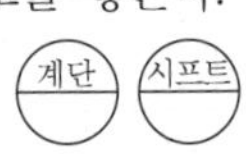

(15) 비상경보설비

명 칭	그림기호	적 요
기동장치	Ⓕ	(1) 방수용인 것은 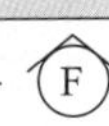로 한다. (2) 방폭인 것은 EX를 방기한다.
비상전화기	(ET)	필요에 따라 번호를 방기한다.
경보벨	Ⓕ	
경보사이렌	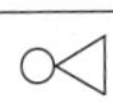	
경보구역 경계선	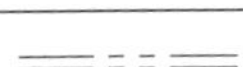	자동화재경보설비의 경계구역의 경계선의 적요를 준용한다.
경보구역 번호	△	△ 안에 경보구역 번호를 넣는다.

(16) 소화설비

명 칭	그림기호	적 요
기동버튼	Ⓔ	가스계 소화설비는 G, 수계 소화설비는 W를 방기한다.
경보벨	Ⓑ	자동화재경보설비의 경보벨 적요를 준용한다.
경보버저	(BZ)	자동화재경보설비의 경보벨 적요를 준용한다.
사이렌		자동화재경보설비의 경보벨 적요를 준용한다.
제어반	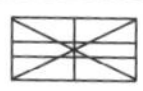	
표시반	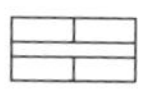	필요에 따라 창수를 방기한다. 보기 : 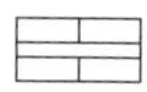
표시등		시동 표시등과 겸용인 것은 로 한다.

(17) 방화문

명 칭	그림기호	적 요
연기감지기 (전용인 것)	Ⓢ	(1) 필요에 따라 종별을 방기한다. (2) 매입인 것은 로 한다.
열감지기(전용인 것)		필요에 따라 종류, 종별을 방기한다.
자동폐쇄장치	(ER)	용도를 표시하는 경우는 다음 기호를 방기한다. 방화문용 D 방화셔터용 S 연기방지 수직벽용 W 방화댐퍼용 SD
연동제어기	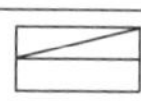	조작부를 가진 것은 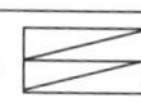로 한다.
동작구역 번호	◇	◇ 안에 동작구역 번호를 넣는다.

(18) 가스누설경보설비

명 칭	그림기호	적 요
검지기		(1) 벽걸이형인 것에는 로 한다. (2) 분리형의 검지부는 [G]로 한다. (3) 버저, 램프를 내장하고 있는 것은 필요에 따라 그 뜻을 방기한다.

		보기 : G L G LB
검지구역 경보장치		자동화재경보설비의 경보벨 적요를 준용한다.
음성경보장치		5.4의 스피커 적요를 준용한다.
수신기	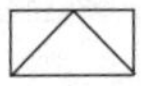	
중계기		(1) 복수 개로 일체인 것은 개수를 방기한다. 보기 : X3 (2) 가스누설표시등의 중계기에서는 L로 한다.
표시등		
경계구역 경계선	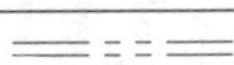	
경계구역 번호	△	△ 안에 경계구역 번호를 넣는다.

(19) 무선통신설비

명 칭	그림기호	적 요
누설동축케이블		(1) 일반 배선용 그림기호보다 굵게 한다. (2) 천장에 은폐하는 경우는 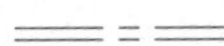 를 사용하여도 좋다. (3) 필요에 따라 종별, 형식, 사용길이 등을 기입한다. 보기 : LC×500 100m (4) 내열형인 것은 필요에 따라 H를 기입한다. 보기 : H-LC×200 50m
안테나		(1) 필요에 따라 종별, 형식 등을 기입한다. (2) 내열형인 것은 필요에 따라 H를 방기한다.
혼합기		주파수가 다른 경우는 다음과 같다. 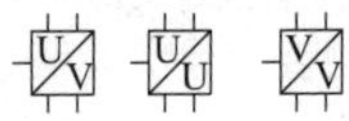
분배기	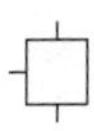	(1) 분배수에 따른 그림기호로 한다. 4분기기의 보기 : 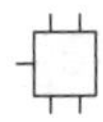 (2) 필요에 따라 종별 등을 방기한다.
분기기	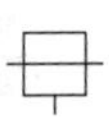	필요에 따라 분기수에 따른 그림기호로 한다. 2분기기의 보기 : 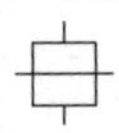
종단저항기	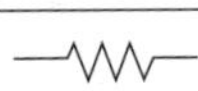	
무선접속단자		필요에 따라 소방용 F, 경찰용 P, 자위용 G를 방기한다. 보기 : F

커넥터	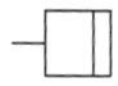	필요에 따라 생략할 수 있다.
분파기 (필터를 포함한다.)	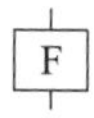	

(20) 피뢰설비

명 칭	그림기호	적 요
돌침부		평면도용 입면도용
피뢰도선 및 지붕위도체		(1) 필요에 따라 재료의 종류, 크기 등을 방기한다. (2) 접속점은 다음과 같다. 
접지저항 측정용 단자		접지용 단자상자에 넣는 경우는 다음과 같다. 

참고문헌

1. 최충석 외 4, 전기일반, 교육인적자원부, 2008.
2. 최충석 외 4, 전기회로기초, 도서출판 동화기술, 2010.
3. 최충석 외 4, 전기화재공학, 도서출판 동화기술, 2004.
4. 대한전기협회출판부, 내선규정, 대한전기협회, 2011.
5. 소방방재청, 화재안전기준(NFSC), 2011.
6. 지식경제부, 전기설비기술기준, 2011.
7. 백동현 외 2, 사진으로배우고 익히는 전기·소방회로실습, 성안당, 2009.
8. 최형호, 소방시설핸드북, 도서출판 다인, 2009.
9. 백동현, 소방전기시설론, 동일출판사, 2008.
10. 김영문 외 5, 건축전기설비, 북스힐, 2009.
11. 이덕출 외 1, 전기회로, 동일출판사, 2002.
12. 전춘생, 전자기학, 동명사, 1998.
13. 이복희 외 1, 송배전공학, 보성문화사, 1989.
14. 이윤종, 신편 전기기계, 동명사, 1988.
15. 김두현 외 5, 최신전기안전공학, 동화기술, 2011.
16. 김광렬 외 2, 최신 연소공학, 동화기술, 1998.
17. 김두현 외 4, 정전기안전, 동화기술, 2001.
18. 강대하 외 5, 전기응용, 동일출판사, 1995.
19. 이덕출, 전열공학, 동일출판사, 1996.
20. 김진수 외 1, 전기공학기초, 동일출판사, 2000.
21. 장명진 외 6, 단위조작, 교육인적자원부, 2008.
22. 김종오 외 4, 전력설비 I, II, 교육인적자원부, 2008.
23. 김진수, 전기전자실습, 한국학술정보(주), 2009.
24. 용어사전편찬위원회, "전기전자정보통신 용어사전", 청문각, 2002.
25. Allan R. Hambley, Electrical Engineering, Pearson Education, 2008.
26. Hayt Kemmerly Durbin, Engineering Circuit Anlaysis, Mc Graw Hill, 2008.
27. John D. DeHaan, Kirk's Fire Investigation, Pearson Prentice Hall, 2008.
28. J. S. T. Looms, Insulators for High Voltages, Peter Peregrinus Ltd., 1988.
29. J. R. Cogdell, Foundations of Electric Power, Prentice Hall, 1999.
30. Colin Bayliss and Brian Hardy, Transmission and Distribution Electrical Engineering, Newness, 2007.
31. 火災と建築, 日本火災學會編, 共立出版株式會社, 2002.
32. 電氣書院編輯部, 電氣設備技術基準とその解釋, 電氣書院, 2007.
33. 東京消防廳豫防部 監修, 新消防と電氣 I · II, 社團法人東京防災指導協會, 1994.
34. オーム社 編, 消防設備技術基準, Ohmsha, 2008.
35. 日本建築學會, 火災安全と建築設計, 朝倉書店, 2009.
36. (財)東京電氣保安協會, 自家用電氣設備の測定·試驗實務, 河野 忠男 外 1, Ohmsha, 2007.

37. 최충석, 열적 스트레스 변화에 따른 600V 비닐절연전선의 특성 분석, 한국화재소방학회논문지, vol.15, no.1, pp.108-115, 2001.3.
38. Choi Chung-Seog, Kim Hyung-Rae, and Kim Dong-Ook, A Study on the Properties of RCD(ELB) Case Deteriorated by Tracking, Journal of the kiis, vol. 16, no.5, pp.42-45, 2001.12.
39. Choi Chung-Seog, Kim Hyang-Kon, and Kim Dong-Ook, A Study on the Growing Properties of the Cu2O with Variation of Load Current, Journal of the kiis, vol. 16, no.5, pp.46-49, 2001.12.
40. 최충석, 송길목, 김형래, 김향곤, 김동욱, 김동우, Standby mode에서 출화된 콘센트의 화염 패턴 및 전기적 특성에 관한 연구, 한국화재소방학회논문지, vol. 16, no.1, pp.39-44, 2002.1.
41. 최충석, 송길목, 김동우, 누전차단기 외함 전원측 단자사이의 트래킹에 의한 탄화특성 분석, 한국화재소방학회논문지, vol.17, no.4, pp.13-19, 2003.12.
42. C.S. Choi, H.J. Gil, K.B. Han, W.K. Han, The Statistical Analysis and Investigation of Field Condition about Electrical Shock Accidents and Risk Factors in Temporary Power Installations, KOSOS, vol.2, no.2, pp.22-28, 2003. 12.
43. 송길목, 최충석, 노영수, 곽희로, 트래킹에 의해 열화된 페놀수지의 탄화특성, 대한전기학회논문지, 53C-1-1, pp. 1-7, 2004.1.
44. 최충석, 김향곤, 김동욱, 과전류에 의해 용단된 소선의 특성 해석에 관한 연구, 한국산업안전학회 논문지, Vol.19, No.1, pp.60-65, 2004.3.
45. 최충석, 김향곤, 송길목, 외부화염에 의해 소손된 비닐코드의 단락 특성에 관한 연구, 한국화재소방학회 논문지, Vol.18 No.4, pp.72-77, 2004.12.
46. 최충석, 송길목, 김동욱, 김동우, 김영석, 저압용 누전차단기 접속부의 발열 및 금속조직 분석에 관한 연구, 한국화재소방학회 논문지, Vol.18 No.4, pp.57-63, 2004.12.
47. 최충석, 송길목, 김동우, VCTFK의 반복피로에 의한 소손 패턴의 특성 해석, 한국안전학회 논문지, Vol.19 No.4, pp.42-47, 2004.12.
48 최충석, 송길목, 김동욱, 김동우, 김영석, 옥내용 비닐코드 및 고무코드의 화재확산특성 분석, 한국조명설비학회, Vol.19, No.1, pp.130-135, 2005.1.
49. 김향곤, 송길목, 김동욱, 최충석, 22.9kV 수전설비 시스템에 설치된 계기용변성기의 소손원인 판정에 관한연구, 한국화재소방학회, Vol.19, No.1, pp.93-98, 2005.3.
50. 길형준, 최충석, 김향곤, 한운기, 건설현장의 수전설비에 사용되는 계기용변성기 절연커버의 성능개선에 관한연구, 한국조명설비학회, Vol.19, No.2, pp.55-62, 2005.3.
51. 최충석, 김향곤, 김동욱, 김영석, 전원코드의 접촉불량에 의해 형성된 파형 및 플러그의 특성, 한국안전학회, Vol.20, No.1, pp.87-93, 2005.3.
52. 최충석, 김동우, 한운기, 이기연, 22.9kV 수변전설비의 실태 및 계기용변성기 절연커버의 출화특성에 관한 연구, 한국안전학회, Vol.20, No.2, pp.56-60, 2005.6.
53. 최충석, 김동우, 김영석, 이기연, 고감도형 누전차단기 접점의 스위칭에 따른 아크 비산특성, 한국화재소방학회, Vol.19, No.2, pp.63-68, 2005.6.
54. 길형준, 최충석, 이복희, 반구형 접지모의시스템을 이용한 접지전극의 형상에 따른 대지전위상승의 분석, 대한전기학회, Vol.54C, No.7, pp.319-325, 2005.7.
55. 길형준, 최충석, 김향곤, 구조체 접지전극의 유형에 따른 전위경도 특성, 대한전기학회, Vol.54C, No.8, pp.371-377, 2005.8.
56. C.S. Choi, K.M. Shong, D.O. Kim, D.W. Kim, Y.S. Kim, Analysis of Dispersive Characteristics and structures of Copper Wire Melted by Overcurrent, IEEJ Trans. PE, Vol.125,No.12, pp.1327-1331, 2005.12.
57. 정연하, 장태준, 곽희로, 노영수, 최충석, Effects of Soil Resistivity on the Grounding Characteristics, 한국조명전기설비학회, Vol.19, No.5, pp.74-79, 2005.7.
58. Chung-Seog Choi, Young-Seok Kim and Hyang-Kon Kim, The Fire Hazard of Screwed Electric Contacts Due to MechanicalVibration at Low Voltage Equipment, International Journal of Safety, Vol.4 No.2, pp.18-23, 2005.12.
59. 송길목, 최충석, 김향곤, 김영석, AC 전류에 의해 용단된 나전선의 발열 특성, 한국조명전기설비학회 논문지, Vol.20. No.1, pp.77-84, 2006.1.
60. 길형준, 김동우, 최충석, 이복희, 수조모델을 이용한 구조체의 전위상승에 대한 측정값과 계산값의 비교, 한국조명·전기설비학회, Vol.20, No.5, pp.72-77, 2006.6.
61. 최충석, 김향곤, 김동욱, 김동우, 직렬아크에 따른 도체의 산화물 증식 및 전압 파형 분석, 대한전기학회 논문지,

Vol.55P No.3, pp.146-152, 2006.9.
62. 최충석, 김향곤, 한운기, 이기연, 22.9kV 변압기 부싱 절연커버의 실태 조사 및 열화 특성, 한국화재소방학회 논문지, Vol.20 No.3, pp.35-41, 2006.9.
63. 송길목, 한운기, 최충석, 22.9kV 폐쇄분전반의 사고모델을 통한 실험적 검증, 대한전기학회 논문지, Vol.55P, No.2, pp.110-114, 2006.6.
64. C.S. Choi, H.K. Kim, H.J. Gil, D.O. Kim, Poor Contact Dependent Characteristics of Electric Fire for Terminal Block, KIEEME Vol.7, No.7, Korea, December 2006.
65. C.S. Choi, H.K. Kim, K.M. Shong, D.W. Kim, Flame Spread and Damaged Properties of RCD Cases by Tracking, IEEJ Trans. PE, Vol.127, No.1, pp.321-326, 2007.1.
66. 김향곤, 최충석, 김동욱, 최효상, 비닐절연전선의 산화물 성장 특성과 화재조사에의 적용, 대한전기학회 논문지, Vol.56P, No.1, pp.37-44, 2007.3.
67. 길형준, 최충석, 김향곤, 김동욱, 구조물 전위상승의 매설깊이 의존특성에 관한 연구, 대한전기학회 논문지, Vol.56P No.2, pp.104-108, 2007.6.
68. Hyoung-Jun Gil, Chung-Seog Choi, Hyang-Kon Kim, Distribution of Potential Rise as a Function of Shape of Grounding Electrode, Journal of KIIEE, Vol.21 No.4, pp.73-79, 2007.5.
69. C.S. Choi, H.K. Kim, D.W. Kim, K.Y. Lee, Temperature Diffusion Distribution of Electric Wire Deteriorated by Overcurrent, IEEJ Trans. PE, Vol.128, No.1, pp.194-198, 2008.1.
70. 길형준, 최충석, 김향곤, Research on Assessment of Potential Interference between Individual Grounding Electrodes Using an Electrolytic Tank Modeling Method, KIIEE, Vol.22 No.3, pp.27-33, 2008.3.
71. 최충석, 김창성, 저압용 방수 콘센트의 개발 및 평가에 관한 연구, 대한전기학회 논문지, Vol.57P No.2, pp.181-185, 2008.6.
72. 최충석, 김향곤, 열 스트레스에 의한 비닐절연전선의 탄화 패턴 및 결정 구조의 변화, 대한전기학회 논문지, Vol.57P No.3, pp.332-337, 2008.9.
73. 김동우, 이기연, 문현욱, 김향곤, 최충석, MCCB 및 단자대 접속부의 접촉불량에 의한 소손특성 및 과열 감지 기법에 관한 연구, 한국화재소방학회 논문지, Vol.22 No.4, pp.54-60, 2008.11.
74. 최충석, 고재완, 배선 일체화된 조명등기구의 작업지시서 개발에 관한 연구, 대한전기학회 논문지, Vol.5P No.2, pp.196-201, 2009.6.
75. 최충석, 김창성, 한송엽, 저항성 누설전류(Igr) 검출 콘센트의 개발 및 안전성 평가, 대한전기학회 논문지, Vol.58P No.2, pp.221-226, 2009.6.
76. 최충석, 김향곤, LED 가로등의 발열 패턴 및 전류 특성에 관한 연구, 대한전기학회 논문지, Vol.58P No.4, pp.357-361, 2009.9.
77. 최충석, 조명등기구 배선용 커넥터의 안전성 평가 및 분석에 관한 연구, 대한전기학회 논문지, Vol.58P No.4, pp.541-545, 2009.12.
78. 최충석, 김향곤, PL에 근거한 LED 가로등의 결함 요소 발굴 및 분석, 대한전기학회 논문지, Vol.58P No.4, pp.633-638, 2009.12.
79. 최충석, PL 판정을 위한 저압용 스위치의 소손 패턴 해석기법, 한국화재소방학회 논문지, Vol.24, No.5, pp.136-141, 2010.
80. 최충석, 유효성분 동작형 누전차단기(Igc Free ELB)의 원리 및 동작 특성 해석, 대한전기학회 논문지, Vol.59P No.20, pp.456-461, 2010.12.
81. 최충석, 하우징 형태(Housing Type)로 제작된 배선 연결 커넥터의 안전성 평가에 관한 연구, 대한전기학회 논문지, Vol.59P No.20, pp.462-466, 2010.12.
82. 최충석, 층간 단락된 3상 몰드변압기의 소손 패턴 및 금속 조직 해석, 한국안전학회 논문지, 제25권, 제6호, pp.86-91, 2010.
83. 한국화재보험협회, "인명안전코드 핸드북 제8판(NFPA 101)", 2001.
84. 한국화재보험협회, "SFPE 방화공학 핸드북 제3판(NFPA)", 2008.
85. Mark W. Earley et al, "NEC 2008 Handbook(NFPA 70)", 2008.
86. 최홍규, "전력사용시설물 설비 및 설계", 성안당, 2001.
87. 조성훈, "자가발전설비의 설계 및 시공 핸드북", 도서출판 신기술, 2003.
88. 日本内燃力發電協會, "自家用發電設備の出力算定法(NEGA D 201)", 2007.
89. 고용노동부, 한국산업인력공단, 한국소방기술사회, "국가직무능력표준(NCS)", 2015.

90. 최충석, “전기화재예방시스템(ETEC-DPS)의 개발 및 안전성 평가”, Fire Science and Engineering, Vol.35, No.2, pp.61-66, 2021.
91. 고완수, 최충석, “화재전류(IGR) 경보 기능이 내장된 누전경보차단기의 개발 및 안전성 평가에 관한 연구”, Fire Science and Engineering, Vol.34, No.3, pp.43-48, 2020.
92. 고완수, 이병설, 최충석, “분전반 관리시스템 평가를 위한 시험 장치의 제작 및 특성 분석”, Journal of the Korean Society of Safety, Vol.34, No.5, pp.31-36, October 2019.
93. 이병설, 최충석, “실시간 Igr 검출을 위한 센서 모듈의 제작 및 신뢰성 평가에 관한 연구”, Journal of the Korean Society of Safety, Vol.33, No.1, pp.28-34, February 2018.
94. 이병설, 최충석, “KEMC 규정에 의한 분전반의 제작 및 특성 평가에 관한 연구”, Fire Sci. Eng., Vol.31, No.3, pp.63-72, 2017.
95. 임종민, 최충석, “전극 재료에 따른 AC 직렬 아크방전의 리스트라이크 패턴 및 방사 스펙트럼 분석에 관한 연구”, Fire Science and Engineering, Vol.35, No.4, pp.58-64, 2021.
96. 김해덕, 최충석, “RCD & ETEC-DPS의 신뢰성 평가를 위한 ETEC-IGR 시험장치의 개발에 관한 연구”, Fire Science and Engineering, Vol.37, No.2, pp.12-21, 2023.
97. 한국소방산업협동조합, “소방용 자가발전설비 제어장치”, 2022.
98. 법제처 국가법령정보센터, “화재안전성능기준(NFPC) ”, 2023.
99. 법제처 국가법령정보센터, “화재안전기술기준(NFTC) ”, 2023.

찾아보기

ㅈ

ㅊ

ㅋ

ㅌ

ㅍ

ㅎ

영문

저자소개

최 충 석 (공학박사)

○ 연락처

E-mail : enetek@naver.com / choi365@jj.ac.kr

이동전화 : 010-3695-7460 연구실 : 063-220-3119

○ 학력 및 경력

(현)전주대학교 공과대학 소방안전공학과 정교수
인하대학교 공과대학 전기공학과 공학사/공학석사/공학박사
KESCO 전기안전연구원 과장/부장/팀장/수석연구원/부원장
2009/2010/2011/2014 : 전주대학교 우수연구자/슈퍼스타 교수상/공로패 수상
KCI, SCEI & SCI 논문지에 300편 이상을 게재하였음
Marquis Who's Who 세계인명사전에 등재
2017, 2018, 2019, 2020, 2021 알버트 넬슨 마르퀴즈 평생공로상 5년 연속 수상 등

정 해 영 (공학박사)

○ 연락처

E-mail : hyjung@semyung.ac.kr

이동전화 : 010-3488-2028 연구실 : 043-649-1695

○ 학력 및 경력

(현)세명대학교 사회과학대학 소방방재학과 조교수
인하대학교 공과대학 전기공학과 공학사/공학석사/공학박사
특허청 전기전자 심사본부, LG전자 디지털 디스플레이 연구소, LG전자 PDP 사업부
(사)전국대학 소방학과 교수협의회 부회장
(사)한국화재소방학회, 평의원, 미래위원회 위원, 종신회원
KCI, SCEI & SCI 논문지 등에 15편을 게재하였음
국내 특허 출원 5건 및 등록 5건, 2021 국내 특허 출원 2건 등

박 상 용 (공학박사)

○ 연락처

E-mail : sangyong@chosun.ac.kr

이동전화 : 010-4334-0814 연구실 : 062-230-6638

○ 학력 및 경력

(현)조선대학교 자연과학·공공보건안전대학 소방재난관리학과 조교수
조선대학교 공과대학 전기공학과 공학사/공학석사/공학박사
Anuradhapura technical college, Sri Lanka, KOICA 해외교육봉사(전기과 교수)
(사)대한전기학회, 준회원, 정회원
대한전기학회 우수논문상 수상 및 산업통상자원부 장관상 수상
KCI, SCEI & SCI 논문지 등에 20편을 게재하였음
국내 및 국외(PTC) 특허 출원 및 등록 4건 등

소방전기설비 정가 35,000원

발 행 2023년 6월 30일 6판 1쇄
저 자 최충석 · 정해영 · 박상용
발행인 정우용
발행처 도서출판 동화기술
경기도 파주시 광인사길 201(문발동, 파주출판도시)
Tel (031)955-4211~6 donghwapub@nate.com
Fax (031)955-4217 www.donghwapub.co.kr
(등록) 1977년 12월 19일/9-16호

Printed in Korea
ISBN 978-89-425-9542-6